机械密封技术

孙玉霞 李双喜 李继和 等编著

Mechanical
Seal Technology

化学工业出版社

·北京·

本书是一本综合性机械密封实用技术图书，系统、全面地介绍了机械密封的设计、制造、技术标准、使用维修等，内容丰富、通俗易懂。内容资料全部来自设计、制造、应用一线，并综合了国内外部分技术资料，实用性价值高。

本书可供机械密封的设计、生产制造、使用单位的工程技术人员和技术工人使用，也可供大专院校相关专业师生参考。

图书在版编目（CIP）数据

机械密封技术/孙玉霞，李双喜，李继和等编著. —北京：化学工业出版社，2014.6
ISBN 978-7-122-20513-1

Ⅰ.①机…　Ⅱ.①孙…②李…③李…　Ⅲ.①机械密封
Ⅳ.①TH136

中国版本图书馆 CIP 数据核字（2014）第 083381 号

责任编辑：张兴辉　　　　　　　　　　　文字编辑：张绪瑞
责任校对：宋　玮　　　　　　　　　　　装帧设计：王晓宇

出版发行：化学工业出版社（北京市东城区青年湖南街 13 号　邮政编码 100011）
印　　装：北京七彩京通数码快印有限公司
787mm×1092mm　1/16　印张 25¾　字数 641 千字　2014 年 8 月北京第 1 版第 1 次印刷

购书咨询：010-64518888　　　　　　　售后服务：010-64518899
网　　址：http://www.cip.com.cn
凡购买本书，如有缺损质量问题，本社销售中心负责调换。

定　　价：98.00 元　　　　　　　　　　　　　　　　版权所有　违者必究

序

　　机械密封是重要的机械基础件，在许多设备中扮演着关键角色，经常成为制约整个设备研发的技术瓶颈。在我国，随着对基础件重要性认识的深化，一直以来存在的"重主机、轻基础件"的倾向和观念开始扭转，政府和工业界对密封技术的重视和投入也在逐步加大。尽管目前我国的机械密封技术与国外先进水平相比还存在着不小的差距，但在我国大量工业需求的推动下，在国家政策的重视下，机械密封技术迎来了重要的发展机遇期，正在取得快速进步。而机械密封的专著、教材、手册等作为密封知识和技术体系的重要组成部分，是工程技术人员和高校学生学习、使用、研究密封技术的重要依据和参考，需要特别地重视和投入。

　　参与本书编写工作的同志，长期从事机械密封的设计、研究、教学及生产，积累了丰富的知识和经验。本次出版的《机械密封技术》是从事机械密封专家的智慧和努力，内容丰富而且具有很强的实用性。相信本书的出版将为广大学习、研究、生产和使用机械密封的工程技术人员提供一本很好的教材和参考资料。

中国工程院　院士

清华大学　教授　王玉明

前　言

机械密封是解决流体机械设备旋转轴密封的"跑、冒、滴、漏"，环境污染、安全生产、能源浪费问题重要的基础件。近年来随着机械密封结构设计、新材料应用、采用国际先进技术标准方面的发展，在工业生产应用中也取得了大量成果。为了更好推广机械密封技术，编写本书供机械密封的设计、生产制造、使用单位的工程技术人员和技术工人使用，也可供大专院校相关专业师生参考。

参加本书编写的人员，均长期从事机械密封科研、设计、生产制造及应用等工作，具有较丰富的实践经验，综合了国内外部分技术资料，全面介绍了机械密封的设计、制造、技术标准、使用维修等，内容丰富、通俗易懂、实用性强。

随着我国经济进入全球化发展时期，国外机械密封产品配套大型石油化工装备及成套装置进入我国，而且也有相当数量国产机械密封产品出口到国外，因此本书对国际上广泛采用的 API 682—2004《离心泵与转子泵用轴封系统》标准进行了专门解读。

机械密封产品在国内已实行了生产许可证管理，为使生产单位、尤其是使用单位了解有关情况，本书也做了简要介绍。

本书第一、二、三、四、五、十三章由李双喜、蔡纪宁、张秋翔执笔。第六、七、八、九、十、十一、十二、十四章、附录 A、附录 B、附录 C 由孙玉霞、崔德容、殷洪基、李继和执笔，全书由孙玉霞、李双喜、李继和统稿，由蔡纪宁、崔德容、殷洪基审核。

本书在撰写过程中，宁波伏尔肯机械密封件制造有限公司邬国平、西安永华集团申改章、密友集团吴建明和王黎明、宁波东联密封件有限公司李友宝、台州东新密封有限公司郑志荣、东台市海城机械密封弹簧厂周金洋、上海德宝密封件有限公司郑佑俊、江苏隆达机械设备有限公司张丽萍、大连四方佳特流体设备有限公司杨平、江苏永盛流体科技有限公司陈永清等对本书出版提供了不少资料与支持。在此一并致以衷心的谢意。

限于编者水平有限，书中难免有不妥之处，敬请读者批评指正。

编　者

目　录

第一章 绪 论

第一节 泄漏与密封

在工矿企业中,机器设备普遍存在着泄漏问题,其后果往往造成机器设备效率降低,设备性能变坏,能源浪费,环境污染,甚至危害人们身体健康和生命安全。特别是石油、化工企业的连续生产中,泄漏是造成非计划停车的主要原因。

所谓泄漏,就是流体通过密封面由一侧传递到另一侧。泄漏的原因有内因和外因。外因是密封面上有间隙,内因是密封面两侧存在着压力差或浓度差等推动力。如果能消除或减少这些影响因素,就可以防止或减少泄漏。

泄漏量通常用单位时间内泄漏流体的体积或质量的流量来表示,常用 mL(mg)/s 及 mL(mg)/h,也称泄漏率。

能够防止或减少泄漏的装置称为密封装置,其中起密封作用的零部件称为密封件。应用密封装置解决泄漏的技术叫密封技术。

密封的功能是阻止泄漏。在两个腔体间设置些零部件,用以防止机器或设备内工作介质的泄漏,或防止外界的流体侵入机器设备内的措施是常见的密封形式。密封装置可以由几个零部件组成,并应配置有支持系统。

密封的分类方法很多。根据密封部位结合面的状况可把密封分为动密封和静密封,如图1-1 所示。密封部位的结合面有相对运动的密封称为动密封;密封部位的结合面相对静止的密封称为静密封。根据密封面接触类型,可把密封分为接触式密封和非接触式密封。

静密封均为接触式密封,主要有垫片密封和胶密封。垫片密封广泛用于管道、压力容器以及各种壳体的接合面的静密封中。通常垫片密封按材料分为非金属垫片、金属垫片和复合型垫片。垫片密封根据工作压力,可选择不同的材质和接触宽度。通常中低压常用材质较软、接触宽度较宽的垫片密封,高压则用材料较硬、接触宽度较窄的金属垫片。胶密封是一种无固定形状的膏状或腻子状的新型密封材料,分为液态密封胶、厌氧胶和热熔型密封胶,广泛应用于机械、车辆、航空、造船、建筑、仪表、电子设备等连接部位的密封,如减速器加油孔、铆接、螺栓和其他结构的缝隙等。

动密封根据密封面间是相对滑动还是相对旋转运动,分为往复密封和旋转密封两种基本类型。活塞环密封、唇形密封、隔膜密封和填料密封等,都是典型的用于往复运动的轴封,往复密封均为接触式密封。填料密封、机械密封、浮环密封、迷宫密封、螺旋密封、离心密封、停车密封、磁流体密封等都是典型的用于旋转运动的轴封。旋转密封中,填料密封和机械密封中的大部分属于接触式密封,通过隔离或切断泄漏通道来达到密封的目的。浮环密封、迷宫密封、螺旋密封、离心密封、停车密封、磁流体密封属于非接触式密封,其中迷宫密封是利用增加泄漏通道中的阻力和流动能量损失来阻漏的;螺旋密封、离心密封是在泄漏通道上加设做功元件,产生与泄漏流体方向相反的压力,与引起泄漏的压差部分抵消或完全平衡,以阻止泄漏;浮环密封和磁流体密封属于流阻型非接触式动密封,是依靠密封间隙内的流体阻力效应而达到阻漏目的。通常密封面线速度较低的场合,采用接触式密封;而高速旋转的机械,应采用非接触式密封。

常用动密封的种类及其特性见表1-1。

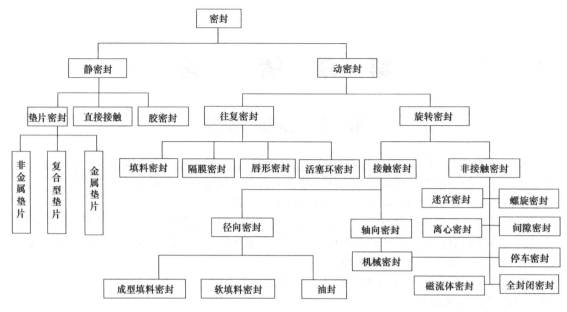

图 1-1　密封的分类

表 1-1　常用动密封的种类与特性

种　类		真空绝压 /MPa	压力表压 /MPa	工作温度 /℃	线速度 /(m/s)	泄漏率 /(mL/h)	使用期限	应用举例
接触型	压紧填料密封	1.33×10^{-3}	31.38	$-240\sim600$	20	$10\sim1000$	—	清水离心泵、柱塞泵、阀杆密封
	成型填料 挤紧型	1.33×10^{-7}	98.07	$-45\sim230$	10	$0.001\sim$ 0.1	6 个月~1 年	油压缸、水压缸
	成型填料 唇型	1.33×10^{-9}						
	橡胶油封 油封	—	0.29	$-30\sim150$	12	$0.1\sim10$	3~6 个月	轴承封油与防尘
	橡胶油封 防尘油封							
	硬填料密封 往复	—	294.2	$-45\sim400$	12	—	3 个月~1 年	活塞杆密封
	硬填料密封 旋转				—	—	6 个月~1 年	航空发动机主轴承封油
	胀阀密封 往复	1.33×10^{-3}	300	$-45\sim$ $400^{①}$	12	$0.2\sim1\%$ 吸气容积	3~6 个月	汽油机、柴油机、压缩机、液压缸、航空发动机主轴承油封
	胀阀密封 旋转		0.2					
	机械密封 普通型	1.33×10^{-7}	7.85	$-196\sim$ $400^{①}$	30	$0.1\sim150$	6 个月~1 年	化工、电厂、炼油厂用的离心泵
	机械密封 液膜	—	31.38	$-30\sim150$	$-30\sim100$	$100\sim5000$	1 年以上	大型泵、透平压缩机
	机械密封 气膜		1.96	不限	不限			航空发动机
非接触型	迷宫密封	1.33×10^{-5}	19.61	600	不限	大	3 年以上	蒸汽透平、燃气透平、活塞压缩机
	间隙密封 液膜浮环		31.38		80		1 年以上	泵、化工透平制氧机
	间隙密封 气体浮环		0.98	$-30\sim150$	70			
	间隙密封 套筒密封		980.67	$-30\sim100$	2		1 年左右	油泵、高压泵

续表

种 类			真空绝压/MPa	压力表压/MPa	工作温度/℃	线速度/(m/s)	泄漏率/(mL/h)	使用期限	应用举例
非接触型	动力密封	离心密封	背叶轮	$1.33×10^{-3}$	0.25	0～50	30	—	1 年以上	矿浆泵
			甩油环 油封 防尘	—	0	不限	不限		非易损件	轴承封油与防尘
		螺旋密封	螺旋密封	$1.33×10^{-3}$	2.45	$-30～100$	30		取决于轴承寿命	轴承封油、鼓风机封油
			螺旋迷宫密封	—			70			锅炉给水泵辅助密封
		其他	铁磁流体密封	$1.33×10^{-13}$	4.12	$-50～90$	70	—		—
			全封闭密封							

① 凡使用橡胶件者，适用温度同成型填料。

第二节 机械密封的发展

机械密封最早是 1885 年在英国以专利形式出现，1900 年开始应用，首次出现简单的端面机械密封，解决了机械制造业中转轴密封问题。同传统的填料密封相比，无论在功能上还是构成原理上，机械密封都有着明显的先进性。1920 年，机械密封才逐步在许多冷冻装置上得到较多的使用。1930 年以后，机械密封用于内燃机水泵的轴封。在这一阶段，机械密封发展的动力主要是机械加工和材料方面的技术进步。

第二次世界大战之中，美国把机械密封用于化工泵和海军、空军的机器设备中，第二次世界大战后，机械密封在美国得到了迅速普及，由于石油化学工业的发展，石墨、陶瓷、硬质合金等材料方面的技术进步，以及加工技术的提高，使机械密封技术得到了发展，使用参数大为提高。在这一阶段，机械密封发展的动力主要是工业发展速度和生产过程的需求。

1956 年，机械密封在结构上出现了平衡型密封专利和中间环密封。1961～1963 年由于原子能、宇航工业的要求，在结构上出现了流体动压密封和流体静压密封，使 pv 值迅速提高到 167MPa·m/s，1969 年达到 266MPa·m/s。在这一阶段，主要发展动力是密封端面间不同润滑机理的出现和与之相适应的新型结构的探索与开发。1971～1974 年由于宇航和核电方面的特殊要求，机械密封在结构上出现了多级密封，在材料上出现了碳化硅和优质的不同浸渍材料的碳石墨，使 pv 值达到了 360MPa·m/s，1977 年由于核电等特殊需要，采用螺旋-机械密封组合的密封、改进的中间浮动环密封、浮环-机械密封组合密封等，使最高 pv 值达到了 500MPa·m/s。这一阶段，发展的主要动力是结构重组和密封新材料的出现。

1980～1990 年随着人们环境保护意识的提高，研制出了"零泄漏"机械密封。在流体动压密封原理的基础上，开发出了热流体动力楔机械密封和上游泵送机械密封。在保证密封性能的同时，为了获得较长的使用寿命，利用自动控制理论，人们开发出可控机械密封。1990 年以后，机械密封 pv 值达到了 5700MPa·m/s。这一阶段，发展的主要动力是密封原理的发展和控制理论的支持。

由此可以看出机械密封的产生及其发展应用有着特定的历史条件。一百多年的研究过程中，人们在认识机械密封机理的同时，成功地利用密封机理设计制造了多种结构型式的机械密封产品，并将产品应用于石油、电力、宇航及核工业等领域。目前先进的机械密封应用技术主要是密封端面改形技术、组合密封技术和可控机械密封技术。

随着石油化工、宇航、材料科学及制造技术的迅猛发展，机械密封的基础理论和试验研究还将进一步向纵深发展，机械密封应用技术研究特别是机械密封失效分析的研究也倍受人们的关注。

国内机械密封应用起步较晚，但发展很快。1965 年兰州炼油厂、沈阳水泵厂等单位首先试制泵用机械密封。1966 年天津机械密封件厂开始生产机械密封。1970 年原机械工业部、化学工业部、石油工业部所属科研、生产、使用单位组成联合设计组，参考了国外先进结构，联合设计了"泵用机械密封系列"。1970 年化学工业部所属单位组成联合设计组完成了"釜用机械密封系列"设计工作。1975 年，我国第一个"泵用机械密封技术标准"诞生，1978 年我国第一个"釜用机械密封技术标准"诞生，加速了密封技术的发展，促进了机械密封产品质量的提高。随着改革开放进程，我国机械密封标准体系日趋完善，科研机构数十家，生产厂家数百家，从消化引进到自给自足，机械密封无论在品种、材料、技术参数等方面都达到一个新的水平，部分产品接近国外先进水平。当然，我国的机械密封总体水平与国外仍有很大差距，特别是在高端产品上，这些都有待于进一步研究解决。

第三节　机械密封的优缺点

（1）机械密封的优点　机械密封是由经过精密加工的零件组成，它是一种性能较好的密封形式。与传统的填料密封相比，机械密封有如下优点。

① 密封性好。机械密封中有动环密封圈、静环密封圈及密封端面三处密封部位，其中动环密封圈及静环密封圈二处属于静密封，一般密封性较好。密封端面的表面光洁度和平面度都很高，一般处于半流体润滑、边界润滑状态，泄漏很小。机械密封泄漏量一般在 $3\sim5$ mL/h 以下，根据使用工况要求，也可把泄漏量限制在 0.01mL/h 以下。

② 使用寿命长。机械密封密封端面由自润滑性及耐磨性较好的材料组成，还具有磨损补偿机构。因此可连续使用半年以上，使用较好的可达一年甚至更长时间。

③ 不需要经常调整。机械密封在密封流体压力和弹性力的作用下，即使摩擦副磨损后，密封端面也始终自动地保持贴紧。因此，一旦安装好以后，就不需要经常调整，使用方便，适合连续化，自动化生产。

④ 摩擦功率消耗小。机械密封由于摩擦副接触面积小，又处于半流体润滑或边界润滑状况，摩擦功率一般仅为填料密封的 $0.2\sim0.3$ 左右。

⑤ 轴或轴套不产生磨损。轴或轴套与机械密封动环之间几乎无相对运动，可重复使用，降低零部件的消耗。

⑥ 耐振性强。机械密封由于具有缓冲功能，因此当设备或转轴在一定范围内振动时，仍能保持良好的密封性能。

⑦ 密封参数高，使用范围广。当合理选择摩擦副材料及结构，加之适当的冲洗、冷却等支持系统的情况下，机械密封可广泛适用于各种工况，尤其在解决高温、低温、强腐蚀、高速等恶劣工况下的密封时，更显示其优越性。

（2）机械密封的缺点　相对于填料密封，机械密封也存在一定的缺点。

① 结构复杂，装配精度要求高。一般机械密封由一对摩擦副组成密封端面。当密封参数较高时，将由两对或几对摩擦副组成，加上支持系统，在结构上较普通的填料密封复杂。同时由于装配精度要求高，安装时有一定技术要求，故对于初次使用机械密封的人来讲显得稍微困难些。

② 更换不方便。机械密封零件都是环形零件，而且这些零件一般不能做成剖分式，因此在更换密封零件时，就需要部分或全部地拆开机器设备的传动部分，才能从传动轴端取出

密封零件。

③ 排除故障不方便。当机械密封运转不正常时，采取应急措施困难，这时只好将设备停止运行进行处理。

④ 价格较贵。机械密封选材严格，加工制造精度高，工艺路线长，因此造价较高，与普通填料密封相比，一次性投资大。

机械密封上述一些缺点，随着人们对机械密封认识的不断深化及机械密封技术的不断发展，是能够得以改进和克服的。

第二章 机械密封的基本原理

第一节 机械密封的组成及基本原理

机械密封又称端面密封，是一种应用广泛的旋转轴动密封，其基本结构如图 2-1 所示。机械密封中相互贴合并相对滑动的两个环形零件称做密封环，其中随轴作旋转运动的密封环称做动环或旋转环（件 3），不随轴作旋转运动的密封环称做静环或静止环（件 1）。两个密封环相贴合的端面称为密封端面。一对相互贴合的密封表面之间的接触面称为密封端面。机械密封必须具有轴向补偿能力，以便密封端面磨损后仍能保持良好的贴合。因此称具有轴向补偿能力的密封环为补偿环，不具有轴向补偿能力的密封环为非补偿环。由弹簧（件 5）及相关零件，如弹簧座（件 6）、推环（件 9）等所组成的能随补偿环一起轴向移动的部件称做机械密封的补偿机构。补偿机构可以设计在动环一侧，则动环具有轴向补偿能力，称做补偿动环，此时静环不具有轴向补偿能力，称做非补偿静环。反之，将补偿机构设计在静环一侧，则静环具有轴向补偿能力，称做补偿静环和非补偿动环。

机械密封通常有 4 个泄漏部位（亦称密封点），如图 2-2 所示。泄漏部位 1 为静环与压盖之间，静环密封圈（件 2）阻止了介质沿此间隙的流体泄漏，是静密封点。泄漏部位 2 为压盖与腔体连接处的间隙，用压盖密封圈或垫片（件 11）来阻止其泄漏，是静密封点。泄漏部位 3 为动环与轴之间，动环密封圈（件 10）阻止了介质沿此间隙的流体泄漏，是相对静密封点，动环密封圈与轴或轴套之间有微动。泄漏部位 4 是由动、静环所构成的密封端面之间的间隙，由于动、静环之间依靠弹力和介质压力保持贴和并有相对滑动，故属于动密封点，也是机械密封中的主密封，即主要密封环节或密封部位，也是决定机械密封性能和寿命的关键。

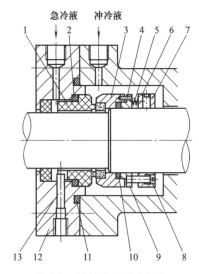

图 2-1　机械密封基本结构

1—静环；2—静环密封圈；3—动环；4—传动销；5—弹簧；
6—弹簧座；7—紧定螺钉；8—传动螺钉；9—推环；
10—动环密封圈；11—压盖密封圈；12—压盖；13—防转销

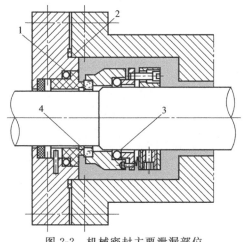

图 2-2　机械密封主要泄漏部位

1—静密封点；2—静密封点；
3—静密封点；4—动密封点

相应亦称除主密封以外的其他密封环节为辅助密封。通常采用橡胶、聚四氟乙烯等弹性零件做成密封圈起辅助密封作用，故称做辅助密封圈。图 2-1 中的动环密封圈（件 10）和静环密封圈（件 2）都是辅助密封圈，它们不仅起辅助密封作用，同时还具有缓冲功能，能够减小轴的偏摆、振动对密封性能的影响。

带动动环与轴一起旋转的零件，如图 2-1 中传动销（件 4）、传动螺钉（件 8）、紧定螺钉（件 7），组成机械密封的传动机构。为了防止静环随动环旋转，机械密封还需有防转机构，如图 2-1 中防转销（件 13）。主密封、辅助密封、补偿机构和传动（防转）机构是构成机械密封的 4 个组成部分。当然，密封装置往往还应具有冷却、冲洗及润滑等支持系统。虽然机械密封的结构是多种多样的，但它们的基本结构和原理则是相同的。

机械密封大多工作在边界摩擦或混合摩擦状态下。

由密封流体压力（介质压力）和弹性元件的弹力（或磁性元件的磁力）等引起的合力作用下，在密封环的端面上产生一个适当的比压（压紧力），使两个接触端面（动环、静环端面）相互贴合，并在两端面间极小的间隙中维持一层极薄的液膜，由于液膜具有流体动压力与静压力，使之有一定的承载能力，防止两摩擦副表面直接接触，降低了摩擦因数，一方面对端面起润滑作用，使之具有较长的使用寿命；另一方面起着平衡压力的作用（流体动压力与静压力在端面之间形成的阻力要大于密封端面两侧的压力差），从而使机械密封获得良好的密封性能，达到密封的目的。

机械密封端面的间隙主要取决于研磨精度，故对密封端面的加工要求很高。根据零件尺寸和摩擦状态不同，液膜厚度也不同。同时为了使密封端面间保持适当的液膜，必须严格控制端面上的单位面积压力，压力过大，不易形成稳定的液膜，会加速端面的磨损；压力过小，泄漏量增加。所以，要获得良好的密封性能又有足够寿命，在设计和安装机械密封时，一定要保证端面单位面积压力值在最适当的范围。

由此，可以把机械密封定义为：由至少一对垂直于旋转轴线的端面在流体压力和补偿机构的弹力（或磁力）的作用以及辅助密封的配合下，保持贴合并相对滑动而构成的防止流体泄漏的装置。

第二节　主要零部件的作用

（1）动环（旋转环）　动环随旋转轴一起旋转，其端面与静环端面互相贴合并相对滑动，组成密封端面以防止介质泄漏。当补偿机构设计在动环一侧时，则动环具有轴向补偿能力，称做补偿动环。反之，称做非补偿动环。补偿动环当密封端面磨损以后，可在弹性元件作用下做轴向移动进行补偿，保持密封端面的良好贴合。

（2）静环（静止环）　静环是安装在机器设备的壳体、压盖、法兰等静止部位上的。它与动环一样，靠密封端面来防止介质泄漏。当补偿机构设计在动环一侧时，密封端面磨损后，静环不能进行补偿，称做非补偿静环。反之，称做补偿静环。补偿静环当密封端面磨损以后，同样可以在弹性元件作用下做轴向移动进行补偿。

（3）静环密封圈　静环密封圈一般采用合成橡胶或聚四氟乙烯等材料，制成 O 形圈、V 形圈以及其他形状，用来防止介质从静环与压盖（或法兰）之间泄漏，并使静环具有一定的浮动性。

（4）动环密封圈　动环密封圈的材料及形状与静环密封圈一样，动环密封圈是用来防止介质从动环与轴（或轴套）之间的泄漏，并使动环具有一定的浮动性，而且当密封端面磨损后能在弹性元件的作用下随补偿动环一起进行轴向移动，以保证动静环端面的良好贴合。

（5）弹性元件　弹性元件在机械密封中起非常重要的作用。其弹性力是使机械密封端面产生合理的闭合力的重要因素。只有合理选择弹性元件，才能使机械密封在其工作压力范围内，密封端面既不会打开，又不会造成严重磨损。另外，当密封端面磨损后，弹性元件便靠弹性力推动动环（或静环）移动，进行自动补偿。

弹性元件的种类很多，常用的有弹簧（包括圆柱螺旋弹簧、圆锥弹簧、波形弹簧等）和波纹管（包括金属波纹管、聚四氟乙烯波纹管，橡胶波纹管等）。一般情况下采用一种或几种弹性元件组合使用。在某些场合，也可采用磁力来代替弹性力，保持密封端面的贴合。

（6）推环　推环是用来将弹簧力传递给辅助密封圈和补偿环的零件。

（7）弹簧座　弹簧座主要用于定位弹簧，使弹簧力均匀分布在垂直于密封端面的方向。

（8）防转销　防转销是用于防止静环在摩擦力矩的作用下随动环一起旋转的零件。

（9）传动元件　传动元件是用来传递扭矩的。一般常用的有传动销、传动螺钉、传动座等。

（10）紧定螺钉　紧定螺钉是用于把弹簧座、传动座或其他零件紧固于轴（或轴套）上的零件。

第三章 机械密封的分类

机械密封分类方法很多,根据 JB/T 4127.2《机械密封分类方法》技术标准,通常可按机械密封作用原理和结构分类,或按其应用的主机、使用工况和参数分类以及按综合参数进行分类等。

第一节 按作用原理和结构分类

机械密封按其作用原理和结构,从大的方面可分为滑动式(推环类)和非滑动式(波纹管类)两大类,主要区别在于机械密封补偿环的辅助密封圈是否有轴向相对滑动。

根据机械密封的原理和结构不同,机械密封的基本类型及其应用如表 3-1 所示。

表 3-1 机械密封的基本类型及其应用

类型		图 例	定义和特点	主要应用场合
单端面			由一对密封端面组成的机械密封 结构简单,制造和装拆比较容易,因而使用普遍	用于介质本身润滑性好和允许有微量泄漏的情况,是最常用的机械密封型式,适合于一般场合
双端面	轴向双端面 背对背		由两对密封端面组成的机械密封。按双端面机械密封是轴向布置或径向布置,又分为轴向双端面机械密封和径向双端面机械密封 轴向双端面机械密封根据两补偿环端面是相背安装或相对安装分为背对背式或面对面式;若两补偿环串联安装则称面对背(串联)式 双端面机械密封大多需要在两对密封端面间引入带压的密封液(隔离流体),称有压双端面机械密封。否则称无压双端面机械密封 密封液压力一般高于介质压力 0.05~0.2MPa,以改善密封端面间的润滑及冷却条件,使介质与外界隔离,改变介质泄漏方向,实现介质"零泄漏"	适用范围广,用于介质本身润滑性差,强腐蚀、有毒、易燃、易爆、易挥发、黏度低、含颗粒及气体等使用工况苛刻和对泄漏量有严格要求的场合 轴向双端面用于轴向空间大而径向空间小的场合,静环面对面轴向双端面可用于高速;径向双端面用于径向空间大而轴向空间小的场合
		动环面对面			
		静环面对面			
		面对背			
	径向双端面			
多端面			由两对以上密封端面组成的机械密封。多采用串联式安装,使每级密封端面承受的压力递减	用于高压的场合
单级密封			密封流体处于一种压力状态的机械密封	同单端面机械密封

续表

类型		图 例	定义和特点	主要应用场合
双级密封			密封流体处于两种压力状态的机械密封	同双端面机械密封
多级密封			密封流体处于两种压力状态以上的机械密封	同多端面机械密封
非平衡式			密封流体作用在密封端面上的压力不卸荷,载荷系数 $K \geqslant 1$ 的机械密封。其端面比压随密封流体压力的变化而变化较大	用于压力较低或真空的场合
平衡式	部分平衡式		密封流体作用在密封端面上的压力部分卸荷,载荷系数 $K < 1$ 的机械密封。其端面比压随密封流体压力的变化而变化较小	用于压力较高的场合
	过平衡式		密封流体作用在密封端面上的压力全部卸荷,载荷系数 $K \leqslant 0$ 的机械密封	多用于背面低压式机械密封
内装式			静止环安装于密封端盖(或相当于密封端盖的零件)的内侧(即面向主机工作腔的一侧)的机械密封	由于摩擦副受力状态好,冷却和润滑效果好而较多采用,用于安装精度高的场合
外装式			静止环安装于密封端盖(或相当于密封端盖的零件)的外侧(即背向主机工作腔的一侧)的机械密封	可直接观察密封端面的工作及磨损情况,用于强腐蚀、易结晶、低压介质,及需要安装调试方便的场合
弹簧内置式			弹簧置于密封流体之内的机械密封。弹簧内置式多见于内装式机械密封,但内装式机械密封也有弹簧外置式	由于弹簧置于密封流体之内,直接与介质接触,故不易用于有腐蚀、易结晶、黏稠介质的场合
弹簧外置式			弹簧置于密封流体之外的机械密封。弹簧外置式多见于外装式机械密封,但外装式机械密封也有弹簧内置式	外置式由于弹簧不与介质接触,故可用于在上述介质中弹簧不能很好工作的场合
单弹簧			补偿机构中只含一个弹簧的机械密封,亦称大弹簧式。与轴同心安装。由于弹簧丝径大,腐蚀性和易结晶介质对其影响不大	轴径 $d \leqslant 65mm$,轴向尺寸大,径向尺寸小,安装简单,且低速、对缓冲性要求不高的场合
多弹簧			补偿机构中含有多个弹簧的机械密封,亦称小弹簧式。多弹簧沿圆周均匀分布,可方便地通过增减弹簧数量来调节弹簧力,比压均匀	用于径向尺寸大,轴向尺寸小的清洁、弱腐蚀及压缩量变化不大的场合,且适用于高速、大直径的情况下

类型		图　例	定义和特点	主要应用场合
旋转式			补偿环随轴旋转的机械密封。弹性元件装置结构简单,径向尺寸小,是常用结构	用于线速度 $v \leqslant 20 \sim 30 \text{m/s}$ 的场合
静止式			补偿环不随轴旋转的机械密封。其弹性元件装置结构较复杂,但不受离心力的影响	用于高速、离心力大情况下,通常用于线速度 $v > 30 \text{m/s}$ 的场合
内流式			流体在密封端面间的泄漏方向与离心力方向相反的机械密封。离心力起着阻碍流体泄漏的作用,故泄漏量少,密封可靠	优先选用的结构,可用于高压、有固体颗粒的流体
外流式			流体在密封端面间的泄漏方向与离心力方向相同的机械密封	可用于高速、低压的场合
背面高压式			指补偿环上离密封端面最远的背面处于高压侧的机械密封,其介质压力与弹簧方向相同,可选较小的弹簧力	优先选用的结构,其比压随介质压力增大而增大,因而增加了密封的可靠性
背面低压式			指补偿环上离密封端面最远的背面处于低压侧的机械密封,其介质压力与弹簧力方向相反,介质压力升高会使密封不稳定	多为外装、弹簧外置式结构,用于强腐蚀、易结晶、低压介质
接触式			密封端面微凸体接触的机械密封,靠弹性元件的弹力和密封流体的压力使密封端面贴合,通常密封面间隙 $h = 0.5 \sim 2 \mu\text{m}$	普通机械密封多为接触式,结构简单,泄漏量小,除重型机械密封外多采用此结构
非接触式			密封端面微凸体不接触的机械密封,分流体静压式(通常密封面间隙 $h > 2 \mu\text{m}$)和流体动压式(通常密封面间隙 $h > 5 \mu\text{m}$)	功耗及发热量少,正常工作时无磨损,可用于苛刻工矿下工作
波纹管	金属波纹管	压力成型	补偿环的辅助密封为压力成型金属波纹管的机械密封,在轴上无相对滑动,对轴无磨损,浮动性好,使用范围广	可在高、低温下使用
		焊接成型	使用由波片焊接组合而成的金属波纹管机械密封,金属波纹管管本身能代替弹性元件,对轴无磨损,浮动性好,使用范围广	
	聚四氟乙烯波纹管		补偿环的辅助密封为聚四氟乙烯波纹管的机械密封,其浮动性好,材料耐腐蚀性强	用于各种强腐蚀性介质中
	橡胶波纹管		补偿环的辅助密封为橡胶波纹管的机械密封,其结构简单、价格低廉,常称为简易密封	用于参数较低的轻型机械密封

　　机械密封中，凡具有基本相同的结构型式，不论其材质，都认为是一种型式的机械密封；而在同一型式机械密封中，采用同类的摩擦副材料和辅助密封材料的产品，均认为是一个品种的机械密封；在同一品种中，每一种轴径的机械密封称为一个规格，而三个或三个以上规格组成的机械密封称为一个系列。

第二节　按应用的主机分类

　　机械密封应用于多种工作主机，机械密封通常还可根据其应用的工作主机进行分类，常用的按应用的工作主机进行分类按表 3-2 所示。

表 3-2　机械密封按应用的工作主机分类

机械密封类别	应用工作主机
泵用机械密封	各种单级离心泵、多级离心泵、旋涡泵、螺杆泵、真空泵等用
	内燃机冷却水泵，包括各种汽车、拖拉机、内燃机车等内燃机冷却水泵用
	船用泵，包括船舶和舰艇上的各种泵用
	潜水电泵，包括各种潜水电动机、潜油电动机、潜卤电动机等用
釜用机械密封	各种不锈钢釜、搪瓷釜、搪玻璃釜等用
透平压缩机用机械密封	各种离心压缩机、轴流压缩机等用
风机用机械密封	各种通风机、鼓风机等用
冷冻机用机械密封	各种螺杆冷冻机、离心制冷机等用
其他主机机械密封	分离机械、洗衣机、高温染色机；减速器；往复压缩机曲轴箱等机械设备用

第三节　按使用工况和参数分类

　　机械密封的使用工况和参数主要有密封腔温度和密封压力、密封端面平均线速度、轴径、介质特性等。根据机械密封的使用工况和参数，常用的分类方法见表 3-3。也可类似轴承，把机械密封按综合参数和轴径进行分类，见表 3-4。

表 3-3　机械密封按使用工况和参数分类

使用工况	类　　别	工 况 参 数
按密封腔温度 $t/℃$	高温	密封腔温度＞150
	中温	密封腔温度＞80～150
	普温	密封腔温度＞－20～80
	低温	密封腔温度＜－20
按密封压力 p/MPa	超高压	密封腔压力＞15
	高压	密封腔压力＞3～5
	中压	密封腔压力＞1～3
	低压	密封腔压力＞常压～1
	真空	密封腔压力为负压
按密封端面平均线速度 $v/(m/s)$	超高速	密封端面平均线速度＞100
	高速	密封端面平均线速度≥25～100
	一般速度	密封端面平均线速度＜25
按轴径大小 d/mm	大轴径	轴径＞120
	一般轴径	轴径≥25～120
	小轴径	轴径＜25
按使用介质	耐磨粒介质	含磨粒介质时
	耐强腐蚀介质	耐强酸、强碱及其他强腐蚀介质
	耐弱腐蚀介质	耐油、水、有机溶剂及其他弱腐蚀介质

表 3-4　机械密封按综合参数和轴径分类

机械密封类别	机械密封综合参数			
	压力 p/MPa	温度 t/℃	线速度 v/(m/s)	轴径 d/mm
重型机械密封	>3	<−20 或>150	≥25	>120
中型机械密封	≤3	<−20～150	<25	25～120
轻型机械密封	<0.5	>0～80	<10	≤40

第四章　机械密封的密封特性

第一节　摩擦系数与密封准数

1. 摩擦系数

摩擦是密封端面运行过程中的一个物理现象，是研究密封特性的主要内容之一。

机械密封的摩擦状态一般用摩擦系数来表示。摩擦系数除与摩擦副材料的物理机械性能有关外，还与机械密封的使用工况等有关。

摩擦系数的测定是通过机械密封摩擦副之间的相对转速，压力、摩擦力矩的测量而确定的。

设 r_1 为密封端面的内半径，r_2 为密封端面的外半径（图 4-1），则 r_2 与 r_1 之间包容的环形区域即称之为密封端面。假定密封端面是理想的平面，F_d 为作用在密封端面上的密封力。且作用在密封端面单位面积上的密封力即端面比压 p_c 为定值，则 p_c 与 F_d 之间存在如下关系

$$F_d = A p_c = \pi (r_2^2 - r_1^2) p_c \tag{4-1}$$

式中，A 为密封端面面积。

从密封端面上取一微小面积 dA（如图 4-1 右侧所示），则

$$dA = 2\pi r dr$$

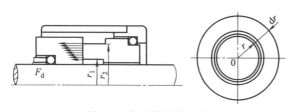

图 4-1　密封端面受力图

若作用在这微小面积上的密封力为 dF_d，摩擦力为 dF_f，摩擦力矩为 dM_f，则：

$$dF_d = p_c dA = 2\pi p_c r dr$$

$$dF_f = f dF_d = 2\pi f p_c r dr \tag{4-2}$$

$$dM_f = p dF_f = 2\pi f p_c r^2 dr \tag{4-3}$$

因此，总摩擦力矩为

$$M_f = 2\pi f p_c \int_{r_1}^{r_2} r^2 dr$$

$$M_f = \frac{2}{3} \pi p_c (r_2^3 - r_1^3) \tag{4-4}$$

由式（4-1）及式（4-2）得

$$M_f = \frac{2}{3} f F_d \frac{r_2^3 - r_1^3}{r_2^2 - r_1^2} \tag{4-5}$$

以上计算是假定 p_c 定值时的情况。当运转一定时间后，由于密封端面上所取 dA 的位置不同，其 p_c 也不相同。因为密封端面的磨损量正比于端面比压 p_c 同一时间内所经过的路程，故离中心越远的点旋转一周所经过的路程越长，其磨损量也越大。磨损量大则 p_c 减小；与此相反，离中心近的点旋转一周所经过的路程短，故其 p_c 值大于远离中心点的 p_c 值。假设经过一段的间后，整个密封端面上的磨损量达到大体一致。由于所经过的路程与离中心的距离成正比，令磨损量等于常数 c，则结果可用下式表示

$$p_c r = c \tag{4-6}$$

由式（4-6）及式（4-2）得

$$dF_d = 2\pi p_c r dr = 2\pi c dr \tag{4-7}$$

$$F_d = 2\pi c \int_{r_1}^{r_2} dr = 2\pi c(r_2 - r_1)$$

故得到

$$c = \frac{F_d}{2\pi(r_2 - r_1)} \tag{4-8}$$

由式（4-7）及式（4-3）得

$$dM_f = rf dF_d = 2\pi fcr dr$$

$$M_f = 2\pi fc \int_{r_1}^{r_2} r dr = \pi fc(r_2^2 - r_1^2) \tag{4-9}$$

由式（4-8）及式（4-9）得

$$M_f = \frac{1}{2} f F_d(r_2 + r_1) \tag{4-10}$$

令密封端面平均半径为 r_m

$$r_m = \frac{r_1 + r_2}{2} \tag{4-11}$$

把式（4-11）代入式（4-10），得

$$M_f = f r_m F_d$$

由此，摩擦系数可表示为

$$f = \frac{M_f}{r_m F_d} = \frac{M_f}{r_m A p_c}$$

研究机械密封摩擦副的摩擦系数 f 时，发现有与滑动轴承相似的规律，存在着干摩擦—半干摩擦—边界摩擦—半液摩擦—全液摩擦等摩擦工况。测得相应的摩擦系数见表4-1。

机械密封通常处于边界摩擦工况。试验表明，摩擦系数 f 与许多因素有关。图4-2为摩擦系数 f 与密封端面比压 p_c 及密封端面平均线速度 v 的关系。

表 4-1 机械密封摩擦系数范围

摩擦工况	摩擦系数 f	摩擦工况	摩擦系数 f
全液摩擦	0.0001～0.05	半干摩擦	0.1～0.06
半液摩擦	0.005～0.10	干摩擦	0.20～1.00 或更高
边界摩擦	0.05～0.15		

机械密封在运行过程中，由于动环与静环间的相互摩擦，必然会产生摩擦热。摩擦热不仅会使密封环产生热变形而影响密封性能，同时还会使密封端面间液膜汽化，导致摩擦工况的恶化，密封端面产生急剧磨损，甚至密封失效。

当机械密封运行一定时间后，摩擦工况趋于稳定时，所产生的摩擦热表示为

$$Q = f A p_c v$$

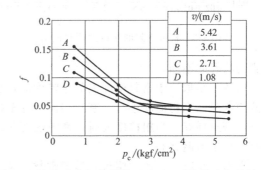

图 4-2 摩擦系数与密封端面比压、平均线速度的关系

式中 Q——单位时间密封端面摩擦产生的热量，W；

A——密封端面的面积，m^2；

p_c——端面比压，Pa；

v——密封端面平均线速度，m/s。

由于摩擦所损耗的功率称做摩擦功率。机械密封的摩擦功率常用下式近似计算

$$N=0.32d_{m}bfp_{c}v$$

式中　N——摩擦功率，W；

d_{m}——密封端面平均直径，$d_{m}=\dfrac{d_{1}+d_{2}}{2}$，m；

b——密封端面宽度，$b=\dfrac{d_{2}-d_{1}}{2}$，m；

p_{c}——端面比压，Pa；

v——密封端面平均线速度，m/s。

2. 密封准数

机械密封的润滑状况一般用密封准数 G 及液膜厚度 h_{0} 表示。

密封准数 G 是把机械密封看作是一个平面推力轴承，用轴承特性系数来表示。它是液膜黏性力与液膜负荷之比，即

$$G=\eta v B/W$$

式中，G 为密封准数（无量纲）；η 为密封端面附近的密封流体黏度系数，Pa·s；v 为密封端面平均线速度，m/s；B 为密封端面宽度，m；W 为密封端面上的总载荷，N。

密封准数 G 表征液膜形成的难易程度。G 值大，表示形成液膜的倾向性大。密封运转时，G 值超过某一临界值，密封即处于流体摩擦状态；小于该临界值，则逐步向边界摩擦状态过渡。

图 4-3 为机械密封摩擦系数 f 与密封准数 G 的关系和范围，图中以 $G=1\times10^{-6}$ 分界，在其右侧（即 $G>1\times10^{-6}$）为全液摩擦，在左侧为半液摩擦及边界摩擦。

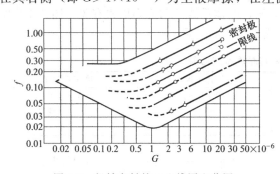

图 4-3　机械密封的 f-G 线图和范围

G 值在较大的区域内，下述关系式大体成立

$$\varphi=f\left(\frac{\eta vb}{W}\right)^{-1/2}=fG^{-1/2}=常数$$

或

$$f=\varphi G^{1/2}$$

从研究轴承的润滑情况知道，在完全平行的两平面间，一般不会出现由液楔效应引起的黏性液膜，但实际使用的机械密封，由于密封端面上的粗糙度不同，形成液膜的状况亦不同。

常数 φ 是取决于密封端面上的粗糙度的，也就是说，G 值实际上反映出密封端面间形成的液膜状况。当粗糙度小时，密封端面接近全接触的情况，对应于图 4-3 上部的曲线群，其值高，密封性好，当粗糙度大时，密封端面非均匀接触，其对应于图 4-3 下部的曲线群，其值小，处于泄漏状态。

在 $G=0.1\sim1\times10^{-6}$ 附近，等于常数的关系破坏，于是开始混有边界润滑状态。

当密封准数 G 和密封端面摩擦系数 f 确定后，可用下式估算机械密封端面间的液膜平均厚度 h_{0}，即

$$h_{0}=2\pi r_{m}G$$

式中，r_{m} 为密封端面平均半径，m。

图 4-4 表示液膜厚度、摩擦系数随密封准数变化的情况。图中虚线是液膜平均厚度 h_0 的等值线，实线是 f-G 曲线。

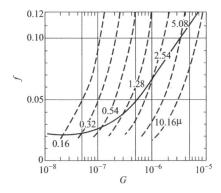

机械密封的密封特性，实质上是研究在密封端面狭小间隙中的流体力学、摩擦、磨损、热变形，蒸发、物理化学变化等现象。由于目前测试技术水平所限，要想全面真实地反映在此狭小间隙内各种因素之关系，还是非常困难的，有些理论直接用于设计尚有较大距离。因此，目前大多数的密封设计还是依靠经验的积累和统计分析及实验技术。

图 4-4　h_0 等值线及 f-G 曲线实验值

第二节　密封端面上的液膜压力

当密封端面处于边界摩擦及半液摩擦工况时，整个密封端面上形成一层极薄的基本完整的液膜。液膜压力的分布如图 4-5 所示。

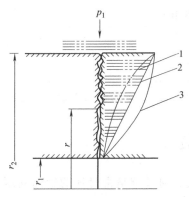

图 4-5　端面间液膜压力分布

密封端面上介质压力根据介质黏度不同而有不同的分布。黏度大的按曲线 1 分布，黏度小的按曲线 3 分布，水按直线 2 分布。密封端面内缘处因与大气接触，故不存在介质压力。计算时，为简化起见，假设密封端面间隙内流体流动的单位阻力沿半径方向是不变的（即不计液体的旋转惯性力和由于沿缝隙流动时温度升高而造成黏度的变化以及其他影响因素），其液膜压力沿半径 r 是按图 4-5 中直线 2 呈线性分布的。

作用于密封端面上的液膜压力 F_e 垂直于密封端面，并力图使密封端面分开。设沿半径 r 方向，半径 r 处的液膜压力为 p_r 则

$$F_e = \int_{r_1}^{r_2} 2\pi r \mathrm{d}r p_r \tag{4-12}$$

如图 4-5 所示，在半径 r 处密封端面上的液膜压力 p_r，根据相似三角形关系为

$$p_r = \frac{r - r_1}{r_2 - r_1} p_1 \tag{4-13}$$

式中，p_1 为介质压力，Pa。

将式（4-13）代入式（4-12），并积分得

$$F_e = \int_{r_1}^{r_2} 2\pi r \mathrm{d}r \times \frac{r - r_1}{r_2 - r_1} \times p_r$$

$$F_e = \frac{2\pi p_r}{r_2 - r_1} \int_{r_1}^{r_2} (r^2 - r r_1) \mathrm{d}r$$

整理后得

$$F_e = \frac{1}{3} \pi p_1 (r_2 - r_1)(2r_2 + r_1) \tag{4-14}$$

由密封端面上液膜平均压力得出

$$F_e = \pi (r_2^2 - r_1^2) p_e \tag{4-15}$$

式中，p_e 为密封端面上液膜平均压力，Pa。

由式（4-14）及式（4-15）得

$$\pi(r_2^2 - r_1^2)p_e = \frac{1}{3}\pi p_1(r_2 - r_1)(2r_2 + r_1) \tag{4-16}$$

化简并整理后，则

$$p_e = \frac{2r_2 + r_1}{3(r_2 + r_1)}p_1 \tag{4-17}$$

令 $\lambda = \dfrac{2r_2 + r_1}{3(r_2 + r_1)}$

则 $p_e = \lambda p_1$

式中 λ 称做介质反压系数。它表示密封端面间液膜平均压力与密封流体（即介质）压力之比，即

$$\lambda = p_e / p_1$$

在实际运行工况下，密封端面上的液膜压力并非呈线性分布，除黏度影响外，液膜还会出现局部不连续等复杂因素，因此反压系数值还不能准确进行计算，一般通过实验确定，推荐的经验数值如表 4-2。

表 4-2 不同密封工况的反压系数经验值

密封工况	介质反压系数 λ	液膜压力 p_e
一般液体	0.5	$0.5p_1$
黏度较大的液体	1/3	$1/3\,p_1$
气体、液态烃等易挥发介质	$\sqrt{2}/2$	$\sqrt{2}/2\,p_1$

第三节 平 衡 系 数

密封流体压力的改变，会使密封端面上的密封力改变。通过调整密封环的轴向受压面积，可变化密封流体压力对密封端面上的密封力的影响程度。

现以内装式平衡型与内装式非平衡型为例进行讨论。其受力情况分别见图 4-6 及图 4-7。图中 d_b 为密封流体压力在补偿环辅助密封（即副密封）处的有效作用直径，即平衡直径。

若忽略密封圈摩擦阻力时，对于平衡型机械密封，由于介质压力作用而施加在密封端面单位面积上的轴向力 F_1 为

$$F_1 = \frac{\frac{\pi}{4}(d_2^2 - d_b^2)p_1}{\frac{\pi}{4}(d_2^2 - d_1^2)} = \frac{d_2^2 - d_b^2}{d_2^2 - d_1^2}p_1$$

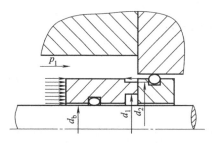

图 4-6 内装式平衡型机械密封

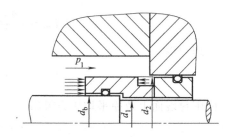

图 4-7 内装式非平衡型机械密封

同样，对于非平衡型机械密封，由于介质压力作用，施加在密封端面单位面积上的轴向力 F_1 为

$$F_1 = \frac{\frac{\pi}{4}(d_2^2 - d_b^2)p_1}{\frac{\pi}{4}(d_2^2 - d_1^2)} = \frac{d_2^2 - d_b^2}{d_2^2 - d_1^2}p_1$$

令 $B = \dfrac{d_2^2 - d_b^2}{d_2^2 - d_1^2}$

B 为平衡系数，它表示了介质压力变化时，对密封端面比压影响的程度。

对于背面低压式机械密封（一般外装式机械密封均属此类型，见图 4-8），由于介质压力作用而施加在密封端面单位面积上的轴向力 F_1 为

$$F_1 = \frac{\frac{\pi}{4}(d_b^2 - d_1^2)p_1}{\frac{\pi}{4}(d_2^2 - d_1^2)} = \frac{d_b^2 - d_1^2}{d_2^2 - d_1^2}p_1$$

则 $B = \dfrac{d_b^2 - d_1^2}{d_2^2 - d_1^2}$

一般当 d_1 与 d_2 选定后，B 值的大小取决于对平衡直径 d_b 的设计。而平衡直径相同的机械密封，也可通过调整密封端面尺寸来改变 B 值的大小。图 4-6 及图 4-7 两种情况下的 B 值见表 4-3。

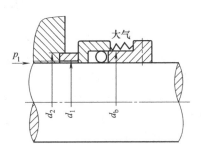

图 4-8　背面低压式机械密封

表 4-3　不同情况下平衡系数 B 值

密封端面尺寸相同		平衡直径 d_b 相同	
图 4-6	图 4-7	图 4-6	图 4-7
$d_1 = 22$mm	$d_1 = 22$mm	$d_1 = 18$mm	$d_1 = 22$mm
$d_2 = 28$mm	$d_2 = 28$mm	$d_2 = 24$mm	$d_2 = 28$mm
$d_b = 25$mm	$d_b = 20$mm	$d_b = 20$mm	$d_b = 20$mm
$B = 0.53$	$B = 1.28$	$B = 0.70$	$B = 1.28$

B 值大，表示介质压力变化时，对密封端面比压影响大；B 值小，表示介质压力变化时，对密封端面比压影响小。

泵用单端面机械密封（包括内、外装），一般按下述方法分类：$B \geqslant 1$ 时为非平衡型；$B < 1$ 时为平衡型。

还可把平衡型进一步分为：$0 < B < 1$ 时为部分平衡型；$B \leqslant 0$ 时为全平衡型。

对于釜用外流型单端面机械密封过去曾按下述方法分类：$B \geqslant 0$ 时为平衡型；$B < 0$ 时为非平衡型。

釜用双端面机械密封，由于采用封液，因此两端的密封均为内装内流型，一般用大气侧判断，其平衡系数 B 按封液作用于密封端面上的轴向力计算，其分类方法为（以大气侧判别）：$B \geqslant 1$ 时为非平衡；$B < 1$ 时为平衡型。

原机械工业部《泵用机械密封》标准及原化学工业部《釜用机械密封》。标准所规定的标准型式机械密封，其平衡系数设计参数见表 4-4。

表 4-4　标准型式机械密封平衡系数

型　号		平衡程度类别	平衡系数 B	备　注
泵用机械密封	103、104 型	非平衡型	1.15～1.27	单端面内装大弹簧
	105 型	非平衡型	1.15～1.18	单端面内装小弹簧
	109、110 型	平衡型	0.60～0.85	单端面内装大弹簧
	111 型	平衡型	0.60～0.85	单端面内装小弹簧
	114 型	平衡型	−0.65～−0.31	单端面内装大弹簧
釜用机械密封	201 型、202 型	非平衡型	−0.66～−0.39	单端面外装
	203 型、204 型	平衡型	0.64～0.80	单端面外装
	205 型	非平衡型	1.35～1.59（大气侧）	双端面（对封液而言为内装）
	206 型	平衡型	0.51～0.84（大气侧）	双端面（对封液而言为内装）

第四节　pv 值与 $p_c v$ 值

pv 值是密封流体压力与密封端面平均线速度 v 的乘积，它表示密封的工作能力。极限 pv 值是指密封失效时的 pv，它说明了密封的水平。许用 pv 值以 $[pv]$ 表示，它是极限 pv 值除以安全系数的数值。

$p_c v$ 值是密封端面比压 p_c 与密封端面平均线速度 v 的乘积。极限 $p_c v$ 值是密封失效时的 $p_c v$ 值，它表示密封材料的工作能力。许用 $p_c v$ 值以 $[p_c v]$ 表示，它是极限 $p_c v$ 值除以安全系数的数值。

pv 值及 $p_c v$ 值是机械密封设计及选择时的一个重要参数，尤其是 $p_c v$ 值，$p_c v$ 值是选择与比较机械密封材料的重要依据。

$p_c v$ 值影响密封的性能参数。常把 $p_c v$ 值作为机械密封的耐磨指标和耐热指标。摩擦功率及摩擦热量均与 $p_c v$ 值成正比。更为重要的是 $p_c v$ 值影响着密封端面间液膜的形态和厚度，当 $p_c v$ 值超过一定的数值范围后，端面间便不可能维持一个基本完整的液膜，使摩擦副最佳的摩擦工况遭到破坏。所以，$p_c v$ 值应限制使用在 $[p_c v]$ 值范围内。

$[p_c v]$ 值通过试验确定。它的大小受密封端面材质、粗糙度、介质性能、摩擦工况，端面平均直径及接触面积等因素影响。表 4-5 给出一组 $[p_c v]$ 值范围，适用于常用的摩擦材料、良好的加工、普通工作状况及中等寿命要求。当实际 $p_c v$ 值大于表内所列 $[p_c v]$ 值时，就得采取改善润滑状况和加强冲洗、冷却等措施。

表 4-5　$[p_c v]$ 值范围

工况	干摩擦	润滑差	中等润滑	良好润滑
$[p_c v]/(\text{MPa·m/s})$	<0.49	<1.47	<4.9	<14.71 或略高
介质	气相介质等	易挥发介质	常温水等	油类等

严格讲，端面比压 p_c 与端面平均线速度 v 及比压 p_c 单项均有极限值，且对 v 值更为敏感。因此，在高速情况下要更加予以重视。

第五章 机械密封的设计和计算

第一节 机械密封的设计条件及设计顺序

1. 设计条件

设计机械密封时，首先必须进行周密的调查研究，以获得下列设计条件。

① 工作主机的类型及需要密封的部位。

② 使用工况，即介质压力、介质温度及轴的转速。

③ 被密封介质的名称、成分及性质，包括密度、黏度、浓度、饱和蒸气压、pH 值、是否有腐蚀性、悬浮颗粒、是否易结晶或聚合等。

④ 工作主机的运转状况，指是连续运行还是间歇运行，以及检修周期。

⑤ 轴的振动及偏摆情况。

⑥ 泄漏量的允许极限值。

⑦ 密封部位的结构，包括轴（或轴套）的外径尺寸，密封腔结构，密封腔内径及深度；密封端盖的装配尺寸和各表面的粗糙度。

⑧ 支持系统情况，密封腔有无冷却水夹套、冷却水的温度、是否具备采取冲洗、冷却措施的条件，有无过滤装置等。

2. 设计顺序

根据已知的设计条件就可以进行机械密封的设计，其设计顺序如下：

① 确定基本结构。主要确定单（双）端面、平衡（非平衡）型、内（外）装式、旋转（静止）型、大（小）弹簧结构等内容。

② 确定材料。包括动、静环材料；辅助密封圈材料；弹性元件材料及其他零件材料。

③ 密封端面的设计。主要确定密封端面宽度及高度。设计计算平衡系数 B、弹簧比压、端面比压。

④ 动环和静环的设计。包括形状、尺寸；支承方法；传动及防转机构、强度等的设计。

⑤ 辅助密封圈的设计。包括形状、尺寸、压缩量、密封性、浮动性的设计。

⑥ 弹性元件的设计。包括弹性力大小、弹性元件数量、弹性力的施加方式等。

⑦ 对各种性能进行综合考虑。主要是对耐蚀、耐温、耐磨、耐振性能、密封性、浮动性及必要的支持系统进行综合考虑。

⑧ 标准选定。

⑨ 编制零件表和使用说明书。

⑩ 校核。

第二节 主要零件结构确定

1. 补偿环设计

补偿环是具有轴向补偿能力的密封环。按机械密封的分类，补偿环应有相应的型式。补偿环设计的具体技术要求为：

残余应力小，减小应力变形；

具有一定的刚度和强度，减小在压力工况下的变形；

与轴之间有一定的间隙，具有良好的浮动性；

可靠地传动或防转结构；

端面平面度在 0.0009mm 以内，端面粗糙度 Ra 为 $0.1\sim0.2\mu m$；

端面材料致密不渗漏、耐磨、耐腐蚀等。

机械密封补偿环的结构上总体分为滑动式和非滑动式两分类，现分别介绍如下。

（1）滑动式机械密封的补偿环设计　滑动式机械密封的补偿环的结构型式是多种多样的。常用的结构型式如图 5-1 所示。从结构上分为整体式、镶嵌式和组合式等结构。

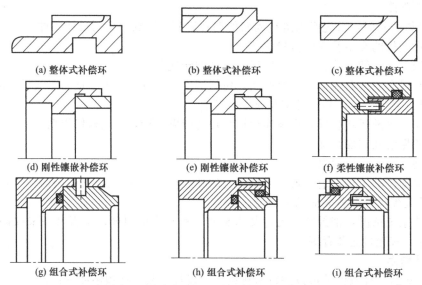

(a) 整体式补偿环	(b) 整体式补偿环	(c) 整体式补偿环
(d) 刚性镶嵌补偿环	(e) 刚性镶嵌补偿环	(f) 柔性镶嵌补偿环
(g) 组合式补偿环	(h) 组合式补偿环	(i) 组合式补偿环

图 5-1　滑动式机械密封的典型补偿环结构

① 整体式补偿环。如图 5-1（a）、（b）、（c）为整体式结构。整体式结构简单承压能力好，但受到材料的限制在实际的使用中并不多见。由于镶嵌式和组合式的结构中，密封端面材料可供选择的余地大，结构灵活使用非常广泛。

② 镶嵌式补偿环。镶嵌式补偿环分刚性过盈镶嵌补偿环和柔性过盈镶嵌补偿环，如图 5-1（d）、（e）、（f）所示。刚性过盈镶嵌补偿环一般用于轴径小于 100mm 的补偿环，其使用压力小于 5MPa、平均滑动速度小于 20m/s。刚性过盈镶嵌的结构简单、工艺简便。但是，由于补偿环与补偿环座材料的线胀系数不同，残留有镶嵌应力，会产生应力释放变形。这可以通过结构设计，获得一些缓解。当然，最有效的方法仍是采用线胀系数相近的材料进行镶嵌，例如，采用低膨胀合金 4J42、钛合金。

柔性过盈镶嵌补偿环将矩形截面的补偿环放在金属的补偿环座内，其径向不与环座接触，而是支承在柔性的辅助密封圈上。典型的结构如图 5-1（e）所示。柔性的辅助密封圈为橡胶 O 形圈或聚四氟乙烯 O 形圈，其过盈量由 O 形圈的压缩量来确定。一般橡胶 O 形圈的压缩量为 8％～13％；聚四氟乙烯 O 形圈为 8％～10％。通常不用防转销。这种镶嵌方式可以改善镶嵌应力的状态，但其径向尺寸增大，在标准型机械密封中很少采用。

③ 组合式补偿环。组合式结构是将补偿环、补偿环座和辅助密封圈等采用组装方式组合在一起，见图 5-1（g）、（h）、（i），常用于大轴径规格、高参数的滑动式机械密封中。由于采用了组装机构，既避免了应力变形，又解决了硬质材料加工成整体式补偿环的工艺问题，还能提高石墨制品补偿环的承载能力。组装式结构对补偿环的加工精度要求较高。特别是支承补偿环背面的平面，往往要求研磨，以保证它与补偿环的良好接触，防止补偿环在压

力工况下的变形。其辅助密封圈多用橡胶 O 形圈。并需装置防转销，防止补偿环与座之间的相对运动。

　　滑动式机械密封中密封的结构有 O 形圈、V 形圈和楔形环三种，如图 5-2 所示。O 形圈和 V 形圈结构简单，是常用的两种结构。楔形环与补偿环配合处的角度为 30°，而补偿环与楔形环配合部位的角度为 32°，这样才能确保楔形环头部与轴（轴套）的良好贴合，防止泄漏，同时，锥形配合面的直线性也是至关重要的。

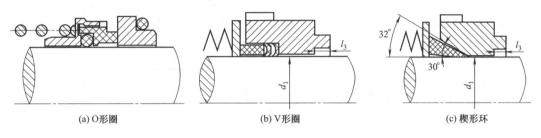

| (a) O 形圈 | (b) V 形圈 | (c) 楔形环 |

图 5-2　不同辅助密封的补偿环结构

　　（2）非滑动式机械密封的补偿环设计　非滑动式机械密封的补偿环一般为平衡型。主要结构有橡胶波纹管、聚四氟乙烯波纹管和金属波纹管。

　　① 橡胶波纹管补偿环。橡胶波纹管的补偿环分为整体式和镶嵌式。整体式结构中，补偿环依靠与橡胶波纹管的贴合来解决二次密封，见图 5-3（a）。镶嵌式的结构中，补偿环镶嵌在橡胶波纹管头部中，既解决了相互之间的密封，又起传动作用，常用于橡胶波纹管轻型机械密封，见图 5-3（b）。

　　② 金属波纹管补偿环。金属波纹管的结构分焊接金属波纹管和挤压成型金属波纹管，见图 5-3（c）、（d）。其镶嵌部分的设计与滑动式机械密封的镶嵌式补偿环一致。

　　③ 聚四氟乙烯波纹管补偿环。聚四氟乙烯波纹管的补偿环一般为外装式，有两种结构，补偿环与波纹管为整体结构，补偿环镶嵌于波纹管头部的结构，见图 5-3（e）、（f）。

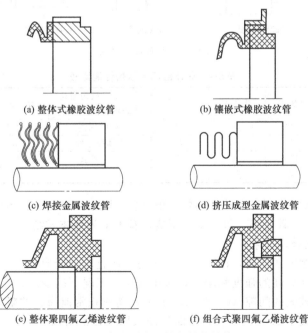

(a) 整体式橡胶波纹管	(b) 镶嵌式橡胶波纹管
(c) 焊接金属波纹管	(d) 挤压成型金属波纹管
(e) 整体聚四氟乙烯波纹管	(f) 组合式聚四氟乙烯波纹管

图 5-3　非滑动式机械密封的补偿环

2. 非补偿环设计

非补偿环是不具有轴向补偿能力的密封环。按其旋转与否分为旋转式和静止式。旋转式非补偿环装在轴（轴套）上，随轴旋转；静止式非补偿环安装在密封端盖或密封腔的一侧，工作时相对于转轴处于静止状态。静止式非补偿环用于旋转式机械密封，旋转式非补偿环用于静止式机械密封。

非补偿环按其安装方式可分为：浮装式、托装式和夹固式，见图5-4。浮装式非补偿是通过挠性的辅助密封圈支承于密封端盖中或轴套上的；托装式非补偿环是直接支承于密封端盖或轴套上的；夹固式非补偿环是以轴夹紧的方法将其固定在密封腔的一侧或轴上的，它们的结构性能比较，见表5-1。

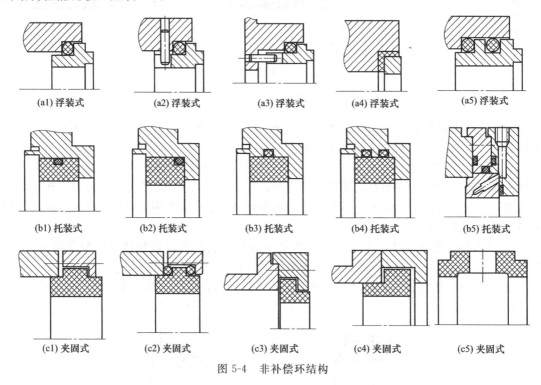

(a1) 浮装式　　(a2) 浮装式　　(a3) 浮装式　　(a4) 浮装式　　(a5) 浮装式

(b1) 托装式　　(b2) 托装式　　(b3) 托装式　　(b4) 托装式　　(b5) 托装式

(c1) 夹固式　　(c2) 夹固式　　(c3) 夹固式　　(c4) 夹固式　　(c5) 夹固式

图 5-4　非补偿环结构

表 5-1　非补偿环的结构性能比较

结构型式 比较项目	浮装式	托装式	夹固式	结构型式 比较项目	浮装式	托装式	夹固式
承压能力	一般	高	一般	冷却、保温	较困难	方便	方便
浮动性	优	一般	无	工作稳定性	一般	好	一般
耐振能力	优	一般	一般	安装要求	一般	高	高
散热能力	一般	强	一般				

非补偿环的形状结构相对于补偿环要简单得多。随着机械密封技术的发展，现在常采用硬质材料，如碳化硅、碳化钨、氧化铝等制造，基本上为整体式结构。

非补偿环设计的技术要求：

① 尽量不采用镶嵌式结构，以减小残余应力，防止应力变形。

② 具有比补偿环更高的强度和刚度，减小在压力工况下的变形。

③ 与轴之间有较大的间隙（0.75～1.5mm），防止正常泄漏物的阻塞。

④ 使用的黏度大于 $7.5 \times 10^{-4} \mathrm{m^2/s}$ 时，需采用防转销结构。

⑤ 端面平面度在 $0.0009 \mu\mathrm{m}$ 以内，表面粗糙度 Ra 为 $0.2 \sim 0.4 \mu\mathrm{m}$。

⑥ 端面与起支承作用的背面平行度应符合 GB 1184—1996 标准的 7 级精度要求。

⑦ 端面材料致密、耐磨、耐腐蚀。

⑧ 必要时加置冷却或保温结构。

（1）静止式非补偿环

① 浮装式。浮装式非补偿环通过密封圈支撑非补偿环，降低了非补偿环支座的加工精度要求。但由于此结构中非补偿环仅由密封圈支撑，支撑刚度较小，密封易受高压而变形，所以一般用于低压场合，使用压力小于 0.5～0.8MPa。不带防转槽的标准型浮装式非补偿环指按 GB 6556 标准设计的不带防转槽的浮装式非补偿环，见图 5-4（a1）、（a2）、（a3）。带有 L 型橡胶垫的浮装式非补偿环如图 5-4（a4），支承刚度低，散热性差，只用于低压（<1MPa）、温度不高的工况，但其形状简单，便于制造，常用于轻型机械密封。带有两个 O 形圈的浮装式非补偿环，如图 5-4（a5）所示。这种非补偿环的制造工艺复杂。

② 托装式。托装式非补偿环由于密封背侧有台肩承压，可以有效地防止密封的压力变形，所以承压能力高，使用压力可大于 5MPa，高压下常使用本结构。密封环有辅助密封圈槽（台阶）的托装式非补偿环如图 5-4（b1）、（b2）所示。它的制造工艺较复杂，但使用方便。密封环不带辅助密封圈槽的托装式非补偿环如图 5-4（b3）、（b4）所示，密封环制造工艺简便。但使用时配置的密封端盖较复杂。带有冷却（或保温）槽的托装式非补偿环如图 5-4（b5）所示。一般以高镍铸铁制造，可进行冲洗冷却或保温，用于高、低温工况。

托装式非补偿环的背面应与密封端盖的表面紧密地贴合，以获得有效的依托。通常要采用研磨和刮削等方法加工密封端盖对应表面，需保证有效接触面积占总面积的 80% 以上，相应的非补偿环的背面也要研磨，其平行度应高于 GB 1184—1996 标准的 7 级精度，粗糙度 $Ra \approx 0.2 \sim 0.4$ cm。

③ 夹固式。夹固式非补偿环的安装方式采用几个密封圈或密封垫片夹持密封并防止密封环旋转。此种结构中由于夹持力、密封流体压力及密封端面压力的作用，密封环很容易在高压下变形，所以其使用压力一般不高，通常情况下使用压力小于 0.8MPa。对称的夹固式非补偿环如图 5-4（c1）、（c2）所示。对称的两个表面都可作为密封端面使用，但实际意义不大。它的小外圆与密封腔内径配合；大外圆与夹紧板内孔有一定间隙。非对称的夹固式非补偿环如图 5-4（c3）、（c4）所示。内装时，非补偿环的小外圆与密封腔内径配合；外装时，非补偿环的大外圆与夹紧板的内径配合。带有冷却（保温）槽的夹固式非补偿环如图 5-4（c5）所示。

（2）旋转式非补偿环　浮装式（使用压力小于 0.8MPa）其结构与静止式一样，安装方式见图 5-5（a）。托装式（使用压力大于 5MPa）其安装方式见图 5-5（b），其机构也与静止式类似。夹固式（使用压力小于 0.8MPa）其结构与静止式不同，见图 5-5（c），安装时依靠轴套与轴肩夹固。

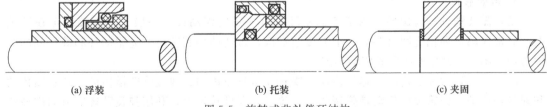

　　(a) 浮装　　　　　　　　　　(b) 托装　　　　　　　　　　(c) 夹固

图 5-5　旋转式非补偿环结构

3. 辅助密封圈形式

做动环和静环辅助密封圈的有多种断面形状。最常用的有 O 形和 V 形两种，还有方形、楔形等几种。一般是根据使用条件决定。如一般介质可以采用 O 形圈，溶剂类、强氧化性介质可用聚四氟乙烯制的 V 形圈，高温下可用膨胀石墨或氟塑料制的楔形环。

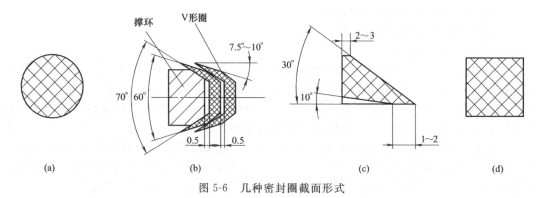

图 5-6　几种密封圈截面形式

（1）O 形圈　采用橡胶材料制造，可按《机械密封用 O 形橡胶圈》标准选用。使用的 O 形圈有两种安装方式：一种是在非工作状态仅径向受压缩，其压缩量应为 8%～13%，另外一种是非工作状态径向和轴向都受压缩，其径向压缩量应为 4%～5%。考虑到 O 形圈的最佳受力状态，推荐使用仅有径向压缩的安装方式。当压差大于 5MPa 时，而补偿环与轴的配合为 GB 1184—1996 标准的 C8/h6 时，应加聚四氟乙烯保护垫，以防止 O 形圈从缝隙中被挤出。O 形圈是最理想的辅助密封圈，其密封性能好，但由于受到橡胶材料耐温、耐腐蚀性能的限制，其使用尚有一定局限性。使用温度因橡胶材料而异。

（2）V 形圈　采用聚四氟乙烯制造。由于聚四氟乙烯材料的弹性较差，因此它是靠结构变形，使其唇口紧贴密封面来实现密封的。典型结构见图 5-6（b）。V 形圈内锥空间的角度与后侧倒角锥形角度的配对有：60°/60°、60°/70°、70°/90°、90°/90°，前 3 种结构以 60°/70°为最佳。60°/70°配对的 V 形圈是由 2 个 V 形圈和 1 个撑环组成；90°/90°配对的 V 形圈由 V 形圈、支承环、撑环组成。一方面可与安装 O 形圈通用；另一方面在安装时，受到弹簧力的压迫，可使 V 形圈变形，唇口紧贴密封面，建立良好的初始密封状态。为保证撑环能很好地与 V 形圈对中，可在撑环径向开 0.5～1mm 的切口。这对轴径规格大于 80mm 的特别重要，可保证 V 形圈的唇口能内外均匀地贴合密封面。

（3）楔形环　采用聚四氟乙烯、增强聚四氟乙烯、柔性石墨、石棉纤维等材料制造。其典型结构如图 5-6（c）所示。楔形环的锥角与补偿环相配的锥角相差 2°～3°，以保证楔形环的头部与补偿环和轴的贴合，楔形环的尾部伸出补偿环 1～2mm，使其受到弹簧力的压迫，以获得轴向推力，建立良好的初始密封状态。楔形环的强度优于 V 形圈，承压能力较高。但补偿环和楔形环的制造精度要求高，否则难以达到理想的密封效果。楔形环可以采用多种材料制造，其使用温度范围大。

4. 传动形式

动环需要随轴一起旋转，为了考虑动环具有一定的浮动性，一般它不直接固定在转轴上，通常在动环和轴之间需要有一个力传递机构，带动动环旋转，并克服动环和静环间的摩擦力矩。图 5-7 为几种典型的传动形式。

图 5-7（a）为弹簧传动。弹簧传动主要有弹簧过盈传动、弹簧座凹槽传动、弹簧座传动和弹簧钩传动。弹簧过盈传动是弹簧两端过盈安装在旋转环上，利用弹簧顺螺旋方向内径变小的特点传动，结构简单，只能单方向传动。图 5-7（b）为弹簧座螺钉传动，是在弹簧座上开两个缺口，旋转环上安两个螺钉配合传动，结构简单，工作可靠。图 5-7（c）为弹簧套凹槽传动，是在旋转环外侧和弹簧座上加工凹槽，结构简单，工作可靠。图 5-7（d）为传动销传动，弹簧座固定于轴上，通过传动销把动环、推环弹簧与弹簧座连成一体，使动环与

静环作相对旋转运动。传动销传动主要用于多弹簧形式。图 5-7（e）为波纹管直接传动。常用于金属波纹管结构。

图 5-7（f）和图 5-7（g）为拨叉及突耳传动。利用金属与金属的凹凸形式传动，适用于复杂结构。有相对轴向运动时，能保证传动的可靠性，并允许密封有较大偏差。

图 5-7（h）和图 5-7（i）为转轴直接传动。常见结构有用轴套夹紧、用紧定螺钉固定等，常用于静密封。

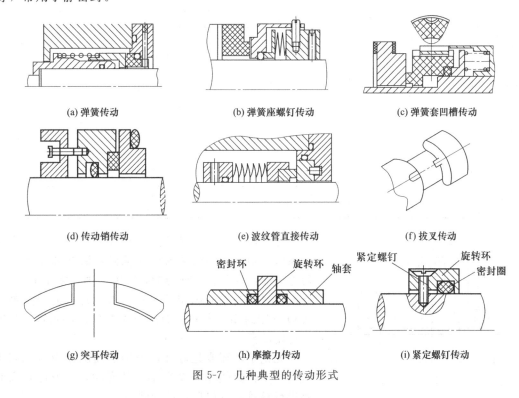

(a) 弹簧传动　　　　　　　(b) 弹簧座螺钉传动　　　　　　(c) 弹簧套凹槽传动

(d) 传动销传动　　　　　　(e) 波纹管直接传动　　　　　　(f) 拨叉传动

(g) 突耳传动　　　　　　　(h) 摩擦力传动　　　　　　　(i) 紧定螺钉传动

图 5-7　几种典型的传动形式

第三节　主要零件的尺寸确定

1. 密封端面尺寸的确定

（1）端面宽度 b　密封端面是由动环、静环两个零件组成的。动环和静环密封端面为了有效地工作，相应地做成一窄一宽。软材料做窄环，硬材料做宽环，使窄环被均匀地磨损而不嵌入宽环中去。此时，软材料的端面宽度为密封端面宽度 b。当动环和静环都选用硬材料时，密封端面都做成窄环；并取相同的端面宽度 b。

端面宽度 b 在材料强度、刚度足够的条件下，尽可能取小值。过大的 b 值只有坏处，因为它将使端面润滑、冷却效果降低，端面磨损、泄漏，功率消耗增加，而且加工量增加。在泵用机械密封标准中石墨环、硬质合金环、填充聚四氟环，青铜环的端面宽度 b 值见表 5-2。

（2）端面高度 h　窄环高度 h 值主要从材料的强度、刚度以及耐磨损能力确定，一般取 2～3mm。泵用机械密封标准中高度 h 值：石墨环、填充聚四氟环、青铜环都取 3mm，硬质合金环为 2mm。

（3）间隙　因为轴与静环相对转动，所以必须留有一定的间隙，如图 5-8 所示。静环内径 D 与轴的间隙（$D-d$）一般取 1～3mm（具体尺寸根据安装精度、轴的偏摆程度及轴径大小确定）。泵用机械密封标准中石墨、青铜、填充四氟材料制作的密封环轴径在 16～

100mm 时取 1mm，轴径在 110～120mm 时取 2mm。硬质合金材料制作的密封环轴径在16～100mm 时取 2mm，轴径在 110～120mm 时取 3mm。

表 5-2　不同材料窄环的端面宽度 b 和端面高度 h　　　　mm

名称			轴径 d																						
			16	18	20	22	25	28	30	35	40	45	50	55	60	65	70	75	80	85	90	95	100	110	120
非平衡型	石墨	b			3					4			5			5.5					6				
		h			3					3			3			3					3				
	硬质合金	b			2								2.5						3					3.5	
		h			2								2						2					2	
	填充聚四氟乙烯	b			3					4			5			5.5									
		h			3					3			3												
	青铜	b			2								2.5						3					3.5	
		h			3								3						3				3		
平衡型	硬质合金	b			2						2.5			2.75						3					
		h			2						2			3						2					
	石墨	b						3				4						5			5.5			6	
		h						3				3						3			3			3	
	青铜	b						2.5					2.75						3						
		h						3					3						3						

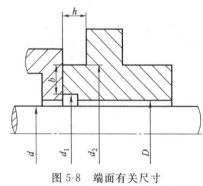

图 5-8　端面有关尺寸

对于动环，为了保证其浮动性，以补偿轴与静环的偏斜、轴的振动而造成的摩擦副不贴合和比压不均匀等情况，一般它与轴的配合间隙依轴径大小取0.5～1mm。动环与轴间隙也不可能过大，过大的间隙会造成 O 形密封圈卡入间隙而造成密封失效，尤其在高压时更要注意。

无论是动环或是静环，与轴的间隙还应考虑到机械密封工作时热膨胀系数不同的影响，在温度较高时要进行核算，以保证合理的间隙。

（4）密封端面直径　当平衡系数 B、密封端面宽度 b 和动静环内径与轴的间隙确定以后，就可根据轴（或轴套）直径 d 按下列方法计算密封端面直径。

① 内装式机械密封

$$B = \frac{d_2^2 - d_b^2}{d_2^2 - d_1^2}$$

因为 $d_2 = d_1 + 2b$

可得

$$d_1 = \frac{-4b(1-B) + \sqrt{4d_b^2 - 16b^2 B(1-B)}}{2} \tag{5-1}$$

② 外装式机械密封

$$B = \frac{d_b^2 - d_1^2}{d_2^2 - d_1^2}$$

因为 $d_2 = d_1 + 2b$

可得

$$d_1 = \frac{-4bB + \sqrt{4d_b^2 - 16b^2 B(1-B)}}{2} \tag{5-2}$$

密封端面外径 d_2 就可由密封端面内径 d_1 加 $2b$ 计算得到。

窄环的端面内、外径确定后，宽环的端面内径较窄环内径小 1～3mm，外径大 1～3mm。

2. 密封圈尺寸的确定

密封圈的内径及截面公称尺寸是根据密封部位的相关尺寸确定的。考虑橡胶 O 形圈与聚四氟乙烯 V 形圈的互换性，在设计时取相同的公称尺寸。

为保证其密封性能，O 形圈必须有一定的压缩量，如图 5-9 所示。压缩率为 $\dfrac{a_1-a}{a}$。标准结构型式的密封圈截面尺寸及压缩量见表 5-3。

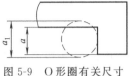

图 5-9　O 形圈有关尺寸

表 5-3　密封圈截面尺寸及压缩量

名　称	内径公称尺寸(>)/mm		
	16～28	30～80	85～120
截面尺寸 a_1/mm	4	5	6
压缩率/%	6～10	6～9	6～8.5

O 形圈压缩量一定要掌握适当，过小会使密封性能差，过大会使安装困难，摩擦阻力加大，且浮动性差。O 形圈内径尺寸偏差一般取 -1.5～-0.5mm。

聚四氟乙烯 V 形圈是依靠二边的密封唇进行密封的，属于自紧式密封结构。介质压力升高时，其密封性能好，为了保证在低压时也有良好的密封性能，V 形圈的内径必须比轴径小，外径也必须比安装尺寸大。V 形圈一般与推环或撑环一起安装，以使 V 形圈的二边密封唇紧贴在内外环形的密封表面。标准中规定 V 形圈内径比轴径尺寸小 0.2～0.3mm，外径比安装处尺寸大 0.2～0.3mm，如图 5-10 所示。

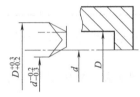

图 5-10　V 形圈有关尺寸

3. 弹簧的确定

当密封端面磨损时，由于压缩弹簧伸长，使补偿环产生轴向移动进行补偿，此时弹簧力下降。为保证机械密封在整个使用期间，密封端面比压的变化不大，始终具有良好的密封性能，则要求弹簧力数值下降量不能超过 10%～20%，同时由于机械密封要求结构紧凑，因此弹簧应尽量短。与一般压缩弹簧比较，其特点是节距大，圈数少。

机械密封中用得最多的弹簧是圆柱螺旋弹簧。根据两端并圈数的不同，可分为普通弹簧与并圈弹簧两种，普通弹簧两端的并圈各为 3/4 圈，并圈弹簧两端并圈各为 2 圈。因此，虽然它们的有效圈数相同，但总圈数相差 2.5 圈，并圈弹簧内径安装在弹簧座上的过盈量按直径不同在 1～2mm 范围内。

在机械密封结构设计时，往往遇到选择单弹簧还是多弹簧的问题。当轴径小于 65mm 时，一般可选用单弹簧结构，当轴径大于 65mm 时，一般选用多弹簧结构。两种弹簧的优缺点比较见表 5-4。

表 5-4　单弹簧和多弹簧优缺点的比较

名　称	单　弹　簧	多　弹　簧
压力均匀性	作用在密封面上压力不均匀，当轴径大时更突出	作用在密封面上压力均匀，轴径变化时不受影响
压力变化程度	压缩量变化，弹簧压力变化小	压缩量变化时，弹簧压力变化大
腐蚀影响	因丝径大，腐蚀对弹簧压力影响小	因丝径小，腐蚀对弹簧压力影响大
脏物、结晶影响	脏物、介质结晶对弹簧机能影响小	脏物、介质结晶易使弹簧失去机能
弹簧力调节	一个弹簧，力不易调节	可通过增减弹簧个数获得所需弹簧力
空间尺寸	轴向尺寸大，径向尺寸小	轴向尺寸小，径向尺寸大
制造要求	两端平面平行度及中心垂直度要求严	要求不严，两端甚至可以不磨。但弹簧高度要相同

第四节　弹簧比压和端面比压的计算

1. 弹簧比压

弹性元件施加到密封端面单位面积上的力称作弹簧比压，用 p_s 表示，即

$$p_s = \frac{F_s n_s}{A} \tag{5-3}$$

式中，F_s 为单个弹簧的弹性力，N；n_s 为弹簧数量；A 为密封端面面积，m^2。

弹簧比压 p_s 的作用是当介质压力很小或波动时，仍能维持一定的端面比压，使密封端面贴紧，保持密封作用。弹簧比压与密封介质压力、零件材质、结构型式以及密封端面的平均线速度等因素有关。通常，低压时弹簧比压应选低值，高压时弹簧比压选高值。采用橡胶材料做辅助密封的结构，弹簧比压可选得低些，而采用聚四氟乙烯做辅助密封的结构，弹簧比压应选得高些。根据密封端面平均线速度的不同，弹簧比压的选择范围也不同，其范围可参考表 5-5。

表 5-5　机械密封弹簧比压的选择

机械密封类型	密封端面平均线速度/(m/s)	弹簧比压 p_s/MPa
高速机械密封	>30	0.05~0.2
中速机械密封	10~30	0.15~0.3
低速机械密封	<10	0.15~0.6

对于内装式结构的机械密封，弹簧比压取低值，对于外装式平衡型的机械密封，弹簧比压取高值。

釜用机械密封，由于反应釜操作特点，如密封介质为气相，轴摆动大、操作压力、温度及介质相态不稳定，转速较低等原因，应选择较大的弹簧比压。

标准型式泵用及釜用机械密封弹簧比压的数值见表 5-6 及表 5-7。

表 5-6　泵用机械密封弹簧比压数值

型号	弹簧比压 p_s/MPa	型号	弹簧比压 p_s/MPa
103 型	0.11~0.13	110 型	0.14~0.27
104 型	0.11~0.13	111 型	0.11~0.15
105 型	0.08~0.13	114 型	0.19~0.24
106 型	0.14~0.27		

表 5-7　釜用机械密封弹簧比压数值

型号		弹簧比压 p_s/MPa
201 型		0.44~0.79
201 型		0.44~0.79
203 型		0.19~0.28
204 型		0.19~0.28
205 型	大气侧	0.15~0.58
	介质侧	0.15~0.58
206 型	大气侧	0.19~0.39
	介质侧	0.15~0.25

2. 端面比压

作用在密封端面单位面积上净剩的闭合力称做端面比压，以 p_c 表示。当忽略辅助密封

摩擦力（即补偿环上辅助密封处轴向移动时的摩擦力）时，端面比压等于作用在密封端面单位面积上闭合力与开启力（即一般由密封端面间流体膜压力引起的使补偿环与非补偿环分开的力）之差除以密封端面面积 A，即

$$p_c = \frac{F_c - F_0}{A} \tag{5-4}$$

式中，F_c 为闭合力，N；F_0 为开启力，N；A 为密封端面面积，m^2。

设密封端面内径为 d_1，外径为 d_2，则密封端面面积 A 为

$$A = \frac{\pi}{4}(d_2^2 - d_1^2) \tag{5-5}$$

为保证机械密封具有长久的使用寿命和良好的密封性能，必须选择合理的端面比压。端面比压按下列原则进行选择：

① 为使密封端面始终紧密的贴合，端面比压一定为正值，即 $p_c > 0$；

② 端面比压一定要大于介质在密封端面上的蒸气压；

③ 端面比压是决定密封端面间存在液膜的重要条件，因此一般不宜过大，以避免液膜蒸发，磨损加剧。当然从泄漏量角度考虑，也不宜过小，以防止密封性能变差。

在泵用机械密封中，对于内装式机械密封，端面比压一般选取 $0.3 \sim 0.6$MPa；外装式机械密封端面比压一般取 $0.15 \sim 0.4$MPa；反应釜用外装式机械密封，端面比压的选择可比泵用机械密封的端面比压稍大些。

对黏度大、润滑性好的介质，端面比压可适当增加，一般选取 $0.5 \sim 0.7$MPa；对易挥发、润滑性差的介质，取较小的端面比压值，即 $0.3 \sim 0.45$MPa。

3. 端面比压的计算

(1) 内装非平衡型机械密封端面比压的计算　内装非平衡型机械密封环受力简图见图 5-11。

根据动环受力分析，作用在动环上的轴向力主要有

作用力　　$F_s = p_s A = p_s \times \frac{\pi}{4}(d_2^2 - d_1^2)$

端面液膜分开力　　$F_0 = p_1 \lambda A = \frac{\pi}{4}(d_2^2 - d_1^2)\lambda p_1$

介质作用力　　$F_1 = p_1 A' = p_1 \frac{\pi}{4}(d_2^2 - d_b^2)$

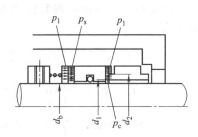

图 5-11　内装非平衡型机械密封环受力图

式中，A 为密封端面面积，m^2；A' 为介质作用在动环上的有效面积，m^2；d_b 为平衡直径，m。

由式（5-1）得

$$p_c = \frac{F_c - F_0}{A} = \frac{F_s + F_1 - F_0}{A}$$

$$p_c = \frac{p_s A + p_1 A' - p_1 \lambda A}{A}$$

化简后得

$$p_c = p_s + p_1 \frac{A'}{A} - p_1 \lambda$$

因为平衡系数 $B_内 = \dfrac{A'}{A} = \dfrac{d_2^2 - d_b^2}{d_2^2 - d_1^2}$，所以

$$p_c = p_s + p_1 B_内 - p_1 \lambda$$

$$p_c = p_s + p_1(B_内 - \lambda)$$

（2）内装平衡型机械密封端面比压的计算　内装平衡型机械密封动环受力简图见图 5-12。

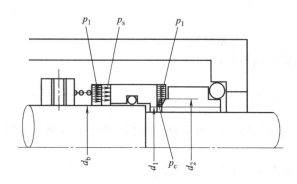

图 5-12　内装平衡型机械密封动环受力图

根据动环受力分析，作用在动环上的轴向力有

$$F_1 = p_1 A' = \frac{\pi}{4}(d_2^2 - d_b^2)p_1$$

$$F_s = p_s A = \frac{\pi}{4}(d_2^2 - d_1^2)p_s$$

$$F_0 = p_1 \lambda A = \frac{\pi}{4}(d_2^2 - d_1^2)\lambda p_1$$

由式（5-4）得

$$p_c = \frac{F_c - F_o}{A} = \frac{F_s + F_1 - F_o}{A}$$

$$p_c = p_s + p_1 \times \frac{A'}{A} - p_1 \lambda$$

整理后，得

$$p_c = p_s + p_1(B_内 - \lambda)$$

（3）外装平衡型机械密封端面比压的计算　外装平衡型机械密封动环受力简图见图 5-13。

由动环受力分析，得到作用在动环上的轴向力为

$$F_1 = p_1 A' = \frac{\pi}{4}(d_b^2 - d_1^2)p_1$$

$$F_s = p_s A = \frac{\pi}{4}(d_2^2 - d_1^2)p_s$$

$$F_0 = p_1 \lambda A = \frac{\pi}{4}(d_2^2 - d_1^2)\lambda p_1$$

由式（5-4）得

$$p_c = \frac{F_c - F_e}{A} = \frac{F_s - (F_1 + F_e)}{A}$$

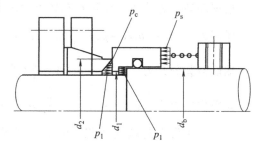

图 5-13　外装平衡型机械密封动环受力图

$$p_c = p_s + p_1 \frac{A'}{A} - p_1 \lambda$$

外装式机械密封的平衡系数 $B_外 = \dfrac{A'}{A} = \dfrac{d_b^2 - d_1^2}{d_2^2 - d_1^2}$，则

$$p_c = p_s + p_1 B_外 - p_1 \lambda$$

$$p_c = p_s + p_1(B_外 - \lambda)$$

（4）外装非平衡型机械密封端面比压的计算　外装非平衡型机械密封动环受力简图见图 5-14。

由动环受力分析，得到作用在动环上的轴向力为

$$F_1 = p_1 A' = \frac{\pi}{4}(d_b^2 - d_b^2)p_1$$

$$F_s = p_s A = \frac{\pi}{4}(d_2^2 - d_1^2)p_s$$

$$F_0 = p_1 \lambda A = \frac{\pi}{4}(d_2^2 - d_1^2)\lambda p_1$$

同上，由式（5-4）得到

$$p_c = p_s + p_1(B_{内} - \lambda)$$

（5）双端面机械密封端面比压的计算　双端面机械密封动环受力简图见图 5-15。

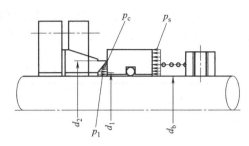

图 5-14　外装非平衡型机械密封动环受力图

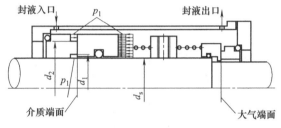

图 5-15　双端面机械密封动环受力图

双端面机械密封，要分别计算大气侧和密封介质侧的端面比压。由于双端面机械密封两侧所密封的均是阻封液，且均为内装式结构，故其端面比压计算分别如下。

大气侧端面比压计算，一般按单端面内装式机械密封考虑，即

$$p_c = p_s + p_2(B_{内} - \lambda)$$

式中，p_2 为阻封液压力，Pa。

对于介质侧密封端面比压的计算，可根据其受力分析进行推导。

作用于密封端面的闭合力为

$$F_s = p_s A = \frac{\pi}{4}(d_2^2 - d_1^2)p_s$$

$$F_2 = p_2 A' = \frac{\pi}{4}(d_2^2 - d_b^2)p_2$$

作用于密封端面的开启力为

$$F_o = (p_2 - p_1)\frac{\pi}{4}(d_2^2 - d_1^2)\lambda + p_1\frac{\pi}{4}(d_2^2 - d_b^2)$$

封液处在内流状态下，其平衡系数为

$$B_{内} = \frac{d_2^2 - d_b^2}{d_2^2 - d_1^2}$$

根据以上各式，可推出产品介质侧密封端面比压的计算公式为

$$F_o = \frac{F_s + F_2 - F_o}{A} = p_s + (p_2 - p_1)(B_{内} - \lambda)$$

第五节　弹簧的设计计算

圆柱螺旋压缩弹簧的设计计算方法很多，对于机械密封用的弹簧，通常是根据选定的弹簧比压和密封端面接触面积 A 来计算弹簧的工作载荷，再根据选定的弹簧材料及假定的弹簧中径、弹簧丝径及工作圈数 n 进行计算，确定结构尺寸并进行强度校核。

具体计算步骤如下。

1. 选定材料，确定许用切应力 $[\tau]$

圆柱螺旋弹簧的许用应力按所受载荷情况分为三类：Ⅰ类为受变载荷，作用次数在 10^6

次以上的弹簧；Ⅱ类为受变载荷，作用次数在 $10^3 \sim 10^5$ 次和受冲击载荷的弹簧（机械密封用弹簧多为此类）；Ⅲ类为受变载荷，作用次数在 10^3 次以下的弹簧。常用弹簧材料及其许用应力见表 5-8。

表 5-8　圆柱螺旋弹簧的许用应力

材料		许用剪应力[τ] /(kgf/mm²)			许用弯曲应力 [σ]/(kgf/mm²)		剪切模量 G /(kgf/mm²)	杨氏模量 E /(kgf/mm²)	推荐硬度范围 (HRC)	推荐使用温度/℃
类别	牌号	Ⅰ类	Ⅱ类	Ⅲ类	Ⅱ类	Ⅲ类				
碳素弹簧钢丝	65,70	$0.3\sigma_b$	$0.4\sigma_b$	$0.5\sigma_b$	$0.5\sigma_b$	$0.625\sigma_b$	$0.5 \leqslant d \leqslant 4$ 8300~8000	$0.5 \leqslant d \leqslant 4$ 20750~20500	—	-40~120
	65Mn,70Mn						$d>4$ 8000	$d>4$ 20000		
合金弹簧钢丝	60Si2Mn	48	64	80	80	100	8000	20000	54~50	-40~250
	60Si2MnA									
	60Si2CrA								47~52	-40~300
	60Si2MnWA	57	76	95	95	119				-40~350
	60Si2CrVA									
	50CrVA	45	60	75	75	94			45~50	-40~400
	30W4Cr2VA								43~47	-40~500
不锈钢弹簧钢丝	1Cr18Ni9	33	44	55	55	69	7300	19700	—	-250~290
	1Cr18Ni9Ti									
	3Cr13	45	60	75	75	94	7700	21900	48~53	-40~400
	4Cr13									
	0Cr17Ni7Al	48	64	80	80	100	7500	18700	47~50	350
	0Cr15Ni7MoAl									425
镍合金丝	Ni36CrTiAl	45	60	75	75	94	7700	20000	—	-40~250
	Ni42CrTi	42	56	70	70	88	6700	19000	—	-60~100
	Co40CrNiMo	51	68	85	85	102	7800	20000	—	-40~400
铜合金丝	QSi3-1	27	36	45	45	56	4100	9500	HB90~100	-40~120
	QSn4-3						4000			-250~120
	QSn6.5-0.1									
	QBe2	36	45	56	56	75	4300	13200	37~40	-200~120
热轧弹簧钢材	65Mn	42	56	70	70	88	8000	20000	45~50	-40~120
	60Si2Mn	48	64	80	80	100				-40~250
	60Si2MnA									
	60Si2CrA	54	72	90	90	113			47~52	-40~300
	70Si3MnA									-40~350
	65Si2MnWA	57	76	95	95	110			45~50	-40~400
	60Si2CrVA									
	50CrVA	45	60	75	75	93			43~47	-40~500
	30W4Cr2VA									

2. 确定 D_2、d_0 和 n

根据表 5-8 确定材料，再根据机械密封结构、弹簧力要求预选弹簧中径 D_2、弹簧丝径 d_0、弹簧工作圈数 n。选择 D_2、d_0 和 n 时，主要根据结构确定，选择时注意以下几点。

① D_2、d_0 和 n 均应在尺寸系列内选取。

② 弹簧工作圈数 n 的选择，对于大弹簧一般为 2~4 圈，对于小弹簧，一般为 7~8 圈。

③ 计算旋绕比（弹簧指数）C

$$C = D_2/d_0$$

④ 选定弹簧比压 p_s，并计算弹簧最大工作负荷 F_2（见图 5-16）

$$F_2 = p_s A = \frac{\pi}{4}(d_2^2 - d_1^2)p_s$$

⑤ 计算弹簧的曲度系数（应力修正系数）K

$$K = \frac{4C-1}{4C-4} + \frac{0.615}{C}$$

⑥ 校核扭转切应力 τ

$$\tau = \frac{8KD_2 F_2}{\pi d_0^3} = \frac{8KCF_2}{\pi d_0^2} \leqslant [\tau]$$

⑦ 校核弹簧工作极限负荷 F_3

$$F_3 = \frac{\pi d_0^3 \tau_j}{8KD_2} \geqslant 1.25 F_2$$

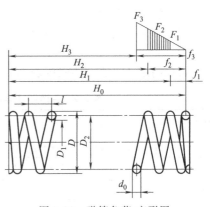

图 5-16　弹簧负荷-变形图

式中，τ_j 为工作极限应力，τ_j 也分为三类，一般情况是：

Ⅰ类：$\tau_j \leqslant 1.67\,[\tau]$

Ⅱ类：$\tau_j \leqslant 1.25\,[\tau]$

Ⅲ类：$\tau_j \leqslant 1.12\,[\tau]$

⑧ 计算弹簧最大工作负荷下的变形量 f_2

$$f_2 = \frac{8nF_2 D_2^3}{Gd_0^4}$$

式中，G 为剪切模量（查表 5-8）。

⑨ 计算弹簧工作极限负荷下的变形量 f_3

$$f_3 = \frac{8nF_3 D_2^3}{Gd_0^4}$$

⑩ 计算弹簧刚度 k

$$k = \frac{Gd_0^4}{8D_2^3 n} = \frac{GD_2}{8C^4 n} = \frac{F_2}{f_2}$$

⑪ 选择弹簧余隙 δ。弹簧余隙 δ 是在最大工作载荷 F_2 的作用下，为了使弹簧各圈不接触应保留的间隙，一般取 $\delta \geqslant 0.1d_0$。

机械密封用大弹簧一般选择 $\delta = f_3$，小弹簧一般按下式选择

$$\delta = 0.1d_0 + \frac{F_2}{kn}$$

⑫ 计算弹簧节距 t 及螺旋角 α。以弹簧几何中心线形成的螺旋线的升角 α 称为弹簧的螺旋角，螺旋线间的距离为节距 t。一般压缩弹簧 $t = (0.28 \sim 0.5)D_2$，节距 t 同时也应满足

$$t = \delta + d_0 + \frac{f_3}{n} \approx d + \frac{f_3}{n}$$

弹簧螺旋角 α 按下式计算

$$\alpha = \arctan \frac{t}{D_2 \pi}$$

螺旋角 α 一般应在 $5° \sim 10°$ 的范围内。

⑬ 确定弹簧支承圈数 n_2 并计算总圈数 n_1。弹簧支承圈的圈数 n_2 取决于端圈的结构型式。机械密封腔弹簧按下列规定：普通弹簧（两端磨平），$n_2 = 1.5$；并圈弹簧（两端磨平），$n_2 = 4$。

弹簧的总圈数 n_1 可通过下式计算

$$n_1 = n + n_2$$

⑭ 计算弹簧自由高度 H_0。压缩弹簧的自由高度 H_0 是指自由状态下的高度，即

$$H_0 = nt + (n_2 - 0.5)d_0$$

机械密封用弹簧：

当 $n_2 = 1.5$ 时，$H_0 = nt + d_0$

当 $n_2 = 4$ 时，$H_0 = nt + 3.5d_0$

自由高度 H_0 值，还应按表 5-9 的尺寸系列进行圆整。

表 5-9　普通圆柱螺旋弹簧尺寸参数系列（GB/T 1358—2009）

弹簧材料截面直径 d /mm	第一系列	0.1 0.15 0.2 0.25 0.3 0.35 0.4 0.45 0.5 0.6 0.8 1 1.2 1.6 2 2.5 3 3.5 4 4.5 5 6 8 10 12 16 20 25 30 35 40 45 50 60 70 80
	第二系列	0.7 0.9 1.4 (1.5) 1.8 2.2 2.8 3.2 3.8 4.2 5.5 7 9 14 18 22 (27) 28 32 (36) 38 42 55 65
弹簧中径 D_2/mm	第一系列	0.4 0.5 0.6 0.7 0.8 0.9 1 1.2 1.6 2 2.5 3 3.5 4 4.5 5 6 7 8 9 10 12 16 20 25 30 35 40 45 50 55 60 70 80 90 100 110 120 130 140 150 160 180 200 220 240 260 280 300 320 360 400
	第二系列	1.4 1.8 2.2 2.8 3.2 3.8 4.2 4.8 5.5 6.5 7.5 8.5 9.5 14 18 22 28 32 42 48 52 58 65 75 85 95 105 115 125 135 145 170 190 210 230 250 270 290 340 380 450
有效圈数 /n	压缩弹簧	2 2.25 2.5 2.75 3 3.25 3.5 3.75 4 4.25 4.5 4.75 5 5.5 6 6.5 7 7.5 8 8.5 9 9.5 10 10.5 11.5 12.5 13.5 14.5 15 16 18 20 22 25 28 30
	拉伸弹簧	2 3 4 5 6 7 8 9 10 11 12 13 14 15 16 17 18 19 20 22 25 28 30 35 40 45 50 55 60 65 70 80 90 100
自由高度 H_3 /mm	压缩弹簧（推荐选用）	4 5 6 7 8 9 10 11 12 13 14 15 16 17 18 19 20 22 24 26 28 30 32 35 38 40 42 45 48 50 52 55 58 60 65 70 75 80 85 90 95 100 105 110 115 120 130 140 150 160 170 180 190 200 220 240 260 280 300 320 340 360 380 400 420 450 480 500 520 550 580 600 620 650 680 700 720 750 780 800 850 900 950 1000

⑮ 计算弹簧工作高度 H

$$H = H_0 - f_2$$

⑯ 计算弹簧展开长度 L

$$L = \pi D_2 n_1 / \cos\alpha \approx \pi D_2 n_1$$

弹簧设计往往需要经过几次试算，比较其结果，以选择最合适的数值。当采用并圈弹簧或带钩弹簧传动时，还要注意弹簧旋向，弹簧旋向应与转轴转动方向相同。在这种情况下弹簧除两端受有轴向压缩载荷以外，还同时有一作用在垂直于弹簧轴线平面内的扭矩 M_f。其数值近似等于端面摩擦力矩，当端面比压大时，因摩擦力矩产生的轴向位移对弹簧力影响大，此时可按圆柱螺旋压缩-扭转弹簧来计算。

第六节　波纹管有效作用直径的计算

波纹管（金属或聚四氟乙烯）型机械密封，由于其浮动性好，安装方便，近几年在国内有了一定的发展。对于这种结构的机械密封，在端面比压计算时遇到的一个问题就是如何计算波纹管有效直径。根据受压状态不同，波纹管有效直径可分别定义如下。

（1）受内压时的有效直径　当波纹管内侧受到一定大小的流体压力 p 作用而长度 L 又保持不变时，它在轴向产生的力 F 相当于以有效直径为直径的圆形活塞端面受压力 p 作用所产生的力（见图 5-17），即

$$F = \frac{\pi}{4} d_e^2 p$$

（2）受外压时的有效直径　当波纹管外侧受到一定大小流体压力 p 作用而长度 L 又保持不变时，它在轴向产生的力 F 相当于波纹管外径与有效直径之间的环形活塞端面受压力 p

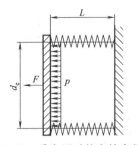

图 5-17　受内压时的有效直径

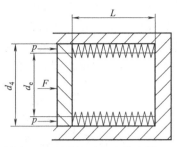

图 5-18　受外压时的有效直径

作用时所产生的力（见图 5-18），即

$$F=\frac{\pi}{4}(d_4^2-d_e^2)p$$

　　在计算金属或聚四氟乙烯波纹管机械密封的端面比压时，波纹管的有效直径相当于带辅助密封圈的机械密封中的平衡直径。波纹管常用的波形断面如图 5-19 所示。

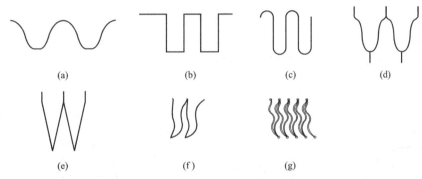

图 5-19　波纹管常用波形断面

　　其中图 5-19（a）是正弦波；图 5-19（b）是矩形波，车制聚四氟乙烯波纹管属这类；图 5-19（c）是 U 形波，挤压金属波纹管属这类，图 5-19（d）～（g）都是焊接金属波纹管的波形断面，称为锯齿形波。

　　波纹管有效直径。一般近似计算，其公式为
　　矩形波

$$d_e=\sqrt{\frac{1}{2}(d_3^2+d_4^2)}$$

　　锯齿形波

$$d_e=\sqrt{\frac{1}{3}(d_3^2+d_4^2+d_3d_4)}$$

　　式中，d_3 为波纹管波形内径，m；d_4 为波纹管波形外径，m。

　　严格讲，波纹管有效直径与波纹管受压状态、波形、材料、波数等多种因素有关。当其受内压时，波纹管有效直径将比计算值大，压力越高，偏差越大；当其受外压时，波纹管有效直径比计算值小，同样，压力越高，偏差越大。因此，精确计算时，要通过实验测定。

第七节　镶嵌环结构尺寸的确定

　　镶嵌结构是指把石墨、硬质合金或陶瓷密封环镶嵌到金属环座中，使两部分之间依靠过盈配合起到传递扭矩和密封的作用。镶嵌后的密封环外圆面受环座的径向压应力，环座内径表面受密封环的径向压应力，如图 5-20 所示。

由于装配应力的存在，使得镶嵌密封环在结构设计、参数确定、应用条件等方面与整体密封环有较大的不同，密封环镶嵌结构的微小变化都可能对镶嵌后密封环的性能产生很大影响，这已经在实际应用中得到大量的印证。

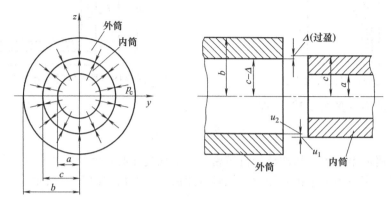

图 5-20　镶嵌过盈示意图

1. 镶嵌应力

（1）厚壁圆筒理论　厚壁圆筒就是具有较大壁厚的圆筒。厚壁圆筒的应力计算模型如图 5-21 所示。

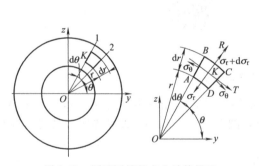

图 5-21　厚壁圆筒的应力计算模型

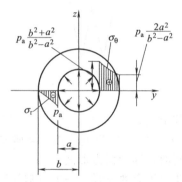

图 5-22　受内压厚壁圆筒应力图

对于外筒，即环座，受到内压作用，见图 5-22，其内表面（$r=a$）处

$$\sigma_r = -p_a$$

$$\sigma_\theta = p_a \frac{a^2 + b^2}{b^2 - a^2}$$

环座外表面（$r=b$）处

$$\sigma_r = 0$$

$$\sigma_\theta = p_a \frac{2a^2}{b^2 - a^2}$$

外筒的位移，即环座半径拉伸量

$$u_2 = p_a \frac{a}{E_2} \left[\frac{b^2 + a^2}{b^2 - a^2} + \nu_2 \right]$$

式中，ν_2 为材料的泊松比。

对于内筒，即密封环片，相当于受外压，见图 5-23，其内表面（$r=a$）处

$$\sigma_r = 0$$

$$\sigma_\theta = -\frac{2p_b b^2}{b^2 - a^2}$$

环片外表面（$r = b$）处

$$\sigma_r = -p_b$$

$$\sigma_\theta = -p_b \frac{a^2 + b^2}{b^2 - a^2}$$

内筒的位移，即密封环半径收缩量

$$u_1 = -p_a \frac{b}{E_1}\left[\frac{a^2 + b^2}{b^2 - a^2} - \nu_1\right]$$

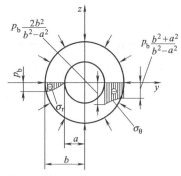

图 5-23　受外压厚壁圆筒应力图

从厚壁圆筒的结果来看，筒壁的内外表面的径向应力和周向应力都是不等的。比较环座和密封环各自的内外表面周向应力，显然内表面大于外表面，因此都应以内表面周向应力值来校核环座和环片的强度。

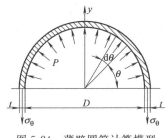

图 5-24　薄壁圆筒计算模型

（2）薄壁圆筒理论　当圆筒的壁厚 t 远小于它的直径 D 时（例如 $t < D/t$），称为薄壁圆筒。对于一段长度为 δ 的圆筒，受内部压力，如图 5-24 所示，只取上面的一半，内部压力 P 对半圆筒向上的作用力 $F_1 = P\delta D$，上下两半圆筒之间的拉力为 $F_2 = 2\sigma\delta t$，由平衡条件 $\sum Y = 0$ 得

$$2\sigma t\delta - P\delta D = 0$$

求得

$$\sigma = \frac{pD}{2t}$$

式中，σ 为周向拉应力；p 为径向压应力；t 为环座单边厚度，mm。

这是按薄壁容器受内压计算的，当受外压时，这个结果同样有效。镶嵌密封环的环座相当于受内压的圆筒，密封环相当于受外压的圆筒。显然，这里的周向应力为整个壁厚的平均周向拉应力。在密封环尺寸较小，且计算精度要求又不高的情况下，可以通过采用薄壁圆筒算式，方便地得出环座和密封环的应力值。

2. 密封环镶嵌结构的变形量计算

（1）镶嵌的最小过盈量　镶嵌首先要确定合适的过盈量，基本要求是使用时必须满足镶嵌面的传动和密封功能。即过盈量一定有一个最小值。关于最小值，计算传动需要的转矩非常麻烦，而且影响因素很复杂，很难得出准确结果，所以本书采用一个简便的办法，就是通过实验来确定镶嵌密封环的最小过盈量，实践表明，镶嵌密封环的最小过盈量不小于环直径的 0.2%（常温），就能可靠地保证镶嵌密封环的传动和密封性能，一般保证不小于 0.01～0.02mm（工作温度）。

（2）镶嵌的最大过盈量　镶嵌最大变形量受材料强度的限制。当把环座和密封环都看作薄壁圆筒时，镶嵌时环座和密封环承受的拉应力和压应力分别可以视为均匀一致的，这样的话计算得以大大简化（当需要更为精确的计算时应该采用厚壁圆筒计算）。

计算前约定所有密封环参数的下标为 1，环座参数的下标为 2。对于环座来说，镶嵌时是拉伸过程，设镶嵌前后内径尺寸变化为 δ_2，则有

$$\varepsilon_2 = \frac{\pi(D + \delta_2) - \pi D}{\pi D} = \frac{\delta_2}{D} = \frac{\sigma_2}{E_2}$$

所以

$$\delta_2 = \frac{\sigma_2}{E_2} D$$

可见，材料的镶嵌变形量与材料的屈服强度和环座的镶嵌直径成正比，与材料的弹性模量成反比。

可以看出，当 σ_2 取屈服强度 σ_s 时，δ_2 值即为镶嵌的最大变形量。

同样地，对于密封环来说，镶嵌时是压缩过程，设镶嵌前后内径尺寸变化为 δ_1，则有

$$\varepsilon_1 = \frac{\pi D - \pi (D - \delta_1)}{\pi D} = \frac{\delta_1}{D} = \frac{\sigma_1}{E_1}$$

同样的结果

$$\delta_1 = \frac{\sigma_1}{E_1} D$$

计算出密封环和环座的变形量 δ_1 和 δ_2，则总过盈量

$$\delta = \delta_1 + \delta_2$$

3. 密封环镶嵌的温度计算

（1）最高使用温度计算 镶嵌密封环和环座由于材质不同，各自有不同的线胀系数，有的可能差别很大，常温状态下计算出来的过盈量，在温度变化后，必将发生变化。

比如，密封环线胀系数为 α_1，常温下的镶嵌尺寸为 d_1，则当温度升高 ΔT 后的镶嵌尺寸应为

$$d_1' = d_1 + d_1 \alpha_1 \Delta T$$

同理，环座线胀系数为 α_2，常温下的镶嵌尺寸为 d_2，则当温度升高 ΔT 后的镶嵌尺寸应为

$$d_2' = d_2 + d_2 \alpha_2 \Delta T$$

如果常温下设计的过盈量为 $\delta = d_1 - d_2$，则升高 ΔT 后的残存过盈量 $\Delta \delta$ 应为

$$
\begin{aligned}
\Delta \delta &= d_1' - d_2' \\
&= (d_1 + d_1 \alpha_1 \Delta T) - (d_2 + d_2 \alpha_2 \Delta T) \\
&= \delta - (\alpha_1 d_1 - \alpha_2 d_2) \Delta T
\end{aligned}
$$

由于 d_1 和 d_2 只差一个相对来说很小的过盈量值，可以忽略，所以可以用同一个尺寸——镶嵌直径 D 来代替，则有

$$\Delta \delta = \delta - D (\alpha_1 - \alpha_2) \Delta T$$

式中，$\Delta \delta$ 为在工作温度 T 时的过盈量，mm；δ 为常温镶嵌时的过盈量，mm；ΔT 为工作温度与常温之差，℃；α_1、α_2 为密封环和环座材料的线胀系数，1/℃；D 为镶嵌配合直径，mm；

若用线胀系数不同的材料进行镶嵌，应保证其在工作温度时仍有一定的过盈量，一般要求 $\Delta \delta \geqslant 0.02$mm。

上式反过来，可以得出常温时的镶嵌过盈量

$$\delta = 0.02 + D (\alpha_1 - \alpha_2) \Delta T$$

变换可得

$$\Delta T \leqslant (\delta - 0.02) / (\alpha_1 - \alpha_2) / D$$

此为密封环和环座材质确定条件下，镶嵌密封环可以使用的最高温度。

从计算表达式可以看出，温度变化导致过盈量的变化，主要取决于两种材料的线胀系数的差别，差值越大，变化越大。可见，要想提高使用温度，最有效的方法，就是采用线胀系数相近的材料进行镶嵌，例如，采用低膨胀合金 4J43、钛合金等，它们的线胀系数与石墨和硬质合金很接近。

（2）镶嵌加热温度的确定 热镶嵌时，先把金属环座升温 Δt，环座内孔热膨胀比密封环外径（d）大出 $\Delta = 0.10 \sim 0.20$mm，这时把环片放入环座中，环座冷却后就把密封环紧

紧箍住，完成过盈镶嵌。于是有

$$\delta+\Delta=d_2\alpha_2\Delta t$$

得到镶嵌加热温度

$$\Delta t=\frac{(\delta+\Delta)}{d_2\alpha_2} \tag{2-6}$$

式中，δ 为常温镶嵌时的过盈量，mm；Δt 为工作温度与常温之差，℃，α_2 为环座材料的线胀系数，1/℃。

（3）镶嵌结构 镶嵌密封环结构多种多样，如图 5-25 所示。镶嵌的密封环材料一般有三种，即石墨、硬质合金和碳化硅；环座通常为 2Cr13、304、316、低膨胀合金 4J43 等。材料的选择要根据具体工况条件，如腐蚀性、使用温度等，通常情况由于碳化硅材料较脆，膨胀系数小，所以不建议采用。图 5-25（a）、（b）为一般结构的动静环，图 5-25（c）为典型的波纹管环头，图 5-25（d）为一种新型的石墨镶嵌结构。

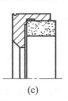

(a) (b) (c) (d)

图 5-25 几种常见的镶嵌密封环结构

（4）环座结构 为了解决镶嵌应力分布不均衡的问题，曾出现一种如图 5-26 所示的波纹管环头结构。环座分为两段，即底部与裙部为两体，裙部与密封环镶嵌，符合理想镶嵌条件，应力分布均衡，如图 5-27 所示。镶嵌完毕后，再把底部与裙部焊接起来成为一个整体。这时裙部与密封环之间的应力分布依旧是均衡的。

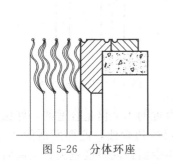

图 5-26 分体环座

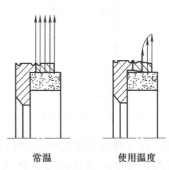

常温 使用温度

图 5-27 环座裙部应力均衡

当温度上升时，裙部紧箍在密封环上，由于结构单薄和弹性模量低只能随密封环线胀系数膨胀，而底部当然按自己的线胀系数来膨胀。

当环座底部材料不是膨胀合金时，在温度升高过程中底部与裙部的膨胀作用仍然是不同步的，底部明显比裙部膨胀得快，达到使用温度时，底部对于裙部将产生一个很大的径向向外的扩张作用，裙部产生一个顺时针方向的翻转，导致镶嵌面的应力分布产生另一种不均衡现象，靠近端面那端应力较高，而环座那端较小，是一种倒过来的喇叭状，如图 5-27 所示。

镶嵌后在常温状态下，实际过盈量达到最大，裙部几乎处于屈服状态，这时的镶嵌应力也最大；随着温度的升高，过盈量逐步减小，最高使用温度时过盈量理论上最小，刚好满足传动和密封要求加一定量的安全裕度。这时，如果底部对裙部若再有一个大力的径向外拉作用，会进一步降低已经很小的过盈量，容易使镶嵌满足不了传动和密封的作用，导致密封失效。显然，非膨胀合金材料的分体环座性能不好。

当环座底部材料是 4J43 时，在温度升高过程中底部与裙部的膨胀作用是同步的，显然，这时到达使用温度后环座底部与裙部不会产生相互作用力，镶嵌环头高温使用时与镶嵌时一样始终保持应力均衡的状态。可见，这种分体结构的环座在采用膨胀合金材料时是很有效的。

实际上，前面的两体环座，如果没有再组焊底部的话，裙部与密封环的镶嵌组合，在镶嵌过程以及使用时的升温过程中，小环座与密封环之间的应力始终都将保持均衡分布状态，这本身就是一种比较理想的镶嵌结构，只要解决环头与波纹管的连接，问题似乎就得到解决了。

当采用波纹管密封时，把裙部向后延长增加一个很小的钩状结构，如图 5-28 所示，保证镶嵌时密封环与环座有个可靠的定位，钩状结构根部的空刀槽处厚度进行严格控制，最大程度弱化钩状结构对裙部的影响，相比原先的大环座，这个小环座与理想状态的非常接近，在镶嵌过程和使用升温过程中，应力都将保持均衡分布，升温过程应力逐步下降，但是始终保持均衡，这是保证环片端面平直度的最有利的条件。

由于镶嵌石墨环应力分布均衡，并且由于金属环座弹性模量比石墨高 10 倍，环座可以大大提高石墨环的抗变形能力，所以，这种无底部的小环座不适合镶嵌石墨环片，只适用于硬质合金环。这种小环座，显然适用于各种金属。

（5）摩封环结构　镶嵌面必须提供足够的径向压应力，才能保证密封环与环座之间保持不松动并满足密封要求。对于石墨环，在规格较大时，如果径向压力不变，则周向压应力会显著提高，这意味着密封环安全系数降低，有碎裂的可能，要想避免这种情况，可以加大密封环的径向尺寸，即加大密封环厚度，由于通常密封环的端面宽度是不能随便加大的，所以这样的话常常密封环向内孔侧出现一个台阶，俗称 C 形密封环，如图 5-29 所示。

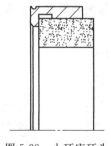

图 5-28　小环座环头

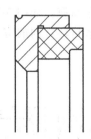

图 5-29　C 形密封环

通常，密封环的截面总体上保持轴向长度不低于径向厚度的 1.2 倍是合适的，好比一个细长的直的长方体，沿轴向施加很高的压力最终长方体会沿窄边弯曲，此即所谓的"失稳"现象。同样的道理，很高的周向压应力，密封环如果长度不变而径向厚度越大，在周向压应力作用下密封环径向方向压紧环座，而轴向的某一点向外弯曲"失稳"的趋势就将增大，导致端面产生所谓的波度变形，造成密封失效。

而对于硬质合金环，由于其极高的弹性模量和抗压强度，一般情况下强度根本不存在问题，是不需要做成 C 形结构的，细长截面的矩形片强度足够，并且其抗失稳能力更高，有利于保持端面的平直度。

（6）环座空刀结构　对于很多非波纹管密封环头类的一般镶嵌密封环，由于各自的结构需要和限制不能取消"底部"，则镶嵌硬质合金环时也必然产生先正向翻转，温度升高后再反向翻转的变化，对密封环端面平直度产生破坏。

翻转作用实际是一个加在密封环上的力矩，它的作用效果和力臂长短有关，力臂越短作用越弱。这个力臂就是环座裙部与密封环接触轴向长度。加大空刀宽度就可以减小裙部与密封环接触带的长度，当接触带很窄并且处于密封环的中间位置时，环座发生翻转对密封环的作用就大大弱化了，如图 5-30 所示。

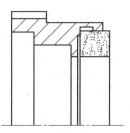

图 5-30　大空刀环座

石墨环由于环座变形很小没有这种喇叭效应，也就没有这样明显的翻转力矩，另外，接触环形带宽度变窄还将提高接触面的压应力，使密封环外表面产生很强的应力集中现象，这对于抗压强度相对不高的石墨来说是不利的，因此应该避免。所以镶嵌石墨环空刀应保持最小为好。

根据有限元分析发现，环座底部对密封环也有一个轴向的应力高点，准确讲是一个环形带，之所以出现这个高应力环形带，是镶嵌翻转导致底部平面出现凸起现象，对密封环产生压力。另外，热镶嵌在环座冷却收缩过程中，还存在着轴向收缩，这也使得环座底部对密封环产生轴向的压力。这个轴向压力在温度升高过程中也同样会逐步释放，导致整个密封环的应力发生变化，并且变化方向与前面叙述的环座裙部翻转相同，两者是正向叠加。为了消除这个轴向压力，可以在环座底部贴密封环部位加工一个轴向小台阶，使这个环形带上移，减低其作用效果。

（7）高压镶嵌石墨环的结构　由于石墨材料的弹性模量比较低，所以石墨本身的抗变形能力是非常弱的，镶嵌在金属环座中石墨的抗变形能力可以得到明显提高。

对于高压工况条件，压力通常都在 6MPa 以上，甚至高达 20MPa，在这样的极端条件下，通常的镶嵌也不能保证密封可靠，需要进一步进行优化。

经验表明，在较大规格时，硬对硬端面组合密封的可靠性不如软对硬组合。后者由于石墨端面的可磨损补偿特点使得石墨端面存在一定的柔性，在高压条件下能保证端面更好地贴合；而硬对硬组合如果有一个端面存在不平度，则端面就会存在微小的间隙，这个间隙是无法消除的，密封必然发生泄漏。

因此，提高石墨环的耐压能力对于高压条件的密封效果非常重要，而镶嵌石墨环的性能就首当其冲。

镶嵌石墨环在高压条件下的变形当然主要取决于环座本身，因而环座的形状必然对抗变形能力有较大影响，在工程应用中为了提高一些结构的刚度，在选择型材时常常会选择 Z 形结构，其抗变形能力优于角钢和槽钢以及工字钢，这是其断面形态决定的，把 Z 形断面引入到镶嵌环环座中，经过计算对比，发现抗变形能力非常好，如图 5-31 所示。

该密封环通常作为静止环，辅助密封圈置于密封环的薄的尾部外径处。在受到外侧介质的高压作用时，环座的两段厚筒部分同时同步受压收缩，保证端面保持平直。

当然，要做到所谓的环座均匀收缩不是简单就能做到的，现在已经有很成熟的有限元分析技术在这里可以发挥很重要的作用，有限元分析可以对环座和密封环尺寸进行优化，对石墨环的各处应力进行分析，可以精确地模拟实际高压条件下的密封环各个节点的变形及位移，因此可以得出端面各点在高压下的变形情况，进而通过优化各个参数得出理想的结构尺寸。

对于更高的压力，由于石墨材料的抗压强度限制，石墨环的端面凸台会从根部发生断裂，如图 5-32 所示。

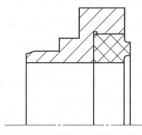

图 5-31　Z 形环座镶嵌石墨环

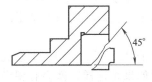

（a）断裂位置

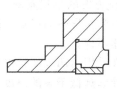

（b）支撑形式

图 5-32　镶嵌石墨环加支撑圈

石墨为脆性材料，断裂通常按图 5-32（a）的 45°角发生，这是一个相对来说很有利的位置，可以在石墨环的内表面加一个金属支撑圈，对石墨环进行预压缩，把石墨环夹在支撑圈和环座之间，密封环凸台受介质压力时压力传递给支撑圈，这样整个镶嵌环的抗压能力将得到极大的提高。

镶嵌时，金属支撑圈先放入石墨环内孔，与金属圈之间采用微小间隙配合，然后就和普通的镶嵌基本一样了。过盈量完全加在石墨环与金属环座之间，镶嵌时石墨环收缩，进而压紧金属圈，使石墨环的内表面获得较强的支撑。

支撑圈加在内径处，占空间，所以不是越厚越好，因此环座厚度、石墨环厚度、金属圈厚度以及过盈量之间存在一个相互优化的问题。

高压静环同样存在前面提到的金属材料屈服极限的问题。只不过在这里金属支撑圈是受压应力。

第八节　机械密封冲洗冷却流量的计算

温度控制在保证机械密封成功使用方面具有重要作用。密封腔中的过高温度有可能引起介质汽化，而汽化及高温会引起密封元件变形并最终导致密封失效。冷却冲洗就是将过多的热量带走。

密封腔中热量的来源有多种，包括由于密封端面摩擦和介质剪切而产生的热量；由旋转的密封元件引起的紊流而产生的热量；由泵经密封腔和轴传导的热量。同时，密封腔也有部分热量散失，如通过传导和辐射进入大气的热量；通过密封腔和轴传导返回泵中的热量等；热量最主要的传出方式为冲洗液带走的热量。

1. 密封面上产生的热量

密封端面转矩 T_r

$$T_r = p_c A f (D_m / 2000)$$

式中，p_c 为端面比压，MPa；A 为端面面积，mm^2；f 为端面摩擦系数；D_m 为端面平均直径，mm。

启动转矩 T_s，一般估计为运行转矩 T_r 的 3～5 倍

$$T_s = T_r \times 4$$

密封面上产生的热量

$$Q = \frac{T_r n}{9550}$$

式中，n 为转速，r/min。

2. 传导热

传导热是热量从泵和泵送流体传到密封腔流体的热量，泵和泵送流体传入或者传出热量的大小取决于工况条件和泵的设计。

在有些情况下，可以做一些假设以简化计算。如当采用 API 682 标准的 11、12、13 或 31 冲洗方案的单端面密封时，在这些冲洗方案中，注入密封腔的液体温度与泵相同，因此可以忽略传导热的影响。除了一些高转速的大型密封外，液体涡流产生的热通常不显著，可以忽略不计。

在采用 API 682 标准中的 21、22、32 或 41 冲洗方案的工况中，注入密封腔的冲洗液温度可能远远低于泵的温度。如果是这样，就会有相当多的热量从泵传到密封腔中。计算传导热是相当烦琐的，需要有详细的分析或试验，还要对泵构造材料和所泵送的介质的性能有全面的了解。使用经验表明，在密封烃类介质的工况中，在密封腔夹套中使用冷却水来减小传

导热是不可取的，其原因在于冷却水容易结垢，而且泵中零件的截面较厚，水套冷却效果差。

当要求对传导热进行估计时，可以采用下面的经验公式。考虑所有设备设计上的差异是不可能的，因此，实际运行中，可能会遇到预测的结果大于实际值的情况，应给予一定关注。

令：U 是材料特性系数；A 是传热面积，mm^2；D_b 是密封的平衡直径，mm；ΔT 是泵内和密封腔温度差，K。对于不锈钢材质的轴套和密封压盖以及钢材质的泵，计算时，一般 $U \times A$ 数值为 0.00025。采用这个值，估算结果一般是安全的。

如果没有相关泵的具体结构、材料和所输送介质相关特性的数据，传导热 Q_{hs}（kW）可参照以下方程进行估算

$$Q_{hs} = UAD_b\Delta T$$

例：取 $UA = 0.00025$，$D_b = 55mm$（密封平衡直径），泵温度为 175℃，密封腔温度为 65℃，即 $\Delta T = 175 - 65 = 110℃$，则可得到估算的热传导为 $Q_{hs} = 0.00025 \times 55 \times 110 = 1.5kW$。

3. 密封冲洗液的温升

密封冲洗液的温度上升，是因为它流过密封腔带走了密封腔中的热量。设 Q 为密封端面产生的热，kW；Q_{hs} 为传向密封腔的传导热，kW；q_{inj} 为冲洗液的流量，L/min；d 为泵温下的冲洗液的相对密度；C_p 为泵温下的冲液体的比热容，J/(kg·K)。

（1）不计传导热时的温升　温升（ΔT，K）可以按照下式计算

$$\Delta T = 60000 \times \frac{Q}{dq_{inj}C_p}$$

（2）计入传导热的温升　温升（ΔT，K），热传导可以按照上述方法进行叠加，按照下式计算

$$\Delta T = 60000 \times \frac{Q+Q_{hs}}{dq_{inj}C_p}$$

4. 密封冲洗速率

在一些工况中，为了使密封腔的温度维持在低于某一水平，有必要确定一定的冲洗量。在这种情况下，容许最大温升可通过冲洗液温度减去密封腔（阻封液/缓冲液密封腔）最大允许温度算出。为使密封运行良好，对于布置方式 1 和布置方式 2 的内部密封，最大温升应限制在 5.6K 以下；对于冲洗方案 23，最大温升应限制在 16℃ 以下。

这些计算中所应用的温升是密封腔的温升。密封端面的温升比密封腔的温升要高得多。如果以密封腔温度为基准来计算最小冲洗液流量，则密封面会过热而导致运转不良。因而冲洗液流量至少要采用两倍的设计安全系数。

令：Q 为密封端面产生的热，kW；Q_{hs} 为传向密封腔的热量，kW；q_{inj} 为冲洗液流量，L/min；d 为泵温下的冲洗液的相对密度；C_p 为泵温下的冲洗液的比热容，J/(kg·K)。

① 不计传导热，对于 API 682 标准中的 11、12、13 或 3 冲洗方案，冲洗量（L/min）为

$$q_{inj} = 60000 \times \frac{Q}{d\Delta TC_p}$$

② 计入传导热，对于 API 682 标准中的 21、22、32 或 41 冲洗方案，冲洗量（L/min）为

$$q_{inj} = 60000 \times \frac{Q+Q_{hs}}{d\Delta TC_p}$$

第六章 机械密封材料

机械密封技术的水平与密封材料有着密切的联系。随着材料科学的迅速发展，品种日益增多，促进了机械密封水平不断提高。同时由于近代工业发展，高温密封、低温密封、超低温密封、高压密封、高速密封以及易燃、易爆、有毒、强腐蚀性介质、含有固体悬浮颗粒介质密封提出了更高要求，为了保证密封性能及长久的使用寿命，除了应合理的设计密封结构及完善制造工艺之外，更主要的是选用密封材料。因此，对于密封装置来说，密封结构设计是基础的话，材料则是关键的环节。目前机械材料发展趋势是：提高密封材料的性能、开发新型工程陶瓷材料、大力发展和多用复合材料。

机械密封由若干个机械零件组成，所用材料大致可分为摩擦副组对材料、辅助密封圈材料、弹性元件和其他结构件材料。

第一节 摩擦副组对材料

摩擦副组对是材料力学性能、化学性能、摩擦特性的综合应用。为保证密封摩擦副具有长久的使用寿命和良好的密封性能，在选择摩擦副材料组对时，应注意以下事项。

① 必须具有耐磨性。机械密封的一个最显著特点就是具有长久的使用寿命。由于使用的条件不同，使用寿命也不完全一样，但一般都在一年以上。因此摩擦副材料的耐磨性从使用寿命上考虑应是材料选择的第一个重要条件。

② 必须具有耐腐蚀性。机械密封的端面泄漏量由 E. Mayar 的漏泄量计算方式，密封端面在边界润滑条件下运行，端面泄漏量 q 为

$$q = \pi D_m \Delta P h^2 s / P_b^2$$

式中　D_m——端面平均直径；

　　　ΔP——密封端面两侧压差；

　　　　h——折合间隙；

　　　　s——间隙系数；

　　　P_b——端面比压。

由此可以看出，端面漏泄量与端面的折合间隙二次方成正比，因此，即使端面材料由于少量的腐蚀使折合间隙增大，也会使端面泄漏量增加很多。腐蚀除对密封性能的影响外，腐蚀磨损的结果也会使平均寿命大大减少。在选择摩擦副材料时要根据密封介质的性质来考虑材料的耐蚀性问题。

③ 机械强度高。为防止产生强度破坏和端面变形，必须选择具有一定机械强度的材料。

④ 良好的耐热性和热传导性能。摩擦热会给摩擦副的磨损带来不利影响。端面材料必须具有良好的耐热性和导热性。

⑤ 摩擦因数小且有一定的自润滑性。摩擦因数直接影响到摩擦热的大小。在许多情况下端面摩擦不是处于充分的润滑状态，因此摩擦副组对材料的选择必须考虑这两个因素。

⑥ 气密性好。密封材料组织紧密、无空隙、不渗漏是密封性能良好的先决条件。

⑦ 摩擦副组对的相容性。不同摩擦副组对材料，由于材料表面分子结构不同，相互摩

擦磨损机理不同，在密封不同介质时会有不同的密封效果及使用寿命。因此两种材料组成摩擦副要有好的相容性。由于密封工况多样化，摩擦副组对的相容性在使用上的经验还是很重要的。

⑧ 易成形和加工。这有利于降低成本，保证加工精度。

目前，还没有一种材料能同时满足上述各项要求。选材时，应针对影响密封性能的主要因素，并以合理的结构设计来弥补其材料本身的不足，扬长避短，充分发挥材料的优点来满足密封的要求。

一、硬质合金

硬质合金具有高硬度、耐磨损、耐高温、线胀系数小、摩擦系数低和组对性能好等综合优点，是机械密封使用最广泛的摩擦副材料。常用的硬质合金材料的性能见表 6-1 及表 6-2。

表 6-1 国产硬质合金牌号、化学成分及性能

合金类别	牌号	主要化学成分（质量分数）/%			物理力学性能				
		WC	Co	NiCr	密度 /(g/cm³)	洛氏硬度（不小于）(HRA)	抗弯强度（不低于）/MPa	线胀系数（室温~500℃）/10⁻⁶℃⁻¹	热导率 /[W/(m·K)]
WC-Co	YG6	94	6	—	14.6~15.0	89.5	1420	5.0	79.5
WC-Co	YG8	92	8	—	14.5~14.9	89	1470	5.1	75.4
WC-Co	YG15	85	15	—	13.9~14.2	87	2060	6.3	58.6
WC-Ni	YWN8	余量	—	6~8	14.4~14.8	88	1470	5.3	92.1
WC-Ni/Co	YCN3	余量	0.5	Ni2.5	15.0~15.3	91	1200	4.3	93

表 6-2 国产硬质合金牌号及组织结构

合金类别	牌号	孔隙度(体积分数)/%（不大于）	石墨夹杂(体积分数)/%（不大于）	污垢度 /μm
WC-Co	YG6		C02	
	YG8	A06B06	C06	≤200
	YG15			
WC-Ni	YWN8		C02	
WC-Co/Ni	YCN3			

1. 钴基硬质合金

钴基硬质合金是以碳化钨为主体，钴为黏结相所组成的，用粉末冶金方法压制烧结而成。硬质合金的性能与其晶粒大小、组成及显微结构有关。由于钴对碳化钨的润湿性最佳，因而多用钴为黏结相。但金属钴易氧化，耐蚀性差。一旦黏结相钴受到介质侵蚀，硬质相碳化钨就失去强度，在腐蚀和机械应力的同时作用下，密封环便会急剧的磨蚀。钴基硬质合金的耐腐蚀性能见表 6-3。

表 6-3 钴基硬质合金的耐腐蚀性能

稳定性	稳 定	轻微腐蚀	腐 蚀	不 可 用
使用介质	清水、氟利昂、煤油、液态甲烷、液氢、酒精、液氮、丙酮、液氮、四氯化碳、液氧、醚、氩气、甲醇	海水、矿坑水、锅炉水、酯类溶剂、羟氨、造纸黑液、无水氟化氢	含硫水、硫酸铁、食醋、冰醋酸、稀硫酸(室温)干氯气	盐酸、硝酸、磷酸、稀硫酸(100℃)、氢氟酸、氢氧化钠(>100℃)、湿氯气

2. 镍铬基硬质合金

改善碳化钨硬质合金耐化学侵蚀性能，可以通过三种途径：降低黏结金属钴的含量；选

择耐磨蚀的黏结金属或合金替代钴，如 Ni、Ni-Cr、Ni-Cr-Go、Ni-Mo、Pt 合金等；添加 TiC、TaC 等耐蚀碳化物，以提高硬质相的耐蚀性。

YWN8 和 YG8 即属于镍基、镍铬钴基硬质合金，亦称耐蚀硬质合金。表 6-4 是 YWN8 与 YG8 的耐腐蚀性能比较。

表 6-4　YWN8 与 YG8 的耐腐蚀性能比较

牌号	在不同腐蚀介质的腐蚀率(浸泡72h)/[g/(m²·h)]				
	HNO₃88%	HNO₃ 90%	HCl 30%	H₂SO₄ 50%	NaOH　55%＋NaCl 20%[①]
YWN8	1.103	2.837	0.151	0.0217	0.000725
YG8	1.494	1.732	1.12	1.9087	0.094

① 为温度180℃，其余是室温。

用 Ni 代替 Co 作黏结金属，虽然可以改善硬质合金的耐腐蚀性能，但其强度仅为钴基硬质合金的 70%～80%，硬度低 0.5～1HRA，而镍铬基硬质合金具有很好的抗腐蚀性能，其强度和硬度可与钴基硬质合金相媲美，并且具有无磁性的独特性能。YWN8 硬质合金即属这类材料。

通过对引进机械密封用硬质合金密封环材料分析，发现其材料大都含有 TaC 或 TiC。添加 TaC、TiC 会使合金的多种性能得到改善，尤其添加 TaC 能抑制碳化物晶粒的长大，增强合金的抗疲劳强度和抗氧化性能，还可以提高合金的抗热震性，减少热裂的敏感性，这对密封环是十分有利的。

3. 钢结硬质合金

钢结硬质合金是以碳化钛为硬质相，合金钢为黏结相制造的耐腐蚀硬质合金。它的主要特点是烧结成型后可以进行机械加工，然后再进行热处理。这对制作形状复杂的整体密封环是有利的，在硝酸、硫酸、氨水等介质中使用，有良好的耐腐蚀性能。但不耐强碱、盐酸和三氯化铁热溶液的腐蚀。由于它的硬度较低（<60～65HRC），所以耐磨性能不够理想，特别是在含有结晶颗粒的介质中使用时磨耗大。常用钢结硬质合金的物理性能、力学性能及抗腐蚀性能分别如表 6-5 及表 6-6 所示。

表 6-5　钢结硬质合金的物理性能与力学性能

牌号	密度/(g/cm³)	硬度(HRC)		抗弯强度/MPa	弹性模量/MPa		热胀系数(20～200℃)/10⁻⁶℃⁻¹
		退火	淬火		退火	淬火	
GT35	6.50	39～46	68～72	1400～1800	3000.84	2922.38	8.43
R5	6.40	46	70～73	1200～1400	3147.94	3069.48	9.16
R8	6.25	45	62～66	1000～1200	—	—	7.58

表 6-6　三种牌号的钢结硬质合金的抗腐蚀性能

牌号	钢基类型	腐蚀介质	腐蚀率/[mg/(cm²·d)]
GT35	铬钼中合金钢		14.6
R5	高碳高铬钢	HCl　30%	11.6
R8	高铬不锈钢		12.4
GT35	铬钼中合金钢		2.0
R5	高碳高铬钢	HNO₃　68%	1.7
R8	高铬不锈钢		0.6
GT35	铬钼中合金钢		5.0
R5	高碳高铬钢	H₂SO₄　50%	4.7
R8	高铬不锈钢		3.8
GT35	铬钼中合金钢		0.28
R5	高碳高铬钢	HCl　10%	0.16
R8	高铬不锈钢		0.10

续表

牌号	钢基类型	腐蚀介质	腐蚀率/[mg/(cm² · d)]
GT35	铬钼中合金钢		0.04
R5	高碳高铬钢	NaOH 50%	0.04
R8	高铬不锈钢		0.03
GT35	铬钼中合金钢		3.21
R5	高碳高铬钢	CH₃COOH 10%	0.94
R8	高铬不锈钢		0.12

4. RC 硬质合金

RC 硬质合金是以不锈钢作基体,以铜作为黏结相,利用渗透法将低共熔的铸造硬质合金粉末制成耐磨面层,面层与基体之间由铜结合。面层厚度根据需要,可以控制在 1~4mm 内。面层与基体的结合强度可达 54MPa。

硬质合金在铜黏结相中,显微组织呈 W_2C+WC 低共熔体结构,且以 W_2C 为主体;显微硬度高,可润性强,具有良好的减摩性能,耐磨损。在含颗粒的介质中,耐磨性能优于其他硬质合金。

RC 合金是专门为潜水电泵用机械密封而开发的摩擦副材料,具有抗泥沙、悬浮盐液的磨损和腐蚀。RC 合金中铜的含量约占 10%~15%,具有良好的塑性,有利于缓和热应力;若将 RC 合金密封环加热到 500℃放入冷水中(反复 10 次),不会出现环裂纹和脱层,现已推广用到热油泵机械密封的摩擦副。但 RC 合金的耐腐性能受黏结相铜的制约,应用范围受到一定的限制。

5. 碳化铬硬质合金 (CN15)

碳化铬硬质合金是一种耐热、耐腐蚀合金。它是以 Cr_3C_2 为硬质相,Ni 为黏结相,其特点如下。

① 导热性能好。其热导率是 YG6 的 7 倍,有利于释放摩擦热、抗热裂。

② 在高温下具有优异的抗氧化性能,在 1000℃空气条件下加热 2h 无任何变化。而 YG6 合金在 600℃时已开始氧化、变形、破裂。

③ 耐腐蚀性能优异。

④ 良好的热稳定性。在 500℃温度下将烧焊环保温 10min,然后经油冷却,反复 10 次以上,不出现炸裂现象。

⑤ 相对密度小。仅为 YG6 合金的 1/2。

CN15 线胀系数接近于不锈钢。利用这一特点,将它和不锈钢环在真空下烧结在一起作为密封环,解决了镶嵌结构(硬质合金环)在高温工况条件下的脱环问题。CN15 合金重量轻,用作金属波纹管端面滑动材料,可以减轻波纹管自重,以防止因端部下垂而引起附加载荷,有利于动平衡。CN15 合金的耐磨损性能比上述硬质合金差。表 6-7、表 6-8 分别为 CN15 和 YG6 的物理力学性能和耐腐蚀性能的比较。

表 6-7 CN15 与 YG6 硬质合金性能比较

牌号	密度 /(g/cm³)	硬度 (HRA)	抗弯强度 /MPa	高温硬度(HV)	
				500℃	800℃
CN15	7.0~7.5	88	1000~1300	914	530
YG6	14.8~15.0	89.5	1421	970	629

表 6-8 CN15 与 YG6 耐腐蚀性能比较 (失重/%)

牌号	HNO₃ 98%	HNO₃ 68%	H₂SO₄ 50%	HCl 30%	HNO₃ 38% +H₂SO₄ 62%	NaOH 55% +NaCl 20%①
CN15	0.018	0.012	0.014	0.017	0.007	0.041
YG6	1.710	1.494	0.20	—	—	0.085

① 为 180℃,其余介质温度为室温。

6. 堆焊硬质合金

堆焊硬质合金有钴基和镍基两种，用作机械密封摩擦副环以前者居多。钴基堆焊硬质合金是钴、铬、钨和碳为主的合金。国外根据这类合金有光泽的特性命名为"Stellite"（司太立特）。在 20 世纪 60 年代，多用以作机械密封环的耐磨层面。由于它的硬度不高且不均匀，所以耐磨性较差，但在 PV 值不高的机械密封中，仍然占有很重要地位。特别适用于大轴径、品种多、数量少的密封件。表 6-9 是几种堆焊材料的成分与性能。

表 6-9　堆焊硬质合金的成分与性能

类别		堆焊硬质合金电焊条			堆焊硬质合金气焊丝		
型号		TDCrC-1	TDCoCr-1	TDCoCr-2	SDCr-1	SDCoCr-1	SDCoCr-2
名称		铬基 1 号堆焊电焊条	钴基 1 号堆焊电焊条	钴基 2 号堆焊电焊条	铬基 1 号堆焊气焊丝	钴基 1 号堆焊气焊丝	钴基 2 号堆焊气焊丝
成分/%	Cr	25～31	26～32	26～32	25～31	26～32	26～32
	C	2.5～3.3	0.7～1.4	1.2～1.7	2.5～3.3	0.7～1.4	1.2～1.7
	Ni	3.0～5.0		2.0～4.0	3.5～5.0		2.0～4.0
	Si	2.8～4.2	0.4～2.0	0.4～2.0	2.8～4.2	0.4～2.0	0.4～2.0
	Mn	0.5～1.5	≤1.0	≤1.0	0.5～1.5	≤1.0	≤1.0
	Fe		≤2.0	≤2.0		≤2.0	≤2.0
	W	余量	3.5～6.0	7.0～9.5		3.5～6.0	7.0～9.0
	Co		余量	余量	余量	余量	余量
堆焊层硬度（HRC）		48～54	40～45	44～48	48～54	40～45	46～50
焊条商品代号		上焊 69A ZY-7 上焊 161	上焊 CoCr1	上焊 CoCr2		司太立特 6 号	司太立特 12 号

二、工程陶瓷

工程陶瓷具有极好的化学稳定性，硬度高，耐磨损，是耐腐蚀机械密封理想的摩擦副材料。但工程陶瓷的缺点是抗冲击韧性低，脆性大。机械密封用工程陶瓷有：氧化铝陶瓷、氧化铝金属陶瓷、铬钢玉陶瓷、氮化硅陶瓷、碳化硼陶瓷、碳化硅陶瓷、表面喷涂陶瓷等。

1. 氧化铝陶瓷

Al_2O_3 陶瓷的强度受其密度、微观结构的影响及纯度（99 瓷，95 瓷等）和烧结工艺等的不同，其性能的差异也较大。表 6-10 为 Al_2O_3 陶瓷的性能参考数据，选用时，可参看各生产厂家的样本。

表 6-10　Al_2O_3 陶瓷的化学成分和物理力学性能

技术参数	单位	99％瓷	99.5％瓷	技术参数	单位	99％瓷	99.5％瓷
氧化铝含量	%	≥98.9	≥99.4	抗折强度	MPa	310	350
密度	g/cm³	3.88	3.9	热膨胀系数	10^{-6}℃	5.3	5.2
硬度	HRA	88	90	热导率	W/(m・K)	26.7	26
显气孔率	%	<0.2	<0.15				

早在 20 世纪 60 年代，Al_2O_3 就已用作摩擦副组对材料。由于它耐热冲击性能差，用于普通型机械密封已在逐年减少。但在耐腐蚀机械密封中仍应用较多。其材料的耐腐蚀性能见表 6-11。

2. 氧化铝金属陶瓷

氧化铝金属陶瓷是在 Al_2O_3 陶瓷中加了少量的金属元素而构成。金属陶瓷成分中，Al_2O_3 含量为 88％～92％，余量为 Fe、Cr、Ni 等。其硬度在 84～88HRA 之间。陶瓷中加入金属可改善其热导率，降低脆性，但耐腐蚀性有所下降。目前，主要用于批量较大的家用水泵以及潜水泵的机械密封上。

表 6-11　Al_2O_3 陶瓷耐腐蚀性能

腐蚀剂名称	介质浓度/%	煮沸时间/h	失量/%	腐蚀剂名称	介质浓度/%	煮沸时间/h	失重/%
硫酸	95～98	2	0.070	硝酸	65～68	2	0.009
硫酸	50	2	0.020	磷酸	85	2	0.040
硫酸	10	2	0.008	醋酸	99	2	0.004
盐酸	36～38	2	0.010	氢氧化钠	10	2	0.010
盐酸	38	4	0.070	氢氧化钠	20	2	0.050
盐酸	30	2	0.010	氢氧化钠	30	2	0.050

注：试样尺寸为 $\phi20\times2$ 的圆片。

3. 铬刚玉陶瓷

铬刚玉陶瓷（呈粉红色）是在氧化铝 95 瓷坯料中加入 0.5%～2% 的 Cr_2O_3，经 1700～1750℃高温焙烧而成。其理化性能见表 6-12。它的耐温度急变性能好，用 $\phi48\times\phi35\times6$ 瓷坯，在 20～400℃范围内进行 25 次冷热循环后，用 10 倍显微镜观察未发现裂痕。铬刚玉陶瓷的硬度高、耐磨损、摩擦系数小、化学稳定性能好，它与 Si_3N_4 陶瓷的摩擦系数和耐腐蚀性能的比较分别见表 6-13 和表 6-14。铬刚玉陶瓷与填充玻璃纤维聚四氟乙烯组对，用于耐腐蚀机械密封时性能较好。

表 6-12　铬刚玉陶瓷的理化性能

密度/(g/cm³)	显气孔率/%	吸水率/%	硬度(HRA)
3.46～3.47	0.13	0.037	84.87

表 6-13　铬刚玉陶瓷与氮化硅陶瓷的摩擦因数比较

转速/(r/min)	摩擦副组对的摩擦系数					
	四氟填充石墨		四氟填充玻纤		纯四氟	
	铬刚玉	氮化硅	铬刚玉	氮化硅	铬刚玉	氮化硅
1460	0.058	0.084	0.063	0.099	0.057	0.069
2960	0.067	0.087	0.066	0.099	0.067	0.071

注：试验条件为 152 型 $\phi35$ 机械密封；介质为清水；压力 0.3MPa。

表 6-14　铬刚玉陶瓷与氮化硅陶瓷的耐腐蚀性能比较

介质	浓度/%	煮沸时间/h	失重/%	
			铬刚玉	氮化硅
硫酸	95～98	2	0.070	0.62
硫酸	50	2	0.020	未测
硫酸	10	2	0.008	0.42
盐酸	36～38	2	0.010	0.13
盐酸	38	2	0.070	0.13
盐酸	30	2	0.010	未测
硝酸	65～68	2	0.009	0.30
磷酸	85	2	0.040	0.10
醋酸	99	2	0.040	0.24
氢氧化钠	10	2	0.010	0.38
氢氧化钠	20	2	0.050	0.35
氢氧化钠	30	2	0.050	0.49

注：试样尺寸 $\phi20\times2$。

4. 氮化硅陶瓷

Si_3N_4 陶瓷是 20 世纪 70 年代我国为发展耐腐蚀用机械密封而开发的材料。根据氮化硅制备工艺不同，可分为反应烧结氮化硅、无压烧结氮化硅等几种制品。表 6-15 为各种氮化硅陶瓷的物理力学性能。

表 6-15　各种氮化硅的物理力学性能

性能	反应烧结 Si_3N_4	热压 Si_3N_4	重烧结 Si_3N_4	无压烧结 Si_3N_4
密度/(g/cm³)	2.4~2.73	3.17~3.40	3.20~3.28	3.14~3.40
显气孔率/%	10~20	<0.1	<0.2	<0.5
抗弯强度/MPa	250~340	800~1000	600~750	600~800
抗拉强度/MPa	120		223	
抗压强度/MPa	1200	3600	2400	
抗冲击强度/MPa	0.15~0.2	0.4~0.52	0.61~0.65	
硬度(HRA)	80~85	91~93	90~92	90~92
弹性模量/GPa	160	300	271~288	

（1）反应烧结氮化硅　反应烧结氮化硅 Si_3N_4 主要特点是：素坯可以机械加工，能制成形状复杂的制品；经过二次氮化后的尺寸变化小（±0.1%）；抗冲击性优良，耐腐蚀。由于它的坯体内留有 10%~15% 的气孔，其中大部分为封闭气孔，因此它的强度和硬度是 Si_3N_4 制品中最低的。较厚的制品不易烧结，有时会出现"流硅现象"。它仅适合于 PV 值不高的场合。反应烧结 Si_3N_4 的耐腐蚀性能如表 6-16 所示。

表 6-16　反应烧结氮化硅耐腐蚀性能

介质名称	介质浓度/%	煮沸时间/h	失重/%
硫酸	95~98	2	0.62
硫酸	10	2	0.42
盐酸	36~38	2	0.13
盐酸	36~38	4	0.13
盐酸	36~38	8	0.16
盐酸	36~38	10	0.19
盐酸	36~38	16	0.24
盐酸	36~38	22	0.30
盐酸	36~38	28	0.31
硝酸	65~68	2	0.30
磷酸	85		0.10
王水		2	0.40
醋酸	99	2	0.24
烧碱	10	2	0.38
烧碱	20	2	0.35
烧碱	30	2	0.49

（2）热压 Si_3N_4　热压 Si_3N_4 是氮化硅中性能最佳的材料。它的硬度高（91~92HRA）；致密性好，接近理论密度 3.2g/cm³；抗弯强度可达 800~1000MPa；耐磨性和腐蚀性优良。缺点是成本高和难以制成形状复杂的密封环。

（3）无压烧结 Si_3N_4　无压烧结 Si_3N_4 是以人工合成的氮化硅为原料，加入镁铝尖晶石（$MgO·Al_2O_3$）和稀土氧化物（CeO）等添加剂，在常压下高温烧结制成。它的性能接近热压 Si_3N_4，抗弯强度可达 660~800MPa，硬度 90~92HRA。缺点是成本高，素坯烧结时收缩率偏大，收缩率为 15%~20%，容易引起烧结变形。

（4）重烧结 Si_3N_4　重烧结 Si_3N_4 是在硅粉中添加 Al_2O_3 等添加剂制成素坯后，先进行反应烧结，然后在特殊的填料内进行高温重烧结。它的工艺特点与反应烧结基本相似，素坯也可以采用机械加工、注塑成型等多种成型工艺，能制成复杂形状的产品；高温重烧结时收缩率<6.5%，制成烧结变形小。它的性能也接近热压 Si_3N_4，显气孔率<0.2%，抗弯强度可达 600~750MPa。但制造工艺较复杂，成本较反应烧结 Si_3N_4 高。

在耐腐蚀性机械密封中，Si_3N_4 与碳石墨组对性能良好，但与填充玻璃纤维聚四氟乙烯组对时，Si_3N_4 的磨耗大。

5. 碳化硼陶瓷

B_4C 陶瓷的化学稳定性好，硬度仅次于金刚石，耐磨性能极为优良，主要用于高浓度磨蚀性介质作摩擦副的组对材料，特别适用于泥沙介质。碳化硼制品需采用热压成型工艺，加工较困难，成本高，抗热震性也不太理想，其物理力学性能见表 6-17。

表 6-17　B_4C 陶瓷的物理力学性能

密度 /(g/cm³)	抗弯强度 /MPa	抗压强度 /MPa	硬度 (HRA)	熔点 /℃	热导率 /[W/(m·K)]	线胀系数 /10⁻⁶℃⁻¹
2.52	556	2900	94～98	2450～2500	26	4.5

6. 碳化硅陶瓷

SiC 陶瓷是继上述各种陶瓷之后开发的新材料。20 世纪 80 年代国外各大机械密封公司纷纷用它作为高 pv 值的新一代摩擦副材料。它重量轻、比强度高、摩擦系数小、抗辐射性能好，具有一定的自润滑性，组对性能好，化学稳定性和耐热性以及热传导性能都很优异。碳化硅是一种脆性材料，抗机械冲击性较差。

由于制造工艺不同，SiC 制品的性能也有差异。根据不同工艺制造的密封环分类见表 6-18，各类密封环的主要性能见表 6-19，各类密封环的主要成分见表 6-20。

表 6-18　SiC 密封环分类及代号

密封环类别	反应烧结碳化硅	无压烧结碳化硅			热压烧结碳化硅
代号	RBSiC	SSiC			HPSiC
		SSiC-A	SSiC-B	SSiC-C	

表 6-19　SiC 密封环的主要性能

项目	单位	性能指标				
		RBSiC	SSiC-A	SSiC-B	SSiC-C	HPSiC
密度	g/cm³	≥3.03	≥3.08	≥3.20	2.65～2.95	≥3.15
硬度	HV₀.₅	/	≥2200	≥2200	/	≥2500
	HRA	≥90	≥92	≥92	/	≥93
	HS	/	/	/	≥85	/
热弯强度(三点法)	MPa	≥350	≥400	≥500	≥150	≥550
抗压强度	MPa	≥2000	≥2000	≥2200	≥1500	≥2200
弹性模量	GPa	350	400	420	120	420
线胀系数(0～1000℃)	10⁻⁶℃⁻¹	4.0	4.0	4.2	3.0	4.0
热导率	W/(m·K)	50～100	90～110	60	120	120

表 6-20　SiC 密封环的主要成分

代号	RBSiC	SSiC-A	SSiC-B	SSiC-C	HPSiC
游离硅含量(质量分数)/%	<12	—			
碳化硅原料纯度(质量分数)/%	≥98	≥98			
组成成分	SiC、Si、C	SiC、B₄C、C	SiC、YAG	SiC、C	SiC、B₄C、C

（1）反应烧结 SiC　它是 SiC＋Si 组成的致密烧结体。反应烧结 SiC 是由 α-SiC 粉、石墨粉并添加助剂及有机黏结剂后压制成型，然后将素坯放在真空炉中加热 1600～1800℃，使熔融硅与坯体中的碳起反应生成 β-SiC。反应烧结 SiC 中除 α-SiC 和 β-SiC 外，还有 10%～20% 的游离硅，因而不耐强碱和氧化性介质的腐蚀。当反应烧结 SiC 用于含少量锑化合物介质中时，可观察到游离硅金属的严重化学反应和腐蚀，出现的沉淀物将破坏密封端面间的液膜。此外，用于含有金属锌、铋、钡的介质中也容易出现化合物黏着膜。

反应烧结 SiC 的优点是制品的收缩率小，耐热冲击性好，因而适用于批量生产，成本低。用在砂泵、液浆泵上效果较好。

（2）无压烧结 SiC 它是采用超细 SiC 粉（粒度约在 $0.1\sim0.2\mu m$）加适当的添加剂、黏结剂压制成型，然后在 $2000\sim2300℃$ 的温度下烧结而成。

（3）热压烧结 SiC 它由粒度 $\leqslant1\mu m$ 的 SiC 粉加上适当的添加剂，装入石墨模具内，在 $2000\sim2100℃$ 的热压炉内加压（$30\sim50MPa$）制成。它是 SiC 中化学稳定性最好的一种。这是因为在氧化气氛下，表层生成一种保护性的 SiO_2 膜的缘故。这种 SiC 用作耐腐蚀密封摩擦副环性能最好。

（4）化学气相沉积及化学气相反应碳化硅 化学气相沉积碳化硅是将石墨基体置于一个 $1000\sim1400℃$ 的高温炉内，炉内保持真空，通入含有硅和碳元素的气体如三氯甲基硅烷（CH_3SiCl_3）等，气体热分解后在石墨基体表面上发生反应并沉积出碳化硅（SiC）。覆层的厚度取决于三氯甲基硅烷蒸气热解量及停留时间，一般为 $0.5mm$。

化学气相反应碳化硅，又名硅化石墨。它是在 $2000℃$ 左右的高温反应炉内充满 Si 或 SiO 的气体，Si 直接与石墨基体上的碳元素起反应生成 SiC。

化学气相沉积碳化硅及化学气相反应碳化硅均属表面层为 SiC、基体为石墨的复合材料。它们作为碳化硅材料的一种制作方法，也在机械密封摩擦副材料中被选用，其表面性能与整体碳化硅相似。

化学气相沉积碳化硅由于 SiC 在石墨基体上的附着力是依靠材料之间物理性质不同而形成的机械结合而不是化学结合。因此，结合力较差，使用时容易引起 SiC 复层组织的分层、微裂，所以作为密封环不十分理想。化学气相反应碳化硅结合是牢固的，其生成的 SiC 表层与基体之间没有明显的界面。但由生成的 SiC 层的厚度正比于石墨的可渗透性，而石墨孔隙是不均匀的，故 SiC 层厚度也不均匀，其平均厚度一般为 $0.2\sim1.0mm$。气相反应碳化硅与无压烧结碳化硅组对，可以用于高速场合，即使在半干摩擦工况条件下也不易产生卡滞与擦伤。

7. 表面喷涂陶瓷

等离子喷涂技术及其耐磨耐腐蚀陶瓷涂层是国外 20 世纪 70 年代用于机械密封的新技术和新材料，除作密封端面涂层外，还可在轴套上喷涂此类涂层。喷涂氧化铬的物理力学性能见表 6-21。

表 6-21 喷涂氧化铬面层技术指标

成分 Cr_2O_3/%	气孔率 /%	密度 /(g/cm³)	抗弯强度 /MPa	显微硬度 /(kg/mm)	结合强度 /MPa	线胀系数 /$10^{-6}℃^{-1}$
>96	<6	4.05~4.5	57	负荷200g时： 900~1000	与18-8不锈钢，厚度 0.2~0.3mm >11	6~9

Cr_2O_3 陶瓷涂层具有硬度高，耐磨、耐蚀等优点，但涂层内部有 4%～10% 的气孔，其中少量是未开口气孔。涂层厚度约为 $0.4\sim0.6mm$，经加工后涂层的开口气孔增多，为防止介质渗透而引起不锈钢等金属基体界面腐蚀，还需进行树脂封孔处理。现在国外已采用先进的激光重熔技术进行封孔。表 6-22 是等离子喷涂 Cr_2O_3 密封环与氧化铝密封环性能的比较。

表 6-22 Cr_2O_3 涂层与 Al_2O_3 性能比较

材质	成型方法	耐磨性	抗机械冲击	耐热冲击	耐蚀性	加工性	导热性
Al_2O_3	压后烧结	高	弱	弱	良	麻烦	差
Cr_2O_3 涂层	等离子喷涂	高	弱	弱	取决于基 体材料	易	较好

喷涂陶瓷密封环的组对材料多为碳石墨，碳石墨的硬度以低于 70HS 为宜。这组配对材料使用的 pv 值较低，使用温度应在 $200℃$ 以下，广泛用于醋酸与碳酸等有机介质。据进口

的机械密封统计资料表明，氧化铬喷涂层与碳石墨组对，在摩擦副组对中约占 1/3。近几年来，国内采用这组摩擦副材料也在逐年增多。

三、碳石墨

碳石墨是使用量最大、适用范围最广的摩擦副材料。这是因为它具有下列特性：具有良好的自润滑性和低的摩擦因数、耐腐蚀性能良好、具有良好的耐温性能、导热性好且具有低的线胀系数、组对性能好、易于加工。

机械密封用碳石墨材料大致分为如下几类。

1. 碳石墨

从某种意义上讲，碳石墨可分为硬质碳石墨和软质电化石墨。它们是用石油炭黑、油烟炭黑与焦油、沥青等混合，经粉碎压制成素坯，置于高温中焙烧而成。两者除材料的组分不一样外，主要区别是后者需经 2400～2800℃ 的高温石墨化处理。

碳石墨在焙烧时，由于黏结剂物质产生挥发以及黏结剂的聚合、分解和碳化，从而出现空隙（有 10%～30% 的气孔）。用作密封环会出现渗透性泄漏，而且强度低，因此要进行浸渍处理以补隙增强，经过浸渍处理后成为不透气性产品，强度也得以提高。但耐温和耐腐蚀性能都有不同程度的下降。所用浸渍物有三大类：有机树脂、无机物和金属。表 6-23 为碳石墨密封环材料分类，表 6-24 为碳石墨密封环的物理力学性能，表 6-25 为碳石墨密封环的热性能参数，表 6-26 为碳石墨密封环材料的抗化学腐蚀性能，表 6-27 为碳石墨密封环的摩擦因数和推荐配对材料。

表 6-23　碳石墨密封环材料分类

分类名称、代号	系列名称、代号	浸渍物或黏结剂	浸渍物代号
机械用碳类 M	碳-石墨　M1	环氧树脂	H
		呋喃树脂	K
		酚醛树脂	F
		巴氏合金	B
		铝合金	A
		铜合金	P
		锑	D
		银	G
		玻璃	R
	电化石墨　M2	环氧树脂	H
		呋喃树脂	K
		酚醛树脂	F
		巴氏合金	B
		铝合金	A
		铜合金	P
		锑	D
		银	G
		玻璃	R
	树脂碳石墨 M3	树脂黏结剂	—
特种石墨类	硅化石墨 T10	硅	—

表 6-24　各类碳石墨密封环的物理力学性能

系列代号	浸渍物	肖氏硬度 （HS）	抗折强度 /MPa	抗压强度 /MPa	密度 /(g/cm³)	开口气孔率 /%
M1	基体材料	≥40	≥25	≥50	≥1.40	≤2.0
	环氧树脂	≥65	≥49	≥176	≥1.60	≤2.0
	呋喃树脂	≥70	≥50	≥180	≥1.60	≤3.0
	酚醛树脂	≥60	≥48	≥176	≥1.80	≤2.5

续表

系列代号	浸渍物	肖氏硬度 （HS）	抗折强度 /MPa	抗压强度 /MPa	体积密度 /(g/cm³)	开口气孔率 /%
M1	巴氏合金	≥75	≥70	≥218	≥2.50	≤3.5
	铝合金	≥75	≥70	≥220	≥2.00	≤2.0
	铜合金	≥70	≥70	≥230	≥2.50	≤3.0
	锑	≥70	≥65	≥220	≥2.20	≤3.0
	银	≥70	≥70	≥200	≥2.90	≤2.5
	玻璃	≥90	≥50	≥170	≥1.80	≤2.0
M2	基体材料	≥30	≥20	≥30	≥1.50	≤2.0
	环氧树脂	≥40	≥35	≥75	≥1.80	≤2.0
	呋喃树脂	≥40	≥40	≥80	≥1.78	≤3.0
	酚醛树脂	≥40	≥40	≥75	≥1.80	≤2.5
	巴氏合金	≥40	≥45	≥80	≥2.40	≤3.5
	铝合金	≥40	≥60	≥130	≥2.00	≤2.0
	铜合金	≥40	≥50	≥100	≥2.60	≤4.0
	锑	≥40	≥50	≥110	≥2.30	≤3.0
	银	≥68	≥68	≥195	≥2.90	≤2.5
	玻璃	≥60	≥45	≥100	≥1.80	≤2.0
M3	无	≥55	≥54	≥147	≥1.72	≤1.5
T10	硅	≥100(洛氏)	≥45	≥150	≥1.79	≤2.0

表 6-25　碳石墨密封环的热性能参数

系列代号	浸渍物	体胀系数 /10⁻⁶℃⁻¹	热导率 /[W/(m·K)]	抗压弹性模量 /10⁻⁴MPa
M1	无	4.0	5.0	1.0
	环氧树脂	4.8	4.6	1.2
	呋喃树脂	6.5	4.2	1.2
	酚醛树脂	7.0	4.6	1.2
	巴氏合金	5.5	10.5	1.4
	铝合金	8.0	21.8	1.4
	铜合金	6.5	25.0	1.7
	锑	5.5	21.0	2.0
	银	7.8	30~40[1]	2.0
	玻璃	4.67	8.6[2]	—
M2	无	3.0	108.9	0.7
	环氧树脂	4.5	88.0	1.0
	呋喃树脂	6.0	83.7	1.0
	酚醛树脂	6.5	96.3	1.0
	巴氏合金	5.0	104.7	1.1
	铝合金	7.0	104.7	1.1
	铜合金	7.0	110.0	1.0
	锑	5.0	105.0	1.6
	银	7.8	30~40[1]	2.1
	玻璃	4.67	8.6[2]	—
M3	无	20.0	6.7	1.2
T10	硅	3.8~5.2	70	2.7~3.0

①　试验温度为300℃。

②　试验温度为700℃。

表 6-26　碳石墨密封环材料的抗化学腐蚀性能

介质	浓度/%	碳石墨和电化石墨	浸渍树脂			浸渍金属、非金属						树脂碳石墨	硅化石墨
			酚醛	环氧	呋喃	巴氏合金	铝合金	铜合金	锑	银	玻璃		
盐酸	36	+	0	0	+	—	—	—	—	—	+	0	+
硫酸	50	+	0	—	+	—	—	—	—	—	+	0	+
硫酸	98	0	0	0	0	—	—	—	—	—	0	0	+
硝酸	50	0	0	0	0	—	—	—	—	—	0	0	+
硝酸	65	—	—	—	—	—	—	—	—	—	—	—	+
氢氟酸	40	+	0	—	+	—	—	—	—	—	—	0	+
磷酸	85	+	+	+	+	—	—	—	—	+	+	+	+
铬酸	10	+	0	0	+	—	—	—	—	—	+	0	+
醋酸	36	+	+	0	+	—	—	—	—	0	+	+	+
氢氧化钠	50	+	—	0	+	—	—	—	—	—	+	0	0
氢氧化钾	50	+	—	0	+	—	—	—	—	—	0	0	0
海水	/	+	0	+	+	+	—	+	+	+	+	0	+
苯	100	+	+	0	+	+	+	+	+	+	+	+	+
氨水	10	+	0	+	+	—	—	+	+	+	+	0	+
丙酮	100	+	0	0	+	0	—	+	+	+	+	0	+
尿素	/	+	+	+	+	—	—	+	+	+	+	+	+
四氯化碳	/	+	+	+	+	+	+	+	+	+	+	+	+
润滑油	/	+	+	+	+	+	+	+	+	+	+	+	+
汽油	/	+	+	+	+	+	+	+	+	+	+	+	+

注：＋为稳定；—为不稳定；0 为尚稳定。

表 6-27　碳石墨密封环的摩擦系数和推荐配对材料

系列代号	浸渍物		摩擦系数	推荐的配对材料	最高使用温度/℃
M1	树脂		≤0.15	硬质合金、镀铬钢、陶瓷、氮化硅、碳化硅、高硅铸铁、马氏体不锈钢（如 9Cr18,9Cr18MoV），司太利特合金	200
	低熔点金属	巴氏合金	≤0.15		200
		铝合金			300
	高熔点金属	锑			500
		铜合金			400
		银			900
	非金属	玻璃	≤0.11		610
M2	树脂		≤0.25	陶瓷、硬质合金、青铜、不锈钢、镀铬钢、氮化硅、碳化硅、高硅铸铁、司太利特合金	200
	低熔点金属	巴氏合金	≤0.25		200
		铝合金			300
	高熔点金属	锑	≤0.25		500
		铜合金			400
		银	≤0.15		900
	非金属	玻璃	≤0.13		610
M3	无		≤0.15	不锈钢、黄铜、陶瓷、氮化硅、硬质合金	200
T10	硅		≤0.10	石墨、硬质合金、硅化石墨、铸铁、陶瓷	500

注：摩擦系数系碳石墨配对 9Cr18，在 MM-200 型摩擦磨损试验机上进行干摩擦的测定值。

2. 树脂热压石墨

这是一种将烧结后的石墨粉碎，以酚醛树脂或环氧树脂等作黏结剂，混合后经热压的制品。它是不透气性石墨，但导热性较差、线胀系数大，适用于批量生产，成本低廉。主要用于汽车冷却水泵、家用电器等低负荷的密封。

3. 热解石墨

热解石墨是用丙烯等碳氢化合物在高温下经热解，使碳蒸汽渗透到碳石墨坯体的气孔中，起堵孔作用，形成高密、少孔、低透气性的纯碳石墨材料。其气孔率$<1\%$，抗压强度为 290MPa，硬度 $70\sim75$HS，线胀系数 0.36×10^{-8}℃$^{-1}$。热解石墨没有有机物和金属，适用于高温、强腐蚀工况。不适于批量生产，成本较高。

四、聚四氟乙烯

聚四氟乙烯（PTFE）是用氟石、三氯甲烷等为原料，经加热、裂解、聚合而制成的有机聚合物；由于它有许多优异的特性，已成为机械密封不可缺少的重要材料。

聚四氟乙烯具有较好的耐腐蚀性。它的化学稳定性是已知塑料中最好的，故以"塑料王"而著称。它几乎能耐所有强酸、强碱、强氧化剂，即使在高温下也不发生作用。在王水中煮沸后重量及性能均无变化，并能耐各种有机溶剂。目前仅发现熔融碱金属（或它的氨溶液）、元素氟和三氟化氯在高温下能与聚四氟乙烯发生作用。它的优异的化学稳定性为它适用于更多的流体介质提供了有利条件。

由于聚四氟乙烯材料极长的刚性分子链，氟原子有效地遮蔽了碳原子，使分子间的内聚力降低。因而使表面分子彼此易于滚动或滑动。所以聚四氟乙烯在与其他材料对磨时，它的分子首先向对磨材料转移，在对磨材料表面上形成了一层约 $0.02\sim0.03\mu m$ 厚的薄膜，故它是一种良好的减摩、自润滑材料。聚四氟乙烯分子间低的吸引力还决定了它具有低的摩擦系数，其摩擦系数均为 0.04，相当于冰块与冰块之间的摩擦。聚四氟乙烯与镜面金属摩擦时，摩擦系数为 $0.09\sim0.12$，但聚四氟乙烯在高速、高负荷下磨损很大。所以，在选用聚四氟乙烯材料时，应把许用 PV 值作为重要的设计参数。

聚四氟乙烯有很高的耐热性和耐寒性，使用温度为 $-180\sim250$℃，在高温使用时抗拉强度低，柔性和伸长率增加，而低温时则相反。聚四氟乙烯的耐水性、耐候性、抗老化性、不燃性、韧性以及加工性能都很好，聚四氟乙烯的物理力学性能见表 6-28。

聚四氟乙烯存在的最大问题就是具有冷流性，在负荷下要发生蠕变。此外聚四氟乙烯的线胀系数很大，其数值在 $(8\sim25)\times10^{-5}$℃范围内。密封部位在长时间受压及温度变化时，产生流动变形，使密封端面比压不断变化，容易发生泄漏。表 6-29 列出了温度、负荷对聚四氟乙烯冷流性变形的影响。

另外，聚四氟乙烯的导热性很差，其热导率约为 0.244W/(m·K)，与金属相差 300 多倍，故当聚四氟乙烯做为摩擦副时，摩擦热很难导出，致使温度升高，密封性能恶化。所以使用中要尽可能采取散热降温措施。

表 6-28　聚四氟乙烯的物理力学性能

项　目		单　位	数　值
相对密度			$2.1\sim2.2$
吸水率		%	<0.005
拉伸强度	（未淬火）	MPa	$13.73\sim24.52$
	（淬火）		$15.69\sim30.89$
伸长率（断裂）		%	$250\sim350$
弯曲强度		MPa	$10.7913\sim.73$
弯曲疲劳（$\delta=0.4$mm）		万次	20
压缩强度（1%变形）		MPa	4.12
冲击韧性		10^4J/m^2	$\geqslant1.27$
硬度（HS）			$50\sim65$
摩擦系数（对钢）	动		0.04
	静		0.04
线胀系数（$25\sim200$℃）		10^{-5}℃$^{-1}$	$10\sim12$
热导率		W/(m·K)	0.24
热变形温度（0.45MPa）		℃	121

表 6-29　聚四氟乙烯的冷流性

温度/℃	负荷/MPa	时间/h	变形/%
常温	4.1	—	1
50	8.3	24	4~8
50	13.7	24	25
120	4.5	—	软化

为了克服以上不足，往往在纯聚四氟乙烯中加入各种填料进行改性。目前常用的填充材料有石墨、二硫化钼、玻璃粉、玻璃纤维、青铜粉等。加入填料后的聚四氟乙烯称作填充聚四氟乙烯，填充聚四氟乙烯的原料要求见表 6-30，几种填充聚四氟乙烯的物理力学性能见表 6-31。

表 6-30　填充聚四氟乙烯的原料要求

序号	原材料名称	规格与技术要求	生产单位
1	悬浮 F4 树脂	牌号 SFX-2，平均粒径 25~50μm，抗拉强度≥29.4Pa	上海电化厂
2	悬浮 F4 树脂	M12	（日）大金公司
3	悬浮 F4 树脂	7A	（日）三井公司
4	F4 分散液	初级粒子平均颗粒直径 0.2~0.25μm，浓度 9.5%~35%，抗拉强度≥19.8MPa	上海有机氟材料研究所
5	玻璃化纤维	无碱，表面无处理剂，纤维直径 8~10μm，长径比 10∶1	南京玻璃纤维研究设计院
6	石墨	试剂石墨，颗粒≤30μm，残渣含量＜0.15%，水分＜0.5%，密度 2.09~2.25g/cm³	上海胶体化工厂
7	二氧化硅	纯度≥99.5%，细度过 270 目	无锡精炼厂
8	二硫化钼	MF-2，纯度＞98%，水分＜0.5%，粗颗粒＜30μm 占95%，＜10μm 占 5%	上海胶体化工厂
9	炭黑	槽法炭黑，水分＜4.0%，100 目筛余物≤0.06%，无杂质（不通过 20 目者）	上海炭黑厂
10	碳纤维	聚丙烯腈碳化纤维，碳含量≥95%，细度过 200 目	辽源耐酸材料厂
11	锡青铜	ZQSnB-6-3，Sn6Zn6Pb3，细度过 200 目	上海树脂研究所，徐州造漆厂
12	可溶性聚酰亚胺	细度＜55 目，表观密度 0.31g/mL	上海树脂研究所，徐州造漆厂
13	聚苯	密度 1.24g/cm³，500℃失重小于 5%，细度过 200 目＞98%	上海吴淞化工厂，青岛化工研究所

表 6-31　几种填充聚四氟乙烯的物理力学性能

性能	配方		20%石墨	40%石墨	25%青铜＋20%玻璃纤维＋10%石墨＋5%石墨	40%青铜＋20%玻璃纤维＋10%石墨	40%玻璃纤维	40%玻璃粉＋5%石墨
相对密度			2.16	2.15	2.45	2.70	2.28	2.28
抗拉强度/MPa			16.4	13.9	13.8	15.9	16.0	11.2
断裂伸长/%			151	86	77	171	231	149
静弯曲强度/MPa			24.9	24.5	22.7	38.5	19.9	20.1
MN-IM 磨损试验机	摩擦系数		0.13	0.14	0.17	0.17	0.18	0.15
	磨损/(mg/10min)		12	3.4	2.5	3.6	3.5	2.5
台姆金磨损试验机	摩擦系数		0.20	0.20	0.20	0.20	0.21	—
	磨损/(10⁻³mg/40min)		22.3	8.24	0.66	0.74	1.22	—
热导率/[W/(m·K)]			0.43	0.47	0.41	0.43	0.24	0.43
线胀系数/(10⁻⁶℃⁻¹)	纵向	0~50	1.9	1.67	1.60	1.60	1.63	1.50
		0~100	1.46	1.29	1.35	1.33	1.19	1.20
		0~150	1.38	1.25	1.32	1.33	1.16	1.17
		0~200	1.38	1.28	1.41	1.43	1.20	1.23
		0~250	1.40	1.23	1.54	1.34	1.26	1.32

续表

性能		配方	20%石墨	40%石墨	25%青铜+20%玻璃纤维+10%石墨+5%石墨	40%青铜+20%玻璃纤维+10%石墨	40%玻璃纤维	40%玻璃粉+5%石墨
线胀系数 /(10^{-4}℃$^{-1}$)	横向	0~50	1.01	0.75	0.79	0.77	0.83	0.69
		0~100	0.87	0.60	0.69	0.63	0.67	0.60
		0~150	0.74	0.59	0.69	0.62	0.63	0.53
		0~200	0.78	0.62	0.74	0.66	0.67	0.57
		0~250	0.79	0.67	0.79	0.71	0.73	0.61
吸水率/%(24h)			+0.03	+0.04	+0.58	+1.00	+0.47	-0.77

五、其他金属材料

1. 铸铁、碳钢

常用的铸铁材料有灰口铸铁和球墨铸铁，其耐磨性都很好，特别是球墨铸铁，不仅具有铸铁的优良特性，又兼有钢的较高强度性能、耐磨性、抗氧化性及减振性也比钢好，同时还可经过多种处理提高强度，是一种较好的摩擦副材料，它适用于油类中性介质。

常用的碳钢材料有 45、50 钢，经淬火后有较高的硬度和良好的耐磨性，适用于化学中性介质。

2. 高硅铸铁

高硅铸铁是含硅 10%~17% 及含碳 0.5%~1.2% 的硅铁合金。常用的高硅铸铁中含硅量约为 14.5%，是一种优良的耐酸材料。由于材料表面产生了一层保护性很强的氧化硅膜，故它对各种浓度的硫酸、硝酸、有机酸、酸性盐等介质有良好的耐腐蚀性。但在氢氟酸中却腐蚀很快，也不耐强碱、盐酸和热的三氯化铁溶液的腐蚀。

其缺点是质脆，耐温度剧变性差，骤冷骤热会炸裂。高硅铸铁的物理力学性能见表 6-32。

表 6-32　高硅铸铁的物理力学性能

密度 /(g/cm³)	熔点 /℃	热导率 /[W/(m·K)]	抗弯强度 /MPa	硬度 (HRC)	线胀系数/10^{-6}℃$^{-1}$	
					<100	<200
6.9	1220	52.34	137.29~166.71	45~50	3.6	4.7

加入 3% 的钼（Mo）和少量铬的含钼高硅铸铁可改进在盐酸、氯化物、漂白粉等介质和其他氧化环境中的耐蚀性，并可减少孔隙。加入稀土元素可改善其脆性及加工性能。

3. 铬钢、铬镍钢

铬钢和铬镍钢在机械密封摩擦副材料中也被广泛采用。

常用的铬钢材料有 3Cr13、4Cr13、9Cr18 等，它们经淬火后有较高的硬度，耐腐蚀性比碳钢好，适用于弱腐蚀性介质。

常用的铬镍钢有 1Cr18Ni9、1Cr18Ni9Ti、Cr18Ni12Mo2Ti 等。它们具有良好的耐腐蚀性能，适用于强腐蚀性介质。其韧性大、硬度低、耐磨性不高。

4. 青铜

机械密封摩擦副材料常用的青铜材料有 ZQSn6-6-3、ZQSn10-1 等，其弹性模量大，具有良好的导热性、耐磨性、加工性以及对硬质材料的相容性。但质软，耐腐蚀性较差，适用于海水、油等中性介质。

第二节　辅助密封圈材料

机械密封的辅助密封圈包括动环密封圈和静环密封圈。根据其作用，要求具有良好的弹性、低的摩擦系数，能耐介质的腐蚀溶胀，耐老化。在压缩之后及长期工作中具有较小的永久变形，在高温下使用不黏着，低温下不硬脆而失去弹性，在高压时要有抗爆性，另外，也要求材料来源方便，成本低廉。

辅助密封圈材料主要使用各种橡胶、聚四氟乙烯等。

如前一节所述，聚四氟乙烯由于其优异的化学稳定性、耐温性和低的摩擦系数优点，被广泛地用于各种温度、压力、腐蚀性介质条件下。采用淬火的方法可提高聚四氟乙烯 O 形圈的韧性；采用填充的方法，可提高聚四氟乙烯楔形圈的尺寸稳定性。

采用氟塑料全包覆橡胶 O 形圈是以氟硅橡胶圈为内芯，采用特殊工艺复合而成的包覆聚乙丙烯（FEP）/四氟乙烯与全氟烷基乙烯基醚的共聚物（PFA）氟塑料的特殊橡胶 O 形圈。可应用在普通橡胶 O 形圈无法适应的某些化学介质的环境中，弹性由橡胶内芯提供，它既有橡胶 O 形圈所具有的低压缩永久变形性能，又具有氟塑料特有的耐热耐寒、耐油、耐摩、耐老化、耐腐蚀等特性。

在高温情况下，也有采用膨胀石墨或金属中空 O 形圈做辅助密封圈。

橡胶是一种高弹性的高分子化合物，由于其良好的弹性和一定的程度，用做密封圈时密封严密，缓冲、吸振性优异，并具有较好的气密性、不透水性、耐磨、耐热耐腐蚀性能，所以它是一种较好的密封材料，是机械密封辅助密封圈应用最多的一种材料。

橡胶密封圈除上述优点外，由于其弹性大而可以在较大的公差范围内仍能保持密封不漏，且制造容易。当采用不同的橡胶品种、配方设计、混炼和硫化工艺时，可制得各种性能的制品而分别满足于不同温度、不同化学物质的腐蚀和溶解、溶胀等要求。橡胶密封圈的缺点是摩擦因数比较大，弹簧推进时阻力较大，在高温时容易产生黏着或老化。

橡胶分为天然和合成橡胶。不同的合成橡胶，由于生胶的牌号配方及加工工艺的不同有不同的特性，使用时要在了解各种合成橡胶性能的基础上，根据工作条件加以合理选择。下面重点介绍常用的合成橡胶。

1. 丁腈橡胶（NBR）

丁腈橡胶是丁二烯和丙烯腈的无规共聚物，其分子结构如下：

$$-(CH_2-CH=CH-CH_2)_m-(CH_2-CH)_n-$$
$$|$$
$$CN$$

丁腈橡胶可根据丙烯腈含量不同而有不同的物理、化学性能。通常可以通过增加丙烯腈含量来降低低温柔顺性、提高压缩变形率，提高耐热老化和耐臭氧的能力、拉伸强度和耐磨强度以及硬度和密度。

丁腈橡胶在耐寒、耐臭氧性、电绝缘性、弹性、气密性和耐多次曲折性方面较差。丁腈橡胶的耐油性好，只是对非极性溶剂而言，如在极性的含氯溶剂及脂类中，就会溶胀，甚至溶解。机械密封用 O 形圈材料，一般常用的丙烯腈含量为 40% 的丁腈橡胶。

丁腈橡胶使用温度范围一般为：$-40 \sim 120$℃。

2. 氢化丁腈橡胶（HNBR）

氢化丁腈橡胶是通过有选择地把丁腈橡胶中的丁二烯基予以氢化而得到的。分子结构如下：

$$-(CH_2-CH_2)_n-(CH_2-CH)_m-(CH=CH)-$$
$$|$$
$$CH$$

丁腈橡胶的氢化过程为其提供了良好的耐热和耐臭氧化性能。过氧化氢硫化的氢化丁腈橡胶具有最好的压缩性和耐热性，并且高腈（丙烯腈）HNBR 具有较好的耐矿物油性能。

HNBR 具有良好的低温柔顺性、耐臭氧和耐候性、耐热空气和工业润滑剂、150℃热水和热汽、胺的缓蚀剂和酸气（硫化氢）以及高能量辐射中的老化。HNBR 填补了 HBR 和 FKM 在许多同时要求耐热和耐腐蚀性介质的应用领域的空白，并可能因此成为成本更低的

FKM 的替代物。氢化丁腈橡胶还具有高强度、高撕裂性能、耐磨性能优异等特点，是综合性能极为出色的橡胶之一。

使用温度范围一般为 $-20\sim180℃$。

3. 乙丙橡胶（EPM/EPDM）

乙丙橡胶是通过乙烯和丙烯，再加有或不加第三单体（二烯）生成的。分子结构如下：

$$-(CH_2-CH_2)_x-(CH_2-CH)_y-\quad \text{二元乙丙}\quad EPM$$
$$|$$
$$CH_3$$

$$-(CH_2-CH_2)_x-(CH_2-CH)_y-\quad \text{三元乙丙}\quad EPDM$$
$$|$$
$$CH_3$$

不论二元还是三元乙丙橡胶，其最大的特点是它的完全饱和的主链，所以乙丙橡胶具有卓越的耐热、耐氧及臭氧、耐候等特性，以及极好的电绝缘性。过氧化物硫化的橡胶体在-40℃到150℃时展现出良好耐热老化性和耐压缩性，比硫黄硫化的好。另外，它的弹性大、发热低、密度小。乙丙橡胶可以耐广泛的介质，包括极性溶剂（如酮、酯类）、热水和200℃的蒸汽（在没有空气时）。

乙丙橡胶的缺点是不适合用于矿物、合成润滑油及碳氢化合物燃料介质中，黏着性差，硫化速度慢。乙丙橡胶一般采用的硫化体系有硫磺硫化和过氧化物硫化两种，优缺点见表6-33。

表6-33 不同硫化体系优缺点

硫化体系	优　　点	缺　　点
过氧化物硫化体系	①与硫磺硫化橡胶相比,具有更好的耐热性、更好的压缩永久变形率 ②过氧化物硫化橡胶更适合用于特别要求的 O 形圈和密封件的密封能力的场合 ③过氧化物硫化橡胶可以用于食品和医药行业	与硫磺化橡胶相比,具有较低的拉伸强度,断裂伸长率以及撕裂强度(这些性能对于密封元件,例如 O 形圈来说,并不是最重要的性能)
硫磺硫化体系	与过氧化物硫化橡胶相比,具有更高的拉伸强度、断裂拉长率以及撕裂强度	①压缩永久变形率较高 ②耐热性较差

使用温度范围一般为 $55\sim150℃$。

4. 硅橡胶（VMQ）

硅橡胶是以 —Si—O—Si— 为主链，通过硅原子与有机基团组成侧链的高分子弹性体。甲基乙烯基硅橡胶（VMQ）是应用较多的一种硅橡胶材料。其分子结构如下

$$\begin{array}{cc} CH_3 & CH=CH_2 \\ | & | \\ -(Si-O)_n-(Si-O)_m- & \text{甲基乙烯基硅橡胶} \\ | & | \\ CH_3 & CH_3 \end{array}$$

硅橡胶的独特性能是优异的耐臭氧、耐日晒、耐户外气候和耐阳光性。硅橡胶是可以经受高达 200℃ 高温的特殊化合物，通常的连续使用的温度极限是 200℃。硅橡胶具有杰出的低温柔顺性（部分牌号低至 $-90℃$）、电气绝缘性及透气性，这些使得它在整个使用温度范围之内保持相当稳定性。所以说，在所有的橡胶中，只有硅橡胶既耐高温又耐严寒。

硅橡胶具有良好的耐燃烧性能、良好的压缩变形和高生物惰性（无味、无嗅和完全无毒）。硅橡胶也抗细菌、耐广泛的化学物质、包括耐高达 10^6 Rads 的高能辐射，主要的缺点是低的拉伸性能和差的耐酸性、耐碱性、耐 120℃ 以上的蒸汽性。用于 O 形圈时仅适于静态或低速动态应用。

适用温度范围一般为 $-60\sim200℃$。

5. 氟硅橡胶（FVMQ）

氟硅橡胶又称甲基乙烯基三氟丙基硅橡胶，是侧链引入氟代烷基的一类硅橡胶，其分子结构如下：

$$-(\underset{CH_2CH_2CF_3}{\overset{CH_3}{Si-O})_n}-(\underset{CH_3}{\overset{CH=CH_2}{Si-O})_m}-$$

氟硅橡胶具有良好的耐热性而且具有优良的耐油、耐溶剂性能，如对脂肪烃、芳香烃、氯代烃、石油基的各种燃料、润滑油、液压油以及某些和合成油在常温和高温下的稳定性均较好，这些正是硅橡胶所不及的。

氟硅橡胶具有较好的低温性能，对于氟橡胶而言，这正是一种很大的改进，含三氟丙基的氟硅橡胶保持弹性的温度范围一般为$-50\sim200℃$，耐高温性能较乙烯基硅橡胶为差，且在加热到300℃以上时将会产生有毒气体。

在电绝缘性能方面较乙烯基硅橡胶差得多。在氟硅橡胶的胶料中加入适量的低黏度羟基氟硅油，胶料热处理，再加入少量乙烯基硅橡胶，可使工艺性能显著改善，有利于解决胶料粘滚和存放异构化严重等问题，能延长胶料的有效使用期。在上述氟硅橡胶中引入甲基苯基硅氧链节时，会有助于耐低温性能的改善，且加工性能良好。

使用温度范围一般为$-60\sim175℃$。

6. 氯丁橡胶（CR）

氯丁橡胶，是由单体2-氯丁二烯均聚而成，其分子结构如下：

$$-(CH_2-\underset{}{\overset{Cl}{C}}=CH-CH_2)_n-\qquad 非硫黄调节型（W型）$$

$$-(CH_2-\underset{}{\overset{Cl}{C}}=CH-CH_2)_n-Sx\qquad 硫黄调节型（G型）$$

氯丁橡胶通常可分为两大类，即通用型和特殊型，前者又可分为：

G型——用硫黄型调节剂合成的，含多硫键，活性大，易自动硫化交联，贮存性差；

W型——用非硫黄型调节剂合成的，较稳定，但硫化速度慢，结晶度较大。

氯丁橡胶具有优良的综合物理力学性能。其气密性、耐臭氧、日光和气候性皆优，又有良好的耐磨性、耐化学试剂、耐燃性和耐油性。因而在有些场合下，它可以用作特种橡胶。

氯丁橡胶的缺点是：耐寒性较差（$-40℃$左右）；相对密度大（约1.23）；G型的贮存稳定性差；给加工造成困难；常温下易结晶；电绝缘性差。

使用温度范围一般为$-40\sim125℃$。

7. 聚氨酯橡胶（AU&EU）

聚氨酯橡胶分子结构如下：

$$-(NH-\underset{}{\overset{O}{C}}-O)-$$

聚氨酯橡胶分为两种：聚酯型聚氨酯AU和聚醚型聚氨酯EU。

由于聚氨酯橡胶的化学与结构的特点，在性能上所显示的最大优点是高耐磨性（有耐磨橡胶之称），又耐油和耐溶剂性良好；特别是耐润滑油和燃料油，具有良好的抗溶胀性。聚氨酯橡胶普遍表现出杰出的拉伸强度、抗撕裂性和耐磨性，并且具有良好的耐氧气和臭氧的能力（除了在炎热的气候条件下，因为此时微生物对AU，紫外线对EU会具有更大的危害）。EU橡胶具有更好的低温柔顺性（典型的有$-35℃$），并且都具有良好的抗高能辐射（106Rads）能力。

聚氨酯性能上的缺点是水解稳定性和耐热性较差。

使用温度范围一般为 AU：$-40 \sim 100 ℃$，EU：$-80 \sim 90 ℃$。

8. 氯醇橡胶 （ECO）

氯醇橡胶又称氯醚橡胶，常用的是 ECO，其分子结构如下：

$$-(CH_2—CH—O)_m—(CH_2—O)_n—$$
$$\mid$$
$$CH_2Cl$$

氯醇橡胶又称氯醚橡胶，有均聚物（CO）、共聚物（ECO，GCO）和三聚物（GECO）三种类型。与 NBR 相比，氯醇橡胶的耐高温性、耐低温性、耐油性、耐臭氧性以及耐燃性更好。但氯醇橡胶不适合用于酮、酯类、醇类、磷酸酯液压油、酸气、水和蒸气的使用。

使用温度范围一般为 $-40 \sim 125 ℃$，最高达 $135 ℃$。

9. 丁基橡胶 （IIR）

丁基橡胶由主要单体异丁烯和少量辅助单体二烯烃共聚而成，最常用的二烯烃为异戊二烯，其分子结构如下：

$$\left[\begin{array}{c} CH_3 \qquad\qquad CH_3 \\ \mid \qquad\qquad\quad \mid \\ -(C—CH_2)_x—(CH_2—C=CH—CH_2)_y— \\ \mid \\ CH_3 \end{array} \right]_n$$

丁基橡胶的主链不饱和性较低，主链上带有大量的甲基侧链，故具有以下特点：气密性优良，透气性是烃类橡胶中最低的；抗臭氧性好，与其他不饱和性高的橡胶相比，丁基橡胶的抗臭氧性比天然橡胶、丁苯橡胶等约高出 10 倍；耐热、耐候性都较优异。耐热、耐阳光和氧的性能均比其他通用型橡胶要好，有较好的高温（$>100 ℃$）弹性及较高的耐热性；耐酸、碱和极性溶剂，但不耐浓的氧化酸，在脂肪烃中严重膨胀；电绝缘性好，优于一般橡胶；可以在胶体上聚合各种卤素（如氯/溴），以提高其耐某些化学介质性，但同时也降低了电绝缘性能和耐湿性。

丁基橡胶的缺点是硫化速度低、自黏性和互黏性差，与其他橡胶不易相容，回弹性差及发热量大等。

使用温度范围一般为 $-50 \sim 110 ℃$。

10. 异戊橡胶 （IR）

异戊橡胶的分子结构与天然橡胶（NR）很相似，其分子结构如下：

$$CH_3$$
$$\mid$$
$$-(CH_2—C=CH—CH_2)_n—$$

异戊橡胶（常称合成天然橡胶）在结构上与天然橡胶十分相似，但其物理力学性能仍不及天然橡胶。主要的缺点是：合成胶的生胶、炭黑混炼胶及硫化胶的强度都偏低；其混炼胶的黏结性差，加工性能不良；高温下的耐疲劳性和强度也不及天然橡胶；易冷流。

这两种橡胶都容易降解风化，并且都对矿产及以石油为基础的油和烯料的耐化学性差。

使用温度范围一般为 $-50 \sim 100 ℃$。

11. 丙烯酸酯橡胶 （ACM）

丙烯酸酯橡胶是以丙烯酸酯为主单体经共聚而得的弹性体，其分子结构如下：

$$-(CH_2—CH)_m—$$
$$\mid$$
$$COOR$$

丙烯酸酯橡胶是以丙烯酸酯为主单体经共聚而得的弹性体，其主链为饱和碳链，侧基为极性酯基。由于特殊结构赋予其许多优异的特点，如耐热、耐老化、耐油、耐臭氧、抗紫外线等，力学性能和加工性能优于氟橡胶和硅橡胶，ACM 耐热性、耐老化性、耐候性优于丁腈橡胶，耐油性与中低丙烯腈含量的丁腈橡胶相当，但比高丙烯腈含量的差。高温下耐燃料油、耐润滑油性能极好，对多种气体具有耐渗透性。

ACM 的缺点是耐低温、耐水和耐溶剂性能较差。

使用温度范围一般为 $-15\sim150$℃，175℃可以短时间使用，特殊材料的低温可以至 -30℃。

12. 聚乙烯/丙烯酸酯橡胶 （AEM）

聚乙烯/丙烯酸酯橡胶是乙烯与甲基丙烯酸酯的共聚物，加上少量的含羧酸基的硫化单体。其分子结构如下：

$$-(CH_2-CH)_x-(CH_2-CH_2)_y-(R)_z-$$
$$\qquad\quad | \qquad\qquad\qquad\qquad\quad |$$
$$\qquad COOCH_3 \qquad\qquad\qquad COOH$$

丙烯酸酯橡胶（ACM）存在加工困难：粘滚、粘模、污染模具，而且耐低温也不好、压变也不好等多种缺陷，所以研发了丙烯酸酯橡胶的改进版：AEM 橡胶，弥补这些缺陷。AEM 的加工性能和耐高低温性能要比 ACM 提高，同时价格也提高很多。

聚乙烯/丙烯酸酯橡胶是一种耐用的、低压缩永久变形率的橡胶，有优异的耐高温、耐热的矿物油、液压油和耐候物性。AEM 的低温弹性和力学性能优于 ACM，但它不耐低苯胺油（如 ASTM3 号油）和极性溶剂。

使用温度范围一般为 $-30\sim150$℃。

13. 氯化聚乙烯橡胶 （CPE 或 CM）

氯化聚乙烯是聚乙烯经氯化取代后应的改性聚合物。其分子结构如下：

$$-(CH_2-CH_2)_m-(CH_2-CH)_n-\ \ 或$$
$$\qquad\qquad\qquad\qquad\qquad\qquad\quad |$$
$$\qquad\qquad\qquad\qquad\qquad\qquad\quad Cl$$
$$-(CH_2-CH)_L-(CH_2-CH_2)_m-(CH-Cl-CH-Cl)_n-$$
$$\qquad\quad |$$
$$\qquad\quad Cl$$

CPE 是一种饱和橡胶，有优秀的耐热氧老化、耐臭氧老化、耐候性、耐化学性、着色稳定性；CPE 耐油性能优秀，其中耐 ASTM 1 号油、ASTM 2 号油性能极佳，与 NBR 相当；耐 ASTM 3 号油性能优良，优于 CR，与 CSM 相当；由于 CPE 中含有氯元素，具有极佳的阻燃性能，且有燃烧防滴下特性。其与锑系阻燃剂、氯化石蜡、氢氧化铝三者适当的比例配合可得到阻燃性能优良、成本低廉的阻燃材料；CPE 无毒，不含重金属及多环芳香烃，其完全符合环保要求；CPE 与各种极性和非极性聚合物有良好的相容性，保持了聚乙烯的化学稳定性和良好的电性能等。具有高填充性能，可制得符合各种不同性能要求的产品。

使用温度范围一般为 $-40\sim125$℃。

14. 氯磺化聚乙烯橡胶 （CSM）

氯磺化聚乙烯橡胶是由低密度聚乙烯或高密度聚乙烯经过氯化和氯磺化反应制得。其分子结构如下：

$$\left\{-[(CH_2)_{n_1}-\overset{\overset{\displaystyle H}{|}}{\underset{\underset{\displaystyle Cl}{|}}{C}}-(CH_2\,{}_{n_2}]_{m_1}-\overset{\overset{\displaystyle H}{|}}{\underset{\underset{\displaystyle SO_2Cl}{|}}{C}}\right\}_{m_2}$$

式中，n_1 为含亚甲基链节数；n_2 为含亚甲基链节数；m_1 为含氯化亚甲基链段数；m_2 为含氯磺酰基链段数。

CSM 的化学结构是完全饱和的，具有优异的耐臭氧性、耐候性、耐热性、难燃性、耐水性、耐化学药品性、耐油性、耐磨性等。

CSM 本身无自燃性，离火即熄。阻燃性仅次于氯丁橡胶。可浸没在水中，甚至沸水中长期使用。能耐任意浓度的碱，95％的室温硫酸和 63％的硝酸及任意浓度的盐酸、有机酸和多种化学药品，尤其对强氧化剂具有耐蚀性。CSM 能在室温至 120℃条件下耐各种润滑油、烃类和燃料油，但不耐芳烃，其耐油性与丁腈橡胶相当，而耐热油性则优于丁腈橡胶。介电性能优良，且耐电晕放电，电气性能介于天然橡胶与氯丁橡胶之间。

CSM 的缺点是：刚性大，伸长率较小，压缩永久变形率较大；低温性能较差，这通常取决于 CSM 的含氯量。

使用温度范围：连续使用温度为 $-40\sim140℃$，间断使用温度为 $140\sim160℃$。

15. 氟橡胶（FKM）

FKM 氟橡胶分为许多品种，其中典型的几种分子结构如下：

$$-(CH_2-CF_2)_x-(CF_2-\overset{\overset{CF_3}{|}}{CF})_y- \qquad 二元\ FKM$$

$$-(CH_2-CF_2)_x-(CF_2-\overset{\overset{CF_3}{|}}{CF})_y-(CF_2-CF_2)_z-$$

$$-(CH_2-CF_2)_x-(CF_2-\overset{\overset{OCF_3}{|}}{CF})_y-(CF_2-CF_2)_z- \qquad 三元\ FKM$$

$$-(CH_2-CF_2)_x-(CH_2-\overset{\overset{CH_3}{|}}{CH})_y-(CF_2-CF_2)_z-$$

FKM 是氟橡胶的一种，是包含几个复合材料的高含氟聚合物。它们可以在很高的温度（200℃）长期使用。相比之下，传统的橡胶在此温度的空气中，24h 后就会变脆。FKM 硫化橡胶一般来说有出色的耐氧、耐臭氧、耐气候、阻燃和耐氧化物的特性，以及具有在各种各样介质中出色的抗溶胀性。然而，它们不适合用于极性溶剂（如甲乙酮 MEK）、一些有机酸（如甲酸）、某些甲醇和酯类液压油（如特种液压工作油 Skydrol）、氨和一些胺中。它们可以用于高达 10^6 Rads 的高能辐射环境中。特殊等级的 FKM 可以应用于热水和蒸汽。

由双酚硫化的 FKM 具有低的压缩永久变形率。通常情况下，它们可以在低至 $-30℃$ 的温度下使用，但一些特殊等级可以在低至 $-46℃$ 温度下仍保持有效的密封。FKM 氟橡胶的优缺点见表 6-34。

表 6-34　FKM 氟橡胶的优缺点

类型	氟含量/%	优　缺　点
二元共聚 （A/E）	65～65.5	①包含两个单体 ②在橡胶密封件中使用最广泛 ③最好的压缩永久变形和优异的耐流体性能 ④通常有"A"和"E"等级 ⑤价格较便宜
三元共聚（B 或 F）	67	①包含三个单体 ②与二元共聚相比，具有更好的耐流体、耐油、耐溶剂性能，但是具有更差的耐压缩永久变形 ③通常有"B"或"F"等级 ④"F"等级的耐流体性能比"B"等级的更好
四元共聚（G）	67～69	①包含四个单体 ②与其他类型相比，具有更好的耐流体、耐酸、耐溶剂性能 ③压缩永久变形比三元共聚物更好。四元共聚类型中最出名的是"G"等级 ④另外，某些四元共聚型具有良好的低温柔顺性 ⑤四元共聚类型是这三种中价格最贵的 ⑥四元共聚类型材料也用作 GF、GLT 和 GFLT 等级，这些等级与 Viton® FKM 材料相一致 ⑦GF—优良的高温性能和耐化学性能，但是降低了其物理性能和低温性能 ⑧GLT—提高了其低温性能，但是降低了耐化学性 ⑨GFLT—优异的循环高温/低温度性能和耐化学性能

注：1. Viton® 是美国杜邦高性能弹性体有限公司（Dupont Performance Elastomers）的注册商标。
2. 中国国内常见的氟胶 F26 是属于二元共聚，类似于 Viton® A；氟橡胶 F246 是属于三元共聚，类似于 Viton® B。

使用温度范围一般为$-20\sim225℃$，特殊高温牌号可以耐高温至$250℃$。

16. Aflas® 氟橡胶（FEPM）

Aflas®氟橡胶是FEPM中常用的一种，是四氟乙烯与丙烯的交替共聚橡胶，分子结构如下：

$$-(CF_2\!-\!CF_2)_m\!-\!(CH_2\!-\!CH_2)_n\!- $$
$$|$$
$$CH_3$$

由于其稳定的化学构造，FEPM氟橡胶具有良好的耐化学性。它可以在高温条件下抵抗高浓度的酸、碱、胺、氧化剂、热水/水蒸气等，此特性优越于传统的氟橡胶。

使用温度范围：静态密封$-25\sim250℃$，动态密封$-5\sim250℃$，根据各种牌号而定。

应用举例：

（1）轴承密封　加有胺类化合物及尿素化合物的轴承润滑脂的使用条件，用FKM材质的密封件会容易产生硬化老化，而用FEPM氟橡胶则是很好的选择。

（2）船舶发动机用O形圈　对一船舶大型柴油发动机的冷却水以及发动机油相接触的O形圈，严格要求耐化学性，FKM氟橡胶的耐化学腐蚀性不能满足要求，出于延长密封寿命和降低成本的考虑，最佳选择是FEPM氟橡胶。

（3）耐蒸气用O形圈　对于使用蒸气管道中的O形圈来说，要求对含微量防锈剂等物质的蒸气要具有耐久性。若使用FKM氟橡胶，由于密封圈会发生膨胀及硬化老化，故很难保持密封性能。而用FEPM氟橡胶则完全能满足耐化学腐蚀性和耐蒸气性这两项要求。

（4）石油挖掘机用O形圈、组合密封　石油挖掘机底部经常接触由地下喷出的H_2S等腐蚀性气体和水蒸气，加之要从地面向下注入钻探油等化学物料，要求密封材料在高温、高压下仍能保持性能稳定。在这种苛刻的条件下，用Aflas®氟橡胶制造的O形圈及组合密封件仍能保持牢固的密封性能。

17. 美国杜邦公司全氟橡胶（Katrez®）

Katrez®全氟橡胶由一系列不同的材料及相关的优化配方的胶料制造而成，分别赋予不同工况下的最佳的使用性能。表6-35概述了常用胶料的基本性能，给出了每种胶料各自的特点。

表 6-35　Katrez® 全氟橡胶基本性能[①]

胶料性能	普通			特殊			
	6375	7075	4079	1050 LF	1058	3018	2037
连续工作温度[②]/℃	275	327	316	288	260	288	220
硬度[③]（邵尔 A,±5）	75	75	75	82	65	91	79
100%伸应力[④]/MPa	7.2	7.6	7.2	12.4	4.7	16.9	6.2
拉伸强度[⑤]/MPa	15.1	17.9	16.5	18.6	9.0	21.7	16.9
扯断伸长率/%	160	160	150	125	180	125	200
压缩永久变形[⑥]（204°×70h）/%	25	12	25	35	40	35	27

① 非特定用途。

② 杜邦公司专用实验方法。

③ ASTM D 2240。

④ ASTM D 412，500mm/min。

⑤ ASTM D 395B，球状试样。

⑥ ASTM 1329。

18. Perlast® 全氟橡胶 （FFKM）

Perlast®是由英国PPE公司（Precision Polymer Engineering Ltd）开发出的一种全氟橡胶。Perlast®全氟橡胶主要由四氟乙烯、全氟烷基乙烯基醚为主要单体，与少量带硫化点的第三单体共聚而成，分子结构如下：

$$—(CF_2—CF_2)_m—(CF_2—CF)_n—$$
$$|$$
$$OCF_3$$

它不仅具有像 PTFE 一样优异耐高温、耐化学腐蚀性（可耐 1600 多种化学品的腐蚀），还兼备了橡胶的弹性。

全氟橡胶聚合物主链上只有碳和氟原子，不含氢原子，因而聚合物链的惰性很强，可以说对所有的化学介质都很稳定。全氟橡胶几乎不受所有流体影响，包括脂肪类、芳烃类、脂类、醚类、酮类、油类、润滑剂类及大部分酸类。但全氟橡胶会受到一些强氧化剂和还原剂的影响，在 HCFC、CFC、氟油、三氟氯乙烯油等介质中会发生溶胀，应尽量避免使用于这些介质。

橡胶密封材料的使用温度范围一般是指在它们硬化和结构破坏的温度。全氟橡胶的连续最高使用温度为 260～290℃，可间歇性使用于 325℃的高温。由于热膨胀系数较高，随着时间和高温的影响，全氟橡胶会变软，这实际上会提高其密封性能，尤其用于静密封时。当然，全氟橡胶密封件的性能依赖于它的特定使用环境：静态或动态密封、密封圈的真实使用温度、峰值温度的持续时间、体系压力、振动以及体系中溶剂或化学品的影响等等。

使用温度范围一般为－20～325℃，根据各种牌号而定。

全氟橡胶是一种高性能高价格的密封材料，到目前为止，它仍是世界上最昂贵的胶料。由于全氟橡胶在更换、维护和安全性方便、可节约大量费用，因此其应用也从开发之初的军事、航天等尖端科技领域，逐步推广到电子、医药、石油、化工等民用领域。

第三节　弹性元件及其他零件的材料

机械密封对弹性元件材料的要求是材料强度高、耐疲劳、能耐介质的腐蚀和长期工作不降低或失去弹性。

一、弹簧

压缩弹簧是机械密封中使用最普遍的弹性元件。常用的弹簧材料有磷青铜、碳素弹簧钢（65Mn、60Si2Mn、50CrVA 等）、铬钢（3Cr13、4Cr13 等）、不锈钢（1Cr18Ni9、0Cr17Ni7Al、0Cr17Ni12Mo2Ti 等）、镍合金（NCu28-2.5-1.5 蒙乃尔合金）等。

磷青铜弹簧在海水、油类介质中使用效果良好，碳素弹簧钢弹簧用在化学中性介质中，铬钢弹簧适用于弱腐蚀性介质，不锈钢弹簧适用于腐蚀性介质。对于不锈钢不能耐强腐蚀的介质，往往采用弹簧加保护层的方法：一种是用橡胶、塑料软管套在弹簧上，将管的两端封死，用以保护弹簧不受腐蚀破坏；另一种是采用喷涂的方法，将耐腐蚀材料喷涂于弹簧钢丝表面，使之保护弹簧不受腐蚀也不降低其弹性力。如喷涂聚三氟氯乙烯材料，它具有良好的化学稳定性，能耐各种浓度的酸、碱、无机盐类以及较低温度下的强氧化剂，在室温下能耐一般有机溶剂，但不耐高温的浓硝酸、发烟硝酸、浓盐酸、氢氟酸以及强有机溶剂。它在－80～150℃温度范围内可长期使用。

镍合金具有良好的高低温力学性能、压力加工性能和耐腐蚀性。尤其对海水的耐蚀能力最为突出，但在无机酸（硝酸、盐酸、亚硫酸、铬酸等）中腐蚀迅速。镍合金不能通过热处理强化，只能通过冷拔（轧）来提高强度。为了消除应力，可在 300℃左右回火后使用。NCu28-2.5-1.5（蒙乃尔合金）经 300～340℃回火后洛氏硬度 27～28HRC，强度高，在腐蚀性气氛中或在食品接触的弹簧广泛采用。机械密封常用弹簧材料的性能见表 6-36。

二、波形弹簧

机械密封用波形弹簧，通常用薄钢带制造，其结构有单波、多波点焊式、连续缠绕式

表 6-36 机械密封常用弹簧材料的性能

材料代号	杨氏模量 E /10^3MPa	剪切模量 G /10^3MPa	推荐使用温度/℃	特性及适用范围
65Mn 60Si2Mn 50CrVA	$0.5 \leqslant d \leqslant 4$ 206～196 $d > 4$ 196	$0.5 \leqslant d \leqslant 4$ 81.8～78.8 $d > 4$ 78.8	$-40\sim120$	强度高、加工性能好、适于作一般工况的或简易密封用弹簧
1Cr18Ni9	193.2	71.7	$-250\sim250$	一般用于制造耐腐蚀、耐高、低温的弹簧
3Cr13 4Cr13	214.8	75.7	$-40\sim300$	强度高,耐高温,适用做较大尺寸弹簧
0Cr17Ni17Al	183.4	73.5	$-40\sim300$	有很高强度、耐腐蚀、耐高温、加工性能好

注：d 为弹簧直径。

等。波形弹簧用材料有 SUS302（1Cr18Ni9）、SUS304（0Cr18Ni9）、SUS316（0Cr17Ni12Mo2）、SUS613J（0Cr18Ni7Al）、SUS632（0Cr15Ni7Mo2Al）等。

三、金属波纹管

金属波纹管有焊接波纹管和压力成形波纹管。在上面介绍的不锈钢弹簧材料大都可以用于金属波纹管。但在高温下使用的金属波纹管一般采用属于沉淀硬化型不锈钢。所谓沉淀硬化是指在一定的条件下，由过饱和固溶体中析出另一相而导致的硬化作用。沉淀硬化型不锈钢是一种超高强度的高合金钢，通常含铬量大于 12%，合金元素总含量约 22%～25%，经过高温固溶处理后冷却到室温时保持奥氏体组织，适于加工成型，然后进行中间处理和冷处理（−73℃）能转变为马氏体组织，再经时效处理析出弥散分布的碳化物和其他金属间化合物，从而达到较高强度和硬化的目的。一般习惯上称为沉淀硬化。

AM-350 是典型的沉淀硬化型不锈钢，其化学成分见表 6-37，力学性能和持久性见表 6-38、表 6-39。

表 6-37 AM-350 的化学成分 %

C	Si	Mn	Cr	Ni	Mo	Fe
0.10	0.40	1.00	16.5	4.25	2.75	余量

表 6-38 AM-350 的力学性能

$\sigma_{0.2}$/MPa	σ_h/MPa	δ(50.8mm)/%	HRC
1027	1420	12	46

热处理状态：重新固溶＋（−73℃）冷冻＋850℃时效 1～2h。

AM-350 在工艺性能方面表现出独特的优越性，它在固溶后既有奥氏体钢的优点（易于冷加工成形），随后经过强化处理又具有马氏体钢的特色（强度硬度高），并且热处理温度不高，没有变形和氧化的缺点，所以是一种制作焊接波纹管的良好材料。

表 6-39 AM-350 的持久性 MPa

427℃		482℃	
100h	1000h	100h	1000h
910	890	720	690

我国的沉淀硬化不锈钢有 0Cr17Ni7Al、0Cr15Ni7Mo2Al、0Cr17Ni4Cu4Nb 等，是 AM-350 很好的代用材料。

高温有腐蚀工况下工作的波纹管可用高镍合金制造，例如蒙乃尔（Monel）、哈氏合金和因科镍尔（Inconel）等。其中因科镍尔 718 是常用的一个牌号，它耐高温、耐腐蚀而且弹性好，是机械密封中金属波纹管最常用的材料，其正常力学性能和化学成分见表6-40、表6-41。

表 6-40 Inconel 718 板材的力学性能

温度		21℃	538℃	649℃	732℃	760℃
持久强度	100h	—	71.7	30		
/（kgf/mm²）	1000h		60.5	7		
拉伸强度/（kgf/mm²）		130	116.7	105.5	—	69
屈服强度(0.2%)/（kgf/mm²）		107.6	96.3	88.6	—	64
伸长率/%		22	26	15	—	8

注：拉伸强度试验材料的状态为，927℃ 1h，空冷 718℃ 8h，炉冷 620℃ 18h，空冷。

表 6-41 Inconel 718 板材的化学成分 %

C	Si	Mn	Cr	Mo	Nb	Ti	Al	Fe	Ni
0.04	0.30	0.20	18.6	3.1	5.0	0.9	0.4	18.5	余量

Inconel 718 与 AM-350 相比，前者属于镍基高温合金，后者是高温高强度沉淀硬化型不锈钢。

机械密封其他零件包括弹簧座、动环座、传动零件及固定环等。除应满足机械强度要求外，还要求耐腐蚀。即使在无腐蚀性的介质中，通常也不用碳素钢，一般情况下用 3Cr13、4Cr13 等。在腐蚀性介质中，需要分别选用 1Cr18Ni9Ti、0Cr18Ni12Mo2Ti、00Cr17Ni14Mo2、Monel 等。有关耐腐蚀合金材料的选用，可参考表6-42。

表 6-42 耐腐蚀合金材料选用

序 号	牌 号	代 号	主 要 用 途
1	STSi15	高硅铸铁	全浓度硝酸硫酸及较强腐蚀液
2	Cr28	高铬铸铁	浓硝酸、高温等
3	NiCr2O2	镍铸铁	烧碱等
4	NiCr3O3	镍镉铁	烧碱等
5	PbSb10-12	硬铅	全浓度硫酸
6	1Cr13	1Cr13	大气、石油及食品
7	0Cr13Ni7Si4	05	浓硝、硫酸等
8	0Cr26Ni5Mo2	SUS329GJ1	稀硫酸、磷酸、抗磨等
9	0Cr26Ni5Mo2Cu3	CD-4MCu	稀硫酸、磷酸等
10	0Cr18Ni9	304	稀硝酸、有机酸等
11	022Cr19Ni10	304L	稀硝酸、有机酸等抗晶间磨蚀
12	0Cr17Ni12Mo2	316	稀硫酸、磷酸、有机酸等
13	022Cr19Ni10	316L	稀硫酸、磷酸、有机酸等，抗晶间磨蚀
14	022Cr17Ni12Mo2	941	稀硫酸等、Mo₂Ti 不抗蚀的场合 稀硫酸等
15	1Cr24Ni20Mo2Cu3	K 合金	稀硫酸等
16	0Cr20Ni25Mo5Cu2	904.2RK65	稀硫酸等
17	0CrNi30Mo2Cu3	20# 合金 CN-7M	磷酸等
18	0Cr28Ni30Mo4Cu2	28#	
19	NiCr22Mo9Nb	825	904 仍不抗蚀的场合
20	0Cr30Ni42Mo3Cu2	804	烧碱蒸及 904 仍不抗蚀的场合
21	00Ni65Cu28	Monel	氢氟酸、硅氟酸等
22	00Ni65Mo28	哈氏 B	全浓度盐酸等
23	TA2,TA3,TA4	铸钛 ZT	纯碱、海水等

除要求用高级耐蚀合金材料外，还可采用表面处理技术，以提高金属表面层的耐蚀性，这样密封结构件的使用寿命就可大大延长。

第四节　机械密封材料的选用

密封结构、材料及支持系统是关系机械密封性能的重要因素，而材料则在这些因素中是占第一位的。一方面由于材料的组合是多种多样的，没有一个固定的模式，另一方面目前材料质量参数影响因素也很多。因此机械密封材料的选择是一个比较复杂的问题。

机械密封材料的选择一般要考虑摩擦副组对材料，其次再考虑辅助密封圈材料及其他结构零件材料。在材料来源及加工条件允许的情况下，只有采用参数高、质量好的材料才能发挥密封结构特点，再配备完善的支持系统作保证才能取得良好的密封效果。

表 6-43 提供的是典型使用工况下机械密封材料的选择，供使用时参考。

表 6-43　典型使用工况下机械密封材料的选择

介质			动环（或静环）	静环（或动环）	辅助密封圈	弹　簧
名称	浓度/%	温度/℃				
清水	—	常温	9Cr18，1Cr13 堆焊钴铬钨、铸铁、金属陶瓷	浸渍树脂石墨、青铜、酚醛塑料	丁腈橡胶、氯丁橡胶	3Cr13、4Cr13、1Cr18Ni9Ti、铍青铜、磷青铜
河水	含泥沙		碳化钨	碳化钨		
海水			碳化钨、1Cr13 堆焊钴铬钨、铸铁	浸渍树脂石墨、青铜、碳化钨、金属陶瓷	硅橡胶	
过热水		>100				
汽油、机油、液态烃等	—	常温	碳钢、铸铁、碳化钨、1Cr13 堆焊钴铬钨、陶瓷	浸渍树脂或巴氏合金石墨、酚醛塑料、铜合金	丁腈橡胶	3Cr13、4Cr13、65Mn、60Si2Mn、50CrV
	—	>100	碳化钨、1Cr13 堆焊钴铬钨	浸青铜或树脂石墨	聚四氟乙烯、氟橡胶	
	含颗料	—	碳化钨	碳化钨		
重油	—	—	铸铁、陶瓷、碳钢、碳化钨	浸渍铅石墨、铜、碳化钨	丁腈橡胶	
石油	—	—	碳化钨、陶瓷	浸渍树脂石墨	聚四氟乙烯	
液化石油气	—	—			丁腈橡胶、聚四氟乙烯	
染色液	—	—				
液氧、液氮	—	—	金属镀铬、碳化碳	浸渍树脂或金属石墨	丁腈橡胶	奥氏体不锈钢
硫酸	1~75	常温	陶瓷、高硅铸铁	填充聚四氟乙烯、浸渍树脂石墨	氟橡胶	Cr18Ni12Mo2Ti 镍钼合金（Hastelloy-B）
	42	100				
	浓	—	陶瓷	填充聚四氟乙烯	聚四氟乙烯	高镍合金（Inconel）高镍铬钢（Carpenter-20）
	发烟	<60				
硝酸	3	常温	陶瓷、高硅铸铁	填充聚四氟乙烯、浸渍树脂石墨	聚四氟乙烯、氟橡胶	1Cr18Ni9Ti Cr18Ni12Mo2Ti 高镍合金（Inconel）
	10	30~85				
	<66	常温~沸腾	陶瓷	填充聚四氟乙烯		
	浓	30~100			聚四氟乙烯	
	发烟	—				

续表

介质			动环(或静环)	静环(或动环)	辅助密封圈	弹　簧
名称	浓度/%	温度/℃				
盐酸	<36	常温	陶瓷	填充聚四氟乙烯、浸渍树脂石墨	聚四氟乙烯、氟橡胶	镍钼合金(Hastelloy-B) 钛钼合金(Ti32Mo)
	任意	沸点以下		填充聚四氟乙烯		
醋酸	任意	沸点以下	陶瓷、高硅铸铁、不锈钢	填充聚四氟乙烯、浸渍树脂石墨	聚四氟乙烯、丁基橡胶	1Cr18Ni9Ti、1Cr18Ni12Mo2Ti
碱	任意	常温	碳化钨、陶瓷、铬钢淬火、镍铸铁、堆焊硬质合金、镍铜合金	填充聚四氟乙烯、浸渍树脂石墨	聚四氟乙烯、丁腈橡胶、氯丁橡胶	1Cr18Ni9Ti、1Cr18Ni12Mo2Ti
	任意	<120	碳化钨	浸渍石墨、硬质合金	聚四氟乙烯、硅橡胶	
		>120				
有机物	尿素	99.6	140	碳化钨	浸渍树脂石墨、填充聚四氟乙烯、酚醛塑料	聚四氟乙烯、聚硫橡胶	3Cr13、4Cr13
	苯	<100	沸点以下				
	酮、醇	—				聚四氟乙烯	
	醛、醚	—					

第七章　机械密封的支持系统

第一节　支持系统的作用

严格讲安装的机械密封除包括机械密封本身外，还要包括机械密封支持系统。机械密封的支持系统主要包括冲洗、冷却、过滤、储液罐、增压罐、换热器、过滤器、旋液分离器、孔板、管道、仪器、仪表等部件，这些部件同机械密封配套使用。机械密封支持系统的作用可以归纳为是建立一个好的工作环境或改善工作条件使机械密封能长久可靠的运行。而采取的措施。

由于密封介质温度高及密封端面相互摩擦而产生热量，会使密封端面温度升高，如不采取冷却措施，就会出现密封端面间液膜的黏度降低、汽化、甚至破坏，使密封端面磨损，密封失效；温度升高也会使密封环变形，造成密封端面接触状态的改变；此外，温度升高也加速了介质对密封零件的腐蚀作用，造成橡胶、塑料等材料的老化、分解、浸渍金属石墨环中的浸渍剂熔化。采取冷却措施后，可以降低因机械密封端面摩擦产生的热量和密封腔内的温度，从而保证机械密封的正常工作。

被密封的介质中如果带有泥沙、铁锈等杂质或悬浮颗粒，也会对机械密封有极大的危害性，当杂质进入机械密封端面时，会使密封环端面产生剧烈磨损。杂质集结在密封圈和弹簧周围，不但要磨损这些零件还会使密封环失去浮动性，弹簧失去弹性，造成密封失效。因此，必须采取适当的措施加以克服或降低影响。除从机械密封本身结构型式材料选择上加以考虑外，很重要的一条就是要采取冲洗和过滤等措施，设置必要的旋液分离部件，清除密封介质中的杂质，保证机械密封正常的工作。

当密封介质在大气侧端面处易发生凝固黏结时，可向密封端面泄漏部位直接冲洗或保温，改善润滑状态。

在双端面机械密封中，需要从外部引入与被密封介质相容的密封流体，通常称做阻封液（或缓冲液）。阻封液（或缓冲液）在密封腔体中不仅有改善润滑条件和冷却的作用，还起"堵"和"封"的作用。

由于阻封液压力高于被密封介质压力，发生泄漏时，只能是阻封液向设备内漏，而不会发生被密封介质外漏。因此，它被广泛用于易燃、易爆、有害气体、强腐蚀介质等密封要求严格的场合。缓冲液压力虽然低于被密封介质压力，但对被密封介质有隔离、收集、稀释的作用。广泛应用于低压、纯净无害、高温等场合。

冲洗主要是利用被密封介质或其他与被密封介质相容的流体，引入密封腔，进行不断循环，这样，既可以起到冷却作用，又可以防止杂质等沉积。

虽然冲洗与冷却的概念完全不同，但冲洗也有润滑及冷却效果，而冷却液冲洗（急冷）密封端面，也起冲洗作用。冲洗、冷却，是支持系统的最主要工作方式。

第二节　冲洗与冷却方式

1. 冲洗方式

冲洗的方式较多，按冲洗方向及冲洗流体来源不同分类，一般有如图 7-1 所示的正向直通式自冲洗、正向外通式自冲洗、反向外通式自冲洗、贯穿自冲洗、循环自冲洗、外冲洗等方式。

正向直通式自冲洗如图 7-1（a）所示，被密封介质由靠近泵的出口的泵腔与密封腔相通进行冲洗。

正向外通式自冲洗如图 7-1（b）所示，密封介质由泵的出口通过外部管道引入密封腔。

反向外通式自冲洗如图 7-1（c）所示，密封介质由密封腔通过外部管道引入泵的进口。

贯穿自冲洗如图 7-1（d）所示，它把正向外通式自冲洗和反向外通式冲洗二者结合起来，密封介质从泵的出口进入外部管道引入密封腔后再通过管道回到泵的进口。

循环自冲洗如图 7-1（e）所示，密封介质在密封腔内，通过泵送环作用排出密封腔，经冷却后再回到密封腔内的循环冲洗方式。

外冲洗如图 7-1（f）所示，从外部系统引入压力流体通入密封腔中，此流体应是与密封腔内介质相容对工艺生产没有影响。

外冲洗分为有循环和不循环两类。外冲洗流体压力比密封介质压力高的称为阻封液（隔离液），外冲洗流体压力比密封介质压力低的称为缓冲液（急冷液）。

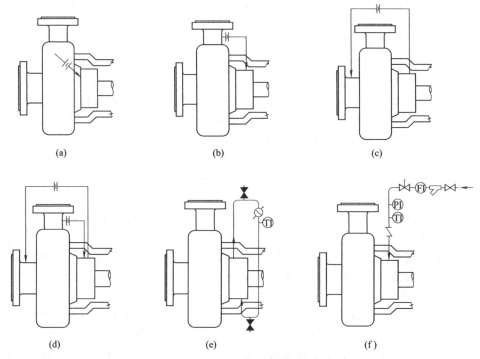

图 7-1　冲洗与冷却方式

以上冲洗方法都是利用压力差使介质流动而达到冲洗目的，具体采用什么方法为好，需要根据设备及介质温度等情况而定。

一般单级离心泵，密封腔压力小于泵出口压力而大于进口压力时，采用正向自冲洗或反向自冲洗均可。当密封腔压力稍大于进口压力时，采用反向自冲洗效果就不显著，可采用贯穿自冲洗。当密封腔压力与进口、出口压力接近时，可采用外冲洗。多级离心泵密封腔一般可以把进口或第一级出口处相接通，以达到冲洗目的。

2. 冷却方式

冷却可分为直接冷却和间接冷却两种方式。

（1）直接冷却　直接冷却就是冷却液体直接和密封端面接触达到冷却的目的。前面讲到

的冲洗实际上也是直接冷却的一种方式，冲洗方式中通过
管路连接换热器将冷却后的冲洗液引入密封腔进行直接冷
却。还有一种直接冷却就是在机械密封低压侧（大气）将
清水、蒸气等冷却流体直接引入密封端泄漏处的一种冷却
方式，也称急冷，如图 7-2 所示，急冷不仅冷却效果显
著，还能将密封端面周围的杂质及泄漏液带走，急冷液其
压力比密封介质压力低。急冷液应尽量采用软水，以防止
水垢产生破坏密封端面。当密封流体为易凝固、易结晶
时，可用蒸汽、溶剂等防止流体凝结。

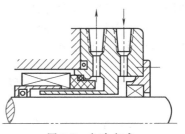

图 7-2　急冷方式

　　（2）间接冷却　图 7-3 表示了泵用机械密封常用的间接冷却方式。图 7-3（a）为动环部
分的冷却，当介质温度较高时通冷却水，而当介质温度易结晶时则可通蒸汽。图 7-3（b）
为静环部分冷却，为了更有效地冷却，一般把静环尾部加长，在静环尾部通冷却水，使冷却
速度提高。此外，还有将密封箱体做成翅片结构、密封箱内加蛇管等间接冷却方式。

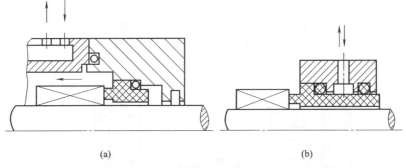

(a)　　　　　　　　　　　　　　　　　(b)

图 7-3　间接冷却方式（一）

　　釜用机械密封常采用如图 7-4 所示的间接冷却法，其结构是在静环下面的夹套中通入冷
却水，这种方法在工厂中使用效果很好。采用此种方法的前提条件是在设备空间条件允许的

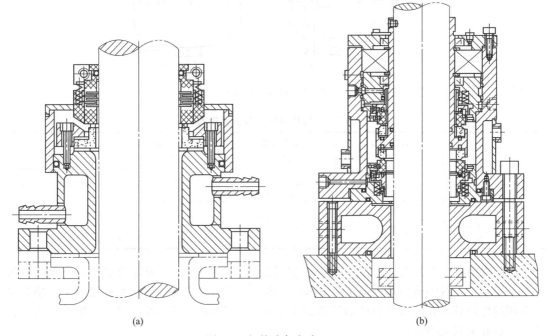

(a)　　　　　　　　　　　　　　　　　(b)

图 7-4　间接冷却方式（二）

范围内。减小冷却夹套与轴的间隙及增高冷却水套轴向尺寸，冷却效果更好。双端面机械密封也可以在密封腔外面加夹套进行冷却。当介质温度很高时，还可采用空心轴进行冷却的方法，但这种方法比较复杂。

第三节　支持系统的部件

支持系统的主要部件有：储液罐、增压罐、换热器、过滤器、旋液分离器、孔板、泵送环、泄漏指示器、管道、管件、液压油站、水站以及控制仪表等。

1. 储液罐

储液罐用于储存隔离（缓冲）流体的压力容器。需加压时，可采用气体加压。一般为自然散热，必要时可加置蛇管换热，以提高散热能力。

储液罐上装有液位计、压力表、液位报警器、压力报警器、阀门等，必要时可装上手动补液装置。换热型储液罐见图7-5，其主要规格见表7-1。

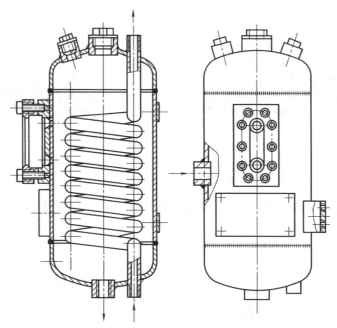

图 7-5　换热型储液罐

表 7-1　换热型储液罐主要规格

型号	公称压力 /MPa	使用温度 /℃	公称容积 /L	换热面积 /m²
RH1040/AO2	4.0	−60～200	5.5	0.115
RH1064/AO2	6.3	−60～200	5.5	0.115
RH2025/AO2	2.5	−60～200	11	0.20
RH2040/AO2	4.0	−60～200	11	0.20
RH2064/AO2	6.3	−60～200	11	0.20

储液罐的基本参数为 2.5～6.3MPa、使用温度 −60～200℃。储液罐必须具有可视的液位显示装置，可视的液位范围最小为 55mm。储液罐应附有手动补液泵的安装支架。换热型储液罐的传热管或其他传热原件的传热面积不小于 0.10m²。储液罐的设计、制造、验收按压力容器有关规定执行。

　　国内石化企业高危介质泵用机械密封支持系统已广泛采用了 API 682 规定的储液罐，其结构见图 7-6、图 7-7。其规格为 12L、20L 两种，分别用 $DN150$ 及 $DN200$ 无缝钢管制造。按标准规定当机械密封轴径≤60mm 时使用 12L，轴径＞60mm 时使用 20L。

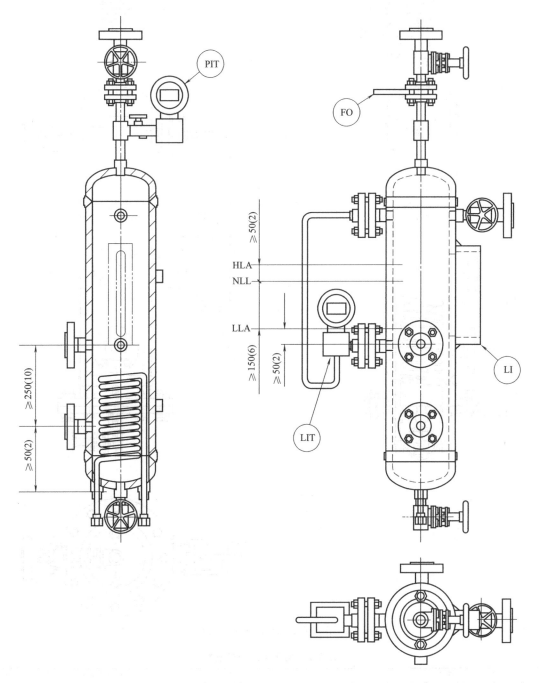

图 7-6　API 682 标准规定的储液罐（一）

2. 增压罐

　　一般的储液罐采用外接压力源来保持储液罐内的压力，所谓增压罐是一种靠密封介质压力利用活塞面积的改变达到增压的容器，增压罐的结构见图 7-8，型号规格见表 7-2。

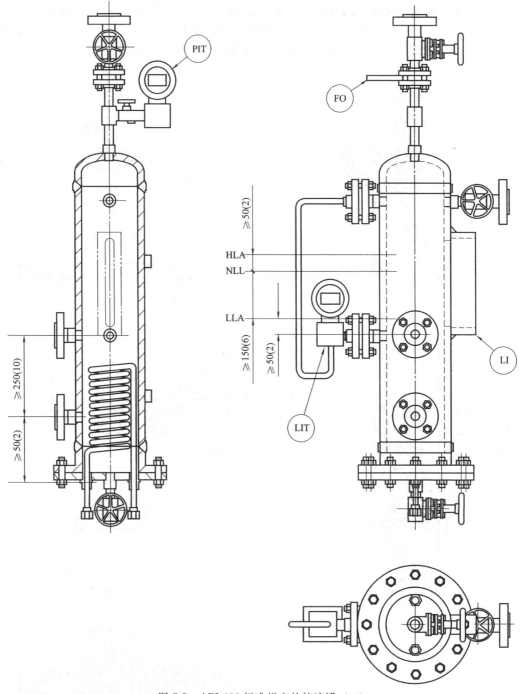

图 7-7　API 682 标准规定的储液罐（二）

表 7-2　增压罐的型号规格

型号	CCG2064/A01 型	CCG2064/A02 型
增压比	1∶1.1	1∶1.5
有效容积/L	2	1.5
压力等级/MPa	6.3	
使用温度/℃	−60～200	
壳体容积/L	4	
换热面积/m²	0.26	

　　增压罐上部与密封腔连通，下部与釜内气体介质相通，釜内压力通过活塞下部增压由活塞上部传递到密封腔。增压比取决于活塞杆直径 d 与活塞直径 D。

3. 换热器

　　机械密封系统用 HR 型螺旋管式换热器结构型式如图 7-9 所示，其中螺旋管分单层、双层和三层。

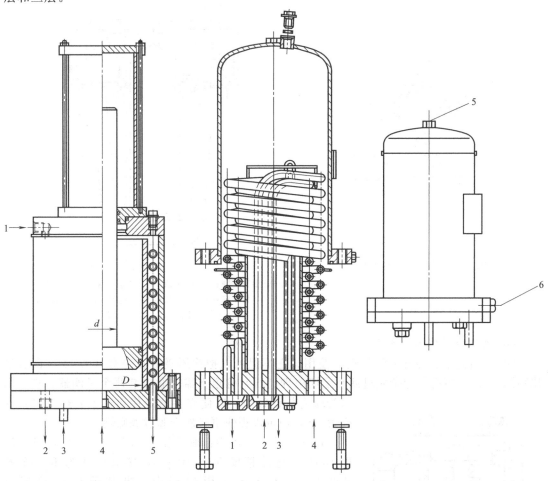

图 7-8　增压罐

1—隔离流体回口；2—隔离流体出口；
3—冷却水进口；4—釜内气体介质
接口；5—冷却水出口

图 7-9　HR 型螺旋管式换热器

1—密封液出口；2—密封液入口；3—冷却水出口；4—冷却水入口；
5—冷却水排气（立式使用）；6—循环管路排气冷却水排气（卧式使用）

　　螺旋管式换热器基本参数如表 7-3 所示。

表 7-3　螺旋管式换热器基本参数

型号	换热面积 /m²	额定功率 (水/水)/kW	冷却水($\Delta t=5℃$) /(m³/h)	额定压力/MPa		额定温度 /℃
				管内	壳体内	
HR3	0.3	6	1	6.3	1.6	150
HR6	0.6	12	2			
HR9	0.9	18	3			
HR12	1.2	24	4			

4. 过滤器

　　机械密封支持系统用过滤器分为 Y 型、GL 型、GC 型三种型式。

Y 型过滤器结构见图 7-10。

Y 型过滤器应用在冲洗或循环管道中，含有颗粒的介质从 a 端进入，从过滤网内侧通过过滤网，杂质被堵在过滤网内侧，清洁介质由过滤网外侧出来，从 b 端流出，达到清除杂质的目的。

GL 型过滤器结构见图 7-11。

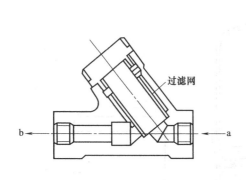

图 7-10　Y 型过滤器结构

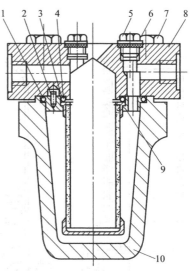

图 7-11　GL 型过滤器结构

1—O 形密封圈；2—圆柱销；3—过滤器网；4—O 形密封圈；
5—排气螺栓；6—密封垫；7—螺钉；8—过滤器盖；
9—中间环；10—过滤体

GC 型过滤器结构见图 7-12。

GC 型过滤器在冷却循环管道上使用。它不但可以把铁屑吸附在磁套（5）上，而且过滤筛网（4）还可把其他杂质过滤并定期清理。通常管道上需并联安装两个过滤器，进、出口管端需装设阀门，以便交替清理使用而不必停车。打开壳盖（6）便可以很快更换磁套和过滤筛网。

过滤器基本参数为：额定压力 1.6～6.3MPa，额定温度 150℃，过滤精度 50～100μm，接口尺寸为 Rp1/2 及 Rp3/4。过滤器在使用过程中，当其前后压差超过 0.05MPa 时要进行清洗。

5. 旋液分离器

旋液分离器分为 ZSA 型与 ZSB 型两种。结构见图 7-13，尺寸见表 7-4。

含杂质的介质沿分离器切线方向进入，以一定的速度沿旋液分离器旋转，利用固体颗粒和液体密度差，洁净的液体从分离器顶部流出去冲洗密封，含杂质的液体从底部流回泵的入口。旋液分离器可分离几个微米的固体颗粒，其分离效果与液体黏度、固体密度、固体黏度和含量、分离器出入口压差等因素有关，分离效率高的可达 95％以上。

旋液分离器分离精度系指底流中的最小固相粒子群的平均粒度。与旋液分离器消耗的阻力降有关，阻力降与分离精度数值见图 7-14。

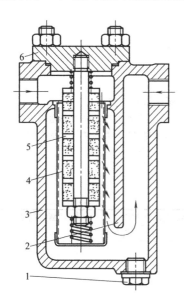

图 7-12　GC 型过滤器结构

1—排液螺塞；2—导向板；3—壳体；
4—过滤筛网；5—磁套；6—壳盖

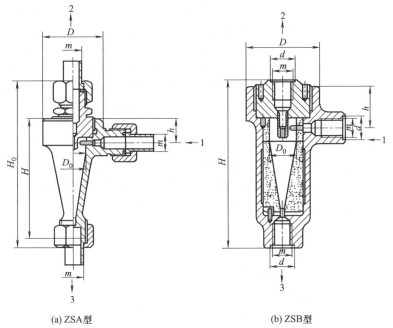

图 7-13　旋液分离器

1—进口；2—顶流出口；3—底流出口

表 7-4　旋液分离器尺寸　　　　　　　　　　　　　　　　　　　mm

型号	D	D_0	H	H_0	d	h	m
ZSA	64	30	152	205	—	34	G1/2
ZSB	80	30	190	—	27	47	$\phi22\times\delta$

　　分离效率系指入口与底流出口中所含固相粒子质量之比。与旋液分离器消耗的阻力降有关，阻力降与分离效率数值见图 7-14。

　　旋液分离器阻力降指进口压力与顶流出口或底流出口压力之差。在正常工况下，旋液分离器阻力降与流量关系见图 7-15。

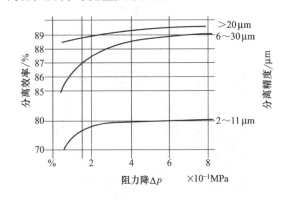

图 7-14　旋液分离器消耗的阻力降与分离
精度、分离效率的关系

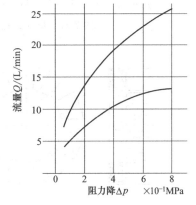

图 7-15　旋液分离器阻力降与流量关系

6. 孔板

　　关于冲洗流量的控制，可以用节流阀来改变，但节流阀不能直观显示流量，因此在没有安装流量计的情况下，可以用节流孔板来控制。按需要的冲洗流量和节流孔板前后的压差来

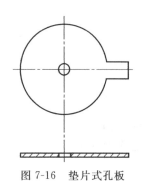

图 7-16　垫片式孔板

确定孔板的直径。换言之,孔径确定了,孔板前后的压差一定时,冲洗流量就确定了。但是由于孔板结构不同,计算结果需通过试验进行修正。目前用的孔板有两种结构,一种是法兰连接的垫片式结构。其用 4～5mm 不锈钢圆板制造(见图 7-16)。圆板带有一手柄便于安装。这种垫片式结构的孔板、流量、孔径和压差的关系见图 7-17。螺纹连接孔板的结构见图 7-18。

7. 泵送环

泵送环是指直接装在轴(轴套)上,开设凹槽、小孔等具有产生泵效作用,使密封流体作循环流动的部件(见图 7-19),常用于支持系统的介质循环流动。有时在机械密封旋转部件外圆上加工成泵送环形状,见图 7-20,依靠其旋转时产生的泵效作用,使介质循环流动。

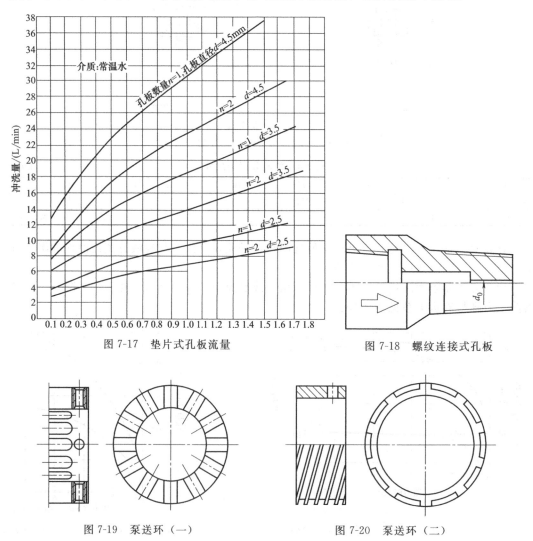

图 7-17　垫片式孔板流量　　　　　　图 7-18　螺纹连接式孔板

图 7-19　泵送环(一)　　　　　　图 7-20　泵送环(二)

第四节　泵用机械密封冲洗冷却方案

根据冲洗冷却方式不同,可组合成不同的冲洗冷却方案,下面介绍的是最新版本 API

682 标准（2014 年版）中推荐的泵用机械密封常用冲洗冷却的 31 种方案，见表 7-5。实际使用时可单独使用，也可以是几种方案的组合。

表 7-5　泵用机械密封冲洗冷却方案

序号	API 682 方案号	结 构 简 图	功 能 说 明
1	01	 1—靠近出口泵腔；2—冲洗接口（配堵头）；3—冷却液接口； 4—排出口；5—密封腔	这是一种正向直通式自冲洗方式。泵输送介质作为冲洗液，从泵靠近出口的泵腔与密封腔相通部位引入冲洗液，结构简单。应保证有足够的内部循环流量，在物料黏稠情况下，要防止在冲洗管道内凝固。推荐用于常温清洁介质或专门设计的泵。立式泵上一般不推荐使用
2	02	 1—冲洗接口（配堵头）；2—夹套冷却（加热）接口； 3—排气接口；4—冷却液接口；5—排出口；6—密封腔	这是一种在密封腔外设立夹套来冷却介质的方式。密封腔中的介质不循环，一般用于密封腔温度较低于净介质压力小的场合。这种夹套冷却方式可做为组合方案中的一部分，对密封腔介质进行冷却。当输送介质在常温下易凝固，夹套中通蒸汽加热。需考虑避免密封流体出现闪蒸
3	03	 1—冲洗接口（配堵头）；2—冷却液接口；3—排出口；4—密封腔	这种方案泵没有喉口节流环，把密封腔改为锥体形，介质在密封腔内对流循环。但要防止涡流作用对密封部件产生冲蚀，要核算输送介质气化的温度裕量。一般用于温度及密封腔压力小的泵上。医药食品用泵采用这种方案较多
4	11	 1—来自泵的出口；2—冲洗接口；3—冷却液接口； 4—排出口；5—密封腔	这是一种正向外通式自冲洗方式。这种冲洗方案类似 01 方案，介质进入密封腔后，利用压差从喉口节流环处回流到输送介质中，是一般干净介质工况常用的冲洗方案。对于扬程高的泵要通过计算选择正确的孔板孔径，确保适当的冲洗流量。冲洗流量大时会产生冲蚀，冲洗流量小时会使密封腔温度上升

序号	API 682 方案号	结 构 简 图	功 能 说 明
5	12	 1—来自泵的出口(过滤器);2—过滤器;3—冲洗接口; 4—冷却液接口;5—排净口;6—密封腔	这是一种正向外通式自冲洗方式。包括了冲洗及杂质过滤功能。过滤器可将介质中夹带的颗粒杂质过滤掉,使冲洗液干净。在颗粒杂质含量少的工况下,这种冲洗方案还可以用,但由于过滤器常易堵塞而导致密封失效。经实践验证,这种冲洗方案保证不了机械密封使用寿命可以可靠运行3年
6	13	 1—去泵的进口;2—冲洗液接口;3—冷却液接口; 4—排出口;5—密封腔	这是一种反向外通式自冲洗方式。密封介质从密封腔中流出经孔板流入泵的进口。在密封介质温度不高的工况下常使用这种自冲洗方式。 这是立式泵的标准冲洗方案,应用于密封腔压力大于泵的进口压力场合
7	14	 1—来自泵的出口;2—去泵的进口;3—冲洗液进口; 4—冲洗液出口;5—冷却液接口;6—排出口;7—密封腔	这是一种贯穿直冲洗方式。密封介质从泵出口进入密封腔冲洗机械密封后出来再回到泵的进口。主要用于立式泵
8	21	 1—来自泵的出口(换热器);2—冲洗液接口;3—冷却液接口; 4—排出口;5—密封腔;6—换热器;⑪—温度计	这是一种正向外通式自冲洗方式。包括了冲洗及换热功能。密封介质经孔板及换热器冷却后再进入密封腔冲洗冷却,冲洗管路上安装温度计监控冲洗液温度。可用于输送介质温度较高的场合

序号	API 682方案号	结 构 简 图	功 能 说 明
9	22	 1—来自泵的出口(换热器);2—过滤器;3—冲洗液接口; 4—冷却液接口;5—排出口;6—密封腔;7—换热器;(TI)—温度计	这是一种正向外通式自冲洗方式。包括了冲洗、过滤、换热功能。密封介质从泵出口经过滤去掉颗粒杂质,再经孔板、换热器冷却后,进入密封腔进行冲洗,管路上安装温度计监控冲洗液温度
10	23	 1—冲洗液出口;2—冲洗液进口;3—冷却液接口;4—排出口; 5—密封腔;6—排空口;7—排液阀;8—换热器;(TI)—温度计	这是一种循环自冲洗方式。包括了冲洗和换热功能。由于仅将密封腔内介质循环冷却,能量消耗是最小的。靠泵送环作用使冲洗介质循环。搅拌热也会使介质温度升高,通过换热器降温,管路上安装温度计监控冲洗液温度
11	31	 1—来自泵的出口(旋液分离器顶流出口);2—冲洗液接口; 3—冷却液接口;4—排净口;5—密封腔;6—旋液分离器	这是一种正向外通式自冲洗方式。包括了冲洗和除掉杂质功能。介质中有悬浮颗粒杂质时,经过旋液分离器由于密度不同,从顶流出口的是干净流体,进入密封腔进行冲洗,而从底流出口的杂质引入泵的进口。在有颗粒杂质的工况下常采用这种方式
12	32	 1—来自外部冲洗液源;2—冲洗接口;3—冷却液接口;4—排出口; 5—密封腔;6—过滤器;(FI)—流量计;(PI)—压力计;(TI)—温度计	这是一种外冲洗方式。冲洗液由外部供给,并且经过过滤器过滤杂质后再进入密封腔冲洗,由于喉口节流环限制,冲洗液向泵内流量很小,冲洗液会有也温升。因此外冲洗液应是低蒸气压以免端面发生闪蒸。管路上安装有流量计、压力计、温度计监控冲洗液

序号	API 682 方案号	结 构 简 图	功 能 说 明
13	41	 1—来自泵的出口(换热器);2—冲洗液进口;3—冷却液接口; 4—排出口;5—密封腔;6—旋液分离器;7—换热器;TI—温度计	这是一种正向外通式自冲洗方式。包含了冲洗、除掉杂质、换热功能。介质从泵出口进过旋液分离器去掉颗粒杂质后,再经过换热器进行冷却,最后进入密封腔来冲洗。管路上安装温度计监控冲洗液温度
14	51	 1—来自外部急冷液罐;2—急冷液接口;3—排出口; 4—冲洗液接口;5—密封腔;6—冷却液罐	这是一种从外部急冷液罐引入急冷液的方式
15	52	 1—去蒸气回收(放空)系统;2—缓冲液罐;3—缓冲液补充口; 4—冲洗液接口;5—缓冲液出口;6—缓冲液进口; 7—缓冲液罐蒸气进口;8—排放阀门;9—缓冲液罐蒸气出口; 10—排放阀门;11—密封腔;LIT—液位报警器; PIT—压力报警器;LI—液位计	这是一种循环外冲洗方式。用于配置 2 接触式湿式密封(2CW-CW)的冲洗方案,在不允许输送介质泄漏到大气中,双端面密封间的缓冲液是由封闭的缓冲液罐提供的,缓冲液罐与蒸气回收(放空)系统相通。缓冲液是依靠密封腔体的泵送环作用产生循环。管路上安装有低液位报警器、高压力报警器监控缓冲液。缓冲液压力至少比大气压力高 0.28MPa

序号	API 682 方案号	结　构　简　图	功　能　说　明
16	53A	 1—来自外部的压力源;2—阻封液罐;3—阻封液补充口; 4—冲洗接口;5—阻封液出口;6—阻封液进口;7—阻封液罐冷却 水进口;8—排液阀;9—阻封液罐冷却水出口;10—排液阀; 11—密封腔;(LIT)—液位报警器;(PIT)—压力报警器;LI—液位计	这是一种循环外冲洗方式。包含有冲洗和冷却作用。密封腔内的泵送环使阻封液循环,阻封液压力由外部压力源供给,阻封液罐内有蛇管冷却器冷却,配有低液位报警及低位压力报警
17	53B	 1—阻封液补充口;2—气囊式蓄能器; 3—气囊式蓄能器充冲口;4—冲洗液接口;5—阻封液出口; 6—阻封液进口;7—密封腔;8—排出口;9—排液阀门;10—阀门; 11—换热器;(PI)—压力计;(TIT)—温度报警器;(PIT)—压力报警器	这是一种循环外冲洗方式。包含有冲洗和换热功能。密封腔内的泵送环使阻封液循环,阻封液压力通过外部压力作用气囊式蓄能器,(开泵、停泵)使阻封液压力始终保持稳定的压力,阻封液循环管路接有换热器来冷却。管路上安装压力计、高温度报警器、低压力报警器监控阻封液。气囊式蓄能器充气压力一般调至阻封液最高压力的 $0.85\sim0.90$
18	53C	 1—补充阻封液口;2—活塞式增压器;3—内密封腔接气口; 4—冲洗接口;5—阻封液出口;6—阻封液入口;7—内密封腔; 8—排气阀;9—排液阀;10—换热器;(TI)—温度计; (PDIT)—压差变送器;PRV—安全阀;(LIT)—位移变送器;LI—位移标尺	这是一种循环外冲洗方式。包含冲洗和换热功能。密封腔内的泵送环使阻封液循环,泵启动后阻封液压力通过与内密封腔相通的活塞式增压器而维持稳定的压差。阻封液循环管路接有换热器来冷却,使用中应注意活塞式增压器与内密封腔相通的管路不要堵塞,否则将会使密封失效

序号	API 682 方案号	结 构 简 图	功 能 说 明
19	54	1—来自外部的隔离流体源；2—回外部的隔离流体源；3—冲洗接口；4—隔离流体出口；5—隔离流体进口；6—密封腔	这是一种外循环冲洗方式，从外部引入具有一定压力、温度并与工作介质相容的清洁液作为阻封液，阻封离液的压力高于内部密封腔压力0.14MPa。这种方案用于输送高温又含颗粒的流体工况
20	55	1—来自外部的缓冲流体源；2—回外部的缓冲流体源；3—冲洗接口；4—缓冲流体出口；5—缓冲流体进口；6—密封腔	这是一种外冲洗方式，种方案用于配置2密封2CW-CW，这种方案是从外部引入比大气压至少高于0.28MPa缓冲流体
21	61	1—急冷流体接口；2—排出口；3—冲洗接口；4—排出口；5—密封腔	这是一种急冷的基本方式。可防止泄漏物形成焦化，并将泄漏物冲洗带走。急冷流体可以是低压蒸汽、氮气、清水
22	62	1—来自外部的急冷源；2—排出口；3—冲洗接口；4—密封腔	这是一种由外部供给急冷源的方式。可防止泄漏物形成焦化，并将泄漏物冲洗带走。急冷流体可以是低压蒸汽、氮气、清水

续表

序号	API 682 方案号	结 构 简 图	功 能 说 明
23	65A	 1—去泄漏流体收集罐;2—泄漏流体收集系统;3—冲洗液接口; 4—急冷接口;5—排出口;6—密封腔;7—泄漏流体罐; ⃝LIT—液位报警器	这是一种用于泄漏是液体的检测方案。当泄漏物进入密闭的泄漏流体收集罐用浮子液位开关测量密封泄漏量,对高泄漏量进行报警,泄漏流体通过孔板(最小孔板直径为 5mm)进入泄漏流体回收系统
24	65B	 1—去泄漏流体收集罐;2—阀门;3—去泄漏液回收系统; 4—冲洗液接口;5—急冷接口;6—排出口;7—密封腔; 8—泄漏流体收集罐;⃝LIT—液位报警器	这是一种泄漏流体的收集方式。泄漏流体进入封闭的泄漏流体收集罐内。轴径 $d \leqslant 60mm$,收集罐 $V = 20L$;$d > 60mm$,$V = 35L$
25	66A	 1—冲洗接口;2—隔离液接口;3—急冷流体进口; 4—排出口;5—密封腔;⃝PIT—压力报警器	这是一种急冷冲洗方案

序号	API 682 方案号	结构简图	功能说明
26	66B	 1—冲洗接口;2—急冷进口;3—急冷出口;4—排出口; 5—堵头;6—密封腔;(PIT)—压力报警器	这是一种急冷冲洗方案。急冷出口配有堵头,用户需要时可打开
27	71	 1—冲洗接口;2—抑制密封气排气出口(配有堵头);3—抑制密封气入口(配有堵头);4—缓冲气进口(配有堵头);5—密封腔	这是一种外冲洗方式,用于 2CW-CS 双端面内侧为湿式密封,外侧为非接触干气密封。采用缓冲气冲洗干气密封,把泄漏物带到收集系统和冲淡泄漏物浓度。所有接口配有堵头供用户需要时使用
28	72	 1—缓冲气控制盘;2—冲洗接口;3—抑制密封气排出口; 4—抑制密封气入口;5—缓冲气接口;6—密封腔;7—缓冲气源; (FIT)—流量报警器;(PIT)—压力报警器;PCV—缓冲气压力调节阀; FIL—聚结过滤器(过滤缓冲气中固体颗粒)	这是一种外冲洗方式。用于 2CW-CS 干运转抑制密封。缓冲气用于把内部密封的泄漏从抑制密封腔带入到收集系统中或冲淡泄漏浓度。缓冲气压力至少比大气压力高 0.07MPa
29	74	 1—隔离气控制盘;2—放气口;3—隔离气出口;4—隔离器进口; 5—密封腔;6—隔离气源;(FIT)—流量报警器;(PIT)—压力报警器; PCV—缓冲气压力调节阀;FIL—聚结过滤器(过滤缓冲气中固体颗粒)	这是一种外冲洗方式。用于 3NC-BB 背对背干式密封。隔离气一般是氮气,隔离器压力一般高于内密封腔压力 0.17MPa,用于温度不太高(橡胶限制温度)、不能泄漏有害介质工况,也不能用于黏性、聚合介质或脱水结晶工况。使用时隔离气体压力不能小于内密封腔压力

序号	API 682 方案号	结 构 简 图	功 能 说 明
30	75	 1—接回收系统；2—排放口；3—试验接口；4—冲洗接口； 5—抑制密封流体接口；6—排出口； 7—缓冲流体接口；8—内密封腔；9—泄漏物收集罐； LI—液面计；(LIT)—液位报警器；(PIT)—压力报警器	这是一种收集在大气温度下能够凝结成液体的泄漏体流方案。典型应用于 3CW-CS 密封。泄漏流体进入泄漏收集罐由液面计可观察泄漏量，当泄漏量较大时由于接回收系统的孔板限制了流量使回收罐内压力增加而报警。当泵正常工作时，可用试验接口通入一定压力的氮气，来测试抑制密封的密封性。缓冲气压力至少比大气压力高 0.07MPa
31	76	 1—进收集系统；2,3—管道；4—冲洗接口； 5—抑制密封流体接口；6—排出口； 7—缓冲流体接口；8—密封腔；(PIT)—压力报警器	这是一种收集在大气温度下不能够凝结成液体的泄漏流体方案。典型应用于 2CW-CS 密封。泄漏流体进孔板后再接入收集系统，当内部密封泄漏量大时由于出口孔板限制流量，导致管路压力增加而报警。缓冲气压力至少比大气压力高 0.07MPa

第五节　釜用机械密封支持系统

　　釜用机械密封大部分在立式搅拌轴封处安装，密封介质为釜内的上部空间的气体。釜用机械密封支持系统的主要功能就是密封端面的润滑冷却、密封液的压力平衡及泄漏物的排出。釜用机械密封支持系统主要有下面几种方式。

　　(1) 油槽润滑　当使用单端面外装式釜用机械密封，应设立油槽润滑冷却密封端面，其结构见图 7-21。油槽内一般放置 20# 机油或水，当釜内为真空压力时应放真空泵油，在食品行业使用时可放食用油，油槽最好加盖封闭，并配置油杯。

　　(2) 自身压力平衡储液罐　当使用双端面机械密封时，密封腔的密封液 (阻封液) 采用的是比釜内介质压力高的与釜内介质相容的流体，在石油化工行业大部分采用的是工业白油，其压力采用釜内介质自身压力，加压在密封储液罐内，其结构见图 7-22。储液罐一般高于机械密封 2m 左右。密封液靠热对流循环，釜内气体介质入口设在液面上方，密封液出

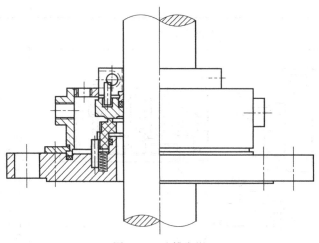

图 7-21　油槽润滑

口设在储液罐下方,以免杂质混入密封腔中。储液罐上装有液位计、密封液补充口、残液排放口、压力表、排气口等。机械密封腔内密封液的压力随釜内介质压力变化而变化。釜用机械密封腔体的上密封液出口应设计在比密封上端面高的部位。这样有利于密封腔内气体排出,避免上端面出现干摩擦发生。这种自身压力平衡储液罐方案,使用时注意与釜内相连的气体介质接管,要防止釜内物料升华、冷凝、搅拌溅液干燥固化物等而堵塞,否则将会使密封失效。

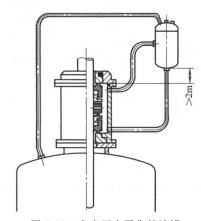

>2m

图 7-22　自身压力平衡储液罐

（3）外接气源加压储液罐　见图 7-23,本方案同前述自身压力平衡储液罐方案区别在储液罐内密封液压力是外接压力气源,可接压缩空气或氮气瓶,通过调节阀调节压力。这种方案密封液压力是一个稳定的数值,不会随釜内压力变化,一般压力应比釜内最高使用压力高 0.2MPa。当釜内介质压力较高时,可以高 0.3~0.5MPa。

上述两种利用储液罐为釜用机械密封提供密封液方案,使用时还要注意:

① 储液罐容积不能太小,由于釜用机械密封摩擦副产生的摩擦热及釜内介质传热、机封零件搅动发热等,尤其在轴径大、压力高、使用温度高场合,密封液温升快,一般取 10~30L。必要时可在储液罐内加设冷却蛇管或在管路中增加微型管道泵,加强密封液的循环及冷却。

② 储液罐内密封液不能加满,一般在 2/3 左右,应留有气体空间,缓冲密封液温升会引起压力变化。否则密封液温升后会使密封液压力升高甚至超压而发生泄漏事故。

③ 为加强循环流动,储液罐与釜用机械密封密封腔之间的配管不能太细,最小管径为 DN15（G1/2"）。

（4）利用增压器自动加压　见图 7-24,这是利用增压器内活塞两侧面积不同而达到增压,增压器下部接釜内气体介质,增压器上部接机械密封的密封腔。一般增压器增压比为 1∶1.15,由于增压器体积较小,因此应配装手动油压泵补充密封液,增压器应设冷却盘管冷却。

（5）密封油站循环冷却　这是一种在高参数工况及工艺生产关键设备中采用的釜用机械

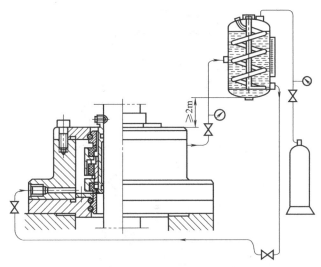

图 7-23　外接气源加压储液罐

密封的支持系统。其外形见图 7-25。

密封油站由油泵、安全阀、单向阀、气囊式蓄能器、流量计、过滤器、液控单向阀、冷却器、油箱、压力表等部件组成。其原理见图 7-26。密封油站设计首先应计算冲洗冷却流量，根据冲洗流量来确定油箱容积，油箱容积一般为流量数值的 8～10 倍，空间允许尽量做大些，气囊式蓄能器容积要考虑更换釜用机械密封维修时间，其要大于 10L，液压元件选择的通径尺寸，应不小于核算的管路通径。为安全可靠，一般油泵可使用一台备用一台，检修时可切换使用，密封油选用工业白油。这种密封油站在停电时，由于液控单向阀自动关闭，蓄能器可使密封液系统仍保持稳定的压力。密封油站循环冷却方案可配多个釜用机封，在石油化工关键搅拌设备上应用较多。

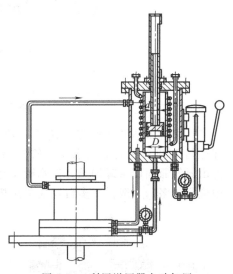

图 7-24　利用增压器自动加压

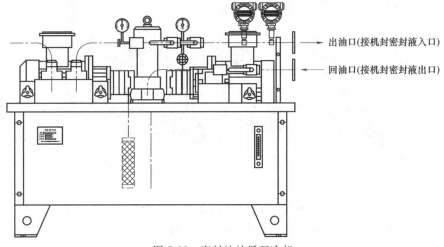

→ 出油口(接机封密封液入口)

← 回油口(接机封密封液出口)

图 7-25　密封油站循环冷却

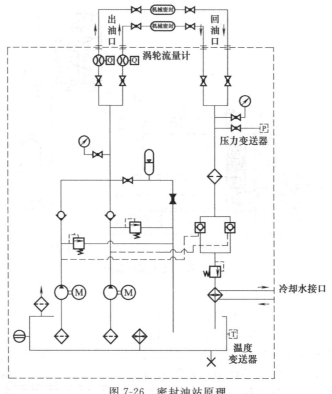

图 7-26　密封油站原理

（6）密封水站循环冷却　这是一种密封液采用纯水的循环冷却方案，外型见图 7-27，原理见图 7-28。它是由储水罐、管道泵、孔板、冷却器、过滤器、流量计、阀门等组成。压力由氮气瓶向储水罐加压，储水罐 400L 以上，在湿法冶金工艺中的卧式反应釜用机械密封中应用较多，一般供应多台反应釜用机械密封使用。

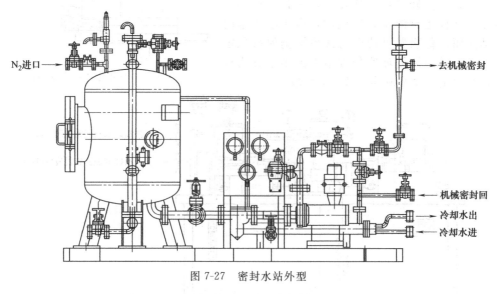

图 7-27　密封水站外型

（7）下端面泄漏物搜集排出方案　搅拌反应釜用机械密封由于工艺卫生要求，不允许密封液和端面磨损物进入釜内时，釜用机械密封应增设下端面泄漏物搜集排出部件，见图7-29、图 7-30。在食品、医药行业搅拌釜上应用较多。

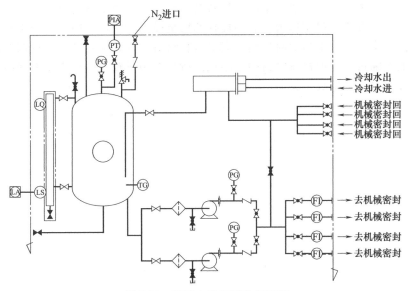

图 7-28　密封水站循环冷却原理

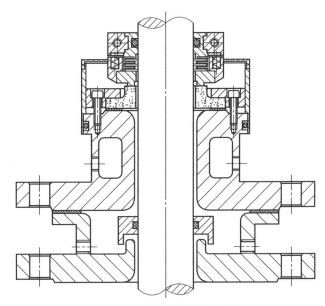

图 7-29　下端面泄漏物搜集排出方案（一）

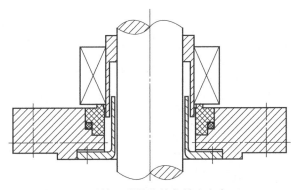

图 7-30　下端面泄漏物搜集排出方案（二）

（8）水蒸气润滑方案　一般的釜用机械密封均采用液体密封液进行冷却。但在食品、医药一些用水蒸气消毒杀菌使用压力不高的搅拌釜用机械密封中，为防止污染采用了水蒸气作为密封润滑液方案。机械密封此时应用自润滑材料组对，并在密封端面开设润滑动力槽，这时机械密封的泄漏量较普通机械密封的（湿式润滑）泄漏量较大。但由于泄漏的是水蒸气对工艺生产及环境也不会造成污染。

第八章　机械密封技术标准

一、标准的重要性及分类与制定

标准是组织社会化大生产、建立良好的秩序、开展现代化管理的基础。没有标准及标准化工作，企业将杂乱无章，寸步难行。标准是提高质量和效益的保证，是安全的保障。实践证明，质量安全的提升、效益的增加，无不有赖于标准的实施和标准化水平的提高。标准是国内外通用的贸易语言，经济的全球化尤其凸显国际标准的作用。世界贸易组织强调，成员国的技术法规、标准与合格评定程序都应以国际标准为基础。采用国际标准已成为发展国际贸易、突破国外技术性贸易壁垒的重要手段。标准也是创新的基石，是科技成果转化为现实生产力的桥梁。标准已成为各国争夺国际市场，推进国家战略的重要工具。

我国的标准与标准化工作主要由《中华人民共和国标准化法》规范。《标准化法》将我国标准分为四级，即：国家标准、行业标准、地方标准、企业标准。

国家标准是指由国家主管部门批准发布，对全国经济、技术发展有重大意义，且须在全国范围内统一的标准。国家标准分为强制性国家标准（代号：GB）和推荐性国家标准（代号：GB/T），此外，还有部分国家标准化指导性技术文件（代号：GB/Z）。强制性国家标准是为了保障人体健康、人身财产安全等，由法律及行政法规定强制执行的国家标准；推荐性国家标准一旦被法律或行政法规引用，或各方商定同意纳入经济合同中，就成为各方必须共同遵守的技术依据，具有法律上的约束性。

行业标准是根据《中华人民共和国标准化法》和《行业标准管理办法》的规定，由我国主管部、委（局）批准发布，在该部门范围内统一使用的标准，成为行业标准。行业标准是对没有国家标准而又需要在全国某个行业范围内统一的技术要求所制定的标准。行业标准不得与有关国家标准相抵触，在相应的国家标准实施后，该项行业标准即行废止。

机械密封技术标准涉及机械制造、工程材料、石油、化工、轻工、船舶、汽车、冶金等多个领域，自 1975 年开始制定机械密封技术标准以来，多个行业（或部委）的标准化技术委员会组织制定了大量的机械密封国家标准、行业标准。这些标准内容包括了机械密封名词术语、产品型号及尺寸、技术条件、检验方法，机械密封用 O 形圈，机械密封用弹簧，机械密封材料——硬质合金环、碳石墨环、氧化铝环、碳化硅环、氮化硅环、碳化硼环、聚四氟乙烯环、堆焊环、喷涂环等，机械密封用支持系统及部件——换热器、过滤器、密封液储罐等。产品包括了轻型机械密封、橡胶波纹管机械密封，泵用机械密封、焊接金属波纹管机械密封，耐酸泵机械密封、耐碱泵机械密封，釜用机械密封、船用机械密封、汽车冷却水泵用机械密封、内燃机用冷却水泵机械密封、干气密封、旋转接头、潜水电泵用机械密封、锅炉给水泵用机械密封、砂磨机用机械密封、搪玻璃搅拌容器用机械密封、液环式氯气泵用机械密封等。

机械密封技术标准的制修订由机械密封标准化技术委员会负责，这个机构的委员为机械密封领域专家，具有较高理论水平和较丰富的实践经验、熟悉和热心标准化工作，在职的中级以上职称人员组成。由于行业及体制管理变迁等原因，机械密封技术标准主要由以下部门归口。

① 全国机械密封标准化技术委员会。这是机械密封技术标准的主要归口单位，它是在原机械工业部机械密封标准化技术委员会基础上与有关单位协调后，经国家标准化管理委员会批准，于 2009 年组建成立，机构编号为 SAC/TC491。其负责制修订国家标准的领域是泵

及风机、压缩机、冷冻机、分离机、洗衣机、减速器等旋转机械用机械密封装置，及潜水电机用机械密封装置、旋转接头、干气密封等。秘书处设立在合肥通用机械研究院。

② 中国石油和化工协会化工专用密封标准化技术委员会。这是原化工部于1979年成立的化工专用设备用机械密封标准化技术委员会，秘书处设立在北京化工大学。

③ 中国石油化工集团机械中心站。负责中国石油化工设备技术标准，秘书处设立在中国石油化工集团上海工程有限公司。

④ 全国搪玻璃设备标准化技术委员会。

⑤ 中国机械科学研究院。

⑥ 全国船用机械标准化技术委员会。

⑦ 全国内燃机标准化技术委员会。

⑧ 全国轻工机械标准化技术委员会。

⑨ 全国有色标准化技术委员会。

⑩ 全国工业陶瓷标准化技术委员会。

机械密封技术标准，由于科学技术的发展，新材料、新技术、新工艺不断出现，标准内容也随之变化、更新，因此技术标准一般3~5年都要重新修订。在使用这些标准时，一定要注意标准的发布日期、实施日期，要使用最新版本的技术标准。

二、国内机械密封技术标准

截至2013年12月底，国内机械密封技术标准发布实施状态见表8-1。

表8-1 国内机械密封技术标准

序号	标 准 号	标 准 名 称	发布日期	实施日期
1	CB/T 3345—2008	船用泵轴机械密封装置	2008.3.17	2008.10.1
2	CB＊3346—88	船用泵轴的变压力机械密封	1988.11.19	1989.5.1
3	GB 5894—86	机械密封名词术语	修订过程中	
4	GB/T 6556—94	机械密封的型式、主要尺寸、材料和识别标志	1994.12.27	1995.10.1
5	GB 10444	机械密封产品型号编制方法	修订过程中	
6	GB/T 14211—2010	机械密封试验方法	2010.12.23	2011.6.1
7	GB/T 24319—2009	釜用高压机械密封技术条件	2009.9.30	2010.1.1
8	GB/T 25018—2010	船舶轴水润滑密封装置	2010.9.2	201.012.1
9	GB/T ××××—××××	机械密封通用规范	制定过程中	
10	GB/T ××××—××××	船舶用高性能液相烧结碳化硅陶瓷密封环	制定过程中	
11	GJB 2479—1995	舰艇舭轴管密封装置通用规范	1995.10.16	1996.6.1
12	GJB 5904—2006	舰船用离心泵机械密封规范	2006.12.15	2007.5.1
13	HG/T 2044—2003(2009)	机械密封用喷涂氧化铬密封环　技术条件	2004.1.9	2004.5.1
14	HG/T 2057—2011	搪玻璃搅拌容器用机械密封	2011.12.20	2012.7.1
15	HG/T 2098—2011	釜用机械密封类型、主要尺寸及标志	2011.12.20	2012.7.1
16	HG/T 2099—2003(2009)	釜用机械密封试验规范	2004.1.9	2005.5.1
17	HG/T 2100—2003(2009)	液环式氯气泵用机械密封	2004.1.9	2004.5.1
18	HG/T 2122—2003	釜用机械密封辅助装置	2004.1.9	2004.5.1
19	HG/T 2269—2003(2009)	釜用机械密封技术条件	2004.1.9	2004.5.1
20	HG/T 2477—××××	砂磨机用机械密封技术条件(报批稿)	报批过程中	
21	HG/T 2479—2003(2009)	机械密封用波形弹簧技术条件	2004.1.9	2004.5.1
22	HG/T 3124—2009	焊接金属波纹管釜用机械密封　技术条件	2009.12.23	2010.6.1
23	HG/T 4113—2009	釜用机械密封气体泄漏测试方法	2009.12.23	2010.6.1
24	HG/T 4114—2009	纸浆泵用机械密封技术条件	2009.12.23	2010.6.1
25	HG/T 4571—2013	医药搅拌设备用机械密封技术条件	2013.10.17	2014.3.1
26	HG/T 21571—1995(2009)	搅拌传动装置—机械密封	1995.12.28	1996.4.1

续表

序号	标 准 号	标 准 名 称	发布日期	实施日期
27	HG/T 21572—1995（2009）	搅拌传动装置—机械密封循环保护系统	1993.9.23	1994.4.1
28	JB/T 1472—2011	泵用机械密封	2011.5.18	2011.8.1
29	JB/T 4127.1—2013	机械密封技术条件	2013.4.25	2013.9.1
30	JB/T 4127.2—2013	机械密封分类方法	2013.4.25	2013.9.1
31	JB/T 4127.3—2011	机械密封　第3部分:产品验收技术条件	2011.5.18	2011.8.1
32	JB/T 5086.1—1999	内燃机水封　技术条件	修订过程中	
33	JB/T 5086.2—1999	内燃机水封　试验方法	修订过程中	
34	JB/T 5966—2012	潜水电泵用机械密封	2012.5.24	2012.11.1
35	JB/T 6372—2011	机械密封用堆焊密封环技术条件	2011.5.18	2011.8.1
36	JB/T 6374—2006	机械密封用碳化硅密封环技术条件	2006.12.31	2007.7.1
37	JB/T 6614—2011	锅炉给水泵用机械密封技术条件	2011.5.18	2011.8.1
38	JB/T 6615—2011	机械密封用碳化硼密封环　技术条件	2011.5.18	2011.8.1
39	JB/T 6616—2011	橡胶波纹管机械密封技术条件	2011.5.18	2011.8.1
40	JB/T 6619—93	轻型机械密封试验方法	1993.5.7	1994.1.1
41	JB/T 6619.1—1999	轻型机械密封技术条件	1999.6.28	2000.1.1
42	JB/T 6629—93	机械密封循环保护系统	修订过程中	
43	JB/T 6630—93	机械密封系统用压力罐型式、主要尺寸和基本参数	修订过程中	
44	JB/T 6631—93	机械密封系统用螺旋管式换热器	修订过程中	
45	JB/T 6632—93	机械密封系统用过滤器	修订过程中	
46	JB/T 6633—93	机械密封系统用过旋液器	修订过程中	
47	JB/T 6634—93	机械密封系统用孔板	修订过程中	
48	JB/T 7055—93	机械密封系统用增压罐型式、主要尺寸和基本参数	修订过程中	
49	JB/T 7369—2011	机械密封端面平面度检验方法	2011.5.18	2011.8.1
50	JB/T 7371—2011	耐碱泵用机械密封	2011.5.18	2011.8.1
51	JB/T 7372—2011	耐酸泵用机械密封	2011.5.18	2011.8.1
52	JB/T 7757.2—2006	机械密封用O形橡胶圈	2006.12.31	2007.7.1
53	JB/T 8723—2008	焊接金属波纹管机械密封	2008.6.4	2008.11.1
54	JB/T 8724—2011	机械密封用反应烧结氮化硅密封环	2011.5.18	2011.8.1
55	JB/T 8725—2013	旋转接头	2013.4.25	2013.9.1
56	JB/T 8726—2011	机械密封腔尺寸	2011.5.18	2011.8.1
57	JB/T 8871—2002	机械密封用硬质合金密封环毛坯	2002.7.16	2002.12.1
58	JB/T 8872	机械密封用碳石墨密封环技术条件	修订过程中	
59	JB/T 8873—2011	机械密封用填充聚四氟乙烯和聚四氟乙烯毛坯　技术条件	2011.5.18	2011.8.1
60	JB/T 10706—2007	机械密封用氟塑料全包覆橡胶O形圈	2007.3.6	2007.9.1
61	JB/T 10874—2008	机械密封用氧化铝陶瓷密封环　技术条件	2008.6.4	2008.11.1
62	JB/T 11107—2011	机械密封用圆柱螺旋弹簧	2011.5.18	2011.8.1
63	HG/T 11242—2011	汽车发动机冷却水泵用机械密封	2011.12.20	2012.4.1
64	JB/T 11289—2012	干气密封技术条件	2012.5.24	2012.11.1
65	JB/T ××××—××××	机械密封用缠绕式波形弹簧技术条件	报批过程中	
66	JB/T ××××—××××	食品制药机用机械密封	报批过程中	
67	JB/T ××××—××××	机械密封用硬质合金密封环	报批过程中	
68	JB/T ××××—××××	烟气脱硫泵用机械密封技术条件	制定过程中	
69	QB/T 2481—2000	旋转接头　技术条件	2000.6.13	2000.10.01
70	SH/T 3156—2009	石油化工离心泵和旋转泵轴封系统工程技术规范	2009.12.23	2010.6.1
71	YS/T 60—2006	硬质合金密封环毛坯	2006.3.7	2006.8.1

近几年制定的主要的国内机械密封标准内容见附录B。

三、国外机械密封技术标准

积极采用国际标准和国外先进标准是我国一项重要的技术经济政策。自20世纪80年代初开始，我国政府首次召开全国采用国际标准会议，发布了一系列优惠政策，采取了一系列配套措施。30 多年来，有力地促进了我国技术水平的提高，迅速提升了我国产业的竞争力，推动了我国的贸易发展。

目前与机械密封相关的国际标准有：国际标准化组织，标准代号为：ISO。区域标准有欧洲标准化委员会标准，标准代号为：EN CEN。美国国家标准，代号为：ANSI。美国试验与材料协会标准，标准代号为：ASTM。美国石油协会标准，标准代号为：API。美国机械工程师协会标准，标准代号为：ASME。英国国家标准，标准代号为：BS。德国国家标准，标准代号为：DIN。法国国家标准，标准代号为：NF。日本国家标准，标准代号为：JIS。

国外主要机械密封技术标准见表 8-2（截至 2013 年 12 月）。

表 8-2　国外主要机械密封技术标准

序号	标准号	标准制定组织	标 准 名 称
1	ISO 3069:2000(E)	国际标准化组织	轴向吸入离心泵机械密封和软填料密封腔尺寸
2	EN 12756:2000	欧洲标准化委员会	机械密封主要尺寸、标准和材料代号
3	ANST/API 682:2004 ISO 21049:2004	美国石油协会	离心泵和旋转泵用轴封系统
4	ASTMF 1511:2009	美国试验与材料协会	船用泵机械密封件规范
5	BS EN12756:2001	英国标准协会	机械密封主要尺寸，标准和材料代号
6	DIN 28138·T1:10.83	德国标准化协会	碳钢和不锈钢搅拌轴端面密封的工作参数及装配尺寸
7	DIN 28138·T2:10.83	德国标准化协会	搪玻璃搅拌轴端面密封的工作参数及装配尺寸
8	DIN 28138·T3:10.83	德国标准化协会	搅拌轴端面密封标记，密封流体接口，冷却液接口，泄漏液接口及装配连接
9	NF E44-170:2001	法国标准化协会	机械密封尺寸，名称与符号、材料代号
10	JIS B2405:2003	日本产业机械工业会	机械密封通则
11	JASOE403:2000	日本汽车技术协会	汽车水泵用机械密封
12	SMA131:1995	日本船用泵标准化专用委员会	船用泵用机械密封

机械密封的国内技术标准与国外技术标准相比较：国内技术标准数量较多，每个标准内容比较详细，因此许多机械密封生产企业用这些标准来代替企业标准，但是国外机械密封的生产企业为了保证产品质量都有较完整的质量保证体系及企业相关标准，而对应的国家标准内容都比较简化。

在国外机械密封技术标准中，目前 API 682《离心泵和旋转泵用轴封系统》这个标准是应用最广且为国际上通用的技术标准，各国均按此标准进行产品认证及产品设计和验收。这个标准是机械密封技术和实践经验的结晶，受到各国的普遍重视，附录 A 对此标准进行了详细解读，相信对我国的机械密封技术提高会起到促进作用。

第九章　机械密封制造技术

第一节　机械密封零件的公差配合与技术要求

为了使机械密封做到密封性能可靠，使用寿命长，对其零件的尺寸、配合、形位公差等均有相应的要求。关键尺寸一定要严格按公差要求加工，非关键尺寸在不影响密封性能和安装尺寸的前提下，可适当降低要求，这对于降低成本、普及推广机械密封技术均有好处。根据国内技术标准规定的机械密封技术条件及制造水平，参考国外同类产品的加工尺寸及精度要求，对常用机械密封零件的公差配合及技术要求介绍如下。

一、机械密封零件的公差与配合

关于机械密封零件的公差与配合，以内装式泵用机械密封零件为例作介绍，其他结构类型机械密封的主要零件配合及公差均可参考，并根据情况做适当调整，机械密封零件的公差与配合如图 9-1 所示。

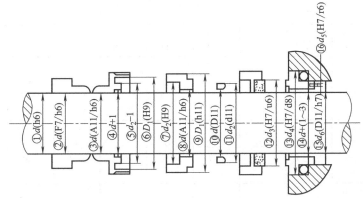

图 9-1　机械密封零件的公差与配合示意

①安装机械密封轴径公差；②弹簧座内径与轴的配合公差；③推环内径与轴的配合公差；④推环接触密封圈处端面的内径偏差；⑤推环接触密封圈处端面的外径偏差；⑥传动套内径公差；⑦动环安装密封圈处内径公差；⑧动环内径与轴的配合公差；⑨传动套传动的动环外径公差；⑩撑环内径公差；⑪撑环外径公差；⑫镶环结构配合公差（此公差仅供参考，制造时应根据实际情况核算确定公差尺寸）；⑬静环外径与压盖（或壳体）的配合公差；⑭静环内径偏差；⑮静环尾部与静环座（或壳体）的配合公差；⑯防传销与孔的配合公差。

釜用机械密封零件公差与配合基本与上述相同。根据反应釜搅拌轴的偏摆和振动较大的特点，动环内径尺寸一般应比轴径加大 1mm，其尺寸为 $d+1$，同样，静环内径尺寸应比轴径加大 2~4mm，其尺寸为 $d+(2\sim4)$。

表 9-1、表 9-2 列出机械密封常用尺寸公差数值。

二、机械密封主要零件的技术要求

1. 动、静环的形位公差与表面光洁度

图 9-2 为几种典型的机械密封动、静环零件图，图中表示了关键部位的形位公差与表面光洁度。密封端面是机械密封的最关键部位，其平面度要求 $\leqslant 0.0009$mm，其表面粗糙度对于硬质材料一般要求为 $Ra\leqslant 0.2\mu m$，软质材料为 $Ra\leqslant 0.4\mu m$。其中平行度及垂直度公差见表 9-3。

表 9-1　内径公差值

基本尺寸/mm	公差/μm								
	D8	D11	E9	F7	F8	F9	H7	H8	H9
>10~18	+77 +50	+120 +50	+75 +32	+34 +16	+43 +16	+59 +16	+18 0	+27 0	+43 0
>18~30	+98 +65	+149 +65	+92 +40	+41 +20	+53 +20	+72 +20	+21 0	+33 0	+52 0
>30~50	+119 +80	+180 +80	+112 +50	+50 +25	+64 +25	+87 +25	+25 0	+39 0	+62 0
>50~80	+146 +100	+220 +100	+134 +60	+60 +30	+76 +30	+104 +30	+30 0	+46 0	+74 0
>80~120	+174 +120	+260 +120	+159 +72	+71 +36	+90 +36	+123 +36	+35 0	+54 0	+87 0
>120~180	+208 +145	+305 +145	+185 +85	+83 +43	+106 +43	+143 +30	+40 0	+63 0	+100 0
>180~250	+242 +170	+460 +170	+215 +100	+96 +50	+122 +50	+165 +50	+46 0	+72 0	+115 0

表 9-2　外径公差值

基本尺寸/mm	公差/μm									
	a11	d8	e8	f7	h6	h7	h8	h9	Y6	u6
>10~18	−290 −400	−50 −77	−32 −59	−16 −34	0 −11	0 −18	0 −27	0 −43	+34 +23	+44 +33
>18~24	−300 −430	−65 −98	−40 −73	−20 −41	0 −13	0 −21	0 −33	0 −52	+41 +28	+54 +41
>24~30										+61 +48
>30~40	−310 −470	−80 −119	−50 −89	−25 −50	0 −16	0 −25	0 −39	0 −62	+50 +34	+76 +60
>40~50	−320 −480									+86 +70
>50~65	−340 −530	−100 −146	−60 −106	−30 −60	0 −19	0 −30	0 −46	0 −74	+60 +41	+106 +87
>65~80	−360 −550								+62 +43	+121 +102
>80~100	−380 −600	−120 −174	−72 −126	−36 −72	0 −22	0 −35	0 −54	0 −87	+73 +51	+146 +124
>100~120	−410 −630								+76 +54	+166 +144
>120~140	−460 −710	−145 −208	−85 −148	−43 −83	0 −25	0 −40	0 −63	0 −100	+88 +63	+195 +170
>140~160	−520 −770								+90 +65	+215 +190
>160~180	−580 −770								+93 +68	+235 +210
>180~200	−660 −950	−170 −242	−100 −172	−50 −96	0 −29	0 −46	0 −72	0 −115	+106 +77	+265 +236
>200~225	−740 −1030								+109 +80	+287 +258
>225~250	−820 −1050								+113 +84	+313 +284

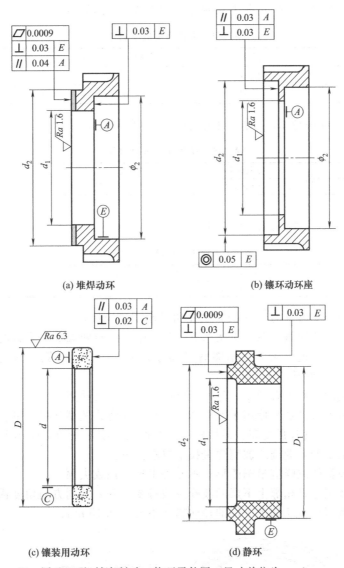

图 9-2　机械密封动、静环零件图（尺寸单位为 mm）

表 9-3　平行度及垂直度公差

基本尺寸/mm	>10～16	>16～25	>25～40	>40～63
公差/μm	15	20	25	30
基本尺寸/mm	>63～100	>100～160	>160～250	>250～400
公差/μm	40	50	60	80

2. 弹簧的技术要求

机械密封一般情况下采用圆柱螺旋压缩弹簧，根据机械密封使用特点，压缩弹簧的主要技术要求为：

弹簧产品图样应包括线径、中径（外径）、自由高度、工作高度、工作负荷、弹簧刚度、有效圈数、总圈数、材料等主要技术参数。

弹簧在工作高度（推荐选用自由高度的 67％±5％为工作高度）的负荷数值一般应在试验负荷的 62％～72％之间。

注：测定弹簧特性时，以弹簧压并高度时负荷数值作为试验负荷数值。

弹簧在工作高度时的工作负荷 F 的极限偏差按表 9-4 的规定。

表 9-4　工作高度极限偏差

弹簧外径 D_2/mm	极限偏差/N	弹簧外径 D_2/mm	极限偏差/N
≤10	±0.08F	>50	±(0.10～0.12)F
>10～50	±0.10F		

弹簧外径 D_2（或内径 D_1）的极限偏差按表 9-5 的规定。

表 9-5　弹簧外径极限偏差

旋绕比 $c(D/d)$	极限偏差	旋绕比 $c(D/d)$	极限偏差
≤4～8	±0.01D	>8～15	±0.015D

注：D 为弹簧中径。

弹簧自由高度 H_0 的极限偏差按表 9-6 的规定。

表 9-6　弹簧自由高度极限偏差　　　　　　　　　　　　　mm

线径 d	极限偏差	线径 d	极限偏差
≤1.5	±(0.5～0.7)	>1.5	±(0.7～1.2)

弹簧在压缩到全变形量的 80% 时，其正常节距圈不应接触。

两端面经过磨削的弹簧，在自由状态下，弹簧轴心线对两端面的垂直度偏差≤$0.05H_0$。

两端面并紧并磨平的弹簧，支承圈磨平部分大于或等于 3/4 圈，其表面粗糙度 Ra 为 12.5μm，端头厚度不小于 $d/8$。

弹簧表面应光滑，不得有裂纹、起刺等肉眼可见的有害缺陷。

近几年很多引进机械密封使用了波形弹簧，其中缠绕式波型弹簧用量较多，缠绕式波形弹簧结构见图 9-3，其具有强度高、柔性好、结构形式紧凑、安装空间小等优点。它是用专用缠绕弹簧设备加工的，缠绕式波型弹簧技术要求如下：

缠绕式波型弹簧的波峰应呈圆弧形，不允许出现平顶或尖顶。

多层缠绕式波型弹簧相邻上下层的波峰及波谷要对齐，圆周方向角度错位不大于 5°。

多层缠绕式波型弹簧相邻上下层的径向错边不大于 0.15mm。

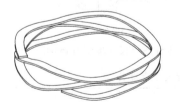

图 9-3　连续缠绕式波形弹簧结构

缠绕式波型弹簧内外径尺寸偏差应符合表 9-7 的规定。

表 9-7　缠绕式波型弹簧内外径尺寸偏差　　　　　　　　　　　mm

中径	≤25	>25～40	>40～60	>60～80	>80～120	>120～160	>160～220
内外径偏差	±0.15	±0.20	±0.25	±0.30	±0.35	±0.40	±0.50

注：中径=（内径+外径）/2。

缠绕式波形弹簧自由高度尺寸偏差应符合表 9-8、表 9-9 的规定。

表 9-8　单片波形弹簧自由高度尺寸偏差　　　　　　　　　　　mm

自由高度	>3～4.5	>4.5～5.5	>5.5～8	>8
偏差	±0.5	±0.8	±1.0	±1.5

表 9-9　多层缠绕式波形弹簧自由高度尺寸偏差　　　　　　　mm

自由高度	>6～9	>9～16	>16～30	>30
偏差	±1.0	±1.5	±2.0	±2.5

缠绕式波形弹簧必须经过消除应力处理，残余变形不应超时 0.5mm（单片波型弹簧小于 0.3mm）。

同一个缠绕式波形弹簧各波高度差应不超过表 9-10 及表 9-11 的规定（多层缠绕式波型弹簧仅指中间层的各波高度）。

表 9-10　单片波形弹簧各波高度差　　　　　　　　　mm

自由高度	>3～4.5	>4.5～5.5	>5.5～8	>8
偏差	0.10	0.13	0.16	0.20

表 9-11　多层缠绕式波形弹簧自由高度差（中间层各波）　　　　mm

自由高度	>6～9	>9～16	>16～30	>30
偏差	0.13	0.16	0.20	0.25

缠绕式波形弹簧材料可选用 SU302、SUS304、SUS631J1 和 SUS632 等，材料的化学成分应符合 GB/T 3280—2008、GB/T 4238—2007 的规定，材料的尺寸精度要按表 9-12 规定。扁带材料外表光滑，无凹坑、划伤、断裂、裂缝和其他物理缺陷，边缘为圆形。

表 9-12　缠绕式波形弹簧材料的尺寸精度要求　　　　　　mm

材料厚度范围	材料厚度公差	材料宽度公差	材料厚度范围	材料厚度公差	材料宽度公差
0.20～0.49	±0.01	±0.02	1.00～1.49	±0.02	±0.04
0.51～0.99	±0.015	±0.03	1.50～2.00	±0.025	±.05

缠绕式波形弹簧工作负荷的允许偏差为该负荷的 10%。各种类型缠绕式波形弹簧的疲劳性能应符合表 9-13 要求。

表 9-13　缠绕式波形弹簧的疲劳性能

类别	循环次数	振幅/mm	中间高度	频率/Hz	弹力值下降	接触点磨损≤
单片波形弹簧	1×10^7	0.4	工作高度	3000～10000	≤5%	片厚×1%
多层波形弹簧	5×10^6	1.0	工作高度	3000～10000	≤5%	

3. O 形橡胶密封圈的技术要求

由于橡胶是弹性材料，在负荷作用下发生变形，尤其是在压力高的场合下，会使密封圈挤入密封间隙，影响浮动性而使密封失效。因此，要根据使用压力合理选择 O 形橡胶密封圈的硬度和其截面直径。一般高压时选择硬度较高的密封圈，低压时选择硬度较低的密封圈。常用橡胶 O 形圈的硬度为邵氏 70±5。

制造机械密封用 O 形圈的模具分模面要尽量避开内外侧及上下侧的工作面，一般采用 45°开模，以保证良好的密封性能。截面尺寸要均匀，其截面形状参考图 9-4。O 形圈表面必须光滑平整，不得存在凹凸不平、气泡、杂质等缺陷。

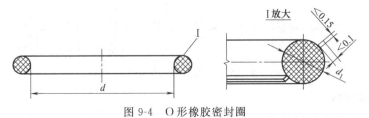

图 9-4　O 形橡胶密封圈

O 形橡胶密封圈内径极限偏差见表 9-14，截面直径偏差见表 9-15。

表 9-14 O 形橡胶密封圈内径极限偏差 mm

内径尺寸	6	6.9～10	10.6～18	19～30	31.5～40	42.5～50	53～63	65～80
极限偏差	±0.13	±0.14	±0.17	±0.22	±0.30	±0.36	±0.44	±0.53
内径尺寸	82.5～120	125～180	185～250	258～315	325～400	412～500	515～560	
极限偏差	±0.65	±0.90	±1.2	±1.6	±2.10	±2.60	±3.20	

表 9-15 O 形橡胶密封圈截面直径偏差 mm

截面直径	1.6～2.1	2.65	2.1～5.7	6.4～5.7	10
偏差值	±0.08	±0.09	±0.1	±0.15	±0.3

O 形橡胶密封圈产品非工作面上用标记胶或油漆点表示胶料种类，标记见表 9-16。

表 9-16 O 形橡胶密封圈标记

材　料	标记产色	材　料	标记产色
丁腈橡胶	蓝	氟橡胶	红
氢化丁腈橡胶	白	硅橡胶	绿
乙丙橡胶	黄	氯醚橡胶	棕

氟塑料全包覆 O 形圈内径极限偏差见表 9-17，截面直径偏差见表 9-18。

表 9-17 氟塑料全包氟 O 形圈内径极限偏差 mm

内径尺寸	6～38.7	40～54.5	55.3～147	150～175	180～400
极限偏差	±0.15	±0.25	±0.38	±0.58	±0.08

表 9-18 氟塑料全包氟 O 形圈截面直径偏差 mm

截面直径	1.78	2～2.62	3～5	5.33～5.70	6～6.99
偏差值	±0.08	±0.09	±0.1	±0.13	±0.15

第二节　机械密封典型零件的制造

一、石墨环浸渍工艺

机械密封使用的碳石墨环，在烧结过程中会有热解物质气体排出而存在气孔，其孔隙率按体积计算约占 10%～30%。这种多孔的碳石墨环不能作机械密封环，因而要进行浸渍处理，使之成为不透性材料，通过浸渍还可以提高其强度和耐磨性，碳石墨制成密封环的加工过程如图 9-5 所示。

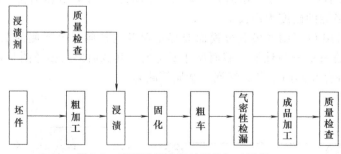

图 9-5　碳石墨制成密封环的加工过程

1. 浸渍酚醛树脂

酚醛树脂是以酚类化合物为原料，在催化剂作用下缩聚而得到的一类树脂的统称。

（1）浸渍前的准备

① 毛坯加工　石墨棒料加工成管料，按成品尺寸内外径分别留加工余量 2～3mm。若坯料是大方块，宜用薄片砂轮切割下料，再制成管料，坯料不允许附着油污。

② 冲洗　用压缩空气清扫管料表面的石墨粉尘，或用自来水洗净，以防止阻塞浸渍表面空隙，影响浸渍效果。

③ 低温烘烤　升温 70～80℃，2h 后取出自然冷却，用以除去石墨管料气孔中的水分。

④ 浸渍剂的选择　酚醛树脂有水溶性和醇溶性两种，一般选用 7222 醇溶性树脂。醇溶性树脂易挥发，储存期较水溶性树脂短，多次使用后黏度增高，再次使用时，要加入无水乙醇搅拌稀释。

（2）浸渍处理　浸渍设备及流程如图 9-6 所示。

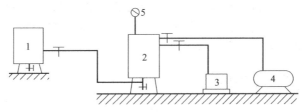

图 9-6　浸渍设备及流程
1—树脂储罐；2—浸渍釜；3—真空泵；4—压缩机；5—真空压力表

浸渍处理步骤如下。

① 将石墨管料放入铁丝筐栏内，管料之间应保持 2mm 以上的距离，每层之间用铁丝网隔离，再将筐栏放入釜内，离釜口法兰留釜体深度 1/5 的间距。合上釜盖，均匀地拧紧紧固螺栓。

② 抽真空，真空度在 0.1MPa 左右（750～760mmHg 柱）时，持续 30min。

③ 吸入树脂浸渍釜内的树脂，高度以埋过工件 100mm 为宜。

④ 通入 0.6～0.8MPa 的压缩空气，并维持 4～5h。

⑤ 排出树脂，卸压，取出制品。制品出釜 2h 后，可用碱水加锯末屑擦去制品外表面的树脂。

⑥ 室温固化。即将制品放在阴凉通风处自然晾干，一般不少于 48h。

（3）固化处理　将晾干的制品放入固化釜内，加压、加温固化。其压力应比浸渍时高 0.1MPa。升温速度见表 9-19。

表 9-19　浸酚醛树脂升温速度

温度/℃	室温～50	50～80	80～150	150
升温速度/（℃/h）	10	5	10	保温 5h，自然降温 40℃取出工件

浸酚醛树脂的固化，温度一般为 130℃，但适当提高固化温度，可促使酚醛树脂固化效果提高耐蚀性能。

（4）浸渍品检漏　固化后的制品，通常用下述方法检验透气性：从每批制品中任意抽 3 件，车去外表面，在专用夹具上用两块橡胶密封垫片夹住管料两端面，然后将干燥的氮气通入管料的内孔，试验压力为产品最高使用压力，持续 15min，加压时在其试件外周涂上一层肥皂水，然后观察有无气泡产生。

毛坯管料的浸渍固化处理，一般需要重复进行两次才能达到要求。若气孔率大（＞15％），或使用压力较高和大轴径的制品，原则上要浸渍固化处理三次，前两次是将毛坯浸渍固化，最后一次处理用低黏度的树脂浸渍固化处理成品。每次固化之前，需用酒精擦净密封环表面。

2. 浸渍呋喃树脂

呋喃树脂是一种热固性树脂，它是以糠醛为原料制成的一类聚合物的总称，在分子结构上带有呋喃环，故称为呋喃树脂。

（1）树脂的选择　糠醇树脂是呋喃树脂的一种，是由糠醛和丙酮一次缩聚而成的黏稠液。其黏度随生产工艺的不同而有较大差异。因此，应选择合适的黏度以简化浸渍工艺程序，提高浸渍效果和充分利用浸渍剂。其黏度用涂料 4 号杯测量，测量值在 30s 左右的树脂作浸渍剂为佳。

（2）固化剂的选择　浸糠醇树脂须加固化剂才能将其固化，为此正确地选用固化剂对提高浸渍效果和延长树脂的使用时间也很重要。糠醇树脂的固化剂目前普遍采用硫酸乙酯、氯化锌和苯磺酰氯三种。其中以苯磺酰氯作固化剂效果最佳。用它作固化剂，树脂的使用周期较长。但它能散发出抑制性的气体，所以操作时必须注意室内的通风。

（3）浸渍工艺流程　如图 9-7 所示。

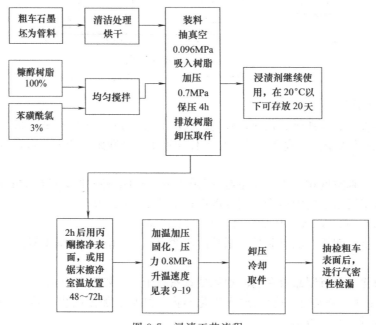

图 9-7　浸渍工艺流程

（4）加热固化　为了避免加热过程中出现树脂起泡和溢流现象，应按表 9-20 中的升温速度加温。整个固化过程中，60～90℃区间最为关键，若升温过快，树脂易于溢出。

表 9-20　浸渍糖醇树脂升温速度

温度 /℃	40	50	60	65	70	75	80	90	100	100～160	170
保温时间 /h	1	1	3	5	5	5	3	3	1	每升高 10℃分别保温 1h	保持 5h
升温速度 /(℃/h)	10				5				10		自然降温至 30～40℃取件

3. 浸渍环氧树脂

（1）环氧树脂的性质　环氧树脂是一类含环氧基的高分子聚合物。其中，以二酚基丙烷树脂（环氧氯丙烷与二酚基丙烷缩聚而成）浸渍为最佳。具有代表性的牌号为 610、618、

634 等。其分子结构中，有羟基、醚基和极为活泼的环氧基存在。所以用它浸渍的石墨制品具有增重率大，机械强度高、孔隙率小等特点。

（2）环氧树脂的稀释　环氧树脂的黏度较高，必须加入部分稀释剂降低其黏度才能用来浸渍石墨。稀释剂分非活性和活性两类，前者如丙酮、二甲苯等；后者含有烷丁基醚。常采用 501$^#$（相对分子质量为 130，在 25℃时黏度 $\leqslant 2 \times 10^{-3}$ Pa·s），501$^#$ 是一种新的活性稀释剂，基本上无毒，使用效果好。

（3）环氧树脂浸渍石墨的固化　环氧树脂是热塑性的线性树脂，必须用固化剂使线型分子交联成网状结构的大分子，变为不溶的高聚物。其固化剂有多元胺类、酸酐类等。采用 595 固化剂效果最佳，595 固化剂是一种胺基硼烷型化合物，黏度为 $(3 \sim 5) \times 10^{-3}$ Pa·s。

（4）浸渍固化工艺流程

① 配制浸渍剂　浸渍剂的配方为：6101 环氧树脂 75%、595 固化剂 5%、501 稀释剂 25%，将环氧树脂先预热到 40℃，使其流动性增大，然后加入稀释剂，充分搅拌均匀。

② 浸渍固化工艺流程　如图 9-8 所示。

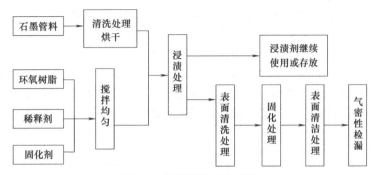

图 9-8　浸渍固化工艺流程

③ 浸渍工艺条件　将制品放入釜内，抽真空至 0.096kPa（720mmHg 柱）以上，吸入配制好的浸渍剂，然后加压到 0.7MPa，保压时间 4h。取出制品，用丙酮清洗表面。

④ 固化处理工艺条件　固化压力 0.8MPa，固化升温速度见表 9-21。

表 9-21　浸环氧树脂的升温速度

升温区间/℃	升温速度/(℃/h)	所需时间/h	升温区间/℃	升温速度/(℃/h)	所需时间/h
室温~70	约 45	1	90~140	10	6
70~90	3	7			

4. 浸渍聚四氟乙烯

（1）聚四氟乙烯的特性　聚四氟乙烯分子间的内聚力低，因而决定了它具有优异的减摩性、摩擦因数低。它还具有优异的化学稳定性，耐腐蚀性能很好，有较好的耐温性，能适应 $-180 \sim 250$℃的温度范围。用聚四氟乙烯分散液浸渍石墨可作为耐腐蚀机械密封摩擦副材料。

（2）浸渍工艺

① 浸渍剂为聚四氟乙烯分散液，浓度 60%，粒度 $0.2 \sim 0.25 \mu m$，pH10，黏度 $(4 \sim 8) \times 10^{-3}$ Pa·s。

② 石墨管料，要求孔隙率为 20%~30%。

③ 浸渍流程：粗加工毛坯清洗后烘干（120℃ 1h），自然冷却后装釜抽真空［真空度>约 0.1MPa（750mmHg），保持 1h］，吸入聚四氟乙烯分散液进行浸渍，加压（0.75MPa，保持 2h）、排液、卸压、取件进行烘干（120℃ 1h），再进行塑化（375~380℃）。

（3）塑化　塑化的目的是使浸入石墨孔隙内的分散液小颗粒在熔融状态下连成一体而形成膜状。塑化的升温速度必须严格控制。升温速度为：室温～100℃ 1h、100～160℃ 1h、160～220℃ 1h、220～270℃ 1h、270～320℃ 1h、320～370℃ 1h、340～380℃ 保温 1h 此后，按升温速度降至 160℃ 关闭电源，自然降至室温。

（4）注意事项

① 聚四氟乙烯浸渍效果较差，为此应按上述工艺重复浸渍塑化过程，经多次处理后方可达到预期的目的。处理次数视制品的耐压要求而定。一般需要重复 3 次。

② 浸渍剂的聚四氟乙烯分散液要保持新鲜，不宜重复使用，浸渍温度控制在 20～40℃ 为宜。

二、堆焊、喷涂及 RC 合金密封环

机械密封的摩擦副组对材料常用堆焊、喷涂、熔结 RC 合金等，构成密封环的耐磨面层。

1. 司太立特合金堆焊

堆焊是用焊接的方法在金属基体表面上堆敷一层具有一定性能的材料，将表面覆盖，而形成一种新的表面层，作为机械密封摩擦副的耐磨端面。其中主要的一种是用氧乙炔焰进行司太利特合金堆焊，堆焊的温度一般为 1700～1800℃。

（1）堆焊前的准备　加工堆焊基体通常在堆焊基体端面上开一凹槽（见图 9-9）。

堆焊前，要将焊条放在烘箱内烘烤，以除去水分，烘烤温度为 250～300℃，时间为 1～2h。被堆焊基体表面应清理，不应有油污、锈迹等缺陷。

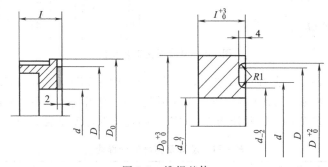

图 9-9　堆焊基体

（2）操作注意事项

① 将工件置于加热回转装置之上，堆焊基体表面必须放平，以保证焊液均匀分布。堆焊前，先用氧乙炔焰预热工件表面（预热 800～900℃，随基体钢种和大小而异），预热时工件随回转装置转动（堆焊时亦同）。

② 堆焊时，应用还原焰。氧∶乙炔＜1.0～1.3，即使用微过量的乙炔，以保证焊层表面及堆焊层不被氧化，同时可以使燃烧尽的碳及其他成分最少。

③ 堆焊时焊枪位置见图 9-10。堆焊时采用的喷嘴，要根据堆焊基体的大小来选择。喷嘴出口处的第一节焰为未完全燃烧的氧-乙炔混合物，这部分火焰极为明亮，呈圆柱状，长度为 5～20mm（视喷嘴大小而不同），称为焰芯；紧接着的第二节由半燃烧的一氧化碳和氢气组成称为还原焰；第三节为燃烧过程中的最终产物，即二氧化碳和水蒸气，这一节又可叫做外焰。堆焊时火焰的调整，以还原焰为焰芯长度的 2.5～3 倍为宜。

④ 为了避免司太特合金被氧化，焰芯与被堆焊基体表面之间的距离应保持 1.5～3mm。为了尽快加热堆焊表面，而又不使其面层过热，焊枪中心线与堆焊表面约成 45°～75°倾角。

⑤ 堆焊时，将合金熔液滴入堆焊基体凹槽中，用焊焰吹动，使合金熔液不致冷凝且畅

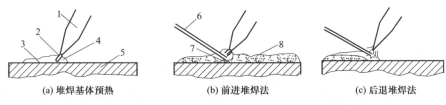

图 9-10　堆焊时焊枪位置

1—焊枪；2—焰芯；3—氧化焰；4—过剩焰；5—基体；6—焊条；7—还原焰液；8—堆焊层

快地流动，这样一滴滴地使凹槽逐渐熔满合金，然后用焊焰烫平。此间还应注意调节氧气的工作压力和焊焰的情况。使用的乙炔要适量，否则会增加孔隙和皮层，同时还会降低熔化温度。氧气的工作压力为 0.3～0.35MPa。

⑥ 在整个堆焊过程中，应注意堆焊温度。温度过高或过低及堆焊时间过长，都会影响质量。堆焊完成后，要将焊焰作涡旋状离开或使火焰沿熔敷面平行地慢慢离去。

⑦ 堆焊完成后，置于石棉和云母的混合物中保温并进行缓慢冷却。

2. 等离子喷涂 Cr_2O_3

等离子喷涂是利用喷枪中的钨（或钍钨合金）阴极与铜质环形阳极之间产生强大的电弧，而电离气体产生等离子束，同时将待喷粉末送入等离子束中熔化而成液体，并随着等离子束喷射到工件表面上，形成所需的具有特殊性能的涂层（厚度一般为 0.3～0.5mm）。

等离子喷涂的装置原理如图 9-11 所示。当高频振荡器产生的高压高频振荡击穿喷枪嘴和电极之间的气体介质时，气体放电电离而导电，然后将具有一定压力的气体导入喷嘴。这时电源供给强大的电流将气体介质加以高温电离，形成电子和离子。这些电子和离子夹杂着未电离的中性原子和分子一起，形成一个宏观上中性的等离子弧。在喷嘴和电极之间的电场中，等离子体得到加速，且在通过喷嘴时产生热收缩效应、电磁收缩效应以及机械压缩效应，这样就形成一个能量集中、温度高达 15000～20000℃ 的高速刚性等离子弧。由于这种方法产生的温度很高，任何难熔的粉末材料在等离子束中均被熔化，且周围设有保护气体，故涂层的黏着性好，强度高。

喷涂时，通常用氮气输送粉末，输送速度必须精确控制。喷涂条件可通过改变输入功率和工作气体的流速加以调节。

采用等离子喷涂法得到涂层密度仅为理论密度的 90%～92%。

（1）基体的加工　在喷涂基体表面开凹槽（见图 9-12），圆周方向留有极小的边缘，它可防止机加工时损伤喷涂面。另外，还需在基体上设置通冷却水的工艺夹具，力求使工件不变形。此外，喷涂面倒角处及轴向总长度应留磨量 0.1～0.2mm。其他尺寸都按图纸要求加工。

为使涂层具有高黏着力，必须将基体凹槽表面打毛去污，进行喷砂处理。

（2）Cr_2O_3 粉末的制备　制备 Cr_2O_3 粉末的原料及配比为：纯度为 98% 的氧化铬粉 5kg 与纯度为 99% 的硅溶液 1590mL 加水 1136mL，球磨机中进行球磨加工。经球磨后的浆液用压缩空气喷射到 500℃ 左右的干燥箱内，干燥收存。干燥后块状粉料在 1450～1600℃ 中焙烧，然后经破碎、筛分。

（3）等离子喷涂设备　等离子喷涂主要设备有电源控制箱、气源、水冷系统、送粉器、喷枪、动力头转台等。

（4）喷涂工序及工艺参数

① 喷涂工序　先装上工件，开启冷却水，旋转工件；同时接通主电源、输气、高频引弧，调节电流、电压及送粉。

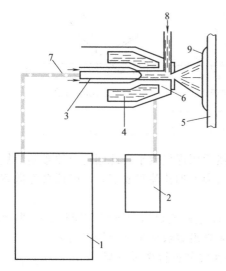

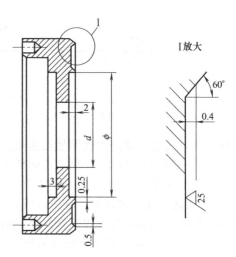

图 9-11　等离子喷涂装置原理示意　　　　　图 9-12　工艺尺寸图
1—电源；2—高频发生器；3—阴极；4—冷却水；
5—阳极；6—气体；7—送粉气流；8—喷涂粉；9—工件

②喷涂 Cr_2O_3 陶瓷的工艺参数　等离子体发生气 H_2 0.8MPa，等离子体发生气 N_2 0.8MPa，枪端电压 9V，电流 30A，喷涂枪距 10mm。

3. 不锈钢烧覆 RC 合金

这种合金是以不锈钢作基体，用铸造碳化钨粉末加入铜，利用渗透法制成耐磨表面层的复合材料。其密封环的制作工艺如下。

（1）基体加工　将不锈钢环端面车出矩形截面的环槽（见图 9-13）。环槽的深度根据需要而定，一般为 1.5～3mm。粉料压实前高度 h 可按下式确定

$$h = \delta S + C_1 + C_2$$

式中　S——所需面层厚度，mm；

　　　δ——松装比，用 60～80 目的铸造碳化钨以 300～350MPa 的压力压制时 $\delta = 2$；

　　　C_1——磨削余量，取 $C_1 = 0.5$mm 为宜；

　　　C_2——模具导向余量，亦可不留余量。

工件基体车削后，用电镀法先在槽壁上进行镀镍作为过渡层，然后再镀一层 0.02～0.05mm 的铜。

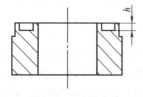

图 9-13　工件基体

（2）压制　在槽内均匀填一层碳化钨粉末，模压用 300～350MPa 的压力压实。在被压实的碳化钨上面覆盖一层 99.99％的纯铜粉，仍以同样的压力压实。压制与脱模工装如图9-14所示。

（3）烧结　将坯件放入真空炉，加温烧结，使铜粉在 1150～1200℃下熔化，熔融的铜渗入被压实的碳化钨层，表面层中的含铜量一般为 11％～12％。

（4）烧结温度曲线　如图 9-15 所示。工件随炉冷却到 200℃以下取出，然后再进行机械加工。

三、聚四氟乙烯密封零件的制造

聚四氟乙烯材料常被用来制造机械密封的辅助密封件，如 V 形圈、撑环、楔形圈、O 形圈、波纹管等。

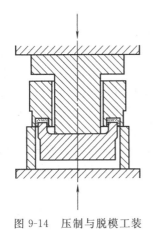

图 9-14　压制与脱模工装

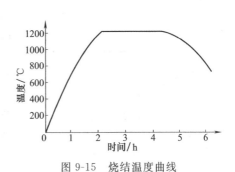

图 9-15　烧结温度曲线

聚四氟乙烯密封件一般用普通车床加工。由于它硬度低、有塑性、导热性差、冷流变形大，所以在车加工时必须遵循下述一些原则。

① 车刀锋利有利于降低切削力和切削热，减少车削中的塑性变形。车刀材料要采用高速钢（W18Cr4V）。

② 在选择车刀的切削角度时，应取较大的前角和后角，同时加长过渡刃和修光刃，以分散切削力和切削热，从而减少变形。

③ 切削后，必须不断将其移出刀具，以防止切屑缠绕在刀具上。刀尖前面宜有圆弧槽，以便切屑排出。

④ 装卡要合理，既要防止工件夹持变形，又不能使工件松动或从卡爪中飞出。

1. V形圈车制工艺

车制聚四氟乙烯 V 形圈的优点在于：制作方便，可随时加工各种规格尺寸的密封件。但用料浪费，生产效率低，大批量生产宜用模压成形。

标准型聚四氟乙烯 V 形圈如图 9-16 所示。

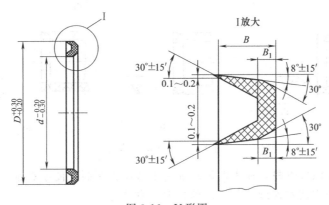

图 9-16　V 形圈

（1）车削前的准备　聚四氟乙烯的硬度低，强度差，有冷流性。在车削中，加工件容易发生变形，靠近夹头处尤为突出。此外，夹头处受负荷会出现冷流现象，致使夹头松动，甚至工件飞出。因此，不宜直接用三爪卡盘直接夹持，一般可采用黏结剂，先将管料黏附在胎具内，再将胎具卡在三爪卡盘上，然后进行车制。

（2）V 形圈成形刀　V 形圈采用成形刀车形面。成形刀是用 10mm×20mm×100mm 的白钢切刀片，在电火花切割机床上切出型面，然后在工具磨床上开前角（12°～15°）、后角

（20°）。图 9-17 是车 30°型面的成形刀。

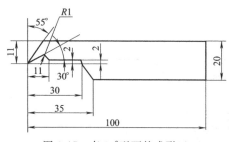

图 9-17　车 30°型面的成形刀

（3）加工步骤

① 用黏结剂将聚四氟乙烯筒料黏附在胎具内，再将胎具卡在三爪卡盘上。车平端面，并将内外圆车至规定尺寸［图 9-18（a）］。黏结剂配方是：冬天，3 份石蜡、2 份松香；夏天，1 份石蜡、4 份松香。可随季节变化酌情改变配方。使用时按比例将松香、石蜡盛入容器，在电炉上加热至 60～70℃呈糊状，将胎具预热至 30～40℃，即可进行黏结。

② 按工件长度用切刀切割，切入的深度为 V 形圈宽度的 1/4 ［图 9-18（b）］。

③ 用一对内外成形刀车 8°±15′型面 ［图 9-18（c）］。

④ 用 60°成形轴向进刀车 V 形槽 ［图 9-18（d）］。

⑤ 再用另一对内外成形刀车 30°±15′型面 ［图 9-18（e）］。

⑥ 沿切刀处切下即得 V 形圈成品。

（4）注意事项

① 粗车、精车应分开。

② 聚四氟乙烯的硬度低，测量时应避免测量工具将加工面拉出痕迹。

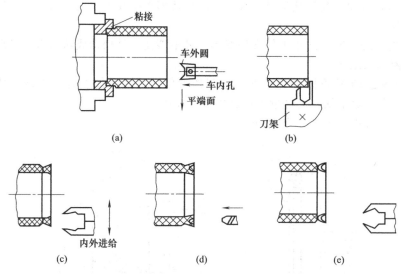

图 9-18　加工步骤简图

③ 在各加工面涂以红丹，使聚四氟乙烯料不致反光刺眼，便于观察。

④ 车制过程中用清水连续冷却，以延长刀具寿命。

⑤ 刀具应具有良好的刃磨质量，以防止对工件挤压而产生变形。

⑥ 加工 8°及 60°型面时，车速要降低。

2. V 形圈模压工艺

模压工艺是直接用聚四氟乙烯粉料，经模具压制成型，然后在烧结炉中烧结。它的特点是：需设计模具，加工的制品适宜大批量生产，原材料损耗少；模压成型难度大，不易控制成品的收缩比，因而技术要求高。

模压 V 形圈工艺过程为：物料准备—成形模压—脱模—烧结成形—修边—加温模压定

型—检验—成品。

（1）模具设计　V形圈的唇部较薄、形状较复杂、精度较高，其几何尺寸和精度靠模具来保证。而粉状的聚四氟乙烯材料烧结时，具有不易传递压力和不能从高弹态变为黏稠流动状态的特殊性能，容易出现制品各处密度不均匀的现象。一般一次模压烧结不能得到符合要求的尺寸，必须经过二次模压定型才能得到成品。为此，必须同时设计模压成形和模压定型模具。

① 成型模具的设计　成型模具仅能将坯料初步压制成V形。为使模压成型过程中物料便于向两边伸展，增加唇部的存料，保证制品各处密实、完整均一，模具模腔尺寸不能按照60°角［图9-19（a）］的实际尺寸制作，而必须做成90°角的成型模具，每边向外放15°［图9-19（b）］。这样模压成型脱模后才能得到小于60°角（回弹变形）的V形制品。

② 定型模具的设计　聚四氟乙烯制品脱模后有一定的回弹变形，因此不能按照60°角制品的实际尺寸制作定型模具的模腔尺寸，而必须制作小于60°角（50°角）的定型模具，即每边向内收5°［图9-19（c）］，便可得到60°角的制品。

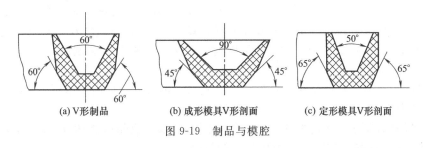

(a) V形制品　　　　(b) 成形模具V形剖面　　　(c) 定形模具V形剖面

图9-19　制品与模腔

③ 模具模腔尺寸的计算　模具模腔尺寸与制品的收缩率有关。收缩量以V形圈成品中径 D_0（图9-20）计算

$$D_1 = D_0 + D_0 K$$

式中　D_1——模具模腔中径，mm；

　　　D_0——制品公称中径，mm；

　　　K——聚四氟乙烯的收缩率。

影响聚四氟乙烯收缩率的因素很多，即使同一批材料，若工艺参数不同，收缩率也不同。因此收缩率 K 的数值应由试验得出。通常成型模具的 K 值取4.5%；定型模具取2%。

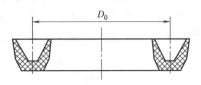

图9-20　V形圈成品中径 D_0

（2）操作工艺

① 粉料过筛　通常聚四氟乙烯是一种松散的但易于结块的粉末。模压前必须经过200目筛，随用随筛，才能保证产品的质量。

② 称重　制品单件用料重量须准确，应当用天平称重，误差不得超过±0.05g。若每件制品重量不等，制品在烧结时各件的收缩率也就不同。

③ 成形模压　呈微粒状的聚四氟乙烯加热时仅变软而不熔融，因此，模压制品的过程与一般的热塑性塑料不同。当细粒粉料被压得相当结实时，才能熔结成一个致密的整体。成形压力为38MPa，保压1~2min。

成形模压应注意如下事项：

a. 粉料要均匀地分布在压模的整个模腔内，以免物料烧结时产生很大的移动，制品收缩率不一致而引起制品的翘曲和断裂。

b. 装料时可在模具下面垫一个止推滚珠轴承，模具边转动，粉料边缓慢均匀加入，装完后用刮勺将料面刮平。

c. 模压过程中加压应缓慢均匀，冲击性的加压会使制品成层状，产生横向裂纹。

④ 脱模　制品压制成形后，可进行脱模。先将阴模取掉。在下模底部垫一个衬套以支承底面，向下卸去芯轴、在 V 形制品底部放一衬套。卸下下模，然后依次卸去衬套及压模。成形模具的结构如图 9-21 所示。

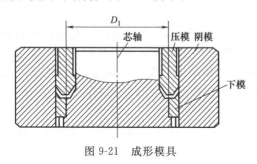

图 9-21　成形模具

脱模后的制品，不能用手直接拿取，制品要平稳放在瓷盘上，不得挤压和碰撞，并加盖防尘罩，以免吸附灰尘。脱模后的半成品放置不宜超过 24h，应及时进行烧结成型处理。

⑤ 烧结成型　脱模后制品放在装有转盘且炉顶有排气装置的烧结炉中烧结。烧结时无需压模，在自由状态下升温至 370～380℃。升温速度为：室温～200℃ 为 5℃/min、200～320℃ 为 1～2℃/min、320～380℃ 为 1～1.5℃/min、380℃ 保温 20～30min。烧结完毕按升温速率反向降至 160℃ 再自然冷却至室温。烧结炉应能排出有害气体，且各处温度一致，使 V 形圈均匀受热，否则会引起制品膨胀不一致和制品内应力太大而翘曲或断裂。

⑥ 加温模压定型　经过烧结后修边的中间制品，再次放入炉内加温到 150℃。取出后放入定型冷模中加压至 2MPa，保压 3min，脱模后即得制品。

模压 V 形圈的尺寸、几何形状完全能达到图纸要求，成品率高达 90%。与车加工制品相比，表面光洁、结晶均匀、耐磨耐压，节约材料。

3. O 形圈车制工艺

图 9-22 为一种机械密封非补偿环用聚四氟乙烯 O 形圈。

（1）刀具　图 9-23 为用于车削聚四氟乙烯 O 形圈的成型刀具。O 形圈成型刀安装在刀杆上，活动刀头可沿轴向调整，两半圆对中后用压块 4 将刀具紧固（利用一斜面夹紧）。刀头材料采用高速钢。O 形圈成型刀的制作方法：用线切割机将刀头切出 $\phi3mm$ 圆孔→退火→加工后角（用中心钻）→淬火→用线切割机剖分→磨→刀头装卡斜面（55°）→磨前角→研磨刃口。

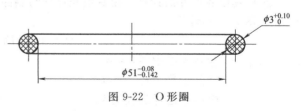

图 9-22　O 形圈

（2）加工步骤　聚四氟乙烯管料的装卡方法与车制 V 形圈相同。

① 平端面，加工内、外圆，各留余量 0.05～0.10mm，表面涂红丹粉。

② 用样板刀分别车内、外型面［图 9-23（a）］，到红丹粉消失为止。

③ 用图 9-23（b）所示的刀具车去接缝处飞边，再用细砂皮打光。

④ 用单面刀片割下。

⑤ 修光表面，用聚四氟料头车一浅槽与 O 形圈为过盈配合。将上述 O 形圈塞入，车去接缝处飞边，再用细砂皮打光。卸下即为成品。

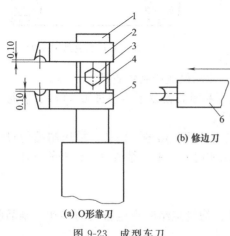

(a) O形靠刀

(b) 修边刀

图 9-23　成型车刀

1—刀杆；2,5—成型刀；
3—螺钉；4—压块；6—修边刀

4. 聚四氟乙烯波纹管的加工

聚四氟乙烯波纹管（简称四氟波纹管）已广泛用于各类耐腐蚀机械密封中。波纹管的制造分两个步骤，先制造毛坯，然后进行车制。聚四氟乙烯毛坯筒料如图 9-24 所示。整个筒料由三段构成，中间段为纯聚四氟乙烯，两端为填充聚四氟乙烯。

① 原料规格　纯四氟乙烯原料为 SFX 悬浮粉与填充剂混合而成。

填充剂主要有以下几种：

石墨粉：化学试剂级。

玻璃纤维：用无碱、无蜡、无表面处理剂的"三无"玻璃纤维丝、经球磨粉碎后过 150 目筛。

二氧化硅：过 270 目筛。

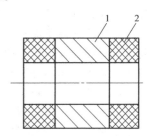

图 9-24　聚四氟乙烯毛坯筒料
1—纯四氟段；2—填充段

② 模具设计　纯四氟塑料的收缩率为 5％，填充四氟塑料的收缩率为 2％～2.5％，设计压模的外径 d_2（见图 9-25），按收缩率 5％再加上加工余量 3～4mm 来考虑，压模内径 d_1，按收缩率为零考虑，即零件内径的实际尺寸再减去加工余量 3～4mm。模具的高度为毛坯高度 h 的四倍。压模、底模与内模和外模均采用动配合。

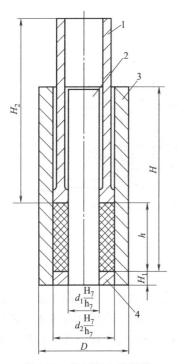

图 9-25　聚四氟乙烯压模
1—压模；2—内模；3—外模；4—底模

具体计算方法如下：设零件内径为 d_n，外径为 d_w，则：

$$d_2 = d_w + 5\% d_w + (3 \sim 4)$$
$$d_1 = d_n - (3 \sim 4)$$
$$D = d_2 + 40$$
$$H = 4h$$
$$H_2 = H + 10$$
$$H_1 = 10$$

模具材料采用 45 钢。

③ 波纹管毛坯的原料配比

a. 前段（动环段）

配方一：聚四氟乙烯悬浮细粉料 80％～85％；玻璃纤维粉 15％～20％。

配方二：聚四氟乙烯悬浮细粉料 80％～85％；石墨粉 10％～15％；玻璃纤维粉 5％。

上述配方的混合料在 2950r/min 小型高速搅拌机（搅拌桨直径为 200～250mm）中充分混合搅拌 1～2min 即可，如发现仍未充分混合再搅拌一次。

中段波纹管段采用纯聚四氟乙烯粗粉料。

b. 后段（固定段）　聚四氟乙烯悬浮细粉料 90％；玻璃粉或玻璃纤维粉料 10％。两种料也要在高速搅拌机中混合。

④ 毛坯压制　按密度为 2.7g/cm³ 计算粉料质量，分别称料，按次序加入模具中。为使坯料分层清楚，每加一种料可把压模放入模中稍微轻压一下，然后加第二种料、第三种料。待料全部加入模后，在压力机上用 30～50MPa 压力进行模压，保压时间 5～10min 充分排气（视零件高度而定），保压后即可脱模。

模具的高度有时太高，超过压机的最大工作高度，造成加工困难。此时可适当降低模具高度 H，使 $H \geqslant 2.5h$（坯料高度），这样每加一种料后，必须在压机上给以初压，压力为 2～5MPa，在加第二种料前，必须在初压过的料面上用小棒把表面划毛，这样可以保证压制的坯料质量。

　　⑤ 毛坯的烧结　压制后的毛坯在 DL-151 型高温烧结炉中进行烧结，开始按 1～2℃/min 升温速度加热，待炉内温度达到 320℃时开动转盘保温 1h。然后按 1℃/min 升温速度继续加热到 375～380℃，并在此温度下保温，保温时间按壁厚每毫米为 10min 计算，保温后随炉冷却（不能打开炉门），自然降温到常温。

　　波纹管毛坯由于原料、压制及烧结工艺不同，会出现波纹段发脆、裂纹等现象，故生产中要及时总结经验，根据原料不同确定合理工艺。如采用淬火工艺可大大提高波纹管韧度。

　　四氟波纹管车制方法有两种，单刀或多刀车制。由于单刀刀具简单，也有利于波距的调整，所以用单刀车制较多。采用普通车床，刀具可采用工具钢或高碳钢。以 152 型机械密封波纹管为例简述车制过程如下。

　　车制时用三爪卡盘直接卡住四氟毛坯车制，在较软的毛坯料上会留有预应力，车好的零件会产生变形，故用芯轴撑住内孔装卡车制较好。刀具的结构如图 9-26 所示，刀杆固定在刀座上。刀头的形状根据图纸要求而定，两刀头横向距离 δ 即为波纹的轴向壁厚。

　　先加工动环端面及波纹管外形，然后用波纹管刀具车制波纹管，先车内波，注意控制波纹深度，然后车外波（如图 9-27 所示）。轴向进给车制第二个波，再依次车内、外波。最后掉头，用芯轴撑住内孔，车完余下部位。

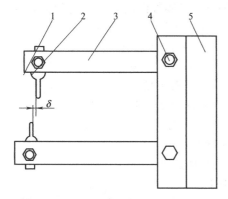

图 9-26　车制波纹管刀具结构
1—活动刀头；2—刀头螺钉；3—刀杆；
4—刀柱螺钉；5—刀座

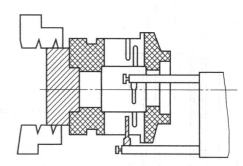

图 9-27　四氟波纹管加工示意

四、焊接金属波纹管的制造

　　焊接金属波纹管是把一定宽度的金属薄板冲压成波形垫圈式的波片，再将两个波片内周进行焊接，制成 V 形半成品，将数个半成品重叠起来焊接外周，最后焊上前后环座，即形成规定的波纹管，其主要工艺过程为：波片的冲裁和成形→清洗→内缝焊接→外缝焊接→焊接前后座环→检验→热处理→检验。

　　（1）冲裁和成形　波片的冲裁和成形可以一次完成，波片的形状对波纹管性能影响较大。目前有两种模具，一种是采用金属模，另一种为聚氨酯橡胶冲裁成形模。由于前者冲模端面是成型曲面，精度要求高，制造困难，并且对模工作量大，难以修正凹凸模刃口间隙，后者结构简单，制造容易，冲裁成形过程中凹凸模之间错动较小，一般不会划伤波片。

　　（2）清洗　波片的清洗是保证焊接质量的重要条件之一，尤其是内外周焊缝处的清洗。波片需用洗涤剂清洗、酸洗、中和、清水冲洗烘干，再用丙酮浸泡、擦净。

　　（3）焊接　波纹管的焊接属于精密焊接，故操作室内要有完备的空调和空气过滤调节系统，以保证恒温、恒湿、无尘埃。

波纹管的焊接不用焊条，而是在可控气氛中（工作气体为 Ar，保护气体为 Ar+N₂）进行熔合焊，以避免在焊接处形成焊渣，影响波纹管材料的固有特性。为了在熔融时不产生表面应力，要将焊接部位施焊成半圆球形，单层波片其焊菇通常为波片厚度的 2.2～3 倍。双层波片为波片厚度的 4～5 倍。波距要均匀、焊菇形状对称。焊接工艺多用微束等离子焊。这类焊机我国已定型批量生产，如 LH-16 型微束等离子弧焊机。

波片内周及外周焊接采用的夹具结构分别如图 9-28、图 9-29 所示。使用隔离圈目的之一是阻止焊接时所产生的热量传向波片的其他部位。焊接速度为 1～1.2m/min。

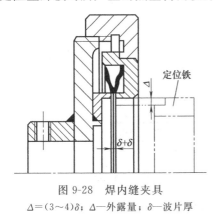

图 9-28　焊内缝夹具

$\Delta=(3\sim4)\delta$；Δ—外露量；δ—波片厚

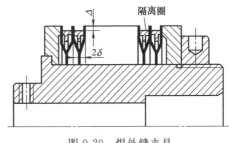

图 9-29　焊外缝夹具

$\Delta=(3\sim4)\delta$；Δ—外露量；δ—波片厚

（4）质量检查　在波纹管的制作过程中，质量控制极为严格。如制作波纹管的板材，要进行金相显微检查其晶粒的大小排列和板材的硬度；对关键性的焊点和热影响区域也要进行显微检查，以了解焊接的深度、焊菇的形状和对称性，全部焊缝要进行气密性检查。通常采用氦质谱检漏仪检漏，真空泄漏率 1×10^{-10} mL/s，此外还要精密测量其波纹管的弹率、伸缩特性、力的松弛和滞后性等。

（5）波纹管的热处理　焊接金属波纹管，材料采用 AM-350、0Cr17Ni17Ti、0Cr15Ni17Mo2Al 沉淀硬化型不锈钢。焊接后须经热时效处理将奥氏体转变成马氏体，并使马氏体中析出金属化合物，沉淀出硬化相，从而获得高强度、较高的塑性及屈强比（$\delta_S/\delta_D>0.8\sim0.9$）。以 AM-350 材料的波纹管为例，其热时效处理须经真空炉在 850℃进行淬火处理，再进行 −80℃ 的低温处理（致冷剂为 F₁₂），以达到增加弹性和稳定尺寸的目的。

第三节　机械密封的研磨技术

机械密封摩擦副组对的密封端面是采用研磨工艺完成的，研磨加工是机械密封制造和维修工作中的重要工序。

一、研磨原理

研磨是利用涂敷或压嵌游离磨粒与研磨剂的混合物，在一定刚性的软质研具上，通过研具与工件向磨料施加一定压力，磨料滚动与滑动，从被研磨工件上去除极薄的余量，以提高工件的精度和降低表面粗糙度值的加工方法。按研磨时有无研磨液可分为干研与湿研，见图 9-30。

研磨过程中，在研磨压力下，众多的磨料微粒进行微量切削。研磨加工磨粒的切削作用示于图 9-31 中。镶嵌在研具中的磨粒如图 9-31（a）所示，对工件表面进行挤压、刻划、滑擦；在研具运动中当研具压嵌的磨粒脱落后及液中磨粒相对工件发生滚动，如图 9-31（b）所示；表面发生裂纹，如图 9-31（c）所示。

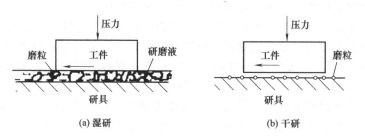

图 9-30 研磨示意

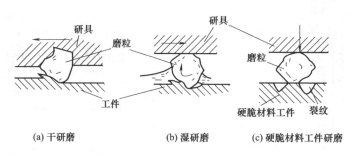

图 9-31 研磨加工磨粒的切削作用

研磨过程中，在研磨压力的作用下，众多磨粒进行微量切削，同时被研磨表面发生微小起伏的塑性变形，并且被加入的诸如硬脂酸、油酸、脂肪酸等活性物质与被研磨表面起化学作用。随着研磨加工的进行，研具与工件表面间更趋贴近，其间充满了微屑与破碎磨料的碎渣，堵塞了研具表面，对工件表面起滑擦作用。所以，研磨加工的实质是磨粒的微量切削、研磨表面微小起伏的塑性流动、表面活性物质的化学作用及研具堵塞物与工件表面滑擦作用的综合结果。

干研磨又称嵌砂研磨。研磨前把磨料嵌在研磨工具表面上（简称压砂），研磨时只要在研磨工具表面上涂少许润滑剂即可进行研磨工作。湿研磨又称敷砂研磨，研磨前把预先配制好的液状研磨混合剂涂敷在研磨工具表面上或在研磨过程中不断向研磨工具表面上添加研磨剂来进行研磨加工，湿研磨有较高生产效率。

根据被研磨工件材料与磨料的不同，应选择不同研磨工具材料。研磨工具材料硬度要比被研磨工件材料软，并具有较好的耐磨性。

湿研磨时，研磨工具应具有涂敷和储存研磨剂的沟槽结构。

干研磨的研磨工具应具有良好的嵌砂性能——良好的磨粒嵌入性、嵌固性和嵌砂的均匀性：嵌入性是磨料嵌入研磨工具表面难易程度，嵌固性是压嵌在研磨工具表面上的磨料，在研磨中抵抗切削力而不脱落的能力；嵌砂均匀性是磨粒嵌入平板各处的均匀程度。

二、研磨剂

研磨剂主要由磨料、研磨液、填料组成。

1. 磨料

作为起磨削作用的磨料，是影响加工性能的重要因素。各种磨料具有不同的特性，因而它对各种物理、力学性质不同的密封材料有不同的适应范围。密封环的研磨与抛光加工所用的人造磨料种类可分为三大类。

（1）氧化铝系　氧化铝系磨料主要有：白色结晶的纯氧化铝（Al_2O_3），俗称白钢玉，显微硬度为 2200～2200HV，代号 GB；当氧化铝含氧化钛（TiO_2）等元素时为棕褐色，代号 CZ 称棕刚玉。

（2）碳化物系　主要有纯碳化硅（SiC）为绿色，显微硬度为 3280～3400HV，代号 TL；当有微量元素时则为黑色，显微硬度为 2840～3320HV，代号 TH。碳化硼（B_4C）为黑色，代号 TP，硬度超过碳化硅而低于金刚石。

（3）金刚石系　天然金刚石与人造金刚石粉均呈灰色至浅黄色。人造金刚石粉代号为 JR，显微硬度为 10000HV，由于金刚石价格昂贵，因此粒度为微米级的微粉常配置成膏，用来精研或抛光硬度在 60HRC 以上的密封环。

除上述磨料外，还有氧化铬（深绿色）、氧化铁（红色和紫色），二氧化铈（CeO_2）等。

磨料种类和粒度的正确选择十分重要，应根据被加工工件的材料及硬度来选择相应的磨料。磨料的硬度及粒度决定着加工速率与表面粗糙度。目前应用较多的是碳化硼、碳化硅、氧化铝、氧化铬、人造金刚石研磨膏等。

常用磨料成分及性能见表 9-22。

表 9-22　常用磨料的成分及性能

名称	代号	化学成分/%							维氏硬度（HV）	研磨能力（金刚石为1）	加工材料适用范围
		Al_2O_3	SiO_2	Fe_2O_3	Cr_2O_3	SiC	C	BC_4			
棕刚玉	CZ	>95	<2.0	<1.0	—				2000～2200	0.10	一般钢料
白刚玉	GB	>98.5	<1.2	<0.15	—				2200～2400	0.12	淬火钢
铬刚玉	CG	>97.5	<1.0	<0.01	>1.15～1.30				2278	0.13	淬火合金钢铬钢
黑碳化硅	TH	—	<0.5	<0.6		>98.5	<0.2		2840～3320	0.25	铸铁等
绿碳化硅	TL	—	<0.3	<0.35		>99.0	<0.2		2840～3320	0.28	硬质合金
碳化硼	TP	—					—	100	3000～5000	0.30	硬质合金陶瓷
人造金刚石	JR	—					100	—	10060～11000	1.00	硬质合金

微粉磨料包括 F 系列和 J 系列，粒度号前分别加以字母"F"和字符"♯"。

微粉的粒度组成根据下列准则确定：

① 最大粒直径不应超过 d_{s0}（d_{v0}）的最大许可值；

② 在粒度组成曲线的 3% 点处，其粒径（理论粒径）不应超过 d_{s3}（d_{v3}）的最大许可值；

③ 在粒度组成曲线的 50% 点处，其中值粒径（现状粒径）应在规定的 d_{s50}（d_{v50}）允许范围内；

④ 在粒度组成曲线的 94%/95% 点外，其粒径（理论粒径）应达到 $d_{s94/95}$（$d_{v94/95}$）的最小许可值。

此四项准则应同时满足。F 系列微粉各粒度号的规定值见表 9-23（适用于光电沉降仪，对应于 94% 值）、表 9-24（适用于沉降管粒度仪，对应于 95% 值）；J 系列微粉各粒度号的规定值见表 9-25（适用于沉降管粒度仪，对应于 94% 值）、表 9-26（适用于电阻法颗粒计数器，对应于 94% 值）。

注：d_s 是用沉降法测的粒径，称作斯托克斯（Stokes）粒径，d_v 是用电阻法测得的粒径，称作等效体积（volume）粒径。

表 9-23　F230～F2000 微粉的粒度组成（光电沉降仪方法）

粒度标记	d_{s0} 最大值/μm	d_{s3} 最大值/μm	d_{s50} 最大值/μm	d_{s94} 最大值/μm
F230	—	82.0	53.0±3.0	34.0
F240	—	70.0	44.5±2.0	28.0

续表

粒度标记	d_{s0}最大值/μm	d_{s3}最大值/μm	d_{s50}最大值/μm	d_{s94}最大值/μm
F280	—	59.0	36.5±1.5	22.0
F320	—	49.0	29.2±1.5	16.5
F360	—	40.0	22.8±1.5	12.0
F400	—	32.0	17.3±1.0	8.0
F500	—	15.0	12.8±1.0	5.0
F600	—	19.0	9.3±1.0	3.0
F800	—	14.0	6.5±1.0	2.0
F1000	—	10	4.5±0.8	1.0
F1200	—	7.0	3.0±0.5	1.0（80%处）
F1500	—	5.0	2.0±0.4	0.8（80%处）
F2000	—	3.5	1.2±0.3	0.5（80%处）

表 9-24　F230～F1200 微粉的粒度组成（沉降管粒度仪方法）

粒度标记	d_{s0}最大值/μm	d_{s3}最大值/μm	d_{s50}最大值/μm	d_{s94}最大值/μm
F230	120	77.0	55.7±3.0	38.0
F240	105	68.0	47.5±2.0	32.0
F280	90	60.0	39.9±1.5	25.0
F320	75	52.0	32.8±1.5	19.0
F360	60	46.0	26.7±1.5	14.0
F400	50	39.0	21.4±1.0	10.0
F500	45	34.0	17.1±1.0	7.0
F600	40	30.0	13.7±1.0	4.6
F800	35	26.0	11.0±1.0	3.5
F1000	32	23.0	9.1±0.8	2.4
F1200	30	20.0	7.6±0.5	2.4（80%处）

表 9-25　♯240～♯3000 微粉的粒度组成（沉降管粒度仪方法）

粒度标记	d_{s0}最大值/μm	d_{s3}最大值/μm	d_{s50}最大值/μm	d_{s94}最大值/μm
♯240	127.0	90.0	60.0±4.0	48.0
♯280	112.0	79.0	52.0±3.0	41.0
♯320	98.0	71.0	46.0±2.5	35.0
♯360	86.0	64.0	40.0±2.0	30.0
♯400	75.0	56.0	34.0±2.0	25.0
♯500	65.0	48.0	28.0±2.0	20.0
♯600	57.0	43.0	24.0±1.5	17.0
♯700	50.0	39.0	21.0±1.3	14.0
♯800	46.0	35.0	18.0±1.0	12.0
♯1000	42.0	32.0	15.5±1.0	9.5
♯1200	39.0	28.0	13.0±1.0	7.8
♯1500	36.0	24.0	10.5±1.0	6.0
♯2000	33.0	21.0	8.5±0.7	4.7
♯2500	30.0	18.0	7.0±0.7	3.6
♯3000	28.0	16.0	5.7±0.5	2.8

表 9-26　♯240～♯8000 微粉的粒度组成（电阻法颗粒计数器方法）

粒度标记	d_{v0} 最大值/μm	d_{v3} 最大值/μm	d_{v50} 最大值/μm	d_{v94} 最大值/μm
♯240	127.0	103.0	57.0±3.0	40.0
♯280	112.0	87.0	48.0±3.0	33.0
♯320	98.0	74.0	40.0±2.5	27.0
♯360	86.0	66.0	35.0±2.0	23.0
♯400	75.0	58.0	30.5±2.0	20.0
♯500	63.0	50.0	25.0±2.0	16.0
♯600	53.0	43.0	20.0±1.5	13.0
♯700	45.0	37.0	17.0±1.3	11.0
♯800	38.0	31.0	14.0±1.0	9.0
♯1000	32.0	27.0	11.5±1.0	7.0
♯1200	27.0	23.0	9.5±0.8	5.5
♯1500	23.0	20.0	8.0±0.6	4.5
♯2000	19.0	17.0	6.7±0.6	4.0
♯2500	16.0	14.0	5.5±0.5	3.0
♯3000	13.0	11.0	4.0±0.5	2.0
♯4000	11.0	8.0	3.0±0.4	1.3
♯6000	8.0	5.0	2.0±0.4	0.8
♯8000	6.0	3.5	1.2±0.3	0.6(75%处)

2. 研磨液

研磨液主要起润滑冷却作用，并使磨粒均布在研具表面上。对研磨液的要求如下。

① 能有效发散热量，避免研具与工件表面烧伤。

② 为提高研磨效率，研磨液黏度宜低一些。

③ 表面张力要低，粉末或颗粒能悬浮不沉淀，以得到较好的研磨效果。

④ 应没有腐蚀性，不会锈蚀工件。

⑤ 物理化学性能稳定，不会因放置或温升而分解变质。

⑥ 能与磨粒很好地混合。

常用研磨液列于表 9-27 中。由水或水溶性油组成的研磨液对研磨钢等金属材料效率不高。研磨钢等金属材料常用煤油、全损耗系统用油、透平油、矿物油等。硬脆材料用水及水溶性油组成的研磨液。

表 9-27　常用研磨液

工件材料		研　磨　液
钢	粗研	煤油 3 份、N15 全损耗系统用油 1 份、透平油或锭子油少量、轻质矿物油或变压器油适量
	精研	N15 全损耗系统用油
铸铁		煤油
渗碳钢、淬火钢、不锈钢		植物油、透平油或浮化液
硬质合金		汽油、航空汽油

3. 填料

填料是一种混合脂，在研磨过程中起吸附及提高加工效率，防止磨料沉淀，且起润滑和化学作用；最常用的有硬脂酸、油酸、脂肪酸、工业甘油。常用研磨填料及配置方法见表 9-28。干式研磨压砂常用研磨剂见表 9-29。

表 9-28　常用研磨填料及配置方法

成分种类	硬脂酸颗粒	石蜡(柏子油)	工业用猪油	蜂蜡	说　明
	配比/%				
1	44	28	20	8	用于春季,温度18~25℃
2	57		26	17	用于冬季,温度高于18℃
3	47	45		8	用于夏季,温度低于25℃

成分种类	硬脂酸	蜂蜡	癸二酸二异辛酯	十二烯基丁二酸	无水碳酸钠	甘油	仪表油	石油磺酸钡	航空汽油	配置说明
	/g								/mL	
4	100	11	16	0.8	—	—	—	—	2~4	将上述原料(汽油除外)一起加热(≤80℃),然后加入航空汽油,不停搅拌,不让其自由结晶,使各成分均匀混合为止
5	20~30	2~3			0.01~0.04	2~5滴				将硬脂酸和蜂蜡加热(180℃)熔化,然后加无水碳酸钠甘油,搅拌1~2min停止加热,继续搅拌至凝固
6	100	10~12	—				6~8	0.5	10	将上述原料(除汽油外)加热熔化(约80℃),待温度降至70℃时,加入汽油搅拌均匀,然后倒入容器中成形备用

表 9-29　干式研磨压砂常用研磨剂

序号	成　分	说　明
1	白刚玉(W3.5~W1)15g,硬脂酸混合脂8g,航空汽油200mL,煤油35mL	使用时不加任何辅料
2	白刚玉(W3.5~W1)25g,硬脂酸混合脂0.5g,航空汽油200mL	使用时平板表面涂以少量硬脂酸混合脂,并加数滴煤油
3	白刚玉50g,硬脂酸混合脂4~5g与航空汽油配成500mL	航空汽油与煤油比例为:W0.5为9:1;W5为7:3
4	白刚玉(W10~W3.5)适量,煤油6~20滴一起放在平板上用氧化铬研磨膏调成稀糊状	

4. 研磨膏与抛光膏

抛光膏也可用于湿研。钢铁件主要选用刚玉类研磨膏;硬质合金、陶瓷等可选用碳化硅、碳化硼类研磨膏;精细抛光或研磨非铁金属选用氧化铬类研磨膏。金刚石研磨膏主要用来研磨硬质合金等硬度材料,常用研磨膏配方见表 9-30。

表 9-30　常用研磨膏配方

粒度	刚玉研磨膏					其他研磨膏					
	成分配比/%				用途	名称	成分配比/%	用途	粒度	颜色	加工表面粗糙度 Ra/μm
	微粉	混合脂	油酸	其他							
W20	52	26	20	硫化油2或煤油少许	粗研	碳化硅	碳化硅(240~W40)83、黄油17	粗研	W14	青莲	0.16~0.32
W14	46	28	26	煤油少许	半精研		碳化硼(W20)65、石蜡35	半精研	W10	蓝	0.08~0.32
W10	42	30	28	煤油少许	半精研	碳化硼			W7	玫瑰红	0.08~0.16
W7	41	31	28	煤油少许	精研、研端面		碳化硼(W7~W1)76、石蜡12、羊油10、松节油2	精细研	W5	橘黄	0.04~0.08
									W3.5	草绿	0.04~0.08
W5	40	32	28	煤油少许	精研				W2.5	橘红	0.02~0.01

续表

刚玉研磨膏					其他研磨膏					
粒度	成分配比/%				用途	名称	成分配比/%	用途	粒度	颜色	加工表面粗糙度 $Ra/\mu m$
	微粉	混合脂	油酸	其他						
W3.5	40	26	26	凡士林 8	精细研	混合膏	碳化硼(W20)35、白刚玉(W20～W10)15 与混合脂 15、油酸 35	半精研	W1.5	天蓝	0.01～0.02
									W1	棕	0.008～0.012
W1.5	25	35	30	凡士林 10	精细研抛光				W0.5	中蓝	≤0.01

三、手工研磨和机械研磨

手工研磨主要用于单件小批量生产和修理工作。手工研磨劳动强度大并且要求操作者技术熟练，技艺水平高。机械研磨用于大批量生产中。

1. 手工研磨

手工研磨一般采用一级平板，材质为高碳铸铁材料，平板一般为三个一组，一级平板的平面度允许偏差见表 9-31。

表 9-31　一级平板的平面度允许偏差

尺寸/mm	偏差/μm	尺寸/mm	偏差/μm
100×200	±6	300×400	±7
200×200	±6	400×400	±7
200×300	±7	450×600	±8
300×300	±7		

（1）铸铁研磨平板的嵌砂　嵌砂（压砂）是将磨料的颗粒先嵌入到研磨平板表面上。嵌砂是一项很难掌握的技艺，是保证工作质量的关键所在，可用手工方法进行，也可用机械方法进行，但机械方法很难保证嵌砂的质量，所以手工嵌砂方法最为常用。

在嵌砂工作进行之前，必须进行"赶砂"工作。赶砂工作是将研磨平板上已用过失去切削作用的磨料从研磨平板表面去除掉，为嵌砂进行准备工作。赶砂就是在一块研磨平板上用硬脂酸划上直径约为 10mm 的两个小圆圈，然后滴上 8～10 滴煤油并用手工涂均，将两块平板合在一起，由一个人用双手按"∞"字形晃动上面的平板，使煤油均布整个板面，之后再由两人往复推拉并间断地转动 180°。研磨平板间的油膜厚度为 0.005～0.007mm，磨料砂粒在油层给予的方向不断改变的力作用下，被驱赶到游离平板的表面。取下上研磨平板后，用脱脂棉擦净板面。

（2）嵌砂的程序　以 W1 的金刚砂为例说明嵌砂的程序。

① 用脱脂棉将两块研磨平板擦净。

② 涂划硬脂酸。

③ 将配制好的研磨混合剂（刚玉＋硬脂酸＋航空汽油）放到研磨平板表面上，用量为15～20mL。

④ 用手涂抹均匀，并待汽油完全挥发。

⑤ 滴加煤油 3～5 滴，并涂抹均匀。

⑥ 将一块研磨平板扣在另一块研磨平板上，由两个人用手按"∞"字形均匀柔和地晃动上平板，并间断地旋转 180°。往复推拉数次（5～10 次）。

⑦ 待到研磨平板面乌黑发亮时，取下上面研磨平板并用脱脂棉擦净。

⑧ 用试验块检查，如切削力强、条纹致密、均匀粗细即完成嵌砂。一般嵌砂要进行 4～5 遍。

2. 机械研磨

机械研磨是将工件放在旋转的磨具上进行研磨，磨具一般为圆形研磨盘。

　　机械研磨的磨盘材质通常为铸铁，抛光盘为钢盘、铜盘。绒面、绸面盘常用于抛光堆焊硬质合金、铜合金、不锈钢等密封环。

　　金属研磨盘的表面必须平整，无瑕疵，平面度需要修整到 0.05/1000mm 以下。盘的半径至少要设计成被加工工件直径的两倍以上。其直径范围一般为 305～1620mm（16～64in），厚度大致是直径的 1/10～1/6。盘面开有沟槽，如图 9-32 所示，开槽的目的是减少盘面应力变形、易于散热，研磨中便于除去废磨料和容纳磨屑。

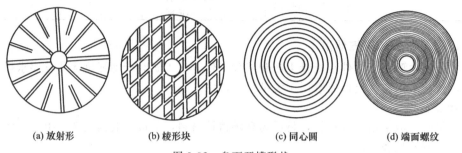

| (a) 放射形 | (b) 棱形块 | (c) 同心圆 | (d) 端面螺纹 |

图 9-32　盘面开槽形状

　　表面放射性、棱形块多用于粗研用，同心圆多用于精研用，端面螺纹（阿基米德螺旋线）多为抛光用。

　　研磨机是机械密封制造行业中使用的研磨设备。它由床身、底座、减速箱体、研磨盘、控制环（亦称挡圈或修正环）、限位支承架等组成。其传动机构如图 9-33 所示。

　　研磨时，工件放在控制环内，用塑料隔离环把工件均匀排布在控制环内，通过压重施加研磨压力，当研磨盘旋转时控制环在限位支承架内旋转，工件除了自转外还随同控制环在研磨盘上公转，在磨料作用下，不断研磨表面。其工作状态见图 9-34。

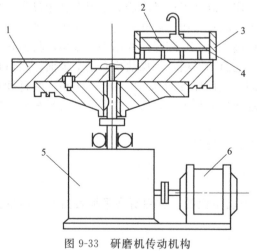

图 9-33　研磨机传动机构

1—磨盘；2—压重；3—控制环；4—毛毡
5—减速箱；6—调速电机

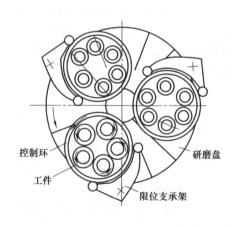

图 9-34　研磨工作状态

　　下面介绍常用的几种类型的研磨机。

　　（1）M650 型重块式平面研磨机　这是一种单面研磨机（见图 9-35），采用压重来施加研磨压力，控制环共有 3 个研磨剂采用人工加入，研磨工件加压采用工件上加重块方式，操作人员体力消耗大。一般用于中型密封环的研磨加工，是一种使用较多的研磨机。其主要技术参数为：

最大研削工件直径：240mm。

工件最薄厚度：1mm。

工件加工精度平面度 $0.03\mu m$，粗糙度 $Ra0.05\mu m$。

研磨盘直径 650mm，转速 $10\sim60r/min$，无极变速，电动机功率 $1.5\sim2.2kW$。

控制环直径×内圈直径：280mm×240mm。

外形尺寸（长×宽×高）：900mm×1000mm×800mm。

质量：1200kg。

图 9-35　M650 型重块式平面研磨机

图 9-36　M650c 型气压式研磨机

（2）M650c 型气压式研磨机　这种研磨机（见图 9-36）具有如下特点：

① 研磨盘转动通过变频电机及减速器来调速，体积小、效率高、运转平稳、噪声小。变速比为 1：20，研磨盘转速最高为 150r/min，控制板上显示为电机转速。

② 本机有运转时间调节功能，设定最长时间为 100min，当设定了研磨机时间后，启动运转到设定时间，研磨机自动停止运行，研磨操作更为方便简单。

③ 研磨剂加入调节功能完善，配好的研磨剂放入储罐后，通过电磁搅拌可防止研磨剂中磨料沉淀，储罐内采用气加压及电磁阀可控制研磨剂加入时间间隔，最长为 100min，同时也可控制每次研磨剂的时间。控制板上显示"分/次"为加研磨剂时间间隔。

④ 本机的气压加压气缸内径为 $\phi50mm$，可调节气压大小来改变研磨压重力大小。气缸的活塞杆端部有一自动找正平板直接压在研磨工件上，使用时每个控制环的工件厚度要一致。上面再垫上软橡胶垫与活塞杆端部平板接触，这样可避免研磨偏斜及不均匀现象。三个气缸可分别或同时控制压下及抬起操作方便。

⑤ 控制环共有 3 个，通过支承架可向圆心方向和研磨盘边缘方向移动，从而达到自动修盘作用。控制环的支承架里外及上下均可调节，使控制环运转自如。

本机另外随机附带三个修整研磨盘的控制环，可用粗、细金刚砂磨料来研磨修盘。

⑥ 控制环的位置变动时，加压气缸也可通过螺钉调节相应位置，使气缸加压始终在控制环中心。

⑦ 研磨剂废液接料呈倾斜流道排料方便。

最大磨削直径：240mm。

工件最薄厚度：1mm。

工件加工精度平面度 $0.03\mu m$，粗糙度 $Ra0.05\mu m$。

研磨盘直径 650mm，转速 10～60r/min，无极变速，电动机功率 2.2kW。

控制环直径×内圈直径：280mm×240mm。

气缸压力：0.2～0.6MPa。

外形尺寸（长×宽×高）：900mm×1000mm×800mm。

质量：1450kg。

图 9-37 双面研磨机

（3）双面研磨机（见图 9-37）　该研磨机主要特点如下：

① 该机为四动作双面高速研磨设备。上、下两研磨盘作相反方向转动，可以对工件上、下两面同时进行均匀研磨。工件在游星轮（相当于上面所讲的控制环）内既作公转又作自转运动，运动轨迹均匀，加工精度及生产效率高。

② 游星轮靠齿轮带动转动，磨损量比普通研磨机少。

③ 该机游星轮自转方向可以改变，这样上下研磨盘的平面度可以自动修正，不需要像普通研磨机那样，工作到一定时间，就要将盘拆下进行加工修正。

④ 下研磨盘可以上下升降，这样，一是工件容易取下，二是游星轮的位置可以上下移动，使游星轮和太阳轮得以均匀磨损。

⑤ 上研磨盘升降由气缸带动，工件压重大小的改变也可由改变气缸压力获得，同时下研磨盘的拆装也可利用气缸进行。

⑥ 电机采用无级调速电机，启动、停车平稳，可以选择理想的磨削速度。

该机主要技术参数如下：设备最大外形尺寸（长×宽×高）为 1200mm×800mm×2350mm；研磨盘尺寸外径为 670mm；可同时安装游星轮个数为 5 个；加工零件最大外径尺寸为 220mm；加工零件最小厚度尺寸为 2.5mm；加工零件表面粗糙度可达 $Ra0.1\mu m$ 以上；功率 3000kW。

（4）研磨机在使用中注意的几个问题

① 研磨盘及时修正。研磨面的平面度主要取决于研磨盘的精度及研磨运动。在研磨时，研磨盘平面的磨损是不均匀的，通常情况下，研磨盘的磨损大部分发生在盘面中央，即研磨盘表面中间低。这是由于中央部位与工件接触的概率高。当工件的运动遍及研磨盘各处而不超出边缘时，磨盘最后的磨损趋势仍是中央部分多于边缘，如此不断延续，磨盘不均匀的磨损就会使工件表面形成中间凸起。研磨盘中间高时，研磨出产品表面中间凹下。

对于四动作双面研磨机可通过中央太阳轮来改变控制环的转向达到修盘的目的，对于单面研磨机可改变控制环的位置来进行修盘，见图 9-38。

研磨盘中间高时，应使 3 个控制环尽可能地靠近中心安装。参照图 9-38（a）。

研磨盘中间低时，将两个控制环向外移。参照图 9-38（b）。

当磨盘平直时，要把三个控制环摆在正常的位置。参照图 9-38（c）。

研磨盘的平面度和直线性，采用光隙量法检查较为方便，且测量精度较

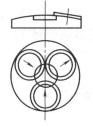 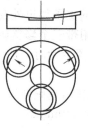 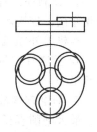

(a)中间高时　　(b)中间低时　　(c)正常位置(正常)时

图 9-38 控制环对磨盘修正位置

高。检查方法是：先将研磨盘被检部位洗净，并用溶剂擦去油膜，再将刀口尺的刀口与被检平面接触；在刀口尺的后面放一光源，然后从刀口尺的前面观察被检平面与刀口之间的漏光间隙，可以由漏光间隙大小来确定，如果用塞尺检查，一般应小于 0.02mm。

② 控制环内的工件之间的间隙要合适。间隙过大则造成研磨时工件互相撞击产生划伤或破裂，间隙过小则使工件不能随控制环转动，工件表面的每个点在研磨盘上的摩擦轨迹就会疏密不等，影响密封环的平面度，有时甚至会使工件顶起，造成研磨表面偏斜。只有使工件在控制环中平稳灵活的转动，才能使工件在研磨盘上获得较均匀的摩擦轨迹，保证工件的加工质量。

③ 做到研磨盘专盘专用。研磨机在使用中，注意保持清洁，特别是在抛光及研磨的后几步工序中，因为精研与抛光磨料粒径不一样，要防止精研的磨料带入抛光研磨盘上，否则抛光时会出现划道，因此要把抛光、精研加工分开，每台研磨机最好固定使用。抛光前要将精研的工件清洗干净，最好用超声波清洗器清洗、晾干后再进行抛光。

④ 采用水溶性研磨剂时，要防止研磨盘表面生锈。此时每天工件结束时，要将控制环从研磨盘上取出，将研磨盘洗干净、吹干。第二天使用时要擦掉锈迹再使用。

⑤ 经常清洁研磨机出料流道，防止堆积磨料溢流到减速箱轴承座内。

⑥ 研磨剂要搅动呈悬浮状态，以防堵塞电磁阀。

四、机械密封环的研磨工艺

1. 碳石墨环的手工研磨抛光

碳环的手工研磨抛光是在压砂铸铁平板上进行的。所谓压砂，即用 $1^{\#}$、$2^{\#}$、$3^{\#}$ 三块同规格的平板进行对研将磨料嵌入平板表面。对研前，W1.5 的氧化铬研磨膏用低黏度的润滑油稀释，均匀地涂抹于平板表面。当一对相吻合的研具在一定的压力作用下，以一定的运动轨迹作相对滑动时，磨料在两者之间滚动、滑动，于是产生摩擦、挤压和搓动作用，迫使磨料嵌入平板表面。经此处理后的平板即称为压砂平板，使之具有切削作用。

碳石墨环的研磨抛光是在同一块平板上一并完成的。作为碳石墨环研磨抛光的湿润剂有：水、汽油，酒精为最佳。一般不用研磨料，也不使用润滑油作磨液。因为磨砂料会嵌入碳石墨环端面而影响使用寿命，若采用润滑油，在加工过程中，碳石墨屑会被油所吸收，变成胶状物，从而影响研磨运动。对于已使用过的碳石墨环，由于工件内部含有油类介质，若不加磨料其加工效率很低。在这种情况下，可用粒径 $1\mu m$ 的玛瑙粉或白刚玉粉加水进行研磨抛光。

碳石墨环在加工前，需用溶剂将工件擦净，并将平板洗净。研磨抛光加工，应在洁净度较高的室内进行。否则就不能确保得到高精度的加工面。

碳石墨环的研磨与抛光过程可分两个步骤进行，即湿式法和干式法。其操作方法和步骤如下。

① 在平板涂少许清水，用手将碳石墨环加工面压向平板，在平板上连续均匀地作三角形运动，或作直线往复运动及"8"字形运动（见图 9-39），其研磨运动应遍及整个平板表面。一般研磨 2～5min 便可达到所需的平面度。

② 擦净工件及平板表面，涂布酒精作润湿剂，重复上面研磨运动约 1～2min。当工件与平板处于半干状态时，即可获得所需的镜面。取下工件后用细白棉纸进行摩擦，其光亮度还可提高。

碳石墨环加工的要点是：研磨抛光时不可

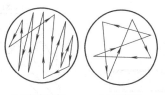

(a) 直线往复　　(b) 三角形　　(c) 8字形

图 9-39　手工操作的运动轨迹

使用过大的压力，用力均匀，以防磨偏，研磨过程中，不可使磨屑堆积；在第一道操作步骤中，所加研磨液不应太多，全液润滑将导致加工效率低；第二步的干式研磨抛光所加的研磨液更少，加工中还要避免出现完全干摩擦状态。否则密封面会出现划痕。

填充聚四氟乙烯密封件的手工研磨抛光方法基本上与碳环相同，所用平板为陶瓷平板，用氧化铝抛光膏加水进行加工。也可在压砂铸铁平板上用肥皂水进行研磨抛光。

2. 硬环的手工研磨与抛光

碳化钨硬质合金、堆焊硬质合金和淬硬钢密封环的研磨与抛光加工是分开进行的。研磨所得的表面呈梨皮状暗淡无光泽，需进行抛光才能得到有光泽的镜面。

研磨采用一面开槽的铸铁平板，其硬度低于被加工材料的硬度，表面上切成方格形的浅槽，用以存留磨料，防止研磨剂堆积，起存储研磨剂的作用，并减小工件与平板的吸引力，有助于散热。一般槽距 10~15mm，槽宽 2mm，槽深 1mm。平板必须置于工作台上且不摇动。研磨剂应涂在平板上。研磨堆焊硬质合金环或淬硬钢密封环，采用 W10 的碳化硅磨料加煤油和少量猪油拌成糊状作为研磨剂。其研磨所用平板及辅助器具如图 9-40 所示。研磨操作时，须移动工件遍及平板的整个表面，以免使研磨平板遭受到不均匀的磨耗。研磨至工件表面呈阴暗色即可停止。

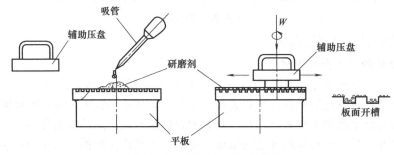

图 9-40 硬质环的手工研磨器具

堆焊硬质合金以及淬硬钢密封环的抛光加工，是在不开槽的平板上铺上锦纶或涤纶布进行的。经研磨后的工件，需在石蜡液中洗净，除尽所有研磨剂（磨料），才能进行抛光加工。常用 W_3 的三氧化二铬研磨膏加 1/3 的 10$^\#$ 机油、2/3 的煤油稀释成糊状作为抛光剂。或者用 3% 的重铬酸铵加 1% 的三氧化二铬在海军呢上进行。

3. 硬质合金环的机械研磨与抛光

（1）研磨 经平磨加工后或镶好环座的碳化钨硬质合金环的研磨，加工在研磨机上进行效率较高。以气压型研磨机为例，研磨盘转速调至 50r/min、精研时间为 20min，采用 W10 金刚石研磨膏水溶性研磨剂（配比为 1：400）约 1min 加一次、每次约 5s。研磨时，将同一高度的工件放在控制环内，并留适当的间隙，放上调整毡垫或橡胶垫后压下汽缸压板，气缸压力调至 0.012~0.018MPa。

（2）抛光硬质合金环 经精研后需进行抛光加工，一方面是为了达到规定的表面粗糙度要求，另一方面也是为获得所要求的平面度，因此抛光是密封件加工中的最后一道特定的光整加工工序。

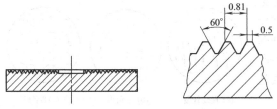

图 9-41 钢制抛光盘

抛光盘材料为钢盘，可以选用中碳钢或 65Mn 或 40Cr 钢，经调质后加工为表面有单头螺纹抛光盘。螺距的大小有 1.75mm、1.5mm、1.0mm、0.81mm 等几种，但以 0.81mm 为最好，见图 9-41。加工端面螺纹时，由外向内顺序车制一刀落成，粗糙度要求为 $Ra3.2\sim6.3\mu m$。

抛光盘的转速要比精研时稍高，但不宜过快，否则工件容易产生跳动，甚至倾倒。当抛光盘直径为 $\phi650mm$ 时，转速不宜超过 $60r/min$。抛光时气动加压压力一般为 $0.15MPa$。抛光剂有两种，一种是用 W0.5 的金刚石研磨膏加工业甘油调配成抛光剂，其比例大约为：$0.2g$ 研磨膏加 $6mL$ 甘油；另一种是用 W0.5 金刚石研磨膏加水调配成抛光剂，其比例为：$1:200$。抛光时间为 $15min$，抛光盘转速为 $60r/min$，抛光剂约 $1min$ 加一次、每次约 $3s$。

4. 陶瓷环的机械研磨抛光

陶瓷环毛坯首先进行粗研加工，将瓷环毛坯按厚度不同分成若干组，用 70# 碳化硅加水进行粗研，每隔 $10\sim20min$ 要翻一次面及调正控制环内各环的位置，重复上述工作，直到实际厚度尺寸比图纸尺寸大 $0.2\sim0.3mm$ 时为止。检查每个环的平行度，保证环的平行度 $\leqslant0.03mm$，若平行度不合格或表面粗糙，可用 280# 碳化硅加水进行修正，修正时仍要经常调整各环的位置，以保证平行度要求。

陶瓷环在加工完内孔外圆其他工序以后，最后进行表面精研加工及抛光。精研用 W20 或 W14 碳化硅加配制好的研磨油进行，压重在 $0.01\sim0.02MPa$ 左右，研磨大约 $40min$ 后，即可取下工件，清洗干净。研磨面上一定不能留有精研用的磨料，然后在铜盘上进行抛光。抛光是最后一道工序，要仔细认真操作。用 W3.5 或 W1 的人造金刚石研磨膏用水适当稀释后使用。抛光剂的添加要适当，每次不要多加，工件快好时，最后可不加磨料，少加一些水即可。压重一般在 $0.01MPa$ 以下。抛光好的环要小心取下，仔细检查，没有问题再进行清洗。

5. 石墨环的机械研磨抛光

石墨环的研磨抛光不用磨料，直接用水或酒精即可。车好的石墨环，只在一台研磨机上一次研磨完。研磨到一定时间后就不要加水，使盘面一直磨到基本无水时再稍磨一段时间，石墨环就会磨光到 $Ra0.4\mu m$ 以上。研磨盘的光洁度直接决定石墨环端面的光洁度，要注意经常检查，研磨时间根据石墨环材质和压重不同而适当调整。

第四节　机械密封端面平面度的检验

按照 JB/T 4127.1—1999《机械密封技术条件》标准规定：密封端面平面度不大于 $0.0009mm$，其表面必须光洁。由于材料的不同，表面粗糙度（Ra）应小于：金属或硬质材料 $0.2\mu m$，非金属或软质材料 $0.4\mu m$。

之所以要求这样高的平面度，是为了保证密封端面的泄漏量在允许范围内。此外，减小表面粗糙度可使承载面积增加，从而增加机械密封的承载能力。

一、刀口尺观察法

刀口尺的刀刃是一条标准直线，将其放于工件表面观察间隙大小及均匀性，可判断工件表面平面度情况（见图 9-42），此法适用于工件平面度较差时，例如粗研工件的检查。

二、研点法

研点法是在被检验工件表面上均匀涂上一层很薄的显示剂（如红丹粉），然后把标准平板放在被检工件表面上，平稳、均匀、前后左右移动，使平板与被检查平面对研，抬下平板，观察被检平面上研点数目多少和分布情况，研点数目越多、越密、越均匀，表示平面度越好。

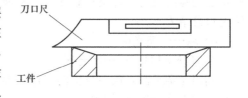

图 9-42　刀口尺检查工件平面度

对于机械密封环，应当在摩擦副表面涂上红丹粉后，在检验板上均匀对研，观察接触情况，维修时常用动静环对研方法检验密封环平面度。

三、光干涉法测量平面度

按相关技术标准要求，常用光的干涉原理精确测量机械密封环表面的平面度情况。

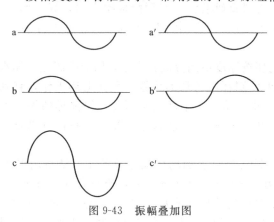

图 9-43　振幅叠加图

光的波长或频率在一定范围内能引起人们的视觉。当光的振幅小时，光的强度（亮或暗的程度）变小，二者成正比关系。当光线从同一点发出，并重合于空间之某一点，振幅发生变化而产生叠加现象。如图 9-43 所示。

图中 a、b 沿同方向进行传播，且由同一光源发出，周相相同，叠加后如 c 所示，振幅加大，故光强度较原来为大，看到的是亮光区域。

图中 a′、b′ 沿同方向传播，但其周相差 180°，叠加后如 c′ 所示，振幅互相抵消，故光强度变为零，看到的是暗光区域。

当把同一点光发出的光波，分成两束很细的光波，就会出现光的干涉现象——亮光区域与暗光区域相互交错。

以下介绍用光学平晶检测平面度的基本原理。

平面平晶是用派利克斯玻璃、熔凝水晶或折光系数为 1.516 的光学玻璃制造，使之成为具有平直工作端面的透明玻璃，按直径大小有 60mm、80mm、100mm、150mm、200mm、250mm、300mm、500mm 等。它的精度为 1 级和 2 级两种；工作面的平面性很高，其偏差不超过 $0.03\mu m$ 和 $0.1\mu m$。通常采用 1 级平晶测量密封环端面的平面度，平晶的直径应大于被测工件的外径。

来自太阳的自然光实际上是由几种颜色组成，每一种代表一个不同波长的电磁波。当自然光通过平晶射向被检表面发生光波干涉后，不同位置上会显示出几种颜色的干涉条纹（彩虹）。用单色光源时产生的是明暗相间的亮带和暗带，非常清晰，可以看清干涉带，读数较准确。单色光源一般为钠光灯。

光波干涉检测法的原理：干涉条纹的形成，是由发自同一光源的两组光束经过不同的光程以后，又重新会聚而发生亮度增强和减弱的结果，这种光束亮度的加强和减弱就是光波的干涉。

分析可知：

当两束光线的光程差 δ 是波长 λ 的整数倍时，干涉叠加后光强度增加，呈现亮光区。

当两束光线的光程差是半波长的奇数倍时，干涉叠加后光强度变为零，呈现暗光区。从波动学角度理论上可总结为

$\delta = k\lambda$……亮光区

$\Delta = (2k+1)\lambda/2$……暗光区

利用光学平晶，放在被检的工件表面上，就会观察到光的干涉现象（图 9-44）。

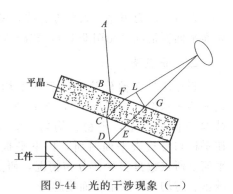

图 9-44　光的干涉现象（一）

当光线从 A 点发出，射入平晶 B 点，一部分光线在平晶下平面 C 点依 CF 方向反射；另一部分光线透过空气层，射至工件表面 D 点再反射，这两部分光线通过平晶中反射后，由于光程不同而发生干涉，其光程差 Δ 为

$$\Delta = \overline{(CD + \overline{DE} + \gamma \overline{EG})} - (\gamma \overline{CF} + \overline{FL})$$

γ 为平晶折射率。

因为 $\overline{CD} = \overline{DE}$，$\overline{CF} = \overline{EG}$

所以 $\Delta = \overline{2CD} - \overline{FL}$

通常光源几乎垂直于测量表面，若 D 点到平晶的垂直距离为 h，则

$\overline{DC} \approx h$，$\overline{FL} \approx 0$

所以 $\Delta = 2h$

又根据物理学法则：当光波由光密物质到光疏物质分界面上反射时，与由光疏物质到光密物质的分界面上反射时二者周相差 $180°$。故实际的光程为 δ

$$\delta = \Delta + \lambda/2 = 2h + \lambda/2$$

相邻两条干涉条纹对应的光程差与平晶到工件距离的关系如图 9-45 所示。

K 处：$\delta_k = 2hk + \lambda/2$

$K+1$ 处：$\delta_{k+1} = 2h_{k+1} + \lambda/2$

对于两条相邻明条纹，从上面公式可得到

$$\delta_k = 2hk + \lambda/2 = k\lambda$$

$$\delta_{k+1} = 2h_{k+1} + \lambda/2 = (k+1)\lambda$$

$$\delta_{k+1} - \delta_R = 2h_{k+1} + \lambda/2 - (2hk + \lambda/2) = (k+1)\lambda - k\lambda$$

因为 $$2(h_{k+1} - hk) = \lambda$$

所以 $$h_{k+1} - hk = \lambda/2$$

这个公式说明，相邻两条明（或暗）条纹光程差为 $\lambda/2$，对应的就是平面度数值。即把平晶放在工件上，每出现一组干涉条纹，对应的平面度数值即为 $\lambda/2$。

对于单色光原：

钠光 $\lambda = 6000\text{Å} = 0.6\mu\text{m}$；

白光 $\lambda = 5000\text{Å} = 0.5\mu\text{m}$；

若用钠光做为光源，$\lambda/2 = 0.3\mu\text{m} = 0.0003\text{mm}$。

机械密封环端面平面度要求 $\leqslant 0.0009\text{mm}$，即用钠光做光源，利用平晶检验就相当于小于 3 条干涉条纹。实际检验装置如图 9-46 所示。

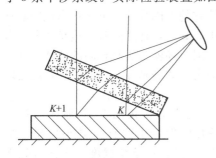

图 9-45　光的干涉现象（二）

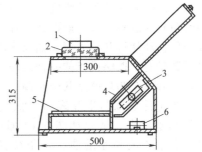

图 9-46　平面度检测仪

1—被测环；2—平晶；3—钠光灯泡；

4—毛玻璃；5—反射镜；6—电源稳压器

判别方法　在测量密封端面平面度前，必须先获得能具有折射光线的表面，通常是将被测表面进行研磨后，再进行抛光，才能进行检验。检测时，将被测平面紧贴于平晶。两个表

面都必须仔细擦净，使两表面之间可以形成一层极薄的空气膜，单色光源透过空气膜，就会产生明暗相间的干涉条纹。

检验时注意工件表面要擦干净，光学平晶放在工件上后，仔细调整平晶与工件接触状态，使出现的干涉条纹为最少数量值。利用下列公式计算平面度

$$h = x\lambda/2$$

式中　h——平面度数值；

　　　x——干涉条纹条数。

例如用钠光灯做光源，观察最少干涉条纹为2条，即平面度为

$$h = 2 \times 0.0003/2 = 0.0006mm$$

如何从得到的光圈形状判断工件平面度也是实际检验中经常遇到的问题。如图9-47所示，AA面为标准平面（即平晶），BB面为工件

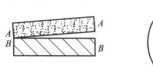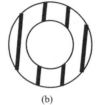

图9-47　理想平面判别

表面，如果被检工件表面也是一个很好的平面，那么将AA面相对BB面略为倾斜时，出现的条纹是平直的［见图9-47（b）］，如果平晶与工件表面互相平行，形成一层具有相等厚度的空气层，那么当用白光作光源时，整个表面将呈现均匀的单一色彩。

随着气层厚的不同看到颜色也不同。表面如有局部不平，条纹就不是单一的颜色。

工作表面如有很小曲率，则将看到若干个彩色同心环，当工件表面中间凸起时，愈靠边缘的同心环颜色愈淡［图9-48（a）］。前者称光圈高，后者称光圈低。如果光圈高，在工件不动，观察者头低下去的过程中，看到同心环向外展开变大，即通常说的光圈外"跑"。反之，当光圈低时，则看到同心环向中心收缩变小，即所谓光圈向里"跑"。同样，如果平晶不倾斜地（与工件平行）放在工件上的瞬时，看到光圈向四周跑，说明工件中间凸，即光圈高。在平晶放上去的瞬间，光圈从四周向中心跑，说明工件中间凹，即光圈低。当光源为白光时，光圈呈现彩色。光圈高低

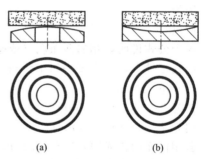

图9-48　工件凸凹判别（一）

数量，即凸起或凹下的程度，是以某一种颜色为准，计算它的光圈数量。由于在彩色同心环中红色较为醒目，故一般取红色环为准。高光圈时，从中心数起，低光圈时从边缘数起，有几个红色环就算几个光圈。如果光源为单色，例如钠光，同心环就为明暗相间的圆环。计算光圈数量时，取明或暗的一种圆环为准，视边缘环明暗而定。如是暗环，则取明环，反之取暗环。有几个明环就是几个光圈。

当工件表面与平晶表面平面度差不多，即不到一个光圈时，按图9-47那样放置就不易识别出来，就要如图9-49那样放置，使两表面略有倾斜，中间有一微小楔角。如果工件表面有微小的曲率，条纹将变弯曲。条纹的弯曲程度h和条纹宽度a之比就是光圈数N，即

$$N = h/a$$

判定中间凸起或凹下的方法，可看弯曲条纹的圆心是在空气楔厚的一边还是在薄的一边。如果圆心在空气楔薄的一边，则光圈高；反之，光圈低。如图9-49所示。

$$N = +h/a（光圈高）$$

$$N=-h/a\text{（光圈低）}$$

判定光圈高低比较方便的办法是在检测平晶边缘轻轻加压，使平晶表面与工件表面形成空气楔，根据加压点与弯曲条纹的圆心关系来判别。当弯曲条纹的圆心与加压点在同一侧时，则光圈高。反之，光圈低（见图 9-49）。但此方法只在熟练时才应用，否则易压伤工件表面。

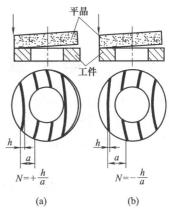

图 9-49　工件凸凹判别（二）

光圈的不规则和塌边、翅边等情况的识别方法同上述方法基本一样。只要很熟练地掌握识别光圈高低的基本方法，不管光圈如何不规则，都是能识别的。

机械密封常见光带图见图 9-50～图 9-53。

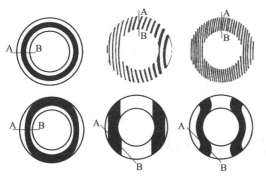

图 9-50　机械密封一条光带图

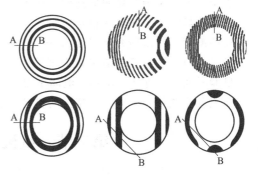

图 9-51　机械密封两条光带图

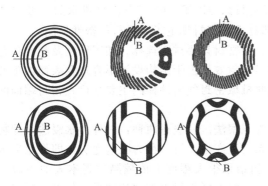

图 9-52　机械密封三条光带图

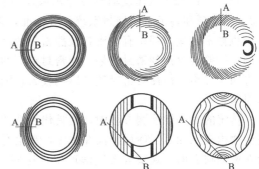

图 9-53　机械密封多条光带图

第十章　机械密封的检测

为了判定机械密封产品是否符合技术规范的全部性能要求，机械密封产品必须进行全面的检测，同一般的机械产品一样，检测主要分型式试验与出厂试验两类。按照"机械密封实验方法"技术标准规定，机械密封产品型式实验、出厂试验均包括静压试验与运转试验。

第一节　机械密封的静压试验

机械密封的静压试验参数为：

试验压力——为产品的最高使用压力的 1.25 倍［舰艇艉轴管密封装置（由一个或两个串联机械密封、一个充气密封装置组成）静压强度试验压力为工作压力的 1.5 倍］。

试验温度——试验介质温度为 0~80℃，有特殊要求可另行商定。

试验介质——一般用清水做为试验介质，如有特殊要求可另行商定。

试验时间——保压 15min。泄漏量要求——应无渗漏。

试验取样数量——同一规格的每批产品至少抽取一套进行试验。

第二节　机械密封气密性试验

一、机械密封气密性检测及计算

JB/T 11242《汽车发动机冷却水泵用机械密封》、JB/T 5086.2《内燃机水封》及 API 682《离心泵和转子泵用轴封系统》等标准，都对机械密封规定了要进行气密性检测。

机械密封泄漏部位有动密封及静密封两类。静密封只要材料选择、加工精度及配合公差合理，一般均可达到密封效果，而密封端面间的密封效果由于结构设计不合理及表面加工变形等因素影响。往往对密封效果影响较大，因此机械密封气密性检测主要是检查密封端面间的泄漏状况。

传统的气密性检测方法中，最具代表性的为观察法。一般有两种：一种为水浸法，即将被测物内充入加压气体后浸没在水中，观察有无气泡产生；另一种为肥皂泡法，即将肥皂水涂在被测物表面，观察有无气泡产生。这些检测结果很大程度上依赖测试者本人的主观判断，很可能会由于测试条件和测试环境及操作人员的不同而得出不同的结果。如果检测仅靠肉眼观察，若在限定的时间内，没有气泡产生，被测物就可以认为不存在泄漏，从而被确定为合格品。这样的检测结果很大程度上取决于测试者本人的判断，而且光凭气泡很难确定出泄漏率的大小。同时这些方法还可以带来另外一些问题，如被测物在检测装置上的装夹、拆卸、清洗、烘干等额外工作。

差压法气密性泄漏量计算，根据理想气体状态方程式 $PV=nRT$ 为常数，推导出在温度稳定的情况下，泄漏量近似计算公式为

$$Q=VP_1/TP_0 (\text{mL/s})$$

式中　V——被测物充气容积，mL；

　　　P_1——检测时压力差（绝对压力），Pa；

　　　T——检测时间，s；

P_0——大气压（绝对压力），$P_0 = 103300\text{Pa}$。

如果机械密封泄漏量在允许范围内，检测容积内的压力变化很微小（在 0.0001MPa 数量级），用一般工程用压力表是不能看出压力变化的。气密性检测相比用水进行水压检测，由于气体分子小，渗透速率大，因此气密性试验压力比水压试验压力要低很多，就可以进行泄漏检查。国际标准 API 682：2004《离心泵与转子泵轴封系统》中气密性检测条件为：检测容积 28L、测试压力 0.17MPa、测试时间≥5min、最大压力降允许为 0.14MPa。核算其最高使用压力与气密性检测压力比为：4.2：0.17＝1：247。

利用气密性检漏仪进行机械密封气密性检测，在汽车发动机冷却水泵用机械密封及类似机械密封中已广泛采用。出厂检验每套机械密封气密性检测仪需十几秒，装夹检测非常方便快速。

二、气密性检测仪

1. 检测仪工作原理

气密性检测仪是通过向被测物内充入加压空气，稳定一段时间（预先设定）后，检测被测物内的气体由于泄漏而产生的微小压力变化来达到检漏的目的。而为了检测出微小的压力变化，则需安装基准物，检测与基准物之间的差压才可进行准确测试。

医用天平是精确测量微量物品质量的测量工具。使用者通过仔细调整天平一端的砝码使两端达到严格平衡，这样被测物的质量就可通过砝码反映出来。

气密性检漏仪的原理同天平一样，如图 10-1～图 10-3 所示。首先将相同压力的气体同时充入到被测物和基准物内，使差压传感器隔离板两边的压力完全相等，然后观察其平衡情况。若被测物不漏，那么差压传感器隔离板两边的压力将保持平衡。如果被测物存在泄漏，那么它内部的压力会逐渐降低，平衡就被破坏。这样传感器就可以检测出隔离板两侧因泄漏产生的差压。而且，如果发生泄漏，泄漏率（mL/s）的大小将直接反应在两侧压力的失衡速度上。

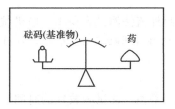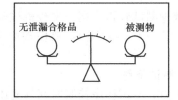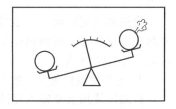

图 10-1　用天平测量药的质量　　　图 10-2　两侧充入相同压力的空气　　　图 10-3　如有泄漏，则平衡将被破坏

气密检测仪基本回路如图 10-4 所示，具有相同压力的空气通过阀门 A 和 B 充入基准物和被测物内，然后关闭阀门 A 和阀门 B。通过差压传感器检测被测物和基准物两端因泄漏产生的压差。

图 10-5 所示为气密检测仪的基本空气回路图。系统按以下步骤操作：

先打开电磁阀 SV1、SV2 和 SV3，将测试压力的空气充入到被测物和基准物内，然后，关闭阀 SV2 和 SV3，如果被测物存在泄漏，那么它内部的压力将随着其他的泄漏逐渐降低，同基准物内压力相比会有一个压差，这个压差可由差压传感器测得，转换为电信号后显示在仪表上。

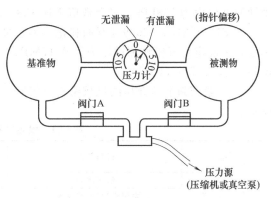

图 10-4　气密检测仪基本回路

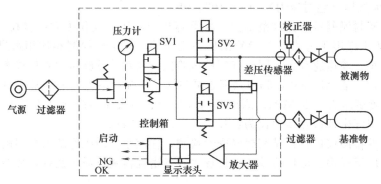

图 10-5 气密检测仪的基本空气回路图

在测试压力附近一个很小范围内，反应泄漏率的差压与泄漏时间成线性变化。气密检测仪在预先设定的时间后读取差压值，然后同预先设定的合格品的检验标准相比较自动得出判断结果。

2. 检测仪主要技术参数

机械密封气密性检测仪可选用两种型号。

① FL-296H 型检测仪，其主要技术参数为：测试压力-1～9.1kgf/cm²、显示泄漏压力范围 0～0.0102kgf/cm²、最小显示压力 0.00001kgf/cm²、带 100mL 容积校正器、测试精度±5%，检测仪测试回路容积为 9.4mL。

② FL-800H 型检测仪，其主要技术参数为：测试压力 2～20kgf/cm²、显示泄漏压力范围 0～10kgf/cm²，最小显示压力 0.00001kgf/cm²、带 100～1000mL 容积校正器、测试精度±2%，检测仪测试回路容积为 7.2mL。有计算机接口，可记录测试结果数据，检测结果通过曲线显示，自动读取检测数据，并使数据坐标化、观察气压变化曲线、判断泄漏变化趋势。

为使测试更准确，应尽量减少测试容积。同一型号机械密封外流法测试容积小，但机械密封在外流状态下端面比压要合理（$K_外 \neq K_内$），要使端面比压在 1.5kgf/cm² 左右，这样可采用外流法测试。

3. 关于检测仪设定（输入）测试条件

检测仪使用前要输入测试压力、测试程序控制时间（充压—平衡—测试—放气的时间）、泄漏设定标准等参数才可进行检测。

（1）测试压力的设定

① JB/T 11242—2011《汽车发动机冷却水泵用机械密封》最高使用压力为 0.3MPa，气密性测试压力为 138kPa，二者数值之比 138/(3×98.0665)＝0.47。

② SH/T 3156—2009《石油和化工离心泵轴封系统工程技术规定》标准（等效 API 682 标准）中规定：气密性测试压力为 0.17MPa。其标准最高使用压力为 4.2MPa，二者数值之比为 0.17/4.2＝0.04。

③ 一般密封液体介质的机械密封，气密性测试压力可按使用压力乘 0.5（见表 10-1）来设定。

表 10-1 设定气密性测试压力值

标准	机封类型	使用压力 /(kgf/cm²)	气密性测试压力值 /(kgf/cm²)	气密性测试压力 /使用压力
JB/T 11242	汽车水封	3	1.4(138kPa)	0.47
	泵用机封(非平衡型)	8	4(196.1kPa)	0.5
	泵用机封(平衡型)	16	8(235.4kPa)	0.5

续表

标准	机封类型	使用压力 /(kgf/cm²)	气密性测试压力值 /(kgf/cm²)	气密性测试压力 /使用压力
SH/T 3156	石油化工泵机封	42	1.7(166.7kPa)	0.04
	釜用机封(单端面)	6	3(147.1kPa)	0.5
	釜用机封(双端面)	25	12.5(343.2kPa)	0.5

（2）关于程序控制时间（充气—平衡—测试—放气时间）的确定。

① 充压时间参照其他产品测试情况确定（见表 10-2）。

表 10-2　充压时间设定值

测试容积 V/mL	充压时间/s	测试容积 V/mL	充压时间/s
≤30	5	101～150	20
31～60	10	151～200	25
61～100	15		

② 其余程序时间为：充气：平衡：测试＝5：4：2（见表 10-3）。

③ 放气时间根据测试容积确定，可自定。

表 10-3　气密性检测程序时间设定值

测试容积 V/mL	充气时间/s	平衡时间/s	测试时间/s
≤30	5	4	2
31～60	10	8	4
61～100	15	12	6
101～150	20	16	8
151～200	25	20	10

（3）泄漏设定标准：使用检测仪必须先输入泄漏设定标准数值，以便检测仪自行判断。但泄漏设定标准要根据不同产品结合生产及应用实际情况来确定。

① JB/T 11242《汽车发动机冷却水泵用机械密封》测试标准：介质为液体，泄漏标准规定为 0.03mL/h＝0.0005mL/min，汽车动机冷却水泵用机械密封出厂时气密性检查设定的泄漏标准值为 3.5mL/min，此数值与液体泄漏标准值相比为 3.5/0.0005＝70000：1。

② SH/T 3156 标准，气密性检测要求 5min 压力降≤0.014MPa，测试容积为 28L，按泄漏量近似计算公式计算其泄漏量为 $[28000×(0.17-0.014)×98066.5]/(5×103300)＝829$mL/min。此标准用液体检测，泄漏标准规定为 5.6g/h。若液体重度为 1000mL/1000g，则 5.6g/h＝5.6mL/h＝5.6/60＝0.093mL/min，用气体试验与用液体试验泄漏值相比为：829/0.093＝8914：1。

③ 虽然气体测试泄漏标准数值很大，但为了产品的可靠性，检测仪设定的气体测试标准仍要严格一些，以便能筛查有微小泄漏产品。经试验分析一般机械密封可暂按液体泄漏标准值的 5000 倍考虑，表 10-4 为检测仪设定出厂气体测试泄漏标准。再根据产品批量出厂合格率及实际液体试验泄漏状况时情况来进行比较，调整气体测试泄漏标准数值（往大的数值调整）。

表 10-4　气密性检测出厂设定的泄漏标准值

标准	机封类别	液体标准		设定的出厂气密性泄漏标准/(mL/min)		
		mL/h	mL/min	70000 倍	8914 倍	5000 倍
JBT/ 11242	汽车水封	0.03	0.0005	3.5		
	泵用机封	3	0.05	3500		250
SH/T 3156	石油化工泵机封	5.6	0.093		829	
	釜用机封	8	0.13			650

（4）检漏装置操作要点

① 认真阅读检测仪使用说明书，按要求进行操作。

② 根据被测机械密封结构，合理设计便于装卡的夹具。

③ 机械密封应先用气泡法检漏，找出泄漏部位，改进夹具或调整弹簧压缩量，排除静密封泄漏部位。

④ 计算被测物夹具内充气容积、确定程序控制的充气→平衡→检测→放气等时间、泄漏设定标准，并在检测仪上设定好，才可开始检测。

⑤ 夹具气缸动作，可由检测仪控制或另接电源开关（脚踏开关）控制。

⑥ 电位器调零钮由于仪器自动调整零点，一般不用调整，只有在内部校正时才需要调整。

⑦ 注意检测仪电源及夹具气缸气压回路电磁阀使用电压数值，千万不要搞错，以免烧坏仪器。

⑧ 检测仪气源应设过滤干燥装置，防止油、水损坏检测仪中压力传感器。

⑨ 检测仪应在一个温度稳定环境中工作，切勿阳光直射、炉子加热、空调风扇吹、振动、潮湿环境等影响因素。

第三节　机械密封的运转试验

机械密封的运转试验主要是验证机械密封的密封稳定性、摩擦副的耐磨性及使用寿命。按试验条件可分为现场试验和模拟工况试验两大类，现场试验优点是符合实际情况，能够验证在设计工况下，机械密封的性能指标，特别是使用寿命。但缺乏灵活性、系统性、受现场安装维护及主机操作等工艺条件因素影响，试验数据的完整性不易保证，而且型式试验规定的全部参数不可能在一台设备上能同时得到验证。对于密封参数较高的机械密封，直接进行现场试验风险也较大。不过模拟试验也不可能完全符合工作条件，而且从人力、费用方面考虑，不可能长时间地进行试验与考核。通常模拟试验条件是模拟了机械密封的基本工作参数，包括安装密封轴的尺寸、密封流体压力、密封流体温度、密封轴转速等，至于密封流体根据情况而定。

一般机械密封出厂运转试验时间为连续运转 5h，观察密封泄漏状况应≤3～5mL/h，运转试验为连续运行 100h，观察密封泄漏情况（≤3～5mL/h）及软质摩擦副磨损情况，磨损量应≤0.02mm。

汽车发动机冷却水泵用机械密封模拟使用的工况：型式运转试验分为动态试验（5h 应无泄漏）、干湿交变试验（湿式运转——干运转交变 12 次共 1h，平均泄漏量≤0.03mL/h）、冷热交变试验（23℃—140℃—23℃——40℃ 各 1h 循环共 80h，气密性检查泄漏量≤3.5mL/min）、耐久性试验（500h，泄漏量≤1mL/h）、超速运行试验（转速脉动循环，25h 泄漏量≤0.1mL/h）。

舰船用机械密封模拟了使用工况：试验用介质为天然海水或人造海水，其中泥砂含量不少于 30mg/L，泥砂颗粒直径小于 0.3μm 的含量不低于三分之一。型式运转试验分为压力变化、压力循环、抗振动冲击等条件下的运转试验（详见相关标准规定）。

第四节　API 682 标准认证试验

美国石油学会标准 API 682《离心泵和转子泵用轴封系统》技术标准，已成为国际标准（ISO 21049）。它是根据石油、天然气和化工行业中所应用的设备制造商和用户共同积累的知识和经验而制定的，已成为泵、机械密封的最终用户、机械密封制造商优先选用的标准。

按此标准进行产品认证试验，会使最终用户对制造商的产品有高度的信赖，也就是说是为机械密封件终端用户提供产品在各种环境下都具有可靠性的实际证明。

国际上一些知名机械密封制造厂，都按照 API 682 标准要求，建立了试验装置，对产品进行试验，取得了 API 682 标准认证。随着国内机械密封市场走上全球化，中石化、中石油等大型企业也从过去的资源网络市场模式，开始要求机械密封制造商必须进行 API 682 标准认证。国内部分密封制造商已投入资金建立了相应试验装置，开展了相关的试验认证工作。

API 682 标准对机械密封产品的认证试验是比较严格的，试验介质有水、丙烷、20% NaOH 溶液和矿物油，试验时间至少 100h，温度循环、压力循环等均有详细要求（见附录 A：API 682 标准解读内容）。

第五节　机械密封产品生产许可证

机械密封产品关联到生产安全，环保要求，因此纳入到国家工业产品生产许可证管理范围，自 2006 年起进行了机械密封产品生产许可证的认证工作。生产许可证实施细则主要内容如下。

（1）实施细则规定的机械密封产品划分为 6 个产品单元、17 个产品品种（见表 10-5）。

表 10-5　机械密封产品划分

序号	产品单元	产品品种	
1	弹簧式机械密封	高压(3MPa<密封腔压力≤15MPa)	
		中压(1MPa<密封腔压力≤3MPa)	
		低压(密封腔压力≤1MPa)	
2	波纹管机械密封	金属波纹管	密封腔温度>150℃
			密封腔温度≤150℃
		聚四氟乙烯波纹管	
		橡胶波纹管	
		汽车(内燃机)冷却水泵用水封	
3	釜用机械密封	高压(6.3MPa<密封腔压力≤15MPa)	
		中压(2.5MPa<密封腔压力≤6.3MPa)	
		低压(密封腔压力≤2.5MPa)	
		大轴径(轴径>130mm)	
4	潜水电泵用机械密封	潜水电泵用机械密封	
5	旋转接头	平面密封	
		球面密封	
6	干气密封	压缩机用干气密封	
		泵用干气密封	

（2）在中华人民共和国境内生产实施细则规定的机械密封产品的企业，应当依法取得生产许可证。任何企业未取得生产许可证不得生产本实施细则规定的机械密封产品。

（3）实施细则在实施过程中，相关产品的国家标准、行业标准和国家产业政策一经修订，企业应当及时执行，本实施细则将根据国家标准和行业标准的变化、国家产业政策调整，动态修订。

（4）国家质量监督检验检疫总局（以下简称国家质检总局）负责机械密封产品生产许可证统一管理工件。全国工业产品生产许可证办公室机械产品生产许可证审查部（以下简称审查部）设在中国机械工业联合会质量工作部，受全国许可证办公室的委托，组织起草机械密封产品实施细则；跟踪相关机械密封产品的国家标准、行业标准以及技术要求的变化，及时提出修订、补充产品实施细则的意见和建议；组织机械密封产品实施细则的宣贯；组织对机械密封产品申请企业的实地核查；审查、汇总申请取证企业的有关材料。

全国工业产品生产许可证办公室机械密封审查部地址：北京市西城区三里河路 46 号。邮政编码：100823。

（5）各省、自治区、直辖市质量技术监督局（以下简称省级质量技术监督局）负责本行政区域内机械密封产品生产许可证后续监督和管理工作。

省级工业产品生产许可证办公室（以下简称省级许可证办公室）负责本行政区域内机械密封产品生产许可证管理的日常工作。

县级以上质量技术监督局负责本行政区域内机械密封产品生产许可证的监督检查工作。

（6）机械密封产品生产许可证的检验工作由指定的检验机构承担。

（7）企业申请生产许可证。应当符合下列条件：

① 有营业执照，经营范围覆盖申报的产品；

② 有与所生产产品相适应的专业技术人员；

③ 有与所生产产品相适应的生产条件和检验手段；

④ 有与所生产产品相适应的技术文件和工艺文件；

⑤ 有健全有效的质量管理制度和责任制度；

⑥ 产品符合有关国家标准、行业标准以及保障人体健康和人身、财产安全的要求；

⑦ 符合国家产业政策的规定，不存在国家明令淘汰和禁止投资建设的落后工艺、高耗能、污染环境、浪费资源的情况。

（8）许可程序

① 申请和受理　企业申请办理生产许可证时，应当向其所在地省级质量技术监督局提交申请材料；省级质量技术监督局收到企业申请后，对申请材料符合实施细则要求的，准予受理，并自收到企业申请之日起 5 日内向企业发送《行政许可申请受理决定书》；省级许可证办公室并录自受理企业申请之日起 5 日内将申请材料报送审查部。

自省级技术监督局作出生产许可受理决定之日起，企业可以试生产申请取证产品。企业试生产的产品，必须经承担生产许可证产品检验任务的检验机构，依据本实施细则规定批批检验合格，并在产品或者包装、说明书标明"试制品"后，方可销售。对国家质检总局作出不予许可决定的，企业从作出不予许可决定之日起不得继续试生产该产品。

② 企业实地核查　审查部收到企业申请材料后，应制定核查计划，提前 5 日通知企业，同时将核查计划抄送所在地省级许可证办公室。审查组由 2 至 4 名审查员组成。审查组应当按照有关规定及《机械密封产品生产许可证企业实地核查办法》进行实地核查，并做好记录。核查时间一般为 1～3 天。审查组对企业实地核查结果负责，并实行组长负责制。审查部应当自受理企业申请之日起 30 日内，完成对企业的实地核查。

③ 产品抽样与检验　企业实地核查合格的，审查组根据《机械密封产品生产许可证抽样规则》抽封样品，经实地核查合格，需要送样检验的，应当告知企业在封存样品之日起 7 日内将样品送达检验机构。

④ 审定与发证　审查部应当按照有关规定对企业的申请材料、现场核查文书、抽样单、产品检验报告等材料进行汇总和审核，并自受理企业申请之日起 40 日内将申报材料报送全国许可证审查中心。全国许可证审查中心自受理企业申请之日起 50 日内完成上报材料的审查，并报国家质检总局。国家质检总局自受理企业申请之日起 60 日内作出是否准予许可的决定。符合发证条件的，国家质检总局在作出许可决定之日起 10 日内委托省级质量技术监督部门向企业颁发生产许可证；国家质检总局自作出批准决定之日起 20 日内，将获证企业名单以公告、网络等方式向社会公布。

（9）审查要求

① 企业生产机械密封产品应执行的产品标准及相关标准（见表 10-6、表 10-7）。

表 10-6　企业生产机械密封产品应执行的产品标准

序号	产品单元	产品品种	标准号	标准名称
1	弹簧式机械密封	高、中、低压	JB/T 4127.1—2013	机械密封技术条件
			JB/T 6614—2011	锅炉给水泵用机械密封技术条件
2	波纹管机械密封	金属波纹管	JB/T 8723—2008	焊接金属波纹管机械密封
		聚四氟乙烯波纹管	JB/T 4127.1—2013	机械密封技术条件
		橡胶波纹管	JB/T 6616—2011	橡胶波纹管机械密封技术条件
			JB/T 6619.1—1999	轻型机械密封技术条件
		汽车（内燃机）水封	JB/T 5086.1—1999	内燃机水封技术条件
3	釜用机械密封	中低压	HG/T 2269—2009	釜用机械密封技术条件
		高压	GB/T 24319—2009	釜用高压机械密封技术条件
4	潜水电泵用机械密封	潜水电泵用机械密封	JB/T 5966—2012	潜水电泵用机械密封
			JB/T 6619.1—1999	轻型机械密封技术条件
5	旋转接头	平面密封、球面密封	JB/T 8725—2013	旋转接头
6	干气密封	泵用干气密封、压缩机用干气密封	JB/T 11289—2012	《干式气体密封技术条件》

表 10-7　企业生产机械密封产品的相关标准

序号	标准号	标准名称
1	GB/T 14211—2010	机械密封试验方法
2	JB/T 6619—1993	轻型机械密封试验方法
3	JB/T 5086.2—1999	内燃机水封试验方法
4	HG/T 2099—2009	釜用机械密封试验规范
5	JB/T 7369—2011	机械密封端面平面度检验方法
6	JB/T 11107—2011	机械密封用圆柱螺旋弹簧
7	JB/T 7757.2—2006	机械密封用 O 形橡胶圈
8	JB/T 8871—2002	机械密封用硬质合金密封环毛坯
9	JB/T 8872—2002	机械密封用碳石墨密封环技术条件
10	JB/T 8873—2011	机械密封用聚四氟乙烯和聚四氟乙烯毛坯技术条件
11	JB/T 6374—2006	机械密封用碳化硅密封环技术条件
12	JB/T 8724—2011	机械密封用反应烧结氮化硅密封环
13	GB/T 1184—1996	形状和位置公差未注公差值

② 企业生产机械密封产品必备的生产设备和检测设备（见表 10-8）。

表 10-8　企业生产机械密封产品应必备的生产设备和检测设备

序号	产品单元		生产设备及检验设备
1	弹簧机械密封产品	生产设备	①车床；②铣床；③钻床；④研磨机；⑤磨床*
		检测设备	① 机械密封静压、运转试验装置 ② 平面度检测装置，平晶精度 1 级 ③ 弹簧试验机，分度值不大于 0.2N
2	波纹管机械密封	金属波纹管 生产设备	①车床；②铣床；③钻床；④研磨机；⑤焊机；⑥冲床*；⑦磨床*
		金属波纹管 检测设备	① 机械密封静压、运转试验装置 ② 气密性试验装置 ③ 平面度检测装置，平晶精度 1 级 ④ 弹簧试验机，分度值不大于 0.2N
		聚四氟乙烯波纹管 生产设备	①车床；②铣床；③钻床；④研磨机；⑤磨床*
		聚四氟乙烯波纹管 检测设备	①机械密封静压、运转试验装置 ②平面度检测装置，平晶精度 1 级 ③弹簧试验机，分度值不大于 0.2N
		橡胶波纹管 生产设备	①车床；②铣床；③钻床；④研磨机；⑤硫化机*；⑥冲床*；⑦磨床*
		橡胶波纹管 检测设备	①机械密封静压、运转试验装置 ②气密性试验装置（轻型机械密封） ③平面度检测装置，平晶精度 1 级 ④弹簧试验机，分度值不大于 0.2N ⑤ 邵氏硬度计

续表

序号	产品单元		生产设备及检验设备
2	波纹管机械密封	汽车(内燃机)水封	生产设备：①车床；②铣床；③钻床；④研磨机；⑤硫化机；⑥冲床*；⑦磨床*
			检测设备：① 机械密封静压、运转试验装置　② 气密性试验装置　③ 平面度检测装置，平晶精度1级　④ 弹簧试验机，分度值不大于0.2N　⑤ 邵氏硬度计　⑥ 橡胶拉伸试验机
3		釜用机械密封	生产设备：①车床；②铣床；③钻床；④研磨机；⑤磨床*
			检测设备：①机械密封静压、运转试验装置　②平面度检测装置，平晶精度1级　③弹簧试验机，分度值不大于0.2N
4		潜水电泵用机械密封	生产设备：①车床；②铣床；③钻床；④研磨机；⑤冲床*；⑥硫化机*；⑦磨床*
			检测设备：① 机械密封静压、运转试验装置　② 气密性试验装置　③ 平面度检测装置，平晶精度1级　④ 弹簧试验机，分度值不大于0.2N
5		旋转接头	生产设备：①车床；②铣床；③钻床；④研磨机；⑤磨床*
			检测设备：① 机械密封静压、运转试验装置　② 平面度检测装置，平晶精度1级(平面密封)　③ 弹簧试验机，分度值不大于0.2N
6		干气密封	生产设备：①车床；②铣床；③钻床；④研磨机；⑤动平衡机；⑥微浅槽加工设备；⑦磨床*
			检测设备：① 机械密封静压、运转试验装置　② 平面度检测装置，平晶精度1级　③ 弹簧试验机，分度值不大于0.2N　④ 微浅槽深度测量设备或表面形貌检测仪

注：1. 按照工艺条件的要求，配备必要的夹具及工位器具。
2. 带"＊"的生产设备所涉及的工序可以外协加工，该设备可以不配备。

③ 机械密封产品出厂检验项目见表10-9。

表10-9　企业出厂检验项目

序号	产品单元(产品品种)	标准号	条款号	检验项目
1	弹簧式机械密封(高、中、低压)	JB/T 4127.1—2013 JB/T 6614—2011	6.2 6.2	静压试验、5h运转试验
2	波纹管机械密封(金属波纹管)	JB/T 8723—2008	7.1	静压试验、5h运转试验
3	波纹管机械密封(聚四氟乙烯波纹管)	JB/T 4127.1—2013	6.2	静压试验、5h运转试验。
4	波纹管机械密封(橡胶波纹管)	JB/T 6616—2011 JB/T 6619.1—1999	4.2 4.2	静压试验、5h运转试验；属于轻型机械密封范畴时；气密性试验、5h运转试验
5	波纹管机械密封[汽车(内燃机)水封]	JB/T 5086.2—1999	4.1	总成弹簧力试验、气密性试验
6	釜用机械密封(高压)	GB/T 24319—2009	4.4	气密性试验、静压试验、运转试验
7	釜用机械密封(中低压)	HG/T 2269—2009	6.2	静压试验、6h运转试验
8	潜水电泵用机械密封(潜水电泵用机械密封)	JB/T 5966—2012 JB/T 5966—2012	6.1 4.2	气密性试验、静压试验、5h运转试验；属于轻型机械密封畴时；气密性试验、5h运转试验
9	旋转接头(平面密封、球面密封)	JB/T 8725—2013	7.1	静压试验、5h运转试验
10	干气密封(压缩机用干气密封、泵用干气密封)	JB/T 11289—2012	5.2	目测检查、确认试验、静态试验、动态试验

(10) 机械密封产品生产许可证检验规则

① 抽样基数及样品数量规定见表10-10。

② 抽样规则。

a. 每个产品品种抽取一组样品。

b. 其中弹簧式机械密封、取四氟乙烯波纹管、橡胶波纹管、汽车（内燃机）水封、低压釜用机械密封、潜水电泵用机械密封样品数量为6套产品，必须从该产品的不同型号中抽取；其他产品样品从该产品的同种型号中抽取，抽样数量见表10-10。

表 10-10　抽样基数及样品数量规定

序号	产品单元	产品品种		抽样基数	样品数量（套）
1	弹簧式机械密封	高压(3MPa<密封腔压力≤15MPa)		—	6
		中压(1MPa<密封腔压力≤3MPa)		≥40	6
		低压(密封腔压力≤1MPa)		≥40	6
2	波纹管机械密封	金属波纹管	密封腔温度>150℃	≥15	5
			密封腔温度≤150℃	≥15	5
		聚四氟乙烯波纹管		≥40	6
		橡胶波纹管		≥40	6
		汽车(内燃机)水封		≥40	6
3	釜用机械密封	＊高压(6.3MPa<密封腔压力≤15MPa)		—	2
		＊中压(2.5MPa<密封腔压力≤6.3MPa)		≥15	3
		＊低压(密封腔压力≤2.5MPa)		≥20	6
		大轴径(轴径>130mm)		—	2
4	潜水电泵用机械密封	潜水电泵用机械密封		≥40	6
5	旋转接头	平面密封		≥40	5
		球面密封		≥40	5
6	干气密封	＊压缩机用干气密封		—	2
		＊泵用干气密封		—	2

c. 带有"＊"的产品品种，可按照以高代低（即高压可代表中、低压；中压可代表低压；压缩机用干气密封可代表泵用干气密封）的原则，确定企业生产的此类产品中，压力最高的产品品种作为代表，可以覆盖该压力以下的产品品种。压缩机用干气密封作为代表，可以覆盖泵用干气密封的产品品种。

d. 当釜用大轴径机械密封属于高压范畴时，如同时申报高压、大轴径，可以共用相同样品；当釜用大轴机械密封属于中压范畴时，如同时申报中压、大轴径，需抽取大轴径样品1套、其他中压样品2套。

③ 机械密封样品在企业成品库或生产线末端经出厂检验合格等待入库的产品中随机抽取。对于大轴径的釜用机械密封和干气密封产品需现场检验的，企业提出书面申请，经审查组长签字确认，审查部书面批准同意后，方可实施。

④ 检验项目及判定标准（见表10-11～表10-20）。机械密封产品以抽样产品的检验结果作为评定该样品所对应的抽样产品是否合格的依据。

表 10-11　弹簧式机械密封产品检验项目及判定标准

序号	检验项目	检验方法	判定标准	不合格项目分类
1	硬质密封环端面平面度	JB/T 7369—2011	JB/T 4127.1—2013 JB/T 6614—2011	A
2	石墨环渗漏试验	JB/T 4127.1—2013 JB/T 6614—2011	JB/T 4127.1—2013 JB/T 6614—2011	A
3	主要零件公差检验	JB/T 4127.1—2013 JB/T 6614—2011	JB/T 4127.1—2013 JB/T 6614—2011	B
4	静压试验	GB/T 14211—2010	JB/T 4127.1—2013 JB/T 6614—2011	A
5	5h运转试验	GB/T 14211—2010	JB/T 4127.1—2013 JB/T 6614—2011	A

a. 对于 A 类项目，所检样品全部符合产品标准规定要求时，该项判为合格，否则判为不合格。

b. 对于 B 类项目，所检样品的合格率≥85％时，该项判为合格，否则判为不合格。

c. 所检项目均为合格时，则判定样品为合格，其中任一项不合格时，则判定样品为不合格。

表 10-12　金属波纹管机械密封产品检验项目及判定标准

序号	检验项目	检验方法	判定标准	不合格项目分类
1	硬质密封环端面平面度	JB/T 7369—2011	JB/T 8723—2008	A
2	主要零件公差检验	JB/T 8723—2008	JB/T 8723—2008	B
3	气密性试验	JB/T 8723—2008	JB/T 8723—2008	A
4	静压试验	GB/T 14211—2010	JB/T 8723—2008	A
5	5h 运转试验	GB/T 14211—2010	JB/T 8723—2008	A

表 10-13　聚四氟乙烯波纹管机械密封产品检验项目及判定标准

序号	检验项目	检验方法	判定标准	不合格项目分类
1	硬质密封环端面平面度	JB/T 7369—2011	JB/T 4127.1—2013	A
2	四氟波纹管渗漏试验	JB/T 4127.1—2013	JB/T 4127.1—2013	A
3	主要零件公差检验	JB/T 4127.1—2013	JB/T 4127.1—2013	B
4	静压试验	GB/T 14211—2010	JB/T 4127.1—2013	A
5	5h 运转试验	GB/T 14211—2010	JB/T 4127.1—2013	A

表 10-14　橡胶波纹管机械密封产品检验项目及判定标准

序号	检验项目	检验方法	判定标准	不合格项目分类
1	硬质密封环端面平面度	JB/T 7369—2011	JB/T 6616—2011 JB/T 7369—2011	A
2	石墨环渗漏试验	JB/T 6616—2011	JB/T 6616—2011 JB/T 7369—2011	A
3	主要零件公差检验	JB/T 6616—2011 JB/T 6619—1993	JB/T 6616—2011 JB/T 7369—2011	B
4	气密性试验	JB/T 6619—1993	JB/T 6616—2011 JB/T 7369—2011	A
5	静压试验	GB/T 14211—2010 JB/T 6619—1993	JB/T 6616—2011 JB/T 7369—2011	A
6	5h 运转试验	GB/T 14211—2010 JB/T 6619—1993	JB/T 6616—2011 JB/T 7369—2011	A

表 10-15　汽车（内燃机）水封产品生产许可证检验项目及判定标准

序号	检验项目	检验方法	判定标准	不合格项目分类
1	硬质密封环端面平面度	JB/T 7369—2011	JB/T 5086.1—1999	A
2	主要零件公差检验	JB/T 5086.1—1999	JB/T 5086.1—1999	B
3	气密性试验	JB/T 5086.2—1999	JB/T 5086.1—1999	A
4	静压试验	JB/T 5086.2—1999	JB/T 5086.1—1999	A
5	5h 运转试验	JB/T 5086.2—1999	JB/T 5086.1—1999	A

表 10-16　釜用机械密封产品（中低压）检验项目及判定标准

序号	检验项目	检验方法	判定标准	不合格项目分类
1	硬质密封环端面平面度	JB/T 7369—2011	HG/T 2269—2009	A
2	石墨环、四氟波纹管渗漏试验	HG/T 2269—2009	HG/T 2269—2009	A
3	主要零件公差检验	HG/T 2269—2009	HG/T 2269—2009	B
4	静压试验	HG/T 2099—2009	HG/T 2269—2009	A
5	6h 运转试验	HG/T 2099—2009	HG/T 2269—2009	A

表 10-17　釜用机械密封产品（高压）检验项目及判定标准

序号	检验项目	检验方法	判定标准	不合格项目分类
1	硬质密封环端面平面度	JB/T 7369—2011	GB/T 24319—2009	A
2	气密性试验	GB/T 24319—2009	GB/T 24319—2009	A
3	主要零件公差检验	GB/T 24319—2009	GB/T 24319—2009	B
4	静压试验	GB/T 24319—2009	GB/T 24319—2009	A
5	6h 运转试验	GB/T 24319—2009	GB/T 24319—2009	A

注：釜用机械密封（大轴径）产品视其工作压力，检验项目及判定标准按表 10-12 或表 10-13 规定执行。

表 10-18　潜水电泵用机械密封产品检验项目及判定标准

序号	检验项目	检验方法	判定标准	不合格项目分类
1	硬质密封环端面平面度	JB/T 7369—2011	JB/T 5966—2012 JB/T 6619.1—1999	A
2	主要零件公差检验	JB/T 5966—2012 JB/T 6619.1—1999	JB/T 5966—2012 JB/T 6619.1—1999	B
3	气密性试验	JB/T 5966—2012 JB/T 6619—1993	JB/T 5966—2012 JB/T 6619.1—1999	A
4	静压试验	GB/T 14211—2010 JB/T 6619—1993	JB/T 5966—2012 JB/T 6619.1—1999	A
5	5h 运转试验	GB/T 14211—2010 JB/T 6619—1993	JB/T 5966—2012 JB/T 6619.1—1999	A

表 10-19　旋转接头检验项目及判定标准

序号	检验项目	检验方法	判定标准	不合格项目分类
1	硬质密封环端面平面度（平面密封）	JB/T 7369—2011	JB/T 8725—2013	A
2	石墨环渗漏试验	JB/T 8725—2013	JB/T 8725—2013	A
3	主要零件公差检验	JB/T 8725—2013	JB/T 8725—2013	B
4	静压试验	JB/T 8725—2013	JB/T 8725—2013	A
5	5h 运转试验	JB/T 8725—2013	JB/T 8725—2013	A

表 10-20　干气密封检验项目及判定标准

序号	检验项目	检验方法	判定标准	不合格项目分类
1	硬质密封环端面平面度	JB/T 7369—2011	JB/T 11289—2012	A
2	石墨环气压试验	JB/T 11289—2012	JB/T 11289—2012	A
3	主要零件公差检验	JB/T 11289—2012	JB/T 11289—2012	B
4	静压试验	JB/T 11289—2012	JB/T 11289—2012	A
5	运转试验	JB/T 11289—2012	JB/T 11289—2012	A

（11）证书和标准

① 生产许可证证书分为正本和副本，具有同等法律效力。

② 生产许可证有效期为 5 年。有效期届满，企业继续生产的，应当在生产许可证有效期届满 6 个月前向所在地省级质量技术监督局提出生产许可证延期申请。

③ 取得生产许可证的企业，应当自准予许可之日起 6 个月内，完成在其产品或者包装、说明书上标注生产许可证标志和编号。

更深入的说明可见《摩擦材料及密封制品产品生产许可证实施细则》（机械密封产品部分）国家质量监督检验检疫总局 2011.1.2 发布。文件编号：XK06-007。

第十一章　机械密封的选型和安装使用

机械密封是精密的部件。其密封性能和使用寿命取决于许多因素，如机械密封的选型、机器的加工精度、正确的安装使用等。

第一节　机械密封选型

一、一般选型原则

机械密封按密封使用工作条件和介质性质的不同，有耐高温、耐低温机械密封，耐高压、耐腐蚀机械密封，高速机械密封，耐颗粒介质机械密封等。按使用设备不同可分为泵用机械密封、釜用机械密封、压缩机用机械密封、专用设备用机械密封等。选用时应根据不同的用处选取不同的结构型式和材料。同时还要根据温度、介质性质选择合适的冲洗、冷却、润滑等支持系统方案。

欲使机械密封性能得到充分发挥，必须按照使用条件正确选型。每一种密封只有用于规定的使用范围内，才能有效地发挥作用。若选型和选材不当或超越了该密封所规定的使用条件，则会使机械密封的性能显著降低，寿命缩短，甚至很快损坏。

选型要考虑的主要参数有：P—密封腔体压力（MPa）、T—流体温度（℃）、v—密封转轴速度（m/s）、被密封流体的特性、密封寿命要求、泄漏要求以及安装密封腔体允许的有效空间等。

密封使用工作参数与机械密封结构材料之间的关系可概略的归纳为：

按 P 值确定→非平衡型、平衡型、单端面、双端面、多端面（多级）；

按 v 值确定→旋转式、静止式、流体动压式、非接触型；

按温度 T 值考虑→端面间液膜闪蒸、温度波动时的耐热冲击性能、随温升黏度降低和润滑性、辅助密封圈的耐热极限、温升使腐蚀加剧、低温材料脆化、物料聚合或析出结晶等因素来确定密封的结构、摩擦副和辅助密封圈材料、润滑冷却方法、冲洗保温措施、保冷措施等。

按流体性质考虑→腐蚀降低使用寿命、磨粒存在加速密封件磨损、流体饱和蒸气压力高端面易开启、低黏度或夹杂会出现干摩擦问题、易燃、易爆、有毒，可能危及环境安全、需用特殊设计确定：密封结构、密封件材料、润滑方法、隔离措施、安全措施。

安装密封腔尺寸考虑→密封腔空间尺寸有限，标准型机械密封安装不了，采用弹性元件结构特殊设计，按使用寿命要求考虑，如火箭、导弹发射装置使用期很短，但可靠性要求极高，确定特殊设计、使用高性能材料。

以上各项参数不仅要一一研究，而且需要统筹考虑，因为它们既彼此影响，又相互依存。

用户订货要准备好订货机械密封的使用条件，详见表11-1。

二、焊接金属波纹管选型指南

为了能够迅速地选择符合需要的焊接金属波纹管机械密封，以下推荐焊接金属波纹管机械密封的选型，作为技术指导，这只是一个推荐的方法，仅供参考，不阻止选用其他密封形式。

表 11-1　机械密封使用条件表

<table>
<tr><td colspan="2">工艺流程</td><td colspan="3"></td><td colspan="2">使用设备名称</td><td colspan="2"></td></tr>
<tr><td colspan="2">位号</td><td colspan="3"></td><td colspan="2">设备型号</td><td colspan="2"></td></tr>
<tr><td rowspan="11">介质</td><td>介质名称</td><td colspan="4"></td><td>环境</td><td colspan="2" rowspan="2">清洁、尘埃多或日晒雨淋的场合、室内、室外</td></tr>
<tr><td>浓度/%</td><td></td><td>pH</td><td colspan="2"></td></tr>
<tr><td>密度</td><td colspan="4"></td><td rowspan="2">冷却</td><td colspan="2" rowspan="2">填料箱有无冷却夹套
冷却水：自来水、循环水、海水</td></tr>
<tr><td>固体物/%</td><td></td><td>粒度/μm</td><td colspan="2"></td></tr>
<tr><td>黏度(℃)/Pa·s</td><td colspan="4"></td><td rowspan="2">检修频率</td><td colspan="2" rowspan="2"></td></tr>
<tr><td>沸点/℃</td><td colspan="4"></td></tr>
<tr><td>凝固点/℃</td><td colspan="4"></td><td rowspan="2">振动程度</td><td colspan="2" rowspan="2"></td></tr>
<tr><td>结晶或聚合/℃</td><td colspan="4"></td></tr>
<tr><td rowspan="2">毒性</td><td colspan="4" rowspan="2"></td><td rowspan="2">轴精度</td><td>径向跳动/mm</td><td></td></tr>
<tr><td>轴向窜动/mm</td><td></td></tr>
<tr><td rowspan="4">压力</td><td>入口/MPa</td><td colspan="4"></td><td rowspan="2">轴对腔
体偏心</td><td>轴与密封腔同轴度/mm</td><td></td></tr>
<tr><td>出口/MPa</td><td colspan="4"></td><td>轴与密封腔端部垂直度/mm</td><td></td></tr>
<tr><td>扬程/m</td><td colspan="4"></td><td rowspan="2"></td><td colspan="2" rowspan="2"></td></tr>
<tr><td>饱和蒸气压/MPa</td><td colspan="4"></td></tr>
<tr><td rowspan="3">温度</td><td>最高/℃</td><td colspan="4"></td><td rowspan="3">历史上
的情况</td><td colspan="2" rowspan="3"></td></tr>
<tr><td>最低/℃</td><td colspan="4"></td></tr>
<tr><td>常用/℃</td><td colspan="4"></td></tr>
<tr><td rowspan="2">转速</td><td rowspan="2">r/min</td><td colspan="2" rowspan="2">旋转方向</td><td colspan="2" rowspan="2"></td><td rowspan="4">要求</td><td>泄漏量</td><td></td></tr>
<tr><td rowspan="2">寿命</td><td rowspan="2"></td></tr>
<tr><td rowspan="2">材质</td><td rowspan="2">轴或轴套</td><td colspan="2">材料</td><td colspan="2">硬度</td></tr>
<tr><td colspan="2">轴径</td><td colspan="2">轴套外径</td><td>订货数量/套</td><td>备件</td></tr>
<tr><td rowspan="2">运转状态</td><td>连续</td><td colspan="4"></td><td rowspan="2">备注</td><td colspan="2" rowspan="2"></td></tr>
<tr><td>间断</td><td colspan="2">运转　　　　h/班</td><td colspan="2">频度　　　　次/班</td></tr>
</table>

在使用方提出对密封的结构、材料等要求时，制造厂应当优先满足。对于急骤蒸发装置焊接金属波纹管有疲劳的结构、在使用方提出对密封的结构、材料等要求时，制造厂应当优先满足。对于急骤蒸发装置，焊接金属波纹管有疲劳失效的倾向，故本指导不推荐焊接金属波纹管密封使用于急骤蒸发的介质中，必须使用时，应注意采用特别的密封结构或系统，防止介质在设备启动、工作及停车过程中汽化。

有抽空现象的设备，应增加防止非补偿环轴向位移结构和对波纹管的阻尼设计。在介质中有颗粒存在时，应使用硬对硬的端面配对，并选用旋转型密封。对于黏稠的介质，为保证波纹管保持良好的弹性，应选用旋转型密封。

以下以清水、酸性水、碱类和非急骤蒸发烃为流程介质为例，在不同的介质中，选用焊接波纹管密封时的选型方法（焊接波纹管密封并非为唯一选择），根据相关密封泄漏量和使用寿命的要求，其他介质可参照给定介质的特性进行选型。

首先必须确认操作条件，分析机械密封所使用的介质、温度、压力和介质的物理特性及化学性能，从而决定机械密封各零部件所使用的材料和机械密封的结构。

当密封工作压力≤2.2MPa 时，选用单层波纹管、旋转型机械密封；当密封工作压力在 2.2～4.2MPa 时，选用满足要求的双层波纹管机械密封。

当介质为清水，温度≤80℃，压力≤4.2MPa 时，静环采用整体环，结构形式没有特殊要求，静密封圈采用 O 形橡胶圈。

当介质为清水，温度>80℃，压力在 2.2～4.2MPa 时，端面采用浸金属石墨对硬质合金或碳化硅，静密封圈采用柔性石墨、合成橡胶等；密封辅助系统应使用强制循环冲洗＋换热（API682 P23 方案），并要求有一个小间隙的喉部衬套，正向自冲洗＋换热（API682 P21 方案）也可以采用，但从工作效率上看不如强制循环冲洗＋换热。

　　当介质为酸性水，温度≤80℃，压力≤4.2MPa 时，静环采用整体环，结构形式没有特殊要求，静密封圈采用耐酸性腐蚀的材料，尤其耐硫化氢介质的腐蚀，如选用一些特殊的合成橡胶、柔性石墨、聚四氟乙烯等。

　　当介质为碱类，温度≤80℃，压力在≤4.2MPa 时，在易结晶的介质中，都需要用硬对硬的端面，并且不能使用普通反应烧结碳化硅端面材料，应使用急冷（API682 P62 方案）或外冲洗（API682 P32 方案）以使介质不在密封的大气侧沉积，二者必须具备其一。

　　对于非急骤蒸发烃介质，由于氟橡胶材料在较低温度时，不推荐使用，并且注意其他橡胶材料与介质相容，推荐采用柔性石墨作为辅助密封，在温度较高时注意一些烃类介质的碳化出现的范围，其他方面没有特殊要求。

　　密封选型是很关键的步骤，需要考虑各方面影响因素，机械密封制造厂与使用方的充分沟通了解，将有助于机械密封的成功使用。

三、橡胶的化学介质相容性指南

　　机械密封用 O 形橡胶密封圈材料也是机械密封选型中遇到的一个问题，往往因无详细相关资料，而不能选择造成密封失效。为了更方便了解橡胶与化学介质的作用，先推荐橡胶的化学介质相容性指南供参考。

　　表 11-2 中所示的为各种橡胶的化学介质相容性指南，此指南中的结果都是在实验室条件下进行的，可能不能够充分反映现场工况，短时间的实验室试验是不可能对长期运行的机械设备可能存在的所有添加剂和杂质进行试验的。在选择材料之前，必须对应用的各个方面加以全面的仔细的分析，例如某些具有腐蚀性的流体在高温时比在室温时对合成橡胶所产生的影响要显著得多。此外，还应该考虑材料的物理特性及其与流体的相容性，因为，在特定的应用中，材料的压缩永久变形、硬度、耐磨性及其热膨胀性均会影响材料的适用性。表11-2 中相关说明见表 11-3 和表 11-4。

表 11-2　橡胶的化学介质相容性指南

序号	化学介质	PERLAST®	FEPM	SBR	CR	FEP&PFA	EPR&EPDM	ECO	IIR(Butyl)	NBR(Nitrile)	ACM	AU&EU	NR	FKM	AEM	HNBR	FVMQ	CSM	VMQ
								动态和静态应用									静态应用		
1	乙醛	1		3	3	1	2	2	2	3	4	4	3	4	3	3	4	3	2
2	乙酰胺	1	2	4	2	1	1	2	2	1	4	4	4	3	4	2	1	2	1
3	稀乙酸	1	2	4	2	1	1	2	1	2	4	4	4	4	4	2	2	1	1
4	冰醋酸	1	2	4	2	1	1	2	2	2	4	4	2	4	4	2	4	4	2
5	乙酸(热,高压)	1	3	4	4	1	3	4	4	4	4	4	4	4	4	3	4	4	3
6	醋酸酐	1	2	4	2	1	2	2	2	4	4	4	4	4	4	4	2	4	2
7	醋酸酐	1	2	4	2	1	2	2	2	4	4	4	4	4	4	4	2	4	2
8	丙酮	1	4	3	3	1	1	4	2	4	4	4	4	4	4	4	4	3	4
9	丙酮氰醇	1												3		4			4
10	乙腈	1	1										2	1		2	1		
11	苯乙酮	1	4	4	4	1	4	4	2	4	4	4	4	4	4	4	4	4	4
12	乙酰丙酮	1	4	4	4	1	1	2	4	4	4	4	4	4	4	4	4	4	4
13	乙酰氯	1	4	4	4	1	4	4	4	4	4	4	4	4	4	4	2	4	3
14	乙酰水杨酸	1			1	1	4			2									
15	乙炔	1	1	2	2	1	1	2	1	1	2	2	1	1	1	1	1	2	2
16	四溴化乙炔	1	1	4	4	1	4	4	4	4	4	4	4	1	4	4	4	4	4
17	丙烯醛	1	1	3	2	1	1	2	4	2	4	4	1	4	4	2	4	2	4
18	丙烯醛	1	1	3	2	1	1	2	4	2	4	4	1	4	4	2	4	2	4

续表

序号	化学介质	PERLAST®	FEPM	SBR	CR	FEP&PFA	EPR&EPDM	ECO	IIR(Butyl)	NBR(Nitrile)	ACM	AU&EU	NR	FKM	AEM	HNBR	FVMQ	CSM	VMQ
	应用	动态和静态应用															静态应用		
19	丙烯腈	1	2	3	3	1	4	4	4	4	4	4	3	3	4	4	4	3	4
20	己二酸	1	2	1	1	1	2	2	1	1	4	4	1	1	2	1	1	1	1
21	烷烃(十二烷基苯)	1		4	4	1			4	4	3	4	4		2		2	2	4
22	烷烃磺酸	1			1	1	1			3	4			3		3	1		2
23	二乙苯	1	3	4	4	1	4	2	4	4	4	4	2		4		2	4	4
24	烷基芳基磺酸盐	1			2	1	4			1	1			1		1	1		2
25	烯丙醇	1	1	1	1	1	2	2	2	1	4	3	2	1			1	1	1
26	溴丙烯	1		4	4	1			4	4			4						4
27	氯丙烯	1		4	2	1	2		3	2			4	2		1			4
28	明矾	1	1	1	1	1	1		1	1	4		1	1	3	1	1	1	1
29	醋酸铝	1	1	3	2	1	1	2	1	2	1	4	1	3	4	2	4	4	4
30	溴化铝	1	1	1	1	1	1		1	1	1	3	1	1	1	1	1	1	1
31	氯化铝	1	1	1	1	1	1	1	1	1		3	1	1	1	1	1	1	1
32	氯化铝	1	1	1	1	1	1	1	1	1		3	2	1		1	1	1	2
33	氢氧化铝	1	1	2	1	1	2		1	2			1	2				2	
34	硝酸铝	1	1	1	1	1	1	1	1	1	4	3	1	1	4	1	1	1	2
35	磷酸铝	1	1	1	1	1	1	1		1			1	1			1	1	1
36	硫酸铝钾	1	1	1	1	1	1		1	1	4	4	1			3	4	1	1
37	铝盐	1	1	1	1	1	1		1	1			1	1	3	1	1		1
38	硫酸铝钠	1							1	1			1	1	1	1			
39	硫酸铝	1	1	2	1	1	2		1	1	4	4	1	1	4	1	1	1	1
40	胺	1	2	2	2	1	2		2	4	4	4	2	4	4	3	4	4	2
41	苯胺	1	1	4	4	1	2	4	2	4	4	4	3	4	4	4	3	4	4
42	丁胺	1	2	3	4	1	3	4	4	3	4	4	4	4	4	4	4	4	3
43	对氨基水杨酸	1				1													
44	氨(无水)	1	2	4	1	1	1	3	1	2	4	4	4	4	2	4	4	4	2
45	氨气(冷)	1	1	1	1	1	1	1	1	1	1	4	3	1	4	1	1	4	1
46	氨气(热)	1	2	4	2	1	2		4	2	4	4	4	4	4	4	4	2	1
47	醋酸铵	1	1	1	2	1	1		1	1		4	1	1			1		
48	碳酸氢铵	1	1			1	1			1			1						
49	氯化氢铵	1			4	1	2			2			2						
50	亚硫酸氢铵	1			1	1	1			3	4		1	3		3	1		2
51	溴化铵	1			1	1	1			1	1					1			
52	碳酸铵	1	1	1	1	1	1	2	1	4	4	4	1	2	4	4	3	1	2
53	氯化铵	1	1	1	1	1	1	1	1	1	3	3	2	1	2	1	2	2	3
54	硫酸铜铵	1		1	1	1	1			1			3	1		1			
55	重铬酸铵	1				1	1			1			1	3		1			
56	氟化铵	1	1	1	2	1	1		1	1			2	1					
57	氟硅酸铵	1				1													
58	氟化氢铵	1			4	1	2			2			2						
59	氢氧化铵(3mol/L)	1	1	2	1	1	2	2	1	2	4	4	2	2	1	2	2	1	1
60	氢氧化铵(浓)	1	1	3	2	1	1		2	1	2	4	4	2	4	4	3	1	1
61	碘化铵	1			1	1	1			1			1	1		1			
62	硝酸铵	1	1	1	1	1	1		2	1	4	4	3	2	3	1	3	1	3
63	亚硝酸铵	1	1	1	1	1	1	2	1	1	4	4	1	3	4	1	3	1	2

续表

序号	化学介质	PERLAST®	FEPM	SBR	CR	FEP&PFA	EPR&EPDM	ECO	IIR(Butyl)	NBR(Nitrile)	ACM	AU&EU	NR	FKM	AEM	HNBR	FVMQ	CSM	VMQ
		动态和静态应用															静态应用		
64	草酸铵	1			1	1	1			3		1	1			3	1		2
65	高氯酸铵	1		4		1	1		1	3	4	1		3		3	1	1	2
66	过硫酸铵	1	1	4	1	1	1	2	1	4	4	4	3	3	4	4	4	1	1
67	磷酸铵	1		1	1	1	1	2	1	1	4	4	1	4	4	1	4	1	1
68	铵盐	1	1	1	1	1	1		1	1	3		1	3		1	3	1	1
69	硫酸铵	1	1	2	1	1	1	2	1	1	4		1	4	1	4	1	1	
70	硫化铵	1	1	2	1	1	1	2	1	3	4	3	4	4	3	4	1	1	
71	亚硫酸铵	1		1			1			1	1		1	1			1		
72	硫氰酸铵	1		1	1	1	1			1			1				1		
73	硫化硫酸铵	1	1	1	1	1	1			1	1		1	1			1		
74	乙酸戊酯	1	3	4	4	1	1	4	1	4	4	4	4	4	4	4	4	4	4
75	戊醇	1	1	2	2	1	1	1	1	2		4	2	2	3	2	1	2	4
76	戊铵	1		2			1		1	2		2						3	
77	硼酸戊酯	1		1	4	1	2		1	4		4		1		1		1	
78	戊基氯	1		4	4	1	4		4	3	4		2	1		2	2	4	4
79	戊氯萘	1	2	4	4	1	4		4	4	3	4	1	4		4	2	4	4
80	戊萘	1	2	4	4	1	4		4	4	3	4	1	2	4	4	2	4	4
81	硝酸戊酯	1		4	1	1	1		1	2	4	1	1	3		2	1		2
82	戊基苯酚	1		4	1					4	4		4	1					
83	苯胺	1		4	4	1	2	4	2	4	4	4	4	3	4	4	3	4	4
84	苯胺染料	1	1	2	2	1	2	4	2	4	4	4	3	2	3	4	2	2	3
85	盐酸苯胺	1	1	3	4	1	3	4	2	3	4	4	3	2	4	2	4	4	3
86	苯胺油	1		2	4	1	2	4	2	4	4	4	3	3	4	4	3	4	4
87	硫酸苯胺	1		4		1	1			3	4		1			3	1		2
88	动物油脂	1	1	4	1	2	1	2	1	2	1	2	4	1	1	1	1	3	2
89	苯甲醚	1		4	4	1				4			4	3					
90	环己酮	1	3	4	4	1	2	4	2	4	4	4	4	4	4	4	4	4	4
91	蒽醌	1		1		1	1		1	2		4	2				1		
92	防冻剂	1	1	1	1	1	1	2	1	2	4	4	2	1	1	2	1	1	1
93	五氯化锑	1		4		1			4	4			4					4	
94	三氯化锑	1		2	2	1	2		2	1		2	2			2			
95	王水	1	3	4	4	1	3	4	4	4	4	4	2	4	4	3	4	4	4
96	氰	1		4	4	1	1	1	2	3	1	1	4	1	1	2	2	2	2
97	芳香族燃料	1	2	4	4	1	4		4	2	4	4	4	1	4	4	4	4	4
98	砷酸	1	1	1	1	1	1	1	1	1	2	3	3	1	4	1	1	1	1
99	三氯化砷	1		4	1	1	3			4	4			4	4		2	4	
100	抗坏血酸	1		4		1	1			3	4		1	1		3	1		2
101	氯代联苯	1	1	4	4	1	4		4	2	4	4	4	1	4	2	4	4	4
102	沥青	1		4	2	1	4	1	4	2	2	2	4	1	1		2	4	4
103	ASTM 流体 101	1		4	4	1	4		4	3	4	4	4	1	4	4	4	4	4
104	ASTM 燃料 A	1	3	4	2	1	4	2	4	1	4	4	4	1	1	1	1	2	4
105	ASTM 燃料 B	1		4	4	1	4	2	4	1	4	4	4	1	3	1	1	4	4
106	ASTM 燃料 C	1	4	4	4	1	4	2	4	2	4	4	4	1	4	2	4	4	4
107	ASTM 燃料 D	1	4	4	4	1	4		2	4	2	3		1		2	1	4	4
108	ASTM 1♯油(高苯胺)	1	1	4	1	1	4	1	4	1	1	1	1	4	1	1	1	2	1

续表

序号	化学介质	PERLAST®	FEPM	SBR	CR	FEP&PFA	EPR&EPDM	ECO	IIR(Butyl)	NBR(Nitrile)	ACM	AU&EU	NR	FKM	AEM	HNBR	FVMQ	CSM	VMQ
	应用 →	动态和静态应用															静态应用		
109	ASTM 2#油(中苯胺)	1	2	4	3	1	4	1	4	1	1	2	4	1	1	1	1	4	4
110	ASTM 3#油(低苯胺)	1	3	4	4	1	4	1	4	1	1	2	4	1	2	1	1	4	3
111	ASTM 4#油(高苯胺)	1	2	4	4	1	4		4	2	2	4	4	1		2	2	4	4
112	自动变速器液	1	1	4	2	1	4		4	1	1	2	4	1	1	1	2	3	4
113	碳酸钡	1	1	1	1	1	1		1	1			1	1		1		1	
114	氯酸钡	1		4						3		1		3		3	1		2
115	氯化钡	1	1	1	1	1	1	1	1	1	2	2	1	1	1	1	1	1	1
116	氰化钡	1			1	1				3				1					
117	氢氧化钡	1	1	1	1	1	1		1	1	4	4	1	1	1	1	1	1	1
118	氢氧化钡	1	1	1	1	1	1		1	1	4	4	1	1	3	1	1	1	1
119	硝酸钡	1			1	1	1							3				1	2
120	硫酸钡	1	1	1	1	1	1	1	1	1	4	1	1	1	4	1	1	1	1
121	硫化钡	1	1	2	1	1	1	1	1	1	4	1	1	1	3	1	1	1	1
122	啤酒	1		1	1	1	1		1	2	1		1	1	4	1		1	1
123	二氯甲基苯	1	1	4	4	1	4	4	3	4	3	4	4	4	1	4		2	4
124	苯甲醛	2	2	4	4	1	4	4	4	4	4	4	4	1	4	4	4	4	4
125	苯	1	3	4	4	1	4	4	4	4	4	4	4	1	4	4		4	4
126	苯磺酸(10%)	2		4	2	1	4	4	4	4	4	4	4	1	4	4	2	1	4
127	汽油	1	2	4	2	1	4	1	4	1	1	2	4	1	4	1	1	3	4
128	氯化苯	1	1	4	4	1	4		2	4	4	4	4	1	4	4		1	4
129	苯甲酸	1	1	4	4	1	4	4	4	4	4	4	4	1	4	4		4	4
130	苯甲酮	1	1	4	4	1	2	4	2	4	4	4	4	1	4	4		4	2
131	苯甲酰氯	1	1	4	4	1	4	4	4	4	3	4	4	1	4	4	2	4	4
132	过氧化苯甲酰	1			1	1													
133	乙酸苄酯	1		4		1			2	4			4	4					
134	苯甲醇	1	1	4	2	1	2	4	2	4	4	4	4	4	4	4	2	2	1
135	苯(甲)酸苄酯	1	1	4	4	1	2	4	2	4	4	4	4	1	4	4		4	4
136	氯甲苯	1	1	4	4	1	4	4	4	4	4	4	4	1	4	4	2	4	4
137	二氯甲基苯	1	1	4	4	1	4	4	3	4	3	4	4	1	4	4	2	4	4
138	氯化铋	1		3	3	1	1			1	3	1	3	1		1		3	3
139	硫酸铋	1		4				1		3	4	1		3		3	1	1	3
140	联苯	1	2	4	4	1	4	4	4	4	4	4	4	1	4	4	4	4	4
141	碳酸铋	1	1		1	1	1			1				1					
142	黑硫酸液(冷)	1	1	2	2	1	2		2	2	4	4	2	1			2	2	2
143	高炉气	1	1	4	4	1	4		4	4	4	4	4	1		4	2	4	1
144	漂白液	1	1	4	3	1	4	2	1	3	3	4	1	1	3	2	1	4	2
145	硼砂	1	1	2	4	1	1	1	1	2	3	3	2	1	1	1	2	4	2
146	波耳多液	1	1	2	2	1	1		1	2	4	4	2	1			2	1	1
147	硼酸	1	1	1	1	1	1		1	1	4	3	1	1	2	1	1	1	1
148	硼液	1	1	4	4	1	1		1	4	2	4	4	1			2	4	4
149	三氯化硼	1				1													
150	制动液(乙二醇基)	1	1	1	1	2	1		4	2		3	4	4	4	4	3	4	3
151	制动液(矿物油基)	1	1	4	2	1	4	1	4	1	1	1	4	1	1	1	1	2	3
152	制动液(硅油基)	1	1	2	1		4	2	3	4	4		4	4	3	4	4	2	3

续表

序号	化学介质	PERLAST®	FEPM	SBR	CR	FEP&PFA	EPR&EPDM	ECO	IIR(Butyl)	NBR(Nitrile)	ACM	AU&EU	NR	FKM	AEM	HNBR	FVMQ	CSM	VMQ
		动态和静态应用															静态应用		
153	溴化物	1		4	4	1	4			4				1					4
154	溴	1	1	4	4	1	4	4	4	4	4	4	4	1	4	4	2	4	4
155	五氟化溴	2	4	4	4		4	4	4	4	4	4	4	4	4	4	4	4	4
156	三氟化溴	2	4	4	4	4	4	4	4	4	4	4	4	4	4	4	4	4	4
157	溴苯	1	4	4	4	1	4	4	4	4	4	4	4	1	4	4	2	4	4
158	溴氯三氟乙烷	1	1	4	4	1	4			4	4	4	4	1	4	4	2	4	4
159	溴氯甲烷	1	1	4	4	1	2		2	4			4	2		4		4	
160	溴乙烷	1	1	3	4	1	4	2	4	4	2	4	3	4	1	4	2	1	4
161	溴甲苯	1		4		1			4	4			4	2				4	
162	一溴三氟甲烷	2	1	1	1	1	1	1	1	1	2	1	1	1	1	2	1	2	4
163	船用油	1	1	4	4	1	4			4	1	1	2	1	1	1	1	4	2
164	丁二烯	1		4	4	1	4		4	4	4	4	4	1	4	4	1	4	4
165	丁烷(液化石油气)	1	3	3	2	1	4	1	4	1	1	4	4	1	3	1	1	2	4
166	丁二醇	1		1	2	1	1		1	4			2	1				2	
167	丁醇	1	1	1	1	1	2	4	2	2	4	4	1	1	1	1	1	1	3
168	丁烯	1		4	3	1	4	1	4	2	4	4	4	1	4	2	2	4	4
169	丁氧基乙醇	1	3	4	3	1	2	3	2	3	4	4	4	4	4	4	4	4	4
170	黄油	1	1	4	4	1	2	1	2	1	1	2	4	1	1	1	1	3	2
171	丁甲醇	1	2	4	3	1	1	1	1	4			4	2		4	4	4	4
172	乙酸丁酯	1	4	4	4	1	2	4	2	4	4	4	4	4	4	4	4	4	4
173	乙酰蓖麻酸丁酯	1	1	4	2	1	1		1	2	1	4	1			2	2	2	
174	丙烯酸丁酯	1	4	4	4	1	4	4	4	4	4	4	4	4	4	4	4	4	1
175	丁醇	1	1	1	1	1	2	4	2	2	4	4	1	1	1	1	1	1	3
176	丁胺	1	2	3	4	1	3	4	4	3	4	4	4	4	4	4	4	4	3
177	苯甲酸丁酯	1		4	4	1	1		4	4		4	4	1	4	4		4	
178	丁基溴	1		4		1			4	4			4	2				4	
179	丁酸丁酯	1		4		1			4	4			4	1				4	
180	丁基卡必醇	1	2	4	3	1	1	1	1	4			4	2		4	4	4	4
181	丁氧基乙醇	1	3	4	3	1	2	3	2	3	4	4	4	4	4	4	4	4	4
182	氯丁烷	1		4		1			3	3			4	2		3	1	4	2
183	丁基醚	1		4	4	1	3	4	3	3	4	2	4	4		4	3	4	4
184	丁烷	1	3	3	2	1	4	1	4	1	1	4	4	1	3	1	1	2	4
185	油酸丁酯	1	1	4	4	1	2	4	2	4	4	4	4	1	4	4	2	4	3
186	丁基苯酚	1		4	4	1	4		4	4	3	4	4	1				4	4
187	邻苯二甲酸二丁酯	1		4	4	1			1	4			4	3				4	
188	硬脂酸丁酯	1	1	4	4	1	4	2	4	2	4	4	4	1	1	2	2	4	3
189	丁烯	1		4	3	1	4	1	4	2	4	4	4	1	4	2	2	4	4
190	丁醛	2	3	4	4	1	2	4	2	4	4	4	4	4	4	4	4	4	4
191	丁酸	1	2	4	4	1	2	4	2	4	4	4	4	2	4	4	4	4	4
192	丁酐	1		4		1			3	3			3					2	
193	二丙基酮	1		4		1			2	4			4	4				4	
194	氯化镉	1		4	1	1	1			3	4	1	1	3			3	1	2
195	硝酸镉	1		4		1	1			3			1	1			3	1	2
196	硫酸镉	1		4	1	1	1			3	4		1				3	1	2

续表

序号	化学介质	PERLAST®	FEPM	SBR	CR	FEP&PFA	EPR&EPDM	ECO	IIR(Butyl)	NBR(Nitrile)	ACM	AU&EU	NR	FKM	AEM	HNBR	FVMQ	CSM	VMQ
		动态和静态应用															静态应用		
197	煅烧液	1	1			1	1		1	1	4	4		1		1	1		
198	乙酸钙	1	1	3	2	1	2	3	1	3	4	4	1	4	4	2	4	4	4
199	硫酸氢钙	1			2	1	2			1				1					
200	二硫化钙	1		4	1	1	1			3	4		1			3	1	1	2
201	亚硫酸氢钙	1	1	4	1	1	4	4	4	1	4	3	4	1	4	1	2	1	3
202	溴化钙	1		1	1	1	1		1	1	1	1	1	1	1	1	1	1	1
203	碳酸钙	1	1	1	1	1	1		1	1	3	3	1	1	1	1	1	1	1
204	氯酸钙	1	1			1	1		1				1						
205	氯化钙	1	1	1	1	1	1	1	1	1	3	3	1	1	1	1	1	1	1
206	氰化钙	1	1	1	1	1	1	2	1	1	4	4	1	2		1	1	1	1
207	氢硫化钙	1		1					1	1			1	1			1		
208	氢氧化钙	1	1	1	1	1	1	1	1	1	1	1	1	1	3	1	1		3
209	次氯酸钙	1	1	4	4	1	4		2	1	4	4	4	1	4			1	3
210	次氯酸钙	1	1	3	3	1	1		3	1	4	4	3	1	4	2	2	1	2
211	硝酸钙	1	1	1	1	1	1		1	1	3	3	1	1	1	2	1	1	2
212	漂白粉	1	1	4	3	1	2	2	2	2	4	4	1	2			2	2	2
213	氧化钙	1		1	1	1	1		1	1	1	1	1	1	1	1	1	1	1
214	高锰酸钙	1			1				1				1						
215	磷酸钙	1	1	1	1	2	1		1	1	1	1	1			1	1	1	1
216	钙盐	1	1	1	1	1	1		1	1	1	1	1			1	1	1	2
217	硅酸钙	1	1	1	1	1	1		1	1			1			1		1	
218	硫酸钙	1	1	1	1	1	1		1	1			1			1		1	
219	硫氢化钙	1		1					1	1			1			1		1	
220	硫化钙	1	1	2	1	1	1	2	1	2	4	1	2	1	4	1	1	1	2
221	亚硫酸钙	1	1	2	1	1	1		1	1			1			1	1	1	1
222	硫代硫酸钙	1	1	2	1	1	1		2	1	4	3	2	1	2	2	1	1	1
223	钙液	1	1	1	1	1	1		1	1	1	1	1			1	1	1	2
224	樟脑	1		4	2	1	4		4	1			4	2				4	
225	蔗糖液	1	1	1	1	1	1	1	1	2	4	4	1	1	1	2	1	1	1
226	癸酸	1	2	2	2	1	4		1	1	4		1			1	1	2	2
227	正己醛	1		4	1	1	2		2	4	4	4	2			4			2
228	辛醇	1	1	2	2	1	2		2	2	4	4	1	2	2	2	2	2	2
229	氨基甲酸酯	1		4	2	1	2		2	3	4	4	4	1	4			1	2
230	甲醇	1	1	1	1	1	1	2	1	2	4	4	1	1	1	1	2	1	2
231	卡必醇	1	2	2	2	1	2		2	2	4	4	2	4			2	2	2
232	苯酚	1	1	4	4	1	4		4	4	4	4	4	1	4	4	4	4	4
233	二硫化碳	1	1	4	4	1	4	4	4	4	3	4	4	1	4	2	4	1	3
234	二氧化碳,干燥	1	1	2	2	1	2	1	2	1	2	1	2	2	1		2	2	2
235	二氧化碳,潮湿	1	1	2	2	1	2	1	2	1			2	2	1		2	2	2
236	二硫化碳	1	1	4	4	1	4		4	4	3	4	1	4	3	1	4		3
237	一氧化碳	1		3	3	1	2		1	1	1		1	1	1	1	2	2	1
238	四氯化碳	2	4	4	4	1	4		4	2	4	4	4	1	4	2	2	4	4
239	碳酸	1	1	2	1	1	2		1	2	3	3	1	1	1	2	1	1	1
240	蓖麻油	1	1	2	1	1	2		1	2	1	1	1	1	1	2	1	1	1
241	苛性钾	1	2	2	2	1	1	2	1	2	4	2	2	2	4		2	2	3

续表

序号	化学介质	PERLAST®	FEPM	SBR	CR	FEP&PFA	EPR&EPDM	ECO	IIR(Butyl)	NBR(Nitrile)	ACM	AU&EU	NR	FKM	AEM	HNBR	FVMQ	CSM	VMQ
		动态和静态应用															静态应用		
242	苛性钠	1	1	2	2	1	1	2	1	2	4	2	2				2	2	3
243	纤维素溶剂	1	1	4	4	1	2	4	2	4	4	4	4	4	4	4	4	4	4
244	乙酸溶纤剂	1	3	4	4	1	2	4	2	4	4	4	4	4	4	4	4	4	4
245	丁基溶纤剂	1	2	4	3	1	2	4	2	4	4	4	4	4	4	4	4	4	4
246	甲基溶纤剂	1	2	4	3	1	2	4	2	4	4	4	4	4	4	4	4	4	4
247	醋酸纤维素	1	3		4	1	2			4					4	4	4		
248	十六烷	1	1	4	2	1	4		4	1	1	4	4	1		1	3	2	4
249	十六烷醇	1		1		1	4									1	1	2	2
250	桐油	1	1	4	2	1	4		3	1	1	3	4	1	2	1	2	3	4
251	水合氯醛	2		3	3	1	3		3	4			4	3			2		
252	氯胺 T	1		1	1	1	1		1	1			1			1		1	
253	氯丹	1	1	4	3	1	4		4	2			4	1		2	2	3	4
254	多氯联苯	1	1	4	2	1	4		4	2	2	4	4	1		2	2	4	4
255	氯酸			4	4	1	1		2	4			4	1				1	
256	氯化盐水	1	1	4	4	1	4		4	4	4	4	2	1		4	1	2	4
257	漂白粉	1	1	4	3	1	2	2	2	2	4	4	2	1	2		2	2	2
258	氯化溶剂	1	4	4	4	1	4		4	4	4	4	1			4	1	4	4
259	二氧化氯	1	3	4	4	1	3	4	3	4	4	4	4	2	4	4	2	3	3
260	三氧化氯	2	4	4	4	4	4	4	4	4	4	4	4	4	4	4	4	4	4
261	氯气,干燥	1	3	4	4	1	4		4	4	4	4	4	1	3	1	3	1	4
262	氯气,潮湿	1	3	4	3	1	4	3	4	4	4	4	4	4	4	3	2	3	3
263	氯乙酸	1	2	4	4	1	2	4	2	4	4	4	4	4	4	4	4	4	3
264	氯丙酮	1	4	4	4	1	1	4	4	4	4	4	4	4	4	4	4	4	4
265	氯苯	1	2	4	4	1	4	4	4	4	4	4	4	4	4	4	2	4	4
266	氯溴甲烷	1	3	4	4	1	2		4	4	4	4	4	4		4	2	4	4
267	氯丁二烯	1	2	4	4	1	4	4	4	4	4	4	4	4	4	4	2	4	4
268	氯丁烷	1		4		1				3	4			4	2			4	
269	氯氟代甲烷	1	1	2	1	1	1	1	1	4	2	4	2	4	4		4	1	4
270	氯化联苯			4			4		4	4				1			4		
271	氯代十二烷	1	2	4	4	1	4		4	4	4	4	1			4	1	4	4
272	氯乙烯	1	2	4	4		4		4	4	4	4	4			4	2	4	4
273	三氯甲烷	1	4	4	4	1	4	4	4	4	4	4	4	4	4	4	2	4	4
274	氯萘	1	4	4	4	1	4		4	4			4	1			2	4	4
275	氯化硝基乙烷			4	4				4	4	4			4	3			4	
276	氯五氟乙烷	1		1	1	1	1	1	1	1	1	2	1	2	1	1	3	1	3
277	氯戊烷	1		4	4	1	4		4	4	4	4	2				2	4	4
278	氯丁二烯	1	2	4	4	1	4		4	4	4	4	4	1	4	4	2	4	4
279	氯磺酸	1	1	4	4	1	4		4	4	4	4	4	4	4	4	4	4	4
280	三氯乙烷	1	2	4	4	1	4		4	4	4	4	4	1	4	4	2	4	4
281	氯甲苯	1	1	4	4	1	4		4	4	4	4	4	1	4	4	2	4	4
282	三氟氯乙烯	2				1				4									
283	氯三氟甲烷	2	1	2	1	1	1	1	1	1	2	4	2	3	1	1	3	1	4
284	漂白水	1	1	4	4	1	2	1	2	2	3	3	3	1	3	2	1	2	2
285	镀铬溶液	1	1	4	4	1	2		2	4	4	4	4	1	4	4	2	4	2
286	铬酸(50%)	1	1	4	4	1	2	3	3	4	4	4	4	1	4	4	3	2	3

续表

橡胶名称（应用／化学介质）。列 PERLAST® 至 HNBR 为"动态和静态应用"，FVMQ、CSM、VMQ 为"静态应用"。

序号	化学介质	PERLAST®	FEPM	SBR	CR	FEP&PFA	EPR&EPDM	ECO	IIR(Butyl)	NBR(Nitrile)	ACM	AU&EU	NR	FKM	AEM	HNBR	FVMQ	CSM	VMQ
287	氧化铬（水性的）	1	1	4	4	1	2		2	4	4	4	4	1		4	2	1	2
288	硫酸铬	1	2			1	2		2				1	2					
289	柠檬酸	1	1	1	1	1	1	1	1	1	3	3	1	1	1	1	1	1	1
290	氯化钴	1	1	1	1	1	1	2	1	1	3	3	1	2	1	1	1	1	2
291	椰子油	1	1	4	3	1	3	1	3	1	1	3	4	1	1	1	1	3	1
292	鱼肝油	1	1	4	2	1	1	1	1	1	1	4	1	3	1	1	2	2	1
293	咖啡	1	1	1	1	1	1	4	1	2	4	4	1	3	2	1	1	1	1
294	焦炉煤气	1	1	4	4	1	4		4	4	4	4	4	1		4	2	4	2
295	Coliche liquors	1		2	1	1	2		2	2			1						
296	Coolanol	1	1	4	1	1	4		4	1	4	4	4	1		1	2	2	4
297	醋酸铜	1	4	4	2	1	1	3	1	2	4	4	1	4	4	2	4	4	4
298	碳酸铜	1		1	1	1	1		1	2	4	3	1	1		1	1	1	2
299	氯化铜	1	1	1	2	1	1	2	1	1	3	3	3	1	2	1	1	2	1
300	氰化铜	1	2	1	1	1	1		1	1	1	1	1	1	1	1	1	1	1
301	铜盐	1	1	1	1	1	1		1	1	1	1	1	1		1	1	1	1
302	硫酸铜（10%）	1	1	2	1	1	1	2	2	1	4	3	3	1	2	1	1	1	1
303	硫酸铜（50%）	1	1	2	1	1	1		2	1	4	3	2	1	4	1	1	1	1
304	硫化铜	1		1					1	1			3	1				1	
305	玉米油	1	1	4	3	1	3	1	3	1	1	4	4	1	1	1	1	3	1
306	棉籽油	1	1	4	3	1	3	1	3	1	1	4	4	1	1	1	1	3	1
307	煤焦油	1	1	4	2	1	4		4	1	1	3	4	1	3	1	1	4	4
308	木焦油	1	1	4	2	1	4		4	1	1	3	4	1	4	2	1	4	4
309	甲酚	1	1	4	4	1	4		4	4	4	4	1	4	2	2	2	4	4
310	丁烯醛	1		4	1	1	2		1	2		4	2					2	
311	丁烯酸	1		4	2	1	2		2	4	4	4	3	4			4	4	4
312	原油	1	1	4	4	1	4		4	2	1		4	1	1	1	2	4	4
313	异丙苯	1	3	4	4	1	4		4	4	4	4	4	1	4	4	2	4	4
314	氯化铜	1	1	1	2	1	1	2	1	1	3	3	3	1	2	1	1	2	1
315	切削油	1	1	4	2	1	4		4	1	1	1	4	1	1	1	1	4	4
316	环己烷	1	2	4	3	1	4	1	4	1	2	1	4	1	2	1	1	1	1
317	环己醇	1	1	4	2	1	4	4	4	2	4	4	4	1	3	2	1	3	4
318	环己酮	1	3	4	4	1	2		4	4	4	4	4	4	4	4	4	4	4
319	环戊烷	1		4	1	1	4		4	4			4	1				4	
320	异丙基甲苯	1		4	4	1	4		4	4	4	4	4	1	4	4	2	4	4
321	萘烷	1		4	4	1	4		4	4	4	4	4	1	4	4	2	4	4
322	萘烷	1		4	4	1	4		4	4	4	4	4	1	4	4	2	4	4
323	癸醛	1		4		1	4		1	4			4	4				4	
324	癸烷	1	1	4	3	1	4		4	1	1	2	4	1	3	1	1	3	2
325	癸醇	1		1	4	1			1	1			1	2				1	
326	工业酒精	1	1	1	1	1	1	2	1	2	4	4	1	2	2	1	1	1	1
327	清洁剂溶液	1	1	2	2	1	2		1	1	4	4	2	1	3	1	1	1	1
328	显像流体（照相用）	1	1	2	1	1	2		2	1			1	1		1	1	1	1
329	Dextron	1	1	4	2	1	4		4	1	1	2	4	1	1	1	2	4	4
330	葡萄糖	1	1	1	1	1	1	1	1	1	4	4	1	1	1	1	1	1	1
331	双丙酮醇	1	4	4	4	1	4		4	1	4	4	4	4	4	4	4	4	4

续表

序号	化学介质	PERLAST®	FEPM	SBR	CR	FEP&PFA	EPR&EPDM	ECO	IIR(Butyl)	NBR(Nitrile)	ACM	AU&EU	NR	FKM	AEM	HNBR	FVMQ	CSM	VMQ
							动态和静态应用										静态应用		
332	二嗪农	1		4	3	1	4		4	3			4	2			2	3	4
333	二苄醚	1	3	4	4	1	2	4	2	4	4	3	4	4	4	4	2	4	2
334	癸二酸二苄丁酯	1	2	4	4	1	2		2	4	4	2	4	2	4	4	3	4	3
335	二溴乙基苯	1	3	4	4	1	4	2	4	4	4	4	4	2	4	4	2	4	4
336	二丁氨	1	2	4	3	1	4	4	4	4	4	4	4	4	4	4	4	4	3
337	二丁醚	1	4	4	4	1	3	4	3	3	3	4	2	3	4	4	3	4	4
338	邻苯二甲酸二丁酯	1	2	4	4	1	2	2	3	4	4	3	4	3	4	4	2	4	2
339	癸二酸二丁酯	1	2	4	4	1	2	3	2	4	4	4	4	2	4	4	2	4	2
340	二氯异丙醚	1	3	4	4	1	3		4	4		3	2	4	3	4	3	4	4
341	二氯乙酸	1		4	4	1	1		3	4		4	2	4				4	
342	二氯苯	1		4	4	1	4	4	4	4		4	1	4	4	4	2	4	4
343	二氯丁烷	1	1	4	4	1	4		4	2	4	4	4	1		2	2	4	4
344	二氯二氟甲烷	1	2	4	1	1	2	1	2	2	1	2	2	1	1	1	2	1	4
345	二氯乙醚	1		4		1	4		4	4		4					4		
346	二氯乙烯	1		4	4	1	4		4	4		4	2				3		4
347	二氯氟甲烷	2		4	2	1	4	2	4	4	4	4	4	4	4	4	4	4	4
348	四氟二氯乙烷	2		1	1	1	1	1	1	1	1	1	1	1	2	1	2	1	4
349	二环己基胺	1	3	4	4	1	4	4	4	3	4	4	4	4	4	3	4	4	4
350	柴油	1	1	4	3	1	4		1	1	1	3	4	1	2	1	1	4	4
351	二酯合成润滑剂	1	1	4	4	1	4		4	2	2	4	4	1		2	2	4	4
352	二乙醇胺	1		2	1	1	1		1	2	4	1	2	3		2	1	2	2
353	二乙胺	1		3	3	1	3	4	3	3	4	3	4	4	4	3	4	3	3
354	二乙苯	1		4	4	1		4	4			4	4	1			2	4	4
355	碳酸二乙酯	1			4	1			4										
356	二乙醚	1	4	4	4	1	3	3	4	3	3	3	4	3	4	3	3	4	4
357	邻苯二甲酸二乙酯	1		4	4	1			1	4			4	3				4	
358	癸二酸二乙酯	1	2	4	4	1	3		2	3	4	4	4	2	4	3	2	4	2
359	二次乙基醚	1	4	4	4	1	2	4	2	4	4	4	4	4	4	3	4	4	4
360	二甘醇	1	1	3	1	1	1	2	1	1	4	4	2	1	2	1	1	1	2
361	二亚乙基三胺	1				1				2									
362	二氟二溴甲烷	1		4	4	1	4		2	4	4	4					4	4	4
363	二异丁基甲酮	1		4	4	1	2	4	2	4	4	4	4	4	4	4	4	4	4
364	二异丁烯	1		4	4	1	4	2	4	2	4	4	4	1	4	3	3	4	4
365	己二酸二异癸酯	1		4		1			1	4			4	3				4	
366	酞酸二异癸酯	1		4	4	1	1		1	4			4	3				4	
367	己酯二异辛酯	1		4		1			1	4			4	3				4	
368	邻苯二酸二异辛酯	1		4		1			1	4			4	3				4	
369	癸二酸二异辛酯	1		4	4	1	3		4	3	4	4	4	2	4		3	4	3
370	二异丙胺		2		1				1	2			2					3	
371	二异丙苯	1		4	4	1	4	4	4	4		4	4	1	4	4	2	4	3
372	二异丙基(甲)酮	1		4	4	1	2	4	2	4	4	4	4	4	4	4	4	4	4
373	二甲(基)胺	1		4	4	1	4	4	4	4	4	4	4	4	4	4	4	4	4
374	二甲苯胺	1		4	4	1	3	4	3	3	4	4	4	4	4	4	4	4	4
375	二甲醚	1	4	4	3	1	3	4	3	2	4	4	4	2	4		1	4	1
376	二甲基甲酰胺	1	1	4	4	1	3	4	3	2	4	4	4	4	4	2	4	4	2

序号	化学介质	PERLAST®	FEPM	SBR	CR	FEP&PFA	EPR&EPDM	ECO	IIR(Butyl)	NBR(Nitrile)	ACM	AU&EU	NR	FKM	AEM	HNBR	FVMQ	CSM	VMQ
		动态和静态应用															静态应用		
377	二甲基甲酮	1	4	3	3	1	1	4	1	4	4	4	4	4	4	4	4	3	4
378	邻苯二甲酸二甲酯	1	2	4	4	1	2	4	2	4	4	4	2	4	4	4	2	4	1
379	硫酸二甲酯		4			1			3	4			4	2				4	
380	二甲基硫醚	1		4		1	4		3		1	4	4	1			1	4	2
381	二硝基甲苯	1	4	4	4	1	4		4	4	4	4	3	4	4	4	4	4	4
382	邻苯二甲酸二辛酯	1	2	4	4	1	2	3	2	3	4	3	2	3	3	2	2	4	3
383	癸二酸二辛酯	1	1	4	4	1	2	3	2	4	4	2	4	2	4	4	4	4	4
384	二氧杂环乙烷	1	4	4	4	1	2	4	2	4	4	4	4	4	4	3	4	4	4
385	二氧戊环	1	4	4	4	1	2	4	3	4	4	4	4	4	4	4	4	4	4
386	二戊烯	1	3	4	4	1	4	4	4	2	4	4	1	4	2	3	4	4
387	联苯	1	2	4	4	1	4	4	4	4	4	4	1	4	4	2	4	4
388	二苯醚	1	2	4	4	1	4	4	4	4	4	4	1	4	3	4	3	4
389	二丙基甲酮	1		4		1			2	4		4	4				4	4
390	二丙胺	1		2		1			1	2		2						3
391	二丙二醇	1		1		1		1	1		1	1		1		1		1
392	二乙烯基苯	1	3	4	4	1	4	4	4	4	4	3	4	2	3	3	4	4
393	十二烷基苯	1		4		1			4	4			4	1				4	
394	饮用水	1	1	2	1	1	1	2	1	1	4	4	1	1		1	1	1	1
395	干洗流体	2	3	4	4	1	4	4	4	3	4	4	4	1	4	3	2	4	4
396	美孚 DTE 轻级涡轮机循环油	1	1	4	2	1	4		4	1	1	2	4	1	2	1	4	4	4
397	表氯醇	2	4	4	4	1	2	4	2	4	4	4	4	4	4	4	4	4
398	环氧树脂	1	2	1	1	1	1		1	3				4					3
399	泻盐	1	1	2	2	1	1	2	1	1	4	4	2	1	2	1	1	1	1
400	乙醛	1		3	3	1	3	2	4	2	3	4	4	3	4	3	3	4	3	2
401	乙烷	1		4	2	1	4	1	4	1	1	3	4	1	2	1	2	2	4
402	乙硫醇	1	1	4	3	1	3	4	4	4	4	4	1	4	4	4	3	2	3
403	乙醇	1	1	1	1	1	1	2	1	2	4	4	1	1	2	2	1	1	1
404	乙醇胺	1	1	2	2	1	2	2	2	2	4	4	3	2	4	2	4	3	2
405	乙醚	1	4	4	3	1	3	3	4	3	3	3	4	3	4	3	4	4	4
406	乙酸乙酯	1	4	4	4	1	2	4	2	4	4	4	4	4	4	4	4	4	2
407	乙酰醋酸乙酯	1		3	4	1	3	4	3	4	4	4	4	4	4	4	4	4	2
408	丙烯酸乙酯	1	3	4	3	1	3	4	2	4	4	4	4	4	4	4	4	4	2
409	乙基丙烯酸	1		4	2	1	2		2	4	4	4	4				4	4	4
410	乙醇	1	1	1	1	1	1	2	1	2	4	4	1	1	3	2	1	1	1
411	乙基二氯化铝	1		4		1			4	4			4	2				4	
412	一乙胺	1		3	3	1	4		2	3			3	4				3	
413	乙苯	1	2	4	4	1	4	4	4	4	4	4	1	4	4	2	1	4	4
414	苯甲酸乙酯	1	3	3	4	1	4	4	4	4	4	4	2	4	4	4	1	4	4
415	溴乙烷	1	1	3	4	1	4	2	4	2	4	3	4	1	4	2	1	4	4
416	乙酸乙丁酯	1		4		1			2	4			4	4				4	
417	乙基乙丁酯	1		1	2	1	3		2	1	4	4	1	1			1	2	2
418	乙基丁基酮	1		4		1			2	4			4	4				4	
419	乙丁醛	1		4		1			1	4			4	4				4	
420	丁酸乙酯	1			4	1	4			4			3						
421	乙基溶纤剂	1	4	4	4	1	2	4	2	4	4	4	4	4	4	4	4	4	4

续表

序号	化学介质	PERLAST®	FEPM	SBR	CR	FEP&PFA	EPR&EPDM	ECO	IIR(Butyl)	NBR(Nitrile)	ACM	AU&EU	NR	FKM	AEM	HNBR	FVMQ	CSM	VMQ
		动态和静态应用															静态应用		
422	乙基纤维素	1		2	2	1	2		2	2	4	2	2	4	4		4	2	2
423	氯乙烷	1	2	3	2	1	2	2	1	1	3	2	1	1	4	1	1	4	4
424	氯甲酸乙酯	1	2	4	4	1	4		4	4	4	4	4	1	4	4	2	4	4
425	氯甲酸乙酯	1	2	4	4	1	4		4	4	4	4	4	1	4		2	4	4
426	丙腈	1	1	4	2	1	3		4	2	1	4	4	1	4	1	3	2	4
427	乙基环戊烷	1	2	4	3	1	4		4	1	2	1	4	1	1		1	4	4
428	乙醚	1	4	4	1	3	3	4	3	3	3	4	3	4	3	3	4	4	4
429	甲酸乙酯	2	2	4	2	1	2	4	2	4	4	4	4	1	4	4	2	4	4
430	乙基己醇	1	1	2	1	1	1	2	1	1	4	4	2	1	1		1	1	2
431	乙基己基乙酸	1		4		1			2	4		4	4					4	
432	乙基己醇	1	1	2	1	1	1	2	1	2	4	4	2	1	1		2	1	2
433	碘乙烷			4	1	1	1		4	4		4	2					1	
434	乙硫醇	1	1	4	3	1	3	4	4	4	4	4	4	1	4	4	3	2	3
435	草酸乙酯	1	1	1	3	1	1	4	1	4	4	4	3	1	4	4	2	4	4
436	乙基五氯苯	1		4	4	1	4	3	4	4	4	4	4	1	4		2	4	4
437	硅酸乙酯	1	1	2	1	1	1	1	1	1	1	4	4	2	1	4	1	2	1
438	硫酸二乙酯	1	1	4		1	1		3	4		4	2					4	
439	乙烯	1	2	3	3	1	2	1	2	1	2	3	1	3	1	1	1	3	4
440	乙二醇	1	1	1	1	1	1	1	1	1	4	3	3	1	1	1	1	1	1
441	溴化乙烯	1		4	4	1	4		4	4	4	4	4	1			3	4	4
442	氯乙烯	1	2	4	4	1	4	4	4	4	4	4	4	1	4	4	3	4	4
443	氯乙醇	1	1	2	2	1	2	1	1	2	4	4	2	1	4	2	2	2	3
444	乙二胺	2	2	2	1	1	1	1	1	1	4	4	1	4	4	1	4	2	1
445	二溴化乙烯	1		4	4	1	4		4	4	4	4	4	1			3	4	4
446	二氯化乙烯	1	2	4	4	1	4	4	4	4	4	4	4	1	4	4	3	4	4
447	环氧乙烷	1	3	4	4	1	3	4	3	4	4	4	4	4	4	4	4	4	4
448	三氯乙烯	1	4	4	4	1	4	4	4	4	4	4	4	1	4	4	2	4	4
449	乙炔	1	1	2	2	1	1	2	1	1	4	4	2	1	1		1	2	2
450	脂肪酸	1	1	4	2	1	3		3	2			4	1	1	2		3	3
451	氯化铁	1	1	1	2	1	1	1	1	1	3	3	1	2	1	1	1	2	2
452	氢氧化铁	1		2		1			1	2		4	4				2		
453	硝酸铁	1	1	2	2	1	1	1	1	1	3	3	1	2	1	1	1	2	2
454	硫酸铁	1	1	2	2	1	1	1	1	1	3	3	1	2	1	1	1	1	1
455	氯化亚铁	1	1	1	1	1	1	1	1	1	3	3	1	2	1	1	1	2	2
456	硫酸亚铁	1	1	2	2	1	1	1	1	1	3	3	1	2	1	1	1	1	2
457	鱼油	1	1	4	3	1	4	1		1	1	2	4	1	3	1	1	4	1
458	氟硼酸	1		2	1	1	1	1	1	1			1	2			1	1	
459	氟	2		4	3	4	3	4	3	4	4	4	4	2	4	4	2	4	4
460	氟苯	1		4	4	1	4	2	4	4	3	4	4	3	4	4	2	4	4
461	氟氯乙烯								3	4									
462	氟化钠	1	1		1	1	1			1									
463	氟碳润滑剂	2	2	4	1	1	1		1	1				2			1	2	1
464	氟硅酸	1	1	3	2	1	2		2	2			1	2	2	2	4	1	4
465	甲醛	1	1	3	3	1	2	2	2	3	4	4	2	4	4	3	4	3	2

续表

序号	化学介质	PERLAST®	FEPM	SBR	CR	FEP&PFA	EPR&EPDM	ECO	IIR(Butyl)	NBR(Nitrile)	ACM	AU&EU	NR	FKM	AEM	HNBR	FVMQ	CSM	VMQ
		动态和静态应用															静态应用		
466	甲酰胺	1			3	1	2		1	3			2	3				1	
467	甲酸	2	3	2	2	1	2	3	2	3	4	4	4	3	2	3	4	3	4
468	氟利昂11	2	4	4	4	1	4	3	4	2	4	4	4	2		2	2	4	4
469	氟利昂12	2	4	1	1	1	2	1	2	1	2	2	2	2	1	1	3	1	4
470	氟利昂13	1	1	1	1	1	1	1	1	1	4	4	1	1		1	3	1	4
471	氟利昂13b1	2	2	1	1	1	1	1		1			1	2		1	2	1	4
472	氟利昂14	1		1	1	1	1	1		1			1	1		1	1	1	4
473	氟利昂21	2		4	2	1	4	2	4	4			4	4			4	4	4
474	氟利昂22	2		2	1	1	1	1	1	4	2	4	2	4	3	4	4	1	4
475	氟利昂31	2		2	1	1	1		1	4			2	4		4		2	
476	氟利昂32	2	4	1	1	1	1		1	1			1	4		1	3	1	
477	氟利昂112	2	4	4	2	1	4	3	4	2	4	2	4	1		2	3	2	4
478	氟利昂113	3	4	1	1	1	1	1	1	1		2	3	2	4	1	4	1	4
479	氟利昂114	3	4	1	1	1	1	1	1	1	1	1	1	2		1	2	1	4
480	氟利昂114b2	3	4	3	1	1	4	2	4	2	4	4	4	2		2	2	1	4
481	氟利昂115	3	4	1	1	1	1	1	1	1	4	4	1	2		1	4	1	4
482	氟利昂134a	2	4	3	2	1	1		3	1		4	2	4	1		3	1	2
483	氟利昂502	3		1	1	1	1		1	2			1	2		2			
484	氟利昂C316	2		1	1	1	1		1	1			1			1		1	
485	氟利昂C318	3	4	1	1	1	1		1	1			1			1		1	
486	氟利昂K142b	3	4	1	1	1	4		1	2			2	2		2	4	1	
487	氟利昂K152a	3		1	1	1	1		1	1			1	4		1		3	
488	氟利昂PCA	3	4	2	1		4		4	1		1	4	2		1			4
489	氟利昂TP35	2	1	1	1	1	1		1	1		1	1	1		1	1	1	1
490	氟利昂TAD602	2		2	2	1	2		1	2		1	3	1		2		2	4
491	氟利昂TA	3	3	1	1	1			1	1		1	1	3		1			
492	氟利昂TC	2		2	1	1	2		1	1		1	4	1		1		1	4
493	氟利昂TMC	2		3	2	1	2		2	2		2	2	1		2		2	3
494	燃料油	1	1	4	3	1	4	1	4	1	1	3	4	1	2	1	1	4	4
495	富马酸	1	1	2	2	1	2		4	1			1	1	4	1	1	2	2
496	呋喃	1		4	4	1	3	4	4	4	4	4	4	4	4	4	4	4	4
497	糠醛	2	3	4	4	1	4	4	4	4	4	4	4	4	3	4	4	4	4
498	糠醇	1	2	4	4	1	2	4	2	4	4	4	4	4	4	4	4	4	4
499	没食子酸	1	1	2	3	1	2		2	2	4	1	4	1	4	2	1	2	3
500	酒精-汽油混合燃料	1		4	4	1	4	4	4	3	4	4	4	1	4	1	2	4	4
501	汽油	1	3	4	4	1	4	1	4	2	4	3	4	1	3	1	1	4	4
502	凝胶	1	1	1	1	1	1	1	1	1	1	1	1	1	3	1	1	1	1
503	芒硝	1	1	4	2	1	2		2	4	4		2	1	1	4	1	2	
504	葡萄糖酸	1		4	1	1	1		3	3		1	4	1		3	1	2	2
505	葡萄糖	1	1	1	1	1	1	1	1	1	4	4	1	1	1	1	1	1	1

续表

序号	化学介质	PERLAST®	FEPM	SBR	CR	FEP&PFA	EPR&EPDM	ECO	IIR(Butyl)	NBR(Nitrile)	ACM	AU&EU	NR	FKM	AEM	HNBR	FVMQ	CSM	VMQ
								动态和静态应用									静态应用		
506	甘油	1	1	1	1	1	2	1	1	1	3	4	1	1	1	1	1	1	1
507	甘胺酸	1		2	1	1	1		1	2		2	1					2	
508	乙二醇	1	1	1	1	1	1	2	1	2	4	4	2	1	1	2	1	1	1
509	乙醇酸	1		1	2	1	2		1	1		2	1				1	1	1
510	乙二醇-乙基醚	1		3	2	1	4					3	1						
511	油脂(石油基)	1	1	4	2	1	4	2	4	1	1	1	4	1	1	1	1	4	4
512	绿硫酸液	2	1	2	2	1	1	1	2	4	2	2	1			2	2	2	4
513	氟烷	2	1	4	4	1	4		4	4	4	4	4	1		4	4	4	4
514	卤蜡油	2	1	4	4	1	4		4	4	4	4	4	1		4	4	4	4
515	重水	1	1	1	2	1	1		1	1	4	1	1	1	1	1	1	1	1
516	HEF2(高能燃料)	1	1	4	4	1	4		4	2	3	3	3	1		2	2	4	4
517	氨	1	1	1	1	1	1	1	1	1	1	1	1	1	1	1	1	1	1
518	庚醛	1		4		1			1	4		4	2				4		
519	庚烷	1	3	4	2	1	4	1	4	1	1	2	4	1	1	1	1	2	4
520	六氯丁二烯	1		4	4	1	4		4	1		4	1					4	4
521	十六烷	1	1	4	2	1	4		4	4	4	4	4	1		1	3	2	4
522	环己醇	1	1	4	2	1	4	4	4	2	4	4	4	1	3	2	1	3	4
523	四氮六甲圜	1			1	1													
524	正己烷	1	3	4	2	1	4	1	1	1	1	1	4	1	2	2	1	2	4
525	己二酸	1	2	1	1	1	2	1	1	4	4	1	1	2	1	1	1	1	1
526	己醇	1		2	2	1	3	2	2	2	4	4	2	1	1	2	1	2	3
527	异乙酮	1	4	4	4	1	3	4	3	4	4	4	4	4	4	4	4	4	4
528	正已烯	1	2	4	2	1	4	2	4	1	2	1	4	1	3	2	1	2	4
529	己二醇(制动液)	1		4	1	1	1			3	4	1	1	3		3	1		2
530	液压油(石油基)	1	1	4	2	1	4	1	4	1	1	1	4	1	1	1	1	2	2
531	肼(二胺)	2	2	2	2	1	1		1	2		4		4			4	2	2
532	无水肼	2	2	1	2	1	2	4	2	4	4	4	4	4	1	1	4	2	
533	氢溴酸	1	1	4	3	1	3		4	4		4	1	1	4	1	3	1	4
534	盐酸(3mol/L)	1	1	3	3	1	4		4	1	3	3	4	3	1	3	2	2	4
535	冷盐酸(37%)	1	1	3	3	1	2	4	2		4	4	3	1	3	3	2	2	4
536	热盐酸(37%)	1	1	4	4	1	3	4	3	4	4	4	3	1	4	4	2	2	4
537	浓盐酸	1	1	4	4	1	4		4	4		4	4	1	4	3	4	3	4
538	氢氰酸	1	1	2	2	1	1		1	2		4	2	1	1	2	2	1	3
539	浓氢氟酸	1	1	2	3	1	3	4	3	4	4	3	4	2	4	4	4	2	4
540	氟硅酸	1	1	2	2	1	1		1	2		4	1	1	2		4	1	4
541	溴化氢	1	1	2	3	1	3					4	1	1	4		3	1	4
542	氯化氢	1	1	2	4	1	1		1	4		2	1				1		
543	氟化氢	1	2	4	4	1	4		4	4	4	4	4	2	4	4	4	3	4
544	无水氟化氢	1	2	4	4	1	4		4	4	4	4	4	1	4	4	4	3	4
545	氢气	1	1	1	1	1	1	1	1	1	2	1	1	1	1	1	1	1	3
546	过氧化氢(30%)	1	1	2	1	1	1	1	1	4	4	2	1	4	1	4	2	1	1
547	过氧化氢(90%)	1	1	4	4	1	3	2	3	3	4	4	4	1	4	3	2	3	2

续表

序号	化学介质	PERLAST®	FEPM	SBR	CR	FEP&PFA	EPR&EPDM	ECO	IIR(Butyl)	NBR(Nitrile)	ACM	AU&EU	NR	FKM	AEM	HNBR	FVMQ	CSM	VMQ
		动态和静态应用															静态应用		
548	硫化氢	1	1	3	2	1	1	2	1	4	4	4	4	3	4	3	3	2	3
549	氢化的润滑油	1	1	1	2	1	1		2	1	4	4		1			2		2
550	对苯二酚	2		4	4	1	4		4	3	4		2	3	4	4	2	4	3
551	羟基乙酸	1		1	2	1	2		1	1			2	1			1	1	1
552	次氯酸	1		4	4	1	2	2	2	4	4		2	3	4		3		
553	碘	1	2	2	4	1	2	2	2	2	4	4	4	1	2	1	1	2	3
554	五氟化碘	2	4	4		4	4		4	4	4	4	4	4	4	4	4	4	4
555	三碘甲烷	1		4	4	1	4				3	4	4	2	3		2		
556	异丁烷	1		4	2	1	4		4	1	1	4	4	1		1	1	1	2
557	异辛烷	1	2	4	3	1	4	1	4	1	1	2	4	1	1	1	1	2	4
558	乙酸异戊酯	1	4	4	4	1	2		2	4	4	1	4	4		3	1	4	2
559	异戊醇	1	1	1	1	1	1		1	1			1	1				1	
560	丁酸乙戊酯	1	4	4	4	1	2		2	4	4	1	4	4		3	1	4	2
561	己戊基氯	1		4	4	1	4		3				4	2				4	
562	异丁醇	1	1	1	1	1	2	1	2	1		4	1	1	2	1	3	2	1
563	异丁胺	1		2			1			1	2		2	4				3	
564	异丁基氯	1	2	4	4	1	2		4	3			4	1		4	2	4	1
565	异丁酸	1	3		3	1	1		3				4		2				
566	异癸烷	1	1	4	2	1	4		4	1	4		4	1	1	1	1	2	4
567	异戊烷	1		4	2	1	4		4	1	1	4	4	1		1	1	3	2
568	异佛乐酮	1	2	4	4	1	2	4	1	4	4	4	4	4	4	4	4	4	4
569	异丙醇	1	1	2	2	1	1	2	1	2	4	4	1	1	3	2	2	1	1
570	乙酸异丙酯	1	4	4	4	1	2	4	2	4	4	4	4	4		4	4	4	4
571	异丙醇	1	1	2	2	1	1	2	1	2	4	4	1	1	3	2	2	1	1
572	异丙胺	1		2			1			1	2		2	4				3	
573	异丙基苯	1	3	4	4	1	4		4	4	4	4	4	4	4	1	4	4	4
574	异丙基氯	1	4	4	4	1	4		4	4	4	4	4	1	4	4	1	4	4
575	异丙醚	1	4	4	3	1	4		4	3	3	3	4	4	4	3	3	3	4
576	异丙基苯	1		4	4	1	4		4	4	4	4	4	1	4	4	1	4	4
577	Kel F液体	2	3	1	1		1		1	1			2				2	1	1
578	煤油	1	2	4	3	1	4	2	4	1	2	1	4	1	2	2	1	3	4
579	漆用溶剂	1	4	4	4	1	4	4	4	4	4	4	4	4	4	4	4	4	4
580	漆	1	4	4	4	1	4	4	4	4	4	4	4	4	4	4	4	4	4
581	氨基酸类	1	3	4	2	1	2		2	4			4	4		4	4	2	
582	冷酸乳	1	1	1	1	1	1		1	1	1	1	1	1	4	1	1	1	2
583	热乳酸	1	4	4	4	1	4	4	4	4	4	4	1	4	4	4	4	4	4
584	猪油	1	1	4	2	1	4		2	1	2	1	4	1	1	1	1	3	2
585	月桂醇	1		1	1	1	2		1	1			1	2				2	
586	薰衣草油	1	1	4	4	1	4	3	4	2	4	2	4	1	4	3	2	4	4
587	乙酸铅	1	4	4	2	1	1		1	3	4	4	2	4		4	2	4	4
588	氯化铅	1		4	2	1	1			3	4	1	1	3		3	1	1	2
589	铬酸铅	1		4	2	1	1			3	4	1	1	3		3	1	1	2
590	硝酸铅	1	2	1	1	1	1	2	1	1	4	1	1	2	1	1	1	2	4
591	氨基磺酸铅	1		2	1	1	1		1	2	4		1	4		1	1	1	2
592	不稠的润滑脂	1	2	4	4	1	4	1	4	1	1	1	4	1	1	1	1	4	4
593	轻石油	1	2	4	2	1	4	1	4	1	1	2	4	1	4	1	1	3	4
594	石灰漂液	1	1	2	2	1	1		1	1	4		2	1		2	1	2	2
595	石灰硫磺合剂	1	1	4	1	1	1		1	4			4	1	1		1	1	1
596	柠檬油精(二戊烯)	1	3	4	4	1	4		4	4	4	2	4	1	4	2	3	4	4
597	磷酸三甲苯酯	1	1	4	4	1	1	4	1	4	4	4	4	2	4	4	3	4	3

续表

应用分区说明：PERLAST® ～ HNBR 列为"动态和静态应用"；FVMQ、CSM、VMQ 列为"静态应用"。

序号	化学介质	PERLAST®	FEPM	SBR	CR	FEP&PFA	EPR&EPDM	ECO	IIR(Butyl)	NBR(Nitrile)	ACM	AU&EU	NR	FKM	AEM	HNBR	FVMQ	CSM	VMQ
598	亚油酸	1	1	4	3	1	4	2	4	2	4	3	4	2	4	2	2	4	2
599	亚麻子油	1	1	4	3	1	3	1	3	1	1	2	4	1	3	1	1	3	1
600	液化石油气	1		4	2	1	4	1	4	1	3	1	4	1	4	2	3	4	3
601	液体氧	4	4	4	4	1	4	4	4	4	4	4	4	4	4	4	4	4	4
602	润滑油	1		4	2	1	4		4	1	1	2	4	1		1	1	4	4
603	溴化锂	1	1	1	2	1	1		1	1		1	2	1			1	1	1
604	氯化锂	1	1	1	2	1	1		1	1		1	2	1			1	1	1
605	氢氧化锂	1		4	1	1	1			3	4		3			3	1		2
606	Lithophone	1		4		1	1		1	3	4	1	3			3	1		2
607	润滑油（油脂基）	1	2	4	3	1	4	2	4	2	2	4	4	1	1		2	4	4
608	润滑油（石油基）	1	1	4	2	1	4	1	4	1	1	2	4	1	1	1	1	4	4
609	咸水	1	2	2	2	1	2	1	2	1		4	2	2	4	2	2	1	2
610	醋酸镁	1		4		1			2	4			4	4				4	
611	氯化镁	1	1	1	2	1	1	2	1	1	4	3	1	1	2	1	1	1	1
612	氢氧化镁	1	1	1	2	1	1	2	1	1	4	2	1	1	2	1	2	1	3
613	镁盐	1	1	1	1	1	1		1	1	1	1	1	1	1	1	1	1	1
614	硫酸镁	1	1	2	2	1	1	2	1	1	4	4	2	1	2	1	1	1	1
615	马拉松	1		4	3	1	4		4	2			4	1			2		4
616	马拉酸	1	1	4	4	1	4		4	4	4	3	4	1	4			4	3
617	马拉酸酐	1	1	4	4	1			4	4		4	4	4		4			
618	苹果酸	1	1	2	2	1	4		4	1	4		1	1	1	1	1	2	2
619	氯化锰（二价）	1		4		1	1		1	1	4		3			3	1	1	2
620	碳酸锰	1		4	1	1	1		1	1	4	1	3			3	1	1	2
621	硫酸锰	1		1		1			1	1			3				1		
622	氯化汞	1	1	1	2	1	1	1	1	1			1	1	1	1	1	1	3
623	氰化汞	1	1		2	1	1			2			1						
624	硝酸亚汞	1	1		2	1	1			2			1						
625	水银	1	1	1	1	1	1	1	1	1	1	1	1	1	1	1	1	1	2
626	亚异丙基丙酮	1	4	4	4	1	2	4	2	4	4	4	4	4	4	4	4	4	4
627	甲基丙烯酸甲酯	1		4	4	1	2		2	4	4	4	4		4		4	4	4
628	甲基丙烯酸	1	2		2	1	2						3		4	4		4	4
629	甲烷	1	2	4	2	1	4	1	4	1		3	4	1	1	1	2	2	4
630	甲醇	1	1	1	1	1	1	2	1	2	4	4	1	1	1	1	2	1	2
631	醋酸甲酯	1	4	4	3	1	2	4	2	4	4	4	4	4	4	4	4	4	4
632	乙酰乙酸甲酯	1	4	4	2	1	2	4	2	4	4	4	4	4	4	4	4	4	3
633	丙烯酸甲酯	1	4	4	2	1	2	4	2	4	4	4	4	4	4	4	4	4	4
634	甲基丙烯酸（巴豆）	1		4	2	1	2		2	4	4	4	4	4	3	4	4	4	4
635	甲醇	1	1	1	1	1	1	2	1	2	4	4	1	1	1	1	2	1	2
636	甲基胺	1		2	2	1	2		1	4		2	2					1	
637	乙酸甲基戊酯	1			1				1				4						
638	甲基戊醇	1		1			1		1	1			1	4				1	
639	苯甲酸甲酯	1	1	4	4	1	4		4	4	4	4	4	1	4	1	1	4	4
640	甲基溴	1	2	4	4	1	4	4	4	4	2	3	4	1	3	2	1	4	3

续表

序号	化学介质	PERLAST®	FEPM	SBR	CR	FEP&PFA	EPR&EPDM	ECO	IIR(Butyl)	NBR(Nitrile)	ACM	AU&EU	NR	FKM	AEM	HNBR	FVMQ	CSM	VMQ
		动态和静态应用															静态应用		
641	甲基丁基酮	1	4	4	4	1	2	4	2	4	4	4	4	4	4	4	4	4	3
642	乙酸甲酯	1			4	1	4			4									
643	碳酸甲酯	1	1	4	4	1	4		4	4	4	4	4	1		4	2	4	4
644	甲基溶纤剂	1	1	4	3	1	2	4	2	3	4	4	4	4	4	4	4	4	4
645	甲基纤维素	1	1	2	2	1	2		2	2	4	2	2	4	1	2	2	2	2
646	氯甲烷	1	4	4	4	1	3	4	3	4	4	4	2	4		4	2	4	4
647	氯甲酸甲酯	1	1	4	1	1	4			4	4	4	4	1		4	2	4	4
648	甲基氰(乙腈)	1	1		4	1	1			2				1		2	1		
649	甲基烷戊烷	1	4	4	4	1	4	4	4	4	4	4	4	1	4	4	2	4	4
650	甲基二氯	1		4	4	1	3	4	3	4	4	4	4	1	4		2	4	4
651	甲基醚	1	4	2	3	1	2	4	2	2	4	4	3	1	4	1	1	4	1
652	甲基乙基酮	1	4	4	4	1	2	4	2	4	4	4	4	4	4	4	4	4	4
653	过氧化甲乙酮	1	4	4	4	1	3	4	3	4	4	4	4	4	4	4	4	4	2
654	甲基甲酸	1	4	4	2	1	2	4	2	4	4	4	4	3	4	4	4	2	3
655	乙二醇一甲醚乙酸酯	1		2	3	1	1			2			4	3	4			2	2
656	碘甲烷	1			4	1	1			4									
657	甲基异丁酮	1	4	4	4	1	3	4	3	4	4	4	4	4	4	4	4	4	4
658	甲基异丙酮	1	4	4	4	1	2	4	2	4	4	4	4	4	4	4	4	4	4
659	甲硫醇	1			1	1	1		1										
660	甲基丙烯酸甲酯	1	3	4	4	1	3	4	3	4	4	4	4	4	4	4	4	4	3
661	油酸甲酯	1	2	4	4	1	2	4	2	4	4	4	4	1	4	4	4	4	4
662	苯甲醚	1		4	4	1				4			4	3					
663	甲丙酮	1		4	4	1				4			4	4				4	
664	水杨酸甲酯	1	3	3	4	1	2	4	2	4	4	4	4	4	4	4	4	4	3
665	二溴甲烷	1		4	4	1			4	4			4	2				4	
666	二氯甲烷	1	2	4	4	1	4	4	4	4	4	4	4	2	4	4	2	4	4
667	二氯甲烷	1	2	4	4	1	4	4	4	4	4	4	4	2	3	4	2	4	4
668	牛奶			1	1	1				1			1	1	4				1
669	矿物油	1	1	4	2	1	3		3	1	1	1	4	1	2	1	1	2	2
670	一溴苯	1	2	4	4	1	4	4	4	4	4	4	4	1	4	4	4	2	4
671	一氯酸酯	1		4	4	1	2	4	2	4	4	4	4	4	4	4	4	4	4
672	一氯丙酮	1		4	2	1	1	4		2	4	4	3	4	4	4	4	3	4
673	一氯苯	1	4	4	4	1	4	4	4	4	4	4	4	1	4	4	2	4	4
674	乙醇胺	1	1	2	4	1	2	4	2	4	4	4	2	4			4	4	4
675	乙胺	1		3	3	1	1			2	3		3	4				3	
676	甲基丙烯酸酯	1			1	1				3	1	1		3		3	1		
677	甲基苯胺	1	2	4	4	1	2	4	2	4	4	4	4	2	4	4	4	4	2
678	甲基酯	1		3	2	1	4			1	1		4	1	4				
679	甲肼	1		2	2	1	1		1	2						2		2	4
680	一乙烯基乙炔	1	2	2	2	1	1		1	1			2	1		1		2	2
681	玛琳	1		4	2	1	2	4	2	4	4	4	4	1	4	4	4	2	4
682	芥子气	1		3	3	1	3		1				3	1			1	1	1
683	月桂醇(正十二醇)	1		1	1	1	2		1	1			1	2				2	
684	正庚烷	1	3	4	2	1	4		4	1	1	1	4	1	3	2	1	2	4
685	正己醛	1		4	1	1	4		4	4	3	4	4	4	4	4	4	3	2
686	正己烷	1	2	4	2	1	4		4	1	1	2	4	1	1	2	1	2	4

续表

序号	化学介质	PERLAST®	FEPM	SBR	CR	FEP&PFA	EPR&EPDM	ECO	IIR(Butyl)	NBR(Nitrile)	ACM	AU&EU	NR	FKM	AEM	HNBR	FVMQ	CSM	VMQ
		动态和静态应用															静态应用		
687	正己醇	1		2	2	1	3	2	3	1	4	4	2	1	4	2	2	2	2
688	正己烯	1	3	4	2	1	4	2	4	2	1	2	4	1	3	2	1	2	4
689	正辛烷	1		4	4	1	4	2	4	2	4	4	4	1	3	2	2	4	4
690	正戊烷	1		3	2	1	4	1	4	1	1	4	4	1	3	1	3	2	4
691	乙酸丙酯	1	4	4	4	1	2	4	2	4	2	4	4	4	4	4	4	4	4
692	正丙基丙酮	1		4	4	1	1	4	1	4	1	4	4	4	4	4	4	4	4
693	硝酸丙酮	1		4	4	1	2	4	2	4	2	4	4	4	4	4	4	4	4
694	石脑油	1	2	4	2	1	4	1	4	1	4	2	4	1	4	2	4	2	4
695	煤焦油精(苯)	1	3	4	4	1	4	4	4	4	4	4	4	4	4	4	1	4	4
696	萘	1	2	4	4	1	4	4	4	4	4	3	4	1	4	4	1	4	4
697	环烷酸	1	1	4	4	1	4	2	4	2	4	4	4	1	4	3	1	4	4
698	天然气	1	1	3	2	1	4	1	4	1	2	2	2	1	2	1	2	2	4
699	牛蹄油	1	1	4	4	1	2	1	2	1	1	1	1	1	3	1	1	4	2
700	新己烷	1		4	2	1	4		4	1	1	4	4	1	2		1	4	4
701	氩气	1	1	1	1	1	1	1	1	1	1	1	1	1	1	1	1	1	1
702	萘温酸	1	1	1	4	1	2		2	4	4		4	1	4	4	2	4	4
703	乙酸镍(二乙酸盐)	1	4	4	2	1	1	3	1	3	4	4	3	4	4	2	4	4	4
704	氯化镍	1	1	2	2	1	1	2	1	1	3	3	3	1	2	1	1	1	1
705	硝酸镍	1	1	1	1	1	1		1	1		1	1				1		
706	镍盐	1	1	2	2	1	1	2	1	1	3	3	1	1	2	1	1	1	1
707	硫酸镍	1	1	2	2	1	1	2	1	1	4	3	3	1	2	1	1	1	1
708	硝饼	1	1	1	1	1	1	1	1	1	4	1	1	1	1	1	1	1	1
709	硝酸(3mol/L)	1	2	4	4	1	2	4	2	4	4	4	4	1	4	3	3	4	4
710	硝酸(浓)	1	2	4	4	1	2	4	4	4	4	4	4	1	4	4	3	4	4
711	硝酸(发烟硝酸)	2	3	4	4	1	4	4	2	4	4	4	4	3	4	4	4	4	4
712	硝基苯	1	1	4	4	1	4	4	4	4	4	4	4	2	4	4	4	4	4
713	轻石油	1	2	4	2	1	4	1	4	1	1	2	4	1	4	1	1	3	4
714	硝基乙烷	1	2	2	2	1	2	4	2	4	4	2	4	4	4	4	2	4	4
715	氯气	1	1	1	1	1	1	1	1	1	1	1	1	1	1	1	1	1	1
716	四氧化二氮	1	3	4	4	1	4	4	3	4	4	4	4	1	4	4	4	4	4
717	硝基甲烷	1	3	3	3	1	2	4	2	4	4	4	4	2	4	4	4	4	4
718	硝化丙烷	1	2	4	4	1	2	4	2	4	4	4	4	4	4	4	4	4	4
719	亚硝酸	1		4		1	1			3		1		3		3	1		2
720	邻氟萘	1		4	4	1	4		4	4	4	4	4	1	4		2	4	4
721	邻甲酚	1	1	4	4	1	4	4	4	4	4	4	4	1	4	4	2	4	4
722	邻二氯苯	1		4	4	1	4	4	4	4	4	4	4	1	4	4	2	4	4
723	八氯甲苯	1		4	4	1	4		4	4	4	4	4	1			2	4	4
724	十八烷	1	1	4	2	1	4		4	1	2	1	4	1	2		1	2	4
725	辛醇	1	1	2	2	1	1	2	2	2	4	2	1	2	2	2	2	2	2
726	乙酸辛酯	1		4		1			2	4		4	4				4		
727	辛醇	1	1	2	2	1	1	2	2	2	4	2	1	2	2	2	2	2	2
728	油酸	1	1	4	4	1	4	2	4	2	4	3	4	1	4	4	2	4	4
729	油酸酯	1		4	4	1	4		2	3	2	4	4	2		3			4
730	发烟硫酸	1	1	4	4	1	4	2	4	2	4	4	4	1	4	3	4	4	4
731	橄榄油	1	1	4	2	1	2	2	2	1	1	1	1	1	3	1	1	2	1
732	邻氯乙苯	1	4	4	4	1	4		4	4	4	4	4	1			4	2	4

续表

序号	化学介质	PERLAST®	FEPM	SBR	CR	FEP&PFA	EPR&EPDM	ECO	IIR(Butyl)	NBR(Nitrile)	ACM	AU&EU	NR	FKM	AEM	HNBR	FVMQ	CSM	VMQ
							动态和静态应用										静态应用		
733	草酸	1	1	2	2	1	1	3	1	2	4	4	2	1	4	2	1	2	2
734	氧气(100~200℃)	1	2	4	4	1	4	4	4	4	4	4	4	2	4	3	4	4	2
735	氧气(低于100℃)	1	1	4	1	2	1	2	1	2	2	1	2	1	1	1	1	1	1
736	臭氧(50PPHM)	1	1	4	2	1	4	1	1	2	1	1	4	1	1	1	1	1	1
737	涂料稀释剂	1	2	4	4	1	2	4	4	1	4	4	2	4	4	4	3	4	4
738	棕榈酸	1	1	3	2	1	4	2	2	2	4	3	3	1	4	1	1	3	4
739	Par-al-ketone	1	4	4	4	1			4	4	4	4	4			4	4	4	4
740	对二氯苯	1	3	4	4	1			4	4	4	4	4			4	2	4	4
741	石蜡	1		4	1	1	4	1	4	1	1	1	1	1		1	1	1	1
742	三聚乙醛	1			2	1	1		1	4			3	4					
743	花生油	1	1	4	3	1	3	1	3	1	1	2	4	1	2	1	1	3	1
744	青霉素	1			1	1					3			1				4	
745	五氯乙烷	1		4	4	1			4	4			4	1					
746	五氯苯酚	1			4	1	4			4				1					
747	戊烷	1		4	2	1	4		4	1	1	4	1				3	3	4
748	戊醇	1	1	2	2	1	1	1	1	2	4	4	2	2	2	2	1	2	4
749	戊醇	1	1	2	2	1	1	1	1	2	4	4	2	2	2	2	1	2	4
750	戊胺	1		2		1			1	2			2					3	
751	高氯酸	1	2	4	2	1	2	3	2	4	4	4	1			4	1	2	4
752	全氯乙烯	1	4	4	4	1	4	3	4	3	4	4	4	1	4	3	2	4	4
753	石蜡油	1	1	4	2	1	4	1	4	1	1	1	1	1	1	1	1	1	1
754	石油≤1%硫含量	1	1	4	1	1	4	1	4	4	4	4	4	1	2	4	4	1	4
755	石油>1%硫含量	1	1	4	1	1	4	1	4	2	2	2	4	1	1	2	2	1	2
756	天然石油	1	1	4	2	1	4		4	1	1	1	1	1	1	1	1	1	1
757	苯酚(石碳酸)	1	1	4	4	1	2	4	2	4	4	4	4	1	4	4	1	4	4
758	苯酚硫黄	1		4		1			3	4			4	2				4	
759	乙酸苯酯	1		4	4	1	2			4			4	4					
760	联苯	1	2	4	4	1	4	4	4	4	4	4	4	1	4	4	2	4	4
761	二苯醚	1	2	4	4	1	4	4	4	4	4	4	4	1	1	4	2	4	3
762	苯乙醚	1	4	4	4	1	4	4	4	4	4	4	4	1	4	4	4	4	4
763	苯肼	1	1	2	4	1	4	4	4	4	4	4	4	1	4	4	2	4	3
764	苯乙酮	1		4	4	1	1	4	1	4	4	4	4	1	4	4	4	4	4
765	二异亚丙基丙酮	1	4	4	4	1	2	4	2	4	4	4	4	4	4	4	4	4	4
766	光气	1			1	1	1		1	2				2				2	
767	磷酸酯	1	2	4	4	1		4	1	4	4	4	1		4		3	4	4
768	磷酸(3mol/L)	1	1	2	3	1	1	3	3	4	3	4	2	1	4	2	2	2	2
769	磷酸(浓)	1	2	3	4	1	1	3	4	4	4	4	2	1	4	3	2	3	3
770	磷酰氯	1			4	1				4									
771	三氯化磷	1	2	4	4	1	1	4	1	4	4	4	4	1	4	4	1	4	4
772	邻苯二甲酸	1	2		2	1	2		1	3			4	2				1	
773	邻苯二甲酸酐	1			4	1	1						2						
774	三硝基苯酚,氢气	1	2	2	2	1	4	1	2	4	2	1	4			2	2	1	4
775	松油	1	1	4	3	1	4	2	4	2	4	3	4	1	4	2	1	4	4
776	蒎烯	1	1	4	3	1	4	2	4	2	4	3	4	1	4	2	1	4	4
777	哌啶	1				1													
778	电镀铬液	1	1	4	4	1	1		2	4	4	4	1		4	4	4	4	

续表

序号	化学介质	PERLAST®	FEPM	SBR	CR	FEP&PFA	EPR&EPDM	ECO	IIR(Butyl)	NBR(Nitrile)	ACM	AU&EU	NR	FKM	AEM	HNBR	FVMQ	CSM	VMQ
		动态和静态应用															静态应用		
779	乙酸钾	1	1	4	2	1	1	3	1	2	4	4	2	4	4	4	4	4	4
780	碳酸氢钾	1			1	1	1		2	1	4	3	1	1		1	1		2
781	硫酸氢钾	1	1	1	2	1	1		1	1		4	1	1		1		1	
782	亚硫酸氢钾	1	1	1	1	1	1		1	1			1	1		1		1	
783	溴化钾	1	1	1	2	1	1		1	1		4	1	1		1		1	
784	碳酸钾	1	1	1	1	1	1		1	1			1	1		1	1	1	1
785	氯酸钾	1	1	2	2	1	1		1	4		4	2	1				1	
786	氯化钾	1	1	1	1	1	1	2	1	1	3	3	1	1	2	1	1	1	1
787	铬酸钾	1	1	2	1	1	1	2	1	1	3	3	2	1	2		1	3	1
788	铜氰化钾	1	1	1	1	1	1	2	1	1	3	3	1	1	2	1	1	1	1
789	氰化钾	1	1	1	1	1	1	2	1	1	3	3	1	1	2	1	1	1	1
790	重铬酸钾	1	1	2	1	1	1	2	1	1	3	3	1	1	2	1	1	1	1
791	铁氰化钾	1		2	1	1	1			4			2	1					
792	亚铁氰化钾	1			1	1				4				1		4			
793	氟化钾	1		2	1	1			2				1						
794	氢氧化钾(50%)	1	1	2	2	1	1	2	1	3	4	4	2	4	4	2	3	1	3
795	次氯酸钾	1		2	3	1	1		3	3		2		2		3			
796	碘酸钾	1		4						3	4		1	3		3	1		2
797	碘化钾	1	1	1	1	1	1	2	1	1	4	4	1	1	2	1	1	1	1
798	硝酸钾	1	1	1	2	1	1	2	1	1	3	3	1	1	2	1	1	1	1
799	亚硝酸钾	1	1	1	2	1	1	2	1	1	3	3	1	1	2	1	1	1	1
800	草酸钾	1		4	1	1	1			3	4		1	3		3			2
801	高氯酸钾	1		3	2	1	1	2	1	2	4	4	3	1	2	1	1	1	1
802	高锰酸钾	1	1	4	2	1	1	2	1	2	3	4	4	1	2	1	1	3	1
803	过硫酸钾	1		4	2	1	1	2	1	4	4	4	4	1	2	2	1	1	1
804	磷酸钾	1	1		1	1	1			1				1					
805	钾盐类	1	1	1	1	1	1		1	1	1	1		1		1	1	1	1
806	硅酸钾	1	1	1	1	1	1		1					1		1		1	
807	硫酸钾	1	1	2	2	1	1	2	1	1	4	3	2	1	3	1	1	2	1
808	硫化钾	1	1	1	1	1	1		1					1		1		1	
809	亚硫酸钾	1	1	2	2	1	1	2	1	1	4	4	2	1	2	1	1	1	1
810	酒石酸钾	1			1	1	1			3	4	1		3		3	1	1	2
811	硫氰酸钾	1			1	1			1	3	4		1	3		3	1		
812	发生炉煤气	1	1	4	2	1	4		4	1	2	1	4	1	1	1	2	2	2
813	丙烷(液化气)	1	1	4	2	1	4		4	1	1	3	4	1	2	1	3	3	4
814	丙醇	1	1	4	2	1	1	2	4	2	4	3	1	1	3	1	1	1	2
815	丙醛	1			1			1	4				3	4					
816	丙酸	1	1		3	1	1		1	3				1					
817	丙腈	1	1	4	2	1	3		4	2	1	4	4	1	4	1	3	2	4
818	乙酸正丙酯	1	4	4	4	1	2	4	2	4	4	4	4	4	4	4	4	4	4
819	丙醇	1	1	1	1	1	1	2	1	2	4	3	1	1	3	1	1	1	2
820	丙胺	1		4	4	1	4		4	4	4	4	4	4	4	4	4	4	4
821	硝酸正丙酯	1		4	4	1	2	4	2	4	4	4	4	4	4	4	4	4	4
822	丙烯	1	1	4	4	1	4		4	4	4	4	4	1	4	4	2	4	4
823	丙烯氯乙醇	1		4		1			4		4		4	3					

续表

序号	化学介质	PERLAST®	FEPM	SBR	CR	FEP&PFA	EPR&EPDM	ECO	IIR(Butyl)	NBR(Nitrile)	ACM	AU&EU	NR	FKM	AEM	HNBR	FVMQ	CSM	VMQ
		动态和静态应用															静态应用		
824	二氯化丙烯	1		4	4	1	4		4	4		4	2		4		4		
825	丙二醇	1	1	1	2	1	1		1	1		1	1					1	
826	环氧丙烷	1	3	4	4	1	2	4	2	4	4	4	3	4	4	4	4	4	4
827	吡啶	1	2	4	4	1	2	4	2	4	4	4	3	4	4	4	4	4	4
828	焦棓酚	1			3	1	3			3		4		1					
829	吡咯	1		3	4	1	3	4	4	4	4	4	3	4	4	4	4	4	3
830	奎宁	1			1					2	4	2		3			2	2	
831	醌	1			1	1	4		4	2			4	1		2			
832	菜籽油	1	1	4	3	1	2	3	2	1	1	2	1	4	1	3	1	3	3
833	红油(MIL-H-5606)	1	2	4	2	1	4	1	4	1	1	1	1	4	1	1	1	2	4
834	RJ-1(MIL-F-25576)	1	1	4	2	1	4	1	4	1	1	1	1	1	1	1	1	2	4
835	松香	1		3	1	3	4			1	4	4		1		1	2		2
836	鱼藤酮	1	1		1	1	1			1				1					
837	RP-1(MIL-F-25576)	1	1	4	2	1	4	1	4	1	1	1	1	1	1	1	1	2	4
838	氯化铵	1	1	1	1	1	1	1	1	1	3	3	1	2	1	2	1	1	3
839	水杨酸	1	1	1	1	1	1	1	1	1	1	1	1	1	1	1	2	1	4
840	海水	1			1									1					
841	污水	1		4		1	1		1		4			3		3			
842	矽酸脂	1		4		1	1		1	3	4	1		3					
843	硅脂	1		4	1	1	1				4	4		1			1		4
844	硅油	1	1	1	1	1	1		1	1	1	1	1	1	1	1	2	1	4
845	四氯化硅	2				1								1					
846	溴化银	1		4	1	1	1		1		4			3					
847	氯化银	1		4	1	1	1		1	3	4	1		3		3			
848	氰化银	1		4	1	1	1				4	4		1			1		4
849	硝酸银	1	1	1	1	1	1	3	1	1	3	1	1	2	1	1	1	1	1
850	Skydrol 500	1	1	1	4	1	1	3	2	4	4	4	4	4	4	4	3	4	3
851	Skydrol 7000	1	1	4	4	1	1	4	4	4	4	4	2	4	4	4	3	4	3
852	乙酸钠	1	2	4	2	1	4	1	3	1	2	3	2	4	4	4	4	4	4
853	铝酸钠	1		1	1	1	1		1	1			1	1	1			1	
854	亚砷酸钠	1		3	4	1	1		3	3	4			3		3		3	
855	苯甲酸钠	1	1	1	1	1	1	2	1	1	4	4	1	1	1	1	1	1	1
856	碳酸氢钠	1	1	1	1	1	1	2	1	1	4	4	1	1	1	1	1	1	1
857	重铬酸钠	1	1	1	1	1	1	2	1	1	4	4	2	1	2	1	1	1	1
858	硫酸氢钠	1	1	2	1	1	1	1	1	2	1	1	1	1	1	1	1	1	1
859	亚硫酸氢钠	1	1	4	1	1	1	2	1	3	2	4	4	1	2	1	1	1	1
860	硼砂	1	1	2	4	1	1		2		2	3	3	1	1	1	2	1	2
861	溴酸钠	1		4	1					3	4	1			3				2
862	溴化钠	1		4	1					3	4	1			3	1	1		2
863	碳酸钠(纯)	1	1	1	1	1	1	2	1	1	4	4	1	1	1	1	1	1	1
864	钠氯酸盐	1		3	1	1	1		2	1	4	4	3	1	2	1	1	1	1
865	氯化钠	1	1	1	1	1	1	2	1	1	4	3	1	1	1	1	1	1	1
866	亚氯酸钠	1	2							4				1					
867	铬酸钠	1	1	1	1	1	1	2	1	1	4	4	1	1	2	1	1	3	1
868	柠檬酸钠	1		4	1	1	1			3				3		3	1		3
869	氰化钠	1	1	1	1	1	1	2	1	1	4	4	1	1	2	1	1	1	1

续表

序号	化学介质	PERLAST®	FEPM	SBR	CR	FEP&PFA	EPR&EPDM	ECO	IIR(Butyl)	NBR(Nitrile)	ACM	AU&EU	NR	FKM	AEM	HNBR	FVMQ	CSM	VMQ
		动态和静态应用															静态应用		
870	重铬酸钠	1	1	1	1	1	1	2	1	1	4	4	1	1	2	1	1	1	1
871	乙醇钠	1		4	1	1	1			3	4		3			3	1		3
872	铁氰化钠	1		4	1	1	1		1	3	4	1	1	3		3	1	1	2
873	亚铁氰化钠	1		4	1	1	1			3	4		1	3			1		
874	氟化钠	1	1		1	1	1			1			1						
875	硫酸氢钠	1	1	2	1	1	1	1	1	1	4		2	1	1	1	1	1	1
876	亚硫酸氢钠	1	1	2	1	1	1	1	1	1	4	4	1	1	1	1	1	1	1
877	氢氧化钠	1	1	2	2	1	1	2	1	1	4	3	2	3	4	1	2	1	2
878	次氯酸钠(20%)	1	1	3	3	1	2	2	2	2	4	4	3	1	4	2	2	4	2
879	硫代硫酸钠	1	1	2	1	1	1	1	1	1	2	4	3	2	1	2		1	1
880	碘化钠	1		4	1	1	1			3	4		1	3		3	1		2
881	乳酸钠	1			1	1	1		1	3	4	1	1	3		3	1		2
882	偏磷酸铵	1	1	1	2	1	1		1	1			1	1			1	1	2
883	硅酸钠	1			1	1			1				1	1		1			
884	硝酸钠	1	1	2	2	1	1	2	1	2	4	4	2	1	2	1	1	1	4
885	亚硝酸钠	1	1	2	2	1	1	2	1	2	4	4	2	1	2	1	1	1	4
886	油酸钠	1		4	1	1	1			3	4		1	3		3	1		2
887	草酸钠	1	1		1	1			1			1							
888	过硼酸钠	1	1	3	2	1	1	2	1	2	4	4	3	1	2	1	1	2	2
889	高氯酸钠	1			1														
890	过氧化钠	1	1	2	2	1	1	2	1	2	4	4		1	4	2	1	2	4
891	过(二)硫酸钠	1	1		1	1					1								
892	磷酸钠(双基)	1	1	1	2	1	1	2	1		3	3	1	2	1	1	1		
893	磷酸钠(单基)	1	1	1	2	1	1	2	1		3	3	1	2	1	1	1	1	4
894	磷酸钠(三基)	1	1	1	2	1	1	2	1		3	3	1	2	1	1	1	1	3
895	焦磷酸钠	1		4	1	1	1			3	4		1	3		3	1		2
896	钠盐	1	1	1	2	1	1		1	1	1	1	1	1		1	1	1	1
897	硅酸钠	1	1	1	2	1	1	2	1		4	4	1	1	2	1	1	1	1
898	硫酸钠	1	1	3	2	1	1	2	1		4	3	2	1	3	1	1	1	1
899	硫化钠	1	1	2	1	1	1	2	1		4	3	2		4	1	2	2	2
900	亚硫酸钠	1	1	1	2	1	1	2	1		4	1	2	1	1	1	1	1	1
901	酒石酸钠	1		4	1	1	1			3	4		1	3		3	1		2
902	硼砂	1			1	1			1				1		1		1		
903	硫代硫酸钠	1	1	2	1	1	1	1	1	2	4	3	2	1	2	1	1	1	1
904	酸性原油	2	2				4						4	4		2		4	4
905	酸性天然气	1	1	4			4						4	4		2		4	4
906	豆油	1	1	4	3	1	3		3	1	1	2	4	1	3	1	1	3	1
907	四氯化锡	1	2	1	3	1	2	1	2	1	4	4	1	2	1	1	1	1	2
908	四氯化锡(50%)	1	2	1	3	1	2	1		1	4	4	1	4	1	1	1		2
909	二氯化锡(15%)	1	1	1	2	1	1	2	1	1	4	4	1	1	1	1	1	1	2
910	淀粉	1	1	1	1	1	1	1	1	1	4	4	1	1	1	1	1	1	1
911	Staruffer7700	1	2	4	4	1	4		4	2	2		4	1		2	2	4	4
912	蒸汽(≤150℃)	1	1	4	3	1	4		4	1	4	4	4	1	2	1	4	4	3
913	蒸汽(≤175℃)	1	3	4	4	1	4	4	4	4	4	4	4	4	3	4	4	4	
914	蒸汽(≤200℃)	1	3	4	4	1	4	4	4	4	4	4	4	4	4	4	4		
915	蒸汽(≤260℃)	2	3	4	4	1	4	4	4	4	4	4	4	3	4	4	4	4	4

续表

序号	化学介质	PERLAST®	FEPM	SBR	CR	FEP&PFA	EPR&EPDM	ECO	IIR(Butyl)	NBR(Nitrile)	ACM	AU&EU	NR	FKM	AEM	HNBR	FVMQ	CSM	VMQ
		动态和静态应用															静态应用		
916	硬脂酸	1	1	3	3	1	3	3	3	3	4	3	3	2	4	2	2	3	3
917	干洗溶剂油	1	2	4	2	1	4	1	4	1	1	1	1	1	1	1	1	4	4
918	苯乙烯单体	1	2	4	4	1	4	4	4	4	4	4	4	2	4	4	3	4	4
919	丁二酸	1	1	1	2	1	1		1	1		4	2	1			1	1	1
920	蔗糖溶液	1	1	1	2	1	1	2	1	1	4	4	1	1	2	1	1	2	1
921	氨基磺酸	1		2	2	1	1		1	2			2					2	
922	硫黄	1	1	4	1	1	3	1	3	1	4	4	1			4	1	1	1
923	氯化硫	1	1	4	4	1	4	1	4	4	4	4	1	1	4	2	4	4	3
924	二氧化硫(干)	1	2	2	4	1	1	3	2	4	4	4	3	4	4	3	2	4	2
925	二氧化硫(湿)	1	2	3	3	1	1		1	4	4	4	4	4	3		2	3	2
926	六氟化硫	2	2	4	1	1	1	1	1	2	4	4	4	2	4	2	2	2	2
927	三氧化硫(干)	1	2	4	4	1	3		3	4	4	4	3	1	4	4	2	4	3
928	硫黄,融融状态	1	1	4	3	1	3		3	4	4	4	1	1			3	4	3
929	硫酸(3mol)	1	1	3	3	1	2	3	2	4	2	3	3	1	1	3	3	3	4
930	硫酸(浓)	1	1	4	4	1	4		4	4	4	4	4	1	4	4	4	4	4
931	硫酸(发烟)	1	2	4	4	1	4		4	4	4	4	4	2	4	4	4	4	4
932	亚硫酸	1	1	2	2	1	2		2	2	4	4	1	4	2	3	1	4	
933	硫酰氯	1		2	2	1	2		2	4		2	1				1		
934	单宁酸	1	1	3	2	1	2	2	2		4	3	1	1	4	1	1	2	2
935	沥青	1	1	4	3	1	4	2	4	2	4	3	3	1	3	2	1	4	2
936	酒石酸	1	1	2	2	1	2	2	2	1	4	3	2	1	1	1	1	1	1
937	松油醇	1		4	4	1	4		4	4	4	4	2	4		1	4	3	4
938	叔丁醇	1	1	2	2	1	2	2	2	2	4	4	1	2	1	3	2	2	2
939	特丁基儿茶酚	1	2	3	2	1	2		2	4	4	4	1	4			1	2	3
940	叔丁硫醇	1	1	4	4	1	4		4	4	4	4	4	1	4	4		4	4
941	四溴乙烷	1	3	4	4	1	4		4	4	4	4	4	1	4	4	2	4	4
942	四溴甲烷	1		4	4	1	4		4	4	4	4	4	1	4	4	2	4	4
943	钛酸四丁酯	1	1	2	2	1	1		2	2			2	1			2	1	2
944	四氯二氟乙烷	1		3	2	1	4		2	4		4	1	4			2	2	4
945	四氯乙烷	1	4	4	4	1	4		4	4	4	4	1	4		4	2	4	4
946	四氯乙烯	1	4	4	4	1	4		4	4	4	4	4	1		4	2	4	4
947	四氯甲烷	1	4	4	4	1	4	2	4	3	4	3	4	1	4	3	2	4	4
948	四乙铅	1	1	3	3	1	4	2	4	2	4	4	4	1	4	2	2	4	4
949	四甘醇	1		1		1			1	1			1	1		1		1	
950	四氟甲烷	1		1	1	1	1	1	1	1	1	1	1	1		1	3	1	4
951	四氢呋喃	1	4	4	4	1	3		4	4	1	4	4	4	4	4	4	4	4
952	四氢化萘	1	4	4	4	1	4		4	4	4	4	4	1	4	4	4	4	4
953	巯基乙酸	1		4	1	1	1			3		1	3		3	1			2
954	亚硫酰(二)氯	1		4	4	1	4		4	4	4	4	4	1	4	4	4	4	4
955	噻吩	1		4	4	1	4		4	4			4	3				4	
956	硫酸钛	1		4	1	1	1			3	4		1	3		3	1		2
957	四氯化钛	2	2	4	4	1	4		4	4	3	4	4	1	4	2	2	4	4
958	甲苯	1	4	4	4	1	4	4	4	4	4	4	4	1	4	4	3	2	4
959	甲苯二异氢酸酯	1	4	4	4	1	2		2	4	4	4	4	4	4	4	4	4	4
960	甲苯胺	1							4	3			2			2			4
961	变压器油	1	1	4	2	1	4	1	4	1	2	1	4	1	1	1	1	4	2

续表

序号	化学介质	PERLAST®	FEPM	SBR	CR	FEP&PFA	EPR&EPDM	ECO	IIR(Butyl)	NBR(Nitrile)	ACM	AU&EU	NR	FKM	AEM	HNBR	FVMQ	CSM	VMQ
		动态和静态应用															静态应用		
962	传动液,A型	1	1	4	2	1	4	1	4	1	1	1	4	1	1	1	1	2	2
963	乙酸酐油酯	1	4	3	2	1	1	3	1	2	4	4	2	4	4	2	4	2	1
964	三烷基磷酸盐	1	1	4	4	1	2	4	2	4	4	4	4	4	4	4	4	4	4
965	三芳基磷酸酯	1	1	4	4	1	4	1	4	2	4	4	4	1	4	4	2	4	3
966	磷酸三丁氧乙酯	1	1	2	4	1	1		1	4	4	4	3	1	4	4	2	4	
967	三丁基硫醇	1		4	4	1	4		4	4	4		4	1	4		3	4	4
968	磷酸三丁酯	1	2	4	4	1			2	4	4	4	2	4	4		2	4	
969	三氯乙酸	1	3	4	4	1	2	2	2	4	4	3	4	2	4	3	4	3	
970	三氯(代)苯	1		4	4	1			4	4			4	2				4	
971	三氯乙烷	1	2	4	4	1	4	4	4	4	4	4	4	1	4	4	2	4	4
972	三氯乙烯	1	4	4	4	1	4	4	4	4	4	4	4	1	4	4	2	4	4
973	三氯氟甲烷	1	4	4	3	1	4	3	4	2	4	4	2	2				4	
974	三氯丙烷	1		4	1	1			4	4			4	2				4	
975	磷酸三甲苯酯	1	1	4	4	1	4	2	4	2	4	4	4	2	4	4	2	4	3
976	十三醇	1		1		1			1	1			1	1				1	
977	剂三乙醇胺	2	1	2	2	1	2	3	2	3	4	4	2	3	3	3	3	3	3
978	三乙基铝	1		4	3	1	3			3	4	4		2	4			4	
979	三乙基胺	1		3	3	1	4	4	4	3	3	4	2	4	3		3	4	4
980	三乙基硼烷	1		4	4	1			3	4	4		1	4	1				
981	磷酸三乙酯	1				1	4				3			4			2	2	
982	三甘醇	1	1	1	1	1	1		1	1			1	1		1		1	
983	三氟乙酸	1		4	1		1		1		4	1	1	3		3	1		1
984	三氟乙烷	1	2	4	4	1	4		4	4	4	4	4	1		4	2	4	4
985	三甲基戊烷	1	2	4	3	1	4	1	4	1	1	2	4	1	1	1	1	2	4
986	三硝基苯烷	1	2	4	4	1				4		4	2	4			2		3
987	磷酸三辛酯	1	1	4	4	1	4		1	4	4	4	4	2	4	4	2	4	3
988	油精	1		4	4	1	4		2	3	2	4	4	2		3			4
989	亚磷酸三苯酯	1	1	4	4	1	1		1		4	4		3		4			
990	磷酸三甲苯酯	1	1	4	4	1	1	4	1	4	4	4	4	2	4	4	3	4	3
991	桐油	1	1	4	2	1	1		3	1	1	3	4	1	1	1	2	3	4
992	透平油	1	1	4	4	1	4	1	4	2	2	2	4	1	1	1	2	4	4
993	松脂	1	2	4	4	1	4		1	2	4	4	4	1	3	1	2	4	4
994	Ⅰ型燃料(Mil-S-3136)	1	3	4	4	1	4	1	4	1	1	1	4	1		1	2	4	4
995	Ⅱ型燃料(Mil-S-3136)	1		4	4	1	4	1	4	2	4	2	4	1		1	2	4	4
996	Ⅲ型燃料(Mil-S-3136)	1	4	4	4	1	4	2	4	4	4	2	4	1	3	1	1	4	4
997	偏二甲肼	2	3	2	2	1	2		1	2	4	4	1	4	4	2	4	1	4
998	尿素	1	1	1	1	1	1			1			2	1			1		
999	尿酸	1		4		1			1		4	1	4	1			1		2
1000	戊酸	1			4	1	1		1	4			1				1		
1001	清漆	1	2	4	4	1	4		4	2	4	3	4	1	4	2	2	4	4
1002	植物油	1	1	4	3	1	3		3	1	2	4	1	2	1	1	2	2	2
1003	醋	1	2	2	1	1	1	2	1	2	4	4	2	1	4	2	1	1	1
1004	醋酸乙烯酯	1	4	4	2	1	2	4	2	4					4	4	4		
1005	氯乙烯	1		4	4	1	4			4	4		4	1	4		1	4	4
1006	丙烯腈	1	1	3	3	1	4	4	4	4	4	4	3	3	4	4	4	3	4

续表

序号	化学介质	PERLAST®	FEPM	SBR	CR	FEP&PFA	EPR&EPDM	ECO	IIR(Butyl)	NBR(Nitrile)	ACM	AU&EU	NR	FKM	AEM	HNBR	FVMQ	CSM	VMQ
		动态和静态应用															静态应用		
1007	苯乙烯	1	2	4	4	1	4	4	4	4	4	4	2	4	4	4	3	4	4
1008	冷水	1	1	1	2	1	1	2	1	1	4	4	1	1	3	1	1	1	1
1009	热水	1	1			1	1	2		2	4	4	3	1	4	1	1		1
1010	饮用水			1	1			1					1						1
1011	威士忌和葡萄酒	1			1	1	1			1	4	4	1	4	1	1			1
1012	白油,液体石蜡	1	1	4	2	1	4	1		1	1	1	1	1	1	1	1	4	4
1013	柏松油	1	1	4	4	1	4		4	2			4	1		2	1	4	4
1014	甲醇	1	1	1	1	1	1	1	2	1	2	4	1	4	1	1	2	1	2
1015	桐油	1	1	4	2	1	4		3	1	1	3	4	1	1	1	2	3	4
1016	氩	1	1	1	1	1	1	1	1	1	1	1	1	1	1	1	1	1	1
1017	二甲苯	1	3	4	4	1	4	4	4	4	4	4	4	1	4	1	4	4	4
1018	二甲苯胺	1	1	4	4	1	4	4	4	4	3	4	4	4	4	3	4	4	4
1019	沸石类	1	1	1	1	1	1		1	1			1	1		1	1	1	1
1020	醋酸锌	1	3	3	2	1	3		3	1	3	4	2	4	2	4	4	4	4
1021	氯化锌胺	1														1			
1022	碳酸锌	1	1	1	1	1													
1023	氯化锌	1	1	1	1	1	1	2	1	1	4	4	1	1	3	1	1	1	1
1024	氰化锌	1				1	1			1				3		1	1	1	
1025	亚硫酸锌	1		1	1	1	1							1					
1026	硝酸锌	1				1	1			1				1		1			
1027	磷酸锌溶液	1				1	1			1	1		1	1	1				
1028	锌盐	1	1	1	1	1	1		1	1	4	1	1	1		1	1	1	1
1029	硫酸锌	1	1	1	2	1	1		1	1	4	4	1	1	3	1	1	1	1

表 11-3　表 11-2 中相容性等级说明

等级	描述	体积变化	注　释
1	杰出	<10%	极佳的适用性,与流体接触时间几乎不存在任何影响。材料的性能和物理特性几乎不会发生变化,具有极佳的抗耐性能
2	好	10%~20%	良好的适用性,与流体接触时,材料存在中度膨胀和物理特性的变化。可能适合静态应用
3	可疑	20%~40%	适用性受限,与流体接触时,材料存在显著的体积膨胀和物理特性变化。使用时应注意,须进行附加试验
4	不可用	>40%	橡胶材料不适用于该介质的应用
空白	无法评价		资料不足,无法评价

表 11-4　表 11-2 中橡胶名称说明

缩写	中文名称	缩写	中文名称
PERLAST	英国 PPE 公司全氟橡胶	ACM	丙烯酸酯橡胶
FEPM	四氟乙烯-丙烯共聚橡胶	AU&EU	聚氨酯
SBR	丁苯橡胶	NR	天然橡胶
CR	氯丁橡胶	FKM	氟橡胶
FEP&PFA	可溶性聚四氟乙烯	AEM	聚乙烯/丙烯酸酯橡胶
EPR&EPDM	乙丙橡胶	HNBR	氢化丁腈橡胶
ECO	氯醇橡胶	FVMQ	氟硅橡胶
IIR(Butyl)	丁基橡胶	CSM	氯磺化聚乙烯橡胶
NBR(Nitrile)	丁腈橡胶	VMQ	硅橡胶

第二节　机械密封的订货验收与保管

对订货的机械密封产品的检验验收是不容忽视的重要工作。进行检验要充分利用产品说明书和有关技术文件。如果是批量定货或是长期供求关系，应与供方共同制定验收规则。

1. 验收项目及规则

（1）验收项目　包括标志与包装、技术文件、外观质量、安装配合尺寸与精度、静压密封性能抽检。

（2）验收规则　批量订货产品，抽检数量为该批总数量的 2%，但不少于 2 套。在抽检中如果有 1 套不合格，可加倍复验。复验中若仍有 1 套不合格，则该批产品不予验收付款。不予验收的该批产品，可由制造厂返修后再次提交验收。

2. 包装、标志和技术文件

（1）产品名称、型号、规格、合格证、装箱清单、机械密封的装配总图及零件明细表、安装使用说明书等技术文件。

（2）包装盒上的标记为：产品名称、型号、规格、出厂日期、制造厂名、机械密封生产许可证标志编号等。

（3）产品或备件应装在具有防潮层的包装盒内，应防止在运输和贮存中产品损伤、变形锈蚀等。

3. 外观质量检查

（1）密封端面不应有裂纹、划伤、气孔等缺陷。

（2）密封件洁净，不得有毛刺、污物。

（3）辅助密封圈应光滑平整，不得有变形及缺陷。

（4）将弹簧压缩到刚性接触时，单弹簧自由高度变化不应大于 1mm。多弹簧的自由高度差不应大于 0.5mm。

4. 关键零件的主要精度

（1）密封端面的平面度不大于 0.0009mm。硬环密封端面粗糙度 Ra 不应大于 $0.2\mu m$，软环 Ra 不应大于 $0.4\mu m$。

（2）密封环与辅助密封圈接触的定位端面和密封端面的平行度按 GB 1184《形状和位置、未注公差的规定》的 7 级公差。

（3）密封环与辅助密封圈接触部位的表面粗糙度 Ra 不大于 $3.2\mu m$。

（4）密封环密封端面对辅助密封圈接触的圆柱面的垂直度，均按 GB 1184 的 7 级公差。

5. 静压密封性能抽检

如果用户认为有必要，且又具有检查手段，可从每批产品中抽取一套进行静水压密封性能检查。检查方法为以 1.25 倍最高工作压力进行水压试验，持续 15min，泄漏不得超过规定值。

6. 使用保证

当工作条件符合产品使用参数的规定时，在正确安装的前提下，耐腐蚀机械密封使用寿命为半年，中型机械密封为一年，泄漏量允许值为：轴径 $d\leqslant50mm$，平均泄漏量 $Q\leqslant3mL/h$；$d>50mm$，$Q\leqslant5mL/h$。

用于苛刻条件，如高温、低温、高速、高压、高黏度、低黏度流体、特殊强腐蚀流体、颗粒介质以及开停车频繁的情况下，产品的使用寿命与平均泄漏量应由供需双方商定。

7. 机械密封的保管

（1）仓库保管的环境　由于械密封是精密的制品，因而要妥善保管。仓库的环境必须注意如下几点：

①　要避开高温或潮湿的场所。

②　要尽可能选择温度变化小的地方。

③　选择粉尘少的地方。

④　靠近海岸地区，不要直接海风吹拂，如有可能需加以密闭。

⑤　选择没有阳光直射的地方。

（2）保管注意事项

①　在备品、备件的入库和出库中，按照入库时间先后出库的方法进行管理。使用有入库日期检印的包装箱，明确填写入库的年、月、日，先入库者先出库使用。

②　尽可能不要用手去触摸摩擦副的工作端面，汗渍能造成硬质合金腐蚀。

③　橡胶件长期存放会老化，应贮存在温度为 $-15\sim35℃$、相对湿度不大于 80% 的环境中，贮存期为一年。

④　镶装结构的密封环，长期放置后再使用的时候，要检查密封端面平面度变化情况，必要时要重新进行研磨后再使用。

第三节　机械密封对安装机器的精度要求

1. 泵类

安装机械密封机器的精度对机械密封性能中泄漏量的多少有很大影响。一般以工业用泵（转速 $\leqslant 3600r/min$）作为实例，许用值做如下介绍。

（1）轴的径向偏摆　将静止的密封箱体作为轴的径向偏摆测量的基准，如图 11-1 所示，将百分表固定在密封箱体的端面上，尽量靠近端面最近处，测量轴的径向偏摆值，径向偏摆值为读取轴旋转 1 周的百分表的数值，显示最大最小值的差。

转轴的径向偏摆应符合 $\sqrt{d}/120mm$ 以下。

（2）垂直度　静止中的轴与密封箱体的端面的垂直度，如图 11-2 所示，在轴上固定百分表，测量距表座最近的密封箱体端面内径处的值。垂直度数值为轴旋转 1 周时在百分表上读取的最大和最小数的差。

工业用泵的实例应符合 $\sqrt{d}/150mm$ 以下。

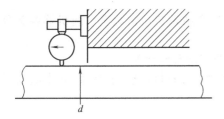

图 11-1　轴的径向偏摆测定方法

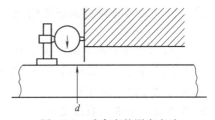

图 11-2　垂直度的测定方法

（3）同轴度　静止中的轴与密封箱体内径的同轴度，如图 11-3 所示，将百分表固定在轴上来测量密专卖店箱箱体内径，此时将百分表尽可能安装在靠左端的支架上，尽量接近端面。另外，也可在加工时测量外径同轴度的值。轴旋转一周时百分表读取最大与最小值的差。工业用泵实例中应符合：$0.002\times d mm$。

（4）轴的窜动　静止中的轴承之间的间隙决定轴的窜动量。如图 11-4 所示，在轴上安装百分表测定相对密封箱体端面的窜动。轴的窜动值为读取轴的窜动时百分表的最大与最小值差。

工业用泵的实例中，由于轴承的间隙轴窜规定在 0.2mm 以下，平时连续运转时，是一

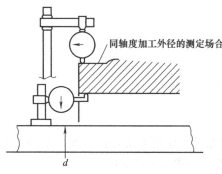

同轴度加工外径的测定场合

图 11-3 同轴度的测定方法

个方向转动，因此被看作没有窜动，仅在启动时会有激烈的窜动，同样要求在 0.2mm 以下。另外，为了在运转中不出现由于过热导致转轴缓慢的相对延长的情况发生，轴向所有窜动值要在 1mm 以下。

（5）尺寸公差与表面粗糙度允许值　机械密封安装时，如图 11-5 所示，静环安装部位 P、轴的密封圈安装部位等部位的安装尺寸公差允许值和表面粗糙度都非常重要。

在工业用泵的实例中，规定静环安装部位 P 的尺寸公差为配合精度 H7 级以上，密封圈安装部位为 h7 级以上。另外，表面粗糙度在 P、Q、R 三处，

由于二次密封的材质不同而不同，见表 11-5。

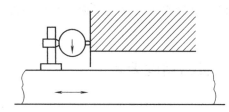

图 11-4　轴的窜动测定方法

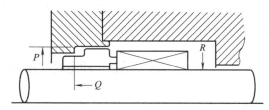

图 11-5　安装部位的尺寸公差和表面粗糙度允许值的测定

表 11-5　配合部位的表面粗糙度

表面粗糙度的位置	二次密封的材质	
	聚四氟乙烯	橡胶弹性体
P 及 Q	Ra0.8μm	Ra1.6μm
R	Ra0.8μm	Ra0.8μm

（6）对机器运行中的精度要求　仅注意机器静止时的精度是不够的，因为机器在运行中，有时不能保持其原有精度，产生这种情况的原因是：

① 由流体或机器运行中造成机壳与轴的热膨胀差引起的相对位移。

② 由配管的伸缩引起机器本身的变形。

③ 由压力引起机壳的变形。

④ 由于机器效率降低或液体的蒸气压力提高发生汽蚀现象，由此又引起机器各部分的振动等。

⑤ 由液体流动的不平衡造成压力波动而引起轴的移动及振动等。

鉴于上述情况，机器在运转时，还应检查并进行必要的再调整。在图 11-6 中给出了轴的径向跳动允许值作为参考。

2. 搅拌传动设备（反应釜）

搅拌传动设备由传动设备（包含电动机、联轴器、液速机、传动轴、支架、搅拌轴、桨叶）及轴封等部件组成，参照进口搅拌传动设备技术文件主要有如下几点要求。

① 搅拌轴在密封处的径向跳动应符合如下规定（见图 11-7 和表 11-6）。

表 11-6　径向跳动允许值

转速/(r/min)	径向跳动 $A \leqslant$ mm
$\leqslant 800$	$\sqrt{d}/100$
$801 \sim 3600$	$\sqrt{d}/120$
$3601 \sim 4500$	$\sqrt{d}/150$

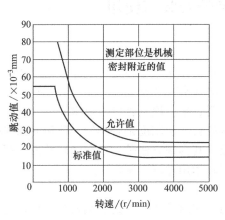

图 11-6 运行中轴的径向跳动允许值

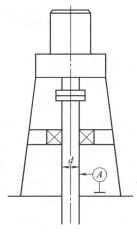

图 11-7 搅拌轴在密封处的径向跳动

② 搅拌轴与密封安装法兰面的垂直度应符合如下规定（见图 11-8 及表 11-7）。

表 11-7 垂直度允许值

转速/(r/min)	径向跳动 $B \leqslant$ mm
$\leqslant$800	$\sqrt{d}/120$
801～3600	$\sqrt{d}/150$
3601～4500	$\sqrt{d}/170$

③ 搅拌轴与密封安装法兰面的同轴度应符合如下规定（见图 11-9 及表 11-8）。

表 11-8 同轴度允许值

转速/(r/min)	同轴度 $C \leqslant$ mm
$\leqslant$800	0.003d
801～3600	0.002d
3601～4500	0.001d

④ 搅拌轴末端的径向跳动应 $\leqslant (\sqrt{d} + \sqrt{L})/200$ mm（见图 11-10）。

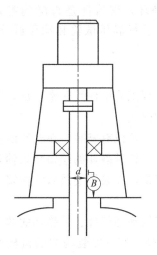

图 11-8 搅拌轴与密封安装
法兰面的垂直度

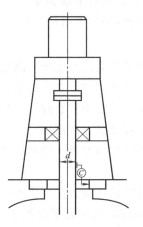

图 11-9 搅拌轴与密封安装
法兰面的同轴度

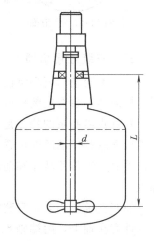

图 11-10 搅拌轴末端的
径向跳动

第四节　机械密封的安装与使用

一、安装前的准备工作

（1）检查安装的机械密封的型号、规格是否正确无误、零件是否完好、密封圈尺寸是否合适，动、静环表面是否光滑平整。若有缺陷，必须更换或修复。

（2）检查机械密封各零件的配合尺寸、粗糙度、平行度是否符合要求。

（3）使用小弹簧机械密封时，应检查小弹簧的长度和刚度是否相同。使用并圈或带勾弹簧传动时，必须注意其旋向是否与轴的旋向一致，其判别方法是：面向动环端面、视转轴为顺时针方向旋转者用右旋弹簧；转轴为逆时针旋转者用左旋弹簧。

（4）检查设备的精度是否满足安装机械密封的要求。

（5）清洗干净与密封相关联零件如：轴表面、密封腔体、密封腔端盖等零件。并保证密封液管路畅通。

（6）安装过程中应保持清洁，特别是动、静环的密封端面及辅助密封圈表面应无杂质、灰尘。不允许用不清洁的布擦拭密封端面。为防止启动瞬间产生干摩擦，动环和静环密封端面上可涂抹少量干净机油。安装过程中不允许用工具敲打密封元件，以防止密封件被损坏。

（7）在密封环就位时，应避免扭折O形辅助密封圈，不要将O形圈"滚入"静环座上，可以轻轻地将O形圈拉大（见图11-11）。在安装过程中，需要通过孔、台阶、键槽时，要注意避免一切可能的划伤。必要时可将聚四氟乙烯O形圈先放入开水中，使其膨胀一些再安装。在轴或轴套上可涂些润滑剂，但必须注意润滑剂是否与弹性材料相容。即：矿物油不能与EP橡胶（二元乙丙橡胶）配合使用。硅油对大多数材料是可用的，但不能用于硅橡胶。如果不便使用润滑油，可使用水或软性肥皂。

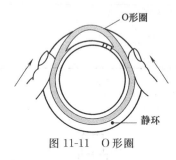

图 11-11　O 形圈

二、安装顺序

安装准备完成后，就可按使用说明书及总装配图按一定顺序进行安装，完成静止部件在端盖内的安装和旋转部件在轴上的安装，最后完成密封的总体组合安装。

安装完毕后，应予盘车，观察有无碰触之处，如感到盘车很重，必须检查轴是否碰到静环，密封件是否碰到密封腔，否则应采取措施予以消除。进行静压试验和动压试验，试验合格后方可投入正式使用。

三、安装注意事项

（1）不同结构离心泵机械密封的安装注意事项　离心泵在过程工业中使用非常广泛，不同结构的离心泵在安装机械密封时有所不同，需意以下几方面的问题。

悬臂式离心泵的特点是轴已在轴承箱中安装好，而泵体和叶轮都没有安装，在安装前就要把压缩量和传动座的位置确定并在轴套上做出标记。安装时首先把带静环的端盖套入轴套上，然后安装带传动座和动环的轴套，再安装叶轮并旋紧叶轮背帽，在泵体安装后才能安装端盖。

而双支承离心泵，安装密封时叶轮已经装在泵体内。将轴套及动环组件、带静环的端盖等零件套在轴上，两端轴承安装就位，此时转子已处于工作位置，方可安装两端的机械密封，旋紧端盖螺栓前要校核两端密封的压缩量是否合适。

集装式机械密封出厂前已将各部位的配合及比压调整好，所以不要再拆开机械密封的动、静环重新调整弹性元件压缩量。安装时只需将整个装置清洗干净、同时将密封腔及轴清洗干净，即可将整套密封装置装入密封腔内，拧紧密封端盖螺栓和轴套紧定螺钉，并同时拆除定位装置。清理现场结束安装后，再次检查确认定位装置是否解开，否则会导致设备的损坏。

（2）釜用机械密封的安装注意事项

釜用机械密封的安装顺序基本上与泵用机械密封相同，但还应根据反应釜本身的结构特点及选用的机械密封结构形式采取相应安装方法。现以单端面外装式机械密封为例，介绍其安装使用注意事项。

① 减小搅拌轴的径向跳动　由于搅拌轴的支点一般在上部，悬臂部分较长，且下部远离支撑，造成轴的径向跳动量较大。在使用软填料密封时，填料本身相当于一个支点，起到一定的支撑作用。去掉填料改用机械密封后这个支点就取消了，所以一些老设备在改用机械密封时，经常遇到的问题是轴的径向跳动量过大，有时达 2～3mm，甚至更大。在这种情况下，机械密封无法正常工作，一般可采取以下措施：

a. 增加中间轴承。如图 11-12 所示，在减速器支架中间部位增加一中间轴承。此轴承的位置离机械密封的安装位置越近越好（但不应影响机械密封的装拆）。当原支架不能满足要求时，应重新调换支架。通常要求减速器轴承到中间轴承的距离与中间轴承到搅拌下端距离之比 a/b 为 $(1:4)\sim(1:5)$。当搅拌轴转速较高或轴径较大时，a/b 值要减小，必要时还要增加几组中间轴承。

b. 在釜口法兰处增加一如图 11-13 所示的防摆套。此法结构简单，在设备改装机械密封时经常采用。防摆套的材料要根据设备及介质的情况而定。如搪瓷釜经常采用聚四氟乙烯材料，一般釜可选用青铜等材料。

c. 在搅拌轴下端增加下支撑作为一个支点，可达到较好的防摆效果。但是下支承的轴承部位经常浸在釜内介质中，容易腐蚀破坏，或因介质有颗粒、介质黏度大等而影响使用，因此有时受限制。

② 保证静环与搅拌轴的同轴度　釜用机械密封静环与搅拌轴的同轴度与泵用机械密封静环与泵轴的同轴度相比，很难调整。尤其是搅拌轴径向跳动量大，使调整更为困难，由于条件的限制，保证其同轴度只有尽量使静环内径与搅拌轴间隙均匀。否则，容易轴转动后撞坏静环。

③ 保证静环端面与搅拌轴的垂直度　釜用机械密封静环一般要装在釜口法兰上，而搅拌轴则通过减速器支架固定在减速支座上。由于反应釜加工质量保证不了釜口法兰平面与减速支座的

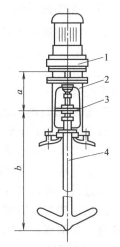

图 11-12　中间轴承结构
1—减速器；2—机架；
3—中间轴承；4—搅拌轴

平行度（见图 11-14），则常常使静环端面与搅拌轴的垂直度偏差过大影响了密封效果。因此，减速器支架安装后先不要固定，当将静环安装固定好后，再以静环端面为基准，仔细调整支架，直到符合垂直度要求为止。

④ 防止轴向窜动过大　反应釜在装好机械密封试压时，有时发现搅拌轴产生轴向窜动，这主要是搅拌轴固定部件制造存在问题或设备陈旧造成的，一般要求轴向窜动量小于 0.5mm，如果窜动量过大，要进行调整。

⑤ 注意安装顺序　反应釜由于尺寸大，零件重，在安装机械密封时比较困难。应根据机械密封的结构和反应釜本身的结构特点确定好安装顺序，不要丢失零件或装错次序。一般结构的反应釜需先拆下减速器和支架，把机械密封零件依次装在搅拌轴上。支架安装后先不

要拧紧，然后连接搅拌轴与支架，静环固定后再以静环为基准调整静环内径与搅拌轴的同轴度及静环端面与搅拌轴的垂直度。如调整支架仍不能满足要求时，可松开静环压盖，移动静环来调整。两种方法结合使用，调整效果较好。最后再按照安装方法把动环组件安装到相应的位置。

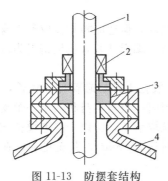 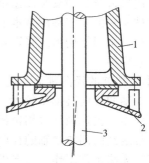

图 11-13　防摆套结构　　　　　　　　　　图 11-14　平行度超差

1—搅拌轴；2—机械密封；3—防摇套；4—反应釜　　　　　1—支架；2—釜体；3—搅拌轴

双端面机械密封预先已组装好，所以调整同轴度及垂直度均以釜口法兰为基准，调整好后将包括密封腔体在内的整套密封装置一起装到搅拌轴上即可。在上紧密封腔体与釜口法兰的螺栓时要注意搅拌轴能自由转动。

四、机械密封的运转及使用

1. 启动前的注意事项及准备

启动前应检查机械密封的支持系统、冷却系统是否安装无误；应清洗物料管线，以防铁锈、杂质进入密封腔内。最后用手盘动联轴器，检查轴是否轻松旋转。如果盘动很紧，应检查有关配合尺寸是否正确，设法找出原因并排除故障。

2. 机械密封的试运转和正常运转

首先将封液系统启动，冷却水系统启动，密封腔内充满介质，然后就可以启动密封进行试运转。如果一开始就发现有轻微泄漏现象，但经过 1～3h 后逐步减少，这是密封端面的磨合的正常过程。如果泄漏始终不减少，则需停车检查。如果机械密封发热、冒烟，一般为弹簧比压过大，可适当降低弹簧压力。

经试运转考验后即可转入操作条件下的正常运转。升压、升温过程应缓慢进行，并密切注意有无异常现象发生。如果一切正常，则可正式投入生产运行。

3. 机械密封的停车

机械密封停车应先停主机，后停密封支持系统及冷却系统。如果停车时间较长，应将主机内的介质排放干净。

釜用机械密封安装后，先盘车检查，运转试验前，釜内要充入水至罐体 80% 后再进行，升压、升速要缓慢进行。一般釜用机械密封安装后先跑合运转 1～2h 后进行静压试验及运转试验，然后再投入使用。

五、机械密封零件的检修

1. 摩擦副

机械密封的摩擦副环在每次检修时都应取下来进行认真检查，端面不得有划痕、沟槽，平面度要符合要求。否则应根据摩擦副环的技术要求进行重新研磨和抛光。不过，在修复时，通常还要遵循下面的一些具体规定。

（1）摩擦副环端面不得有内外缘相通的划痕和沟槽，否则不再进行修复。

（2）摩擦副端面发生热裂一般不予修复。

（3）摩擦副环有腐蚀斑痕一般不予修复。

（4）软质材料容易在使用安装中造成崩边、划伤，一般不允许有内外相通的划道，允许的崩边如图 11-15 所示，要求 $b/a \leqslant 1/5$。

（5）摩擦副环的端面当磨损量超过下面的数值时一般不予修复，只有当磨损量小于下面所示的数值时，则可进行重新研磨修复，当达到技术要求后可重新使用。

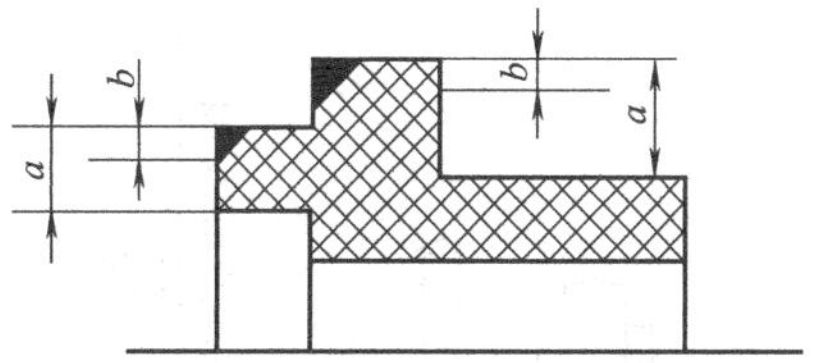

图 11-15　软质材料密封环允许的崩边

堆焊司太立合金的端面磨损量为 0.3mm。

堆焊超硬合金或哈氏合金的端面磨损量为 0.3mm。

喷涂陶瓷的端面磨损量为 0.2mm。

硬质合金或陶瓷的端面磨损量为 0.5mm。

石墨环的端面磨损量为 1.0mm。

2. 密封圈

使用一定时间后，密封圈常常溶胀老化，因此检修时一般要更换新的密封圈。

3. 弹簧

弹簧损坏多半因腐蚀或使用过久，使弹簧永久变形失去弹力而影响密封。因此检修时一般要更换新弹簧。

釜用带轴承双端面机械密封检修时要仔细检查轴承磨损腐蚀情况，一般要重新更换轴承。

第五节　搪玻璃设备用机械密封安装与使用

一、对搅拌轴的要求

因为机械密封装在搅拌轴处，搅拌轴的强度刚度应加以关注。搅拌轴密封段的径向跳动允许值为 $\sqrt{d}/100$ 是在无载荷条件手盘车转动时要求的精度。在实际现场运转中由于物料的翻动不平衡及搅拌器叶轮、联轴器等回转部件产生的不平衡将会使径向跳动量增大。又因为搅拌轴的材料是 Q235A，减速器输出轴的材料为碳钢或合金钢，其强度高，所以搅拌轴轴头直径应大于减速器输出轴，况且搪玻璃轴是经过数次高温搪烧，经试验证明 Q235A 的强度有所降低，所以应对搅拌轴轴头密封段及轴管依照强度条件进行强度校核及刚度校核，要求搅拌轴扭转变形量小于许用扭转角 $[\gamma] = 0.35°/m$。径向总位移量不得超过 $\sqrt{d}/100$。

为了防止产生共振现象还应计算搅拌轴的临界转速 n_k。要求对轴上的叶轮、联轴器等回转部件进行静平衡试验。用于高速及危险性物料平衡精度等级为 $G = 2.5mm/s$，对于一般条件平衡精度等级为 $G = 6.3mm/s$，对于低压、低速条件平衡精度等级为 $G = 1.6mm/s$。临界转速 n_k 计算值应满足抗振条件规定，其数值见表 11-9。

表 11-9　搅拌轴的抗振条件表

搅拌介质	刚性轴		柔性轴
	搅拌器（叶片式搅拌器除外）	叶片式搅拌器	高速搅拌器
气体	$n/n_k \leqslant 0.7$	$n/n_k \leqslant 0.7$	不推荐
液体-液体		$n/n_k \leqslant 0.7$ 和	$n/n_k = 1.3 \sim 1.6$
液体-固体		$n/n_k \neq 0.7(0.45 \sim 0.55)$	
液体-气体	$n/n_k \leqslant 0.6$	$n/n_k \leqslant 0.4$	不推荐

二、传动装置的稳定性

搅拌传动装置的稳定性也直接影响机械密封的密封性及使用寿命，目前减速器机型主要是摆线针轮减速器、蜗轮蜗杆减速器、硬齿面齿轮减速器、平行轴减速器及螺旋齿轮减速器。后三种减速器的优点是输出轴可以从上面取出，对更换机械密封很方便。

三、传动机架和选型

搅拌传动装置机架要承受搅拌器总体的弯矩扭矩及其动载荷，所以要正确选型。

（1）对于单端面机械密封及不带轴承的双端面机械密封应选用有中间轴承的单支点机架，因为摆线针轮减速器输出轴只能承受扭矩不能承受弯矩，所以选用摆线针轮减速器时应选用双支点机架。对于悬臂轴过长的搅拌器或高转速的搅拌器也应选用双支点机架，减速器输出轴与搅拌轴之间应用弹性联轴器连接。

（2）对于带轴承的双端面机械密封，因为机械密封上的轴承可以作为一轴承支点，可选用无支点机架。此情况最好采用四柱式机架，因为此种机架刚性较强，立柱之间操作空间很大，安装机械密封时很方便。

（3）支架在容器上的固定方式有两种，对于小型搅拌器用 A 型，对于大型搅拌器用 B 型。这两种固定结构其精度要求应按图 11-16 及图 11-17。

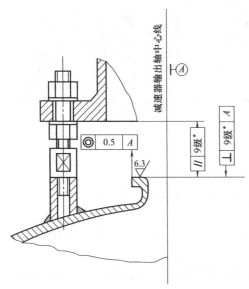

图 11-16　A 型机架支座要求

注：9 级 * 表示按 GB/T 1184《形状和位置公差　未注公差值》标准，主要参数按管口外径对应的公差等级为 9 级的数值。

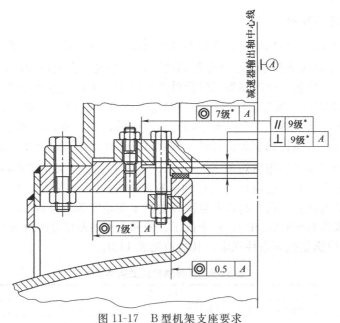

图 11-17　B 型机架支座要求

注：1. 7 级 * 表示按 GB/T 1184《形状和位置公差　未注公差值》标准，主要参数按管口外径对应的公差等级为 7 级的数值。

2. 9 级 * 表示按 BT/T 1184《形状和位置公差　未注公差值》标准，主要参数按管口外径对应的公差等级为 9 级的数值。

四、机械密封安装与使用

1. 安装前的准备工作和注意事项

（1）安装前才能打开包装，仔细阅读使用说明书，保管好密封件。

（2）检查密封型号，规格是否符合图纸要求。

（3）单端面机械密封应检查密封端面质量，并在密封端面处涂一层润滑油。

（4）搪玻璃设备安装机械密封 A 型机架支座其结构如图 11-18 所示。

A 型机架支座安装部位如图 11-19 所示。

由于搪玻璃设备的高温搪烧，安装机封部位管口平面 D 不可能平整，因此要用研磨砂研平其平面，研磨量应≤0.5mm，使平面接触率≥80%。机架支座安装处平面 C，要修平在一个平面内并使 C、D 两平面平行，这样安装后才可保证密封质量。

将机架及减速器装在机架支座上，以输出轴为基准装上百分表，按图 11-16 要求检测管口平面及外圆精度，A 型机架支座可通过调整螺母进行调整，合格后再装上搅拌器，检测搅拌器上密封段径向跳动量及轴向窜动量是否合格。

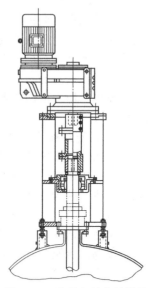

图 11-18　安装机械密封结构

（5）对于 B 型机架支座用专用胎具先来定位凸缘法兰，专用胎具见图 11-20，将罐口用活套法兰连接，在容器上校正后方可焊接，这样可以保证管口与凸缘法兰的平行度及止口精度。

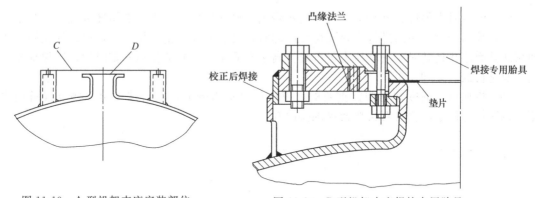

图 11-19　A 型机架支座安装部位　　　　　图 11-20　B 型机架支座焊接专用胎具

将机架及减速器装在支座上，以输出轴为基准装上百分表，按图 11-17 要求检测罐口平面及外圆精度，合格后再装上搅拌器检测轴上密封段径向跳动量及轴向窜动量是否合格。

（6）如果不允许密封液进入容器内时可在机械密封下面增加泄漏液搜集部件，以便存贮使用中泄漏的密封液和端面磨损物及反应物料的泡沫等，停车时将其抽出或利用压力压出。

2. 安装

（1）首先应创造一个干净的操作环境，要求工具保持清洁。

（2）拆下搅拌器检查搅拌器各部位尺寸精度、表面质量、轴台是否倒圆角等。

（3）装入机械密封但不旋紧连接法兰之螺栓。

（4）小心装入搅拌轴，防治碰坏动环密封圈。

（5）搅拌轴与减速连接完毕后旋紧机械密封连接法兰螺栓，要求用力对称均匀。单端面机械密封压紧静环压盖时旋紧螺栓用力要对称均匀，再按要求位置向下贴紧动环，然后锁紧动环。双端面机械密封旋紧法兰螺栓后，锁紧传动套后再拆除定位卡板。

（6）单端面机械密封应向润滑油盒内注入清洁的润滑油，双端面机械密封应先清洗隔离液贮罐及密封液循环系统及其管路，再注入密封液，密封液一定要精细过滤，因为机械密封液的清洁程度将影响机械密封的使用寿命。

（7）机械密封的隔离液贮罐内密封液不能装满，否则无膨胀空间，在机械密封运转时由于摩擦发热，压力增加会超过使用范围而造成密封失效，密封液液面最好在贮罐视镜的可视范围内。

3. 机械密封静压试验、设备升压升温试验

向隔离液贮罐内通入氮气或开启密封液循环系统并调节密封液压力，对机械密封进行静压试验。采用密封液泵站方式在机械密封安装后，密封液泵站先单独进行试运转，也要清除管路中气体，并检查油箱液面应在液面计视镜的 3/4 处以上。静压试验合格后，向容器内灌水 3/4 以上进行设备升压升温试验，升压升温要缓慢，如果一切正常即可投入使用。

正常使用前先进行常压运转，观察密封部位的温升是否正常，如有微漏可跑合一段时间，待泄漏减少至正常时为止。

4. 使用注意事项

（1）一般连续运转比间歇运转对密封有利，低速启动比较理想，最好选用变频器无级调速，这样不易损坏密封件，同时也可以节能。

（2）如果长期停止运转再重新使用时应对搅拌传动装置重新进行检测，按新装机械密封工作步骤进行。

（3）平时应注意观察密封液升温情况和泄漏情况，应及时补充密封液，还要定期更换密封液。

（4）停车时先停搅拌器转动，后待设备降到常温常压后再停密封液循环装置及冷却水。

（5）采用密封液泵站进行密封液循环冷却时，要定期检查蓄能器压力，以确保在停电或油泵故障而停止运转时密封液压力仍可维持高于介质压力，并能保压一定时间，以保证安全生产及进行故障处理。

（6）机械密封的冷却是非常重要的，应保证冷却水畅通，在特殊工况下要设置备用水箱，以防停电停水时仍可对机械密封维持冷却。

第十二章 密封失效分析与对策

一般说来，旋转轴密封是流体机械的薄弱环节，它的失效是造成设备维修的主要原因。

根据几家炼油厂、化工厂泵用机械密封的统计资料表明，大约47％的泵维修归因于机械密封；泵在运行半年后，就有40％～50％的机械密封失效。虽然这仅是几个厂的使用情况，但可以说明密封失效是易损件的特点。

机械密封在机、泵中是精密的部件。由于其工作条件恶劣与随机失效性，工作寿命较低。因此，工厂在工艺流程中主循环泵通常要设置双管线，切换阀门开启备用泵，并且有相当数量库存机械密封备件。

引起密封过早失效的因素很多，诸如：密封设计和制造中的问题，选型或安装不当，以及设备本身存在问题等。因此，应针对具体情况，分析失效原因，采取相应措施。

第一节 泄漏失效分析

泄漏是机械密封失效的主要表现形式。在实际工作中，重要的是从泄漏现象分析机械密封产生泄漏的原因。外装式机械密封易于查明，而内装式机械密封，仅能观察到泄漏是来自非补偿静止环的外周或内周，这就给分析工作带来一定的困难。

首先对机械密封的泄漏通道进行一般性分析。

普通单端面内装式机械密封的典型泄漏通道如图12-1所示有7处，分别为：

① 摩擦副端面之间（泄漏点1）；

② 补偿环辅助密封圈处（泄漏点2）；

③ 非补偿环辅助密封圈处（泄漏点3）；

④ 机体与压盖结合端面间（泄漏点4）；

⑤ 轴套与转轴之间（泄漏点5）；

⑥ 碳石墨环有渗漏孔隙以及从镶嵌件配合面处都可能成为泄漏通道（6、7）。

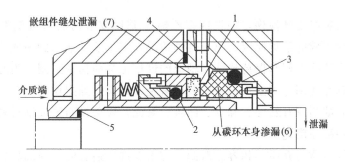

图 12-1 机械密封的泄漏通道

以下对各点的具体情况进行分析。

一、摩擦副端面之间泄漏

1. 端面不平

端面平面度、粗糙度未达到要求，或在使用前受到了损伤，因而产生泄漏。这时应重新研磨抛光或更换密封环。

2. 端面间存在异物

污物未被清除，装配时未清洗。此时需清除端面污物重新装配。

3. 安装不正确

（1）安装尺寸未达到安装工作尺寸的要求，必须仔细阅读安装说明书及附图，重新调整安装尺寸。

（2）非补偿环安装倾斜，若为压盖安装偏斜应重新安装。同时检查密封环端面与压盖端面各点的距离是否一致，防转销是否进入密封环的凹槽中，防转销是否顶到凹槽底部。总装时压盖螺钉要均匀锁紧。

（3）端面变形，碳石墨环弹性模量低，易变形。一般说来，碳石墨环端面变形原因有如下几点。

① 合成像胶O形圈在介质中溶胀，体积增大，碳石墨环受力偶作用而使端面变形。对此，应更换O形圈材料或调整O型圈过盈量及硬度。

② 压盖内夹杂金属污垢，局部受阻。对此，须清除污垢，清洗压盖。

③ 端面分离，弹簧阻塞，如因温度变化引起介质结晶、积垢，造成端面不能很好地贴合。弹簧被腐蚀而丧失强度也会产生同样的结果。对于因腐蚀而产生的泄漏，一般需要改用合适的材料，避免阻塞应改变密封的结构或采用弹簧外置式机械密封，从而可避免弹簧被阻塞与腐蚀。造成端面分离的情况还有：端面接触闭合压力不足，这是因为轴（或轴套）与密封圈之间摩擦阻力过大使闭合力减小。阻力增加是因为橡胶O形圈溶胀后引起密封环卡滞；轴可能因点腐蚀或电隅腐蚀而使表面失去光滑，从而增加摩擦力。当密封圈的压缩量过大，当轴窜动时，补偿环随轴窜动致使密封端面不闭合。补偿环组件与轴的间隙过小，高温工况下，用线膨胀系数不同的材料组合在一起使用时，补偿环组件容易产生卡滞故障。对此，必须校核因温升引起的间隙的减小量，轴必须具有合适的粗糙度。

二、补偿环辅助密封圈处的泄漏

（1）辅助密封圈质量问题，如橡胶密封圈截面尺寸超差，压缩率不符合要求，表面质量问题：模具错位、开模缩裂、修边过量、流痕、凹凸缺陷、飞边过大等。对此，需用合格品替换。

（2）密封圈安装时受到损伤，如聚四氟乙烯V形圈安装时唇口被割伤，橡胶制件表面有划痕，都是密封失效的常见原因。出现这种情况，多半是轴端未倒角或残留毛刺不清洁所致。因此，要注意清除毛刺和保持清洁。轴上的键槽也会损伤密封圈，为此，安装前应仔细检查棱边有无毛刺并使用专用工具进行安装，避免密封圈受到损伤。

（3）轴表面有缺陷或有腐蚀、麻点、凹坑。对此，应更换新轴或轴材料，推荐在密封圈接触部位的轴表面喷涂陶瓷。

（4）密封圈的材质与介质不相容。对此，应重新选用适宜的密封圈材料。

（5）轴的尺寸公差、粗糙度未达到要求。对此，应修整尺寸公差及粗糙度或用合格品替换。

三、非补偿环密封圈处的泄漏

（1）静环压盖尺寸公差不符合设计要求。对此，应更换合格品。

（2）安装错误，如聚四氟乙烯V形圈方向装反，安装时，其凹面应对向压力高的介质端，否则会出现泄漏。

（3）密封圈的质量不良，应用合格品替换。

（4）密封圈的材质与介质不相容，应选用适宜材料的密封圈。

四、密封箱体与静环压盖结合面之间的泄漏

（1）密封箱体与静环压盖配合端面有缺陷，如凹坑、刻痕等。需整修，作为应急措施，可涂布液态密封胶。

（2）螺栓力小，压缩垫片时不能把接触面不平的凹坑填满。需加大螺栓力，或用较软的垫片。螺栓力必须大于内部介质压力。因为内压总是使得静环压盖与密封箱体端面趋于分离。用聚四氟乙烯平垫片时，以厚度小于 1mm 为宜。

（3）垫片或密封圈受到损伤，应更换垫片或密封圈。

（4）安装时不清洁。异物进入其间，应清除异物。受损伤的密封垫片、密封圈应更换。

（5）静环压盖变形，这是因为静环压盖刚度不够而产生的变形。应更换有足够刚度的静环压盖。

（6）螺栓受力不均匀，静环压盖单边锁紧。应重新调整螺栓力。

五、轴套与轴之间的泄漏

Y 型泵、F 型泵、IH、IS 泵等一般都设计有保护性轴套。许多轴套不伸出密封腔，所以轴套与轴之间的泄漏通道常被人们所忽略，且往往误认为是机械密封泄漏，从而延误了采取措施的时机，或造成频繁的拆装而找不出毛病所在。一般可以用泄漏量的变化加以鉴别。轴套处的泄漏量通常是稳定的，而从其他通道泄漏出的泄漏量往往是不稳定的（从端面处的泄漏，有时经过磨合泄漏量会逐渐减小）。

轴套与轴之间的泄漏，一般是由于安装不当，密封圈或垫片不符合要求或损伤而造成的。

六、密封件本身具有渗透性

碳石墨制品由于含有孔隙容易渗漏。这种渗漏不外乎是浸渍与固化未达到要求，或者是碳石墨材料浸渍处理后加工切削余量过大，超过浸渍深度使微孔重新形成泄漏通道。为确保密封件不渗漏，经机械加工的成品应再进行一次浸渍处理。如果从密封件处产生大量泄漏，这表明密封件可能已破裂。在这种情况下，应查询操作条件以判明是过载引起的破坏，还是安装不当所致。

在高压工况下，烧结制品，如陶瓷、填充聚四氟乙烯密封件也有可能渗漏，在使用前必须确认是否符合使用要求。

高温、高压或气相介质，对热镶装的密封环来说，介质易于从镶装配合面泄漏。在这种情况下，推荐用整体结构。

第二节　从摩擦副用材料分析故障原因

用作摩擦副的材料虽然很多，然而确定机械密封摩擦副合适的组对材料并非容易。从组对材料的相容性、耐磨蚀性等角度出发，往往要通过大量的台架试验，以及现场应用的经验积累，才能确定磨擦副的优化组合。此外，还要通过合理的结构设计，才能充分发挥材料优异的性能。

一、碳石墨

碳石墨有几十种可供选用，其性质各异。必须了解各种碳石墨的牌号、性能及供货来源，合理选用。以下介绍一些失效形式及如何选用这类材料。

(1) 高磨损 目前，在选材时普遍存在着一种倾向，即无论何种工况一律采用硬质碳石墨，认为硬度越高越耐磨。然而，在有些工况下却并非如此。例如，对介质的润滑性差，或无润滑性，或易产生干摩擦的场合，如轻烃介质，使用硬质的 M106k 磨损较大，而采用软质的高纯电化石墨磨损小，这是因为软质石墨具有优良的低摩擦性能，它是由于石墨晶体自润滑性能好，运转期间有一层极薄的石墨膜向对偶件表面转移，使摩擦面得到润滑，摩擦系数下降，磨损减小。当组对材料为喷涂陶瓷时，以选用中等硬度的石墨为宜。

若介质中固体颗粒含量超过 5% 时，碳石墨不宜作单端面机械密封的组对材料，也不宜作串联布置中的主密封环。否则，密封件会出现高磨损。

(2) 泡疤 在热油泵中，常会发现机械密封的碳石墨环端面上出现凹坑、疤块。这是在选用碳石墨材料时，没有充分研究浸渍物与碳石墨材料结合的温度。由于浸渍物的不同，碳石墨密封件的适用温度范围也就不同。例如，浸酚醛树脂石墨，当摩擦副表面温度超过180℃时，树脂会在密封端面分解形成硬粒和析出挥发物，形成疤痕，从而极大地增加摩擦力，使表面损伤而出现泄漏。在条件允许的情况下，减小摩擦副的接触宽度，对降低摩擦热造成的温升是有效的。所以，适当减小碳石墨环摩擦宽度，有利于防止泡疤的发生。质量较差的碳石墨环，因内部气孔较多，使用时气孔膨胀，将碳微粒及树脂挥发物吹出而形成泡疤，而且将会引起密封端面黏着。因此，高温工况推荐用浸铜或浸锑石墨。

(3) 咬合破裂 在高温场合下，选择浸渍金属碳石墨是有利的。因为无论是接触端面温度或导热系数都要比浸渍树脂的高许多。但是，在机械密封运行时，若出现干摩擦，密封更容易失效，端面瞬时高温，金属浸渍物会出现熔滴，造成端面咬焊而使密封件破裂。浸巴氏合金，铜合金或锑的碳石墨环，不宜用于高温干摩擦工况。高温干摩擦运转应采用浸银石墨。金属银具有良好的自润滑性，可有效地防止咬合破裂现象发生。

(4) 断裂 石墨的裂纹是由传动件的振动、密封圈的胀大以及石墨环本身界面的尖角处应力集中造成的。当碳石墨环用于高黏度流体中时，特别是做浮装式非补偿环，由于流体的黏性阻力，使碳石墨密封环产生前后颠簸而碎裂。因此，碳石墨密封环应使用流体黏度界限制在 30Pa·s 以下，对高黏度流体，可用铜合金环替代碳石墨环。

(5) 变形 浮装式碳石墨非补偿环，在高压下容易产生变形，故高压工况推荐用接触式安装。大轴径的非补偿环，更应注意其形状及外形尺寸的设计，增大径向及轴向尺寸以防变形。夹紧式结构的碳石墨环，当轴径在 100mm 以上时，用聚四氟乙烯 O 形圈夹紧，容易造成碳石墨环变形，因此，推荐用橡胶 O 形圈。

二、工程陶瓷

工程陶瓷是耐腐蚀用机械密封不可缺少的摩擦副材料之一。若选用不当，也会出现很多问题。陶瓷是一种硬、脆且对切口及热冲击敏感的材料。以下介绍使用工程陶瓷易出现的失效形式及选材方法。

(1) 断裂 脆性是所有陶瓷共有的缺点。特别是棱角部位受冲击载荷易裂。设计上尽量采用简单的形状，避免有尖角存在。安装、拆卸、储运过程中应极其小心，不能有冲击载荷。装配过紧是陶瓷环破裂的主要原因（其强度为硬质合金的 1/4）。热冲击也是陶瓷环破裂的常见原因，密封装置可能会暂时短时间地干运转，因而温度升高，当液体突然进入密封界面，使瓷环骤然冷却，于是产生了难以承受的热应力而破坏。所以，无论哪种陶瓷都要考虑其耐温度骤变的性能。高温工况下，若经常出现骤冷现象，最好不采用氧化铝陶瓷，可用其它材料替换。纯度为 95% 的氧化铝陶瓷易于破裂。纯度越高、粒度越细的高纯氧化铝瓷环却不易破裂。

为弥补陶瓷强度低的缺点，可用镶装结构。为防止脱环，多采用钛合金材料作环座，过盈量一般在 0.05~0.08mm 范围内选取。这样，既避免瓷环碎或脱环，又可保持两者材料在耐腐蚀方面的同一性。

陶瓷材料的机械强度虽然低，但要是结构设计合理，使用和操作得当，在给定工况条件下，使用寿命仍然较长。

（2）组对性能　氮化硅陶瓷用作机械密封摩擦副材料具有选择性。例如，在稀硫酸中氮化硅与填充玻璃纤维聚四氟乙烯组对时，氮化硅的磨耗大，而与碳石墨组对时效果较好；用铬钢玉陶瓷与填充玻璃纤维聚四氟乙烯组对时，效果最佳。氮化硅陶瓷相互组对不仅磨耗大，泄漏量也大，宜在低负荷条件下使用。碳化硅陶瓷与碳石墨组对可用于高负荷条件。

三、硬质合金

尽管硬质合金的组对性能好，但随使用工况不同，其组对性能也具有选择性。

钴基硬质合金彼此组对，在高温场合端面容易产生热裂纹；若用镍基硬质合金与钴基硬质合金组对则可得以改善。

硬质合金中的碳化物在室温下一般能抗大多数酸碱的腐蚀。用钴作为粘结剂的钴基硬质合金，由于钴易被氧化以及耐蚀性差，所以耐蚀性能不够理想，容易产生粘着、腐蚀磨损。热水泵宜采用镍基硬质合金，例如，用镍基硬质合金与碳石墨组对比用钴基硬质合金与碳石墨组对的寿命高一倍。当泵停用较长一段时间后，后者的起动转矩约为前者的 4 倍。

第三节　从失效形式分析故障原因

通过对失效原因的分析，可以提高应用机械密封的技术水平。结构设计上的改进，在很大程度上是源于故障分析。对分析故障要做到尽可能确切，有时需要花费时间，甚至需要使用专门的测试技术。

一、密封失效分析的原则和方法

对每一套机械密封，无论以何种原因失效，都应进行详细的分析研究，并记录有关数据。密封件损坏后，不能局限于从被损件上查找失效原因。还应将拆卸下来的机械密封妥善地收集，清洗干净；按静止和转动两部分分别放置，贴上标签，以备检查和记录。

检查程序是：首先，弄清受损伤的密封件对密封性能的影响，然后依次对密封环、传动件、加载弹性元件、辅助密封圈、防转机构、紧固螺钉等仔细检查磨损痕迹。对附属件、如压盖、轴套、密封腔体以及密封系统等也应进行全面的检查。此外，还要了解设备的操作条件，以及以往密封失效的情况。在此基础上，进行综合分析，就会找出产生失效的根本原因。

二、根据磨损痕迹分析故障原因

磨损痕迹可以反映运动件的运动情况和磨损情况。每一个磨损痕迹都可以为故障分析提供有用线索。例如，摩擦副磨损痕迹均匀正常，各零件的配合良好，这就说明机器具有良好的同轴度。如果密封端面仍发生泄漏，就可能不是由密封本身问题引起的。例如，金属波纹管机械密封的端面磨损痕迹均匀正常，泄漏量为常数，这就意味着泄漏不是发生在两端面之间，有可能发生在其他部位上，如固定波纹管的静密封处等。

当端面出现过宽的磨损，表明机器的同轴度很差。转轴每转一圈密封件都要作轴向位移和径向摆动，显然在每一次转动中，密封端面都趋向于产生轻微的分离和泄漏。以离心泵为例，造成过宽的磨损的原因大致有：联轴器不对中、泵轴弯曲、泵轴偏斜、轴的精度低、管线张力过大、振动等。

引起振动的原因还有气穴、喘振、水锤冲击、介质流动不平衡等。但以联轴器对中不良，轴承运转精度差引起振动的情况居多。

安装联轴器时，应测量两轴中心线位置精度，通常是用百分表和塞尺进行测量，两联轴器外圆的偏差和端面间隙的偏差测量数值需控制在表 12-1 所示的范围内。

表 12-1　联轴器安装允差　　　　　　　　　　　　　　　　　　　　　mm

项次	两联轴器外圆的偏差	端面间隙的偏差
高速泵	＜0.02	＜0.06
低速泵	＜0.02	＜0.08

对于水力特性所引起的震动，其有效的补救措施是控制泵的排量在设计值以下，减轻泵的气穴现象。

对出现的磨损痕迹宽度小于窄环环面宽度时，这就意味着密封受到过大的压力，使密封面呈现变形。对此，应从密封结构设计上加以解决，采用能承受高压的密封结构。

机械密封运转一段时间后，若摩擦端面没有磨损痕迹，表明密封开始使用时就泄漏，泄漏介质被氧化并沉积在补偿环密封圈附近，阻碍了补偿环作补偿位移。这种情况是产生泄漏的原因。黏度较高的高温流体，若不断地泄漏，易于出现这种情况。

对橡胶波纹管式密封件，若摩擦副端面没有磨损痕迹，这表明密封端面可能已经压合在一起，摩擦副间无相对转动，而是橡胶波纹管相对于轴旋转。如果出现这种情况，弹簧就会磨损，还会磨损固定部件和转动部件。

有时，旋转环相对于静止环不旋转，而相对于静环压盖旋转，这种情况下摩擦副端面也不会产生磨损痕迹。其原因可能是防转销折断了，或是静环压盖的孔径小于密封件的外径而安装不到位所致。

在密封端面上有光点而没有磨痕，这表明端面已产生较大的翘曲变形。这是由于流体压力过大，密封环刚度差，以及安装不良等原因所致。外装式机械密封，若夹固式非补偿环仅用两个螺栓固定而静环压盖没有足够的厚度，或定位端面不平整，也会出现这种现象。

硬质环端面出现较深的沟槽（环状纹路，形如密纹唱片）。其原因主要是泵的联轴器对中不良，或密封的追随性不好。当振动引起密封端面分离时，两者之间有较大颗粒物质入侵，假如颗粒嵌入较软的碳石墨密封环端面内，软质环就像砂轮一样磨削硬质端面，造成硬质端面的过度磨损。若是由振动引起端面分离，那么传动销钉之类的传动件必然也会出现不正常的磨损痕迹。

在颗粒介质中工作的机械密封，组对材料均采用硬质端面，这是解决密封端面出现深沟槽的一种有效办法。例如，硬质合金与硬质合金或与碳化硅组对为最佳。因为颗粒无法嵌入任何一个端面，而是被磨碎后从两端面之间通过。

金属轴套外圆表面的磨痕，可能是进入套内的固体微粒造成的，它干扰密封的追随能力；也可能是轴偏斜，轴与密封腔的同轴度偏差大造成的。

三、热负荷对端面材料的损伤

在一个或两个端面上出现缺口，这种现象说明两个端面分开的距离太大，而当两个端面用力合紧时，就会产生缺口。造成端面分离的常见原因是介质急骤蒸发。例如水，特别是在热水系统或是含凝结水的液体中，水蒸发时膨胀，因而将两端面分开。泵的气穴现象加上密封件的阻塞也可能是使密封端面产生缺口的原因。在这种情况下，不是由于振动和联轴器不对中引起的，因为这不足以使端面产生缺口。

降低端面温度是防止介质急剧蒸发造成端面损坏的常用方法。同时，采用导热性好的材料组对也是有利的，如用镍基硬质合金与浸铜石墨组对。此外，采用平衡型机械密封，或利用特种压盖从外部注液冷却，或直接冷却腔内的密封，等等，对降低密封端面的温度都十分有效。

失效的机械密封，摩擦副端面常会留下很细的径向裂纹，或者是径向裂纹兼有水泡痕，甚至龟裂。这是由于密封过热引起的，特别是陶瓷、硬质合金密封面容易产生这类损伤。介质润滑性差、过载、操作温度高、线速度高、配对材料组合不当等，其中任何一种因素，或者是几种因素的叠加，都可以产生过大的摩擦热，若摩擦热不能及时散发，就会产生热裂纹。这些细裂纹犹如切削刃一样，切削碳石墨或其它对偶件材料，从而出现过度磨损和高泄漏。解决密封过热问题，除改变端面平衡系数，减少载荷外，还可采用静止型密封并加导流套强制将冷却循环流体导向密封面，或在密封端面上开流体动力槽来加以解决。

摩擦端面上有许多细小的热斑点和孤立的变色区，这说明密封件在高压和热影响下变形扭曲。对于端面的热变形，应采用有限元法计算分析，改进密封环的设计。

表面喷涂硬质材料的密封环，无论是喷涂陶瓷还是硬质合金，在热负荷下其面层都有可能在基材上起鳞片或剥落。出现这种现象，说明密封出现过干摩擦。为消除这一现象，首先应检查密封的润滑、冷却是否充分、冷却系统有无堵塞现象，操作是否得当，根据实际情况采取相应的对策。

四、腐蚀对密封件的危害

化学腐蚀和电化学腐蚀对于机械密封的使用寿命是一个严重威胁。构成腐蚀的原因错综复杂，这里仅就机械密封最常见的腐蚀形态以及影响最大的因素进行分析。

（1）全面腐蚀与局部腐蚀　全面腐蚀，即零件接触介质的表面产生均匀腐蚀，其特征是零件的重量减轻，甚至会全部被腐蚀、失去强度、降低硬度。如用 1Cr18Ni9Ti 不锈钢制作的多弹簧，用于稀硫酸时就会出现这种情况。局部腐蚀，可以简单地用零件上的蚀斑、蚀孔来判明。局部腐蚀是零件表面层变得松软多孔、易于脱落、失去耐磨强度。局部腐蚀是多相合金中的某一相或单相固溶体的某一元素，被介质选择性溶解的腐蚀形态。例如，钴基硬质合金用于高温强碱中时，粘结相金属钴易被腐蚀，硬质相碳化钨骨架失去强度，在机械力的作用下产生晶粒剥落。又如，反应烧结碳化硅，因游离硅被腐蚀而表面呈现麻点（pH＞10 时）。

腐蚀对密封件的性能影响很大。由于密封件比主机的零件小，而且更精密，通常要选用比主机更耐腐蚀的材料。对于直接与介质接触的密封件，虽然可参阅有关腐蚀手册中的数据选择适宜的材料，但这些数据未必与机械密封系统中的使用条件相符，因为它们大多是静态条件下单一种介质的腐蚀数据，而工艺流程中的介质是多种介质的混合物。经验表明，压力、温度和滑动速度都能使腐蚀加速。密封件的腐蚀率随温升呈指数规律增加。

处理强腐蚀流体时，采用外装式或双端面密封，可以最大限度减轻腐蚀对密封件的影响，因为它与工艺流体相接触的零件数最少。这也是在强腐蚀条件下，选择密封结构的一条最重要的原则。

（2）应力腐蚀　应力腐蚀是金属材料在承受应力状态下处于腐蚀环境中所产生的腐蚀现象。不论是外部载荷或残余应力，腐蚀都会加剧。容易产生应力腐蚀的材料是奥氏体不锈钢、铜合金等。应力腐蚀的过程一般是在金属表面上形成选择性的腐蚀沟槽，持续产生局部腐蚀，最后在应力的作用下，从沟槽底部产生裂纹。典型的实例是 104 型机械密封的传动套，它的材料为 1Cr18Ni9Ti，当用于氨水泵上时，传动套的传动耳环最容易出现应力腐蚀裂纹，使耳环损坏。为此，将其凹形耳环改为实心凸耳，即可防止产生这种应力腐蚀。

（3）磨蚀　密封件与流体间的高速运动，致使接触面上发生微观凹凸不平。当流体为腐蚀性介质时，将加快密封接触表面的化学反应，这种反应有时是有利的，有时是有害的。如果所形成的氧化层被破坏，即出现腐蚀。由磨损与磨蚀的交替作用而造成材料的破坏称为磨蚀。通常磨蚀对机械密封的非主要元件如弹簧座、推环、环座等所带来的危害还不致迅速地反映出密封性能的变化，但却是摩擦副失效的主要形态之一。为此，在强腐蚀性介质中，摩擦副应采用耐腐蚀性能好的材料，如采用 99.5％的高纯氧化铝陶瓷，或不含游离硅的热压烧结碳化硅等。

（4）间隙腐蚀　当介质处于金属与金属或非金属元件之间，存在很小的缝隙时，由于介质呈滞流状态，会引起缝隙内金属的腐蚀加速，这种腐蚀形态称为间隙腐蚀。例如机械密封弹簧座与轴之间，补偿环辅助密封圈与轴之间（当然此处还存在微动磨损）出现的沟槽或蚀点即是典型的例子。究其原因，是由于缝内介质处于滞流状态，使得参加腐蚀反应的物质难以向缝内补充，而缝内的腐蚀产物又难以向外扩散，于是造成缝内介质随着腐蚀的进行，在组成的浓度、pH 值等方面愈来愈和整体介质产生很大差异，结果便导致缝内金属表面的腐蚀加剧。间隙腐蚀对密封性能的危害很大，密封圈与对隅轴处产生沟槽，将导致补偿环不能作轴向位移，失去追随性，使端面分离而泄漏。对于间隙腐蚀，通常可以通过正确选材和合理的结构设计予以减轻。如选用具有良好的抗间隙腐蚀性能的材料，在结构设计上应尽可能避免形成缝隙和积液死区；采用自冲洗方式进行循环，使密封腔内的介质处于不断更换和流动状态，防止介质组分的浓度变化，长期停用的机泵，应将积液及时排空等等。在结构上要完全消除间隙是不可能的，因此，一般采用保护性的轴套，在其密封圈安装部位可喷涂耐腐蚀材料加以防止。

（5）电化学腐蚀　实际上机械密封的各种腐蚀形态，或多或少都同电化学腐蚀有关。就机械密封摩擦副而言，常常会受到电化学腐蚀的危害，因为摩擦副组对常用不同种材料，当它们处于电解质溶液中，由于材料固有的电位不同，接触时就会出现不同材料之间的电偶效应，即一种材料的腐蚀会受到促进，另一种材料的腐蚀会受到抑制。例如铜与镍铬钢组对，用于氧化性介质中时，镍铬钢发生电离分解。盐水、海水、稀盐酸、稀硫酸等都是典型电解质溶液。密封件易于产生电化学腐蚀，因而最好是选择电位相近的材料或陶瓷与填充玻璃纤维聚四氟乙烯组对。

五、橡胶密封圈的失效

机械密封用辅助密封圈，以采用合成橡胶 O 形圈较多。机械密封失效中约有 30％是因为 O 形圈失效而引起的。其失效形式表现为如下几点。

（1）老化　高温及化学腐蚀通常是造成橡胶制品硬化、产生裂纹的主要原因。橡胶老化，表现为橡胶变硬，强度和弹性降低，严重时还会出现开裂，致使密封性能丧失。

橡胶在储存保管中，长期曝露日照下，或接触了臭氧，或储存时间太长，都会发生老化，过热会使橡胶组分分解，甚至碳化。在高温流体中，橡胶有继续硫化的危险，最终失去弹性而泄漏。所以有必要了解每一种合成橡胶的安全使用温度。

（2）永久变形　橡胶密封件的永久性变形通常比其他材料更严重。例如，橡胶 O 形圈使用中变成方形。密封圈长时间处于高温之中，会变成与沟槽一样的截面形状，当温度保持不变，还可起密封作用；但温度降低后，密封圈便很快收缩，形成泄漏通道而产生泄漏。因此，应注意各种胶种的使用温度极限，应避免长时期在极限温度下使用。如果不能改变密封运转条件，则要从结构上加以改进，以减轻温度对橡胶材料的不良影响。例如，尽可能地选用截面较大的橡胶 O 形圈，O 形圈要远离摩擦副端面，适当提高 O 形圈的硬度，采用沟槽式的装配结构（不用推环挤压式结构，勿使弹簧力作用于 O 形圈上）等等。

（3）溶胀变形　合成橡胶在某些介质中会发生膨胀、发粘或溶解等现象。因此，应根据工作介质的性质，利用有关资料的图表选择合适的材料。如果对所输送的工作介质的组分不十分清楚，就应进行浸渍试验，以指导合理选材。有些混合溶液可能会侵蚀各种合成橡胶，这时就需要选用聚四氟乙烯作密封圈。

（4）扭曲及挤出损伤　补偿环矩形槽中的橡胶 O 形圈，在装配或使用中产生扭转扭曲。其原因有：O 形圈的硬度低且截面直径太小，或者是圆截面直径不均，工作压力波动，冲击振动，以及内压小且润滑不良等都能使 O 形圈产生扭曲。发生扭曲的部位大多数在 O 形圈的中部。扭曲严重时，该处截面会变细，同时会出现泄漏量和摩擦力增大。防止 O 形圈扭曲的方法有如下几点。

① O 形圈在安装前，应在槽内涂以润滑脂，转轴应光洁，保证 O 形圈滚动自如。

② 压缩量应尽量取适宜值，适当放宽槽的宽度使 O 形圈能在槽内滚动。

③ 在可选用几种截面的情况下，应优先选用较大截面的 O 形圈。

④ 改用其他不发生扭曲的密封圈，如 X 形截面的密封圈。

橡胶 O 形圈在静态和位移运动情况下，总是处于压缩状态，所以在高压工况下存在挤入间隙的倾向。O 形圈挤出，即受高压作用的 O 形圈在间隙处会产生应力集中，当其应力达到一定程度时，O 形圈就会形成一道飞边嵌入间隙之中，导致 O 形圈的磨损或啃伤，使密封件过早失效，酿成介质从密封圈处泄漏。显然，造成挤出的原因主要与压力及密封部位的间隙有关，与 O 形圈材料的硬度也有关。减小间隙虽然能防止挤出，但是会降低密封环的浮动追随特性。所以，在高压工况下。防止橡胶 O 形圈的挤出措施是在 O 形圈沟槽中安装挡圈。尤其对于小截面的 O 形圈一定要增设聚四氟乙烯或聚酰亚胺材质的挡圈。

六、弹簧或波纹管的失效

在使用中，机械密封的弹簧或金属波纹管的失效形式有：永久变形、断裂、腐蚀、蠕变或松弛等。其中，以金属波纹管产生永久变形和断裂失效的影响因素最为复杂。机械密封的加载弹性元件大都采用圆柱压缩螺旋弹簧。所以，这里主要是对圆柱压缩螺旋弹簧的失效进行分析，原则上也适用于其它弹簧或金属波纹管。

1. 永久变形

弹簧永久变形是弹簧失效的主要原因之一，弹簧产生永久变形，超过允许范围便将影响密封的正常工作。

弹簧的永久变形，即弹簧自由高度减小，在工作高度一定的情况下，工作载荷就会减小。永久变形的原因是弹簧的设计不合理和制造工艺不完善而出现的失效现象。它与下列因素有关。

① 在给定的条件下，影响弹簧永久变形的主要因素是工作应力。在不同的工作载荷条件下，弹簧的永久变形也不同。国外资料认为，弹簧的工作应力不应超过其材料的 $0.3\delta_b$（抗拉强度）。

② 弹簧的永久变形与其直径有关。密封设计者往往注意调整弹簧直径，以满足负荷要求，很少注意弹簧直径对永久变形的影响，其结果很可能顾此失彼。减小弹簧直径，可以减小永久变形。

③ 设计弹簧的自由高度越小，相对的永久变形越大。试验表明，通过增加弹簧的自由高度，可减小弹簧的永久变形。但也应注意，过大的自由高度，也可能产生弯曲而失稳（小直径弹簧）。

④ 弹簧的永久变形与节距有关。当弹簧的自由高度不变，增加弹簧的节距，减少工作圈数，则容易产生弹簧的永久变形。

⑤ 弹簧的永久变形与弹簧的材料性能、制造工艺，选择热处理方法等因素有关。对弹簧厂来说，必须加强对材料性能及加工质量的管理。首先是加强进厂材料的质量检测和妥善管理，严禁不合格的材料进入生产现场。选择弹簧的加工及热处理工艺时，不仅要遵循一般的原则，还要考虑永久变形的影响，以提高机械密封弹簧的质量。

弹簧及金属波纹管的永久变形除上述因素外，还与使用温度有关，使用温度必须在材料规定的温度以内。

2. 断裂

弹簧断裂也是弹簧失效的主要形式之一。根据弹簧的载荷性质、工作环境、其断裂形式有疲劳断裂、应力腐蚀断裂及过载断裂等。

弹簧或金属波纹管疲劳断裂的原因，多数属于设计不当、材料缺陷、制造不良及工作条件恶劣等因素导致疲劳裂纹的扩展而造成的。疲劳裂纹往往起源于高应力区。如压缩弹簧的内表面出现了断口，常与弹簧材料轴线成 45°角方向扩展到外表面而断裂，金属波纹管的断裂常出现在波纹管的波谷处。

焊接金属波纹管，如果由于制造上的缺陷，如波片间距不等，因而会存在某些波片中产生较大的应力，从而使这些波片产生早期破裂。所谓制造上的缺陷，是指波片间距不匀，波的深度不等以及片厚不一等等。安装静止型金属波纹管机械密封时，有可能由于压盖与支承点连接时呈倾斜状态面产生缺陷。这种缺陷亦会在波片内产生应力，从而出现断裂。

在许多情况下，焊接金属波纹管周期伸缩运动的频率和密封装置的固有频率相等时则可能发生共振，产生较大的应力而导致早期疲劳断裂。在焊接金属波纹管密封装置内可能产生两种形式的振动，轴向振动和扭转振动。轴向振动是由轴的轴向窜动产生的，扭转振动通常是由摩擦副之间的摩擦力产生的。摩擦力趋向于绕紧波纹管，直至摩擦力小于波纹管内的绕紧力为止。此后，该力自身释放。如此重复自行循环。这种扭转振动自行转变成轴向振动，当两邻近的波片焊球相互碰撞时，振动减弱，振幅减小，如此重复自行循环。

为了防止产生共振，密封的固有频率应设计得比主振动频率大一些（通过改变材料、片厚、片数、间距、安装长度），或利用不对称型波形以及采用拨叉来传递转矩。此外，采用各种阻尼方法也可消除振动，如使用一阻尼片装在波纹管的周围，产生轻微的弹性载荷，从而保证与波纹管相接触，在振幅形成前就减弱振动，减振片就把波纹管的动能导出。

在介质侵蚀和材料应力的作用下，弹簧和金属波纹管会发生断裂现象，称为应力腐蚀断裂。奥氏体钢弹簧在交变应力作用下易受氧化物的应力腐蚀，对此，推荐使用哈氏合金。

在腐蚀性介质中工作的弹簧和波纹管，在其截面的应力区域，由于腐蚀与应力共同作用在元件的某些薄弱处，首先被腐蚀，形成裂纹核心。随着承载时间的延长，裂纹缓慢地向亚临界扩展。当裂纹达到临界尺寸时，其弹性元件便突然断裂。应力腐蚀断裂与工作介质有着密切的关系，如介质中含有氯、溴或氟时，金属弹性元件易发生应力腐蚀断裂。应力腐蚀断裂，从机理上来讲是阳极反应，而氢脆断裂则主要是阴极反应。在多数情况下，弹簧的氢脆断裂，即氢原子渗入弹簧材料的晶界，并结合成氢分子，从而产生很大的应力，结果导致弹簧在低应力载荷下发生脆性断裂。氢脆断裂通常发生在 45°～90°的弯曲角度的范围内。如将已变脆的弹簧圈夹在虎钳上，用钳子夹紧外伸部分并用力弯曲，即可轻易地将弹簧折断成二或三段。若是其它原因引起的断裂，则会发现，弹簧材料仍保持足够的韧性。在海水、硫化物、硫酸、硫酸盐、苛性碱、液氨以及含氢气的介质中，由于化学反应所产生的氢气为弹簧材料所吸收，从而造成的脆性断裂。

弹簧或波纹管的断裂破坏除上述因素外，还有以下原因。

① 热处理缺陷。由于热处理工艺不当而使材料隐含内部缺陷。如热处理造成弹簧材质的晶粒粗大，尽管得到了需要的硬度，但在使用中很快发生变形最终断裂。

② 工具造成的伤痕。弹簧制造过程中，特别是带钩弹簧的弯钩，往往由于制造工艺不当造成伤痕而出现应力集中区，致使弯钩断裂。

由此可见，防止断裂破坏的措施，除了在设计时根据弹簧的工作条件，选择适宜的材料，确定恰当的应力值外，在制造过程中采取合适的加工工艺方法，也是十分必要的。

七、密封驱动件的磨损、断裂或腐蚀

传动销、传动螺钉、凸缘、拨叉甚至单只的大弹簧都能用来传递转矩，驱动密封件旋

转。振动或安装位置偏斜，不同心等，都会使传动件磨损，弯曲甚至损坏。机械密封使用的固定螺钉不能用硬化后的材料制作。检查磨损时，首先要检查传动连接点，可以在销子、槽口、凸缘、拨叉上寻找磨损痕迹。传动销或传动槽的磨损是由于粘合——滑动作用而引起的。如果两个端面在瞬时间粘合在一起，这时由于旋转环不平滑旋转，旋转时会产生跳动，传动销将承受很大的应力。开停车频繁或受力过大时，传动销也容易折断，使密封突然失效。润滑不良也会产生粘合——滑动作用。

　　产生传动销折断的其它原因还有：弹簧力过大；介质压力高而采用了非平衡型密封或密封流体润滑性能很差，而使转矩大；传动销装配倾斜；单只受力；选择时只考虑了摩擦副材料的耐腐蚀性，而没有考虑组对性能；泵的气穴现象等。

八、摩擦热损伤

　　非正常的摩擦热损伤也是机械密封失效的原因之一。轴（或轴套）、压盖、密封腔和密封件都会因非正常的过热而损伤。摩擦热损伤可以从摩擦痕迹和颜色来判断。随着温升金属要改变颜色，例如不锈钢的颜色：淡黄色约370℃，蓝色约590℃，墨色约648℃。在一些泵中，出现非正常的过热原因有：轴的偏斜过大使泵的喉口与轴产生摩擦，无定位导向的压盖与泵轴（或轴套）相摩擦，固定螺钉松脱与密封腔摩擦，压盖垫片滑移接触旋转环等。

　　非正常的摩擦所产生大量热完全能熔融聚四氟乙烯V形圈或使橡胶O形圈焦化。

　　造成非正常的摩擦发热的原因还有：无定位导向的压盖与泵轴（或轴套）相碰；静止环发生旋转；密封腔内聚结污垢；密封腔与轴不同心等。

第四节　密封失效典型实例分析

　　机械密封的失效实例中，以摩擦副、辅助密封圈引起的失效所占比例最高，最典型的实例如图12-2～图12-22所示。

　　（1）端面不平（图12-2）　在钠光灯下用平晶检测密封面，平面度误差为2.7μm。密封面这种局部平面度误差是由于研磨抛光不良所引起的。在这种情况下，密封的泄漏较严重。

　　（2）黏着磨损（图12-3）　由于密封过热过载，从而使软质材料碎片移附到硬质材料表面，成团的微粒十分频繁地形成，然后又崩落，因而产生强烈的磨损。

图12-2　端面不平

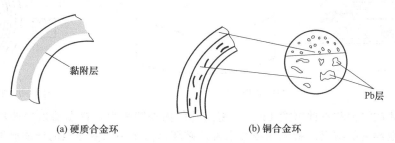

(a) 硬质合金环　　　　　　　　(b) 铜合金环

图12-3　黏着磨损

　　（3）热变形（图12-4）　密封面上有对称不连续的亮带，这是由于热变形引起的。有时，这种状况观察不出来，只有在端面上涂以红丹粉，通过与平板轻轻对研才能发现。出现这种情况，主要是由于不规则的冷却，引起密封面的热应力变形。

　　（4）热裂纹（图12-5）　密封面上产生的细裂纹有三种：（a）径向裂纹；（b）径向裂纹带有水泡或疤痕；（c）表面龟裂。陶瓷或硬质合金环密封面尤其容易产生这种损伤。这些裂纹好比用切削刀刮削碳石墨环或其他材料的密封面一样，会很快使对磨的软环凸台消失殆尽。产生热裂纹最普遍的原因是，缺乏适当的润滑和冷却措施，密封面液膜汽化蒸发，pv值高等。

图 12-4　端面热应力变形

(a) 径向裂纹

(b) 径向裂纹带水泡或疤痕

(c) 表面龟裂

图 12-5　热裂纹

（5）端面偏斜（图 12-6）　表现为密封面磨损不均匀，造成密封面中凸或中凹，在介质变压力工况下，表现为密封性能不稳定，能使密封面摩擦转矩增大，并产生大量的摩擦热。产生端面偏斜的原因是工作压力超过许用值或机械密封平衡系数选取不当等。

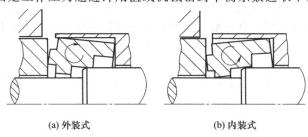

(a) 外装式　　　　　　　　(b) 内装式

图 12-6　端面偏斜

（6）冲刷磨损（图 12-7）　在碳石墨环上，最容易产生冲刷磨损。苛刻条件下，其他材料也可能产生冲刷磨损。冲洗液过高的冲洗速度或冲洗孔的位置不当，以及含有磨料颗粒的介质都可能使密封件受到冲刷磨损。

（7）磨粒磨损（图 12-8）　磨粒磨损通常是由于嵌入软环内或附夹在端面间的颗粒所引起的。后者比前者引起的磨损小。前者磨损往往出现在硬环端面上，呈圆周沟槽且同心分布。图中的碳化钨硬质合金环的磨损痕迹即为一例。

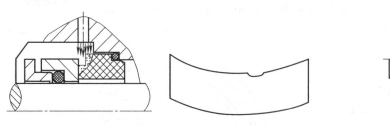

图 12-7　冲刷磨损

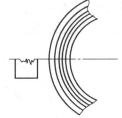

图 12-8　磨粒磨损

（8）流体的浸蚀和汽蚀（图 12-9）　密封件的内外圆表面，背端面出现凹坑麻点，这是高速流体长期冲击的结果。就流体浸蚀来说，破坏是由于小滴液强烈的压缩脉冲传到材料表面引起周围面积强大的剪切变形，这种变形反复进行，就能引起疲劳破坏性麻点。汽蚀是由于流体流动连续性的破坏，在高速运动或振动的表面接触中形成的蒸汽泡或汽泡的破灭所引起的冲击而产生的。

（9）闪蒸引起的端面破坏（图 12-10）　在液化石油气密封中容易出现这种情况。所谓闪蒸，即端面间的液膜汽化，变成汽液混合相，瞬时逸出大量蒸气，同时产生大量泄漏并损坏密封面。出现这种情况是密封面过热，密封的工作压力低于介质的饱和蒸汽压造成的。

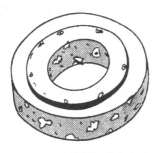

图 12-9　流体的浸蚀与汽蚀

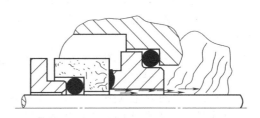

图 12-10　液膜闪蒸引起的端面损坏

（10）微动磨损与电隅腐蚀（图 12-11）　微动磨损与电隅腐蚀是机械密封中常见的现象，多出现在补偿环密封圈与之对隅的轴（或轴套）表面。其表面呈现麻点或沟槽，成为泄漏通道，或者使密封端面不能很好贴合，因而产生泄漏。

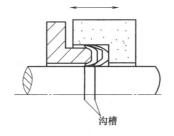

图 12-11　微动磨损与电隅腐蚀

（11）密封环的机械变形与热变形　见图 12-12。

扭曲　　　　　　挤压　　　　　　弯折

(a) 机械力引起的变形

(b) 温差引起的热变形

图 12-12　机械变形与热变形

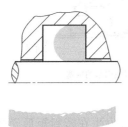

图 12-13　挤出损坏

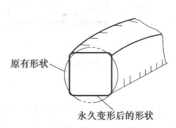

图 12-14　永久变形

（12）橡胶 O 形圈的挤出损坏（图 12-13）　由于压力作用及介质的浸蚀，使 O 形橡胶圈变软，而挤入小间隙中，又由于应力集中使密封圈出现断裂或剥落。

（13）橡胶 O 形圈永久变形（图 12-14）　由于高温、压缩率过大或过载等使橡胶 O 形圈变成方形。

（14）橡胶 O 形圈溶胀（图 12-15）　由于橡胶与溶剂类介质的不相容性，O 形圈发生溶胀变软、发黏、起皮、破裂。

（15）橡胶 O 形圈老化（图 12-16）　橡胶老化表现为变硬，通常是由于贮期过长，接触阳光、臭氧或是受热老化变硬，因而失去弹性。

（16）橡胶 O 形圈表面产生裂纹（图 12-17）　橡胶 O 形圈长期处于拉伸状态下，在空气中放置时间过长，表面接触油污，或受臭氧影响，都可产生表面龟裂。

图 12-15　溶胀破裂　　　　　　　　　　　　　图 12-16　老化

（17）橡胶 O 形圈挤裂啃伤（图 12-18）　由于座孔和轴端未倒角，或残留毛刺，O 形圈装入时被啃伤划破。

（18）O 形圈内周被磨损（图 12-19）　当轴表面粗糙，轴窜动，轴与密封件不垂直而偏斜、振动、支座偏歪时，补偿环 O 形圈与轴间产生微量的相对运动而使橡胶 O 形圈磨损。

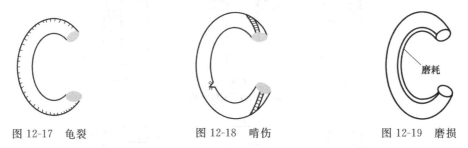

图 12-17　龟裂　　　　　　图 12-18　啃伤　　　　　　图 12-19　磨损

（19）O 形圈处被阻塞（图 12-20）　在密封介质的一侧，由于固体物料比率高或含纤维物料多，补偿环作浮动调整时，固体物或杂质进入其间，产生阻塞，补偿环不能作轴向滑移和浮动调整，在大气一侧，由于液膜蒸发、冷凝沉积、分离蒸馏，引起浓缩物的堆积，也能阻塞 O 形圈正常滑移和调整，从而使密封端面不能接触而产生泄漏。

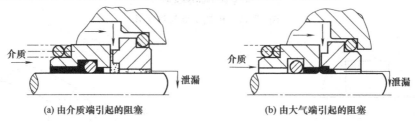

(a) 由介质端引起的阻塞　　　　　　　　(b) 由大气端引起的阻塞

图 12-20　O 形圈处被阻塞

（20）O 形圈扭曲（图 12-21）　橡胶 O 形圈的扭曲现象大多发生在密封矩形安装槽的结构上，当 O 形圈的截面粗细不匀，或组合轴孔表面不光洁以及压缩率过大时，都会引起 O

形圈扭曲。

（21）焊接波纹管破裂　这种现象大部分发生在波纹管两端的内焊缝处。这是由于内焊缝承受较大的拉力，并且两端焊缝因振动波的传播使其工作条件更加恶劣；应力集中对接头疲劳强度影响很大。从焊缝横断面来看，大多数裂纹产生在熔合线附近，这主要是由于焊缝根部的应力集中。如果焊接热对片材冷硬化的消除，使接缝区母材软化而产生应变。波纹管与前后端焊接的环座壁厚不等，其薄弱环节就在外径边缘上。使用中应力主要作用在该处而产生裂纹。

不同的波片焊菇造成不同应力集中和不同的破裂特征。图 12-22 为波纹管焊头的情况。图 12-22（a）、（b）、（c）焊头可以形成光滑的焊接，图 12-22（a）为不对称焊菇，这种焊菇往往沿焊缝较小一侧破裂；图 12-22（b）为焊菇太小强度不足，在交变应力下常常沿焊头中间开裂。图 12-22（c）为焊菇是过分加强的焊头，也容易造成较大的应力集中。焊菇宽度，一般单层波片应为波片厚度的 2.2~3 倍。当选用双层波片时，焊菇宽度应为波片平均厚度的 4.2~5 倍。

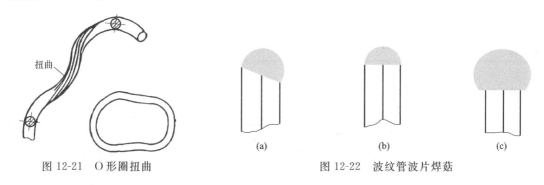

扭曲

(a)　　　　(b)　　　　(c)

图 12-21　O 形圈扭曲　　　　　图 12-22　波纹管波片焊菇

第五节　机械密封的故障及防止措施

机械密封的故障分析是安装和使用中经常遇到的一个问题。虽然机械密封本身的结构并不复杂，但是如何判断在使用中出现故障的原因却不是一件容易的事。即使对于有经验的人也很难保证每次都安装成功。因此，正确判断故障原因并能采取相应措施，这对于机械密封的制造者和使用者都是十分重要的。

机械密封在安装使用中经常出现的故障及其防止措施见表 12-2。

表 12-2　机械密封的故障及其防止措施

故障原因	故障现象	后果	防止措施
端面宽度过大	摩擦消耗功率升高，过热、冒烟、产生音响、泄漏异常、磨损、析出大量生成物、振动	防转机构、传动机构滑动、密封面开裂、密封端面早期磨损、烧伤、刮伤、破坏	缩小密封面宽度，减少弹簧压力，降低比压，改善结构
端面宽度过小	泄漏过大或不正常	泄漏不正常	加大端面宽度，调整比压
端面表面光洁度差	泄漏过大、析出大量磨损生成物、摩擦功率升高	早期磨损、滑动	提高表面光洁度
端面平面度差	泄漏过多	泄漏不正常	重新研磨密封端面
端面变形	泄漏过多或不正常	密封端面开裂或损坏	消除残余应力、减少变形
密封圈压缩量过大	泄漏不正常	动、静环不能浮动	减少密封圈压缩量

续表

故障原因	故障现象	后　果	防止措施
密封圈压缩量过小	泄漏过大或不正常	密封圈滑动,辅助密封失效	加大密封圈压缩量
密封圈有缺陷	泄漏较多	泄漏不正常	调换
弹簧压力过大	摩擦消耗功率升高,过热、冒烟、产生音响、泄漏异常、磨损、析出大量生成物、振动	早期磨损,烧伤,破坏	减少弹簧压力
弹簧压力过小	泄漏过多或不正常	浮动及补偿作用差、泄漏量大	增加弹簧压力
弹簧压力不均	泄漏过多或不正常	端面局部磨损	单弹簧调整平行度,小弹簧孔深度调整均匀
密封圈硬度过高	泄漏过多或不正常	动、静环浮动性差	更换
密封圈硬度过低	泄漏过多或不正常	密封圈被挤出	更换
密封性能不合要求	泄漏量过大	泄漏超标	调整弹簧比压及平衡系数,或更换端面材料
轴向补偿距离不合适	过热、冒烟、析出大量生成物,泄漏不正常	早期磨损,烧伤,刮伤,破坏	调整弹簧压缩量及安装位置
旋转件与静止部件接触	过热,泄漏不正常,有声响	旋转零件破坏	调整装配位置,更换相关零件
耐震性不合适	泄漏量过大或不正常	失去浮动性,磨损不正常,轴磨损破坏	增加浮动性及密封圈相关尺寸,增大浮动部位与端面间的距离,旋转件采取阻尼措施
密封端面材料组合不合适	功率升高、过热、冒烟、析出大量磨损生成物、振动、泄漏不正常	早期磨损、烧伤、刮伤、破坏、开裂	调换端面组合材料
耐压性差	泄漏过多或不正常	早期磨损、变形、开裂、破坏	调换材料,改变密封环形状及结构尺寸
耐高、低温性差	泄漏过多或不正常冒烟	早期磨损、变形、开裂、破坏	调换材料,改善结构及冲洗冷却系统
耐腐蚀性差	泄漏过多或不正常冒烟	早期磨损、变形、开裂、破坏、剥离	调换材料,改善密封结构
端面材料的 pv 值不合适	泄漏不正常,过热,冒烟,振动,析出磨损产物	烧结,刮伤,开裂,破坏,早期磨损	更换材质,减小弹簧比压及端面宽度,降低比压,增强冷却
密封腔孔径过小	过热,泄漏不正常	密封环早期磨损,烧伤,破坏	扩大密封腔孔径,改善冲洗冷却系统
密封压盖厚度太薄	泄漏量大或不正常	变形,开裂,破坏	增加密封压盖壁厚
密封压盖锁紧螺栓数量太少	泄漏量大或不正常	变形,开裂,破坏	增加螺栓数量
与辅助密封圈配合部分的表面光洁度太低	泄漏量大或不正常	动静环不能浮动,密封点泄漏	改善表面光洁度
不垂直度超差,偏心	泄漏量大或不正常	密封圈磨损,传动部分磨损,轴磨损,密封破坏、开裂,早期磨损	调整垂直度及同轴度
径向跳动超差	泄漏量大	密封端面泄漏	调整径向跳动
机械性能不好	泄漏量大或不正常,振动	传动部分磨损、松动、早期磨损、开裂、破坏	使回转体平衡,调整轴和轴承的变形

续表

故障原因	故障现象	后　果	防止措施
水力性能差	泄漏量大或不正常,冒烟	开裂、破坏、烧坏	密封腔排气、防止气穴
装配不当使弹簧比压过大	过热,功率升高,析出大量磨损物	早期磨损、烧伤、传动机构滑动、刮伤	调整安装位置、减小弹簧压缩量
装配不当使弹簧比压过小	泄漏量大或不正常	泄漏超标	调整安装位置、增加弹簧压缩量
装配时防转销未进入静环上防转槽内	泄漏不正常	静环有时破坏	重新装配或更换
装配倾斜	泄漏不正常,有声响	泄漏超标	重新装配或更换
装配时紧定螺钉松紧不一致	泄漏量大或不正常	密封圈及轴磨损	调整紧定螺钉
注液润滑的结构不好	泄漏不正常,发生音响,振动	早期磨损、破坏、变形	改善注液润滑结构,调整流速及注液方向
密封液内部循环结构不好	过热,冒烟,泄漏不正常	早期磨损、烧伤、开裂、破坏、异物阻塞不能动作	改善内部循环结构,或进行注液润滑
冷却结构不好	过热,冒烟,泄漏不正常	早期磨损、烧伤、开裂破坏	改善冷却结构,或进行注液润滑和冷却
保温、加热或保冷结构不好	泄漏量大或不正常,过热,冒烟	早期磨损、破坏、开裂	均匀保温、保冷及加热,防止结冰现象
双端面密封上的封液结构不好	泄漏量大或不正常,过热,冒烟	早期磨损、破坏、开裂	改善封液结构,调整流速流量、温度等
混入杂质或析出固体物	泄漏量大,功率升高不能运转	早期磨损,动环失去浮动性,弹簧不能动作,破坏	设置过滤器,加强冲洗措施更换密封材质,改变密封形式等
液体凝固或黏结	泄漏量大,功率升高不能运转	早期磨损,动环失去浮动性,弹簧不能动作,破坏	设置过滤器,加强冲洗措施更换密封材质,改变密封形式等
使用温度过高	泄漏量大或不正常,冒烟	早期磨损,开裂,烧伤,破坏	改善冷却形式,加强注液润滑,更换材质,改变密封形式
使用温度过低	泄漏量大或不正常,有音响,不能运转	早期磨损,开裂破坏	保温,隔绝大气,强化注液润滑,更换材质,改变密封形式
使用介质腐蚀(包括电化学腐蚀)太强	泄漏量大或不正常,有音响	早期磨损,各部分产生滑动,不能动作,弹簧破坏	更换材质,改变密封的形式,采用双端面密封,强化注液润滑等
压力过高、轴轴转速改变,轴套阻塞,密封系统阻塞	功率升高,过热,冒烟,有音响,泄漏不正常,析出大量磨损产物	防转及传动机构滑动,开裂,早期磨损,烧伤,破坏	减少端面宽度、减低弹簧压力,降低比压,改变密封结构及形式
干摩擦、密封部分变成负压,密封处气化	泄漏量大,泄漏不正常,冒烟,过热,有音响	烧结,开裂,烧伤,早期磨损,破坏	改善操作,保持正压,改变密封形式及用双端面密封,强化冷却润滑等
振动过大、气穴作用,喘振,轴及轴承不正常,结合与安装不当	泄漏量大或不正常,振动,有音响	防转机构滑动、传动部件磨损,早期磨损,开裂,破坏,轴的磨损	调整机器,调整装配,改变密封形式
试压不当、试压过大及反压(双端面密封时)	泄漏量大或不正常	破坏,变形,静环脱出	试压要适当,双端面密封时要使封液升压

故障原因	故障现象	后　果	防止措施
压力变动、升、降压方法不当，喘振，气穴作用等	泄漏量大或不正常	破坏，变形，各部分产生滑动，开裂	改善操作，改进阀门
热冲击、骤冷、骤热	泄漏量大或不正常	破坏，变形，各部分产生滑动，开裂	改进操作，逐步预热，改变材质
封液阻力过大、过小	过热，有音响，产生蒸汽，泄漏量大或不正常	早期磨损，烧伤，破坏，刮伤，腐蚀	调整管路阻力
封液流量过小	吸气，过热，有音响，产生蒸汽，泄漏量大或不正常	早期磨损，烧伤，破坏，刮伤，腐蚀	调节流量
封液流速过大	泄漏量大或不正常	早期磨损，侵蚀，破坏	增大封液管径，调节压力
封液压力过大，压力变动大	密封液过热，有音响，泄漏量大或不正常	密封圈挤出，破坏，早期磨损，烧结	调整封液压力，修理，更换
腐蚀，析出固体物质	泄漏量大或不正常	不能动作，破坏，早期磨损	改进材质和冷却润滑液
封液温度不合适	泄漏量大或不正常	不能动作，破坏，早期磨损	调节温度
注液方向不合适	泄漏量大或不正常	发热、早期磨损	改变注液方向
封液不合适	泄漏量大，过热，腐蚀	不能动作，腐蚀，早期磨损，破坏	更换或改变封液
封液冷却效果小	过热，冒烟，功率升高，振动，泄漏正常，泄漏量大，有音响	早期磨损，烧毁，刮伤烧伤，传动部件磨损，密封圈挤出，黏结	改进冷却结构
封液保温、保冷效果差（结冰，结晶析出）	泄漏不正常，泄漏量大，功率升高	早期磨损破坏	改进保温、冷却结构
封液进出口温差过大发生变形	泄漏不正常，泄漏量大，振动不正常	早期磨损破坏，传动部件滑移，磨损	改善冷却调节封液温差
冷却、加热不均匀或保温、保冷不均匀（变形）	泄漏不正常，泄漏量大，振动不正常	早期磨损破坏，传动部件滑移，磨损	使保温、保冷加热均匀，改进冷却保温结构

第十三章 非接触干气密封

在现代工业中，存在着许多大功率、高转速流体机械（如透平压缩机和鼓风机），由于其关键部位的密封处于高速、高压及高温的工况，传统的接触式机械密封难以满足如此苛刻的条件，因而这些部位的密封，广泛采用各种非接触型密封。其中干气密封通过在密封端面上开设动压槽而实现密封端面的非接触运行，使两相对运动表面被一层极薄的气膜隔开，因此密封摩擦副基本不受材料 PV 值的限制，特别适合作为高速、高压设备的轴端密封。与机械密封相比干气密封具有如下优点：密封使用寿命长、运行稳定可靠；密封功率消耗小，仅为接触式机械密封的 5%左右；与其他非接触式密封相比，干气密封气体泄漏量小；可实现介质的零逸出，是一种环保型密封；密封支持系统简单、可靠，使用中不需要维护。以气体为工作介质的干气密封，作为一种低泄漏、低磨损和长寿命的新型密封，是解决流体机械关键轴封部位的最为理想的一种方案，对设计者和使用者都具有极大的吸引力。

干气密封的密封端面上的动压槽可加工成各种槽型，如图 13-1 所示。主要有螺旋槽型、

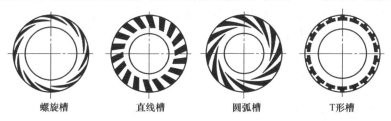

| 螺旋槽 | 直线槽 | 圆弧槽 | T形槽 |

图 13-1 干气密封的典型槽型

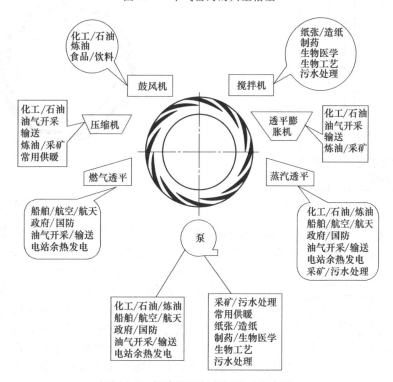

图 13-2 螺旋槽干气密封的工业应用

圆弧槽型、T形槽型和直线槽型等。其中螺旋槽型由于其良好的流体动压效应，能在很小的气膜间隙下产生较高的气膜刚度，是目前工业中应用最广泛的槽型。自1976年作为首例的螺旋槽干气密封成功地应用于天然气管道压缩机上至今，全世界已有几千台大型高速工业压缩机采用了螺旋槽干气密封，它们被广泛应用于石油天然气、化工和航空等工业部门。如图13-2所示，干气密封的应用市场日益扩大，强劲不衰。

第一节　干气密封的结构原理

干气密封是受到气体止推轴承的启发而产生的。由于干气密封与气体止推轴承具有一些相似的特点，因此许多对于干气密封的研究可以借鉴已有的气体止推轴承方法及理论。现以螺旋槽气体密封为例，讨论干气密封的基本结构和工作原理。

图13-3为干气密封中典型的螺旋槽气体密封的结构简图。尽管干气密封的结构千差万别，但一般来说，都可以简化为：密封座体，可以沿轴向浮动的浮环即是通常说的补偿环（通常即静环），高速旋转的动环。浮环是由弹簧和辅助密封支撑在固定的密封座体上，弹簧提供了一部分闭合力并保证了浮环对旋转动环的追随性。辅助密封具有阻尼作用，它也有一定的弹性，它除起到对浮环进行密封的作用外，还要保证浮环可以跟随旋转的动环一起轴向的窜动。旋转的动环是靠密封端面间的一层很薄的气膜与浮环连接在一起的，这层气膜既要保证密封不要过度的泄漏并提供一定的刚度，在扰动的工作状态下又要保证密封在受到外界扰动时不失效。

图 13-3　螺旋槽干气密封的结构简图

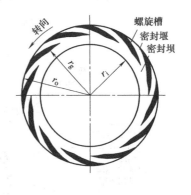

图 13-4　螺旋槽干气密封的端面图

动环的表面开有各种不同形状的微米级动压槽，若开的是螺旋槽就称做螺旋槽干气密封，如图13-4所示。动环密封端面分为动压（螺旋）槽区、密封堰区和密封坝区三部分。

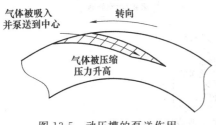

图 13-5　动压槽的泵送作用

当动环旋转时，如图13-5所示，动压槽起着泵送作用，密封气体被吸入动压槽，进入到密封端面之间，由于密封堰的节流作用，进入密封面的气体被压缩，气体在动压槽的根部压力升高，产生流体动压效应，使密封端面分静环推开。而在非运转状况下，动环和浮环靠弹簧的推力贴合在一起，密封坝的存在也可以保证密封不产生泄漏。

密封端面在具有微小间隙的正常运转状态下，作用于静环上的力是平衡的，如图 13-6（a）所示。介质压力分布在静环的两面，开启力由作用于静环密封端面的介质压力及螺旋槽的动压效应形成的气膜压力组成；闭合力由作用于静环背面的介质压力和弹簧力组成的。当力平衡时，即开启力等于闭合力，密封运转稳定可靠，此时密封端面间有确定的气膜间隙，称为平衡间隙，其值一般为 $2 \sim 8 \mu m$。

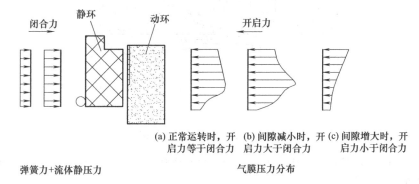

图 13-6　螺旋槽气体密封的工作原理

如果外界因素引起密封端面跳动、振动等干扰，将导致密封间隙减小，则开启力大于闭合力，开启力将会撑开密封面，迫使密封工作间隙增大直到恢复平衡为止，如图 13-6（b）所示。同样地，如果干扰使间隙增加，则开启力小于闭合力，迫使两密封面相互靠拢，直到重新恢复平衡，如图 13-6（c）表示。相对于使密封端面间隙发生变化的外界因素而言，为保持非接触状态而要求的特性，也就是浮力（开力）的变化量和间隙的变化量在计算上的比例值叫着气膜刚度。理论上气膜刚度越大，间隙不易发生变化，密封性能会比较稳定。由于螺旋槽干气密封具有很高的气膜刚度和具有很好的追随性，能很好地保持密封系统的平衡状态，因此受到很多人的青睐。

圆弧槽干气密封与螺旋槽干气密封基本结构和工作原理基本相同。其差别在于：对数螺旋槽的切线与矢径的夹角为常数，而任一点的曲率半径为变量；圆弧槽的曲率半径为常数，而切线与矢径的夹角为变量。T 形槽干气密封最大的特点是克服了螺旋槽和圆弧槽干气密封无法解决的问题，可以不受转向限制，双向旋转。此外，人字形槽、双 L 形槽干气密封也与 T 形槽一样，可以双向旋转。

第二节　干气密封的类型及应用范围

目前干气密封主要用于压缩机、泵和搅拌釜等设备上，相应的按其使用主机也分为压缩机用干气密封、泵用干气密封和搅拌釜干气密封。

一、压缩机干气密封

干气密封最早应用于压缩机的轴端，按其结构主要分为单端面、双端面和串联干气密封。

1. 单端面密封

单端面干气密封主要用于中低压条件下，允许少量工艺气泄漏到环境中的场合，典型结构如图 13-7 所示。此结构也可用于不允许产生泄漏的场合，此时需要把泄漏气引到火炬或排气口接口。在这种情况下主要的泄漏气与隔离气一起被输送到火炬或排气口。如果输送的气体介质含有杂质，介质必须被过滤后才能通过密封气输送到密封腔。这样过滤的介质从密封腔流向叶轮侧，从而阻止杂质从叶轮侧进入密封。

单端面干气密封的应用范围为：温度 $-60 \sim 200^{\circ}C$；压力 $\leqslant 2MPa$；线速度 $\leqslant 180m/s$。应用

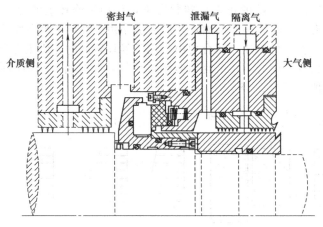

图 13-7 压缩机用单端面干气密封

领域主要用于对环境无害的中性介质工况，如二氧化碳压缩机、空气压缩机、氮气压缩机等。

2. 双端面干气密封

当没有火炬可以排放泄漏介质时，但具有可以提供合适压力的密封气时，可以使用双端面密封结构，如图 13-8 所示。双端面密封是一种有效地防止介质气体逃逸到周围环境中的密封结构。它包括隔离气体和密封气，密封气是在两道密封之间输入一个比介质压力高的气体。一般密封气的压力比介质压力高 0.2～0.3MPa。密封气体一部分泄漏到大气，另一部分泄漏到介质中。

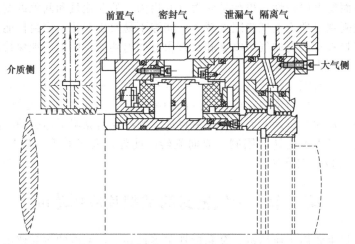

图 13-8 压缩机用双端面干气密封

此种密封的应用范围为：温度 -60～200℃；压力 ≤2MPa；线速度 ≤180m/s。应用领域主要包括工艺气不允许泄漏到大气侧，但允许少量密封气泄漏到机内的工况，可用于炼油装置中的催化、焦化富气压缩机，化工装置的低压氯气压缩机等。

3. 串联式干气密封

压缩机用串联干气密封按密封中是否有迷宫密封分为无迷宫串联干气密封、带中间及前置迷宫的串联式干气密封。

（1）无迷宫串联干气密封 无迷宫串联干气密封结构是一种操作可靠性较高的干气密封结构，如图 13-9 所示。它本体结构简单且仅需要一个相当简单的气体支持系统。典型应用是介质气体少量泄漏到大气中是容许的工况。在串联结构中，两个单端面密封被前后放置形成两级密封。介质侧密封（一级密封）和大气侧密封（二级密封）都能够承受全部压力差。在一般的操作中，介质侧的一级密封承受了全部压差。介质侧一级密封和大气侧二级密封之间的泄漏（一级泄漏气）通过接口引到火炬。大气侧二级密封所承受的压力与火炬压力相同，因此介质泄漏到大气侧和到排气口的量几乎为零。此结构使用过程中，当主密封失败时，大气侧二级密封可作为安全密封承担密封能力，保证介质不会泄漏到大气中。

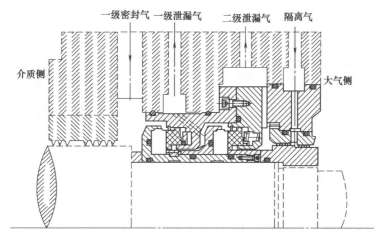

图 13-9　压缩机用无迷宫串联干气密封

　　此种密封的应用范围为：温度－60～200℃；压力≤10MPa；线速度≤180m/s。应用领域主要包括天然气管线压缩机等。

　　（2）带中间迷宫的串联式密封　如果工艺介质不允许泄漏到大气中和缓冲气体不允许泄漏到工艺介质中，此时串联结构的两级密封间可增加迷宫密封，如图 13-10 所示。典型的应用是不允许介质泄漏到大气中，如氢气压缩机，硫化氢气体含量较高的天然气压缩机（酸性气体），和乙烯、丙烯压缩机。此种结构的密封工作时，工艺气体的压力通过介质侧一级密封被降低。泄漏的工艺气体通过接口一级泄漏气排到火炬。大气侧密封通过接口被缓冲气体（二级密封气，一段内氮气或空气）加压。缓漏冲气体的压力保证有连续的气流通过迷宫到火炬的出口。

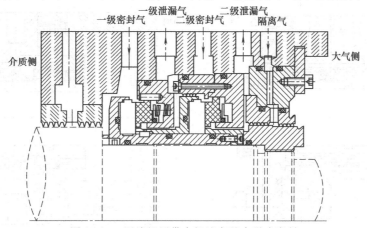

图 13-10　压缩机用带中间迷宫的串联式密封

　　此种密封的应用范围为：温度－60～200℃；压力≤10MPa；线速度≤180m/s。适用于既不允许工艺气泄漏到大气中，又不允许阻封气进入机内的工况。

　　（3）后置隔离密封　压缩机干气密封和轴座之间都应配备后置隔离密封，其作用是阻止轴承油污染干气密封，同时防止干气密封泄漏气体进入轴承油侧。后置隔离密封一般采用迷宫密封，如图 13-11（a）所示，也可选择碳环密封，如图 13-11（b）所示。迷宫密封的特点是结构简单，安装方便。迷宫后置隔离密封，单侧氮气消耗≥8.5m³·h⁻¹，密封寿命理论上无限。碳环密封氮气消耗量更低，大约只有相同尺寸迷宫密封氮气消耗量的20%～30%，而且防油能力更强，但现场安装和维修稍显麻烦。碳环式后置隔离密封，单侧氮气消耗≤1.7m³·h⁻¹，正常运行密封寿命超过5年。

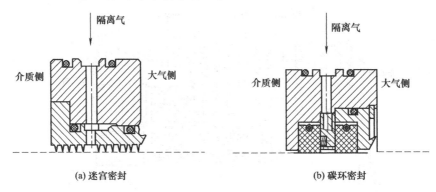

图 13-11　干气密封的后置隔离密封

二、泵用干气密封

离心泵输送的介质为液体。根据不同工况条件，可采用以下几种干气密封形式。

1. 泵用双端面干气密封

双端面干气密封可以用在绝大多数离心泵的轴端密封上，采用"气体阻塞"替代传统的"液体阻塞"，即用带压密封气替代带压密封液，保证工艺介质实现"零逸出"，如图 13-12所示。泵用干气密封整套密封非接触运行，其功率消耗仅为传统液体双端面密封的5%，使用寿命比传统密封长5倍以上。泵用干气密封结构简单的支持系统，保证工艺介质不受污染及工艺介质不向大气泄漏，彻底摆脱了传统双端面机械密封对润滑油系统的依赖。密封气采

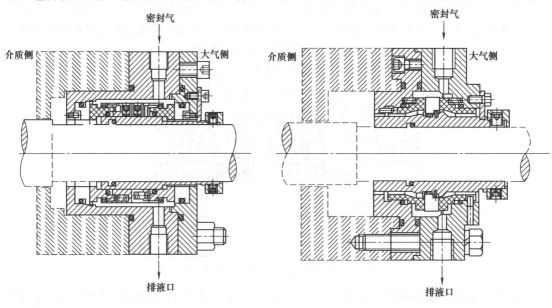

图 13-12　泵用双端面干气密封

用工业氮气或压缩空气,其压力高于被密封介质 0.15～0.2MPa。泵用双端面干气密封的不足之处在于需要保证一定压力的气源,有微量气体进入工艺系统。泵用双端面干气密封适用于气源压力稳定、泵入口压力不高、工艺上允许有少量密封气进入的场合,尤其适用于有毒液体的密封,可以做到介质零逸出,密封使用寿命长,可达 3 年以上。

2. 泵用串联式干气密封

泵用串联式干气密封为干气密封与接触式机械密封串联使用,机械密封为主密封,干气密封为次密封,如图 13-13 所示。干气密封与主密封间通入密封气(一般为氮气),保证主密封具有一定背压,减小了主密封的工作压差,极大地延长主密封的使用寿命。主密封泄漏的易挥发工艺介质随密封气排入火炬,不易挥发介质排入泄漏收集罐定点排放,保证工艺介质不向大气泄漏,是一种环保型密封。主密封失效后,干气密封短时间内起到主密封作用,防止工艺介质向大气大量泄漏。该类密封使用寿命取决于机械密封的使用寿命,一般在 2～3 年左右。该类密封对密封气压力要求不高,即使密封气中断,干气密封也不会损坏。泵用串联式干气密封的不足之处是该密封还不是完全意义上的干气密封,其总体性能介于机械密封和干气密封之间。泵用串联式干气密封适用于泵入口压力高的轻烃类介质,如乙烯、丙烯、丙烷、甲烷、乙烷、氨水等及介质中不允许氮气进入的场合。

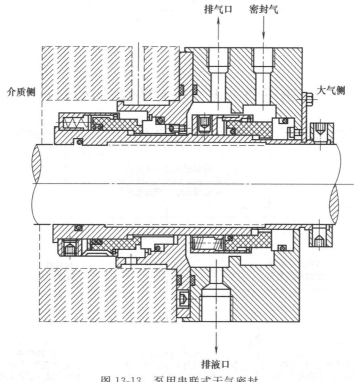

图 13-13　泵用串联式干气密封

三、搅拌釜用干气密封

搅拌釜的特点:转速低、轴摆动大、压力高。搅拌釜密封最常用的是填料密封和机械密封。填料密封由于使用寿命短,介质泄漏量大,目前已逐渐淘汰。搅拌釜用机械密封一般采用双端面机械密封,密封腔中通入高于介质压力的阻封液,对密封进行冷却冲洗。由于工艺的原因,很多搅拌釜不允许润滑油、水等常用的阻封液进入流程,这就使得机械密封的使用受到限制,或者工艺不得不降低要求,允许少量异物进入工艺流程。低速干气密封,可在 0～500r·min^{-1} 转速范围内应用,为搅拌釜轴封提供了更好的选择。它极大地提高了密封的使用寿命,降低了搅拌釜的维修费用。搅拌釜用干气密封一般采用双端面结构,密封腔中通入密封气(一般为氮气),密封气压力高于介质 0.2MPa 左右。密封运行中,仅有微量密封气进入工艺流程。搅拌釜用干气密封使用寿命一般在 3~5 年左右,如图 13-14 所示。

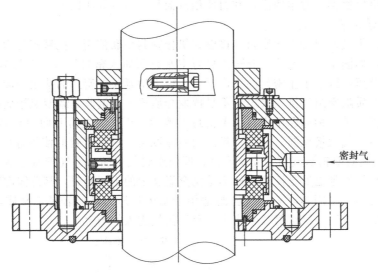

密封气

图 13-14　搅拌釜用双端面干气密封

第三节　干气密封的设计计算

对于干气密封理论计算,国外从 20 世纪 70 年代初开始进行,经过约 40 年的历程,在

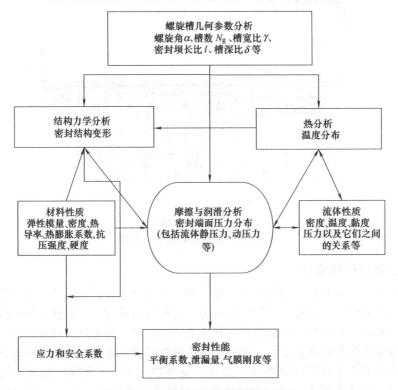

图 13-15　干气密封系统理论研究图框

稳态、动态分析上已经形成了一套比较成熟的理论，现在开始对高速、低速下的稳定性，螺旋槽密封的几何参数优化等问题进行研究。而国内虽然从 90 年代开始在理论上进行研究，并得到了一定的进展。实际工程中，干气密封是通过理论分析确定主要技术参数后，通过试验来最后验证其性能指标。

影响干气密封性能的因素很多，包括密封端面间的摩擦和润滑、密封环的力变形和热变形、密封环材料属性和工作介质属性以及螺旋槽的几何参数等，而这些因素又相互影响，形成了一个复杂的密封系统，如图 13-15。在整个系统中，其核心部分是摩擦与润滑分析，即密封端面间气膜压力场的分析。计算干气密封气膜压力场的分布有很多种方法，如近似的解析计算、简化成二维的有限单元法及完整的三维有限单元法。由于计算机的发展，现在广泛使用的是计算精度较高的后两种方法，而且由于二维有限元法计算速度更快，精度也接近三维有限元法，且程序编写灵活使用方便从而得到较广泛的应用。二维有限单元法求解气膜压力计算流程见图 13-16。本节以螺旋槽密封为例，讨论干气密封有限元分析的具体步骤。

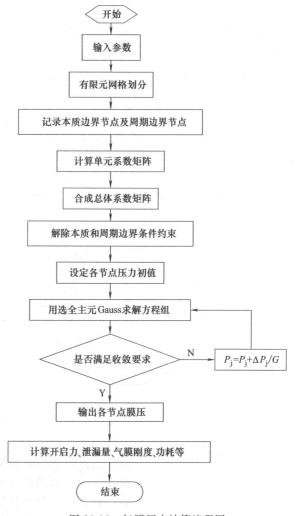

图 13-16　气膜压力计算流程图

干气密封中的润滑问题涉及在狭小间隙中黏性流体的流动，如图 13-17 所示为干气密封间流体流动的简化模型。

对于密封端面间气膜稳态流场分析，可以进行以下假设：

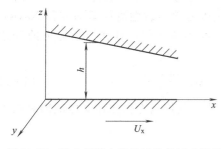

图 13-17　狭小间隙中黏性流体的流动简图

① $Kn=\lambda/h<0.01$，其中 Kn 为 Knuden 数，λ 为气体分子平均自由程，h 为气膜厚度，故可以认为密封端面间气体的流动属于连续介质流动；

② 密封气膜中的气体作层流运动，而且符合牛顿黏性定律，属于牛顿流体；

③ 密封在非接触下工作，密封端面间的热量产生非常少，温度变化可忽略，而且气体黏度相对于温度和压力的变化不敏感，故可认为流场内温度、黏度均相等；

④ 对于大多数气体密封，不需要作具体的气体热动力分析，可认为密封端面间的气体流动属于完全气体流动；

⑤ 膜厚很薄，认为在膜厚方向气体的压力和密度保持常值；

⑥ 由于 z 向膜厚很薄，可认为在流体膜处速度梯度除 $\frac{\partial u}{\partial z}$ 和 $\frac{\partial v}{\partial z}$ 外，其他的速度梯度项都可以忽略；

⑦ 气体分子与密封表面牢固吸附，无相对滑移；

⑧ 忽略气体的惯性力和体积力。

另外，对于密封环和密封结构，再作如下假设：

① 密封为刚性端面。由于密封环材料的弹性模量高、刚度大，忽略密封环变形对气体流动的影响；

② 密封的对中性好，忽略在工作过程中系统扰动和振动对气膜流场的影响；

③ 密封端面光滑，表面粗糙度达到 $0.1\mu m$，忽略密封端面粗糙度对气体流动的影响。

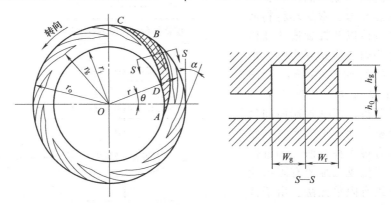

图 13-18　计算气膜压力场的几何模型

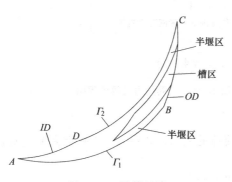

图 13-19　计算区域

图 13-18 给出了典型的内流式螺旋槽干气密封的几何模型。由于密封端面上动压槽呈对称性和周期性分布，可以选择整个密封端面的 $1/N_g$ 份作为计算区域，如图 13-19 所示，计算区域由两条圆弧线（密封的内径 ID 和外径 OD）和两条螺旋线（Γ_1 和 Γ_2）所包围，即 $ABCD$ 所围成的区域为本文计算气膜压力场的研究域，其中动压槽区刚好位于整个计算区域的中部。

根据假设条件和几何模型，气体在密封端面间的稳态流动，由可压缩完全气体雷诺方程控制。雷诺方程是流体力学中黏性流体运动方程 Navier-Stokes 方程的一种简化形式。它是 O. Reynolds 于 1886 年建立的，其在极坐标下的表达式为

$$\frac{\partial}{\partial \theta}\left(ph^3 \frac{\partial p}{\partial \theta}\right) + r\frac{\partial}{\partial r}\left(rph^3 \frac{\partial p}{\partial r}\right) = 6\mu\omega r^2 \frac{\partial(ph)}{\partial \theta} \tag{13-1}$$

式（13-1）为干气密封间流体流动所适用的控制方程，其控制方程在计算区域内有两类边界条件（见图 13-19）。

① 强制性边界条件：

在 ID 处，有 $p = p_i$ $\qquad$ (13-2a)

在 OD 处，有 $p = p_o$ $\qquad$ (13-2b)

② 周期性边界条件：

在边界 $\varGamma_1$ 和 $\varGamma_2$ 处的压力分别相等

$$p\,|\,\varGamma_1 = p\,|\,\varGamma_2 \tag{13-3a}$$

根据质量流量守恒，流过边界 $\varGamma_1$ 和 $\varGamma_2$ 处的质量流量也分别相等

$$q\,|\,\varGamma_1 = q\,|\,\varGamma_2 \tag{13-3b}$$

采用有限元法求解方程（13-1）可得到密封端面间的压力场。根据压力场可以进一步求得一系列性能参数，得到如下的气膜密封特性。

（1）开启力　开启力由端面气膜压力场积分得到

$$f_0 = \int_0^{2\pi}\int_{r_i}^{r_o} pr\,\mathrm{d}r\mathrm{d}\theta \tag{13-4}$$

（2）气膜刚度　每单位气膜厚度变化引起开启力的变化称为气膜刚度，其单位为 N/m。气膜刚度是用来描述非接触密封稳定性能的重要参数之一，它分为切向刚度和轴向刚度。其中轴向刚度对密封稳定性有重要的影响，因此一般气膜刚度是指轴向刚度。

在气膜稳态平衡位置 h_0 附近，在 z 向由单位微小扰动所引起的 z 向开启力增量即为该处的气膜刚度

$$k_z = -\frac{\partial f_o}{\partial z}\,|\,h_0 = -\frac{f_{o2}-f_{o1}}{h_2-h_1} \tag{13-5}$$

式中，h_2 和 h_1 为平衡位置附近两个微小扰动膜厚，其相应的开启力分别为 f_{o2} 和 f_{o1}。

（3）密封泄漏量　对于非接触气体密封，泄漏量是衡量密封性能的一个很重要的指标。通过膜厚为 h、宽度为 $r\mathrm{d}\theta$ 的径向质量流量为

$$q_r = \left(\int_0^h \rho u_r\mathrm{d}z\right)r\mathrm{d}\theta = \left(\int_0^h \frac{\rho}{2\mu}\times\frac{\mathrm{d}p}{\mathrm{d}r}(z^2-hz)\mathrm{d}z\right)r\mathrm{d}\theta = -\left(\frac{\rho h^3}{12\mu}\times\frac{\mathrm{d}p}{\mathrm{d}r}\right)r\mathrm{d}\theta$$

将其沿圆周积分得到径向泄漏量

$$q = \int_0^{2\pi} q_r\mathrm{d}\theta = -\int_0^{2\pi}\frac{\rho h^3}{12\mu}\times\frac{\mathrm{d}p}{\mathrm{d}r}r\mathrm{d}\theta \tag{13-6}$$

（4）摩擦扭矩　气体密封尽管是非接触密封，但由于密封转速很高，而且两密封端面的间隙很小，端面与流体之间仍存在着很大的剪切力，因此产生的摩擦损失是不能忽略的。

剪切力分为周向剪切力和径向剪切力，而主要是周向剪切力。所以摩擦扭矩主要通过计算周向剪切力得到

$$m_\theta = \int_0^{2\pi}\int_{r_i}^{r_o}\tau r^2\mathrm{d}r\mathrm{d}\theta = \int_0^{2\pi}\int_{r_i}^{r_o}\left(\frac{\partial p}{r\partial\theta}\times\frac{h}{2}+\mu\frac{\omega r}{h}\right)r^2\mathrm{d}r\mathrm{d}\theta \tag{13-7}$$

（5）功率消耗　功率消耗通过计算摩擦扭矩得到

$$\psi = m_\theta\omega \tag{13-8}$$

干气密封的设计，决定性的因素是密封环上开槽的几何形状和几何尺寸选择合理、适用易于加工制造的槽形设计和结构设计是至关重要的。可以通过上述方法求得密封特性系数后，根据不同的目的进行干气密封的密封端面的相关设计工作。如以图 13-18 的螺旋槽干气密封为例，其动压槽结构参数对密封的影响如下。

① 槽数影响。随着螺旋槽数的增加，开启力、功率消耗、泄漏量和气膜刚度都随之增加；在槽数少时增加得比较快，当槽数大于一定的数值时（如 10～12 左右）逐渐趋向于稳定值。其原因在于随着螺旋槽数的增加，动压效果增加，且分布更均匀，理论上应尽可能多地设置动压槽，但动压槽太多，加工成本增加，且动压槽数增加到一定数量之后，密封的性能提升较缓慢，所以设计上一般取的动槽数为 12～32 左右，密封直径较小时取少值，直径大时取多值。

② 螺旋角影响。随着螺旋角的增大，开启力逐渐增大，大于一定值时（如 20°）趋向于稳定；功率消耗几乎不变；而泄漏量逐渐增大，到 35°左右时趋向于稳定；螺旋角对气膜刚

度的影响很大，随着螺旋角的增大，气膜刚度增加得很快，在 $15°\sim 20°$ 时达到最大值，然后逐渐减小。这是因为随着螺旋角增大，被泵入到螺旋槽里的气体就越多，产生的流体动压效应越明显，所以开启力、泄漏量和气膜刚度都增加；但当螺旋角大于一定值时，螺旋槽的泵送效应降低，开启力和泄漏量有所减小，而气膜刚度明显减小。所以设计上一般取螺旋角在 $15°\sim 20°$ 左右。

③ 槽宽的影响。随着槽宽的增大，开启力和泄漏量增大，而功耗减小；而气膜刚度在动压槽宽与密封堰宽相等时达到最大值。开启力和泄漏量明显增大的原因是：槽区所占的比例越大，流体的动压力越大；又由于槽宽的增大，密封端面间的平均间隙也增大，引起端面间的剪切力减小，功耗也减小。而气膜刚度在动压槽宽与密封堰宽相等时达到最大值的原因是：槽区和堰区所占密封环的比例相等，密封端面间的压力场最均匀。所以设计上一般取动压槽宽度与密封堰宽度相等。

④ 密封坝长的影响。随着密封坝长度的增加，开启力和气膜刚度逐渐增大，在密封坝的宽度占密封面总宽度的 30％ 左右时都达到最大值，功耗也增大，而泄漏量减小。虽然当密封坝长较小时，螺旋槽区所占的比例增大，但由于密封坝的节流能力和承载能力减小，所以开启力和气膜刚度反而减小，泄漏量增大。所以设计上一般取密封坝长占密封面总宽度的30％左右。

⑤ 槽深的影响。随着槽深的增大，功耗减小，气膜刚度在槽深为气膜厚度的 $2\sim 4$ 倍时达到最大值随后下降，而开启力和泄漏量在槽深小时增加得比较快，在槽深大时趋向于稳定。这是由于槽深越大，流体动压效应就越明显，引起开启力和泄漏量增大，但当槽深增大到一定值时，流体动压效应趋向于稳定，开启力和泄漏量也趋向于稳定。一般情况下在实际的操作中气膜厚度为 $2\sim 8\mu m$ 左右，则动压槽的深度在 $5\sim 12\mu m$ 左右。

第四节　干气密封的控制系统

干气密封在依据操作条件正确设计的条件下，其运行的好坏主要取决于密封两端面，即动环和静环之间的正常匹配，如进入密封腔的气体混有微小杂质，会严重影响整套干气密封系统的可靠性和寿命，因此，为确保其安全运行必须提供一个密封气过滤单元。密封泄漏量的多少标志着干气密封是否运转正常。因此，需要一套泄漏监测单元来监测其泄漏量以判断干气密封是否运转正常。当干气密封泄漏量超过一定值时，监控系统认为密封已经失效，系统发出报警信号，甚至联锁停车，保证机组运转安全。此外，为了防止干气密封受润滑油的影响，还需要匹配密封气隔离单元，阻止轴承润滑油进入干气密封系统。综上，密封气过滤单元、干气密封泄漏控制单元和密封隔离气单元三部分组成了干气密封的控制系统（也称"支持系统"）。它从流量、压力、温度及洁净度等方面来控制、监控密封系统中的气体。但由于密封结构布置形式、密封介质的种类、压力以及温度等不同，干气密封控制系统的具体结构也有所不同。

一、供应气体分类及要求

干气密封的供应气体主要分为密封气、缓冲气和隔离气三种。

1. 密封气

密封气一般指主密封端面的气体（一级密封）。正常运转时，一定要确保机组运转过程中密封气的供给。密封气的中断会导致密封面干磨，很短时间内密封就会烧坏；另外，如果密封气内含有杂质（液、固）也会损伤密封面，影响整个机组的运行。因此，连续、洁净的密封气供应对于整个密封装置的运行是至关重要的。

密封气的选取要从安全、经济两方面考虑。一般情况下，对于像输送一氧化碳、氮气、氢气及空气等气体时，采用压缩机出口工艺气作为密封气。当输送石油气或气体内含烃类物质较多时，密封气采用氮气，泵用和釜用干气密封多采用氮气或空气。但有时考虑到经济性或运行的安全性，具体情况也有变化。采用压缩机出口工艺气作为密封气的干气密封，起停机或发生故障时要采用辅助密封气（如氮气或空气）。起动前先通入辅助密封气，当机组运行到工作转速范围后或压缩机出口工艺气到达入口压力的 1.4 倍以上时，将压缩机出口工艺气切换到主密封流程中，机组停车前要将压缩机出口气切回到辅助密封气，以保证密封的正常运行。

在运转过程中，干气密封最为关键的是要保证动静环之间产生一定厚度和刚度的气膜。这种气膜的形成完全依赖于动环上的槽型，而这些槽的深度极浅，只有 $3\sim8\mu m$，极小的杂质或者油污就能将槽型填充起来；另外如果气体中含有水分等液相物质，在高速旋转时，液体汽化破坏气膜，同样会导致动静环接触发生磨损。因此，密封气中含固体杂质和带液是干气密封最大的敌人。密封气系统的供气必须连续可靠，气体不得含有固体杂质，不得带液，干气密封从字面上来理解，密封气必须是干净的、干燥的。

密封气过滤单元是干气密封控制系统的核心，密封气通过过滤单元进入干气密封，保证密封面不受颗粒杂质的损坏，为干气密封长周期运转提供保证。过滤器前后设有压差报警，当压差超过一定值时，必须切换过滤器，同时清洗或更换滤芯，保证过滤气体的质量。

2. 缓冲气

缓冲气（也称前置气）实际上是密封气在进入干气密封之前分离出来的一路气体。它通过限流孔板进入缓冲器腔，然后经过迷宫密封后进入机内，作用是阻止机内未处理的工艺气体向外扩散污染密封端面，而影响密封的正常运行。

3. 隔离气

为了防止轴承润滑油进入干气密封而污染密封面，必须为其提供一套隔离气系统。隔离气指干气密封端面和轴承之间引入的用于隔离干气密封和轴承润滑油之间的气体。隔离气一般采用氮气。隔离气必须先于润滑油系统投用前启用，后于润滑油系统停用后关闭。保证润滑油绝对不会进入密封接触面，以保证干气密封系统的安全。如果隔离气含有固体或者含有液体可以采用与密封气相同的方式处理。

二、控制规则

1. 控制原理的选取

控制原理要根据流体机械的运行工况是恒定的还是变化的而定。如果流体机械的运行工况恒定，则可按流量控制；如果流体机械的运行工况是变化的，则应按压差控制。两种控制原理的区别在于：压差控制比流量控制配管简单，流量控制比压差控制密封气耗量要小。

2. 压缩机用干气密封控制

（1）气体压力控制　从过滤器出来的气体通过压力控制阀（有时用增压阀或者减压阀）后达到要求的压力。控制主密封腔与缓冲气腔的压差，设置高低压差报警停车系统。距火炬线近的非主封气进气（二级进气或隔离气），可利用差压计的电触点控制电磁阀的开度，保证气体的压力始终高于去火炬的气体压力，从而确保从迷宫密封泄漏的气体与泄漏的被密封气一起排放至火炬，进气的压力应保证通过迷宫密封到火炬的气量是基本稳定的，若被密封气体侧的干气密封失效，由于泄漏的气体压力的影响，会自动调整自身的压力，辅以迷宫密封的作用，确保泄漏的气体排放至火炬。

（2）气体流量控制　密封气的流量标志着干气密封是否正常运行，因此设置高低流量报警；隔离气和缓冲气通过限流孔板控制，各报警值随实际情况不同而不同。

（3）密封泄漏监测　可通过密封泄漏压力来监测泄漏量，监测过程如下：为维持密封腔内有一定压力，火炬线设置压力开关，当压力达到预定值，主密封泄漏的工艺气通过泄漏口排向火炬，在泄漏口和火炬之间设有限流孔板，干气密封泄漏的流量由限流孔板前后压差实现测量。在火炬压力稳定的情况下，孔板前压力直接反映密封的泄漏量。例如压缩机用串联干气密封，一次泄漏压力过高，表明主密封泄漏量增加；一次泄漏压力过低，表明二级密封泄漏增加。可以在火炬线上设置高低压报警，如果压力高于正常值的 3～4 倍，则联锁停车。

（4）各参数可实现 DCS 远传　信号在控制室显示，可对密封的工作情况进行实时监控。运行过程中要密切注意干气密封系统有关参数的变化，从中找出干气密封运行情况的变化，必要时可以调节干气密封一级放火炬排放线的针型阀来调整密封排气压力。

3. 泵用干气密封控制

泵用干气密封的控制与压缩机用干气密封控制的主要差异在于泵用干气密封中介质的特殊性，尤其是串联式泵用干气密封采用机械密封和干气密封串联的特殊结构。泵用干气密封控制系统应控制密封气最大入口压力、温度。控制系统应设有密封气高、低压报警及大流量报警装置，其报警信号可在控制室显示，可对密封的工作情况进行实时监控。泵用干气密封的泄漏监测同压缩机用干气密封系统的泄漏监测一样。

三、干气密封的支持系统设计

干气密封的支持系统是针对干气密封的特点，对提供给干气密封的气体进行过滤和控制，为干气密封提供良好的运行环境，使密封运行在最佳设计状态；同时通过对密封气或密封泄漏气的压力、流量等参数的测量来监测密封运行状况，一旦密封失效能及时报警，使操作人员能及时准确地作出判断。

按密封支持系统中各部分的不同功能，密封支持系统通常由过滤、控制、检测三大功能组件组成。以下介绍的组件中，流量计、孔板等不带上下游切断阀和旁路阀，如要求可以增加。

1. 过滤组件设计

过滤组件对气体进行净化和分液处理，以适应密封要求，根据不同情况，可选择图 13-20 中的一种。过滤组件的处理能力应达到所需流量的 1 倍以上。应采用一用一备的布置方式以实现更换滤芯时不间断供气。能对滤芯堵塞情况进行监测（自带差压表或设计差压变送器远传报警）。处理压缩空气或氮气等非危险性气体时能自动排液。密封气过滤器精度应达到 $1\mu m$，隔离气、缓冲气过滤器精度应达到 $10\mu m$。危险性气体过滤器，其外壳应选不锈钢材质。

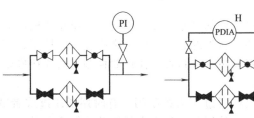
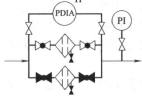
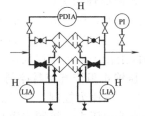

(a) 适用于隔离气、缓冲气的过滤，过滤器本身带差压表

(b) 适用于含微量液体的密封气的过滤，过滤器本身不带差压表

(c) 适用于含较多液体和颗粒的密封气的过滤，一级为除尘过滤，除去颗粒和大部分液体；二级为凝聚式过滤，除去3μm以下颗料和湿气，过滤器可不带差压表

图 13-20　过滤组件

2. 控制组件设计

控制组件用于对气体进行压力、流量控制，以满足密封要求。

（1）隔离气控制组件　隔离气控制组件如图 13-21 所示。隔离气控制组件要求隔离密封为碳环密封时，隔离气与火炬气压差应保持 0.05MPa。隔离密封为迷宫密封时，通过迷宫齿与轴的间隙气体流速应大于 10m/s。如果隔离气源有可能中断，则应设置一个低压报警，监测隔离气源压力，同时作为润滑油泵的启动条件之一。当隔离气源压力低时，自动提醒操作人员设法提高隔离气源压力或做好停车准备。

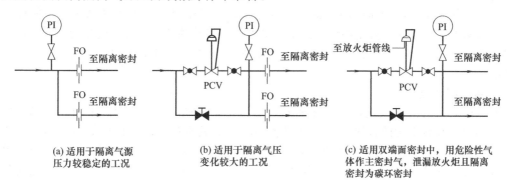

(a) 适用于隔离气源　　　　　　(b) 适用于隔离气压　　　　　　(c) 适用双端面密封中，用危险性气
　　压力较稳定的工况　　　　　　　变化较大的工况　　　　　　　　体作主密封气，泄漏放火炬且隔离
　　　　　　　　　　　　　　　　　　　　　　　　　　　　　　　密封为碳环密封

图 13-21　隔离气控制组件

（2）阻封气控制组件　阻封气控制组件是针对双端面干气密封（压缩机、泵、搅拌釜）专门设计的，如图 13-22 所示。因为双端面干气密封往机组内部的泄漏量不足以阻止机内未经过滤的气体往外扩散而污染密封体，影响干气密封的正常运行，甚至损坏干气密封。但阻封气的偶尔短时间中断对干气密封的影响不大，因此设计比较简单。对阻封气控制组件的主要要求是正常时确保流经迷宫齿与轴的间隙气体流速不低于 5m/s。

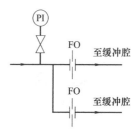

图 13-22　阻封气控制组件
（仅适用于双端面干气密封）

（3）密封气控制组件　对密封气控制组件如图 13-23 所示。单端面密封的密封气、串联密封的一级密封气采用流量控制时，应

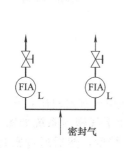

(a) 流量手动控制:可用于单端面
密封及串联密封的泄漏监测

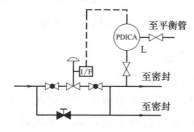

(b) 流量自动控制:可用于串联密封
的一级密封气控制

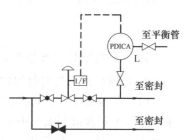

(c) 差压自动控制:可用串联密封的
一级密封气控制

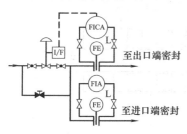

(d) 差压自动控制流量显示:可用
于串联密封的一级密封控制

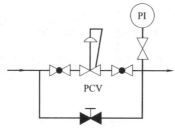

(e) 压力自动控制:可用于不带自动
控制且波动较大的密封气管线上，
如串联密封的一级、二级密封气，
双端面密封的主密封气等

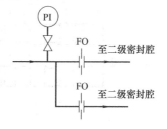

(f) 孔板:仅用于串联密封的二级进气

图 13-23　密封气控制组件

确保正常时迷宫齿与轴的间隙气体流速为 10m/s，最低不得低于 5m/s。串联密封的一级密封气采用差压自动控制时，一级密封气与平衡管的压差设定值应确保迷宫齿与轴的间隙气体流速为 10m/s，最低不得低于 5m/s，一般设定压差为 10kPa，低压报警值 5kPa。串联密封的一级密封气采用差压自动控制流量显示方案时，一级密封气与平衡管的压差一般设定为 0.1～0.3MPa，同时通过截流阀调节流量，确保迷宫齿与轴的间隙气体流速为 10m/s，最低不得低于 5m/s。串联密封的二级密封气应确保中间迷宫齿下的间隙中气体流速不低于 5m/s。

3. 监测组件设计

通过检测密封泄漏气量，以监测密封运行状态，如图 13-24 所示。采用图 13-24 （a）、(b) 方案时，孔板上游的管线、阀门与仪表的压力等级应按压缩机内可能达到的最大压力设计。采用图 13-24 （c）、(d) 方案时，流量计高位报警表明一级密封有问题，低位报警表示二级密封有问题（有二级进气时应先确认二级进气正常），设计时应确保流量计先高位报警，然后压力开关动作。采用图 13-24 （c）方案时，爆破片的爆破压力应高于压力开关的动作压力。

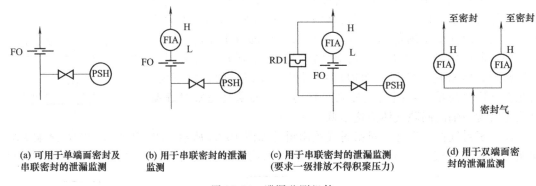

(a) 可用于单端面密封及 串联密封的泄漏监测   (b) 用于串联密封的泄漏 监测   (c) 用于串联密封的泄漏监测 （要求一级排放不得积聚压力）   (d) 用于双端面密封的泄漏监测

图 13-24　泄漏监测组件

四、干气密封的典型控制系统

1. 压缩机用干气密封的控制系统

（1）单端面干气密封的控制系统　单端面干气密封在结构上只采用一对密封副，它适用于工艺气少量泄漏到大气中无任何危害的工况，如二氧化碳，单端面干气密封系统如图 13-25 所示。密封气一般选用压缩机出口气，经过滤组件过滤达到 $1\mu m$ 精度，然后通过密封气

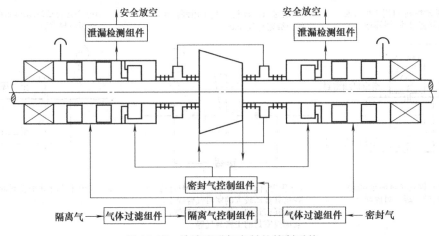

图 13-25　单端面干气密封的控制系统

控制组件调节流量后进入密封腔室。密封气大部分经迷宫后进入机内，其作用是阻止机内工艺气向外扩散污染密封端面，影响密封正常运行。部分密封气经密封端面泄漏，经泄漏检测组件监测压力和流量后放空。隔离气一般选用压缩空气或氮气，经气体过滤组件和隔离气控制组件后进入隔离气腔室（两迷宫间），一部分经轴承箱放空，用来阻止润滑油进入干气密封，另一部分与干气密封泄漏气混合后引至安全地点放空，可阻止泄漏的工艺气污染润滑油。在各种干气密封系统中，隔离气的设计形式及功能基本一样。

（2）双端面干密封的控制系统　双端面干气密封在结构上采用两对密封摩擦副，适用于工艺气为不允许泄漏到大气中的危险气体，但允许阻封气（如氮气）少量泄漏到工艺气中的工况。双端面干气密封的控制系统如图 13-26 所示。密封气（一般为氮气）经气体过滤组件过滤后分为两部分：一部分经缓冲控制组件限流后进入缓冲气腔，称作缓冲气，这部分气体经迷宫后全部进入机内，其作用是阻止机内工艺气向外扩散污染密封端面，影响密封正常运行；另一部分经泄漏监测组件进入主密封腔，称作主密封气，主密封气全部经端面形成气膜，对端面起润滑、冷却作用，向内侧泄漏的主密封气和缓冲气混合进入机内，向外侧泄漏的主密封气和隔离气混合放空。

双端面干气密封中，主密封气全部通过端面泄漏，其流量由密封的运行状况决定，也就是说，主密封气的流量反映了端面的运行状况。因此，泄漏监测组件安装在主密封气的进气管线上。双端面干气密封中，主密封气腔与缓冲气腔压差既是双端面干气密封正常运行的主要条件，同时，它又是密封运行状况的反映。正常时，此压差应该大于 0.2MPa，如果它低压报警（小于等于 0.05MPa）时，而泄漏监测组件检测到的流量又高位报警，则密封一定已经损坏；如果它低压报警，而泄漏监测组件检测到的流量正常，则密封正常，密封气源压力偏低。因此，当主密封气腔与缓冲气腔压差低压报警时应检查密封气源压力，低压报警时就应停车检查密封。

密封气还可选用氢气、甲烷、乙烯等不易结焦或析碳的气体，此时，为满足环境保护的需要，放空口应接至放火炬管线，隔离气控制组件应选用图 13-21 的压力控制方案。密封气压力变化较大时，可在过滤组件之后加上图 13-23 所示控制组件。

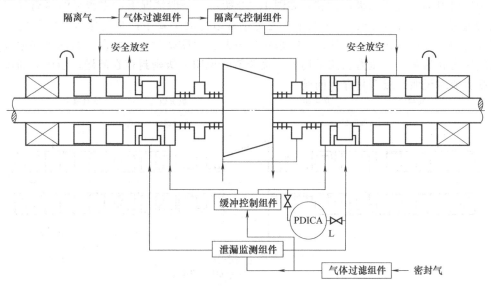

图 13-26　双端面干气密封的控制系统

（3）串联干气密封的控制系统　串联干气密封在结构上采用两套或更多套密封副，按照相同的方向首尾相连而构成的。通常情况下采用两级结构，第一级主密封承担全部或大部分负荷，而另外一级作为备用密封不承受或承受小部分压力降，当一级密封失效时，第二级密封可以起到辅助安全密封的作用。串联干气密封又可分为不带中间迷宫密封和带中间迷宫密封两种形式，从密封系统看，就是带与不带二级进气。

① 不带中间迷宫的串联干气密封控制系统　这种密封适用于允许少量工艺气泄漏到大气的工况。密封气一般选用压缩机出口气，经气体过滤组件、密封气控制组件后进入一级密封腔，其中大部分进入机内，很少部分经一级密封泄漏。泄漏气中大部分进入火炬，另一小部分作为二级密封气，泄漏后放空，如图 13-27 所示。

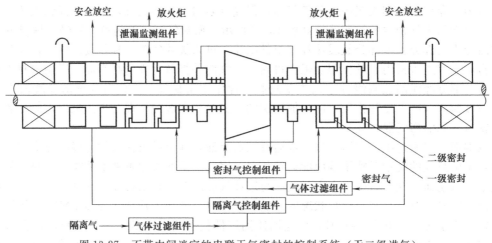

图 13-27　不带中间迷宫的串联干气密封的控制系统（无二级进气）

② 带中间迷宫的串联干气密封控制系统　这种密封适用于既不允许工艺气泄漏到大气中，又不允许阻封气进入机内的工况，用于酸性、腐蚀性或易燃、易爆、危险性大的介质气体，可以做到完全无外漏。如氢气、硫化氢含量较高的天然气压缩机、乙烯、丙烯压缩机等。所用气体除用工艺气本身以外，还需另引一路氮气作为二级密封气，通过中间迷宫以阻止一级密封泄漏气进入二级密封腔，如图 13-28 所示。一般情况下，主密封的隔离气与二级进气均选用同一气源（氮气）。串联干气密封正常运行的主要条件是确保有一定量的一级密封气往机内反冲，阻止机内气体往外扩散污染密封。串联密封运行状况的监测主要通过放火炬管线压力和流量，当压力和流量均大于报警值时说明一级密封存在问题；当压力和流量均低于报警值时说明二级密封存在问题。

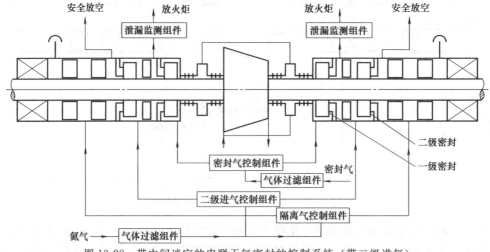

图 13-28　带中间迷宫的串联干气密封的控制系统（带二级进气）

2. 泵用干气密封的控制系统

（1）泵用双端面干气密封的控制系统　泵用双端面干气密封的控制系统即为 API 682 冲洗方案 74，如图 13-29 所示。适用于气源压力稳定、泵出口压力不高，工艺上允许有少量密封气进入的场合。特别适用于有毒液体的密封，可以做到介质零逸出。密封使用寿命长，可达 3 年以上，用"气体阻塞"替代传统的"液体阻塞"原理，即用带压密封气替代带压密封液，保证工艺介质实现"零逸出"。密封气采用工业氮气或工业压缩空气，其压力高于介质 0.15～0.2MPa。密封气源必须可靠，气源压力一旦低于介质压力，密封有被损坏的危险。

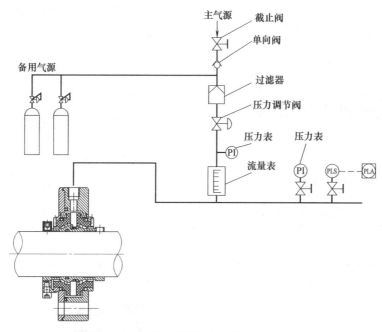

图 13-29　泵用双端面干气密封的控制系统

（2）泵用串联干气密封的控制系统

① 当干气密封用于易挥发介质时，采用的冲洗方案为 API 682 冲洗方案 11＋72＋76，如图 13-30。主要用于泵出口压力高的轻烃类介质，且现场有低压氮气。易挥发的介质如乙烯、丙烯、丙烷、甲烷、乙烷、氨水等。同时要求介质中不允许氮气进入的场合。一般采用此方案。与接触式机械密封串联使用，机械密封为主密封，干气密封为次密封；干气密封非接触运行，保证主密封具有一定背压，极大地延长主密封的使用寿命；主密封泄漏的工艺介质随密封气排入火炬，保证工艺介质不向大气泄漏；主密封失效后，干气密封短时间内起到主密封作用，防止工艺介质向大气大量泄漏。即使密封气偶尔中断，也不会对密封产生太大影响。

② 当介质为易挥发介质中含 C_5 以上不易挥发的重组分或介质为不易挥发流体中含如有硫化氢等剧毒气体，如富胺液，含硫污水，氨水等时采用 API 682 冲洗方案 11＋72＋75，如图 13-31 所示。与接触式机械密封串联使用，机械密封为主密封，干气密封为次密封；干气密封非接触运行，保证主密封具有一定背压，极大地延长主密封的使用寿命；主密封泄漏的工艺介质随密封气排入排污罐，气相部分排向火炬，保证工艺介质不向大气泄漏。

3. 釜用干气密封的控制系统

釜用干气密封一般为双端面干气密封，其控制系统如图 13-32 所示。釜用双端面干气密

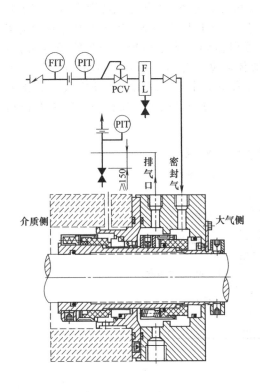

图 13-30　泵用串联干气密封的控制系统
（用于易挥发介质的串联干气密封）

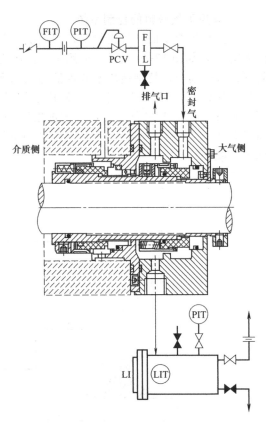

图 13-31　泵用串联干气密封的控制系统
（用于不易挥发介质的串联干气密封）

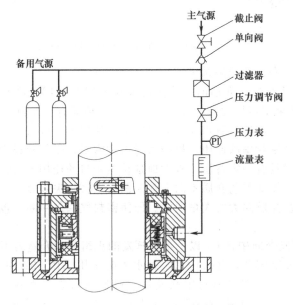

图 13-32　釜用干气密封的控制系统

封适用于气源压力稳定、工艺上允许有少量密封气进入釜内的场合。特别适用于有毒介质的密封，可以做到介质零逸出。密封气采用工业氮气或压缩空气，其压力高于介质 0.15～0.2MPa。密封气源必须可靠，气源压力一旦低于介质压力，密封有被损坏的危险。

第五节　干气密封产品生产及技术要求

一、干气密封的加工

1. 干气密封主要元件的一般要求

① 硬质材料密封环密封端面平面度不大于 0.0006mm，粗糙度 Ra 值不大于 $0.2\mu m$；软质材料密封环密封端面平面度不大于 0.0009mm，粗糙度 Ra 值不大于 $0.2\mu m$。静止环密封端面与副密封 O 形橡胶圈接触部位表面粗糙度 Ra 值不大于 $0.8\mu m$。旋转环两端面的平行度不大于 0.005mm。

② 密封环端面不得有裂纹、杂质、气孔、磕碰等缺陷。

③ 静密封 O 形橡胶圈槽与静密封 O 形橡胶圈接触部位表面粗糙度 Ra 值不大于 $1.6\mu m$。

④ O 形橡胶圈尺寸系列及公差按 GB 3452.1—2005 的规定，胶料的物理化学性能要求按 JB/T 7757.2—2006 的规定，O 形橡胶圈的表面应光滑、平整、无气孔、夹渣、裂纹等缺陷。特殊工况条件或选用特殊材料 O 形橡胶圈可采用高于 GB 3452.1—2005 及 JB/T 7757.2—2006 的国外标准 O 形橡胶圈。

⑤ 弹簧的技术要求应符合 JB/T 11107—2011 的规定，同一套密封中各弹簧之间的自由高度差不大于 0.5mm。

⑥ 石墨环需做气压试验，试验压力为 0.3MPa，持续 10min，不应有破裂和渗漏现象。

2. 干气密封动压槽的加工技术

（1）动压槽的常用加工方法　干气密封与普通的机械密封相比在总体结构上并无太大区别，其中最大的特点是密封端面上开有微米级的动压槽，动压槽的加工是干气密封成败的关键技术之一。动压槽的加工方法主要有光刻法、电火花加工、电镀法、喷砂法、激光刻槽法等。

a. 光刻法（化学腐蚀）　在被刻槽的工件上涂以感光胶膜，然后将事先准备好的底片放于其上，经曝光、显影、涂保护层后再在蚀刻液中浸蚀，便可得到所需的动压槽。这一方法在青铜上刻槽尚可，在硬质合金上刻槽时，由于胶膜在较高温度下耐不住浸蚀液的长时间腐蚀，为此刻出的槽形质量不高。

b. 电火花加工（电蚀刻）　此方法是利用 2 个电极放电的方法，将动压槽内待去除的材料电蚀刻掉，其关键环节是放电头的制作。放电头端面结构和密封环端面动压槽结构相同，但图案是突出的。密封环和放电头分别连接 2 个电极，当 2 个端面接触时，产生放电，密封环端面动压槽部位的材料即被电蚀刻掉。这一方法要求电介质性能良好、放电头端面与密封环端面要平行，以取得均匀放电的效果，否则各槽的槽深将难以保证。缺点是加工放电头困难，电蚀刻效率太低，放电头损耗较大。其次，加工成本高。而且，采用电火花加工方的动压槽效果不堪理想。再有就是电加工产生的表面应力造成的微裂纹会使材料的强度降低。

c. 电镀法　此方法是将密封环端面动压槽以外的部位镀上一层硬质材料，从而制成动压槽的图案。这一方法的使用条件是槽的深度比较浅，其次被镀端面必须是能够电镀的材料，而且镀层要致密，和被镀面结合强度要足够高。电镀过程中，被镀件悬挂要正确，否则不同部位的镀层厚度误差将加大，造成槽深不均匀，这样也破坏了密封端面的极高的平行度。

d. 喷砂法　此方法首先要制造喷砂掩膜，掩膜上开孔的图案同于动压槽结构。当掩膜置于密封件端面上时，端面上动压槽以外的部位被盖住，露出部位的材料被高能喷砂去除，形成一定深度的动压槽。这一方法的技术关键在于掩膜材料的选择、掩膜的制造、掩膜与密封环端面的贴合及喷砂工艺的掌握等。喷砂方法的问题是制造精度较低、加工的动压槽的边缘不齐、尖角等精细部位的失真严重、截面槽形不好及喷砂面粗糙等，这些都会影响槽线的流体动压效果及密封特性。

e. 激光刻槽法　激光加工是利用激光的高能量进行工业热加工的一种方法，激光能将材料在极短的时间内汽化、熔化而去除。与其他加工方法比较，激光刻槽法具有适用面广，对不同材料、不同形状的加工表面均适合，工件无机械变形、无污染，速度快，精度高，重复性好，自动化程度高等特点，尤其适用于浅槽加工。

（2）激光刻槽法加工干气动压槽方法

① 激光刻槽加工动压槽的工作原理　激光刻槽系统由主控箱、激光电源、声光 Q 开关系统、XY 振镜系统、光学系统、水冷系统、软件操作系统和工作台组成。由激光电源激励连续氪弧灯，发出的光经过聚光腔辐射到 Nd：YAG 激光晶体上，再经过激光谐振腔共振后产生连续激光。该激光束通过声光 Q 开关调制后，变为近百千瓦的高峰值功率、高重复频率的脉冲激光。该脉冲激光束经扩束后镜扩束后，顺序投射到 X 轴、Y 轴两只振镜扫描仪的反射镜上。振镜扫描仪在计算机控制下产生按程序编排的快速摆动，使激光束在平面 X、Y 两维方向上进行扫描，再通过"F-θ"光学聚焦透镜组使激光束聚焦在加工物体的表面形成一个个微细的、高能量密度的光斑。每一个高能量的激光脉冲瞬间就在物体表面烧蚀并且溅射出一个极细小的凹坑。经计算机控制的连续不断的这一过程，预先编排好的图形等内容就可以蚀刻在物体表面上。

② 激光刻槽参数对动压槽加工的影响

a. 激光功率的影响。现有的激光刻槽的功率一般在几十瓦到几百瓦之间。试验研究表明，扫描遍数相同时，功率越大，槽越深；同一功率，扫描遍数越多，槽越深；遍数在 5～10 时，槽深的变化较缓慢。

b. 扫描速度的影响。不同的材料，打标速度由打标步长与步长时间来确定；跳跃速度由跳跃步长与步长时间确定。跳跃速度比打标速度高，因跳跃通过的时间越短越好。一般情况下，扫描遍数相同，速度越快，槽越浅；同一速度，扫描遍数越多，槽越深；速度越快，不同扫描遍数的槽深差距越小。

c. Q 频率的影响。在低 Q 频率时，有高的峰值功率和低的平均功率，实验知这种情况可增加材料的汽化率，用于去除更多的材料，进行深槽的雕刻；而在高的 Q 频率时，有低的峰值功率和高的平均功率，实验知这种情况"加热"效应明显，仅引起材料变色或变形，而材料的去除则十分微弱。研究表明：扫描遍数相同时，Q 频率越低，材料去除越多，槽越深；Q 频率相同，扫描遍数越多，槽越深；扫描遍数越少，不同 Q 频率的槽深差距越小。

d. 填充率的影响。不同的填充率，单位宽度内的扫描线数不一样通过打标控制软件可任意调节。不同的填充率，对槽的深度和粗糙度影响都很大。一般情况下，某个填充率（如 0.0003）时，不同扫描遍数的槽部最深，而且槽深的差距最大；填充率越大，不同扫描遍数的槽深差距越小。不同的填充率对槽底面粗糙度的影响也不同，不同的扫描遍数，当某个填充率打槽最深时（如 0.0003）时，粗糙度 Ra 值较高；同一填充率，扫描遍数少，粗糙度 Rz 值低。

e. 打标延迟。打标延迟产生于打标要改变方向之前，通过实验可知，如果打标延迟时间较短，则在低的打标速度下不会产生明显影响，但在高的打标速度下会产生一些变形。如果打标延迟时间太长，则在变向部位将引起较深的雕刻点，这样也增加了打标的时间。

f. 跳跃延迟。跳跃延迟产生于跳跃结束的时候，这段延迟时间也称为回复时间。因为跳跃比打标快得多，而跳跃时打标参数已发生变化，所以对振镜检流计来说，需要这段延迟时间来回复打标时的参数。如果跳跃延迟时间太短，就没有足够的时间使检流计得到适当的回复，那么在所谓的"过冲"期间就开始下一步打标，导致扫描轨迹的失真。

g. 激光开/关延迟。振镜检流计的惯性会导致其对命令信号的响应有一时间的延迟。为了使激光束开/关和振镜检流计同步运动，必须使激光束开/关有一时间延迟，其设置视扫描速度而定。激光开延迟产生于一矢量打标的开始，此时保持激光关闭直到振镜检流计响应到命令信号；激光关延迟产生于一打标矢量的结束，此时保持激光开启直到矢量的结束。若激光开延迟太短，将在振镜检流计达到设置的打标速度以前打开激光，会在矢量打标开始时积聚很多激光脉冲能量，出现深度雕刻的现象；若激光开延迟太长，在激光打开以前振镜检流计就达到了其设置的打标速度，会在一矢量打标开始时产生丢步现象。若激光关延迟太短，将会在矢量打标到达结束前关闭激光，发生矢量最后一部分没有雕刻的现象；若激光关延迟太长，将会在矢量打标到达结束时继续雕刻，导致在打标矢量结束点上产生深度雕刻的现象。

③ 激光刻槽加工动压槽的步骤

a. 端面动压槽（螺旋槽、T形槽等）图形的计算机设计和绘制，一般情况下，激光刻槽系统都会提供相关的软件或与其他软件的接口。

b. 导入工件图形文件到激光打标机的打标软件中，检查图形文件是否导入正确；同时设计图形的填充率。

c. 定位工件；因为动压槽需要同心，需要把激光刻槽机的中心与被刻槽的密封环的几何中心相重合。定位的方法可以采用试调的过程，即在模拟工件上，通过试刻槽的方法使两个中心相重合。

d. 调整工艺参数，不同的激光刻槽机和刻槽密封环的材质不同时，所需要设定的参数也不尽相同，需要采用试打的方法才能刻出理想的动压槽深度和表面质量。

e. 打标。

f. 把打标后的工件进行研磨、抛光，保证密封端面精度。

g. 测量与检查，可以采用三维深度仪或三维放大影响设备测量和检测密封环的动压槽的刻槽质量。

二、干气密封的试验

干气密封用于不同的主机，因而干气密封的试验要求应根据应用主机的相关要求进行，如国际上，压缩机用干气密封应符合 API 617《石油、化学和气体工业用离心压缩机》，泵用干气密封应符合 API 682《离心泵和转子泵用轴封系统》相关要求。

1. 压缩机用干气密封的试验验证

一般情况下压缩机用干气密封的试验验证应包括以下几个试验。

（1）动环超速试验　在使用期间动环的抗拉应力因离心力而减少。为了确保强度每一个动环都要进行超速试验，旋转试验的速度为最大操作速度的 1.15 倍，转速达到规定值后持续运行 1min。试验压力为操作时压力的 1.5 倍。超速试验后，动环不得有任何损坏现象。

（2）旋转组件动平衡试验　旋转零件组装后，必须进行动平衡试验，动平衡精度应达到 GB/T 9239.1—2000 的 G2.5，试验后应做标志。

（3）静态试验　测试不同压力下泄漏量、扭矩。首先，主密封气体压力调至规定的最大静态密封压力，保持此压力至少 10min，记录数据。将压力减至最大静态密封压力的 75%，50% 和 25%，在每个压力等级上保持压力并记录静态泄漏量。其次，二级密封气体压力调至规定的最大静态密封压力，保持此压力至少 10min，记录数据。将压力减至最大静态密封压力的 75%，50% 和 25%，在每个压力等级上保持压力并记录静态泄漏量。

（4）动态试验　包括最大密封压力不同转速（最大连续转速、跳闸转速）下性能试验、二级密封试验。一般包括以下内容：

① 密封气体保持在规定的最大密封压力和温度，主放空保持规定的最小背压，将转速

从静止增大至最大连续转速（MCS），运行至少 15min 或主密封泄漏量达到稳定状态，记录数据。

② 转速增至跳闸转速（如果跳闸转速高于 MCS）并运行至少 15min，每 5min 记录一次数据。

③ 将转速降至最大连续转速（MCS）并运行至少 1h，每 5min 记录一次数据。主密封的平均泄漏量必须小于规定所允许的最大泄漏量。

④ 增大主放空背压至规定的最大值并运行至少 15min，记录数据。

⑤ 密封气体保持在规定的最大密封压力，将主放空背压（即二级密封压力）增至规定的最大密封压力。这需要将主密封压力增加以维持主密封有正压差 ΔP，运行至少 15min，每 5min 记录一次数据。

⑥ 完成两次连续的停车和启动，增至最大连续转速并以最快速度到跳闸转速，然后再将转速降至最大连续转速，保持 5min 或直到泄漏量稳定，记录从静态到各转速的一个完整系列的数据。按⑤步骤要求保持主密封和二级密封的压力。

⑦ 停车并保持规定的密封条件，从停车后立即记录两组连续的试验数据。

（5）启动停车试验　多次启动和停车以检验干气密封的启停性能。

（6）热态下的静压试验　如果干气密封的工作温度较高或较低，还应进行热态下的静压试验以验证干气密封的耐温能力。

（7）目测检查　主要包括以下内容：

① 试验之后，解体密封，确保所有关键部件符合原始标记，检查部件的磨损，装配和一般状态。

② 在准备好的格式列表上记录状况并将其作为综合报告的一部分。

③ 新组装密封，特别要注意标记的匹配，并将密封再次放入试验台。

④ 重复静态试验步骤。

2. 泵用干气密封的试验验证

泵用干气密封产品试验包括静态试验、动态试验。

（1）静态试验　密封气体压力调至规定的最大静态密封压力，保持此压力至少 10min，记录数据。将压力减至最大静态密封压力的 75%，50% 和 25%，在每个压力等级上保持压力并记录静态泄漏量。

（2）动态试验

① 密封气体保持在规定的最大密封压力和温度，将转速从静止增大至最大连续转速（MCS）的 50%、75%，分别运行至少 5min 或密封泄漏量达到稳定状态，记录数据。

② 将转速增至最大连续转速（MCS）并运行至少 1h，每 5min 记录一次数据。密封的平均泄漏量必须小于规定所允许的最大泄漏量。

③完成两次连续的停车和启动，增至最大连续转速，保持 5min 或直到泄漏量稳定，记录静态及最大转速下的试验数据。

三、干气密封的操作

1. 一般操作范围

压缩机干气体密封的基本形式应用范围如下：

（1）压力　公称直径 46～250mm 范围内，使用橡胶辅助密封时，压力范围为 2～10MPa；使用非橡胶辅助密封时压力范围为 10～25MPa。最大压力差与材料和公称直径有关。

（2）温度　使用橡胶辅助密封时使用温度范围为 -20～200℃；使用非橡胶辅助密封时使用温度范围为 -55～250℃（非橡胶辅助密封）。

（3）滑动速度　动环外径的最大速度为 200m/s。最大操作速度与滑动面的材料有关。

（4）允许的轴位移

① 轴向：$DN46 \sim 118$ 为 ± 1.0mm；$DN130 \sim 220$ 为 ± 2.0mm；$DN230 \sim 250$ 为 ± 3.0mm；特殊形式为：最大 ± 4.0mm。

②径向：$DN46 \sim 250$ 标准为 ± 0.6mm。

2. 干气密封操作注意事项

① 干气密封能在全压下启动。

② 使用干净、干燥，在一定温度、一定的压力下不碳化、不聚合的气体作为干气密封的工作气体。

③ 必须始终保证干气密封各个密封端面上、下游压差为正压差。

④ 单向动压槽型不可反向旋转。

⑤ 开车时，先通隔离气，再通轴承润滑油。停车时，反之。

⑥ 低速盘车时，转速必须严格控制，建议：脉冲式盘车。

⑦ 密封可承受 API 617 规定的数值。

⑧ 短时间反向盘车可接受，但应避免。

⑨ 密封反压静态可以接受，动态必须避免。

⑩ 密封液体污染，少量液体污染可以接受，但应避免。

四、干气密封的修复和储存

无论是否特殊，压缩机密封的设计和材料选择经过计算来确保在连续操作的情况下密封的寿命至少为 50000h。在橡胶易老化的流程中它是可行的。使用 60 个月后建议进行下面的维护：更换所有的橡胶件；更换弹簧；更换所有的动环和静环；在试验台上进行静压和动压试验。不管储存环境是否是理想的，如果密封被储存 60 个月或更长，橡胶件必须被更换且在安装和操作前进行静压试验。事实上，建议储存 24 个月时就采应取上述措施。

第十四章　应用典型工况的机械密封

第一节　酸泵用机械密封

酸泵用机械密封所密封的流体多为硫酸、盐酸、硝酸、有机酸等各种强腐蚀介质，在化工泵中腐蚀率比其它泵大得多，因此，酸泵用机械密封主要考虑的是解决机械密封用材料及结构问题。目前国内经过试制已系列化标准定型了几种类型酸泵用机械密封。这些机械密封使用效果良好，平均使用寿命均超过半年以上。其适用范围为：使用压力≤0.6MPa、温度≤80℃、转速≤3000r/min、密封轴径≤70mm、介质为酸性液体（氢氟酸及发烟硝酸除外）。

一、151型机械密封

这是一种外装、外流、单端面、单弹簧、聚四氟乙烯波纹管型机械密封，其结构见图14-1，主要尺寸见表14-1。

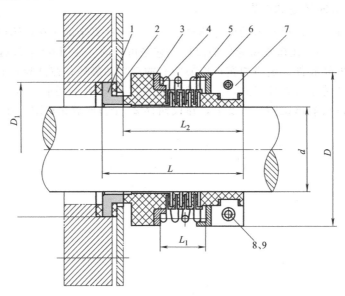

图 14-1　151型机械密封

1—静止环；2—静止环垫；3—波纹管密封环；4—弹簧前座；
5—弹簧；6—弹簧后座；7—夹紧环；8—螺钉；9—垫圈

表 14-1　151型机械密封主要尺寸　　　　　　　　　　　　　　　　mm

规　格		30	35	40	45	50	55	60
公称尺寸	d	30	35	40	45	50	55	60
	D	65	70	75	80	88	93	98
	D_1	53	58	63	68	73	78	83
	L_1	31	34	36	37	44	46	47
	L_2	63	66	68	69	76	78	79
	L	74	77	79	83	90	92	93

二、152 型机械密封

这是一种外装、外流、单端面、多弹簧、聚四氟乙烯波纹管型机械密封，其结构型式见图 14-2，主要尺寸见表 14-2。

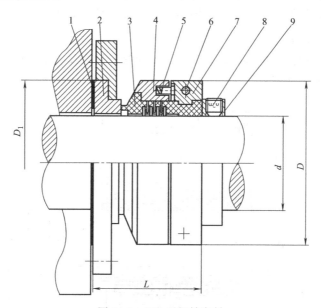

图 14-2　152 型机械密封

1—静止环密封垫；2—静止环；3—波纹管密封环；4—弹簧座；5—弹簧；
6—内六角螺钉；7—分半夹紧环；8—紧定螺钉；9—固定环

表 14-2　152 系列机械密封主要尺寸　　　　　　　　mm

规　格		30	35	40	45	50	55	60	65	70
公称尺寸	d	30	35	40	45	50	55	60	65	70
	D	75	80	85	90	95	100	105	110	115
	D_1	53	58	63	68	73	78	83	88	93
	L		59				62			

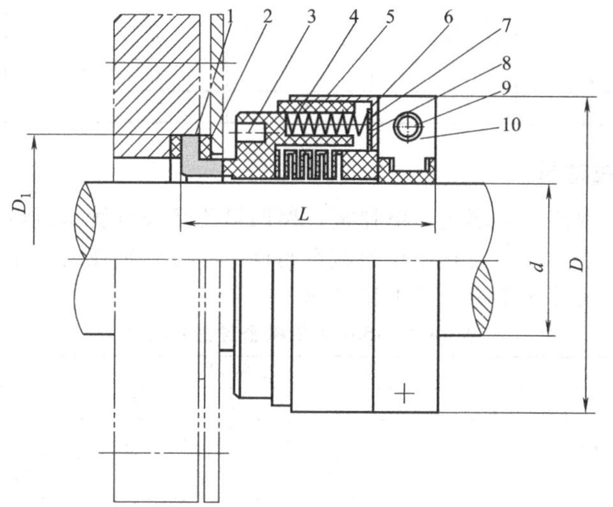

图 14-3　152a 型机械密封

1—静止环；2—静止环密封垫；3—防转销；4—波纹管密封环；5—弹簧座；
6—弹簧；7—弹簧垫；8—L 套；9—内六角螺钉；10—分半夹紧环

三、152a 型机械密封

这是一种外装、外流、单端面、多弹簧、聚四氟乙烯波纹管型机械密封，其同 152 型机械密封不同的是弹簧座外有保护套，可防止大气中酸性介质对弹簧的腐蚀，并且在弹簧座外表面刻有安装尺寸标记线，结构型式见图 14-3，主要尺寸见表 14-2。

四、153 型机械密封

这是一种内装、内流、单端面、多弹簧、聚四氟乙烯波纹管型机械密封，其结构型式见图 14-4，主要尺寸见表 14-3。

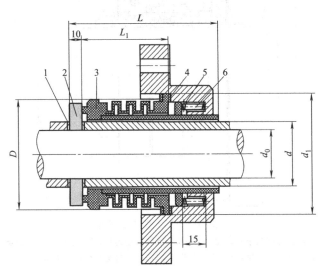

图 14-4　153 系列机械密封

1—辅助密封圈；2—旋转环；3—填充聚四氟乙烯波纹管静止环；4—辅助密封圈；5—推套；6—弹簧

表 14-3　153 系列机械密封主要尺寸　　　　　　　　　　mm

规格	公称尺寸					
	d_0	d	d_1	D	L	L_1
153—35	25	35	70	60	88	48
153—40	30	40	75	65	91	51
153—45	35	45	80	70	91	51
153—50	40	50	85	75	91	51
153—55	45	55	90	80	91	51

五、153a 型机械密封

这是一种内装、内流、单端面、单弹簧、聚四氟乙烯波纹管型机械密封，其结构型式见图 14-5，主要尺寸见表 14-4。这种结构机械密封同 153 型区别在动环采用键传动，弹簧改为单弹簧，可减少轴向尺寸误差带来的不良影响。

表 14-4　153a 型机械密封主要尺寸　　　　　　　　　　mm

规格	公称尺寸								
	d_0	d	d_1	d_2	D	L	L_1	L_2	L_3
153a—35	20	35	25	61	51	85	44.5	14.0	10
153a—40	25	40	30	70	60	86	44.0	14.5	10
153a—45	30	45	35	75	65	94	48.5	15.0	11
153a—50	30	50	35	80	70	97	48.5	18.0	11
153a—55	35	55	40	85	75	104	55.0	17.0	12
153a—60	40	60	45	95	85	108	55.0	21.0	12
153a—70	50	70	55	105	95	112	55.0	25.0	12

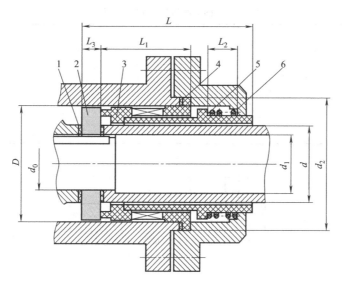

图 14-5　153a 型机械密封

1—辅助密封圈；2—旋转环；3—填充聚四氟乙烯波纹管静止环；

4—辅助密封圈；5—推套；6—弹簧

六、154 型机械密封

这是一种内装、内流、单端面、单弹簧、非平衡型机械密封，其结构型式见图 14-6，主要尺寸见表 14-5。

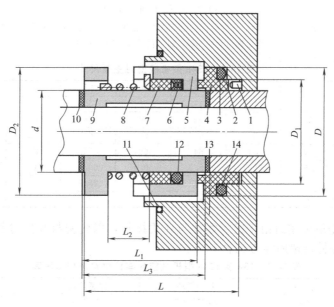

图 14-6　154 系列机械密封

1—防转销；2,6,11,12,14—密封圈；3—撑环；4—静环；5—动环；

7—推环；8—弹簧；9—轴套；10—密封垫；13—密封端盖

七、154a 型机械密封

这是一种内装、内流、单端面、单弹簧、非平衡型机械密封，其结构型式见图 14-7，主要尺寸见表 14-6。

表 14-5　154 系列机械密封主要尺寸　　　　　mm

规　格		35	40	45	50	55	60	65	70
公称尺寸	d	35	40	45	50	55	60	65	70
	D	55	60	65	70	75	80	90	97
	D_1	45	50	55	60	65	70	80	85
	D_2	57	62	67	72	77	82	87	92
	L_1	49	52	57	65	67	67	77	79
	L_2	17	20	25	28	30	30	35	37
	L_3	54	57	62	70	72	72	82	84
	L	68	71	76	84	86	86	99	102

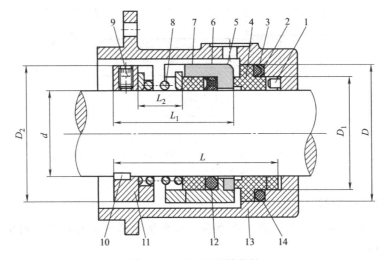

图 14-7　154a 型机械密封

1—防转销；2,6,12,14—密封圈；3—撑环；4—静环；5—动环；7—推环；8—弹簧；
9—紧定螺钉；10—键；11—传动座；13—密封端盖

表 14-6　154a 型机械密封主要尺寸　　　　　mm

规　格		35	40	45	50	55	60	65	70
公称尺寸	d	35	40	45	50	55	60	65	70
	D	55	60	65	70	75	80	90	97
	D_1	45	50	55	60	65	70	80	85
	D_2	50	59	64	69	74	82	88	93
	L_1	49	51.5	55.5	59.5	60.5	61.5	69.5	71.5
	L_2	17.5	20	24	28	28.9	30	35	36
	L	68	70.5	74.5	78.5	79.5	80.5	91.5	96.5

　　154 及 154a 型机械密封由于密封零件与介质接触，因此密封零件材料要选用耐腐蚀性能好的材料，零件材料选用参考见表 14-7。

表 14-7　154 及 154a 型机械密封零件材料选用参考表

介质	补偿环	非补偿环	弹簧防转销	轴套
盐酸	氮化硅 铬刚玉	浸酚醛石墨 碳化硅	Ti-32Mo 哈氏合金 B. F	氮化硅、填充玻璃纤维四氟、聚三氟氯乙烯
稀硫酸	硅铁　氮化硅 镍基硬质合金 碳化硅铬钢玉	浸环氧石墨 填充碳纤维四氟	Ti-3Mo 941 钢 C_4 钢	氮化硅、填充玻璃纤维四氟、硅铁、聚三氟氯乙烯
硝酸	氮化硅 碳化硅	填充碳纤维四氟 填充二氧化钛四氟	因科镍 X 合金 Cr18Ni12Mo2T 哈氏合金 F.C_4 钢	哈氏合金 F
氢氟酸	硅化石墨 司太利特合金	浸铜石墨 浸四氟石墨	蒙乃尔合金	蒙乃尔合金

第二节　碱泵用机械密封

碱泵用来输送碱性介质，这种介质一般含有颗粒，当温度降低或水分蒸发会在密封端面产生结晶、固形物，因此碱泵用机械密封设计主要是选择合理的材料、结构及辅助系统问题。目前国内已系列定型标准的碱泵用机械密封平均使用寿命超过 8 个月，密封性能良好。

一、167 型机械密封

这是一种双端面、多弹簧、非平衡型机械密封，其结构型式见图 14-8，主要尺寸见表 14-8。这种密封辅助系统需要配置外冲洗方案，冲洗液为水。

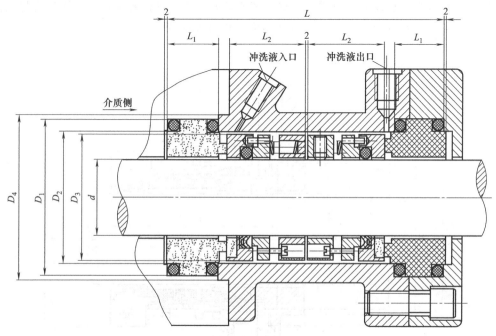

图 14-8　167 型机械密封

表 14-8　167 型机械密封主要尺寸　　　　mm

规格	d	D_1	D_2	D_3	D_4	L	L_1	L_2
28	28	50	44	42	54			
30	30	52	46	44	56			
32	32	54	48	46	58	118	18	
33	33	55	49	47	59			
35	35	57	51	49	61			36
38	38	64	58	54	68			
40	40	66	60	56	70			
43	43	69	63	59	73	122	20	
45	45	71	65	61	75			
48	48	74	68	64	78			
50	50	76	70	67	80	122	20	
53	53	79	73	70	83	126	20	
55	55	81	75	72	85			37
58	58	89	83	78	93			
60	60	91	85	80	95	130	22	
63	63	94	88	83	98			

续表

规格	d	D_1	D_2	D_3	D_4	L	L_1	L_2
65	65	96	90	85	100	130	22	
68	68	99	93	88	103			
70	70	101	95	90	105	134	24	37
75	75	110	104	99	114			
80	80	115	109	104	119	136	25	
85	85	120	114	109	124			

注：本系列大规格可达 140mm。

二、168 型机械密封

这是一种外装、单端面、单弹簧、聚四氟乙烯波纹管式机械密封，其结构型式与工作参数见图 14-9，主要尺寸见表 14-9。这种密封必须进行外冲洗，冲洗液为水。

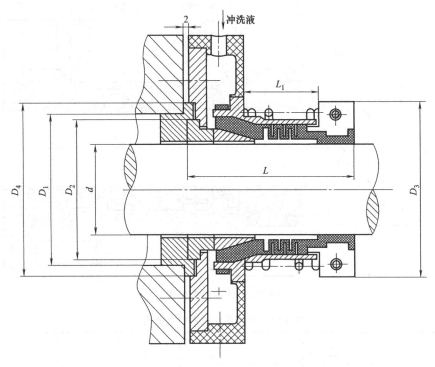

图 14-9　168 型机械密封

表 14-9　168 型机械密封主要尺寸　　　　　　　　　　　　　mm

规格	d	D_1	D_2	D_3	D_4	L	L_1
30	30	44	47	67	55		26.5
32	32	46	49	69	57	64.5	
35	35	49	52	72	60		29.5
38	38	54	55	75	63		31.5
40	40	56	57	77	65	65.5	
45	45	61	62	82	70		

三、169 型机械密封

这是一种外装、单端面、多弹簧、聚四氟乙烯波纹管式机械密封，其结构型式与工作参数见图 14-10，主要尺寸见表 14-10。这种密封必须进行外冲洗，冲洗液为水。

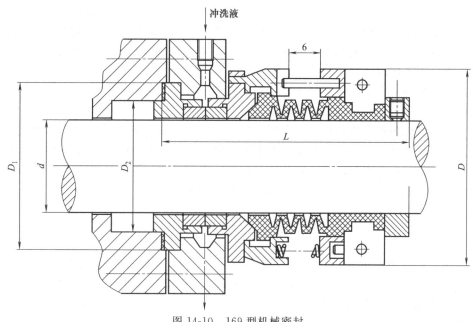

图 14-10　169 型机械密封

表 14-10　169 型机械密封主要尺寸　　　　　　　　　　　　　mm

规格	d	D	D_1	D_2	L
30	30	65	54	44	
35	35	70	59	49	
38	38	75	63	54	
40	40	75	66	56	74.5
45	45	82	71	61	
50	50	87	76	66	
55	55	92	81	71	
60	60	97	90	80	

第三节　烟气脱硫循环泵用机械密封

　　火力发电使用的煤、石油、天然气等化石燃料，燃烧后会产生二氧化硫（SO_2）、氮氧化物（NO_x）和颗粒物等污染物的排放，尤其煤燃烧产生的污染最为严重，使大气环境质量严重恶化，现在已是非治理不可，因此近几年烟气脱硫工程呈现了"爆发式"增长。目前我国火电机组主要采用湿法烟气脱硫技术，这种工艺主要是用石灰石浆液在吸收塔中来吸收二氧化硫，烟气脱硫循环泵输送介质为石灰浆、碳酸氢钙和石膏组成的浆状混合物，在吸收塔中 SO_2 被氧化并转化成硫酸钙。输送介质中气、液、固三相并存还有大量气体、固体颗粒物含量高达 40%，pH 在 4～8 之间，因此腐蚀性、磨蚀性很强。这对机械密封材料来讲辅助系统配置上要求较高。目前机械密封主要采用双端面结构，其结构见图 14-11。这种机械密封特点：与介质接触部位外表光滑，避免有浆料沉淀结垢的死区；补偿弹性元件

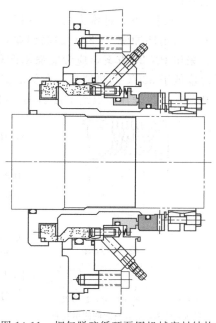

图 14-11　烟气脱硫循环泵用机械密封结构

（弹簧）被保护避免与介质接触；泵采用锥形大腔体，提高摩擦副在介质中的散热润滑能力；采用安装简单、维护方便可靠的集装式结构；摩擦副选用耐磨蚀和耐腐蚀的 SiC 对 SiC；采用高强度、耐腐蚀的哈 C 材料制作弹簧；和介质接触的金属零件为耐腐蚀的 2205 双向不锈钢；O 形圈采用氟橡胶。

支持系统采用 API 682 PN54、PN52 方案或常压、常温清水冲洗，而且在泵体密封腔内靠近内端面处设计了多孔冲洗。

烟气湿法脱硫循环泵用机械密封常因工作介质对机械密封材料的腐蚀而造成腐蚀失效；物料中含有大量气泡，气泡在密封端面处聚集，破坏了机械密封的润滑而干运转造成热裂老化使机械密封失效；密封端面进入固体颗粒而造成磨损失效。因此在使用中要严格按使用要求操作，并确保冲洗系统正常才可达到预期的使用寿命。

第四节　高危介质泵用机械密封

石油化工行业随着我国经济的发展，加工及生产规模的扩大，对设备安全环保要求也越来越高，2010 年前后，由于高危介质离心泵轴封泄漏发生了多起着火、爆炸事故，中石化中石油等相关部门高度重视，投入不少人力、物力，把高危介质泵用机械密封及支持系统改造做为设备管理的重点工作进行。

所谓高危介质一般为介质温度高于 150℃以上，如：油浆、回炼油等；有毒有害介质，如：溶剂、污油、强腐蚀介质、有毒介质等；易燃易爆的闪蒸烃类介质，如：液化气、丙烷等。重点是易燃易爆类介质。

一、中国石油天然气股份有限公司对高危介质泵配套介质密封的相应技术要求

1. 高温油泵密封改造技术要求

① 提供的密封及其辅助管路系统应采用符合 API 682—2004《离心泵和转子泵用轴封系统》标准规定的双密封（布置方式 2 和布置方式 3），C 型密封（金属波纹管密封）。

② 提供的密封应为便于拆装的集装式，泵的设计应能保证拆装密封时不用移动驱动装置及管线。

③ 密封方案、冲洗方案可采用 P32＋53A、P32＋53B、P32＋54 和 P32＋52 方案；对于不允许采用外冲洗（P32）的高温泵，可采用 P21 方案、P22 方案或 P23 方案替代 P32 方案；采用 PN 23 方案，应考虑强制循环装置（如泵效环）对密封介质的泵送能力。对于介质温度低于 300℃的热油泵，在保证密封使用寿命的前提下，建议最好通过提高密封端面材质和改善密封设计，取消 P32 方案内部密封的外冲洗。

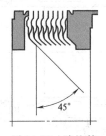

图 14-12　波纹管

注：波纹管成形 45°，能够有效地克服波片变形及因扭矩产生的疲劳应力，可增强波纹管的耐压力，减少波纹管断裂概率，延长密封的使用寿命。

④ P21 方案、P22 方案或 P23 方案中的换热器中建议采用低压蒸汽对冲洗热油进行换热。对密封腔有冷却夹套的 P02 冲洗方案，建议也采用低压蒸汽进行冷却；如果采用水进行冷却，应采用软化水，并保证足够量的冷却水量和水的流速，以防出现水的汽化；不应使用循环水。

⑤ 石墨环应采用优质的抗起泡进口石墨［东洋碳素、美国摩根或德国（广东崇德）产品］；金属波纹管采用进口的 Inconel 718，波纹管采用 45°双波片金属波纹管（见图 14-12），金属波纹管应进行焊后热处理；密封轴套等其它材质采用 316、316L、316Ti 等材料。

⑥ P32 方案系统中要求配置单向阀、Y 型过滤器、流

量计、压力表、截止阀。流量计需耐 400℃。

⑦ P53 方案、P54 方案或 P52 方案系统中应根据要求设压力和液位报警，对密封泄漏进行报警。报警仪表采用进口产品。

⑧ 密封本体设计时必须考虑该密封可以在 300℃以上高温条件下运行，以保证辅助系统意外中断，密封可长期运行。

⑨ 在采用 P53 方案或 P54 方案时，介质侧密封必须可以承受正、反两个方向的压力，大气侧密封应该同样采用与介质侧密封相同的耐高温密封。在采用 P52 方案时，大气侧密封应采用能承受介质侧的压力和高温的密封。

⑩ 采用 P52 方案、P53 方案、P54 方案时应该考虑辅助系统可承受泵内介质的压力和高温，并符合国家新的压力容器规定；对于采用 P52 方案时，应特别考虑介质侧密封高温热油大量泄漏出时，储液罐应有足够的耐热和耐压能力，并应配置必要的热油排放、收集和降温措施，防止高温热油泄漏出自燃。

⑪ 储液罐应采用细长型，容积应根据轴径大小选择 12L 和 20L，并设手动补液泵和排放口。

2. 轻烃离心泵密封改造技术要求

① 轻烃介质泵密封应采用符合 API 682—2004《离心泵和转子泵用轴封系统》标准规定的双密封（布置方式 2 和布置方式 3），优先选用布置方式 2（无压串联双密封），对于现场无放空条件应选用布置方式 3（有压双密封）；密封结构选择 A 型标准推环式密封，静环应设置限位挡板。工作温度超过 176℃（350℉）应采用 C 型密封，但需经过专门设计。

② 所提供的密封应为便于拆装的集装式，泵的设计应能保证拆装密封时不用移动驱动装置及管线。

③ 摩擦副材质：应选用优质的 SIC 或 WC，石墨环应采用优质的进口石墨（东洋碳素、美国摩根或德国产品）；弹簧采用合金 C-4 或合金 C-276；若采用 C 型密封（C 型密封的最高工作温度为 400℃），金属波纹管采用进口的 Inconel718，波纹管采用 45°双波片金属波纹管。辅助密封圈应选用杜邦产品，密封轴套等其它材质采用 316、316L、316Ti 等材料。

④ 密封冲洗方案采用 P11＋52、P11＋53、P11＋72＋75 或 76 方案，P11 方案采用加大量的自冲洗（多孔冲洗）；对于高温轻烃泵可采用 P21（22）＋52、P21（22）＋53、P21（22）＋72＋75 或 76 方案。采用 P 23 方案，应考虑强制循环装置（如泵效环）对密封介质的泵送能力。

⑤ 在采用 P53 方案时，介质侧密封必须可以承受正、反两个方向的压力；在采用 P52 方案时，储液罐应能承受泵内压力，外部密封应承受泵内的压力。

⑥ P11＋52、P11＋53B 或 P11＋72＋75 或 76 方案系统中应设压力和液位报警，报警仪表采用进口产品。

⑦ 储液罐（或缓冲气）放空口应设节流孔板，储液罐应采用细长型，容积根据轴径大小，其容积选择 12L 和 20L，并设手动补液泵和排放口。

⑧ P11＋72＋75 或 76 方案冲洗方案的内部密封泄漏时，其外部密封应能正常运行不小于 8h。

3. 有毒有害介质离心泵密封改造技术要求

① 有毒有害介质泵密封应采用符合 API 682—2004《离心泵和转子泵用轴封系统》标准规定的双密封（布置方式 3），对于非高温有毒有害介质泵密封采用 A 或 B 型密封，对于高温（介质温度大于 176℃）有毒有害介质泵应采用 C 型密封，冲洗方案宜采用 P11＋53、P21＋53 方案。

② 对于介质温度低于 300℃的泵，在保证密封使用寿命的前提下，建议最好通过提高密

封端面材质和改善密封设计，取消 P32 方案内部密封的外冲洗。所提供的密封应为便于拆装的集装式，泵的设计应能保证拆装密封时不用移动驱动装置及管线。

③ 应选用优质的 SIC 或 WC，石墨环应采用优质的进口石墨［东洋碳素、美国摩根或德国（广东崇德）产品］；弹簧采用合金 C-4 或合金 C-276；若采用 C 型密封（C 型密封的最高工作温度为 400℃）金属波纹管采用进口的 INCONEL718，波纹管采用 45°双波片金属波纹管，辅助密封圈应选用杜邦产品，密封轴套等其它材质采用 316、316L、316Ti 等材料。

④ P11+53 或 P21+53 方案系统中应设压力和液位报警；报警仪表采用进口产品。

⑤ 在采用 P53 方案时，介质侧密封必须可以承受正、反两个方向的压力；大气侧密封应该同样采用与介质侧密封相同的密封材质。

⑥ 储液罐应采用细长型，并符合国家的压力容器规定；容积根据轴径大小，其容积选择 12L 和 20L，并设手动补液泵和排液口。

⑦ 对于高温介质的泵，在采用 P21 方案时，应考虑换热器内冷却水的汽化问题。

4. 资料与交付

卖方提供的密封应包括以下内容的纸制文件及 CD 文档 1 份，资料内容至少并不限于以下内容：

材料表（密封本体主材）、密封性能数据表（包括预期泄漏量）、密封试验记录、密封性能参数、合格证等相关出厂证明等，但不限于此。详见表 14-11。

表 14-11　资料与交付

资　料　名　称	份数	交付时间
密封腔及密封截面剖视图	2	A
密封系统 PID	2	A
密封系统管路布置图	2	A
API 682 数据表	2	A
密封消耗表(包括电、水、气、汽等)	2	A
材料表(密封及管路系统),包括材料、仪表等进口证明	4	B
密封检验或试验记录	4	B
密封腔及密封截面剖视图、密封系统 PID、密封系统管路布置图、API 682 数据表、密封消耗表(包括电、水、气、汽、预期泄漏量等)	4	B
操作维修说明书	4	B
合格证等相关出厂证明	4	B

注：A：合同签署后；B：随机资料。

二、几个单位典型高危介质泵用机械密封选用及支持系统情况

见表 14-12。

表 14-12　几个单位典型高危介质泵用机械密封选用及支持系统情况

序号	用户信息	设备信息	工况条件	机封图号	支持系统
1	青岛炼化 常减压装置常底油泵 1101-P-102A/B	Flowsreve（Niigata）8HDS-274、轴径 95	常底重油、360℃、$p=1.3/14bar$	YH609-68/-68(D95)	P32+53B
2	青岛炼化 常减压装置常底油泵 1101-P-116A/B	8HDS-182、轴径 90/95	减渣、360℃、$p=-0.3/21bar$	YH609-68/-68(D90-95)	P32+53B
3	青岛炼化 催化裂化装置油浆泵 1103-P-208A/B	Lawrance-FLS-6000、轴径 152.4/142.87	油浆、350℃、$p=36/16/4bar$	YH609/604-112	P32+53B

序号	用户信息	设备信息	工况条件	机封图号	支持系统
4	青岛炼化 柴油加氢装置油浆泵 1106-P-113A/B	ZHYm80-400、轴径 48	外甩污油、350℃	609-36/-36	P32+P52
5	庆阳石化	常三线油泵	常三线油、298℃、1.59MPa	609-40/-40	P32+P53A
6	庆阳石化	常四线油泵	常四线油、330℃、1.2MPa	609-40/-40	P32+P53A
7	庆阳石化	轻柴油泵	轻柴油、219℃、2.05MPa	609-42/-42	P21+P52
8	庆阳石化	分馏一中段油泵	中段循环油、274.2℃、0.69MPa	609-36/-36	P21+P52
9	庆阳石化	二中及回炼油泵	回炼油、347.8℃、1.26MPa	609-36/-36	P21+53B
10	齐鲁石化重油加氢装置 VRDS 进料泵 P-1310/A	3 * 11CB-8、轴径 85.7	减压渣油、26℃、8/192bar	609-60/-60	P32+52
11	宁夏石化 常压蒸馏常三油泵 1201-P109A/B	150X80UCWM40N、轴径 69.8	常三油、2/14bar、308℃	YH604CAT-54/-54DP	P32+53B
12	宁夏石化 轻柴油泵 1202-P-205A/B	ZE150-4410-LK4、轴径 58	轻柴油、p=8bar、T=155℃、211℃	609-42/-42	P32+53B
13	宁夏石化 轻柴油泵 1202-P-207A/B	ZE200-5630-LK5、轴径 68	回流油、p=7bar、T=106℃、288℃	609-48/-48	P32+53B
14	海南炼化	202-P-203A/B	柴油、268℃	YH609-38/38DP	P23+P61+K+D
15	海南炼化	202-P-205A/B	柴油、237℃	YH609-38/38DP	P23+P61+K+D
16	海南炼化	1402-P-206A/B	尾油、351℃	YH609-38/38DP	P21+P62+A
17	海南炼化	902-P-203A/B	柴油、321℃	YH609-78/-78DP	P32+53B
18	安庆石化	101-P-430A/B	减三线油、2.5bar、361℃	YH609-58/58	P32+53A
19	安庆石化	171-P-201A/B	加氢重油、1.8bar、378℃	YH609-64/64	P32+53A
20	安庆石化	164-P-203A/B	柴油 7.8bar、300℃	YH609-80/80	P32+53B
21	安庆石化	133-P-407A/B	C9+芳烃、6bar、266℃	YH609-48/48	P23+P52
22	安庆石化	120-P-201A/B	原料油、4.3bar、180℃	YH609-42/42	P21+P61
23	西安石化 常减压 P-106/1/2	50AY-60X2、轴径 44	常三线油、1.65/9.4、299℃	YH609-32/YTS-34	P32+P62
24	西安石化 常减压 P-109/1	100AY-120X2、轴径 75	常底油、1.8/19.5、350℃	YH609-54/YTS-58	P32+P62
25	西安石化 常减压 P-112/1/2	100AY-120、轴径 54	常一中油、1.5/15、350℃	609-38/YTS-40	P32+P62
26	西安石化 常减压 P-113/1	100AY-120X2、轴径 75	沥青、10/19.7、350℃	YH609-54/YTS-58	P32+P62
27	济南炼油 P101/3,103,105/1.2	WEZ-100-315、80-315-LK3、轴径 48	渣油、2/18bar、330℃	609-36/-36	P32+P52

续表

序号	用户信息	设备信息	工况条件	机封图号	支持系统
28	济南炼油 一催化热油泵 P204/1.2	80THZ180、轴径 38	热油、3～10bar、325℃	YTS29-28/-28	P32+52B
29	济南炼油 P-117A/B	65AY-100X2、轴径 54/48	减三线油、 0.3～10bar、311℃	YH609-40/-40DP	P32+P62

注：机械密封为西安永华集团有限公司产品。

三、典型机械密封及支持系统结构

典型机械密封及支持系统结构见图 14-13、图 14-14、图 14-15、图 14-16、图 14-17。

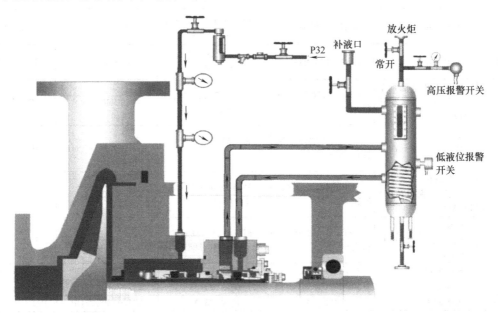

图 14-13　机械密封为 YTS-24A、支持系统方案为 P32+P52（适用温度为 300～450℃）

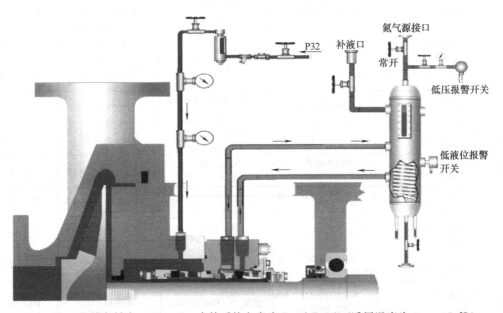

图 14-14　机械密封为 YTS-24A、支持系统方案为 P32+P53A（适用温度为 300～450℃）

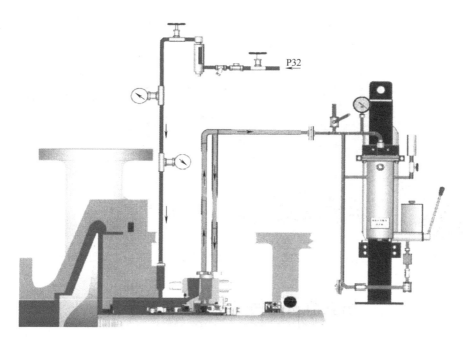

图 14-15　机械密封为 YTS-24A、支持系统
方案为 P32＋P53B（适用温度为 300～450℃）

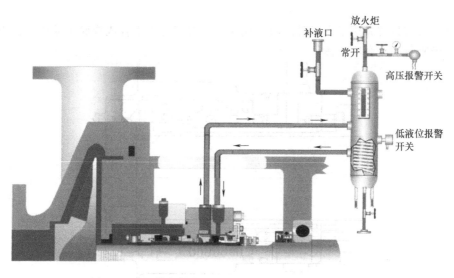

图 14-16　机械密封为 YTS-24B、支持系统方案为 P52
（适用温度为 176～300℃）

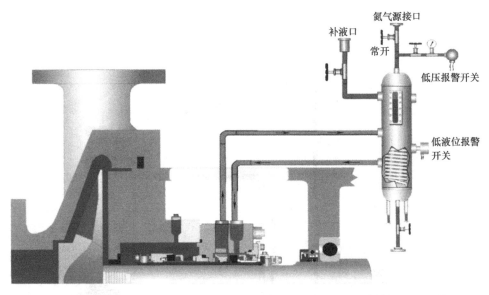

图 14-17　机械密封为 YTS-24B、支持系统方案为 P53A（适用温度为 176～300℃）

第五节　高黏度介质用机械密封

　　密封高黏度介质时，必须注意高黏度介质黏性的阻尼作用。高黏度介质在密封端面间产生黏滞，使碳石墨密封环容易发生前后颠簸。通常碳石墨环使用的黏度界限是在 3mPa·s 以下，超过此值，必须用金属材料作密封环（一般用硬质合金对硬质合金）。高黏度介质用机械密封如图 14-18 所示，该密封的非补偿环端面宽度极小，犹如刀口一样，弹簧比压为普通密封的 10～20 倍，可把密封端面生成的固体物切断排除，以达到密封的目的。其弹性元件采用液压成型 U 形波纹管加上弹簧，有较大的间距，避免凝固物、沉淀物填塞间隙而失去弹性。

　　这种刀口密封首先用于密封乳胶液，现在逐渐被广泛用于合成橡胶工业以及沥青和食品等领域难于密封的高黏度液体。

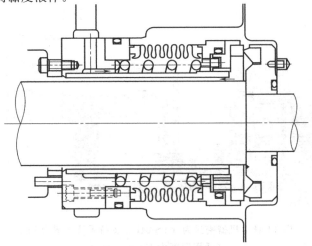

图 14-18　高黏度介质用机械密封

该密封使用参数为：

压力≤1.5MPa；速度≤12m/s；温度 50～150℃；黏度≤25mPa·s。

第六节　搪玻璃容器用机械密封

搪玻璃容器主要应用在农药、染料、医药、食品等行业，搪玻璃容器上部搅拌轴使用的机械密封结构类型见表 14-13。

表 14-13　搪玻璃容器用机械密封结构类型

本品代号	结构特点	适用范围				容器介质	结构图、尺寸表
		压力(≤)/MPa	温度(≤)/℃	转轴线速度(≤)/(m/s)	轴径/mm		
212 型	外装、外流、单端面、小弹簧、聚四氟乙烯波纹管、有外加润滑液盒	−0.1～0.4	200	2	40～160	除 HF 外强腐蚀介质的气相密封	图 14-19 表 14-14
221 型	内流、小弹簧、径向双端面、有外加密封液循环装置	−0.1～1.0	200	2	40～160	除 HF 外强腐蚀介质的气相密封	图 14-20 表 14-15
2009 型	内流、小弹簧、轴向双端面、有外加密封液循环装置	−0.1～1.6	200	2	40～160	除 HF 外强腐蚀介质的气相密封	图 14-21 表 14-16
221A 型	内流、小弹簧、带轴承径向双端面、有外加密封液循环装置	−0.1～1.0	200	2	40～160	除 HF 外强腐蚀介质的气相密封	图 14-22

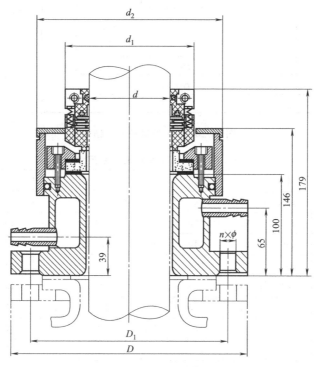

图 14-19　212 型机械密封结构

表 14-14　212 型机械密封尺寸　　　　　　　　　　　　mm

型号	d	d_1	d_2	D	D_1	$n \times \phi$
212-40	40	87	149	165	125	4×18
212-50	50	98	159	185	145	8×18
212-65	65	115	174	200	160	8×18
212-80	80	130	189	250	210	8×18
212-95	95	145	209	285	240	8×22
212-110	110	162	224	340	295	8×22
212-125	125	177	239	340	295	8×22
212-140	140	192	259	395	350	12×22
212-160	160	215	284	395	350	12×22

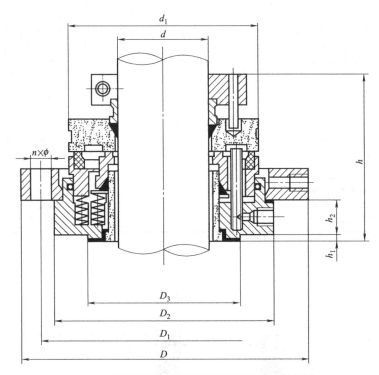

图 14-20　221 型机械密封结构

表 14-15　　221 型机械密封尺寸　　　　　　　　　　　mm

型号	d	d_1	D	D_1	D_2	D_3	h_1	h_2	h	$n \times \phi$
221-40	40	106	185	145	122	109	4	13	110	4×18
221-50	50	116	220	180	158	149	4	13	119	8×18
221-65	65	136	250	210	188	175	5	15	137	8×18
221-80	80	164	250	210	188	175	5	15	137	8×18
221-95	95	184	285	240	212	203	5	15	137	8×22
221-110	110	210	340	295	268	259	6	17	146	8×22
221-125	125	235	340	295	268	259	6	17	146	8×22
221-140	140	250	395	350	320	335	6	17	146	12×22
221-160	160	280	395	350	320	335	6	17	146	12×22

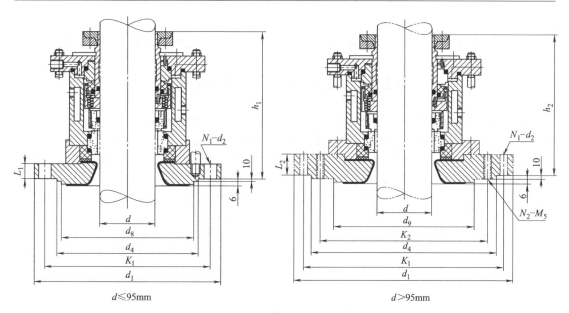

$d \leqslant 95\mathrm{mm}$　　　　　　　　　　　$d > 95\mathrm{mm}$

图 14-21　2009 型机械密封结构

表 14-16　2009 型机械密封尺寸　　　　　　　　　　mm

d(h8)	d_1	K_1	N_1	d_2	K_2	N_2	M_5	$d_4(d_9)$	d_9	d_8	L_1	L_2	h_1	h_2
40	175	145	4	18	/	/	/	110	/	102	25	/	155	/
50	240	210	8	18	/	/	/	176	/	138	25	/	160	/
60	275	240	8	22	/	/	/	204	/	188	25	/	170	/
80	305	270	8	22	/	/	/	234	/	212	30	/	180	/
95	385	340	12	22	/	/	/	300	/	212	30	/	190	/
110	455	420	4	18	295	8	20	380	268	/	/	30	/	190
125	455	420	4	18	295	8	20	380	268	/	/	30	/	215
140	505	460	4	22	350	12	20	420	320	/	/	30	/	220
160	505	460	4	22	350	12	20	420	320	/	/	30	/	225

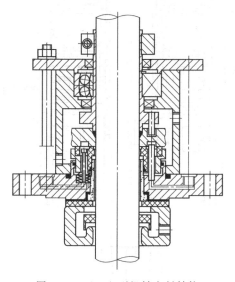

图 14-22　221A 型机械密封结构

　　221A 型机械密封结构是在 221 型机械密封基础上增加了轴承部件，在无支点机架上采用，可作为一个轴承支点来控制搅拌轴的径向摆动，满足了机械密封安装所要求的精度，使机械密封达到较好的使用效果。

221A 型机械密封下部装有泄漏液搜集部件，可将泄漏液及密封环端面磨损物搜集排出。

第七节 高压反应釜用机械密封

高压反应釜用机械密封一般要设计为集装式机械密封。为保证转轴机械密封安装所要求的精度，并优化搅拌轴驱动装置，把搅拌轴承受的径向力及轴向力的控制轴承也与机械密封集成在一起，成为一个整体。上部直接连减速机输出端，下部直接连接搅拌轴，减速机机架上不再设轴承座，这样使设计、安装大大简化，维修也十分方便。

当压力较高时，机械密封可设计为三端面结构，见图 14-23。其技术参数为：釜内压力 15MPa；釜内温度 350℃；轴径 140mm；转速 100r/min；高压密封腔压力 17MPa；低压密封腔压力 7MPa；轴套直径 180mm；密封液为甘油。密封液分两个油站分别供给，进行强制润滑循环冷却。下静环外侧及密封下部设立冷却夹套来降低釜体传热，轴承座也采取油站供油强制润滑循环冷却。

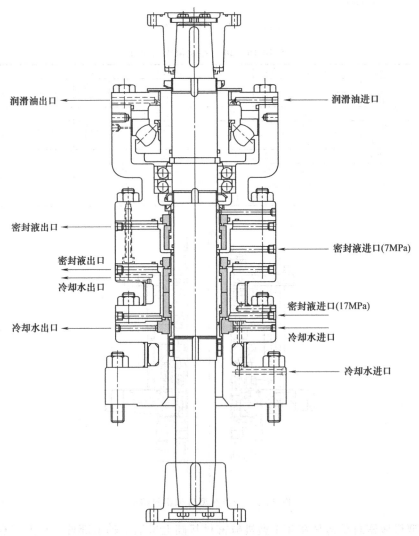

图 14-23 高压反应釜用机械密封

第八节　医药搅拌设备用干运转机械密封

　　所谓干运转机械密封是指没有像普通的单端面釜用机械密封设置的润滑液盒，用润滑液盒的油来润滑密封端面。干运转机械密封见图14-24，其结构上同普通的外流单端面机械密封相似，这种机械密封在软质材料密封环的密封端面上开有深槽，其密封端面结构见图14-25。密封端面内径处主密封环端面闭合，密封端面外径处副密封环端面高度比主密封环端面高度低，即副密封环端面与主密封环端面不在同一平面。当温度增高时，副密封环端面呈收敛变形，也将与组对的硬材料密封环端面接触，而降低了主密封环端面比压，减小了摩擦力，使端面磨损减轻。由于密封端面没有外加润滑液及副密封环端面不闭合，所以它比一般外流单端面机械密封泄漏量大。

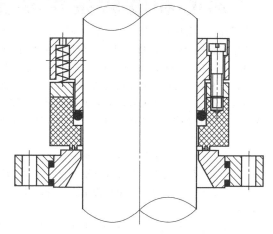

图 14-24　干运转机械密封结构

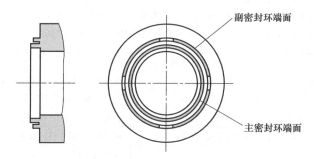

图 14-25　干运转密封端面结构

　　干运转机械密封主要在医药、食品等行业，反应釜需要蒸汽消毒杀菌，密封压力不高的场合使用。密封一般压力≤0.2MPa；密封介质为水蒸气；泄漏量≤2000mL/h。

附录 A 国际标准 API 682：2004 《离心和旋转泵用轴密封系统》标准解读

美国石油协会标准 API 682《离心和旋转泵用轴密封系统》是一个独立的密封国际标准，等效于国际标准化组织标准 ISO 21049。而且是国际标准化组织标准 ISO 13709《Centrifugal pumps for petroleum, petrochemical andnatural gas industries 石油、石化和天然气工业用离心泵》的参考标准。API682 是根据石油、石化和天然气行业所应用设备的制造商和用户共同积累的知识和经验而制定的，对应用于石油、石化和天然气以及化学工业中的离心泵和其他旋转泵（如螺杆泵、齿轮泵、叶片泵等）的密封系统提出了详尽的规范，并给出了推荐应用的密封系统。该标准可用于输送危险、易燃或有毒介质工况，以减少对大气和生态环境的泄漏影响。

API 682 中的离心泵和旋转泵用轴密封的轴径范围为 20～110mm。

API 682 可用于离心泵和旋转泵轴密封系统的设计制造，并可用来改进维护装备上的轴密封系统。

API 682 不局限于离心泵和旋转泵等设备，可以应用于诸多需要解决旋转密封问题的装备中，如反应搅拌釜等。

API 610《Centrifugal Pumps for Refinery Service 炼油用离心泵》是美国石油学会颁布的一个与离心泵有关的标准，国际标准化组织 ISO 亦在 2003 年颁布了第 1 版等效于 API 610 的标准：ISO 13709。在第 9 版的 API 610 中删去了不少与机械密封有关的内容，如附录 D《机械密封和管路系统示意图》；附录 H《密封尺寸、标准化的基本特点》。这些被删去的内容均放在了 API 682 标准中。

下表总结了轴密封标准 API 682/ISO 21049 和泵标准 API 610/ISO 13709 中关于密封内容的演变过程。

年 份	泵 标 准	机械密封标准	备 注
1990	API 610 7th edition		基本密封制造标准，定义了密封编码系数
1995		API 682 1st edition	第 1 个独立的 API 密封标准，修正密封编码系统
1996	API 610 8th edition		引用 API 682 1st deition
2002	API 610 9th edition	API 682 2nd edition	密封腔在 API 610，新的密封编码系统在 API 682
2003	ISO 13709		增强的 API 610 9th edition
2004	API 610 10th edition	ISO 21049	增强的 API 682 2nd edition
		API 682 3rd edition	措词和编排等同于 ISO 21049

"API 682：2004《离心和旋转泵用轴密封系统》标准解读"基本囊括了 API 682 的正文及附录的全部内容，并打乱原正文章节和附录的编排。"API 682：2004《离心和旋转泵用轴密封系统》标准解读"以：密封术语、定义与系统；密封设计规范；密封支持系统；密封的试验与出厂；密封选型；数据传递六个部分来解读。笔者在文中将个人的经验和理解，以附注的形式做了解释，并补充了一些有实用价值的计算实例以及实用性的资料和数据。

一、密封术语、定义与系统

1. 密封术语与定义（API 682 中 3 Terms and definitions）

（1）密封与集装式密封

① 密封（seal）。由副密封环、主密封环、辅助密封、轴向补偿元件和支撑件等组成，允许旋转轴穿过静止的密封腔体，但不会引起不可控制泄漏的装置。见图 A-1。

② 集装式密封（cartridge seal）。集装式密封为完全自包含单元组合体，包括密封端面、补偿元件、密封端盖、轴套和密封环等，在出厂前这种密封需进行预先装配和调试。见图 A-2。

（2）主密封环、副密封环、辅助密封与密封端面（见图 A-3）

① 主密封环（seal ring）。采用弹簧和橡胶 O 形圈或金属波纹管支撑并接触的密封端面。

② 副密封环（mating ring）。盘形或环形零件，装在轴套上或腔体上，不能沿轴向相对于轴或密封腔

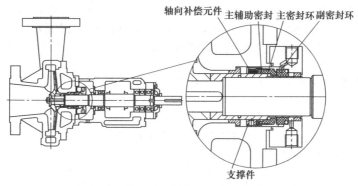

图 A-1

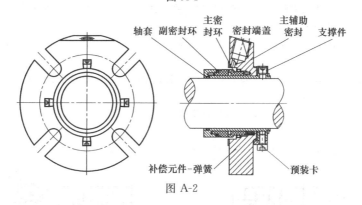

图 A-2

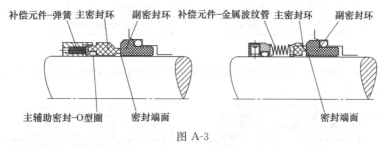

图 A-3

体移动，并作为主密封环的配对零件。

③ 密封端面（seal face）。主密封环或副密封环上用作密封面的一侧或一端。

④ 辅助密封（secondary seal）。阻止密封端面以外部位泄漏的元件，如橡胶 O 形圈、柔性石墨垫片、波纹管等。

⑤ 主密封辅助密封。支撑并接触主密封环，以阻止主密封环与轴套，或密封端盖支撑轴套之间泄漏的元件。橡胶 O 形圈是最典型的主辅助密封。

（3）滑动式密封与非滑动式密封（见图 A-4）

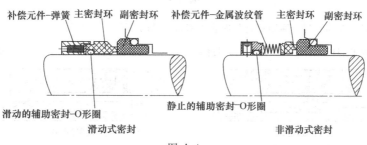

图 A-4

① 补偿元件（flexible element）。补偿元件是指相对于轴（轴套）或密封腔体作轴向移动的组合件。

② 滑动式密封（pusher seal）。主辅助密封安装在轴向补偿元件上实现密封环与轴套（或密封端盖支撑轴套）之间密封的设计形式，主辅助密封圈沿轴向接触滑动，以补偿端面磨损以及消除（或减少）装配造成的倾斜和偏心的影响。

③ 非滑动式密封（non-pusher type seal）。非滑动式密封通常指波纹管密封，不使用主辅助密封圈及弹簧补偿元件，而使用波纹管防止密封端面以外的泄漏，并补偿端面磨损以及消除（或减少）装配造成的倾斜和偏心的影响。

④ 波纹管密封（bellows seal）。采用弹性元件一金属波纹管提供主辅助密封和弹簧载荷的机械密封。

（4）接触式密封与非接触式密封

① 接触式密封（contacting seal）。接触式密封在端面处，不产生使两端面保持一定间隙的气膜或液膜压力。实际上，接触式密封端面能形成全液膜，但绝大多数接触式密封都不能形成完整液膜，处于边界摩擦状态。接触式密封不采用端面的几何形状（如槽、台、表面波纹等）使两端面分开。通常接触式密封的接触面积非常小，且工作可靠，泄漏量低。

② 接触湿式密封（CW contacting wet seal）。接触式密封两个端面相互接触，并存在不完整的液膜，称之为接触湿式密封。

③ 非接触式密封（NC non-contacting seal）。非接触式密封：在密封端面处，能产生使两个端面保持一定间隙的完整的气膜或液膜的压力。

非接触式密封可以是湿式（液膜），也可以是干式（气膜）。

（5）密封配置

① 配置1（Arrangement1）。每套集装式密封中只有一对密封端面。见图 A-5。

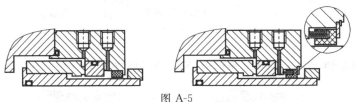

图 A-5

② 配置2（Arrangement2）。每套集装式密封中有两对密封端面，且两对密封端面之间的压力低于被密封介质的压力。见图 A-6。

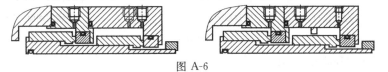

图 A-6

③ 配置3（Arrangement3）。每套集装式密封中有两对密封端面，且两对密封端面之间的压力高于被密封介质的压力。见图 A-7。

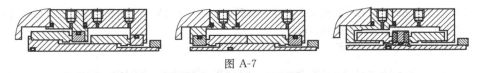

图 A-7

（6）内部密封、外部密封、抑制密封与内装式密封（见图 A-8）

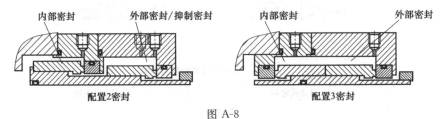

图 A-8

① 内部密封（inner seal）。当一套集装式密封有两对端面时，内部密封位于密封腔内侧，离泵叶轮（或密封介质）最近处。

② 外部密封（outer seal）。当一套集装式密封有两对端面时，外部密封位于密封腔外侧，离泵叶轮（或密封介质）最远处。

注：在配置 2、配置 3 的双端面集装式密封结构中，离泵叶轮最远处的密封为外部密封。

③ 抑制密封（containment seal）。抑制密封包括补偿元件、主密封环和副密封环等，其安装在抑制密封腔内。所有配置 2 密封的外部密封均称为抑制密封。

④ 内装式密封（inside mounted seal）。安装在密封腔和密封端盖内部的密封结构。

注：API 682 所规定的密封型式均为内装式密封。

（7）密封腔与密封端盖

① 密封腔（seal chamber）。可以与泵体连为一体或与泵体分离，安装密封的泵轴与泵壳体之间的空间。

② 抑制密封腔（containment seal chamber）。抑制密封腔是安装抑制密封所形成的腔体。

③ 密封端盖（gland plate）。密封端盖用来安装密封的静止部件，并与密封腔（或抑制密封腔）连接的零件。

（8）有关密封结构的术语

① 固定式节流环（FX fixed throttle bushing）。固定式节流环安装在密封端盖外侧，与轴套之间形成狭小间隙的元件，用以防止因密封失效产生大量外泄的危险。

② 浮动式节流环（FL floating throttle bushing）。浮动式节流环安装密封端盖的外侧，其外径与密封端盖间有足够的间隙，可使节流环在径向方向浮动，其与轴套之间的间隙比固定式节流环更小，节流效果更好。见图 A-9。

注：带有弹簧的浮动式节流环可沿轴向贴紧密封腔或密封端盖对应的平面，使流体只能在其与轴套之间狭小的间隙通过。因为它能"浮动"，这一间隙可以做得很小，功能更佳。

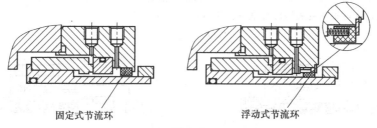

固定式节流环　　浮动式节流环

图 A-9

③ 喉口节流环（throat bushing）。喉口节流环是安装在内部密封与叶轮之间，与轴套之间形成狭小间隙的元件。

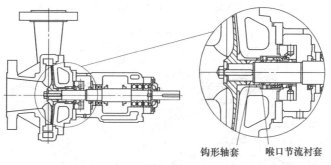

钩形轴套　　喉口节流衬套

图 A-10

④ 钩形轴套（hook sleeve）。钩形轴套是端部带有钩形台阶的轴套。常套装在泵的台阶轴上，以保护泵轴不被磨损（图 A-10）。

注：采用钩形轴套作为集装式密封的轴套是集装式密封设计的大忌。图 A-10 所示密封为非集装式密封。

⑤ 驱动环（drive collar）。驱动环安装在集装式密封的外部，向密封轴套传递扭矩，并防止密封轴套相对于轴，产生轴向位移。见图 A-11。

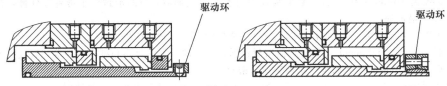

图 A-11

⑥ 防转元件（anti-rotation）。防转元件用于防止密封组件中相邻零件间发生相对转动。如键、销。

（9）有关支持系统的术语

① 支持系统（support systems）。支持系统是密封以外的，用于冲洗、冷却、吹扫等保障密封工作的管路系统。

② 隔离流体（barrier fluid）。隔离流体由外部提供，其压力高于泵密封腔压力，它以自身循环的方式被引入（引出）双端面密封的封腔，使泵输送的介质与环境完全隔绝。

隔离流体用于配置 3 密封 [1.（5）③]。

③ 缓冲流体（buffer fluid）。缓冲流体由外部提供，其压力低于泵的密封腔压力，当它被引入后，起润滑或稀释泄漏的作用。

缓冲流体用于配置 2 密封 [1.（5）②]。

④ 冲洗（flush）。在密封腔的输送介质侧，近密封端面处，引入流体（自身或外部）以冷却和润滑密封端面的方法。

⑤ 冲洗流体（flush fluid）。冲洗流体可以是泵输送介质、缓冲流体、隔离流体以及外源冲洗流体。

⑥冲洗方案（flash plan）。用于将冲洗流体引向密封端面的管路、仪表和控制的设计结构。

⑦ 分布式冲洗系统（distributed seal flush system）。通过设置孔、通道及挡板，使密封端面周围冲洗流体分布更均匀，并可根据有关国际标准进行流量检测。见图 A-12。

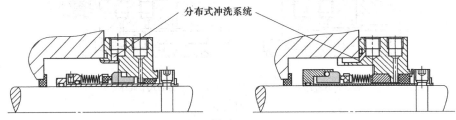

图 A-12

⑧ 内循环装置/泵效环（internal circulating device/pumping ring）。安装在密封腔内，使密封腔中的流体通过冷却器（cooler）或隔离/缓冲流体罐（barrier/buffer fluid reservoir）进行循环的装置。见图 A-13。

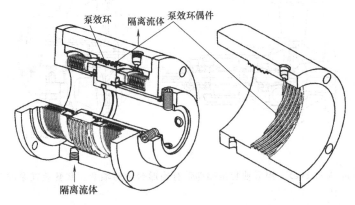

图 A-13

⑨ 孔板接头（hold point）。在冲洗管路系统中，中心带有小孔的管接头，用于调节冲洗流量。

⑩ 吹扫（quench）。中性流体（通常是水和蒸汽）被引入密封的大气侧，以阻止影响密封性能的固体颗粒的形成，及其他作用。

（10）有关输送介质的术语

① 结晶流体（crystallizing fluid）。结晶流体是指由于脱水或化学反应而形成固体颗粒的流体。

② 闪蒸（flashing）。闪蒸是流体快速的由液态变为气态的状态。

注：在动密封装置中，当流体通过密封端面时，端面摩擦使流体升温，或由于流体通过端面造成压力突然下降，且低于其汽化压力，就会发生闪蒸。

③ 闪蒸烃（flashing hydrocarbon）。闪蒸烃是指在工作温度下，绝对蒸气压力大于 0.1MPa（1bar）的液态烃，即在大气中易挥发的液态烃。

④ 非闪蒸烃（non-flashing hydrocarbon）。非闪蒸烃是指在工作温度下，绝对汽化压力小于 0.1MPa（1bar）的液态烃，即在大气中不易汽化的液态烃。

⑤ 非烃类作业（non-hydrocarbon service）。该作业是指输送介质为不含烃的流体，如酸水、锅炉用水、氢氧化钠、酸和胺等，或流体中含有少量的残留烃。

⑥ 聚合流体（polymerizing fluid）。能够从一种化学成分转换为另一种分子链更长、黏度更大的化学成分的流体。

⑦ 介质汽化温度裕量（product temperature margin）。介质温度裕量是指在密封腔压力下，密封腔中介质的实际温度与介质的汽化温度之间的差值。

注：对于单一液体，汽化温度是指在密封腔压力下纯净液体的汽化温度。对于混合液体，汽化温度是指在密封腔压力下混合液体的汽化温度。

⑧ 介质汽化压力裕量（product pressure margin）。介质温度裕量是指在密封腔温度下，密封腔中介质的实际压力与介质的汽化压力之间的差值。

（11）有关密封性能的术语

① 工况（service condition）。动态（或静态）条件下的最高/最低的工作温度和压力。

② 密封的平衡系数（seal balance ratio）。承受密封腔内液（气）压力所产生之闭合力的密封端面的面积与总密封端面面积的比值。

③ 最高许用温度（maximum allowable temperature）。最高许用温度是在指定工作介质的最高工作压力下，制造商设计的设备（或与该定义相关的任何零部件）所能连续承受的最高温度。

注：1. 最高许用温度由制造商提供。

2. 通常根据材料性能确定最高许用温度。最高许用温度可根据泵体的材料、密封垫片或 O 形圈的使用极限温度来确定。而金属材料的屈服强度和抗拉强度又与使用温度有关，如果温度下降，则材料强度提高，零件抗压等级也可能提高。这就是最高许用温度与最高工作压力相互关联的原因。

④ 最高许用工作压力（MAWP maximum allow wall pressure）。最高许用工作压力是在指定的介质的最高工作温度下，制造商设计的设备（或与定义相关的任何零部件）所能持续承受的最高压力。

注：参见额定静态密封压力等级［1.（11）⑧］和额定动态密封压力等级［1.（11）⑨］。

⑤ 最高动态密封压力（MDSP maximum dynamic sealing pressure）。最高动态密封压力是指在启动、关闭及特定的任何操作条件下，密封装置所承受的最高压力。

注：在确定该压力的过程中，应考虑泵的最高吸入压力、冲洗压力和密封腔内间隙变化效应。最高动态密封压力与工艺条件有关，由用户指定。

⑥ 最高静态密封压力（MSSP maximum static sealing pressure）。最高静态密封压力是指泵在关闭时（除水压测试外），密封所能承受的最高压力。

注：最高静态密封压力与工艺条件有关，由用户指定。

⑦ 最高工作温度（maximum operating temperature）。最高工作温度是指密封所能承受的最高温度。

注：最高工作温度与工艺条件有关，由用户指定。

⑧ 额定静态密封压力等级（static sealing-pressure rating）。泵轴不旋转时，密封在最高许用温度工况下，所能承受的最大压力。

⑨ 额定动态密封压力等级（dynamic sealing-pressure rating）。泵轴旋转时，在最高许用温度工况下，密封和密封组件连续工作时，所能承受的最大压力。

⑩ 泄漏率 (leakage rate)。在单位时间内通过密封端面泄漏出来的流体的体积或质量。

⑪ 泄漏浓度 (leakage concentration)。在密封装置的周围环境中，所测量到的挥发性有机化合物或其他常规排放物的浓度。

2. 密封系列 (API 682 中 4 seal systems)

API 682 标准中所规定的密封可分成 3 个系列（系列 1、系列 2、系列 3）；3 种型式（A 型、B 型、C 型）和 3 种配置（配置 1、配置 2、配置 3）。此外，配置 2 和配置 3 又含有 3 种排列方式：面对背、背靠背和面对面。

（1）密封系列 (seal categories)

① 系列 1 (category 1)。该系列密封用于非 ISO 13709 密封腔的情况，但需要满足 ISO 3069-C 密封腔尺寸的要求。其适用工况范围如下：密封腔温度 -40~260℃。密封腔绝对压力≤2.2MPa (22bar)。

② 系列 2 (category 2)。该系列密封用于满足 ISO 13709 密封腔尺寸要求的情况。其适用工况范围如下：密封腔温度 -40~400℃，密封腔绝对压力≤4.2MPa (42bar)。

③ 系列 3 (category 3)。该系列密封检测最为严格，且须备有密封设计文档。整个集装式密封须作为一个整体在所要求的工作介质中进行认证试验鉴定。该系列密封满足 ISO 13709 对密封腔尺寸的要求。其适用工况范围为：密封腔温度 -40~400℃，密封腔绝对压力≤4.2MPa (420bar)。

注：1. ISO 13709—2003 (E)《石油石化天然气工业用离心泵》摘录。

机械密封配置尺寸要求：

a. 按 ISO 21049 要求，泵必须装配机械密封和密封支持系统，而且泵和密封的接口尺寸必须一致。

b. 集装式密封应有可靠的传动。

c. 密封腔结构及尺寸必须符合 ISO 13709 密封腔参照图及尺寸（见表 A-1）。

d. 密封压盖的内外径应与密封腔相符；密封腔应与轴同心，其径向跳动值小于 125μm。

e. 密封腔的端面跳动（TIR）不得超过 0.5μm/mm。

f. 结构设计必须确保密封腔的排气。

表 A-1　ISO 13709 密封腔参照图及尺寸

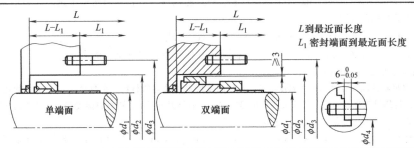

序号	轴 径	密封腔内径 d_2	压盖螺孔直径 d_3	压盖台阶外径 d_4	总长 L	至密封端盖长 L_1	螺栓规格 公制	螺栓规格 英制
1	20/0.787″	70/2.756″	105/4.13″	85/3.35″	150/5.90″	100/3.94″	M12	1/2-13
2	30/1.181″	80/3.150″	115/4.53″	95/3.74″	155/6.10″	100/3.94″	M12	1/2-13
3	40/1.575″	90/3.543″	125/4.13″	105/4.13″	160/6.30″	100/3.94″	M12	1/2-13
4	50/1.968″	100/3.973″	140/5.51″	115/4.53″	165/6.50″	110/4.33″	M16	5/8-11
5	60/2.362″	120/4.724″	160/6.30″	135/5.32″	170/6.69″	110/4.33″	M16	5/8-11
6	70/2.756″	130/5.118″	170/6.69″	145/5.71″	175/6.89″	110/4.33″	M16	5/8-11
7	80/3.150″	140/5.512″	180/7.09″	155/6.10″	180/7.09″	110/4.33″	M16	5/8-11
8	90/3.543″	160/6.229″	205/8.07″	175/6.89″	185/7.28″	120/4.72″	M20	3/4-10
9	100/3.937″	170/6.693″	215/8.64″	185/7.28″	190/7.48″	120/4.72″	M20	3/4-10
10	110/4.331″	180/7.087″	225/8.86″	195/7.68″	195/7.68″	120/4.72″	M20	3/4-10

2. ISO 3069—2000 (E)《轴向吸入离心泵机械密封和软填料用密封腔尺寸》摘录。

ISO 3069-C 密封腔参照图及尺寸如表 A-2 所示，安装通用集装式机械密封的密封腔的最高压力为 1.6MPa（16bar）。

表 A-2　ISO 3069-C 密封腔参照图及尺寸

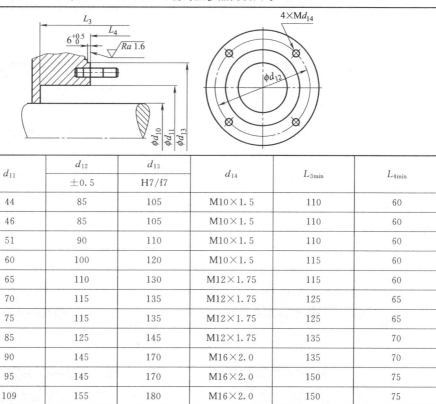

| d_{10max} | d_{11} | d_{12} | d_{13} | d_{14} | L_{3min} | L_{4min} |
h_6		±0.5	H7/f7			
22	44	85	105	M10×1.5	110	60
25	46	85	105	M10×1.5	110	60
30	51	90	110	M10×1.5	110	60
35	60	100	120	M10×1.5	115	60
40	65	110	130	M12×1.75	115	60
45	70	115	135	M12×1.75	125	65
50	75	115	135	M12×1.75	125	65
55	85	125	145	M12×1.75	135	70
60	90	145	170	M16×2.0	135	70
65	95	145	170	M16×2.0	150	75
75	109	155	180	M16×2.0	150	75
85	119	165	190	M16×2.0	160	75

（2）密封型式

① A 型密封（type A seal）。A 型密封为平衡型、内装式、集装式、多弹簧、滑动式、补偿元件旋转式密封。典型的主辅助密封圈为 O 形圈。

配置 1 的 A 型密封结构如图 A-14。

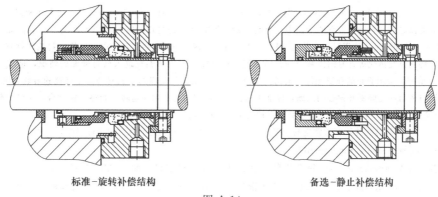

标准－旋转补偿结构　　　　　　　　备选－静止补偿结构

图 A-14

② B 型密封（type B seal）。B 型密封为平衡型、内装式、集装式、非滑动式（采用金属波纹管结构）、补偿元件旋转式密封。其辅助密封为 O 形圈。

配置 1 的 B 型密封结构如图 A-15

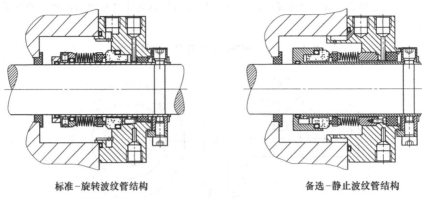

标准-旋转波纹管结构　　　　　　　　　　　备选-静止波纹管结构

图 A-15

注：金属波纹管密封的优点在于其补偿元件仅用一个静止的辅助密封。在低温、高温工况，常指定采用 B 型密封代替 A 型密封。

③ C 型密封（type C seal）。C 型密封为平衡型、内装式、集装式、非滑动式、补偿元件静止式密封，其辅助密封为柔性石墨。

配置 1 的 C 型密封结构如图 A-16

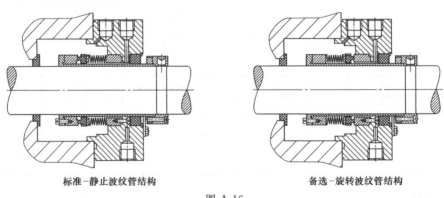

标准-静止波纹管结构　　　　　　　　　　　备选-旋转波纹管结构

图 A-16

A 型和 B 型：密封的使用温度≤176℃，C 型密封的使用温度可达 400℃。

注：1. 金属波纹管密封可以采用柔性石墨作为辅助密封，避免了 O 形圈在高温工况下失弹，以及在强腐蚀介质中抗蚀性差的缺陷。因此选择 C 型金属波纹管密封是一种有效、有价值的选择。

2. 由于离心力作用的缘故，标准 B 型密封的旋转补偿元件—安装在轴上的金属波纹管所支撑的主密封环，在高速转动时，其密封端面必然在与轴线垂直的平面中作旋转运动。而安装副密封环的密封端面平面又不可能保证与轴线垂直（这与制造精度、装配质量、使用时间有关）。因此，主密封环旋转一周，就要摆动一次。这样密封流体就有可能进入端面造成泄漏，特别是在焦化等含有固体颗粒的介质工况，更可能产生固体颗粒进入密封端面的情况，造成密封早期损坏。而标准 C 型密封采用静止的补偿元件—金属波纹管，其密封端盖所支撑的主密封环，不受高速旋转离心力的影响，并可以克服轴与密封端盖倾斜和偏心的问题，保证主密封环与副密封环端面在运转中始终紧密贴合，达到比较完美的工作状况。C 型静止式金属波纹管密封凭借这些优点被选定为标准型。

3. 标准 B 型密封旋转式波纹管常常更易于振动，因在装置中常配有阻尼器或其他元件以控制振动。

（3）密封配置（seal arrangement）

① 配置 1（Arrangement 1）。每套集装式密封中只有一对密封端面。见图 A-17。

② 配置 2（Arrangement 2）。每套集装式密封中有两对密封端面，且两对密封端面之间的压力低于被密封介质的压力。见图 A-18。

注：此配置的外部密封称为抑制密封。

③ 配置 3（Arrangement 3）。每套集装式密封中有两对密封端面，且两对密封端面之间的压力高于被

密封介质的压力。见图 A-19。

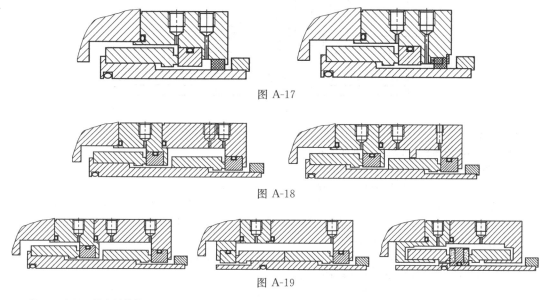

图 A-17

图 A-18

图 A-19

注：1. 配置 2 的密封结构和配置 3 的密封结构之间的根本差别在于，前者是稀释内部密封漏介质的缓冲流体向大气侧泄漏，而后者只有隔离流体的泄漏。

2. 在配置 2 的密封结构中，内部密封可以是传统的接触湿式密封 CW 或非接触干式密封 NC。

△内部密封采用配置 1 密封所持有的冲洗方案。

△若内部密封采用传统的接触式湿式密封 CW，抑制密封腔中是缓冲液体。

△若内部密封采用非接触式密封 NC，抑制密封腔中可配置或不配置缓冲气体。

（4）密封排列（seal orientations）

在配置 2 和配置 3 中密封有 3 种排列方式。

① 面对背（face-to-back）。该双端面密封中，两个补偿元件间装有一个副密封环，而两个副密封环之间装有一组补偿元件。见图 A-20。

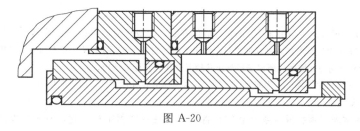

图 A-20

② 背对背（back-to-back）。该双端面密封中，两组补偿元件均安装在两个副密封环之间。见图 A-21。

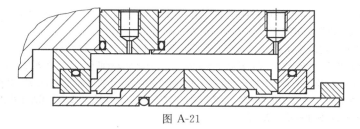

图 A-21

③ 面对面（face-to-face）。该双端面密封中，两个副密封环安装在两组补偿元件之间。见图 A-22。

（5）API 682 密封系统配置代号及结构树状图（见图 A-23）

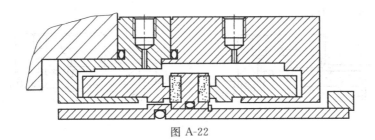

图 A-22

3. 指标

API 682 标准的轴密封系统应达到如下要求：

（1）所有密封能够连续运行 25000h，而不必更换。

注：25000h 相当于 3 年，而过去国内标准只规定为 4000～8000h，可见差距之大。

（2）在抑制密封压力设定值等于或小于内部密封泄漏压力时，且表压不超过 0.07MPa（0.7bar）的情况下，抑制密封（无论湿式或干式）应能够连续运行 25000h，而不必更换。当抑制密封腔压力等于被密封介质的压力时，抑制密封至少能够运行 8h。

注：1. 在配置 2 的密封结构中，可以通过改变缓冲流体压力；改变非接触式内部密封两个端面之间的间隙；以及调节回流到泵的进口的流量等办法，改变抑制密封压力设定值。

2. 在配置 2 的密封运行中，若内部密封失效时，会导致抑制密封腔压力等于被密封介质压力。

（3）所有密封应采用 EPA 方法 21 所测定的最大显示泄漏浓度小于 1000mL/m^3（1000ppm）的基础上，应能连续运行 25000h，而不需要更换。

注：EPA 方法 21——环境保护协会美国联邦规定标准第 60 卷，美国环保署方案 21，标题 40 的附录 A。

二、密封设计规范

1. 通用设计规范 （API 682 中 6.1 Common design requirements）

（1）通则（API 682 中 6.1.1 General information）

① 所有的机械密封（无论何种型式和配置方式）都应采用没有钩形轴套的集装式平衡型机械密封。

ISO 13709 已要求泵的设计能够保证拆装密封时，不干扰驱动装置。

② A 型和 B 型密封的标准结构型式为旋转补偿元件。如有需要，也可以采用静止补偿元件的密封结构。

注：采用旋转补偿元件可以减小密封径向尺寸。

③ C 型密封的标准结构为静止补偿元件。如有需要，C 型密封也可以采用旋转补偿元件的密封结构。

注：1. C 型密封采用柔性石墨作为其辅助密封，常用于温度超过 200℃ 的工况，考虑到由于温度引起泵体密封腔的热变形，使端面跳动和不同心度增大，所以选择静止补偿元件作为其标准结构。

2. 在配置 3 的双端面密封结构中，为缩短轴向尺寸，常采用静止补偿元件，面对面排列。甚至可以共用 1 个双端面的副密封环，这样能缩短轴向尺寸，还可以降低生产成本。

④ 集装式密封常采用预装板（或预装钩）将所有密封零件固定在一起，避免在安装、拆卸或调整泵转子部件过程中，推拉集装式密封，把径向（或轴向）载荷递到密封端面上，以免损坏密封端面及改变工作位置。见图 A-24。

注：预装板（钩）在安装、调整时不得拆除；在运行时一定要拆除，且保存好；在拆卸时又必须重新装上。一般认为预装钩比预装板更能保证预装的同心度。

⑤ 如果密封端面平均线速度超过 23m/s 必须采用静止补偿元件的密封结构。

注：1. 采用旋转补偿元件的密封，当密封端面线速度增加时，与轴线垂直的离心力随之增大，由于泵体密封腔安装面不可能做到与泵轴完全垂直和同心，旋转补偿元件需要有更大的轴向推力，才能使密封端面在较高速度下闭合。当密封直径较大时，所需要的轴向闭合力也会变的非常大，以致影响到密封使用寿命。因此，必须采用静止补偿元件的密封结构。

2. 在下列情况下应考虑使用静止补偿元件：

1）平衡直径超过 115 mm；

2）由于管路载荷、热变形、压力变形等原因而导致泵体密封腔及其端面变形和偏心；

3）泵体密封腔安装表面不可能做到与轴完全垂直和同心，在高速旋转时，因而影响密封正常工作更为严重；

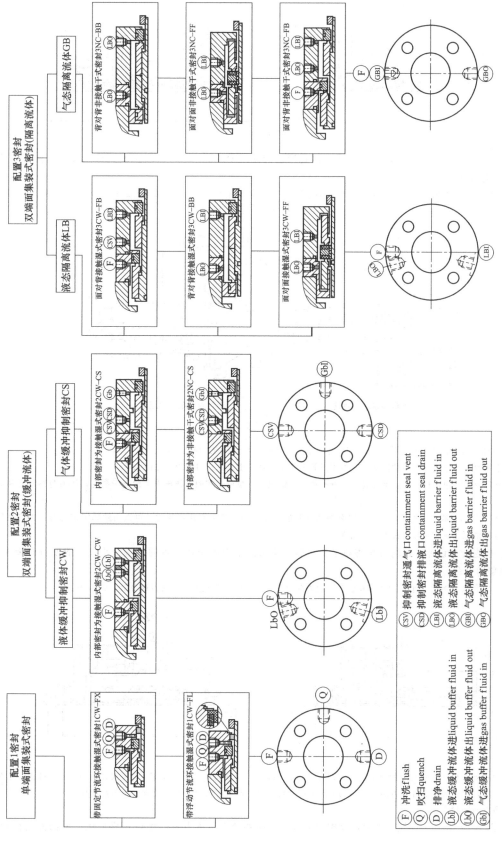

图 A-23 API 682 密封配置代号及结构树状图

4）在细长轴泵、多级泵等设备中。

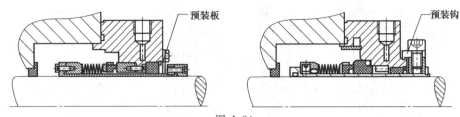

图 A-24

⑥ 密封所有零部件的设计和材料应当达到指定的使用要求。所有零部件的最大许用压力应参考泵体的最大许用压力。

注：1. 考虑安全因素，泵体的最大许用压力应该大于泵的出口压力。泵的出口压力为泵的进口压力与扬程之和。

2. 在正常工作的情况下，泵的密封腔工作压力要小于泵的出口压力。

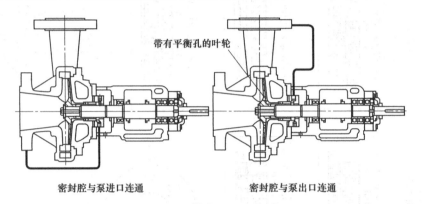

密封腔与泵进口连通　　　　　　　　　密封腔与泵出口连通

图 A-25

△在密封腔与泵进口连通情况下，一般密封腔工作压力就等于泵的进口压力，见图 A-25；

△在密封腔与泵出口连通情况下，一般密封腔工作压力就等于泵的出口压力，见图 A-25；

△在密封腔与泵出口连通，而叶轮上又开平衡孔的情况下，泵密封腔的工作压力大约等于泵进口压力与扬程之和的二分之一。

3. 在泵的出口阀关闭的情况下，此时泵的密封腔的工作压力最高为泵出口压力。可以由此确定密封的最大许用压力。但这种情况在正常工作中是不经常出现的。

⑦ 应当合理设计密封端面和密封平衡系数，使密封端面因摩擦产生的热量变小以及泄漏符合要求，达到期望的寿命。

注：1. 传统的弹簧式平衡型密封其轴套一般为单台阶，而 API 682 规定轴套均为双台阶，见图 A-26。

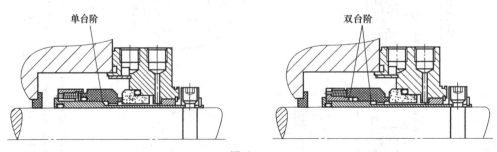

图 A-26

2. API 682 作了这双台阶的规定是密封理念上的重大提升。它使同样一套密封可以实现双方向的密封，即像一般传统密封一样，在密封端面外径方向压力高的情况下可实现密封；而且在密封端面内径方向压力高的情况下，也能实现密封，俗称双向密封。

△图 A-27（a）为配置 2 密封，介质侧密封为端面外径方向压力高，其 O 形圈向压力低的方向移动，

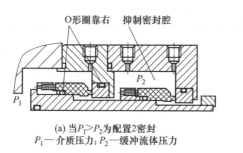 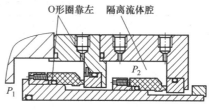

(a) 当 $P_1 > P_2$ 为配置2密封
P_1—介质压力;P_2—缓冲流体压力

(b) 当 $P_2 > P_1$ 为配置3密封
P_1—介质压力;P_2—隔离流体压力

图 A-27

贴紧主密封环,流体压力将主密封环与副密封环贴紧,实现端面密封。

△图 A-27 (b) 为配置3密封,介质侧密封为端面内径方向压力高,O形圈同样向压力低的方向移动,贴紧轴套上的高位台阶,而流体压力则直接推动主密封环与副密封环贴紧,实现端面密封。

⑧ 密封必须能够处理正常的以及瞬间的主副密封环之间的微量轴向窜动问题。

注:1. 对于高温多级泵来说,要考虑最大的轴向窜动,因为在工作时,轴和泵体之间产生非常大的热膨胀差值,该差值往往超过了一些密封的承受能力;多级泵若采用平衡盘,而不是用平衡鼓/推力轴瓦(轴承)来平衡的巨大推力时,应特别重视,此时不能使用 API 682 规定的密封型式,往往采用单根/大螺距弹簧来补偿平衡盘开闭高达 5mm 左右的窜动,但因其开闭速度过快,往往还会因弹簧滞后,造成密封失效。

2. 有些立式泵的轴向推力是依靠电机的轴承来承担的(例如没有轴承座的管道泵),设计时应考虑轴向窜动。在某些情况下,工作压力也会产生轴向推力,使电机轴承轴向负荷加剧,此时应引起足够重视。

⑨ 安装 O 形圈的槽和孔的粗糙度和倒角技术要求。

▲安装滑动 O 形圈表面粗糙度 Ra 0.8μm、倒角≥2mm、角度≤30°;

▲安装静止 O 形圈表面粗糙度 Ra 1.6μm、倒角≥1.5mm、角度≤30°。

附:O 形圈沟槽尺寸设计推荐表(表 A-3)及国际通用标准 O 形圈尺寸系列表(表 A-4)。

表 A-3　O 形圈沟槽尺寸设计推荐表

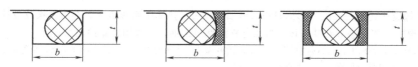

线径	沟槽高度 t						沟槽宽度 b			圆角 R
	静止密封		液动密封		气动密封		无挡环	单挡环	双挡环	
1.50	1.05		1.20		1.25		2.0	3.0	4.0	
1.80	1.30		1.45		1.55		2.4	3.4	4.4	
2.00	1.50		1.65		1.75		2.7	3.7	4.7	
2.50	1.95	±0.05	2.10	±0.02	2.20	±0.02	3.4	4.9	6.4	0.2~0.4
2.65	2.05		2.25		2.35		3.6	5.1	6.6	
3.00	2.40		2.55		2.70		4.2	5.7	7.2	
3.50	2.80		3.05		3.20		4.8	6.3	7.8	
3.55	2.85	±0.07	3.10		3.25		4.8	6.3	7.8	0.3~0.6
4.00	3.25		3.50		3.65		5.4	6.9	8.4	
5.00	4.15		4.45	±0.05	4.65	±0.05	6.6	8.8	10.8	
5.30	4.40	±0.10	4.70		4.90		7.2	9.2	11.2	0.6~1
7.00	5.85		6.25		6.55		9.6	12.1	14.6	

表 A-4　国际通用标准 O 形圈尺寸系列表

内径	线径	内径	线径	内径	线径	内径	线径	内径	线径
7.10		28.0		63		132		290	5.3　7.0
7.50		30.0		65		136		300	7.0
8.00		31.5		67		140		307	5.3　7.0
8.50		32.5		69		145		315	7.0
8.75		33.5	1.80	71		150		325	5.3　7.0
9.00		34.5	2.65	73		155		335	7.0
9.50		35.5	3.55	75		160		345	5.3　7.0
10.0		36.5		77		165	2.65	355	7.0
10.6	1.80　2.65	37.5		80		170	3.55	365	5.3　7.0
11.2		38.5		82.5	2.65	175	5.30	375	7.0
11.8		40.0		85	3.55	180	7.00	387	5.3　7.0
12.5		41.2		87.5	5.30	185		400	
13.2		42.5		90		190		412	
14.0		43.7		92.5		195		425	
15.0		45.0		95		200		437	
16.0		46.2		97.5		206	7.0	450	
17.0		47.5	2.65	100		212	5.3　7.0	462	
18.0		48.7	3.55	103		218	7.0	475	7.0
19.0		50.0	5.30	106		224	5.3　7.0	487	
20.0		51.5		109		230	7.0	500	
21.2	1.80	53.0		112		236	5.3　7.0	515	
22.4	2.65	54.5		115	2.65	250	7.0	530	
23.6	3.55	56.0		118	3.55	258	5.3　7.0	545	
25.0		58.0		122	5.30	265	7.0	560	
25.8		60.0		125	7.00	272	5.3　7.0	580	
26.5		61.5		128		280	7.0	600	

⑩ 全氟橡胶比其他大多数 O 形圈材料（例如氟橡胶）热膨胀系数更大，在为氟橡胶设计的 O 形圈槽内安装全氟橡胶 O 形圈会导致其损坏。为此全氟橡胶 O 形圈，应采用略宽的沟槽设计。

注：1. 根据经验经使用过一段时间拆下的 O 形圈的截面若变为椭圆形，说明槽设计正确；若变为方形，则说明槽宽不够。图 A-28 可说明 O 形圈的工作原理及失效原因。

正确槽宽　　　　　　　　　　　　　过窄槽宽

图 A-28

橡胶弹性体 O 形圈之所以能起密封作用，主要是靠流体进入槽内，流体压力轴向作用于 O 形圈所产生的径向变形来实现密封的，因此它需要一个合理的槽宽，而 O 形圈自身的弹性只是初始瞬间起作用。过窄的槽中的 O 形圈易变成"方"形，往往会阻止流体进入槽内，形成不了压力场，仅靠 O 形圈自身的弹性密封，压力一高就封不住了。

2. O 形圈是所有弹性体密封圈中密封性能最好的，它是全方位的密封圈，上下左右都能密封，而且是可逆向的。O 形圈几乎是主辅助密封圈设计的唯一选择。

3. 滑动安装的 O 形圈的破坏形式主要是其在滑动偶件的间隙中挤出撕裂。因此对 O 形圈沟槽圆角有规定；在压力较高时，O 形圈往往与保护挡圈一起使用（见表 A-1）。

4. O 形圈以内径尺寸为基准，它有国际通用的、标准的线径和内径尺寸系列。内径尺寸系列选用原则：沟槽在轴上时，按槽底尺寸，选等同或小一档的；沟槽在孔内时，按轴径，选等同或大一档的。这样选用既符合标准又便于安装（见表 A-2）。

⑪ 对于密封端面内径方向压力高的密封（例如真空密封），应当采用防止副密封环移动的限位结构设计。见图 A-29。

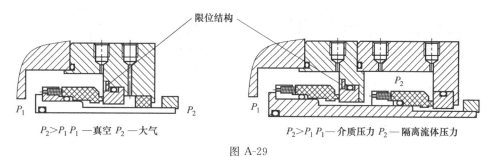

$P_2>P_1$　P_1 —真空　P_2 —大气　　　　　$P_2>P_1$　P_1 —介质压力　P_2 —隔离流体压力

图 A-29

（2）密封计算

① 密封平衡系数 B 计算（见图 A-30）

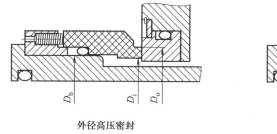

外径高压密封　　　　　　　　　　　　　内径高压密封

图 A-30

▲ D_i 密封端面相互接触的内直径，mm

▲ D_o 密封端面相互接触的外直径，mm

▲ D_b 密封平衡直径，mm

对于密封端面外径方向压力高的密封（见图 A-31），密封的平衡系数 B 为

$$B=\frac{(D_o^2-D_b^2)}{(D_o^2-D_i^2)} \tag{A-1a}$$

对于密封端面内径方向压力高的密封（见图 A-31），密封的平衡系数 B 为

$$B=\frac{(D_b^2-D_i^2)}{(D_o^2-D_i^2)} \tag{A-1b}$$

注：1. 有效平衡直径 D_b 随着密封结构不同而变化，对于密封端面外径压力高的弹簧滑动式密封，有效平衡直径为 O 形圈的内径滑动接触表面的直径；对于密封端面内径压力高的弹簧滑动式密封，有效平衡直径为 O 形圈外径滑动接触表面的直径。

2. 对于波纹管密封，有效平衡直径一般为波纹管的平均直径，但该直径会随压力变化而变化。对于金属波纹管外径压力高的密封，当压力增大时，其平衡直径微量变小。笔者曾作过试验，认为这微量变化不影响密封正常工作，因此在计算中可以忽略不计。

② 密封端面总比压 P_{iot} 计算

▲ F_{sp}：密封工作时的弹簧力，N

▲ ΔP：密封端面的流体压差，MPa

▲ K：反压系数

注：K 是一个介于 0.0 至 1.0 之间的数字。它代表被密封的流体在通过密封端面时的压降。对于端面相互平行的密封（平面液膜）和非闪蒸性液体：K 约等于 0.5；对于凸密封面（收敛液膜）或闪蒸性液体：K 大于 0.5；而对于凹密封端面（发散液膜）：K 小于 0.5。就物理意义来说，K 是一个用来定量地表示密封端面内外径处的压差转化为推开力的系数。实际计算中 K 取 0.5～0.8 不同值。对非闪蒸性液体通行做法是 K 值选取 0.5，我们知道 K 的值随密封液性质（包括多相性能）和液膜特性（包括厚度和锥度）而变化，所以必须意识到，这个数值被选定作为计算的标准，只是个假设。

计算公式：

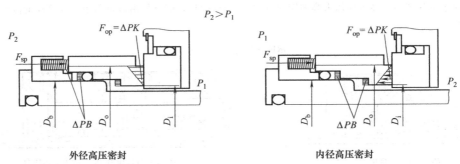

外径高压密封　　　　　　　　　内径高压密封

图 A-31

1）端面面积 A

$$A = \pi(D_o^2 - D_i^2)/4 \qquad (\text{mm}) \qquad\qquad (\text{A-2})$$

2）弹簧比压 P_{sp}

$$P_{sp} = F_{sp}/A \qquad (\text{N/mm}^2) \qquad\qquad (\text{A-3})$$

3）端面闭合力 F_{cl}

$$F_{cl} = A\Delta PB \qquad (\text{N}) \qquad\qquad (\text{A-4})$$

4）端面推开力 F_{op}

$$F_{op} = A\Delta PK \qquad (\text{N}) \qquad\qquad (\text{A-5})$$

5）端面总比压 P_{iot}

$$P_{iot} = \Delta P(B-K) + P_{sp} \qquad (\text{N/mm}^2) \qquad\qquad (\text{A-6})$$

★ 应用示例 1：3CW-FB（见表 A-5）

表 A-5　应用示例 1

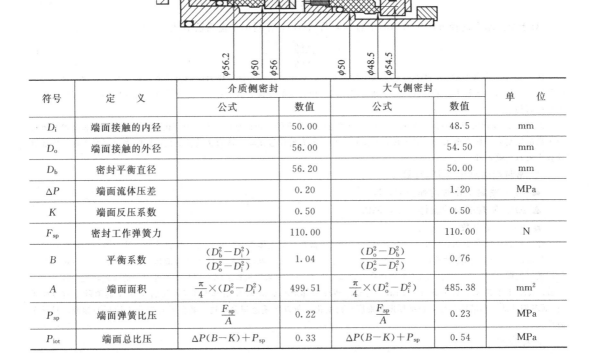

符号	定 义	介质侧密封		大气侧密封		单 位
		公式	数值	公式	数值	
D_i	端面接触的内径		50.00		48.5	mm
D_o	端面接触的外径		56.00		54.50	mm
D_b	密封平衡直径		56.20		50.00	mm
ΔP	端面流体压差		0.20		1.20	MPa
K	端面反压系数		0.50		0.50	
F_{sp}	密封工作弹簧力		110.00		110.00	N
B	平衡系数	$\dfrac{(D_b^2 - D_i^2)}{(D_o^2 - D_i^2)}$	1.04	$\dfrac{(D_o^2 - D_b^2)}{(D_o^2 - D_i^2)}$	0.76	
A	端面面积	$\dfrac{\pi}{4} \times (D_o^2 - D_i^2)$	499.51	$\dfrac{\pi}{4} \times (D_o^2 - D_i^2)$	485.38	mm^2
P_{sp}	端面弹簧比压	$\dfrac{F_{sp}}{A}$	0.22	$\dfrac{F_{sp}}{A}$	0.23	MPa
P_{iot}	端面总比压	$\Delta P(B-K) + P_{sp}$	0.33	$\Delta P(B-K) + P_{sp}$	0.54	MPa

★ 应用示例 2：2CW-CW（见表 A-6）

表 A-6　应用示例 2

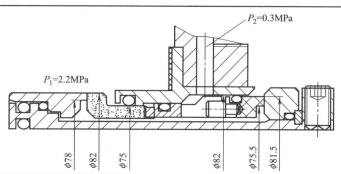

符号	定　义	介质侧密封 公式	介质侧密封 数值	大气侧密封 公式	大气侧密封 数值	单　位
D_i	端面接触的内径		78.00		75.5	mm
D_o	端面接触的外径		82.00		81.5	mm
D_b	密封平衡直径		75.00		82.00	mm
ΔP	端面流体压差		1.90		0.30	MPa
K	端面反压系数		0.50		0.50	
F_{sp}	密封工作弹簧力		145.60		145.60	N
B	平衡系数	$\dfrac{(D_b^2-D_i^2)}{(D_o^2-D_i^2)}$	7.72	$\dfrac{(D_o^2-D_b^2)}{(D_o^2-D_i^2)}$	1.09	
A	端面面积	$\dfrac{\pi}{4}\times(D_o^2-D_i^2)$	502.66	$\dfrac{\pi}{4}\times(D_o^2-D_i^2)$	739.85	mm²
P_{sp}	端面弹簧比压	$\dfrac{F_{sp}}{A}$	0.29	$\dfrac{F_{sp}}{A}$	0.20	MPa
P_{iot}	端面总比压	$\Delta P(B-K)+P_{sp}$	2.60	$\Delta P(B-K)+P_{sp}$	0.37	MPa

★ 应用示例 3：2CW-CW（见表 A-7）

表 A-7　应用示例 7

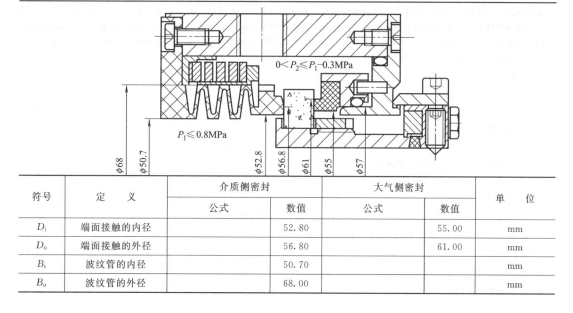

符号	定　义	介质侧密封 公式	介质侧密封 数值	大气侧密封 公式	大气侧密封 数值	单　位
D_i	端面接触的内径		52.80		55.00	mm
D_o	端面接触的外径		56.80		61.00	mm
B_i	波纹管的内径		50.70			mm
B_o	波纹管的外径		68.00			mm

续表

符号	定　义	介质侧密封		大气侧密封		单　位
		公式	数值	公式	数值	
D_b	密封平衡直径	$(B_i+B_o)/2$	59.35		57.00	mm
ΔP	端面流体压差		0.50		0.30	MPa
K	端面反压系数		0.50		0.50	
F_{sp}	密封工作弹簧力		55.00		107.00	N
B	平衡系数	$\dfrac{(D_b^2-D_i^2)}{(D_o^2-D_i^2)}$	1.68	$\dfrac{(D_o^2-D_b^2)}{(D_o^2-D_i^2)}$	0.68	
A	端面面积	$\dfrac{\pi}{4}\times(D_o^2-D_i^2)$	344.32	$\dfrac{\pi}{4}\times(D_o^2-D_i^2)$	546.64	mm^2
P_{sp}	端面弹簧比压	$\dfrac{F_{sp}}{A}$	0.16	$\dfrac{F_{sp}}{A}$	0.20	MPa
P_{iot}	端面总比压	$\Delta P(B-K)+P_{sp}$	0.75	$\Delta P(B-K)+P_{sp}$	0.25	MPa

③ 密封发热量估算

密封端面的温升控制对密封的成功运行起着非常重要的作用。密封端面处会因摩擦产生大量的热量，有些场合还包含输送介质的热量通过泵体传递给密封腔的热传导。例如：假设一种特殊的流体必须把温度控制在 60℃ 以下来维持它的汽化压力裕量，而泵的工作温度为 146℃，热量必然从泵体传导到密封腔。一方面可以通过对密封腔冷却夹层通冷却液，控制输送介质的热传导；更重要的是，总合热量（热传导和密封端面摩擦热总合）应该被冲洗流体带走。

▲ n 密封端面的转速（r/min）

▲ f 有效摩擦系数

注：有效摩擦系数 f 与多数工程师们都熟悉的标准摩擦系数的术语相似，它是用来表示摩擦面平行力与正交力的比值的。它通常应用于两个相对滑动表面间的交互作用，两个摩擦面的材质可以相同，也可能不相同。在机械密封中，两个相对滑动的表面就是密封端面。在实际中，密封端面并非是干摩擦，而是在各种不同的润滑条件下运转的，因此也就出现各种不同类型的摩擦。如果是高粗糙度的接触，则 f 就在很大程度上取决于材料，而与液体黏性关系不大；如果是全液膜，一般液膜很薄（只有若干分子的厚度），密封端面之间没有机械接触，而 f 也就只是液膜黏性的剪切函数。问题是诸如此类的摩擦，都有可能在同一时间出现在同一密封端面上。有效摩擦系数 f 是用来表示，两个相对滑动的密封端面与液膜之间交互作用的总效果的。实际试验显示，各种常规密封的 f 值在 0.01 到 0.18 之间变化的。在应用计算中，我们取 f 值为 0.07，这对于水和大多数中等密度的烃类已足够精确；对黏度大的液体（比如油类）取较大的 f 值，而黏度较小的液体（比如液化石油气或烃）取较低的 f 值。

计算公式：

a. 端面平均直径 D_m

$$D_m=(D_o+D_i)/2 \ (\text{mm}) \tag{A-7}$$

b. 密封转矩 T_r

$$T_r=P_{iot}Af(D_m/2000) \ (\text{N}\cdot\text{m}) \tag{A-8}$$

c. 启动转矩 T_s 估计为运转转矩的 3～5 倍

$$T_s=T_r\times4 \ (\text{N}\cdot\text{m}) \tag{A-9}$$

d. 密封消耗功率 P

$$P=(T_r n)/9550 \ (\text{kW}) \tag{A-10}$$

★ 应用示例 4：2CW-CW（见表 A-8）

液体：水

压力：2MPa

转速：3000r/min

表 A-8　应用示例 4

	符号	定　义	公　式	数值	单位
输入	D_i	端面接触的内径		48.90	mm
	D_o	端面接触的外径		61.60	mm
	D_b	密封平衡直径		52.40	mm
	F_{sp}	密封工作弹簧力		190.00	N
	ΔP	端面流体压差		2.00	MPa
	n	转速		3000	r/min
	f	摩擦系数		0.07	
	K	反压系数		0.50	
计算	B	平衡系数	$B=(D_o^2-D_b^2)/(D_o^2-D_i^2)$	0.75	
	A	端面面积	$A=\pi(D_o^2-D_i^2)/4$	1102.19	mm²
	P_{sp}	端面弹簧比压	$P_{sp}=F_{sp}/A$	0.17	MPa
	P_{iot}	端面总比压	$P_{iot}=\Delta P(B-K)+P_{sp}$	0.67	MPa
	D_m	端面平均直径	$D_m=(D_o+D_i)/2$	55.25	mm
	T_r	密封转矩	$T_r=P_{ipt}Af(D_m/2000)$	1.42	N·m
	T_s	启动转矩	$T_s=T_r4$	5.69	N·m
	P	密封消耗功率	$P=(T_rn)/9550$	0.45	kW

④ 密封腔的升温及热交换计算

密封腔内液体的升温看似一个简单的热力学热平衡计算，流进密封腔液体的热流量减去从密封腔流出的热流量即得出净热流量，密封腔液体温度的升高或降低取决于净热流量是正还是负的。但在实际应用中，导入和导出密封腔热流量是极其复杂的。导入热流量有密封端面的摩擦和流体的剪切而产生热；密封旋转部件搅动引起的涡流（或湍流）而产生的热；以及泵密封腔和轴的传导热（即正向吸热）；导出热流量有通过密封腔或轴传导给泵的热（负向吸热）；以及通过对流或辐射发散到空气中的热。

在有些情况下，可以做一些假设，简化计算。

▲ 采用冲洗方案 11、12、13 或 31 的单端面密封。这几种冲洗方式，注入密封腔的液体温度与泵相同，若泵的工作温度不非常高，可忽略传导热；若密封是非高转速的大型密封，也可忽略液体涡流所产生的热量。

如果以下变量已知：

Q　密封产生的热（即密封消耗功率 P），kW

q_{inj}　冲洗液流量，L/min

d　与泵同温的冲洗液的密度，

C_p　与泵同温的冲洗液体的比热容，J/(kg·K)

温升便可以如下计算：

$$\Delta T=(60000\times Q)/(d\times q_{inj}C_p)\ (K) \tag{A-11}$$

▲ 采用冲洗方案 21、22、32、41 的单端面密封，冲洗液以大大低于泵的工作温度注入密封腔。如果是这样，就会有相当多的热从泵传到密封腔中，计算热传导是相当繁琐的，需要有详细的分析和试验，还要对泵的材料和所输法的介质的性能有全面的了解。

如果没有这些分析试验数据，传导热 Q_{hs} 可按以下公式估算：

$$Q_{hs}=UAD_b\Delta T_{hs}\ (kW) \tag{A-12}$$

式中：

U 是材料特性系数

A 是传热面积，mm²

D_b 是密封的平衡直径，mm

ΔT_{hs} 是泵温度与密封腔温度之差，K

注：对于不锈钢材质的轴套和密封压盖以及钢材质的泵，供计算用的典型 $U \times A$ 数值是 0.00025，采用这个值，吸热（渗热）估算结果一般是安全的。

★ 应用示例 5

已知：

$U \times A = 0.00025$

$D_b = 55$mm（密封平衡直径）

$\Delta T_{hs} = 175 - 65 = 110$K（泵温度 175℃ 密封腔温度 65℃）

计算：

由（A-12）得

$$Q_{hs} = 0.00025 \times 55 \times 110 = 1.5\text{kW}$$

▲ 如果传导热量已知的话，温升 ΔT 可以按照下式计算：

$$\Delta T = 60000 \times (Q + Q_{hs}) / (dq_{inj}C_p) \ (\text{K}) \tag{A-13}$$

在（式 13）中，ΔT 是密封腔液体的平均温升。在密封腔里面，有的区域温度比密封腔液体温度高很多，而有的区域则低很多。为了保证密封端面附近的区域能有效冷却，密封需要采用有效的冲洗方法，如冲洗液应该对准密封端面或使用多口注入。

▲ 有些工况，需要计算使密封腔的温度维持在低于某一水平所需的冲洗液量。此时，冲洗液允许最大温升 ΔT_{inj} 可以密封腔最大允许温度减去冲洗液温度算出为使密封运行良好，ΔT_{inj} 应维持在 2.8K 和 5.6K 之间。这样计算便很简单，只要重新整理公式，就可以算出冲洗液流量。

对于 11 号、12 号、13 号或 31 号冲洗方案，公式是

$$q_{inj} = (60000 \times Q) / (d \Delta T_{inj} C_p) \ (\text{L/min}) \tag{A-14}$$

对于 21 号、22 号、32 号或 41 号冲洗管道布置方案，公式是

$$q_{inj} = 60000 \times (Q + Q_{hs}) / (d \Delta T_{inj} C_p) \ (\text{L/min}) \tag{A-15}$$

注：这些计算中的温升是密封腔的温升，而密封端面的温升要比密封腔的温升要高得多。如果以密封腔温度为基准，用（式 14）和（式 15）来计算最小冲洗液流量的话，则密封面往往会过热而导致运转不良。故其冲洗流量至少要采用 $n = 2$ 的设计安全系数。

★ 应用示例 6：ΔT 计算

已知：

$P = 0.9$kW

$q_{inj} = 11$L/min

$d = 0.75$

$C_p = 2300$J/(kg·K)

计算：

由（式 11）得：

$$\Delta T_{inj} = (60000 \times 0.8) / (0.75 \times 11 \times 2300) = 2.8\text{K}$$

★ 应用示例 7：q_{inj} 计算

已知：

$Q = 0.9$kW

$\Delta T_{inj} \max = 5$K

$d = 0.9$

$C_p = 2593$J/(kg·K)

计算：

由式（式 14）得

$$q_{inj} = (60000 \times 0.9) / (0.9 \times 5 \times 2593) = 4.6\text{L/min}$$

取安全系数 $n = 2$，最小冲洗液流量应是 9.2L/min。

★ 应用示例 8：综合性 q_{inj} 计算（见表 A-9）

表 A-9　密封冲洗流量计算（型号：YS2009-140）

	符号	定 义	公 式	端面 1 数值	端面 1 单位	端面 2 数值	端面 2 单位
已知及输入	D_i	端面接触的内径		145.0	mm	164.0	mm
	D_o	端面接触的外径		155.5	mm	175.0	mm
	D_b	密封平衡直径		140.0	mm	160.0	mm
	F_{sp}	密封工作弹簧力		700.0	N	820.0	N
	ΔP	端面流体压差		0.40	MPa	0.40	MPa
	n	转速		300	r/min	300	r/min
	f	摩擦系数		0.07		0.07	
	K	反压系数		0.50		0.50	
	T	介质端温度		200	℃		
	T_{max}	密封腔最高工作温度		50	℃		
	$U \times A$	热传导系数		0.00025			
	T_{inj}	冲洗液最高进入温度		40	℃		
		冲洗液		水			
	d	冲洗液密度		1			
	C_p	冲洗液比热容		4200	J/(kg·K)		
	n'	冲洗流量安全系数		2			
密封产生热量计算	B	平衡系数	$B=(D_o^2-D_b^2)/(D_o^2-D_i^2)$	1.45		1.35	
	A	端面面积	$A=\pi(D_o^2-D_i^2)/4$	2478	mm²	2929	mm²
	P_{sp}	端面弹簧比压	$P_{sp}=F_{sp}/A$	0.28	MPa	0.28	MPa
	P_{iot}	端面总比压	$P_{iot}=\Delta P(B-K)+P_{sp}$	0.66	MPa	0.62	MPa
	D_m	端面平均直径	$D_m=(D_o+D_i)/2$	150.3	mm	169.5	mm
	T_r	密封转矩	$T_r=P_{iot}Af(D_m/2000)$	8.64	N·m	10.76	N·m
	T_s	启动转矩	$T_s=T_r \times 4$	34.57	N·m	43.02	N·m
	P	密封消耗功率	$P=(T_r n)/9550$	0.27	kW	0.34	kW
	Q	密封产生热量	$Q=P_1+P_2$	0.61			kW
传导热计算	ΔT_{hs}	介质端/密封腔温差	$\Delta T_{hs}=T-T_{max}$	150			K
	Q_{hs}	热传导热量	$Q_{hs}=UAD_b\Delta T_{hs}$	5.25			kW
冲洗液流量计算	ΔT_{inj}	冲洗液温升	$\Delta T_{inj}=T_{max}-T_{inj}$	10			K
	q_{inj}	冲洗液流量	$q_{inj}=n' \times 60000\dfrac{(Q+Q_{hs})}{d\Delta T_{inj}C_p}$	16.7			L/min

（3）密封腔和密封端盖（API 682 中 6.1.2 Seal chamber and gland plate）

① 密封腔有 3 种类型：传统型、外装型和内装型（见图 A-32）。密封腔不需要满足安装填料密封的要求。

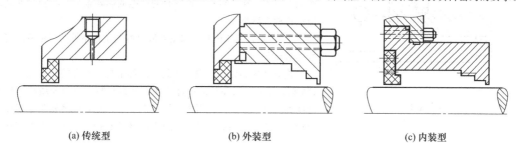

(a) 传统型　　　　　(b) 外装型　　　　　(c) 内装型

图 A-32

② 标准密封腔传统型的圆柱型腔体。

采用 API 682 标准设计的密封腔有利于提高密封的可靠性和标准化。

系列 1：密封的密封腔应符合 ISO 3069-C 定义的密封腔尺寸要求。

系列 2、系列 3：密封的密封腔体应符合 ISO 13709 定义的密封腔尺寸要求。

注：在特殊情况下，API 682 也允许将系列 1 密封安装在 ISO 13709 的泵上。但应当仔细地考虑密封与泵的匹配性，需慎重对待。

③ 密封旋转部件与密封腔内表面最小径向间隙为 3mm。

注：1. 机械密封的可靠性受到其旋转部件与密封腔内孔之间的径向间隙的影响。在密封的工况比较苛刻时，如固体颗粒含量高或密封端面产生的热量很高的情况下，必须达到 API 682 标准所规定的最小径向间隙。

2. 带有内循环装置/泵效环和带有节流环的抑制密封腔不在此例（见图 A-33），其间隙要小得多，一般为 1～1.5mm。

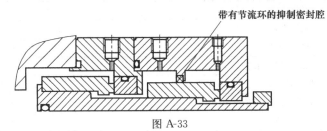

图 A-33

3. 在小型泵和 ISO 3069-C 泵密封腔中工作的密封可能达不到此要求，需慎重对待。

④ 所有螺栓和螺母的预紧力应当符合最大许用工作压力 MAWP。

注：在使用金属缠绕垫片作为辅助密封时，需使用更大直径的螺栓，以获得更大的预紧力，保证垫片的密封性。

⑤ 密封腔体的最大许用工作压力应当等于或大于泵的最大许用工作压力，以避免泵体在安装或工作中变形。安装在泵体上的任何零件材料的许用应力不能超过泵体材料的许用应力。密封腔还应当留有 3mm 的腐蚀余量。

此外密封端盖还需要满足以下要求。

1）必须加工好与螺栓相匹配的孔，不允许采用槽。

2）密封端盖与密封腔的同轴度要求为 0.125mm，其配合为 H7/h7。见图 A-34。

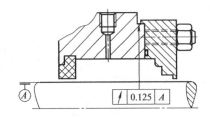
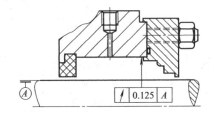

图 A-34

⑥ 应减少承压件上螺纹孔（或光孔）的使用数量，孔与孔之间至少留有螺纹名义直径一半的厚度余量；承压件上所用螺栓，不能使用细牙螺纹；并考虑留有扳手空间。

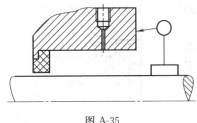

图 A-35

⑦ 密封腔端面跳动量应小于等于 $0.5\mu m/mm$（图 A-35）。密封腔端面过大的跳动量对机械密封的性能的影响很大，在密封安装前应进行检查测量。

⑧ 必须充分认识到确保密封腔良好的工作条件是保证密封可靠性的必要条件。

配置 1 密封以及配置 2 密封的内部密封，若为接触式湿式密封 CW 时，密封支持系统的设计应保证其密封腔压力与介质汽化压力之间的裕量（介质汽化压力裕量）不小于 30%，或者密封腔温度与介质汽化温度之间的裕量（介质汽化温度裕量）不小于 20 ℃（见图 A-36）。

低压差的泵或输送高汽化压力介质的泵可能无法达到该条款所规定的介质汽化压力/温度裕量，应采用如下

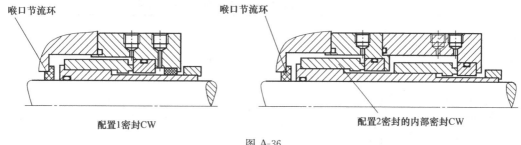

配置1密封CW   配置2密封的内部密封CW

图 A-36

措施。

1）根据介质的性能，确定所选择的密封和冲洗方案是否正确。

2）与用户沟通，将密封腔工作条件（包括最低/最高压力）推荐给用户，以使其能连续运转三年，而不必更换。

3）安装带有 2 个冲洗接口的密封腔或密封端盖，以便现场可以直接测量密封腔压力。

4）若无空间限制，配备分布式冲洗系统。

在工作中，密封腔压力应高于大气压 0.035MPa（0.35bar）。这对泵进口压力低于大气压时，更为重要。

注：1. 对于温度高于 80℃ 的热水工况，应采用冷却措施，以保证介质具有良好的润滑性。

2. 对于接触式湿式密封，保持足够的汽化压力裕量可防止介质流体在端面处局部汽化，有利于保护密封端面。反之，则会损坏密封端面。可以通过以下途径来提高汽化压力裕量。

1）通过冷却冲洗液降低密封腔流体的温度。

2）通过拆掉泵进口背面的叶轮口环堵塞叶轮平衡孔来提高密封腔压力。

3）采用可调节压力和温度的外部冲洗流体。

4）采用小间隙喉口节流环（或浮动喉口节流环），来提高密封腔压力。

对降低冲洗液温度和采用小间隙喉口节流环两者来说，优先选择前者，因为喉口节流环不可避免地会磨损，而导致密封腔压力下降，使介质汽化压力裕量降低。

⑨ 密封腔可安装冷却夹套，以降低密封腔的工作温度，是一种通过提高介质与密封腔温差，而不必采用冷却冲洗液或增加密封腔压力，就可以提高密封寿命的好办法。例如：一台泵输送介质温度为 58℃（绝对汽化压力 18.6kPa/0.186bar），且泵的吸入压力和密封腔压力都为大气压（密封腔与泵的进口连通），在密封腔外部采用冷却夹套冷却措施，使密封腔温度降至 38℃（绝对汽化压力 6.5kPa/0.065bar）。这样就可以提高密封使用寿命。

如有需要，也可在密封腔夹层中通热流体或安装加热插件，提高密封腔工作温度，达到防止结晶等目的。

⑩ 喉口节流环设计。喉口节流环应设计成可以更换的，且保证它受到流体压力而不被推出。密封制造商可向泵制造商推荐小间隙的浮动喉口节流环。节流环的材料和间隙应适合使用条件。

注：1. 喉口节流环的功能如下：

△升高或降低密封腔压力；

△隔离密封腔流体；

△控制进出密封腔流体的流量。

2. 喉口节流环的径向间隙推荐值：

△固定式喉口节流衬套：

轴套直径≤50mm：最大径向间隙 0.635mm；

轴套直径＞50mm：轴套直径每增加 25mm，最大径向间隙 0.127mm。

△浮动式喉口节流衬套：

轴套直径≤50mm，工作温度时的最大径向间隙 0.18mm；

轴套直径 51～80mm，工作温度时的最大径向间隙 0.225mm；

轴套直径 81～120mm，工作温度时的最大径向间隙 0.28mm。

⑪ 密封腔和密封端盖接口设计。表 A-10 指定了密封腔和密封端盖上管路接口的符号、尺寸和位置。其"符号"应在密封腔和密封端盖接口处作永久性标记。可能的话，用"I"和"O"作进出口标记。该数据表接口尺寸和方位不适于小型泵。

表 A-10　密封腔和密封端盖上管路接口的符号与尺寸要求

密封结构	符号	接　　口	方位度	位置	尺　寸		接管要求
					系列 1①	系列 2/3①	
1CW-FX 1CW-FL	F	冲洗口	0	介质侧	1/2″③	1/2″	需要
	FI	冲洗进口(方案 23)	180	介质侧	1/2″③	1/2″	WS
	FO	冲洗出口(方案 23)	0	介质侧	1/2″③⑥	1/2″	WS
	D	排净口	180	大气侧	3/8″③	3/8″	需要
	Q	吹扫口	90	大气侧	3/8″③	3/8″	需要
	H	加热口	—	公用	1/2″③	1/2″	WS
	C	冷却口	—	公用	1/2″③	1/2″	WS
2CW-CW	F	冲洗口	0	介质侧	1/2″③	1/2″	需要
	LBI	缓冲液进口	180	介质侧	1/2″④	1/2″④	需要
	LBO	缓冲液出口	0	介质侧	1/2″④	1/2″④	需要
	D	排净口(抑制密封)	180	大气侧②	3/8″⑤	3/8″	WS
	Q	吹扫口(抑制密封)	90	大气侧②	3/8″注⑤	3/8″	WS
2CW-CS	F	冲洗口(内部密封)	0	介质侧	1/2″	1/2″	需要
	FI	冲洗进口(方案 23)	180	介质侧	1/2″③	1/2″	WS
	FO	冲洗出口(方案 23)	0	介质侧	1/2″③⑥	1/2″	WS
	GBI	缓冲气进口	90	介质侧	1/4″	1/4″	WS
	CSV	抑制密封排气口	0	介质侧	1/2″	1/2″	需要
	CSD	抑制密封排液口	180	介质侧	1/2″	1/2″	需要
	D	排净口(抑制密封)	180	大气侧②	3/8″⑤	3/8″	WS
	Q	吹扫口(抑制密封)	90	大气侧②	3/8″⑤	3/8″	WS
2NC-CS	GBI	缓冲气进口	90	介质侧	1/4″	1/4″	WS
	CSV	抑制密封排气口	0	介质侧	1/2″	1/2″	需要
	CSD	抑制密封排液口	180	介质侧	1/2″	1/2″	需要
	D	排净口(抑制密封)	180	大气侧②	3/8″⑤	3/8″	WS
	Q	吹扫口(抑制密封)	90	大气侧②	3/8″⑤	3/8″	WS
3CW-FB 3CW-FF 3CW-BB	F	冲洗口(密封腔)	0	介质侧	1/2″	1/2″	WS
	LBI	隔离液进口	180	隔离腔	1/2″④	1/2″④	需要
	LBO	隔离液出口	0	隔离腔	1/2″④	1/2″④	需要
	D	排净口(外部密封)	180	大气侧②	3/8″⑤	3/8″	WS
	Q	吹扫口(外部密封)	90	大气侧②	3/8″⑤	3/8″	WS
3NC-FB 3NC-FF 3NC-BB	F	冲洗口(密封腔)	0	介质侧	1/2″	1/2″	WS
	GBI	隔离气进口	0	隔离腔	1/4″	1/4″	需要
	GBO	隔离气出口	180	隔离腔	1/2″	1/2″	需要
	D	排净口(外部密封)	180	大气侧②	3/8″⑤	3/8″	WS
	Q	吹扫口(外部密封)	90	大气侧②	3/8″⑤	3/8″	WS

① 除非买方指定采用标准 ISO 7 中螺纹连接，所有尺寸都用英制锥螺纹 NPT 连接。

② 此种连接很少采用，只有使用节流环时才采用，密封标准配置 2 和 3 不采用节流衬圈。

③ 由于空间限制，如果不能采用 1/2″的接口，就采用 3/8″的接口。

④ 轴径 63.5mm 以下为 NPT 1/2″；以上为 NPT 3/4″。

⑤ 由于空间限制，如果不能采用 3/8″的接口，就采用 1/4″的接口。

⑥ 出口更适合用切向型连接。

注：只有定了适当的冲洗方案后，才能提供连接方式。

1. 根据具体情况确定密封腔和密封压盖上接口的通孔直径，最小孔径为 5mm。

2. 当采用切向冲洗接口时，仅需密封腔接口尺寸符合表 A-3。

3. 所有螺纹接口都要采用实心凸头六角或凹头内六角旋塞堵住，不得使用凸头正方形旋塞，其材料应与密封端盖/密封腔一致。

4. 在螺纹接口处使用厌氧性密封胶，保证其气密性。不得使用 PTFE 密封带。

5. 所有的管路和管路连接都要进行与密封腔密封压盖同等级的水压试验。

⑫ 排气是至关重要的问题。

a. 接触式湿式密封 CW 的密封腔和密封压盖的设计，必须保证设备在启动和工作时可以通过管路系统进行自动排气。

b. 配置 3 的非接触密封 NC 在启动前，要排净密封腔中的气体，而且在工作时，要避免气体聚集在其中。

c. 接触式湿式密封用立式设备中，密封腔与密封压盖的排气接口尺寸不得小于 3mm，以便排除液体中夹带的气体。此接口应位于密封腔的最高处。

（4）集装式密封的轴套（API 682 中 6.1.3 Cartridge seal sleeves）

① 密封轴套应伸出密封端盖的外表面，因此轴和轴套之间的泄漏就不会与机械密封的泄漏相混淆。

② 保证轴与轴套的径向配合为 F7/h6。按 API 682 所规定的密封尺寸范围，其配合间隙为 0.02mm 到 0.093mm，配合间隙根据轴径不同而变化。采用 F7/h6 配合间隙的目的是减小轴套跳动并方便安装、拆卸。

注：当驱动环采用锥形收缩环驱动时，需要更小的配合间隙，一般为 G7/h6。

③ 轴套需要有一个（或多个）轴肩，以定位旋转的补偿元件。

④ 轴套的一端应与泵轴密封，应能保证轴与轴套密封的可靠性。轴与轴套间的密封可用橡胶 O 形圈，或柔性石墨环。

注：1. 轴套密封件的材质要比轴软。金属材质密封件是不可靠的，它很容易损坏轴，而且拆卸困难。

2. 轴与轴套的 O 形密封圈一般安装在近叶轮的一侧。O 形圈若要穿过轴上螺纹时，螺纹与 O 形圈内径的间隙最小为 1.6mm；而且轴上台阶过渡处需要倒圆或倒角，以避免损坏 O 形圈。

3. O 形圈密封安装在近叶轮侧，这样可以防止轴套中积聚介质，同时也避免了拆卸困难。

4. 柔性石墨环普遍用于金属波纹管密封中，位于轴套外侧，应具有自紧装置，以确保其密封的可靠性，以及安装和拆卸的可能性（图 A-37）。

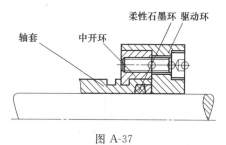

图 A-37

⑤ 轴套结构。

a. 应能保证轴套最薄截面处的厚度≥2.5mm。

b. 为能防止由于拧紧紧定螺钉而产生的变形，安装紧定螺钉部位的轴套厚度要符合以下要求：

▲ 轴直径 < 57mm 时最小轴套厚度 2.5mm

▲ 轴直径 57～80mm 时最小轴套厚度 3.8mm

▲ 轴直径 > 80mm 时最小轴套厚度 5.0mm

c. 轴套配合面的粗糙度要求为 $Ra0.8\mu m$；同轴度跳动量不超过 $25\mu m$（图 A-38）。

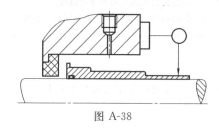

图 A-38

d. 轴套沿长度方向，孔的内径与轴保持一定的间隙，只在轴套的两端与轴保持定位配合，以便于安装或拆卸。

⑥ 轴套驱动设计

a. 驱动环紧定螺钉不能通过带有间隙的非配合表面；驱动环紧定螺钉要有足够的硬度，才能确保其嵌入到轴中，可靠地传递扭矩。

注：紧定螺钉通过带有间隙的非配合表面时，如果紧定螺钉拧紧在轴上，就会在轴表面形成金属凸起，给拆卸轴套带来困难，而且在轴套移开前是不可能修复的。这个问题对于悬臂泵来说，还不是很严重，而对于双支撑的泵是完全不能接受的。

b. 不提倡在悬臂泵的轴上为了定位轴套，加工浅孔的方法。这样会改变轴的应力状态，产生疲劳破坏。

注：1. 万不得已要在轴上钻定位浅孔时，只有在轴套的轴向位置确定后，才能在轴上配钻浅孔，应确保所钻浅孔与驱动环上的定位螺钉孔在同一条直线上，以防扭曲变形。

2. 当在泵轴上配钻定位螺钉的浅孔时应采用倒角或其它方法去除毛刺，以防影响柔性石墨密封圈或 O 形圈的安装。

3. 当更换密封时，不允许重复使用轴上已有的定位螺钉浅孔。

c. 当密封尺寸或工作压力增大时，轴套传递的扭矩将增大许多。仅靠增加紧定螺钉数量，会削弱驱动环强度。因此，可采用其他装置，进行轴向定位和驱动轴套。如锥形收缩环和安装在轴槽内的中开圆环（图 A-39）。

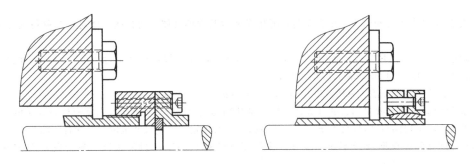

图 A-39

注：这些设计造价较高，一般仅用于无备用泵或重要场合下。采用这些设计可以在轴套所受轴向力非常大的情况下，避免由于锁紧定位螺钉而损坏轴。

（5）副密封环（API 682 中 6.1.4 Mating rings）

① 副密封环的防转机构的设计应考虑到尽量减小密封面的变形。应尽量不采用夹持密封环的方法来防止副密封环转动，因为夹持密封环的设计很容易使密封环变形（图 A-40）。

② 安装在密封端盖深处的副密封环，应考虑其冷却，避免热变形（图 A-41）。

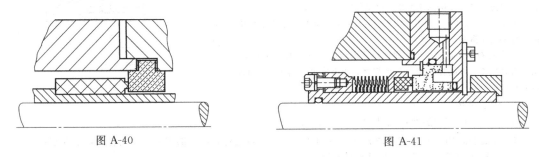

图 A-40　　　　　　　　　　　　　　　　图 A-41

注：安装在密封端盖深处的副密封环，与介质流体接触很少，不能有效地散热，会由于温度梯度而导致端面变形。

（6）补偿元件（API 682 中 6.1.5 Flexible elements）

① A 型密封也可采用单弹簧。

注：1. 多弹簧密封比单弹簧密封轴向尺寸更紧凑，更适用双端面密封，而且能提供更加均匀的弹簧载荷。

2. 应用单弹簧密封时，一般需要增加 6～13mm 的轴向空间。单弹簧可以采用较低的弹簧刚度达到相同的弹簧载荷，这就使它更能够承受更大的轴向定位尺寸变化，如泵轴的轴向窜动；对一些腐蚀性介质，由于其截面尺寸比较大，所以能够提供更多的腐蚀余量。

② 补偿机构不能采用静态搭接来解决密封环密封

因为当采用静态搭接会导致补偿机构不能滑动，所以禁止使用，可采用过盈配合或密封垫片的设计方法。

（7）材料（API 682 中 6.1.6 Materials）

① 密封端面

a. 每套密封装置都包括一个主密封环和一个副密封环。其中一个密封环必须是经过浸渍和渗透处理（填充微气孔，提高致密度）的高等级防起泡石墨环；另一个密封环应该是反应烧结碳化硅 RBSiC，也可以采用无压烧结碳化硅 SSSiC。制造商应该说明每套密封所用碳化硅的类型和级别。

注：1. 石墨是一种多孔性材料，一般采用真空-压力浸渍工艺填充微气孔，提高致密度。石墨本身抗腐蚀性和耐高温性都十分完美，浸渍后这些完美的性能受到浸渍材料的影响，大打折扣。浸渍材料有树脂和金属之分。

浸渍树脂（呋喃树脂、环氧树脂等）的石墨环，用于腐蚀性介质，其抗腐蚀性和使用温度取决于浸渍的树脂材料，一般使用温度≤176℃，端面温度过热时，往往会"起泡"；浸渍金属（锑、铜等）的石墨环，主要用于高温、高压工况，如锅炉给水泵密封，在非氧化环境中，使用温度可达 425℃。

2. 碳化硅材料广泛地用作密封环材料。其主要优点是硬度高、耐腐蚀性强、导热性高和对石墨的摩擦因数低。碳化硅可根据成分和制造工艺进行分类：反应烧结碳化硅是硅金属与石墨在碳化硅基体中反应烧结而得，成品中游离硅含量为 8%～12%；无压烧结碳化硅是由纯碳化硅组成的；另外，还有各种等级的颗粒结构。由此可见，这两种类型的碳化硅在作为密封环材料应用时存在性能上的差异，反应烧结碳化硅在某些条件下被看作是一种对石墨摩擦因数低的材质，它不易碎，但没有无压烧结碳化硅坚硬，虽然有差异，但是并不悬殊。其重大的差别在于耐腐蚀性，一般 pH 值在 4～11 之间的情况下，推荐使用反应烧结碳化硅，此外，应使用无压烧结碳化硅。

3. 密封端面材料用于烃类介质时的温度上限：碳化钨 400℃；整体碳化硅 425℃；石墨（氧化环境）275℃；石墨（非氧化环境）425℃。

4. 使用者应当清楚一些密封端面材料组合在泵测试的时候，由于测试流体是水，因而存在的潜在不适用性。

b. 在介质含颗粒、黏度高和高压工况下的密封，可能需要硬对硬的密封端面材料。一般主密封环或副密封环的材料都应是碳化硅，而由常压烧结碳化硅、反应烧结碳化硅和碳化钨等材料组成的硬对硬端面材料组对，应用也很广泛。

注 1：虽然首选密封端面材质是石墨对硬质环，但是许多工况需要两个硬质端面的组合。这些工况包括：被密封的介质液体中有磨蚀性颗粒；黏度大；有结晶倾向；介质会发生聚合反应以及密封工作时存在严重的震动。

注 2：当液体润滑充分时，碳化硅与碳化硅的组对能有效运转。碳化钨与碳化硅的组对也很合理的，但需要注意的以下事项：

1）当密封的介质是油时，碳化钨与碳化硅的组对，性能优异，甚至，是在低黏度，含磨蚀性颗粒的液体工况中。因此，碳化钨与碳化硅的组对，是硬对硬端面组合的最普遍的选择。

2）碳化钨对碳化钨的组对在重油、焦油、沥青和苛性碱溶液中表现很出色，但在水中的性能不理想。但这对组合的 PV 极限值很低，使用时应特别注意工况的 PV 值。

3）无压烧结碳化硅对无压烧结碳化硅的组对在腐蚀性工况下效果很好，但在干燥工况中运行，易遭受损伤，因此不推荐在润滑条件差的条件下使用。

4）反应烧结碳化硅对反应烧结碳化硅的组对，已经在烃工况下广泛使用。在含磨蚀性颗粒的介质（例如原油）中亦能发挥很好的效果。

5）从摩擦学的角度来说，一般不赞成使用两种相同的材质做摩擦副。因此，往往把反应烧结碳化硅做成窄的端面，与无压烧结碳化硅的宽端面组合使用。但是，由于耐腐蚀等问题，目前应用尚不广泛。

c. 如果主密封环和副密封环，采用同种类型材料（碳化硅和碳化钨等高硬度材料除外），可以通过采用涂层的方法来提高材料的表面硬度，改善对偶材料的摩擦磨损性能。

② 密封轴套

密封轴套材料一般是 316、316L 或 316Ti 或者同等于泵体的材料。

③ 弹簧

多弹簧材料使用 Alloy C-276。单弹簧材料使用 316 不锈钢。

④ 辅助密封

一般情况下，O 形圈应采用氟橡胶 FKM 制造。

a. 当全氟橡胶（FFKM）价格太高或其性能存在问题时，可以改变辅助密封元件的材质和设计，如聚四氟乙烯（PTFE）包覆 O 形圈、聚四氟乙烯 V 形圈、丁腈橡胶（NBR）、氢化丁腈橡胶（HNBR）、乙丙橡胶（EPM/EPDM）以及柔性石墨。总之正确选择替代材料的关键是能否适用密封工作要求。

b. 如是橡胶不能满足使用温度和化学性能的要求，应选择柔性石墨做辅助密封材料。

注：辅助密封材料的使用温度范围：
△ 氟橡胶 FKM 烃类介质 −7～176℃
△ 氟橡胶 FKM 水基介质 −7～120℃
△ 全氟橡胶 FFKM −7～290℃
△ 丁腈橡胶 NBR −40～120℃
△ 柔性石墨 −240～480℃

⑤ 金属波纹管

B 型密封的金属波纹管材料应使用 Alloy C-276。

C 型密封的金属波纹管材料应使用 Alloy 718。

⑥ 密封腔和密封端盖

密封腔和密封端盖的材料应与泵体相同，或者采用防腐性能和力学性能更好的材料。一般密封腔和密封端盖应采用不锈钢 316、316L、316Ti。

a. 工作温度<175℃，密封端盖/密封腔/泵体之间的密封应采用 O 形圈。

b. 工作温度≥175℃，密封端盖/密封腔/泵体之间的密封应采用柔性石墨填充的 304 或 316 不锈钢缠绕垫圈。

注：采用缠绕垫片时，需要相对应的全压缩状态的螺栓力矩。

⑦ 其他零部件

a. 弹簧驱动部件（弹簧座）、传动销、防转销和内部紧定螺钉至少应具有 316 不锈钢所具有的硬度和防腐蚀性。

b. 密封驱动部件对工作环境应具有相应的防腐性能。驱动紧定螺钉应有足够的硬度承受载荷，必要时可使用硬化不锈钢紧定螺钉（如 17-4PH 沉淀硬化不锈钢）。也可以使用其他方法（比如配钻、中开环或锥形收缩环）。

⑧ 焊接

a. 管件、承压件、旋转部件和其他承受高压零部件的焊接、焊接修补和任何不同金属材料之间的焊接，特别是金属波纹管的焊接，应由持有相关证书的操作人员按操作规程来完成和检验。

b. 所有焊接和焊缝修复，需按有效的规程进行正确的热处理及无损探伤。

c. 采用复合材料制成的压力腔应遵循如下要求。

1）板边缘应进行磁粉探伤和渗透探伤。

2）在焊缝清根（或修平）之后，在焊接处及附近区域要进行磁粉和渗透探伤。在焊接热处理之后需要再探伤一次。

3）焊接的承压部件（无论厚度为多少），焊接后应做热处理。

d. 与承压部件的连接焊接部分应按照如下指定方法进行。

1）如果指定，可对焊接进行 100% 的射线探伤、磁粉探伤、超声波探伤或渗透探伤。

2）焊接在合金钢承压元件上的辅助管道材料应腔体的材料具有相同的性能，或采用低碳奥氏体不锈钢。经过用户的同意，可以采用与腔体的材料相容的其他材料。

3）如果需要进行热处理，管道焊接应在组件热处理之前进行。

4）所有焊缝都需要根据有关规定进行热处理。

⑨ 低温工况

对于操作温度低于 −30～40℃，钢材应符合以下要求。

a. 为了避免脆性破坏，低温工况所采用材料的应该能够承受实验室规范和其他规定要求的最低工作温度。

注：一些标准中公布的金属材料的设计许用应力是在材料的最小拉伸特性的基础上得到的，未考虑沸腾材料、半镇静材料、全镇静材料、热轧材料、和规范化材料之间的区别，也不考虑这些材料是由细小还是由粗大晶粒组成。因此，选用材料时应当特别谨慎。

b. 最低设计温度为 −30～40℃ 工况下的碳钢和低合金钢承压零部件厚度大于 25mm 时，需要进行冲击测试。

注：辅助密封材料标准（表 A-11）、金属材料标准（表 A-12）。

表 A-11 辅助密封材料标准

材料分类	应 用	国际	美国			欧洲		
		ISO	ASTM	代号	UNS	标准	牌号	材料编号
橡胶	丁腈橡胶	1629/NBR	D1418	NBR				
	乙丙橡胶	1629/EPDM	D1418	EPDM				
	氟橡胶	1629/FKM	D1418	FKM				
	全氟橡胶	1629/FFKM	D1418	FFKM				
柔性石墨	纯柔性石墨							
	不锈钢缠绕垫							

表 A-12 　金属材料标准

材料分类	应用	国际	美国			欧洲		
		ISO	ASTM	等级	UNS	标准	牌号	编号
12%铬钢	铸件		A217	GrCA15	J91150	EN10213-2	GX8CrNi12	14107
			A487	GrCA6NM	J91540		GX8CrNi13-4	14317
	锻件	3683-13-3	A182	GrF6aCl1	S41000	EN10250-4	X12Cr13	14006
				GrCA6NM	S41500	EN10222-5	X3CrNi13-4	14313
	通用棒料	683-13-3	A276	Type410	S41000		X12Cr13	14006
		683-13-3	A582	Type416	S41600	EN10088-3	X12CrS13	14005
							X39CrMo17-1	14122
	螺纹紧固件	3506-1/C4-70	A193	GrB6	S41000	EN ISO 3506-1/-2		C4-70
		3506-2/C4-70	A194	Gr6				
奥氏体不锈钢	承压铸件	68-13-10	A351	GrCF3	J92500	EN10213-4	GX2CrNi19-11	14309
		68-13-19		GrCF3M	J92800		GX2CrNi19-11-2	14409
	承压锻件	9327-5	A182	GrF304L	S30403	EN10222-5	X2CrNi19-11	14306
		X2CrNi18-10				EN10250-4		
		9357-5		GrF316L	S31603	EN10222-5	X2CrNiMo17-12-2	14406
		X2CrNi17-12				EN10250-4		
	通用棒料	683-13-19	A276	Type316	S31600	EN10088-3	X2CrNiMo17-12-2	14401
				Type316L	S31603		X2CrNiMo17-12-2	14404
				Type316Ti	S31635		X2CrNiMoTi 17-12-2	14571
	螺纹紧固件	3506-1/A4-70	A193	GrBBMC12	S31600	EN ISO 3506-1/-2		A4-80
		3506-2/A4-70	A194	Gr8M				
双相不锈钢	锻件	9327-5	A182	GrF51	S31803	EN10222-5	X2CrNiMo22-5-3	14462
		X2CrNiMoN2 2-5-3		Gr55	S32760	EN10222-4		
				GrF316L	S31603	EN10250-4	X2CrNiMoCuWN 25-7-4	14501
	棒料		A276		S31803		X2CrNiMo22-5-3	14462
					S32550		X2CrNiMoCuN 25-6-3	14507
					S32760		X2CrNiMoCuWN 25-7-4	14501
Alloy	锻件		A744	CN7M	N08007			
	棒料		B473		N08020		NiCr20CuMo	24660
Alloy C276	锻件		B564					
	棒料	9723/NW0276	B574		N10276	DIN17744	NiMo16Cu15W	24819
	板带	6208/NW0276	B575					
	可焊铸件	12725/NC6455	A494	CW2N	N08020			
镍铜合金	锻件	9725/NW4400	B564					
	棒料	9273/NW4400	B164		N10276	DIN17743	NuCu30Fe	24360
	板带	6208/NW4400	B127					
	可焊铸件		A494	Gr. M30C	N08020		G-NiCu30Nb	24365
Alloy	锻棒		B637		N07718	DIN17742	NiCr19NbMo	24668
	板带	9723/NW0276	B670		N07718			
奥氏体铸铁	常态	2829 L-NiCuCr15	A436	Type1	F41000			
		2829 L-NiCr20-2		Type2	F41002			
		2829 L-NiCr30-2		Type3	F41003			
	韧性	2829 SNiCr202	A439	TypeD2				

2. 密封设计规范/按密封系列划分　[API 682 中 6.2 design requirements（category specific）]

（1）系列 1 密封（API 682 中 6.2.1 category 1 seals）

① 密封腔和密封端盖。带有旋转补偿元件的配置 1 和配置 2 密封，需要提供分布式密封冲洗系统（如环绕式或多喷嘴分布）。密封冲洗装置应做到最大化地均匀冲洗和最大化地冷却密封端面。对于分布式冲洗系统，喷嘴孔径最小为 3mm。并需保证密封冲洗通道可以清洗。见图 A-42。

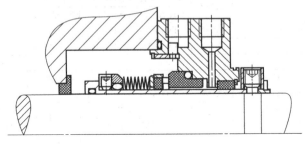

图 A-42

注：因为会增加成本和系统的复杂性，所以分布式冲洗系统通常不用于带有静止补偿元件的单端面密封或双端面密封。而且，带有静止补偿元件的单端面密封端面位于密封腔中冲洗最有效的位置，所以不需要分布式冲洗系统。

② 所有密封端盖、密封腔、抑制密封腔和泵壳之间的连接处都应使用密封圈以防泄漏。O 形圈、金属缠绕垫圈等密封圈的可控压缩量，应满足密封端盖和密封腔端面之间金属与金属接触的要求。该连接处的设计应注意防止密封被挤入密封腔，影响密封工作。见图 A-43。

注：采用金属与金属接触的连接方式能保证密封端面相对于轴的垂直度，减小跳动量，并可防止密封圈被挤出。

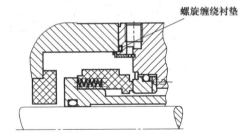

图 A-43

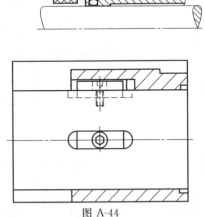

图 A-44

③ 密封轴套。

a. 标准的密封轴套应向外延伸，至少 10mm。

b. 如果采用键驱动，应确保键牢牢地固定在轴上（图 A-44）。

（2）系列 2 密封（API 682 中 6.2.2 category 2 seals）

① 密封腔和密封端盖。带有旋转补偿元件的配置 1 和配置 2 密封，需要提供分布式密封冲洗系统（如环绕式或多喷嘴分布）。密封冲洗装置应做到最大化地均匀冲洗和最大化地冷却密封端面。对于分布式冲洗系统，喷孔径最小为 3mm。并需保证密封冲洗通道可以清洗。

注：因为会增加成本和系统的复杂性，所以分布式冲洗系统通常不用于带有静止补偿元件的单端面密封或双端面密封。而且，带有静止补偿元件的单端面密封端面位于密封腔中冲洗最有效的位置，所以不需要分布式冲洗系统。

② 所有密封端盖、密封腔、抑制密封腔和泵壳之间的连接处都应使用密封圈以防泄漏。O 形圈、金属缠绕垫圈等密封圈的可控压缩量，应满足密封端盖和密封腔端面之间金属与金属接触的要求。该连接处的设计应注意防止密封圈被挤入密封腔，影响密封工作。

注：采用金属与金属接触的连接方式能保证密封端面相对于轴的垂直度，减小跳动量，并可防止密封圈被挤出。

③ 密封轴套。

a. 标准的密封轴套应向外延伸，至少 10mm。

b. 如果采用键驱动，应确保键牢牢地固定在轴上（图 A-44）。

注：传统填料箱内的轴套键位于轴的较深处，不易用于集装式密封。

（3）系列 3 密封（API 682 中 6.2.3category 3 seals）

① 带有旋转补偿元件的配置 1 和配置 2 密封，需要提供分布式密封冲洗系统（如环绕式或多喷嘴分布）。密封冲洗装置应做到最大化地均匀冲洗和最大化地冷却密封端面。对于分布式冲洗系统，喷嘴孔径最小为 3mm。并需保证密封冲洗通道可以清洗。

注：因为会增加成本和系统的复杂性，所以分布式冲洗系统通常不用于带有静止补偿元件的单端面密封或双端面密封。而且，带有静止补偿元件的单端面密封端面位于密封腔中冲洗最有效的位置，所以不需要分布式冲洗系统。

② 所有密封端盖、密封腔、抑制密封腔和泵壳之间的连接处都应使用密封圈以防泄漏。O 形圈、金属缠绕垫圈等密封圈的可控压缩量，应满足密封端盖和密封腔端面之间金属与金属接触的要求。该连接处的设计应注意防止密封圈被挤入密封腔，影响密封工作。

注：采用金属与金属接触的连接方式能保证密封端面相对于轴的垂直度，减小跳动量，并可防止密封圈被挤出。

③ 密封轴套。

a. 标准的密封轴套应向外延伸，至少 10mm。

b. 如果采用键驱动，应确保键牢牢地固定在轴上（图 A-44）。

3. 密封设计规范/按配置方式划分　（API 682 中 7. Specific seal configurations）

（1）配置 1 密封（API 682 中 7.1Arrangement 1 seal）

① 密封轴套。密封轴套必须设计成一个整体零件。

② 密封腔和密封端盖。

a. 密封腔和密封端盖的要求如下。

▲ 系列 1 密封，在密封端盖上安装一个固定的石墨节流环。

▲ 系列 2 密封，在密封端盖上安装一个固定的石墨或不打火金属节流环。

▲ 系列 3 密封，在密封端盖上安装一个小间隙浮动的石墨节流环。

密封失效时，节流环应能保持住压力，以减小泄漏。也可根据要求采用泄漏控制装置代替节流环。

节流环尺寸大小应考虑轴的热膨胀的影响。

注 1：石墨节流环适用于化工和炼油装置，但是比不打火金属节流环对碰撞破坏更加敏感。主要用于炼油装置的系列 2 密封，尺寸应满足 ISO 13709 密封腔的要求。

注 2：由于 PTFE（或 PTFE 填充石墨）的热膨胀特性，冷却之后不能复原，所以该材料不适于做节流环。

b. 如果需要，系列 1 和系列 2 的密封也可以采用小间隙浮动的石墨节流环。

c. 应该提供冲洗、排气、排液的管接头和旋塞。

（2）配置 2 密封（API 682 中 7.2Arrangement 2 seal）

① 概述

a. 一般情况下，内部密封都是接触式湿式密封（2CW-CW 或 2CW-CS）。内部密封应具有内部防负压平衡结构，以承受 0.275MPa（2.75bar）的负压差时，而不使密封面打开或产生移动。

注：正常情况下，抑制密封腔压力小于内部密封腔压力。通常，抑制密封腔通过管线与蒸汽回收系统相连接，这时抑制密封腔压力就是蒸汽回收系统的压力。一般蒸汽回收系统的压力达不到 0.275MPa（2.75bar）。

b. 如果需要，可以采用非接触式内部密封（2NC-CS）

注：非接触式内部密封可以对气体或液体都提供可靠密封效果。它采用开动压槽、加工坡度等方法，使密封端面开启不接触。在密封汽化压力高的液体或液气混合流体时，接触式温式密封很难提供足够的汽化压力裕量。由于非接触式内部密封允许流过密封面的流体闪蒸成气体，所以在这种情况下可择采用非接触式内部密封，即把非接触式内部密封设计成干气密封（非接触式干式密封）。但非接触式干式密封的泄漏率通常比接触式湿式密封要高一些。

c. 除非有特殊要求，接触式抑制密封应与液体缓冲系统一起使用。如果没有提供液体缓冲系统，应采用非接触式抑制密封。

接触式抑制密封也可以采用气体缓冲系统。因此，气体缓冲系统可用于接触式或非接触式密封。

注 1：非接触式抑制密封是利用端面结构（动压槽、坡度）来实现密封端面间的脱离（开启密封端面）。相对于采用缓冲气体的接触式抑制密封，非接触式抑制密封有以下特点：

1）在运行中磨损率低；

2）更适合于非常干燥的缓冲气体（如氮气）环境；

3）适合于更高的表面速度和更大的压差。

注2：通常接触式抑制密封的缓冲流体为蒸汽和液体时缓冲流体泄漏量很低。而采用干燥的缓冲气体（如氮气）的接触式抑制密封受到连续供气压力的限制，在工作压力低于 0.07MPa（0.7bar），会导致石墨密封端面的快速磨损。而采用蒸汽作为缓冲气体的设计更适合于连续工作的气体环境，其工作压力可以达到 0.275MPa（2.75bar），且蒸汽回流的压力还可以调节。

　　d. 缓冲流体应在供货使用技术条件中指定。

　　注：许多现在运行的 2CW-CS 型密封没有采用外部缓冲气体，会导致抑制密封腔中充满所输送的工作介质的蒸汽。

　　② 密封轴套

　　a. 密封轴套尽可能设计成一个整体零件。为了方便安装内部密封，也可以采用在轴套的非驱动端，安装一个辅助轴套的双轴套结构。辅助轴套应采用轴肩在密封轴套上轴向定位，并通过圆柱形紧定螺钉传动。见图 A-45。

　　b. 为了确保密封工作可靠，辅助轴套和密封轴套的配合应该符合图 A-46 的要求。

　　注：如果在集装式双端面密封的非驱动端，采用双轴套结构，这样便可从非驱动端安装内部密封。就能减少集装式密封安装的时间和复杂性。同时，这种结构也可以使内部和外部的滑动式密封具有相同的尺寸。

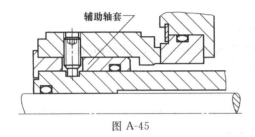

图 A-45　　　　　　　　　　　　　　图 A-46

　　③ 密封腔和密封端盖

　　如果工艺需要，且能够保证所采用密封配置方式所需的安装长度的增量，也可以在密封端盖上安装固定式石墨节流环，以防止压力瞬时泄掉，造成危害。

　　双端面密封很少采用节流环。在低温工况下，常采用尾吹，以防结冰。

　　注：对于配置 2 密封，由于密封腔端面与轴承箱之间的轴向空间很有限，所以使用节流环可能不切实际。

　　④ 内部密封为接触湿式密封/抑制密封采用液体缓冲（2CW-CW）。

　　a. 在带有缓冲液体的密封系统中，密封腔缓冲液的进口和出口处的最大温度差 ΔT 应为：

▲ 缓冲液为乙二醇、水或柴油时 $\Delta T = 8{}^{\circ}\!\mathrm{C}$；

▲ 缓冲液为矿物油时为 $\Delta T = 16{}^{\circ}\!\mathrm{C}$。

　　注：许用温差 ΔT 包括热传导的热量和密封端面摩擦产生的热量。密封许用温差 ΔT 不能与稳态操作时的缓冲液的平均温升，或与工作介质和稳态缓冲液温度差相混淆。

　　b. 密封腔和密封端盖

　　如有特殊规定，系列 1、系列 2 和系列 3 的密封都可以采用切向缓冲液出口结构。

　　注：如果应用内循环装置/泵送环，采用切线缓冲液出口结构，会增加缓冲液的流量。应用径向泵送环时，并将其安装于缓冲液出口同一平面上时，缓冲液出口采用切线方向的结构是最好的结构方式。

　　⑤ 内部密封为接触湿式密封/抑制密封采用气体缓冲（2CW-CS）

　　a. 密封腔和密封端盖

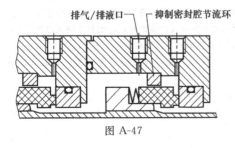

图 A-47

在抑制密封腔内排气口和排液口与抑制密封的密封端盖之间，应当安装非打火金属材料固定式节流环。抑制密封腔节流环应在轴向上定位，以防止由于轴向移动损坏密封元件，其与转动部件的径向间隙为 1～1.5mm（图 A-47）。可以采用从上述标准布置方式演变出其他各种布置方式。

　　注：因为抑制密封腔节流环可以把内部密封的正常泄漏引到抑制密封腔的排气口和排液口排放，所以应用节流环有助于把抑制密封端面与内部密封的正常泄漏介质隔离开。当空间非常有限时，需要提出可供选择的抑制密封腔设计方案。

　　b. 只有在用户允许的情况下，才能把抑制密封的排气孔或排液口用作缓冲气体的进口。

⑥ 内部密封为非接触式密封/抑制密封采用气体缓冲（2NC-CS）

a. 密封腔和密封端盖

在抑制密封腔内排气口和排液口与抑制密封的密封端盖之间，应当安装非打火金属材料固定式节流环。密封腔内的节流环应在轴向上定位，以防止由于轴向移动损坏密封元件，其与转动部件的径向间隙为 1～1.5 mm（图 A-47）。可以采用从上述标准布置方式，而演变出其他各种布置方式。

注：因为抑制密封腔节流环可以把内部密封的正常泄漏引到抑制密封腔的排气口和排液口排放，所以应用节流环有助于把抑制密封端与内部密封的正常泄漏介质隔离开。当空间非常有限时，需要提出可供选择的抑制密封腔设计方案。

b. 只有在用户允许的情况下，才能把抑制密封的排气孔或排液口用作缓冲气体的进口。

（3）配置 3 密封（API 682 中 7.3 Arrangement 3 seal）

① 概述

a. 隔离流体应是液体或者气体。

注：1. 采用隔离气体的密封结构不适于输送介质中含有溶解的或悬浮的固体颗粒，由于端面间的毛细管作用，这些颗粒会被吸附到密封端面间引起密封失效。在端面的内径处是介质流体的情况下（BB/FF 排列），由于离心力的作用，此情况更为严重；而采用隔离液体的密封结构可使介质处于密封端面的外径处（FB 排列），有助于减小固体颗粒在密封端面上的集聚。

2. 即使泵在空转、隔离气体压力维持正常，由于靠隔离气体润滑的密封端面间的毛细管作用，静止的黏性流体或聚合流体也会进入密封端面，而引起泵的启动失效。

b. 内部密封应具有防负压差的结构，在负压差时不使密封端面打开。

注：内部或防负压的平衡结构要求在隔离流体失压时，保证副密封环和辅助密封保持在原来的位置。隔离流体压力通常高于密封腔压力 0.14MPa（1.4bar）～0.41MPa（4.1bar）。

c. 标准配置 3 密封组件中应用两个主密封环和两个副密封环。如果允许，可以采用一个共用的双端面副密封环的 F-F 排列的设计方法。

② 密封轴套

密封轴套尽可能设计成一个整体零件。为了方便安装内部密封，也可以采用在轴套的非驱动端，安装一个辅助轴套的双轴套结构。辅助轴套应采用轴肩在密封轴套上轴向定位，并通过圆柱形紧定螺钉传动。为了确保密封可靠性，辅助轴套和密封轴套的配合应该符合 1.（4）②的要求。

注：如果在集装式双端面密封的非驱动端，采用双轴套结构，这样便可从非驱动端安装内部密封。就能减少集装式密封安装的时间和复杂性。同时，这种结构也可以使内部和外部的滑动式密封具有相同的尺寸。

③ 密封腔和密封端盖

a. 如果工艺需要，且能够保证所采用密封配置方式所需要的长度的增量，也可以在密封端盖上安装固定式石墨节流环，以防止压力瞬时泄掉，造成危害。双端面密封很少采用节流环，在低温工况下，常采用尾部吹扫，以防结冰。

注：对于配置 3 密封由于密封腔端面和轴承箱端盖之间的轴向空间很限，所以使用节流衬套可能不切实际。

b. 可以在配置 3 密封的密封腔的介质流体侧连接冲洗接口。

对于配置 3 密封的面对背（3CW-FB）结构，有时可能需要在介质流体侧通入冲洗液，以便把介质流体和内部密封隔开，并带走内部密封所产生的热量。当其应用于有毒或难以密封的场合时，也需要在密封腔中增加冲洗量。

④ 采用液态隔离流体的接触式湿式密封结构（3CW-FB 3CW-FF 3CW-BB）

a. 概述

带有液态隔离流体的密封冲洗系统中，隔离流体的进口和出口的最大温度差 ΔT 应为：

▲ 液态隔离流体为乙二醇、水或柴油时为 $\Delta T = 8℃$

▲ 液态隔离流体矿物油时为 $\Delta T = 16℃$

注：许用温差 ΔT 包括热传导的热量和密封端面摩擦产生的热量的影响。密封许用温差 ΔT 不能与稳态操作时的缓冲液的平均温升，或与工作介质和稳态缓冲液温度差相混淆。

b. 排列方式

1）标准的排列方式是：面对背（3CW-FB）-内部密封和外部密封的串联结构

注：面对背排列密封的结构优点是磨损性杂质在离心力的作用下向外甩出，对内部密封影响较小，更重要的是在液态隔离流体失去压力的情况下，密封还能够像配置 2 密封那样工作。

2）备选的排列方式是：面对面（3CW-FF）、背靠背（3CW-BB）结构

注：配置 3 的密封选用串联 3CW-FB 的安装方式要比 3CW-FF 3CW-BB 方式要少得多。背靠背（3CW-BB）和面对面（CW-FF）结构更紧凑，而且可以提供更好的性能。因此 API 682 也提供了备选的 3CW-BB 和 3CW-FF 密封排列方式。

c. 密封腔和密封端盖

如有需要，系列 1 和系列 2 的密封也可采用液态隔离流体切向出口结构。

注：如果应用内循环装置/泵送环，采用切线缓冲液出口结构，就会增加隔离液的流量。应用径向泵送环，并将其安装于缓冲液出口同一平面上时，隔离液出口采用切线方向的结构是最好的结构方式。

⑤ 采用气态隔离流体的非接触密封结构（3NC-FB、3NC-FF、3NC-BB）

a. 标准的排列方式是：背靠背（3NC-BB）

如果泵密封腔和泵体没有自动排气装置，其所泄漏的气体可能会聚集在泵内，所以在操作前要先对泵进行排气。应核实泵体排气是否能满足要求。

b. 备选的排列方式是：面对面（3NC-FF）或面对背（3NC-FB）

注：带压隔离气体非接触密封主要用于化工。密封制造商已经实现了采用面对面或背对背排列方式的标准化结构。很少应用面对背（串联）排列结构。

三、密封支持系统

1. 概述

支持系统（support systems）是密封以外的，用于冲洗、冷却、吹扫等支持保障密封工作的管路系统。

（1）密封支持系统所包含的管路系统

① 第 1 组：冲洗、冷却系统

▲ 输送配置 2 和配置 3 密封用缓冲液体或隔离液体的管路；

▲ 输送配置 2 和配置 3 密封用缓冲气体或隔离气体的管路；

▲ 排液或排气管路。

② 第 2 组：吹扫系统

▲ 输送蒸汽或其他吹扫气的管路；

▲ 输送水或其他吹扫液的管路；

▲ 排液或排气管路。

③ 第 3 组：冷却水系统

▲ 输送冷却水的管路；

▲ 排液或排气管路。

（2）标准密封冲洗方案

标准密封冲洗方案是美国石油协会 API 610《炼油用离心泵》标准：附录 D《机械密封和管路系统示意图》中首先提出的，在第 9 版的 API 610 中删去了附录 D 等与机械密封有关的内容。这些被删去的内容放在了 API 682《离心和旋转泵用轴密封系统》标准中。

API 682 标准中列举了用于密封冲洗、冷却、吹扫（第 1、2 组）的标准密封冲洗方案有 26 种，它们已经在工业上获得了广泛应用。

（3）密封支持系统的装备

密封支持系统的装备包括输送管道、管件、隔离阀、控制阀、安全阀、节流孔板、可视流量指示器、隔离或缓冲流体储罐和所有相关排气口和排放口。密封制造商应提供包括所需的安装工具、以及与泵、储液罐和其他设备相关的附件。

（4）密封支持系统的检测仪表和控制器件

密封支持系统的检测仪表和控制器件包括温度表、热电偶、压力表、流量计、流量变送器、报警开关、控制开关、压力开关、液位开关、流量开关、安全阀、调节阀、增压器等。

2. 标准密封冲洗方案（API 682 中附录 A.4 Seal selection procedure 附录 G Standard seal flush plan)

（1）冲洗方案 01（见图 A-48）

泵输送介质作为冲洗液，从叶轮后部，靠近泵的出口部位，直接引入到密封腔内，依靠压差形成循环。这种冲洗方案常用于常温纯净的介质，在介质非常黏稠或容易固化的情况下，要保证冲洗液有充分的循环流量，以防止介质在冲洗流道中凝固。

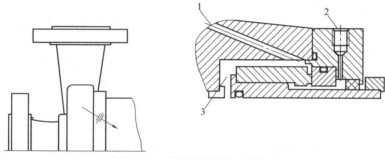

图 A-48　标准密封冲洗方案 01

1—进口；2—吹扫接口/排净接口（Q/D）；3—密封腔

（2）冲洗方案 02（见图 A-49）

冲洗方案 02 采用密封腔中积存的介质进行无循环的冲洗冷却，一般用于压力和温度较低的低转速泵，泵密封腔一端靠喉口节流环封闭。这种冲洗方案适用于纯净的、比热较高的介质（例如水）。通常，这种冲洗方案常要求密封腔能改进液体的流动形式，如锥形密封腔，以防止涡流作用对密封端盖、密封腔和密封部件产生冲蚀；同时也应考虑涡流作用能使密封腔介质因温度升高而产生闪蒸。

为避免产生闪蒸，采用冲洗方案 02 时，要考虑仔细计算输送介质汽化的温度裕量。

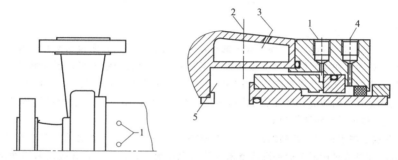

图 A-49　标准密封冲洗方案 02

1—备用接冲洗液用的有堵头接口；2—排气口（如果需要，卧式泵优先采用自排气结构）；
3—加热/冷却进口（HI 或 CI）；加热/冷却出口（HO 或 CO）；4—冲洗口/排净口（Q/D）；
5—密封腔（无冲洗液循环）

（3）冲流方案 11（见图 A-50）

冲洗方案 11 是单端面密封的标准冲洗方案。冲洗方案 11 与冲洗方案 01 非常相似，介质从泵的出口通过限流孔板输送到密封腔，冲洗液进入密封腔靠近机械密封端面处对密封进行冷却，同时排空密封腔中的空气或蒸汽，然后从密封腔流回到输送介质中。这是一般洁净介质工况最常用的冲洗方案。

对于扬程比较高的泵，要通过计算确定正确的节流孔板孔径，确保适当的冲洗流量。冲洗流量大会产生冲蚀，冲洗流量小会提高密封腔的温升。

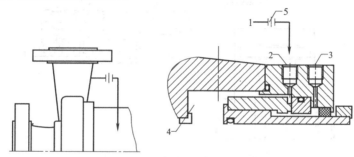

图 A-50　标准密封冲洗方案 11

1—来自泵的出口；2—冲洗接口（F）；3—吹扫接口/排净口（Q/D）；4—密封腔；5—限流孔板

（4）冲洗方案 12（见图 A-51）

冲洗方案 12 和冲洗方案 11 相似，介质从泵的出口通过过滤器和限流孔板到密封腔，只是增设了过滤器来过滤介质中夹带的颗粒。

注：一般不推荐使用过滤器，因为过滤器堵塞会导致密封失效。经实践验证，本冲洗方案运行寿命达不到 3 年。

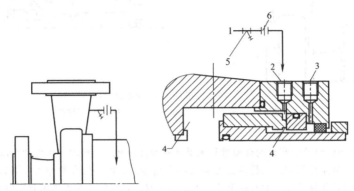

图 A-51　标准密封冲洗方案 12

1—来自泵的出口；2—冲洗接口（F）；3—吹扫接口/排净口（Q/D）；
4—密封腔；5—过滤器；6—限流孔板

（5）冲洗方案 13（见图 A-52）

冲洗方案 13 是密封腔无喉口节流环立式泵的标准冲洗方式。当立式泵没有喉口节流环时，密封腔压力通常是泵的出口压力，冲洗液便通过限流孔板从密封腔回流到泵的吸入口，形成循环，对密封进行冷却，并排空密封腔中的空气或介质蒸汽。API 682 冲洗方案 11、12、21、22、31 或 41 与冲洗方案 13 组合起来，可用于立式悬臂泵的冲洗。只要泵进出口压差足够，能保证循环，且密封腔压力足以防止汽化，冲洗方案 13 对立式泵提供了自动排气功能。

冲洗方案 13 也适用于扬程非常高的卧式泵，它弥补了冲洗方案 11 节流孔板非常小而产生的冲洗流量仍非常大的缺陷。亦可通过所需要的冲洗流量来计算限流孔板孔径的大小，并确定采用冲洗方案 13 是否合适。

对于低扬程的泵，密封腔与泵的吸入口压差非常小，难以形成循环，故该冲洗方案不适于低扬程泵。

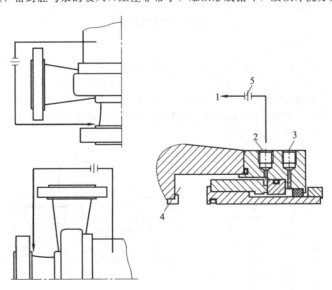

图 A-52　标准密封冲洗方案 13

1—到泵的进口；2—冲洗接口（I）；3—吹扫接口/排净口（Q/D）；
4—密封腔；5—限流孔板

（6）冲洗方案 14（见图 A-53）

冲洗方案 14 是冲洗方案 11（密封腔与泵的出口循环）和冲洗方案 13（密封腔与泵的进口循环）的组合。介质作为冲洗液从泵的出口通过限流孔板到密封腔，提供冷却作用（冲洗方案 11）；同时从密封腔通过限流孔板回流到泵进口，完全排空密封腔中的气体（冲洗方案 13）。冲洗方案 14 也是立式泵常用的冲洗方式之一。

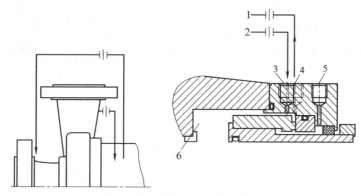

图 A-53 标准密封冲洗方案 14

1—到泵的进口；2—来自泵的出口；3—冲洗进口（FI）；
4—冲洗出口（FO）；5—吹扫接口/排净口（Q/D）；6—密封腔

（7）冲洗方案 21（见图 A-54）

冲洗方案 21 对密封提供了一种带有冷却器的冲洗方案。这种冲洗方案可以降低密封腔的温度，提高冲洗液的汽化温度裕量、克服辅助密封件的温度限制、减少焦化或聚合、提高润滑性（如热水）。冲洗方案 21 的优点是能提供具有足够压差的、保证冲洗流量的、冷却的冲洗液。缺点是冷却器的负担重；其冷却水侧易结垢阻塞；当冷却器的过程流体（介质）黏度大时，也会堵塞。

在缺水环境下，可以用气翅片空气冷却器代替水冷冷却器。

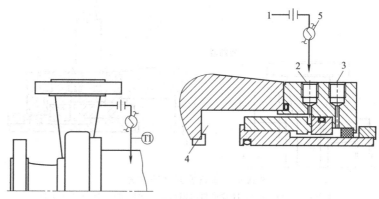

图 A-54 标准密封冲洗方案 21

1—来自泵的出口；2—冲洗接口（F）；3—吹扫接口/排净口（Q/D）；
4—密封腔；5—冷却器；TI—温度计

（8）冲洗方案 22（见图 A-55）

冲洗方案 22 从泵的出口通过过滤器、限流孔板和冷却器进入密封腔的循环过程。因为过滤器会堵塞，一般不推荐使用过滤器。

经实践验证，本方案寿命达不到 3 年。

（9）冲洗方案 23（见图 A-56）

冲洗方案 23 适用于所有高温工况的冲洗方案，尤其是在锅炉供水及大多数输送碳氢化合物的工况。

冲洗方案 23 是 80℃以上的锅炉供水的标准冲洗方案，这是因为 80℃以上的热水润滑性非常差，易导致密封端面磨损，必须降低密封腔的工作温度，改善水的润滑性。冲洗方案 23 也用于碳氢化合物等化学

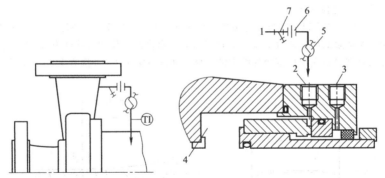

图 A-55　标准密封冲洗方案 22

1—来自泵的出口；2—冲洗接口（F）；3—吹扫接口/排净口（Q/D）；4—密封腔；

5—冷却器；6—孔板；7—过滤器；TI—温度计

介质，以冷却的冲洗液来降低密封腔温度，保证一定的汽化温度裕量。

在冲洗方案 23 中，冷却器仅需带走端面产生的热量和工作过程中的热传导。这样冷却器的负担就比冲洗方案 21 和冲洗方案 22 小得多。

在冲洗方案 23 中，密封腔中的介质与叶轮附近的介质通过喉口节流环分隔开。可在密封腔内配备一个内部循环装置，使密封腔中的冲洗流体通过冷却器再返回到密封腔中，而不进入泵的输送过程，因而有了较高的能量效率。

注：为了延长冷却器的寿命，非常希望减小冷却器的负荷。在工业上由于冲洗方案 21 和冲洗方案 22 的冷却器堵塞，发生过许多的故障。

对于易凝结或高黏度的介质也应考虑采用冲洗方案 23。冷却器实质就是热交换器，可采用蒸汽作为热交换媒体，这样热交换器可以将介质加热到凝结点温度以上，从而使易凝结或高黏度的介质流动性大为改善，确保了密封正常工作。

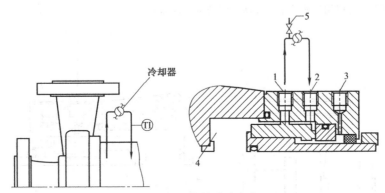

图 A-56　标准密封冲洗方案 23

1—冲洗出口（FO）；2—冲洗进口（FI）；3—吹扫接口/排净口（Q/D）；

4—密封腔；5—排气口；TI—温度计

（10）冲洗方案 31（见图 A-57）

冲洗方案 31 仅用于输送介质中含固体颗粒，且颗粒的比重等于或大于输送介质比重的 2 倍的工况，如用水除沙和输送泥浆的场合。在冲洗方案 31 中，输送的介质从泵的出口输送到旋液分离器，被旋液分离器分离掉颗粒的介质，作为密封冲洗液进入密封腔进行冲洗。而固体颗粒从介质中分离出来后，又重新被输送回泵的进口。并推荐使用喉口节流环提高密封腔压力，以减少含固体颗粒介质进入密封腔的机会。

若介质颗粒含量非常高或泥浆很稠时，冲洗方案 31 是不适用的。

（11）冲洗方案 32（见图 A-58）

冲洗方案 32 系采用外部冲洗液进行冲洗，用于介质含有固体颗粒或杂质的工况。配备滤器或冷却器的外部冲洗系统可以明显改善密封腔的工作环境。

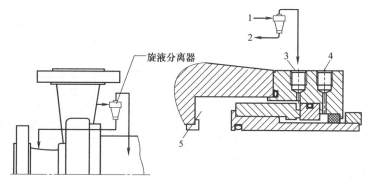

图 A-57 标准密封冲洗方案 31

1—来自泵的出口；2—到泵的进口；3—冲洗接口（F）；4—吹扫接口/排净口（Q/D）；5—密封腔

在真空工况下，从外部系统中引入较低压力的蒸汽或气体，会同冲洗液，沿密封端面注入，能够在一定程度上提高冲洗液的压力，减少闪蒸产生。因为外部冲洗液会从密封腔流到输送的介质中，所以外部冲洗液也应与被输送的介质相容，并应注意它对产品浓度的影响。

在冲洗方案 32 中，应采用小间隙喉口节流环，节流环能使密封腔维持一定的压力，把输送介质与密封腔冲洗液隔离开来。

由于冲洗方案 32 能量消耗非常高，所以这种冲洗方案不推荐仅用于冷却密封腔的工况。

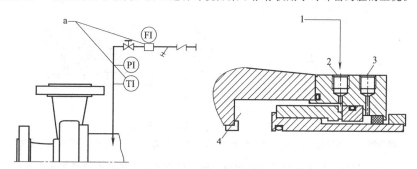

图 A-58 标准密封冲洗方案 32

1—来自外源；2—冲洗接口（F）；3—吹扫接口/排净口（Q/D）；4—密封腔；

FI—流量计；PI—压力计；TI—温度计；a—根据需要选用

（12）冲洗方案 41（见图 A-59）

冲洗方案 41 是冲洗方案 21 和冲洗方案 31 的组合，它用于高温并含有固体颗粒介质的工况，典型应用是在热水泵或管道泥浆泵中。输送介质中固定体颗粒的比重应等于或大于介质的比重的 2 倍。

冲洗方案 41 还配备冷却器，冷却后的去除颗粒的介质作为冲洗液冲洗密封，可以提高密封腔介质的汽化压力以及克服辅助密封元件的温度限制、并减少焦化或聚合、或提高润滑性（如热水）。关于采用热交换器的作用可参见冲洗方案 21 中的描述。

在冲洗方案 41 中，输送的介质从泵的出口输送到旋液分离器，被旋液分离器分离了颗粒的介质，作为密封冲洗液进入密封腔进行冲洗。而固体颗粒从介质中分离出来后，又重新被输送回泵的进口。

采用冲洗方案 41 时，也推荐采用喉口节流环。

若介质颗粒含量非常高或泥浆很稠时，冲洗方案 41 是不适用的。

（13）冲洗方案 51（见图 A-60）

冲洗方案 51 封闭的的外部储液罐为密封外侧吹扫提供流体，吹扫流体由储液罐直通至密封端盖上吹扫接口。

（14）冲洗方案 52（见图 A-61）

冲洗方案 52 用于采取缓冲液体冲洗的，配置 2 接触式湿式密封（2CW-CW）。采用冲洗方案 52 的配置 2 密封系统，不允许输送介质泄漏到大气中去。冲洗方案 52 中配置 2 双端面密封之间的缓冲液是由封

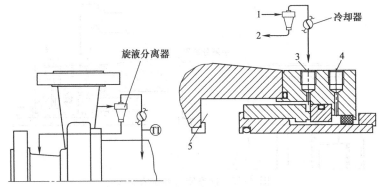

图 A-59　标准密封冲洗方案 41

1—从泵的出口；2—到泵的进口；3—冲洗接口（F）；
4—吹扫接口/排净口（Q/D）；5—密封腔；TI—温度计

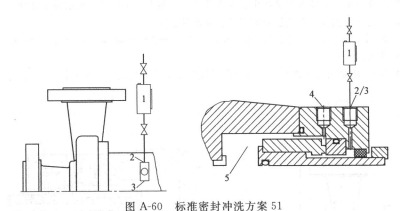

图 A-60　标准密封冲洗方案 51

1—储液罐；2—吹扫接口（Q）；3—排净口（D）配有堵头；4—冲洗接口（F）；5—密封腔

闭的储液罐所提供的，储液罐与蒸汽回收系统相通，因此压力不高。缓冲液的循环是依靠在密封腔里的泵效环。

在输送介质是纯净、非聚合流体的工况下，冲洗方案 52 表现出非常好的性能。输送介质通过内部密封向缓冲液中泄漏，泄漏在缓冲液里的介质在储液罐内将会闪蒸，从蒸汽排放系统中逸走。

如果没有及时探测到内部密封的异常泄漏，介质会大量泄漏到缓冲液中，导致两套密封之间完全充满介质。在这种情况下，介质会到泄漏到大气中。

冲洗方案 52 不适用于非纯净的或会聚合的介质，此时应考虑采用冲洗方案 53。

（15）冲洗方案 53A、53B、53C（见图 A-62～图 A-64）

冲洗方案 53 用于配置 3 双端面密封，不允许输送介质泄漏到大气中的工况。

冲洗方案 53 中配置 3 双端面密封和密封之间的隔离液是由储液罐提供的，储液罐的压力高于密封腔压力 0.14MPa（1.4bar）。内部密封泄漏时，隔离液会泄漏到介质中去。如果介质压力波动过大或高于0.42MPa（4.2bar），可以采用可控压差调节器来维持密封腔压力始终高于介质压力 0.14～0.17MPa（1.4～1.7bar）。

冲洗方案 53A、53B、53C 的区别在于：冲洗方案 53A 是采用外部压力源来维持隔离循环系统压力（如氮气压力源）的；冲洗方案 53B 是通过囊式蓄能器来维持隔离循环系统的压力的；冲洗方案 53C 是用活塞式增压器来维持隔离循环系统的压力的。

方案 53 通常用来代替冲洗方案 52，用于非纯净的、磨蚀的、或聚合性介质。在这些工况下，如果采用冲洗方案 52 要么会损坏密封或引起缓冲系统出现问题。冲洗方案 53 有两点应在选择时考虑。首先，隔离液总会泄漏到介质中去（泄漏率可以通过密封储罐的液位来监测），所以介质中总会包含一些隔离系统中的杂质；其次，冲洗方案 53 系统是依靠储液罐中的设定压力维持正常工作的，如果储液罐的压力下降，

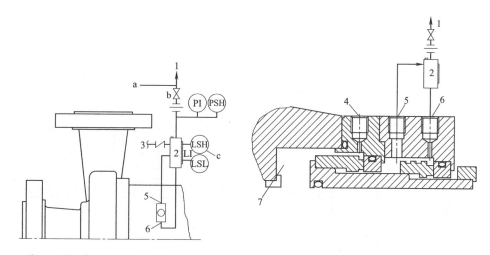

注：a.此线上方的辅助设施由用户负责
　　b.常开式
　　c.有规定时设置

图 A-61　标准密封冲洗方案 52

1—去蒸气回收系统；2—储液罐；3—补冲缓冲液；4—冲洗接口（F）；5—缓冲液出口（LbO）；

6—缓冲液进口（LbI）；7—密封腔；LSH—高液位开关；LSL—低液位开关；

LI—液位计；PI—压力计；PSH—高位压力开关

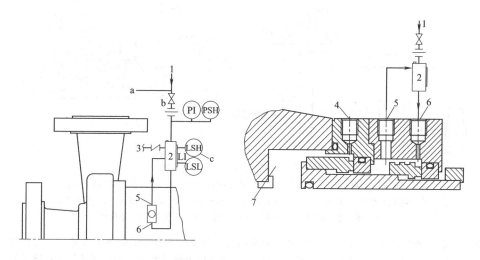

注：a.此线上方的辅助设施由用户负责
　　b.常开式
　　c.需要时设置

图 A-62　标准密封冲洗方案 53A

1—外部压力源；2—储液罐；3—补充隔离液；4—冲洗接口（F）；5—隔离液出口（LBO）；6—隔离液进口（LBI）；

7—密封腔；LSH—高液位开关；LSL—低液位开关；LI—液位计；PI—压力计；PSH—高位压力开关

密封的配置就由配置 3 变成了配置 2；冲洗方案就由 53 变成 52；隔离液变成了缓冲液。同样，内部密封的泄漏方向也发生相反方向的变化，缓冲液中就含有介质杂质，从而可能会导致密封失效。

（16）冲洗方案 54（见图 A-65）

冲洗方案 54 也用于配置 3 双端面密封系统。在冲洗方案 54 中，从外部引入具有一定压力、适当温度，并与工作介质相容的清洁液，作为隔离液。隔离液的压力至少要高于内部密封承受压力 0.14MPa（1.4bar），这就会导致微量隔离液泄漏到被输送的介质中去。当隔离液的压力低于被密封介质的压力时，不能应用。否则，当内部密封失效时，就会污染整个隔离液系统，而引起其他设备的密封失效。

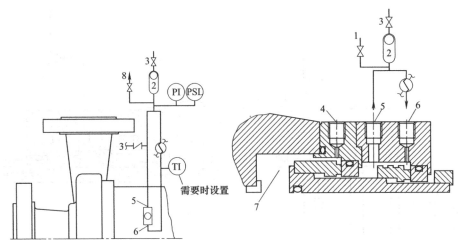

图 A-63　标准密封冲洗方案 53B

1—补充隔离液；2—气囊蓄压器；3—气囊充气接头；4—冲洗接口（F）；5—隔离液出口（LBO）；
6—隔离液进口（LBI）；7—密封腔；8—排气口；PI—压力计；TI—温度计；PSL—低位压力开关

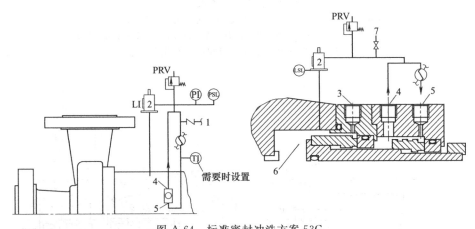

图 A-64　标准密封冲洗方案 53C

1—补充隔离液；2—活塞蓄压器；3—冲洗接口（F）；4—隔离液出口（LBO）；
5—隔离液进口（LBI）；6—密封腔；7—排气口；LI—液位计；LSL—低液位开关；
PI—压力表；PRV—安全阀；PSL—低位压力开关；TI—温度计

　　冲洗方案 54 通常用于输送高温又含有固体颗粒的流体的工况。如果采用冲洗方案 54，要仔细考虑隔离液来源的可靠性。如果隔离液来源被切断或被污染，就会导致密封失效。正确设计的隔离液系统是十分复杂和昂贵的，只有它才能提供最可靠的隔离液系统。

　　（17）冲洗方案 61（见图 A-66）

　　这种冲洗方案用于各种配置密封的吹扫，以排除吹扫区域中的氧气物和积聚物。冲洗方案 62 通常是给用户用蒸气、气体或水给密封的大气侧外部进行吹扫时使用的。吹扫流体由外部系统提供，使用时通常配有小间隙节流环。所有接口都应配有旋塞是供用户备用的。

　　（18）冲洗方案 62（见图 A-67）

　　在冲洗方案 62 中，从外部引入流体，对密封的大气侧进行吹扫。吹扫流体可以是低压的液体、氮气、蒸汽、或清水。这种冲洗方案主要用于各种配置的密封，以排除吹扫区域中的氧化物和积聚物，以防止焦化（如高温碳氢化合物的工况）和主辅助密封圈的滑动障碍（如腐蚀性或含盐的工况）。

　　吹扫流体由外部系统提供，使用时通常配有小间隙节流环。

　　（19）冲洗方案 65（见图 A-68）

　　冲洗方案 65 主要用于泄漏物的是液体的配置 1 密封，用来检测密封泄漏量。它用浮子型液位开关测

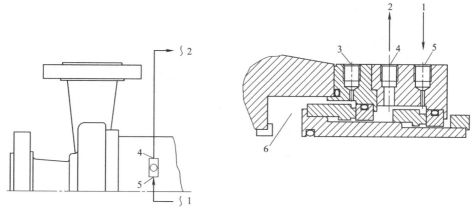

图 A-65 标准密封冲洗方案 54

1—来自外部液源；2—去外部液源；3—冲洗接口（F）；

4—隔离液出口（LBO）；5—隔离液进口（LBI）；6—密封腔

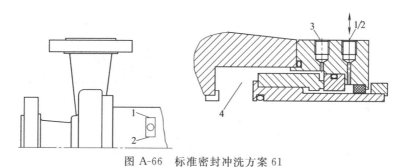

图 A-66 标准密封冲洗方案 61

1—吹扫接口（Q）配有旋塞；2—排净口（D）配有旋塞；3—冲洗接口（F）；4—密封腔

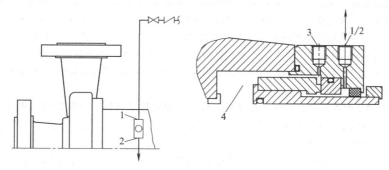

图 A-67 标准密封冲洗方案 62

1—吹扫口（Q）；2—排净口（D）；3—冲洗接口（F）；4—密封腔

量密封泄漏量，对高泄漏量进行报警。液位开关下游为安装在竖直管线上的孔板（孔径通常为 5mm），泄漏液体通过孔板进入泄漏液回收集系统。

（20）冲洗方案 71（见图 A-69）

冲洗方案 71 用于配置 2 密封系统（2CW-CS）。这种冲洗方案采用缓冲气冲洗干式抑制密封，可以把内部密封的泄漏物带到收集系统中，或冲淡泄漏浓度。所有相关接口都应配有旋塞，供用户需要时使用。

（21）冲洗方案 72（见图 A-70）

冲洗方案 72 用于配置 2 密封系统（2CW-CS）—干运转抑制密封。缓冲气用于把内部密封的泄漏从抑制密封腔中带入到收集系统中，或冲淡泄漏浓度。

冲洗方案 72 主要流程如下：缓冲气体首先进入截止阀和止回阀，然后进入安装在控制盘上的，位于

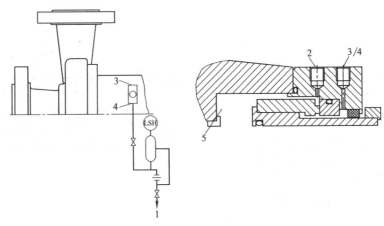

图 A-68　标准密封冲洗方案 65

1—去液体收集系统；2—吹扫接口（Q）；3—排净口（D）配有堵头；

4—冲洗接口（F）；5—密封腔；LSH—高液位开关

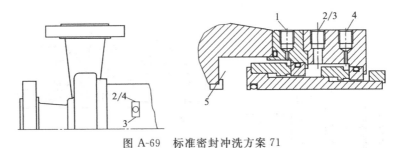

图 A-69　标准密封冲洗方案 71

1—冲洗接口（F）；2—抑制密封放气口（CSV），配有旋塞；3—抑制密封排净口（CSD），配有旋塞；

4—缓冲气进口（GBI），配有旋塞；5—密封腔

进口截止阀后的过滤器（10μm）FIL，以除掉固体颗粒和液滴；FIL 之后连接一个调压器 PCV，用于设定气体的压力（至少高于大气压力 0.04MPa/0.4bar，并需保证缓冲压力不得高于内部密封腔压力）；接下来气体进入孔板（亦可采用针形或球形调节阀来代替孔板来调节流量）及流量指示器 FE；然后气体通过压力表 PI 进入控制盘上最后的元件止回阀和截止阀。最终，缓冲气进入抑制密封腔。

注：在冲洗方案 72 中，控制盘上应设有与排空系统相通的抑制密封腔排气和排液的结构，以便于维修密封。

（22）冲洗方案 74（见图 A-71）

冲洗方案 74 用于配置 3 密封系统，在这种系统中隔离流体是气体。最常用的隔离气体是工业氮气，隔离气体压力一般情况下必须高于密封腔压力 0.175MPa（1.75 bar），这将导致微量隔离气体泄漏到介质中去，而绝大部分的隔离气体排放到大气中去。

冲洗方案 74 典型用于温度不太高（低于橡胶温度限制），不能泄漏的有毒或有害介质的工况。不能用于黏性、聚合介质或因脱水引起结晶的介质的工况。

冲洗方案 74 主要流程如下：隔离气体首先进入截止阀和止回阀，然后进入安装在控制盘上的，位于进口截止阀后的过滤器（2~3μm）FIL，以除掉固体颗粒和液滴；FIL 之后连接一个调压器 PCV，用于设定气体的压力（至少高于密封介质压力 0.17MPa/1.7bar）；接下来气体进入孔板（亦可采用针形或球形调节阀来代替孔板来调节流量）及流量指示器 FE；然后气体通过压力表 PI 进入控制盘上最后的元件止回阀和截止阀。最终隔离气进入密封腔。

注：在冲洗方案 74 中，控制盘上应设有与排空系统相通的抑制密封腔排气和排液的结构，以便于维修密封。

（23）冲洗方案 75（见图 A-72）

冲洗方案 75 的主要功能是回收在大气温度下能够凝结成液体的泄漏流体。甚至，当所输送的介质是气体时，也期望安装这个系统，因为在收集系统中可冷凝泄漏的气体，从而得到回收。

冲洗方案 75 典型用于配置 2 双端面密封（2CW-CS），其抑制密封为干运转，内部密封的泄漏为液体。

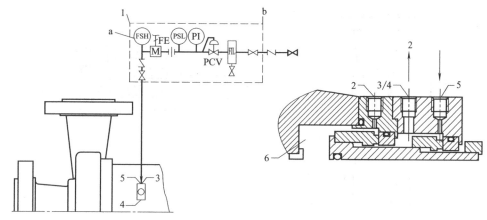

图 A-70   标准密封冲洗方案 72

1—缓冲气控制盘；2—冲洗接口（F）排净口（D）；3—抑制密封放气口（CSV）；4—抑制密封
排净口（CSD）；5—缓冲气进口（GbI）；6—密封腔；a—需要时设置；b—线左侧辅助设施由用户提供；
FIL—聚结过滤器，过滤缓冲气体中的固体颗粒或液滴，防止污染密封；PCV—压力控制阀，
用来调节缓冲气体压力，限制抑制密封的压力；PI—压力计；PSL—低位压力开关；
FE—流量计（图示为磁性浮子型）；FSH—高位流量开关

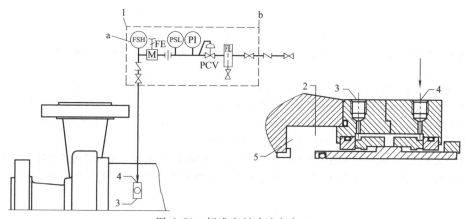

图 A-71   标准密封冲洗方案 74

1—缓冲气控制盘；2—放气口（需要时设置）；3—隔离气出口（常闭，密封腔减压用）；4—隔离气进口（GBI）；
5—密封腔；a—需要时设置；b—线左侧辅助设施由用户提供；FIL—聚结过滤器，过滤缓冲气体中的固体颗粒
或液滴，防止污染密封；PCV—压力控制阀，用来调节缓冲气体压力，限制抑制密封的压力；PI—压力计；
PSL—低位压力开关；FE—流量计（图示为磁性浮子型）；FSH—高位流量开关

这种布置方式可以采用缓冲气体（如冲洗方案 72），也可以不采用。

如果采用配置 1 的密封向大气的泄漏量不能满足要求时，为把泄漏流体收集起来，则需要更换为配置 2 密封。

冲洗方案 75 的主要流程如下：抑制密封限制从内部密封泄漏出的气体排到大气中，而被输送到收集系统的收集器中，收集器可收集所通过的任何液体，收集器上的液位显示器用来显示是否需要对收集器排净。当内部密封产生较大的泄漏量时，由于出口孔板限制流量，导致收集器的压力增加，触发 PSH（设置表压为 0.07MPa/0.7bar）报警。收集器出口处安装了截止阀，可隔离收集器，以便维修。

当泵正常工作时，可通过关闭截止阀，观察收集器的压力随时间的变化，来测试内部密封的密封性；还可以通过往收集器注入一定压力的氮气（或其他气体），来测试抑制密封的密封性。

（24）冲洗方案 76（见图 A-73）

冲洗方案 76 的主要功能是收集在大气温度下不能凝结成液体的泄漏气体。如果在抑制密封腔中聚集大量气体，密封可能因工作压力增高而发热，导致失效。

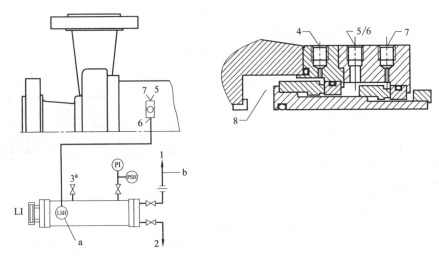

图 A-72　标准密封冲洗方案 75

1—去蒸气回收系统；2—去液体收集系统；3—试验接口；4—冲洗接口（F）；5—抑制密封放气口（CSV）；
6—抑制密封排液口（CSD）；7—缓冲气进口（GbI）；8—密封腔；LI—液位计；LSH—液位开关高位；
PSH—压力开关高位；PI—压力计；a—有规定时设置；b—线下方的辅助设施由用户提供

冲洗方案 76 典型用于配置 2 双端面密封（2CW-CS），内部密封的泄漏流体不能凝结为液体，其抑制密封为干运转。这种布置方式可以采用缓冲气体，也可以不采用。

如果采用配置 1 的密封向大气的泄漏量不能满足要求时，为把泄漏气体收集起来，则需要更换为配置 2 密封。

冲洗方案 76 的主要流程如下：抑制密封限制从内部密封泄漏出来的气体排到大气中，这些泄漏气体便输送到收集系统的收集器中。收集器出口处的孔板限制了泄漏的流量，以便当内部密封产生较大的泄漏量时，由于出口孔板限制流量，导致收集器的压力增加，触发 PSH（设置表压为 0.07MPa/0.7bar）报警。收集器出口处安装了截止阀，可隔离收集器，以便维修。

当泵正常工作时，可通过关闭截止阀，观察收集器压力随时间的变化，来测试内部密封的密封性；还可以通过往收集器注入一定压力的氮气（或其他气体），来测试抑制密封的密封性及检查抑制密封腔内是否聚集液体。

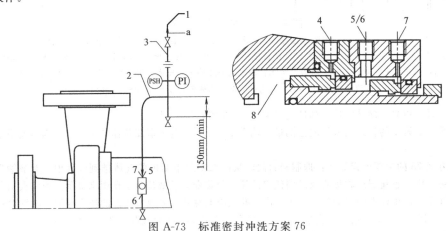

图 A-73　标准密封冲洗方案 76

1—去蒸气回收系统；2—管道；3—管件；4—冲洗接口（F）；5—抑制密封放气口（CSV）；
6—抑制密封排液口（CSD）；7—缓冲气进口（GbI）；8—密封腔；PI—压力计；PSH—高位压力开关；
a—线下方的辅助设施由用户提供

注：密封接口处管径应是 1/2″，从 CSV 接口连续往上延至仪表支耳处最小管径也应是 1/2″，管子应由高架结构或侧向立架支持，以便无张力施加于密封压盖连接的管子上

3. 支持系统设计规范

（1）管路系统（API 682 中 8.1 Auxliary piping systems）

① 管路布置方式应能保证操作和维修所需的充足的空间和安全性。管路应在与其连接的相关设备的部位留有法兰式的接口。

② 支持系统中所采用的无缝管或管件应满足表 A-13 要求。

表 A-13　管道材料的最低要求

零　件	液　体					
	介质流体		蒸气		冷却水	
	类别		表压		名义尺寸	
	不易燃/无毒	易燃/有毒	≤0.5MPa	>0.5MPa	标准值≤DN25	可选值≥DN40
输送管道	无缝管①	无缝管①	无缝管①	无缝管①	—	碳钢/镀锌
管道②	269/316 无缝管	269/316 无缝管	269/316 无缝管	269/316 无缝管	269/316 无缝管	897
所有阀门	Class800	Class800	Class800	Class800	Class200/青铜	Class200/青铜
闸阀球阀	螺栓连接阀体填料密封	螺栓连接阀体填料密封	螺栓连接阀体填料密封	螺栓连接阀体填料密封	螺栓连接阀体填料密封	螺栓连接阀体填料密封
管件/管接头	Class 3000 锻件	Cass 3000 锻件	Class3000 锻件	Class 3000 锻件	可锻铸铁镀锌	可锻铸铁镀锌
管件	制造商标准	制造商标准	制造商标准	制造商标准	制造商标准	
接头方式 ≤DN25	螺纹连接	螺纹连接	螺纹连接	螺纹连接	螺纹连接	
接头方式 ≤DN40	—	—	—	—	—	根据用户要求
垫片	—	304/316 不锈钢缠绕垫	—	304/316 不锈钢缠绕垫		
法兰螺栓	—	低合金钢	—	低合金钢		

① 直径为 DN15～DN40 的管壁厚度等级为 SCH80；DN50 或更大的管壁厚度等级为 SCH40。

② 可接受的管道尺寸（参考 ISO4200）为：12.7mm×1.66mm、19mm×2.6mm、25mm×2.9mm。

③ 管道设计的制造、检测和验收应遵照 ISO 15649 的要求。

注：ISO 15649 石油和天然气工业管道。

④ 管道的设计应满足如下要求。

1）应有合理的支撑和保护措施，以避免设备运输，及工作中振动和维修时发生损坏。

2）应有足够的灵活性和可行性，保证工作、维修和清洗。

3）布置应整齐有序，应有足够的空间放置设备，且不能挡住出入口。

4）通过放空阀或非聚积管道布置的使用，消除气穴。

5）不必拆开管道、密封或密封端盖，通过低点就可排净流体。

6）减少螺纹连接、法兰、阀门和其他附件的数量；尽可能减少泄漏点和管路损失压降。

7）应提供用户认可的清洗、净化流程（如蒸汽清洁、溶剂清洗等）。

⑤ 管道应用弯管和焊接办法来尽量减少螺纹连接，减少法兰和管件的使用，以简化管道在密集区域的布置。焊接法兰只许可用于连接设备的接口处。不得使用衬套管。

⑥ 管道螺纹连接采用锥螺纹，须符合 ISO 7 或 ASME B1.20.1 标准。法兰须符合 ISO 7005-1 标准，慎用平焊法兰，推荐用插焊法兰（管端和凹口底部应有 1.5mm 的间隙），法兰连接的螺栓孔应跨中均布。

注：就本条而言，ASME B16.5 与 ISO 7005-1 等效。

⑦ 通径 DN30、DN65、DN90、DN125、DN175、DN225 的接头、管道、阀门和管件不得使用。允许使用的最大通径为 DN15。

⑧ 第 1 组冲洗冷却系统的管道、部件和附件的压力和温度等级至少等于泵体内的最大许用工作压力和温度，但其绝对压力在任何情况都不得小于如下值：

系列 1 密封：常温下 2.2MPa（22bar）

系列 2、3 密封：常温下 4.2MPa（42bar）

⑨ 所有在正常工作条件下与介质流体相接触的管件，其使用的材料，对所规定的介质的防腐蚀和耐

磨蚀性，必须等同于或优于泵壳。

用于特殊和（或）危险工况的管道、法兰、垫片和O形密封圈、阀门及其它配件，其特殊要求应由用户提出。

⑩ 氯化物的浓度在 10mg/kg（10ppm wt）时，必须审慎使用不锈钢材料。因为存在有氯化物应力腐蚀破裂的潜在危险。

⑪ 压力表应配切断放空阀；没与管道连接的接口须需用旋塞塞住；卖方提供的管路系统在工厂应进行预制预装，并提供合适的支架。

（2）冲洗和冷却系统/第1组（API 682 中 8.2 Flush/cool. ng systems/Group 1）

① 制造商应与用户就支持密封工作的冲洗方案达成一致意见。

② 密封冲洗系统和隔离液/缓冲液系统只能是机械力作用的强制循环形式。不得采用仅依赖热虹吸作用来保持循环的系统。

③ 利用内部循环装置/泵效环，以及依靠机械密封自身旋转来保持循环的密封系统。如空间条件许可，其入口须设计在密封的底部，出口则设在密封的顶部。

注：这条要求能增强泵轴不旋转时的排气和热虹吸作用。

a. 管路系统的最高点应有一个排气阀，以排放所有的残留气体。

b. 标准冲洗方案 23 所设置的冷却器应牢固地固定奥氏体不锈钢标签牌，并以至少 6mm 高度字体标注以下内容：

"重要：为了避免对机械密封造成破坏，此系统里的所有的残留气体都必须在操作之前排净。"

（3）吹扫系统/第2组（API 682 中 8.3 Quench systems/Group 2）

可根据以下要求对密封压盖外侧进行吹扫（标准中冲洗方案 19、20）

1）吹扫液应对密封端面（低压侧）和辅助密封进行冷却；

2）如果是用水来吹扫，冷却水应通过排水连接口排出；

3）如果要求采用蒸汽吹扫，且空间允许，密封端盖上应有防结焦的导板。

注：1. 吹扫是指在机械密封的大气侧密封端面处引入一种流体，通常是水、氮气或蒸汽。吹扫可以用于加热或者冷却，大多用于有毒、易燃、易氧化、易聚合、或在干燥时会结晶介质的工况。以防止采用了吹扫措施的密封泄漏处的水分或蒸气污染轴承箱中的润滑油，并在密封压盖上需安装节流环，最大限度地保持住吹扫流体。

2. 导板把蒸汽引导到密封端面处，让蒸汽沿途把密封端面处接触大气冷凝的泄漏液所形成的固态介质（凝块）带走；蒸汽吹扫还可以避免密封处于大于 150℃ 的过热工况，防止泄漏介质焦化。它还可以使黏稠性介质在泵停转时保持较稀的状态，如果端面处的介质变稠，密封可能会在启动的时候遭到破坏。密封端面处积聚的凝块会汽化和破坏密封端面。

（4）冷却水系统/第3组（API 682 中 8.4 Cool. ng-water systems/Group 3）

① 冷却水系统应根据表 A-14 规定的设计参数来设计。必须注意系统须采取完善的排气和排液措施。

表 A-14　冷却水系统设计参数

条　件	数　值	条　件	数　值
流过热交换表面的速度	1.5～2.5m/s	最高出口温度	49℃
最大允许工作压力（表压）	0.5 MPa（5.2bar）	最大温升	17℃
试验压力（表压）	0.8 MPa（8bar）	冷却水侧污垢系数	$0.35m^2 \cdot K/kW$
最大压降	0.1 MPa（1bar）	壳体腐蚀程度	3mm
最高进口温度	32℃		

② 在出口管线上须配备可视流量指示器。

③ 空气和惰性气体供给源、冷却水供水源、回液管道等所要求的各种公用工程，须分别通过各个分支管汇集到总管。

（5）配件和支持系统的部件（API 682 中 8.5 Seal Accessories and auxiliary components）

① 旋液分离器

a. 因为液体通过旋液分离器有阻力压降，所以在设计密封冲洗系统时，须考虑旋液分离器阻力压降所造成的流量损失。

b. 旋液分离器的选型原则是在一定的压差下获得最优的固体颗粒去除率。旋液分离器的使用压差不得小于 0.17MPa（1.7bar），如果使用压差超过旋液分离器的设计压差，可以使用限流孔板。

注：1. 为了有效地清除冲洗蒸汽中的固体颗粒，固体颗粒的密度至少为冲洗流体密度的两倍。常见的工艺介质中固体物质大致的密度列在表 A-15 中。

对于炼油工艺来说，大多数烃类介质，除原始开车阶段之外，存在的可能性最大的固体污染是炭的结焦，所以使用旋液分离器对大多数烃类介质可能是没有效果的。但对于从河流、海湾或井里抽水的水泵来说，旋液分离器如果安装合理，还是有用的。

表 A-15　工艺介质中常见的固体颗粒的大致密度

物　料	密度/(kg/m³)	物　料	密度/(kg/m³)
水泥砂石	2307	石灰石	2355
黏土	1976	石蜡	897
焦炭	531	砂	2018
泥	1538	钢铁	7801
汽油	721	焦油	1201
玻璃	2595	水	993
煤油	801	木	432

2. 旋液分离器的分离效率（带走固体颗粒的百分率）取决于压差和颗粒粒度。随着旋液分离器的使用，其工作压差会偏离设计压差，分离效率也会降低。

c. 对于双支承泵，两端机械密封须各自配一个旋液分离器。

d. 旋液分离器的材料应为奥氏体不锈钢。

② 限流孔板

a. 限流孔板的数量和位置应由密封支持系统确定。密封冲洗系统可能只需要单一的孔板；或孔板与喉口节流环二者的组合配置，或孔板、喉口节流环与旋液分离器三者的组合配置。孔板的功能是：

▲ 限制密封冲洗循环流速；

▲ 控制抑制密封腔压力。

b. 限流孔板若采用管件螺纹连接应同时提供旋塞、管接头或限流管接头；若采用管道连接，则应在管道上采用法兰夹持安装限流孔板，不得采用限流组件。并应遵守以下规定：

▲ 所有限流孔板的节流孔最小直径为 3mm；

注：节流孔直径小于 3mm 的限流孔板较易因堵塞而导致密封失效。

▲ 限流孔板的材料应该是奥氏不锈钢，并有一个手柄露出法兰外径之外。在此手柄上打印上节流孔的直径、管径和孔板的材料。

c. 如果单个 3mm 限流孔板提供的压降不够的话，可以采用串联安装多个孔板。

流体通过孔板时的噪声会很大，尤其是在流量较大的时候，须采用适当的节流孔的尺寸，以降低液流噪声。

d. 如有要求，可在泵的出口配一个限流管接头（不是限流组件），以限制辅助管道系统或其他零件失效时所产生的泄漏。

③ 冲洗冷却器

a. 密封冲洗冷却器的使用有 4 种场合：

1）配置 1 密封采用泵自身介质冲洗时，冷却器直接装在密封冲洗管道上使介质达到所需温度，进入密封腔冲洗。

2）配置 2 密封的抑制密封采用泵自身介质作为缓冲流体冲洗时，冷却器直接装在密封冲洗管道上使达到所需温度，作为缓冲流体进入抑制密封腔冲洗。

3）配置 2 密封的抑制密封采用外供缓冲液冲洗时，缓冲液储罐与冷却器为整体结构，提供缓冲流体进入抑制密封腔冲洗。

4）配置 3 密封仅仅采用外供隔离液冲洗，隔离液储罐内与冷却器为整体结构，提供隔离流体进入密封腔冲洗。

b. 密封冲洗冷却器的流量应符合每个密封不低于 8L/min 的要求。

c. 密封冲洗冷却器应布置成密封冲洗液走管内，冷却水走壳侧。

注：设计密封冲洗冷却器时，应避免由于壳侧冷却水堵塞，而高温冲洗液仍在管内流动，而引起外壳内压力过大的现象。常用以下办法来解决：选择足够高的冷却器壳体耐压等级；增设过压保护设施。

d. 在寒冷气候地区，冷却水管道应保温。

e. 密封冲洗冷却器应根据 ISO 15649 的规定，采用管件组合设计、制造和检验。

注：ISO 15649 石油和天然气工业管道。

f. 密封轴径＞60mm，冷却器管径应为 19mm，壁厚应为 2.4mm，密封轴径＜60mm，冷却器管径应为 12.7mm，壁厚应为 1.6mm。冷却器管子的材料至少应为奥氏体不锈钢，外壳的材料为碳钢。

g. 密封冲洗冷却器的冷却水侧和工艺介质侧均需有彻底放气、排液的结构。冷却器壳体的最低点须装有排液阀（不允许采用螺纹旋塞）。

h. 双支承泵的每端机械密封装置都应配一个单独的外部冲洗冷却器。

④ 隔离/缓冲液储罐

a. 隔离/缓冲液储罐的规格和要求、隔离/缓冲液选择以及总体布置，需与用户沟通。

b. 隔离/缓冲液储罐应满足如下要求。

1）每套机械密封装置须各自配备一个单独的储罐。

2）储罐必须安装在牢固的支架上，而且不应受到泵振动的影响。支架由制造商提供。

3）储罐的正常液面 NLL（normal liquid level）高度应根据以下因素来确定：环境、储罐方位、流量、管路阻力压降以及循环装置的扬程/流量特性曲线和汽蚀余量要求。储罐的 NLL 高度在泵密封压盖以上，一般不低于 1m。

4）为减少管路阻力压降储罐和密封压盖之间应尽量缩短管线长度和尽量少用管件。从泵密封腔至储罐的水平管线应至少有 10mm/240mm 的上斜坡度，应使用平滑的大弯曲半径弯头。

5）储罐应尽量靠近泵，但须留有足够的操作和维护空间。储罐不应直接位于泵的上方，且不受泵振动的影响。热管线应设保温护套，以保证安全。

6）储罐上应有一个高位的放气阀和一个独立的注液接口。

当使用外部隔离/缓冲液储罐时，制造商应提供充液系统。设计时应考虑储罐注液的安全因素：考虑采用密封液储罐带压注液系统，防止压力倒灌；考虑采用封闭注液系统，这样操作人员不会暴露于隔离/缓冲液中，就可以向储罐注液（最好不要使用手工注液方式）；考虑采用从地面高度进行注液，而不用梯子、台阶等安全性和可操作性不好的注液方法；考虑配备检测和泄压保护设备，防止储罐和注液系统的超压。可以考虑以下的注液方法。

1）在中心位置设置一个总储罐，用输液泵（或利用惰性气体的压力），通过固定管道将隔离液/缓冲液输送至与总储罐连通的各个储罐［或容量（一天的容量）储罐］。

2）设置手压泵，用软管（或盘卷管）与容量（一天的容量）储罐连接。

3）在储罐附近设置一个小型容器，用惰性气体对其充压把隔离/缓冲液压入储罐。

注：1. 缓冲液储罐常带有与蒸气回收系统联通的排气管，设计时应考虑与该系统连通的其它管路中的气态烃凝结的可能性，以避免在储罐的排气管道中形成压力高的液态烃进入储罐，污染隔离/缓冲液。常采用伴热排气管或凝液收集容器来避免。

2. 在设计储罐装置的时候应考虑到废液的排放。该系统设计中应包括排污所需的全部设施。

4）配有节流孔板。

注：通常缓冲液储罐不断地排放蒸气到蒸气回收系统里。排气管线上应装有一个限流孔板，限制储罐流出的气体流量，并对储罐造成背压。

5）储罐应装有压力开关，及用来测量储罐中最高液位 HLL（high liquid level）以上气相空间压力的压力表。需征求用户意见，确定压力开关是压力上限报警，还是压力下限报警。

注：配有缓冲液储罐的配置 2 密封一般采用压力上限报警，指示内部密封已经失效；配有隔离液储罐的配置 3 密封一般采用压力下限报警，指示隔离液压力降低或失压。

6）一般储罐配有液位下限 LLA（low level alarm）报警开关。如有需要也可配液位上限 HLA（high level alarm）报警开关。

c. 储罐设计须符合的尺寸标准如下（图 A-74 和图 A-75）：

1）正常液位 NLL（normal liquid level）时的液体体积最少应为：

▲ 轴径≤60mm 时为 12L；

▲ 轴径＞60mm 时为 20L；

2）储罐正常液位 NLL 至少应在液位下限 LLA 点以上 150mm，并方便目视。

3）储罐中正常液位 NLL 以上的气相空间体积应大于正常液位 NLL 和液位下限 LLA 点之间的容积。

注：以上条款的要求为液面的波动提供了足够的空间，同时又保证液面之上有足够的气相空间。

4）如果设置液位上限 HLL 报警点，则此点至少应在正常液位 NLL 以上 50mm。

注：50mm 的高度可以把进入储罐流量减少到最小，而又可以提供足够的空间防止液面正常波动而产生假报警。

5）液位下限 LLA 报警点至少应在回流液接口以上 50mm。

注：所规定的液位考虑到了液面波动，仍能覆盖住回流液管口。

6）储罐的隔离/缓冲液回流接口至少应在隔离/缓冲液供液接口上方 250mm。

7）储罐的隔离/缓冲液供液接口应在储罐底面以上至少 50mm。储罐的底部应有一个装有排液阀的排液接口，其位置能确保完全排净液体。

注：在储罐内工业接口处，安装一段竖管，这样就可以防止储罐中沉降下来的颗粒被夹带进入密封腔。

d. 隔离/缓冲液储罐应根据以下条款的要求制造。

1）标准的隔离/缓冲液储罐应符合图 A-74 的要求，备选的隔离/缓冲液储罐应符合图 A-75 的要求。

2）带有管件的储罐应作为泵管路系统的一部分，其设计、生产和检验应符合 ISO 15649 标准。

3）储罐须按如下要求制作。

▲ 12L 的储罐须采用通径 $DN150$ 厚度等级 Sch40 的无缝管制作。

▲ 20L 的储罐须采用通径 $DN200$ 厚度等级 Sch40 的无缝管制作。

注：按 ISO15649 标准要求，储罐（包括进口、出口管道）完全是用管件设计制造是合宜的，不需要按压力容器规范来制作。

4）应有一块印有"最大许用工作压力、静水压试验压力、最高和最低许用温度"的铭牌，永久性固定在储罐上。

5）储罐的液位计应是焊接的板式液位计。其可视量程下限为低液位报警点 LLV，上限在正常液位 NLL 以上至少 75mm 处；如果设有液位上限报警点 HLV，上限则调整至液位上限报警点以上 25mm 处，设计时选取二者中数值大者。正常液面高度必须有永久性的标识。

6）储罐和与其直接焊接在一起的管道及管件材质都应是 316L 不锈钢。

7）应确认储罐排液管道上的孔板出口温度高于结构材料的低温韧性转变温度。必须检查流过孔板时隔离/缓冲液的温度变化，以及排出液体的自制冷效应，以便确定这些部件的设计温度。

8）隔离（缓冲）液储罐和机械密封之间的连接管道应是奥氏体不锈钢管，符合表 A-6 和以下要求：

▲ 轴径≤60mm 时，最小管径为 12mm 厚度等级 Sch40；

▲ 轴径＞ 60mm 时，最小管径为 18mm 厚度等级 Sch40。

9）若有需要，选用以下厚度等级为 Sch80s 的奥氏体不锈钢管。

▲ 轴径≤60mm 时，最小管径为 12mm 厚度等级 Sch80s；

▲ 轴径＞ 60mm 时，最小管径为 18mm 厚度等级 Sch80s。

10）储罐所有的连接口都为 NPT 锥管螺纹连接。

e. 隔离（缓冲）液储罐需配备冷却盘管，要求如下：

1）应根据现场外部环境的热负荷、内部循环或外部循环装置的流量、冷却液以及隔离（缓冲）液特性等来确定冷却盘管的导热能力，从而在根据储罐的长度制定冷却盘管的标准尺寸系列中选取。

2）如果外部环境可能会引起水结冰；或者使用的冷却水质量很差，易结垢；则不能采用水冷，则需寻找其他冷却介质。

3）冷却盘管安装在储罐内部盘管顶部应低于回流液接口。冷却液应走管内。

4）冷却管子的材料是奥氏体不锈钢，管径 12mm 最薄壁厚 1.6mm。储罐内部不允许有管接头、管件和焊缝。

5）装有冷却盘管的储罐，如果在现场装置上不用冷却盘管进行冷却，则应将冷却盘管的冷却水进出接口用旋塞堵死。

6）冷却盘管应有能排净冷却液的结构。

⑤ 隔离/缓冲液的选择准则

a. 选择隔离/缓冲液，应考虑其与介质的相容性。

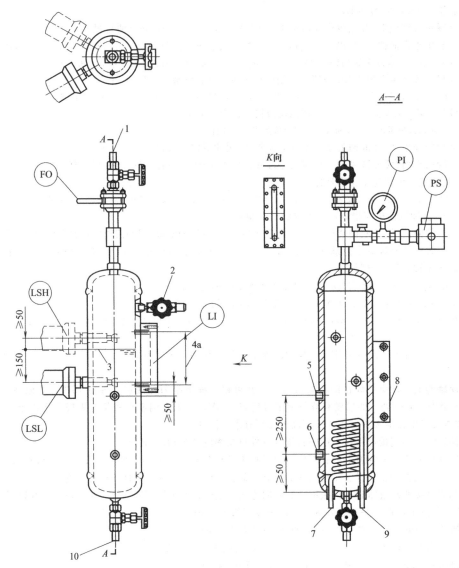

图 A-74　标准密封隔离/缓冲液储罐

1—NPT 3/4″排气口；2—NPT 3/4″压力注液口；3—正常液位 NLL；4—可视长度；

5—NPT 3/4″回液口；6—NPT 3/4″供液口；7—13mm 外径管子冷却液进口；8—安装支耳；

9—13mm 外径管子冷却液出口；10—NPT3/4″排净口；LSL—低位液位开关；LI—液位计；

PI—压力计；PS—压力开关；FO—限液孔板；LSH—高位液位开关

注：可视长度范围为从低于 LSL 到正常液位 NLL 以上 75mm 或 LSH 以上 25mm（取数值大者）

1）隔离/缓冲液应与输送介质相容，以防止当隔离/缓冲液泄漏到介质中，或者介质泄漏到隔离/缓冲液中时，发生反应、产生凝胶或沉淀。

2）隔离/缓冲液与密封、冲洗系统所使用的金属、橡胶和其他材料的相容性。

3）隔离/缓冲液与工作介质的温度达到最高温度或最低温度时的相容性。

注：对于采用气体加压的隔离/缓冲液时，尤其要注意按使用工况选择隔离/缓冲液。当压力或温度上升时，气体在隔离/缓冲液中的溶解度会增加；当压力或温度降低时，气体会从隔离/缓冲液释放出来，往往会形成泡沫，而丧失循环能力。这种现象经常会出现在应用于高黏度隔离/缓冲液的情况下，如使用压力在 1MPa（10bar）以上的润滑油。

b. 隔离/缓冲液的黏度至关重要。

应检查在整个工作温度范围内隔离/缓冲液的黏度，尤其要注意泵在启动时，隔离/缓冲液处于最低温度情况下，其运动黏度应低于 $500mm^2/s$。

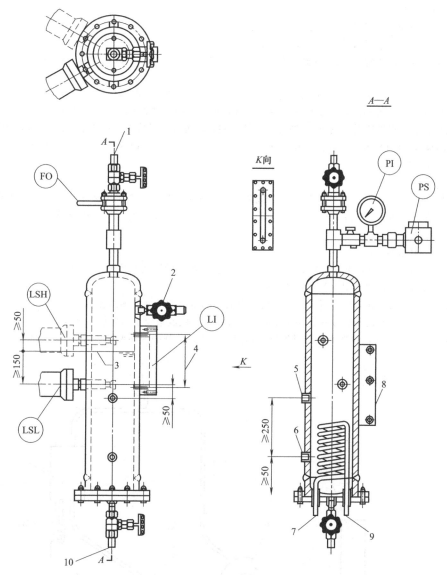

图 A-75 备选的隔离/缓冲液储罐

1—NPT 3/4″排气口；2—NPT 3/4″压力注液口；3—正常液位 NLL；4—可视长度；

5—NPT 3/4″回液口；6—NPT 3/4″供液口；7—13mm 外径管子冷却液进口；8—安装支耳；

9—13mm 外径管子冷却液出口；10—NPT3/4″排净口；LSL—低位液位开关；LI—液位计；

PI—压力计；PS—压力开关；FO—限液孔板；LSH—高位液位开关

注：可视长度范围为从低于 LSL 到正常液位 NLL 以上 75mm 或 LSH 以上 25mm（取数值大者）

隔离/缓冲液的黏度的选择原则。

1）隔离/缓冲液使用温度高于 10℃时：38℃黏度＜100mm²/s；100℃黏度 1～10mm²/s 之间的隔离/缓冲液可以得到令人满意的使用结果。

2）隔离/缓冲液使用温度低于 10℃时：38℃黏度＜5～40mm²/s；100℃黏度 1～10mm²/s 之间的隔离/缓冲液可以得到令人满意的使用结果。

3）对于输送含水的介质，可选用水和乙二醇（或丙二醇）的混合物为隔离/缓冲液。不应使用商用汽车防冻剂，商用汽车防冻剂容易在密封部件上会析出凝胶，使密封失效。

4）在较低的环境温度下，隔离/缓冲液不应凝结。

c. 要考虑隔离/缓冲液的挥发性和毒性，以防止隔离/缓冲液泄漏到环境中产生污染。

1) 隔离/缓冲液的汽化点应大于 28℃，并高于它的工作温度。

2) 如果存在氧气，隔离/缓冲液的闪点应高于它的工作温度。

3) 当使用乙二醇作为隔离液时，应把它看成是有害的物质。

d. 隔离/缓冲液应当满足密封连续运转 3 年，而不严重变质的要求。隔离/缓冲液不应形成沉淀、结晶或结碳。

注：对于烃类液体，已成功地使用少许（或没有）抗磨损和抗氧化添加剂的石蜡基高纯度油（或合成油）作为隔离/缓冲液。事实已表明商用透平机油中的抗磨损、抗氧化添加剂会粘在密封端面上，造成密封失效。

e. 用户有责任提供所选择隔离/缓冲液的特性；制造商更有责任检查用户关于隔离/缓冲液的选择。

（6）隔离液/缓冲液和密封冲洗液压力循环装置（API 682 中 8.6 Barrier/buffer fluid and sealflush positive circulating devices）

① 总则

采用标准冲洗方案 23 的双端面湿式密封或单端面湿式密封需要设置正压循环装置（如内部循环装置、外部循环泵或来自外部冲洗液源）的贯通流动系统，以确保密封冲洗液（泵输送介质、隔离液、缓冲液）至密封的正压循环。

② 内部循环装置

a. 图 A-76 提供了标准冲洗方案 23 压力内循环系统的典型配置及安装准则；图 A-77 提供了隔离/缓冲液储罐压力内循环系统的典型配置及安装准则。

压力内循环装置须在各种运行条件下，提供所需要的密封冲洗液的输送流量。

对于配备了变速驱动装置或转速小于 1800r/min 的泵，此流量要求需要极其仔细地检查再确定。

b. 对于系列 3 密封，制造商须提供根据实际测试结果，绘制的内部循环装置扬程/流量特性曲线。

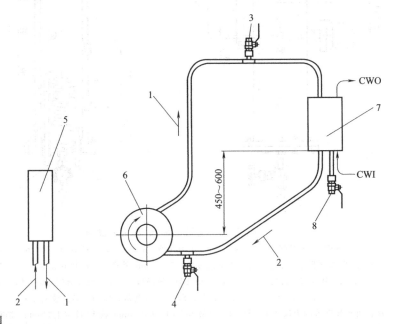

安装准则

A1.冷却液走壳程，冲洗液走管程。

A2.冷却器的安装应尽可能靠近泵，不应直接安装在泵的上方，并要留有足够的操作和维修空间。

A3.出于安全，热管道需保温。

A4.管道要用平滑，半径大的弯头，尽量少用90°弯头，可以多用45°弯头。

A5.所有管线应从由压盖高点排气口起向上倾斜，坡度至少为40mm/m。

图 A-76 标准冲洗方案 23 压力内循环系统的典型配置

1—至冲洗冷却器；2—来自冲洗冷却器；3—管道上高点放空口；4—管道上低点排泄口；
5—立式泵应用的布置；6—卧式泵应用的布置；7—冲洗冷却器；8—冷却水排泄口；
CWI—冷却水进口；CWO—冷却水出口

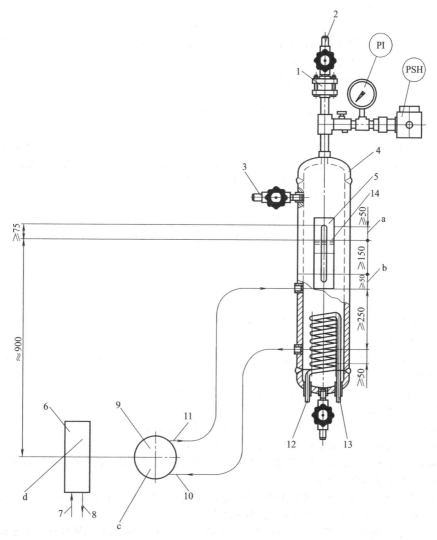

安装准则：

A1.冷却液走壳程，冲洗液走管程。

A2.储液罐的安装应尽可能靠近泵，不应直接安装在泵的上方，
并要留有足够的操作和维修空间。

A3.出于安全，热管道需保温。

A4.管道要用平滑，半径大的弯头，尽量少用90°弯头，可以多用45°弯头。

A5.所有管线应从由压盖高点排气口起向上倾斜，坡度至少为40mm/m。

图 A-77　隔离/缓冲液储罐压力内循环系统的典型配置

1—法兰式孔板；2—排气口；3—注液口；4—储液罐；5—液位计；6—密封腔；7—进入密封；

8—流出密封；9—密封腔；10—冲洗液进密封；11—冲洗液出密封回流；12—冷却液进口；

13—冷却液出口；14—正常液位；a—高位报警设置在此范围内；b—低位报警设置在此范围内；

c—立式应用方式；d—卧式应用方式；PI—压力计；PSH—高位压力开关

c. 内循环装置的旋转零件与密封腔、静止件之间的径向间隙不应小于1.5mm。

d. 带有内部循环装置的密封在装入密封腔内时，应确保循环装置的入口和出口，与密封冲洗液的供液接口以及回液接口正确配置。

③ 外部循环泵

如内循环装置不能满足所需的流量，则需要采用外部强制循环泵。其与主泵之间应设置联锁结构，以避免外部循环泵的失效引起主泵密封失效的潜在危险。

④ 密封外部冲洗系统

a. 密封系统采用冲洗方案 53C 和冲洗方案 54，使用用户提供的外源冲洗液冲洗（见图 A-64 和 A-65），用户应注明此液体的特性，制造商应注明所需的流量、压力和温度，这些都是非常重要的数据。

b. 制造商应检查用户提供的外部冲洗液。

注：如果冲洗液体没有选好，流量过大或过小，都会影响密封的使用的性能。

⑤ 凝液收集器

a. 如果密封系统采用冲洗方案 75，则配备凝液收集系统（见图 A-72）。

b. 凝液收集器须符合以下要求：

1）罐体为直径最小 200mmSch40 的碳钢管材，最小容积为 12L，并符合 3.5.4.4 的相关要求。如果泵的材料不是碳钢，此收集器的材料应和泵体一样，或比泵体材料更耐腐蚀、机械性能更好的材料；

2）为了便于检修，应设计为至少有一个法兰端盖结构；

3）在法兰端盖上设置液位计；

4）应备有一个最小尺寸为 3/4″ 的排液接口，接口末端安装一个全开通截止阀；

5）应备有一个最小尺寸为 1/2″ 的排气接口，供连接主密封泄漏检测压力开关、压力表和限流孔板的管道之用。

c. 按需配备高位液位报警开关。

d. 按需设置试验用接口用以注入氮气，以检测抑制密封及排放气收集器。

e. 对排液布置的任何额外要求，用户须另行提出。

f. 抑制密封腔接入口与凝液收集器排液截止阀及与放气限流孔板之间的所有管道组成的部件，都须当作为承压件进行水压试验。

g. 从密封压盖到凝液收集器的管道须具有向收集器倾斜的最小 40mm/m 的坡度，管径最小应为 $DN15mm$。

h. 如泄漏液会在环境温度下凝固，则收集器的管道须伴热并保温。

⑥ 隔离/缓冲气供给系统

a. 密封系统采用冲洗方案 72 和冲洗方案 74 要使用隔离/缓冲气供给系统。设计隔离/缓冲气供给系统，制造商应就所使用仪表要求和总体布置与用户充分沟通。

b. 隔离/缓冲气供给系统至少应包括调节阀、过滤器、可视流量计、止回阀、进口和出口阀、低位压力开关和一个压力表（见图 A-78）。

c. 减压阀、压力表和压力开关的选择应使其正常工作压力位于仪表全量程的 1/3 至 1/2 为准。最大工作压力和最小工作压力应在这些仪表的量程范围之内。

d. 应配备有可更换滤件或滤芯的过滤器。过滤器应装有阀门的排液口和液位计。过滤器按 $\leqslant 3\mu m$ 颗粒的过滤率为 98.7%。

注：供气必须经过有效的过滤十分重要。因为密封端面的凹槽很容易堵塞，随着凹槽逐渐堵塞，密封端面分开的程度降低，引起端面迅速磨损。

e. 按需配置高位流量开关，安装在流量表和止回阀之间（图 A-70 和图 A-71）。

f. 标准隔离气/缓冲气控制盘

（7）检测仪表和控制器件（API 682 中 9Instrumentation）

① 通则

a. 检测仪表和控制器件需按室外要求设计，并应符合 IEC 60529 要求。

注：IEC 60529 控制器件外壳保护级别—工业生产规范。

b. 检测仪表和控制器件的材料应能与其所处环境以及接触的流体相容。对于与泵所输送的介质及隔离/缓冲液据接触的一切检测控制仪表液位计和开关，须给予特别关注。

c. 检测仪表和控制器件的设计和生产须符合用于所在地理区域或类别的要求。

d. 所有检测仪表和控制器件的位置应能使操作人员容易观察、检验、调节以及维护方便。

② 温度计

a. 刻度盘温度计必须能承受恶劣工况，能耐腐蚀，应是双金属片或充液型。温度计标准的型式是白底黑色刻度。不能采用水银温度表！

b. 刻度盘温度计可以按要求装在管道或管件上。

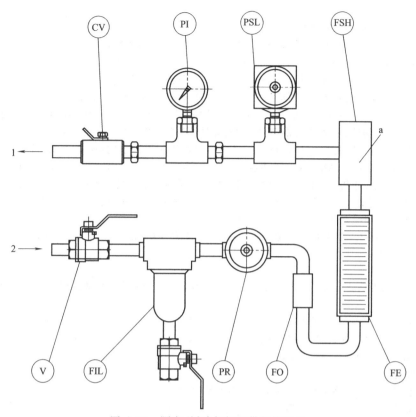

图 A-78 隔离/缓冲气标准供气控制盘

1—至密封；2—来自供气气源；CV—止回阀；FE—流量计；FIL—聚结过滤器；
V—截止阀；FO—限流孔板 1.5mm（如果需要）；FSH—流量开关高；PI—压力计；
PR—减压阀；PSL—低位压力开关；a—有需要时设置

注：此图说明的是供气控制盘上各部件的总体布置。各部件的实际布置可以有所差异，
但是需要的所有部件和图示的流程次序则保持不变。

c. 温度计的感温元件应放置在流动的流体中，并达到仪表制造商所注明的深度。

d. 装在管件上的刻度盘温度计：其最小直径应为 38mm，安装柄长度至少应为 50mm。装在管道上其它仪表的最小直径应为 90mm，安装柄长度至少应为 75mm。

注：之所以采用 90mm，而不是标准的 125mm，是因为机械密封系统中采用的管道管径较小的缘故。

③ 热电偶

安装在有压力或液流的管道上的，或与可燃或有毒液体接触的热电偶，应配置可拆卸的螺纹连接的套管，其材料为奥氏体不锈钢（或与液体相容更好的材料），最小通径为 DN15，其设计和安装不应对液体产生影响。热电偶的安装须告知用户。

④ 压力表

a. 压力表应符合 ISO 10438 的要求。

注：ISO 10438 石油、石化和天然气工业—润滑、轴封和控油系统及其辅助装置。

b. 压力表（不包括仪器的内装气压计）应采用 316 不锈钢或与液体相容性更好的材料，制作弹性管、运动机件以及 NPT 1/2″外螺纹接头及扳手凸缘。装在管件的压力表刻度盘直径为 64mm；非管件上的压力表刻度盘直径为 114mm；压力大于 5.5MPa（55bar）的刻度盘直径为 152mm。压力表的标准型式是白底黑色刻度。

压力表量程的选择，应使正常的工作压力在表量程的中间；其最大读数必须要大于安全阀设定压力的 110%。压力表都需要配备保护隔膜或爆破片，用以释放表壳内过高的压力。

c. 如有需要，可配备充油的压力表。

⑤ 控制开关

a. 报警开关、跳闸开关和控制开关。

a）所有报警开关，停车开关和控制开关都应独立，以方便检验和维护。

一般必须采用适用于分区级别的为电力危险场所规定的双刀双投开关。当120V交流电压时，最小额定电流为5A；120V直流电压时，最小额定电流0.5A。不得使用水银开关！

b）配备的电气开关应为断开（不动作）报警和闭合（动作）合闸供电工作方式。

c）报警和合闸电气开关的设定值应能从其壳体的外部进行调整。报警和合闸电气开关的电路布置应能允许进行控制电路的试验，如有可能还能包括执行元件的试验，而不影响设备的正常工作。

d）低压报警系统，应在压力降低的时候动作，须配备装有电动阀的排液接口（或放气接口），以便可以进行调控减压；高压报警系统，在压力升高的时候动作，并须配备装有阀的试验接口，以便可以使用小型的试压泵来试验高压报警。而且能使操作人员可以在相关压力表上观察到报警的设定压力。

e）所有检测相同变量的开关应单独，并具有重新设定控制范围的功能，当一个开关在重新设定的变量时，不会引起其它开关动作。

注：液位开关可能会有较宽的死区，以致在重新设定时会使其他开关动作。对于双端面机械密封冲洗液储罐，由于容积较小，尤其会出现这一现象。

b. 压力开关

a）压力开关应有防止超过其可能承受的最大压力的上限保护装置。承受真空的开关应有防止超过真空的下限保护装置。

b）除非制造商确定所输送的液体要求采用其他材料时，检测元件和所有承压部件的材料都应是316不锈钢。一般压力开关应是波纹管或隔膜型。压力输入接口应是1/2″，气动信号接口应是1/4″。

c）如有需要，应配备有压力变送器。

c. 液位开关

a）一般液位开关应是静压型、电容型或超声波型的。

b）如有需要，应配备液位变送器。

d. 流量开关

缓冲/隔离气系统的流量开关应与管路联接，采用气体流动的机械力驱动，能对管线内的气体流动情况做出反应，而与系统内的压力无关。

⑥ 液位计

a. 标准的液位计是焊接固定的反射型板式液位计。

b. 如有需要，可配备外装的、可拆卸的反射型液位计，替代标准的焊接固定的板式液位计。

⑦ 流量仪表

a. 视镜。有钢质外壳玻璃板型的视镜应不干扰流动。为方便观察管道内流动情况，玻璃板的宽度须至少为管道内径的一半，并能清晰地显示最小流量。

b. 流量计。流量计有金属外壳的转子流量计、内部磁性浮子结构的流量计、以及玻璃管流量计。要求如下：

1）转子流量计应垂直安装于布置管线上；

2）转子流量计流量量程的选择应使正常流量的数值处于满刻度的1/3～1/2处；

3）为了防止回流，在流量计出口处应安装一个止回阀；

4）玻璃管流量计只能用于空气和惰性气体，温度≤60℃，表压≤0.7MPa（7bar）。

c. 流量变送器。按需配备流量变送器。

⑧ 安全阀

a. 制造商须提供与密封相关设备和管道相匹配的安全阀（泄压阀），并确定其规格和设定压力。安全阀的设定包括蓄压情况，应考虑到所有设备以及管道系统的保护。

b. 安全阀的阀体应是钢制的。

c. 被隔离阀封闭的部件应配备有热泄放安全阀。

⑨ 调节阀

气体缓冲和隔离系统的调节阀应符合以下要求：

1）调节阀应是整体的、弹簧型的，并具有内部感压接口；

2）调节阀的设计应使调定的压力通过阀体直接作用在隔膜上；

3）应配备一个有锁定机构的调节装置以确保控制点不会漂移或随意改变；

4）应该根据最大上、下限压力和温度来选定调节阀阀体的强度级别；

5）调节阀体不允许是铸铁的；若选择铸铝，也只能用于空气和氮气介质。调节阀的弹簧和隔膜外壳应是钢（或不锈钢）。

⑩ 增压器

如有需要增大来自公用工程的供气压力，应配备气体增压器。

四、检验、试验与发货准备

1. 总则

① 除非另有注明，买方代表应有权进入所有卖方和二级卖方的生产、试验或检验的工厂。

② 卖方应通知二级制造商关于卖方检验和试验的要求。

③ 不论是"见证（目睹）试验"或"观察试验"，卖方应提前至少 5 工作日，提前通知买方。

④ 买方代表应有权查看制造商的质量控制计划。

⑤ 卖方提供检验和试验的设备。

⑥ 买方、卖方，或双方应该核实检验和试验是否遵照本标准执行，并填写检验清单，并注明日期。

密封系统检验清单表式如表 A-16。

表 A-16 密封系统检验清单

项　　目	检验结论	检验日期	检验员	身　　份
在密封压盖接口上打印标记				
外观检查				
焊接工艺程序认可				
维修规程认可				
锻件检验				
焊接接头				
冲击试验结果				
管路有足够的空间及安全通道				
管路制造检查符合标准/焊接规程				
冷却器标签				
缓冲/隔离液储罐标签				
储罐冷却盘管传热能力				
安全阀清单				
无损探伤结果				
洁净度检查				
硬度测试结果				
认证试验结果				
试验合格证				
水压试验结果				
密封气压试验标签				
密封泄漏率验收标准				
现场存放方法				
发货装运准备				
管道接头标签或打印标志				
安装使用说明书				
合同文件				

2. 检验

① 承压部件须在其完成所注明的检验之后才可以涂漆。

② 买方还可提出以下要求：

a. 应进行表面和内部检验的部件；

b. 所需的探伤方法，可为磁粉、渗透、射线和超声波检验。

③ 应按材料规格要求，进行无损探伤。如果买方要求对焊缝和材料进行额外的射线、超声波、磁粉和渗透探伤，则采用如下标准进行检测和验收。当然，买卖双方也可以协商确定按照其他的标准进行检测和验收。

a. 射线检验应符合 ASTM 规程第 V 卷第 2 和 22 条款。

b. 用于焊接件的射线检验验收标准应为 ASME 第 Ⅷ 卷第 1 分篇中的 UW-51 条款（100％焊缝射线检验）和 UW-52 条款（点射线检验）。用于铸件的验收标准为 ASME 第 Ⅷ 卷第 1 分篇的附录 7。

c. 超声波检验应符合 ASME 第 V 卷第 5 和 23 条款。

d. 用于焊接件的超声检验验收标准应为 ASME 第 Ⅷ 卷第 1 分篇附录 12。用于铸件的验收标准为 ASME 第 vm 卷第 1 分篇的附录 7。

e. 磁粉检验应符合 ASME 第 V 卷第 7 和第 25 条。

f. 用于焊接件的磁粉检验验收标准应为 ASME 第 Ⅷ 卷第 1 分篇的附录 6。用于铸件的验收标准应该为 ASME 第 Ⅷ 卷第 1 分篇的附录 7。

g. 渗透检验应符合 ASME 第 V 卷第 6 和第 24 条。

h. 用于焊接件的渗透检验验收标准应为 ASME 第 Ⅷ 卷第一分篇的附录 8。

i. 尽管有以上 b、d、f、h 条的验收标准，但在更严格要求的情况下，制造商有责任在考虑设备设计的极限强度的情况下，对不符合 b、d、f、h 条所规定的验收标准的缺陷，予以消除，并采用所注明的检验方法来确定，是否达到以上引用的各质量标准。

j. 在密封系统的装配过程中以及检验之前，每个部件（包括这些部件的铸造孔）、所有的管道及其附属设备应进行化学清洗，或者用其他适当的方法清洗，以除去杂质、腐蚀生成物和氧化皮。

k. 若有注明，需要测试零件、焊缝和热影响区的硬度，是否在许用值范围内。试验的方法、位置范围、文件编制以及证明，须由买方和制造商共同商定。

3. 试验

(1) 用户验收试验程序（见图 A-79）

(2) 密封的认证试验

① 认证试验的目的

a. 为了让密封的终端用户对产品持有高度的信赖，相信所提供的特定型号的密封的性能符合本国际标准的要求。每个密封或系统在投放市场之前，须由制造商进行认证试验。认证试验并不是指用户验证试验。它不是要求在所有液体中逐一试验每种规格的密封，而是根据 2.3 要求来证明其总体设计是否合格。

注：这种认证试验的目的是为终端用户提供产品在各种环境下都具有可靠性能的实际证明。

b. 若有要求，经过制造商和用户共同商定，可选用其他试验方案。在可实施的条件下，用户可以指定与标准试验不同的试验条件。

② 认证试验的范围

a. 试验应由密封制造商根据有关条款，在合适的试验台上进行。

b. 应采用通用密封的型式、配置、结构和材料对系列 3 密封进行试验。

c. 应采用通用密封的型式、配置、结构和材料对系列 1、系列 2 密封进行试验。但是，如果系列 1、系列 2 密封的主要部件，与某系列 3 密封可以互换，而且这系列 3 密封已经进行过试验，同时它们的使用工况也相似，则无需再对系列 1、系列 2 密封进行试验。

注：这样可以减少试验次数，并推动不同类别密封之间零件的互换，提高密封的通用化程度。

d. 密封应该采用 4 种不同的试验液体进行试验，这些试验液体是：水、丙烷、20％NaOH 溶液和矿物油。其中矿物油是一种白色的矿物油调配液，能在高达 315℃的高温下稳定地运行，表 A-17 为使用介质组别。

注：试验液体是按照密封选型程序（5 密封选型程序）中所描述的各种介质组别的要求选择出来的。试验液体的性能（如：黏度、腐蚀性、结晶性、汽化压力、烃类或非烃类）代表了每个介质组别中介质的性能。并考虑了其容易获

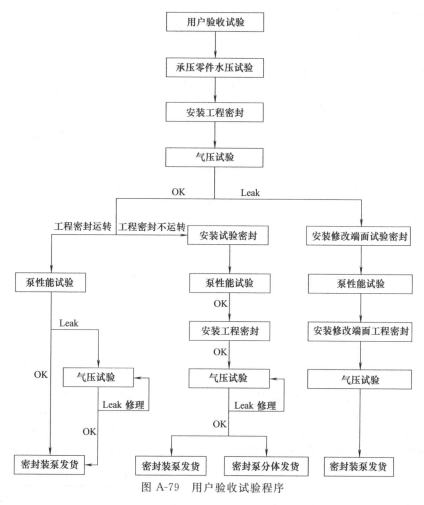

图 A-79 用户验收试验程序

得，可在实验室环境下安全试验。

表 A-17 按使用介质组别选择试验液体表

介质组别		试 验 液 体			
		水	丙烷	NaOH/20%	矿物油
非烃类	水	▲			
	含酸水	▲			
	碱液			▲	
	酸液	▲			
非闪蒸烃类	−40～7℃		▲		
	−7～150℃				▲
	150～260℃				▲
闪蒸烃类	−40～7℃		▲		
	−7～38℃		▲		
	38～150℃				▲

　　e. 用对应某一介质组别的试验液体，对任一系列密封的主密封环和副密封环进行端面材料组对试验，就可以确定该端面材料组对是否与该介质组别相匹配。

　　注：这样可以减少试验次数，并保证所有端面材料组对都已在典型试验液体代表的介质组别中进行了试验。

f. 密封在每种应用组液体中的每一项认证试验都包括以下三个阶段：

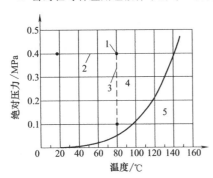

图 A-80　水试验参数

1—基点条件；2—温度变化；3—压力变化；
4—液相；5—气相

1）动态阶段：应在恒温、恒压、和恒定转速条件下试验（基点条件）；

2）静态阶段：应在 0r/min 下，且与动态阶段相同的恒温、恒压下试验；

3）循环阶段：在变温和变压（包括开车、停车）的条件下试验。

对于闪蒸性烃类，循环试验阶段将包括汽化为气体和冷凝变回液体的过程（闪蒸和回凝）。

注：选定这些试验阶段，是为了确认一定型式的密封在与各个介质组别对应的试验液体中，按规定的试验条件（温度和压力）中运行性能是否合格。图 A-80～图 A-84 为各种试验液体 3 个阶段的试验条件/参数的图示。各个阶段的试验条件/参数是模拟泵的实际工况，如正常运转、待机、开车、停车等工况来确定的。

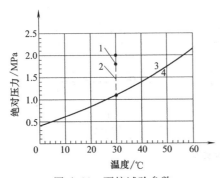

图 A-81　丙烷试验参数

1—基点条件；2—压力变化；3—液相；4—气相

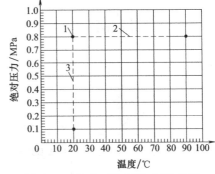

图 A-82　烧碱（NaOH）试验参数

1—基点条件；2—温度变化；3—压力变化

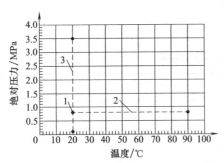

图 A-83　矿物油试验参数（用于 7～150℃）

1—基点条件；2—温度变化；3—压力变化

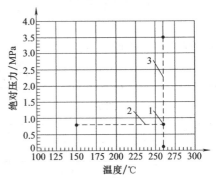

图 A-84　矿物油试验参数
（用于 150～260℃）

1—基点条件；2—温度变化；3—压力变化

g. 每种型式密封选平衡直径为 50mm、75mm、100mm、127mm，4 种规格作为试验件。

注：这些规格的试验结果，可以认为已代表了 API 682 所规定的尺寸范围。介于这 4 个试验尺寸规格之间的其他尺寸，可以认为其性能与所试验的尺寸相当。

h. 对于配置 1 密封，按照③所述试验步骤认证密封的性能。

i. 对于配置 2 密封（2CW-CW），使用缓冲液的情况：

1）按照③所述试验步骤，认证内部密封在没有抑制密封和缓冲液时的性能；

2）按照③所述试验步骤，认证内部密封在有抑制密封和缓冲液时的性能。

j. 对于采用抑制密封的配置 2 密封（2CW-CS、2NC-CS），通或不通缓冲气冲洗的情况：

1）对采用接触湿式内部密封的配置 2 密封（2CW-CS），按照③所述试验步骤，认证内部密封在没有抑制密封和缓冲气时的性能；

2）按照③所述试验步骤，认证在有抑制密封而不通缓冲气时的性能；

3）在完成步骤 2）后，按照③所述试验步骤，认证和抑制密封的性能。

k. 对于采用隔离液的配置 3 密封（3CW-FB, 3CW-FF, 3CW-BB）

1）按照③所述试验步骤，认证内部密封在没有外部密封和无隔离液时的性能；

2）按照③所述试验步骤，认证内部密封有内部密封和隔离液时的性能。

l. 对于命名用隔离气的配置 3 密封（3NC-BB、3NC-FF、3NC-FB）

1）用于认证试验的隔离气体应采用氮气；

2）按照③所述试验步骤，认证该配置密封的性能；

3）按照③所述试验步骤，认证该配置密封在隔离气压力变化情况下的性能。

③ 认证试验的步骤

表 A-18　认证试验条件/参数

试验液体	隔离/缓冲试验液体	基点参数（动态和静态）		循环试验参数	
		绝对压力/MPa	温度/℃	绝对压力/MPa	温度/℃
水	乙二醇/水	0.4	80	0.1～0.4	20～80
丙烷	柴油	1.8	30	1.1～1.7	30
NaOH/20%	乙二醇/水	0.8	20	0.1～0.8	20～80
矿物油 20～90℃	柴油	0.8	20	B/C 型 0.1～0.17 A 型 0.1～3.5	20～90
矿物油 150～400℃	矿物油	0.8	260	B/C 型 0.1～0.17 A 型 0.1～3.5	150～260

注：压力允许误差±2%，温度允许误差±2.5℃。

a. 试验顺序应符合 b 至 k 的要求，如图 A-85 所示。这个试验包括动态阶段、静态阶段、循环阶段。这 3 个试验阶段应该连续进行，不允许拆解密封。

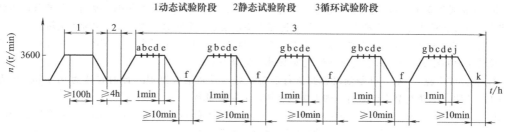

注：a、b、c、d、e、f、j 和 k 各点指各个步骤

图 A-85　认定试验步骤

b. 认证试验的动态阶段应在基点参数下及 3600r/min 转速下至少连续运行 100h（见表 A-18 认证试验条件/参数）。

c. 认证试验的静态阶段应在基点参数下，0r/min 转速下，至少 4h（见表 A-18 认证试验条件/参数）。

d. 在表 A-11 规定的温度和压力下，认证试验的循环阶段应按如下步骤进行：

1）a（点）在基点压力温度条件下，3600r/min 转速下运转，直到建立平衡；

2）b（点）对闪蒸性液体降低压力，使密封腔内的所有液体汽化；或是对非闪蒸性液体把压力降到表压 0MPa（0bar），重新建立基点压力（恢复初始值）；

3）c（点）把密封腔里的液体温度降低到表 A-18 所规定的循环试验最低温度，重新建立基点状况；

4）d（点）把密封腔里的液体温提高到表 A-18 所规定的循环试验最高温度，重新建立基点状况。对于矿物油试验，当达到基点条件后，把密封腔里的液体压力提高到表 A-18 规定的循环试验最高压力，重新建立基点状况；

　　5）e（点）如果可行的话，密封停止冲洗 1min；

　　6）f（点）试验停转，静态试验（0r/min）至少 10min；

　　7）g（点）建立基点状态，在 3600r/min 的转速下运转；

　　8）再重复 3 遍 b~g 的操作；

　　9）重复 b~e 的操作；

　　10）j（点）重新给密封冲洗，使试验密封达到基点的平衡状态（对烃类则包括排放气）；

　　11）k（点）试验停转（0r/min），保持基点状态至少 10min。

　　e. 除了 3.（2）②j 的要求之外，应该对采用缓冲气的配置 2 密封（2CW-CS），在不拆解密封，且内部密封处于基点条件的情况下，进行抑制密封的试验。具体步骤如下（见图 A-86）。

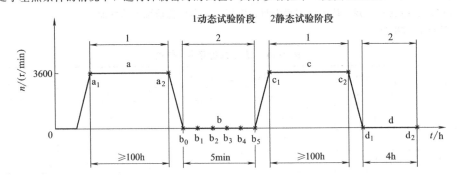

注：a 表压 0.07MPa(0.7bar) 的丙烷
　　b 表压 0.17MPa(1.7bar) 的氮
　　c 表压 0.28MPa(2.8bar) 的柴油
　　d 表压 1.7MPa(17bar) 的柴油

图 A-86　采用缓冲气的配置 2 密封认证试验步骤

　　a）在转速为 3600r/min，缓冲气表压为 0.07MPa（0.7bar），温度为 20℃到 40℃的条件下，以丙烷作为缓冲气，在缓冲气加压状态下，连续运转至少 100h。用 EPA 的第 21 种方法测量泄漏量。

　　b）在完成步骤 a）后，使用氮气或空气作为缓冲气，给密封腔加压，并根据 5 密封气压检验的步骤进行试验。压力下降可能超过 5 的要求，但每分钟都需要记录压力下降值。试验过程中轴不旋转。

　　c）在完成步骤 b）后，将柴油注入密封腔，温度为 20~40℃，表压为 0.28MPa（2.8 bar）。重新启动，保持压力并在 3600r/min 转速下运转至少 100h，记录泄漏率。

　　d）在完成步骤 c）后，以柴油对密封进行静态试验，时间至少为 4h。此时转速为 0r/min，压力为 1.7MPa（17bar）。进行静态试验时，轴不应该旋转，记录泄漏率。

　　注：在配置 2 密封进行认证试验的时候，抑制密封是在较低压力下和内部密封所泄漏气体或液体介质中运行的。表压规定为 0.28MPa（2.8bar），这是参照排空火炬总管最大压力来确定的。

　　f. 对于采用隔离气的配置 3 密封（3NC-BB、3NC-FF），在隔离气压力变化的情况下，进行认证试验，其步骤如图 A-87：

　　a）静态试验：将隔离气的气压保持为 0，在 0r/min 下，至少 1h；

　　b）恢复隔离气压力，重新启动。运转达到平衡状态，记录介质泄漏量以及隔离气耗用量；

　　c）当密封在运转的时候，切断隔离气 1min；

　　注：这么做的目的是为了模拟隔离气体进气发生变化的现场条件。

　　d）恢复隔离气压力，重新启动，运转达到平衡状态，记录介质泄漏量及隔离气体耗用量；

　　e）密封停止运转（0r/min），将隔离气控制盘置于锁定位置，介质侧密封保持基点参数 10min，记录隔离气系统的压力升高值。

　　注：f. 所规定的步骤是接在 d. 以后，对采用隔离气的配置 3 密封的继续试验，这是对操作失常和启动过程承受能力的试验。

　　g. 测量的数据需按密封的系列和配置记录在表格中，至少应填写后列的"湿式械密封认证试验表

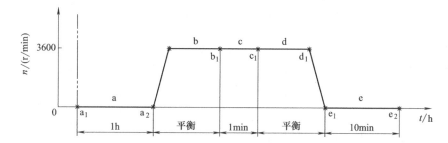

注：a隔离气表压为0MPa(0bar),内部密封正常试验压力
　　b隔离气表压为正常试验压力,内部密封正常试验压力
　　c隔离气和气源压力切断,内部密封正常试验压力
　　d隔离气表压正常试验压力,内部密封正常试验压力
　　e隔离气封闭,内部密封正常试验压力

图 A-87　采用隔离气的配置 3 密封认证试验步骤

1CW 2CW-CW 3CW-FB 3CW-FF 3CW-BB"及"干式密封认证试验表 2CW-CS 2NC-CS 3NC-FF 3NC-BB 3NC-FB"中所列的数据。

h. 温度和压力的测量要能反映密封腔里大部分流体的温度和压力值。

注：密封腔里液体温度的测量值应是其进口温度和出口温度的平均值。

i. 试验流体泄漏的有机化合物挥发气体（VOC）的浓度应按 EPA21 方法（美国联邦法规的第 60 篇第 40 章的附录 A），用有机化合物气体分析仪来测量的。要给予充分的时间由分析仪来完成测量。

注：这种排放气体测试方法测量的是靠近密封周围环境的 VOC 排气浓度，而不是 VOC 泄漏量。

j. 所有仪表量程的选择应尽量使正常工作点在仪表全量程的中间。

k. 测量的工具和方法应符合 ASME PTC 8.2 的要求。

注：ASME PTC 8.2 离心泵性能测试标准

l. 密封端面的磨损量应根据试验前后端面高度变化的平均值来确定，测量应在密封端面 4 处大致均布的点上进行。

附："湿式密封认证试验表 1CW 2CW-CW 3CW-FB 3CW-FF 3CW-BB"（见表 A-19）、"干式密封认证试验表 2CW-CS 2NC-CS 3NC-FF 3NC-BB 3NC-FB"（见表 A-20）

④ 最低性能要求

a. 每个密封端面密封允许泄漏量规定如下：

1) 应用 EPA21 方法时，VOC 浓度应小于 $1000mL/m^3$；

2) 平均液体泄漏量应小于 5.6g/h。

注：1. 对于大部分 ISO 13709 的泵来说，密封只要处于正常状态，就没有可见的泄漏。但事实上，机械密封的密封端面之间总有一定质量的流体通过，所以说所有密封都存在某种程度上的"泄漏"，尤其是非接触式密封，在密封端面之间刻意设计成具有通过一定流量的型式。无论什么密封型式、系列或配置都有"泄漏"发生。对于配置 2、配置 3 密封来说，泄漏的流体是缓冲/隔离流体，而不是被输送的介质流体。

2. 为保证密封可靠工作，所有配置1接触湿式密封（1CW）都需要对端面进行润滑，这就必然产生了一个最低的泄漏量。在接触湿式密封试验中，泄漏液一般会汽化，而不可见。但是，端面设计形式可能会使泄漏量增加，而导致可见的液滴出现。如果配置 1 的密封不能满足对排放泄漏的限制规定，那么可能需要配置 2 或配置 3 的密封来解决。但双端面接触式湿式密封（3CW）在采用非挥发性的润滑油作为隔离液时，也可能产生滴漏形式的可见泄漏，但泄漏量须小于 5.6g/h（每分钟 2 滴）。

3. 除了设计因素以外，其他因素也可能增加泄漏。这些因素可能是由于系统工况改变而产生的，这些系统工况改变包括介质流体和缓冲/隔离流体的类型、黏度或密度的改变；使用温度、压力的改变。如接触式密封在磨合一段时间之后，改变工况会增大密封泄漏量，直到密封在新的工况下重新磨合，方得改善。密封泄漏增大的因素除了密封本身以外，还包括泵的工作状态超出设计条件、管线应力变形、轴承磨损、叶轮或轴套垫片损伤、密封端盖的配合表面泄漏等。

b. 当抑制密封进行试验时，最大容许泄漏 VOC 浓度按 EPA21 方法测量应为 $1000mL/m^3$。

注：这个试验的步骤属正常工作状况，其余的试验步骤属非正常状态。

c. 认证试验完成后，主密封端面的总磨损量不能超过密封端面有效磨损量的 1%。

表 A-19　湿式密封认证试验表　1CW　2CW-CW　3CW-FB　3CW-FF　3CW-BB

制造商：　　　　　　型号/型式：　　　　　配置：　　　　　　1CW　　　　2CW-CW　　　　3CW-FB　　　　3CW-FF　3CW-BB

API 代码：　　　　规格：　　　　　　转速：　　　冲洗方案：　　轴径向跳动：　　轴套径向跳动：　　密封腔端面跳动：

内部密封材料　动环____　　静环：　　辅助密封：　金属部件：　　外部密封材料　动环____　静环：

介质组别____　非经介质　非闪蒸经介质____　闪蒸经介质____　密度/(g/cm³)：　汽化压力/MPa：　固体颗料：　颗粒尺寸：

汽化压力/MPa：　基点温度/℃：　基点压力/MPa：

试验程序：　　　试验条件/参数：　　　试验液体：

日期	时间		转速 /(r/min)	压力 /MPa	温度 /℃	冲洗液 进口温度 /℃	冲洗液 出口温度 /℃	冲洗液 流量 /(m³/h)	密封腔 温度 /℃	隔离液 压力 /MPa	隔离液 进口温度 /℃	隔离液 出口温度 /℃	轴套v密封 腔同轴度 /mm	功率 消耗 /kW	经介质 泄漏率 /(g/h)	非经介 质泄漏率 /(cm³/h)	循环 流量 /(m³/h)
	起	止															

表 A-20 干式密封认证试验表 2CW-CS 2NC-CS 3NC-FF 3NC-BB 3NC-FB

制造商：

型号/型式：

API 代码：　　规格：

内部密封材料___　动环：

介质组别___　非闪蒸经介质：

配置：

转速：

冲洗方案：

辅助密封：

静环：

非闪蒸经介质：

轴套径向跳动：　密封腔径向跳动：

密封腔同心度：

密封腔端面跳动：

外部密封材料　动环：

静环：

金属部件：

外部密封：

密度/(g/cm³)：　固体颗粒：

汽化压力/MPa　　颗粒尺寸：

闪蒸经介质：

试验液体：

基点温度/℃：　基点压力/MPa：

试验程序：

试验条件/参数：

数据点	日期	转速 /(r/min)	内部密封		缓冲/隔离流体			密封泄漏率					密封环磨损量测量：原始/试验后高度/mm					备注
			压力 /MPa	温度 /℃	气体	压力 /MPa	温度 /℃	内部密封 cm³/h	外部密封 cm³/h	mL/m³ ppm	≈1/h			内部密封 动环	静环	外部密封 动环	静环	

注：如单端面密封在试验中磨损过度，这就可能意味着选用双端面密封会更好。密封的尺寸、转速、工作压力和介质的不同，密封端面的磨损也不同，而且不成线性变化。大部分密封端面的磨损出现在启动或启动之后很短的时间内。

d. 带有抑制密封的配置 2 密封认证试验完成后，主密封端面的总磨损量不能超过密封端面有效磨损量的 1%。

⑤ 认证试验的结果

密封制造商应提供认证试验报告。报告应包括《湿式密封认证试验表 1CW2CW-CW 3CW-FB 3CW-FF 3CW-BB》、《干式密封认证试验表 2CW-CS2NC-CS 3NC-FF 3NC-BB 3NC-FB》的内容。凡观察到的任何虽符合 API 682 标准，但会损害密封的情况都应向 API 报告。

（3）承压壳体零件水压试验

① 除了由整个锻件或棒料加工的承压壳体零件外，都须进行水压试验，试验压力至少应为最大许用工作压力的 1.5 倍，但不得低于 0.14MPa（1.4bar）。试验液体的温度应比被试材料的零韧性转变温度要高。

② 如果被试零件在工作温度下的材料强度要比在室温时低，那静压试验压力应乘上一个系数，这个系数由这种材料在室温下的许用应力除以工作温度下的许用应力而得。

③ 奥氏体不锈钢试验用的液体，其氯化物含量不应超过 50mg/kg。为了避免由于蒸发干燥而产生氯化物的沉积，在试验完成之后应该将试验部件上的残留液体全部除去。

④ 试验时间至少 30min 以上，不得有泄漏和渗漏。

（4）工程密封的试验

① 在机械密封最终装配完成后，需按照 3.5 要求对每个密封进行气压试验。

1）密封在装配前需经过全面检验、清洗、并核实端面上没有润滑脂。密封的型式、尺寸、材料和垫片、零件编号都应有标识。

2）气压试验装备应能适应整套密封的试验，不允许对密封元件、密封腔或密封端盖作任何修改。

3）可对配置 2 或配置 3 的密封中的每段密封进行单独试验。

② 气压试验完成之后，经过试验的密封集装件不得拆开，并在集装密封上贴上"气压试验合格"字样的标签，注明试验日期和检验人员的姓名。

③ 如果密封没有通过气压试验，整个试验过程需重复进行，直到最后试验完成。

（5）密封的气压试验

① 装置

气压试验装置最大体积为 28L，应具有充气加压系统，用于试验的压力表其量程选择应使试验压力 0.17MPa（1.7bar）位于全量程中间附近。

② 步骤

对每段密封单独地充入洁净的空气，加压到 0.17MPa（1.7bar）。试验装置与压力源切断后，需保压 5min，最大压降应小于 0.014MPa（0.14bar）。

注：亦可将整套密封在充气状态下，浸没于水中，观察是否有气泡逸出，这个方法更可取。

③ 双端面密封

对配置 2 和配置 3 密封分别设置接口，使各段密封可单独进行试验。

（6）泵制造商约工程密封试验

① 修改密封端面的密封

如有需要，须将经泵制造商装配后气压试验不合格的密封，修改端面或结构后，再次送往泵制造商，进行泵的性能试验。泵性能试验合格之后，须将改进的工程密封进行气压试验后发往泵制造商。

注：工程密封指与泵制造商配套的合格的密封。

② 泵性能试验中不运转的工程密封。

如有需要，为了避免破坏工程密封，工程密封不应在泵性能试验中运转。在进行泵性能试验的时候，使用试验用密封。等泵性能试验完成后，再装上密封制造商提供的工程密封，进行气压试验。泵制造商须注明泵上是否安装工程密封发货。

4. 发货准备

（1）产品防护

所有的检验和试验完成，用户放行后，应做好设备发货准备。这些准备包括以下内容。

① 外部表面（除了机加工表面）至少应涂一层制造商的标准色油漆。油漆不应含铅或铬酸盐。不锈钢零件不需涂油漆。

② 碳钢的机加工外表面应涂一层防锈漆。

③ 设备的内部应清洁干净，无氧化皮、焊渣和杂质。

④ 碳钢零件的内表面，应适当地涂一层油溶性防锈油。

⑤ 法兰孔应配最少 5mm 厚的盲板和橡胶垫片，以及至少 4 个相应的螺栓。双头螺栓所配螺母都应该装上。

⑥ 螺纹孔应用旋塞塞住。

⑦ 如果质量超过 23kg，设备包装上应清楚地标明吊装点和重心，并应提供推荐的吊装布置。

⑧ 系列 3 密封应注明品名和生产编号。并备有两份装箱单，1 份放集装箱内，1 份放在集装箱的外面。单独运输的货物应牢固地系上耐腐蚀的金属标签，注明设备品名和生产编号。

（2）永久性标识

管路接口须打上钢印应用标记和接口标记，或固定上永久的标签，内容与装备制造商的接口表或总布置图一致。

（3）安装使用说明书

密封制造商的安装使用说明书的一份应和设备装在一起发出。

（4）发货通知

制造商应向买方提供在设备运抵工程地点之后开始使用之前这段时间，保持设备保管完整性所需的准备工作说明。

五、密封系统选型指南

1. 范围及原则

（1）范围

API 682 推荐的密封选型程序，可为符合该标准指定的使用条件，选用合适的密封和支持系统。密封选型程序系依据密封在各种工况中实际使用以及制造加工、使用操作、维护改进等各个环节的经验总结归纳而成。超出标准指定的应用条件时，要更仔细地根据工艺条件，通过更完善、更全面地总体设计来确认。其目的都是为了保证在特定的工况安装最好的密封及其支持系统。

① 所包括的介质流体有：水、含酸水（含二氧化硫）、碱液、胺、一些酸类和大部分烃。

② 超出密封选型指南程序的工况参数：

1）温度高于：系列 1 密封为 260℃；系列 2、系列 3 密封为 400℃；

2）温度低于：−40℃；

3）压力高于：系列 1 密封为 2.2MPa（22bar）；系列 2、系列 3 密封为 4.2MPa（42bar）；

4）密封端面平均线速度大于：23m/s；

5）API 682 标准规定的材料不适用的强腐蚀介质；

6）汽化压力超过 3.4MPa（34bar）的液体；

7）不稳定的流体，例如：多相流体或非牛顿型流体等；

8）固体颗粒含量高的流体；

9）密封平衡直径大于 110mm 或小于 20mm；

10）黏度高或凝固点高于最低环境温度 20℃的液体。

（2）原则

① 可靠的密封系统应保证密封连续工作 3 年而不引起停车事故，并符合环境排放规定。

② 保证工作场所内的人员和装置的安全。

③ 提高通用化程度，将库存量减少到最低的限度。

2. 选型的流程

选型的流程见图 A-88。

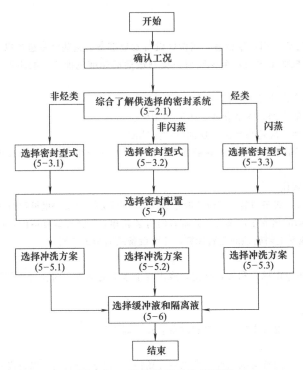

图 A-88　推荐的密封选择流程

3. 供选择的密封系统及代码

（1）按系列归纳密封系统见表 A-21 所示。

表 A-21　按系列归纳密封系统

特　征	系列 1 密封	系列 2 密封	系列 3 密封
密封腔尺寸	ISO 3069-C	ISO 13709 ISO 3069-H	ISO 13709 ISO 3069-H
温度范围	−40～260℃	−40～400℃	−40～400℃
压力上限 （1-2.1）	2.2MPa	4.2MPa	4.2MPa
首选端面材料 （2-1.7.1）	石墨—SSiC	石墨—RBSiC	石墨—RBSiC
旋转式配置1配置2密封 分布式冲洗要求	需要时采用	需要时采用	需要时采用
密封端盖金属与 金属接触要求	必须要求	必须要求	必须要求
配置1密封节流环 设计要求	固定石墨节流环 浮动石墨节流环　备选	固定不打火金属节流环 浮动石墨节流环　备选	浮动石墨节流环
双端面密封内部循环 装置扬程/流量曲线	可提供	可提供	必须提供
密封认证试验	除非端面材料可以与系列3密封互换，否则按系列1密封进行测试	除非端面材料可以与系列3密封互换，否则按系列2密封进行测试	按系列3密封进行试验整个密封组件作为一个整体进行测试

（2）按型式归纳密封系统见表 A-22 所示。

表 A-22　按型式归纳密封系统

特　征	A 型密封	B 型密封	C 型密封
标准温度范围	−40～176℃	−40～176℃	−40～400℃
液力平衡要求	平衡型	平衡型	平衡型
安装要求	安装在密封腔内	安装在密封腔内	安装在密封腔内
集装要求	集装式设计	集装式设计	集装式设计
补偿元件型式	弹簧/橡胶弹性体滑动式	波纹管 非滑动式	波纹管 非滑动式
补偿元件 旋转/静止	标准　旋转型 备选　静止型	标准　旋转型 备选　静止型	标准　静止型 备选　旋转型
弹性元件型式	标准　多弹簧 备选　单弹簧	单个金属波纹管	单个金属波纹管
弹性元件材料	Alloy C-276	Alloy C-276	Alloy　718
旋转补偿元件线速度限制	23 m/s	23 m/s	
辅助密封材料	合成橡胶	合成橡胶	柔性石墨

（3）按配置归纳密封系统见表 A-23 所示。

表 A-23　按配置归纳密封系统

特　征	配置 1 密封	配置 2 密封	配置 3 密封
密封端面数量	1 对	2 对	2 对
冲洗流体	输送介质	输送介质或缓冲气体/液体	隔离气体/液体
非接触式密封	不允许采用	2NC-CS	3NC-BB 3NC-FF-3NC-FB
节流环	系列 1　固定的石墨节流环 系列 2　固定的石墨节流环 　　　　不打火金属节流环 系列 3　浮动的石墨节流环	备选　固定石墨节流环	备选　固定石墨节流环
缓冲液切向出口要求		系列 1　系列 2　密封可选 系列 3　密封必选	
缓冲/隔离液 最大升温 ΔT 要求		水/柴油 8℃ 矿物油 16℃	水/柴油 8℃ 矿物油 16℃
冲洗设计密封腔压力/温度	密封腔压力 比介质汽化压力高 30% 密封腔温度 比介质温度高 20℃	密封腔压力 比介质汽化压力高 30% 密封腔温度 比介质温度高 20℃	
密封腔最低工作压力	高于在气压 0.035MPa	高于大气压 0.035MPa	
密封腔/盖接口设计	按表 A-3	按表 A-3	按表 A-3
缓冲/隔离液储罐最小尺寸		轴径≤60mm12L ≥60mm20L	轴径≤60mm12L ≥60mm20L
密封认证试验			

（4）密封系统代码〔API 682 中附录（D Mechanical seal codes）〕

本标记系统是多年采用的 ISO 13709 标准中密封的 5 位字符标记系统的修订版本。依照 API 682 标准机械密封一般可用以下简化的标记方法标示代码。

① 第 1 组字符：密封系列（1、2、3）

为清楚起见，系列代号前冠以字母 C（Categories），即（C1、C2、C3）。

② 第 2 组字符：密封配置（1、2、3）

为清楚起见，配置代号前冠以字母 A（Arrangement），即（A1、A2、A3）。

③ 第 3 组字符：密封型式（A、B、C）

④ 第 4 组数字（1 位或 1 位以上）：冲洗方案

示例 1（见图 A-89）：

CIAIA11 表示系列 1、配置 1（单端面密封）、A 型（滑动式）密封，用 11 号冲洗方案的冲洗。此密封为：

1）密封压盖中装有固定的石墨节流环；

2）辅助密封是氟橡胶；

3）多弹簧；

4）石墨对无压烧结碳化硅；

5）单个冲洗入口孔（非分布式）。

示例 2（见图 A-90）：

C3A2C1152 表示系列 2、配置 2、C 型（静止金属波纹管）密封，用 11 号和 52 号冲洗方案的冲洗。此密封为：

1）两个面对背的金属波纹管密封；

2）内部密封为有防反压能力的接触湿式密封；

3）采用缓冲液冲洗的接触湿式抑制密封；

4）辅助密封元件采用柔性石墨；

5）端面组对为石墨对反应烧结碳化硅；

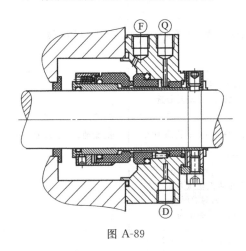

图 A-89

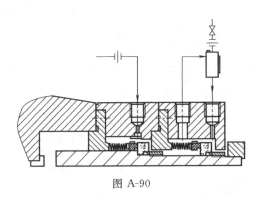

图 A-90

6）分布式入口的冲洗系统；

7）缓冲液切向出口；

8）如果轴套内径超过 65mm，使用 NPT3/4″的缓冲液接口。

4. 密封型式选用指南

（1）非烃类介质（见表 A-24）

表 A-24　非烃介质密封型式选用指南

项　目		介质/工况/密封型式/密封特征							
		1	2	3	4	5	6	7	8
		水	水	水	含酸水	含酸水	腐蚀性胺结晶	腐蚀性胺结晶	硫酸磷酸①
纯净介质	输送温度	<80℃	<80℃	>80℃	<80℃	<80℃	<80℃	<80℃	<80℃
	系列1密封腔额定工作压力	<2.2MPa		<2.2MPa	<2.2MPa		<2.2MPa		<2.2MPa
	系列2/3密封腔额定工作压力	<2.2MPa	2.2～4.2MPa	<4.2MPa	<2.2MPa	2.2～4.2MPa	<2.2MPa	2.2～4.2MPa	<2.2MPa
	标准密封型式	A型	A型	A型	A型	A型	A型	A型	A型
	备选密封型式	B/C型	ES②	ES②	B/C型	ES②	B/C型	ES②	B/C型
	特殊要求			内循环装置	FFKM	FFKM	耐胺FFKM	耐胺FFKM	A型密封FFKM单弹簧
含杂质介质②	含腐蚀性磨粒	端面硬Ｖ硬	端面硬Ｖ硬	端面硬Ｖ硬	端面硬Ｖ硬	端面硬Ｖ硬	端面硬Ｖ硬	端面硬Ｖ硬	端面硬Ｖ硬

① 在80℃时最高含量为20%的硫酸。在80℃时最高含量为20%的磷酸。其他所有的酸（包括氢氟酸、发烟硝酸和盐酸）需要在卖方和买方之间互相协调以采用特殊的设计方案。

② 表中所列的特殊性仅用于 pH 值在 4～11 之间的混合物。

注：1. 本选择指南仅给出了 API 682 规定的密封型式的用原则，其他可以选密封型式也可发挥良好的工作性能。

　　2. ES：咨询用户的特殊设计要求，全面总体设计密封系统。

① 温度低于 80℃，压力低于 2.2MPa（22bar）的清水工况

首选：A 型密封，无任何特殊要求。

备选：B 型或 C 型金属波纹管密封，无任何特殊结构要求。

② 温度低于 80℃，压力从 2.2MPa（22bar）～4.2MPa（42bar）的清水工况

首选：A 型密封，无任何特殊要求。

备选：B 型或 C 型金属波纹管密封，需使用压力等级高于 2.2MPa（22bar）的双层金属波纹管耐高压设计。

③ 温度高于 80℃，压力低于 4.2MPa（42bar）的清水工况

首选：带有特殊结构的 A 型密封。特殊结构是指采用单弹簧和内部循环装置。内部循环装置可使冲洗流体在冲洗方案 23 的闭路系统内循环。也可以采用配备空气冷却器的冲洗方案 21。辅助密封圈可以是橡胶弹性体 O 形圈或 U 形圈。

注1：对于这种工况也可以采用自身带有泵效环的 A 型密封。这种备选密封也可使流体在冲洗方案 23 的闭路系统内循环。本设计要求在密封腔的喉口安装小间隙节流环。

注2：例如某装置的泵工作时，密封腔冲洗液入口平均温度为 50℃，介质输送温度为 219℃。当泵闲置时，冲洗液平均入口温度为 38℃。泵停止转动时，仅依靠冷却器的热虹吸作用来冷却冲洗流体。因此，必须根据规范来进行安装冷却器，以确保产生热虹吸作用。

④ 温度低于 80℃，压力低于 4.2MPa（42bar）酸性污水工况

首选：带有特殊结构的 A 型密封。密封的辅助密封应为全氟橡胶，以抵抗硫化氢（H_2S）的腐蚀。硫化氢是酸性污水的主要成分。

备选：

▲压力低于 2.2MPa（22bar）时，可选带有全氟橡胶辅助密封的 B 型或 C 型金属波纹管密封。

▲压力高于 2.2MPa（22bar）时，B 型或 C 型的金属波纹管要采用双层耐高压设计。

注：A 型密封推荐在所有的压力工况下采用，选择其他密封形式是为扩大密封选择的余地。随着温度和硫化氢含量的增加，酸性污水还可能产生闪蒸。

⑤ 温度低于 80℃时，压力低于 4.2MPa（42bar），苛性钠、胺类和其他结晶流体的工况

首选：带有全氟橡胶辅助密封的 A 型密封。

备选：

▲压力低于 2.2MPa（22bar）时，可选带有全氟橡胶辅助密封的 B 型或 C 型金属波纹管密封。

注：压力低于 2.2MPa（22bar）时，不使用柔性石墨辅助密封的 C 型金属波纹管密封，这是因为 API 682 不推荐柔性石墨用于苛性钠介质。

▲压力高于 2.2MPa（22bar），B 型和 C 型金属波纹管密封应采用双层耐高压设计。

注：1. 任何应用于易结晶介质都要求采用冲洗方案 62 或冲洗方案 32 吹扫，以防止在密封大气侧形成结晶。

2. 若密封全部安装在设备内部，因为冲洗方案 32 的吹扫流体会冲淡介质，而且操作费用较高，所以禁止采用吹扫密封。这种情况下，可以考虑采用配置 2 双端面密封，并用清洁的水（或其他相容液体）作为缓冲液以防溶液结晶。

⑥ 温度低于 80℃、压力低于 2.2MPa（22bar），酸：硫酸、磷酸工况。

首选：采用全氟橡胶作为辅助密封的单弹簧 A 型密封。

备选：采用全氟橡胶作为辅助密封的 B 型密封，或采用柔性石墨作为辅助密封的 C 型金属波纹管密封。

注：1. 此工况介质不包括氢氟酸、盐酸、发烟硝酸。当密封用于这些介质时，应咨询用户的特殊设计要求，进行密封系统的全面总体设计。

2. 酸温度高于 80℃或酸的压力高于 2.2MPa（22bar）时，也应咨询用户的特殊设计要求，进行密封系统的全面总体设计。

（2）非闪蒸烃类介质（见表 A-25）

工作温度下，汽化压力低于 0.1MPa（1bar）的非闪蒸烃类介质。

表 A-25　非闪蒸烃类介质密封型式选用指南

介质/工况/密封型式/密封特征									
项　　目		1	2	3	4	5	6	7	8
		水	水	水	含酸水	含酸水	腐蚀性胺结晶	腐蚀性胺结晶	硫酸磷酸①
纯净介质	输送温度	−40～−5℃	−40～−5℃	−5～176℃	−5～176℃	176～260℃	176～260℃	260～400℃	260～400℃
	系列 1 密封密封腔额定工作压力	<2.2MPa		<2.2MPa		<2.2MPa		N/A	N/A
	系列 2/3 密封密封腔额定工作压力	<2.2MPa	2.2～4.2MPa	<2.2MPa	2.2～4.2MPa	<2.2MPa	2.2～4.2MPa	<2.2MPa	2.2～4.2MPa
	标准密封型式	A 型	A 型	A 型	A 型	C 型	ES①	C 型	ES①
	备选密封型式	B/C 型	ES/①②	B/C 型	ES/①②	ES①		ES①	
	特殊要求	丁腈橡胶 O 形圈	丁腈橡胶 O 形圈						
含杂质介质②	腐蚀性			FFKM	FFKM				
	含腐蚀性磨粒	端面硬 V 硬	端面硬 V 硬	端面硬 V 硬	端面硬 V 硬	端面硬 V 硬	端面硬 V 硬	端面硬 V 硬	端面硬 V 硬
	芳香化合物硫化氢			FFKM	FFKM				
	胺			耐胺 FFKM	耐胺 FFKM				

① 波纹管耐高压双层设计。

② 含杂质特殊介质指 pH 值在 4～11 之间的混合物。

注：1. 本选择指南仅给出了 API 682 规定的密封型式的用原则，其他可以选密封型式也可发挥良好的工作性能。

2. ES：咨询用户的特殊设计要求，全面总体设计密封系统。

① 温度－40～－5℃，压力低于 4.2MPa（42bar）

首选：采用适于低温的丁腈橡胶作为辅助密封圈的 A 型滑动式密封。丁腈橡胶必须与输送介质相容。

备选：

▲压力低于 2.2MPa（22bar）时，可选采用丁腈橡胶辅助密封圈的 B 型密封；或采用柔性石墨辅助密封的 C 型密封。

▲压力高于 2.2MPa（22bar）时，B 型和 C 型密封的金属波纹管需采用双层耐高压设计。

注：使用丁腈橡胶是由于低温的要求。标准的氟橡胶的最低使用温度仅为－17.7℃，通常不推荐氟橡胶在低于－5℃情况下使用。

② 温度－5℃到176℃，压力低于 4.2MPa（42bar）

首选：A 型标准滑动式密封。（要检查橡胶与介质的相容性）

备选：

▲压力低于 2.2MPa（22bar）时，金属波纹管 B 型密封或采用柔性石墨辅助密封的 C 型密封。

▲压力高于 2.2MPa（22bar）时，B 型和 C 型密封的金属波纹管需采用双层耐高压设计。

注：标准滑动式 A 密封的弹性体是氟橡胶，它最高可用于温度为 204℃的工况。由于弹性体要承受端面摩擦产生的额外热量的影响，所以对于氟橡胶来说，输送介质温度为 176℃是非常理想的。

③ 温度176℃到260℃，压力低于 2.2MPa（21bar）

首选：采用柔性石墨作为辅助密封的 C 型静止式金属波纹管密封。

备选：带有内部循环装置的，采用全氟橡胶的滑动式 A 型密封。一般用冲洗方案 23 的闭路系统进行冲洗液循环。

注：1. C 型密封作为首选，是因为温度高的缘故。在这 176℃到 260℃的温度范围内经常发生焦化现象。因为静止波纹管可采用蒸汽作为隔离流体，可以很容易地防止焦化，但旋转波纹管则不行。

2. 带有内部循环装置的冲洗方案 23 的闭路系统可以维持系统温度低于发生焦化的温度范围。

④ 温度从 176℃到 400℃，压力从 2.2MPa（22bar）到 4.2 MPa（42bar）

应考虑高温高压工况，全面进行密封系统的总体设计。

⑤ 温度从 260℃到 400℃，压力低于 2.2MPa（22bar）时：

首选：采用柔性石墨为辅助密封的 C 型静止式金属波纹管密封。

注：C 型密封作为首选，是因为温度高的缘故。在这 260℃到 400℃的温度范围内经常发生焦化现象。因为静止波纹管可采用蒸汽作为隔离流体，可以很容易地防止焦化，但旋转波纹管则不行。

采用其他形式密封应考虑高温工况，全面进行密封系统的总体设计。

⑥ 温度从 260℃到 400℃，压力从 2.2MPa（22bar）到 4.2MPa（42bar）时：

在这种情况唯一可接受的是考虑高温高压工况，全面进行密封系统的总体设计。

（3）闪蒸烃类介质（见表 A-26）

工作温度下，汽化压力高于 0.1MPa（1bar）的闪蒸烃介质。

表 A-26　闪蒸烃类介质密封型式选用指南

		介质/工况/密封型式/密封特征							
项　目		1	2	3	4	5	6	7	8
		水	水	水	含酸水	含酸水	腐蚀性胺结晶	腐蚀性胺结晶	硫酸磷酸①
纯净介质	输送温度	－40～－5℃	－40～－5℃	－5～176℃	－5～176℃	176～260℃	176～260℃	260～400℃	260～400℃
	系列 1 密封密封腔额定工作压力	<2.2 MPa		<2.2 MPa		<2.2 MPa		N/A	N/A
	系列 2/3 密封密封腔额定工作压力	<2.2MPa	2.2～4.2MPa	<2.2MPa	2.2～4.2MPa	<2.2MPa	2.2～4.2MPa	<2.2MPa	2.2～4.2MPa
	标准密封型式	A 型	A 型①	A 型	A 型①	C 型	ES②	C 型	ES②
	备选密封型式	ES①	ES①②	ES①	ES①②	ES①		ES①	
	特殊要求	丁腈橡胶 O 形圈	丁腈橡胶 O 形圈						

续表

	项　目	介质/工况/密封型式/密封特征							
		1	2	3	4	5	6	7	8
		水	水	水	含酸水	含酸水	腐蚀性胺结晶	腐蚀性胺结晶	硫酸磷酸①
含杂质介质	腐蚀性			FFKM	FFKM				
	含腐蚀性磨粒	端面硬 V 硬	端面硬 V 硬	端面硬 V 硬	端面硬 V 硬	端面硬 V 硬	端面硬 V 硬	端面硬 V 硬	端面硬 V 硬
	芳香化合物或硫化氢			耐胺FFKM	耐胺FFKM				
	胺	耐胺碳石墨	耐胺碳石墨	耐胺碳石墨	耐胺碳石墨	耐胺碳石墨	耐胺碳石墨	耐胺碳石墨	耐胺碳石墨

① 如工作温度大于 60℃，需采用内循环装置；大于 176℃，需采用 FFKM。

② 波纹管耐高压双层设计。

③ 含杂质特殊介质指 pH 值在 4～11 之间的混合物。

注：1. 本选择指南仅给出了 API 682 规定的密封型式的用原则，其他可以选密封型式也可发挥良好的工作性能。

2. ES：咨询用户的特殊设计要求，全面总体设计密封系统。

① 温度－40～－5℃，压力低于 4.2MPa（42bar）

首选：采用适于低温的丁腈橡胶作为辅助密封圈的 A 型滑动式密封。丁腈橡胶必须与输送介质相容。

备选：采用双层耐高压设计的金属波纹管密封，全面进行密封系统的总体设计。

注：在闪蒸工况下，金属波纹管密封容易发生疲劳破坏。如果应用金属波纹管密封，则要采取在所有的工况下（例如启动、停车和装置发生反转时），都能抑制汽化现象发生的全面密封系统的总体设计。

② 温度－5～176℃，压力低于 4.2MPa（42bar）

首选：采用适于低温的丁腈橡胶作为辅助密封圈的 A 型滑动式密封，并维持适当的汽化抑制。

注：如果温度高于 60℃，为防止在密封面处发生闪蒸，应当考虑采用带有内部循环装置的冲洗方案 23 的闭路循环系统。当温度高于 176℃时，应当采用全氟橡胶辅助密封。

备选：采用双层耐高压设计的金属波纹管密封，全面进行密封系统的总体设计。

注：通过冷却来抑制汽化，总是优于通过增压抑制汽化。所以当温度高于 60℃时，应选择带有内部循环装置的冲洗方案 23 的闭路循环系统。

60℃的温度限制是根据一年内最热月份的冷却水的温度制定的。可根据特定地理位置的最高冷却水温度可确定或高或低的温度限制。

③ 温度 176～400℃，压力低于 2.2MPa（22bar）时：

首选：C 型密封。

备选：全面进行密封系统的总体设计。

④ 温度高于 176℃，压力从 2.2MPa（22bar）到 4.2MPa（42bar）时，应全面进行密封系统的总体设计。

5. 密封配置选用指南

密封配置选用指南可根据以下程序进行。此程序仅用于指导选择密封配置方式，此外应该评价所选择的配置方式的成本以及相关的风险。

图 A-91 推荐的密封配置选择流程的说明：

T1 确认设备安装地是否存在环境保护特殊要求的法规。这可能包括采用低泄漏的配置 1 密封或配置 3 密封。

T2 检查输送的介质，是否存在用户的使用经验和标准，以便根据这些经验和标准选择密封配置方式。

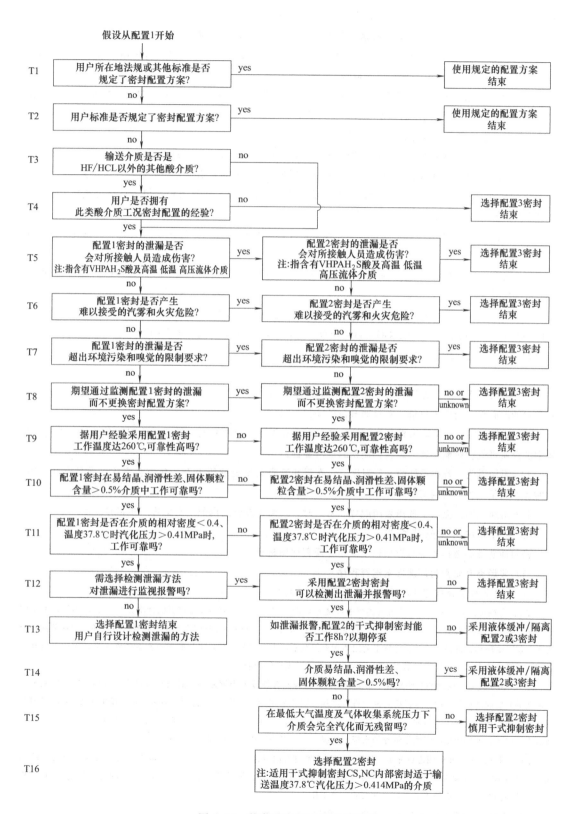

图 A-91 推荐的密封配置选择流程

这些标准也可能规定介质的毒害控制方法和泄漏限制，应据此进行设计。

T3 阐述了输送酸的要求。如果被输送介质不是氢氟酸和盐酸，则从 T3 跳到 T5。

T4 用户是否拥有酸介质工况密封配置的经验？若没有则选用配置 3 密封。若采用配置 2 密封，抑制密封腔中可能混入酸，故不推荐采用这种密封配置方式。

T5 阐述了会造成人员伤害的介质：如单乙基胺的饱和蒸气 VHPA、硫化氢 H_2S、酸及高温、低温、高压流体介质等。以此强调限制应用配置 2 密封是十分必要的，这是因为规范通常过于强调对被输送介质控制的措施，而忽略采用密封配置形式的限制。

T6 从汽雾和潜在火灾危险的角度强调配置 1 密封不符合安全性要求。T6 与 T5 问题相似。

T7 强调配置 1 密封不能满足泄漏要求时需要采用配置 2 密封或配置 3 密封，代替配置 1 密封。

T8 警告在一些特殊的应用场合配置 1 密封需要进行泄漏监控。如果用户希望进行这种监控，则可采用配置 1 密封。否则，可选择其他配置方式来避免监控。

T9 阐述了高温工作的可靠性问题。实际证明配置 2 密封和配置 3 密封在高温工况下可以提供更高的可靠性。

T10 阐述了用于聚合介质、含有固体颗粒介质、低黏度介质的密封的可靠性问题，以保证密封符合 3 年寿命的要求。

T11 对于氨和高汽化压力碳氢化合物等易汽化介质，实际表明配置 1 密封和配置 2 密封通常不能满足 3 年寿命的要求。而采用非接触内部密封的配置 2 密封时，表现出非常高的可靠性。

T12 附加说明：目的是警告是否需要采用泄漏报警。如果必须探测泄漏，需选择配置 2 密封或配置 3 密封。

T13 附加说明：确定怎样应用配置 2 密封的抑制密封。由于仅在抑制密封腔工作条件下，干运转的抑制密封的端面载荷会产生热量，密封的寿命可能很有限。

T14 附加说明：如果输送聚合物，易结晶，并含有固体颗粒的介质，推荐采用配置 3 密封。否则，流体中的杂质可能会影响配置 2 运转抑制密封的可靠性。

T15 附加说明：若在最低的大气温度下，在缓冲液收集系统的压力下，介质会汽化，而且有残留时，此时需慎用干式抑制密封 CS。

T16 附加说明：提供了选择采用配置 2 密封时，采用非接触式内部密封的进一步指导。

6. 密封冲洗方案选择指南

密封冲洗方案选择指南可根据以下 3 组介质程序图进行。

(1) 非烃类介质密封冲洗方案选择程序

图 A-92 非烃类介质密封冲洗方案选择程序的注释：

注 a：合颗粒介质常采用带有旋液分离器的冲洗方案 31、带有旋液分离器和冷却器的冲洗方案 41、使用外部冲洗液的冲洗方案 32；如果是扬程较高的立式泵，优先推荐冲洗方案 13。应用设计时应当考虑安装喉口节流环，并在节流衬套的孔上加工出环形开口槽，以防止介质中的固体颗粒或杂质污染密封腔；并将密封腔连通到泵的吸入端，保证泵启动之前密封腔是充满介质的。冲洗方案 13 还给立式泵提供了自动排气功能。

注 b：由于配置 1 密封和某些配置 2 密封的辅助密封橡胶弹性体的温度限制，必需对密封进行冷却。当工作温度下被输送的介质润滑性很差时，也需要对密封进行冷却，推荐采用冲洗方案 23。实际经验表明，冲洗方案 23 采用密封腔的冲洗流体冷却循环使用，与冲洗方案 21 比较，它更不易堵塞。但是，由于冲洗方案 23 增加了密封系统的复杂性和制造成本，以及在不能使用或无法提供冷却水源的情况下，而考虑采用空气冷却器的冲洗方案 21。

注 c：对内部密封介质侧进行冲洗，这对于配置 3 密封的面对背（FB）排列是非常必要的，这就要采用冲洗方案 11 或冲洗方案 13。对于腐蚀性很强或含有腐蚀性颗粒输送的介质，要采取冲洗方案 32。配置 3 密封的内部密封为 NC 结构时，可能还要有一些特殊的考虑，以保证泵的有效工作。

(2) 非闪蒸烃类介质密封冲洗方案选择程序

图 A-93 非闪蒸烃类介质密封冲洗方案选择程序的注释：

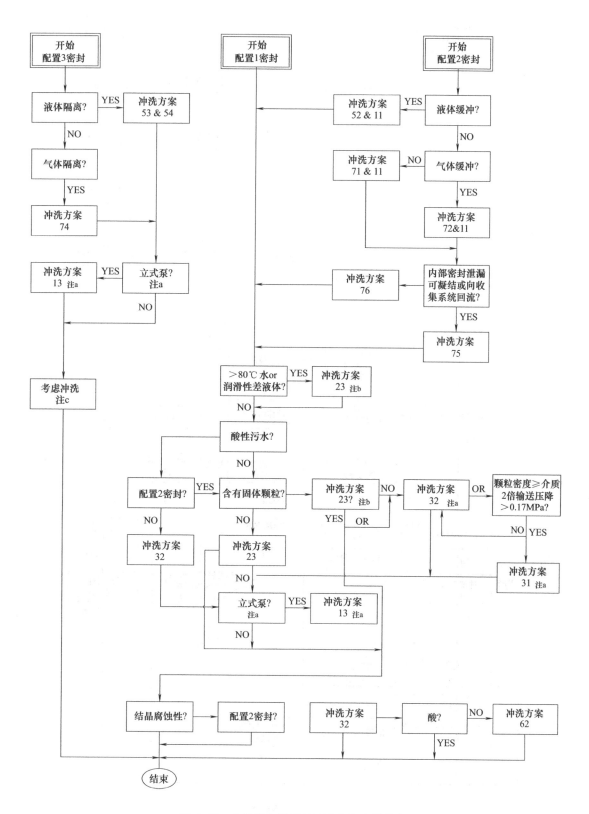

图 A-92　非烃类介质密封冲洗方案选择程序

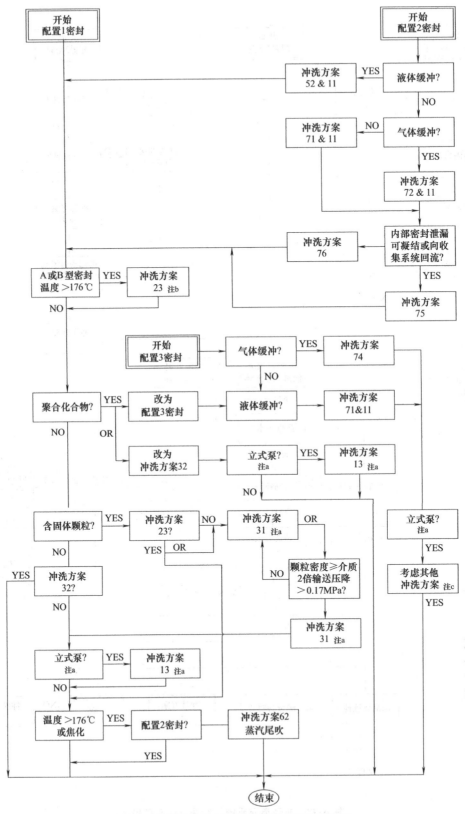

图 A-93　非闪烃类介质密封冲洗方案选择程序

注 a：含颗粒介质常采用带有旋液分离器的冲洗方案 31、带有旋液分离器和冷却器的冲洗方案 41、使用外部冲洗液的冲洗方案 32；如果是扬程较高的立式泵，优先推荐冲洗方案 13。应用设计时应当考虑安装喉口节流环，并在节流衬套的孔上加工出环形开口槽，以防止介质中的固体颗粒或杂质污染密封腔；并将密封腔连通到泵的吸入端，保证泵启动之前密封腔是充满介质的。冲洗方案 13 还给立式泵提供了自动排气功能。

注 b：由于配置 1 密封和某些配置 2 密封的辅助密封橡胶弹性体的温度限制，必需对密封进行冷却。当工作温度下被输送的介质润滑性很差时，也需要对密封进行冷却。推荐采用冲洗方案 23，实际经验表明，冲洗方案 23 采用密封腔的冲洗流体冷却循环使用，与冲洗方案 21 比较，它更不易堵塞。但是，由于冲洗方案 23 增加了密封系统的复杂性和制造成本，以及在不能使用或无法提供冷却水源的情况下，而考虑采用空气冷却器的冲洗方案 21。

注 c：对内部密封介质侧进行冲洗，这对于配置 3 密封的面对背（FB）排列是非常必要的，这就要采用冲洗方案 11 或冲洗方案 13。对于腐蚀性很强或含有腐蚀性颗粒输送的介质，要采取冲洗方案 32。配置 3 密封的内部密封为 NC 结构时，可能还有一些特殊的考虑，以保证泵的有效工作。

（3）闪蒸烃类介质密封冲洗方案选择程序

图 A-94 闪烃类介质密封冲洗方案选择程序的注释：

注 a：含颗粒介质常采用带有旋液分离器的冲洗方案 31、带有旋液分离器和冷却器的冲洗方案 41、使用外部冲洗液的冲洗方案 32；如果是扬程较高的立式泵，优先推荐冲洗方案 13。应用设计时应当考虑安装喉口节流环，并在节流衬套的孔上加工出环形开口槽，以防止介质中的固体颗粒或杂质污染密封腔；并将密封腔连通到泵的吸入端，保证泵启动之前密封腔是充满介质的。冲洗方案 13 还给立式泵提供了自动排气功能。

注 b：由于配置 1 密封和某些配置 2 密封的辅助密封橡胶弹性体的温度限制，必须对密封进行冷却。当工作温度下被输送的介质润滑性很差时，也需要对密封进行冷却。推荐采用冲洗方案 23，实际经验表明，冲洗方案 23 采用密封腔的冲洗流体冷却循环使用，与冲洗方案 21 比较，它更不易堵塞。但是，由于冲洗方案 23 增加了密封系统的复杂性和制造成本以及在不能使用或无法提供冷却水源的情况下，而考虑采用空气冷却器的冲洗方案 21。

注 c：对内部密封介质侧进行冲洗，这对于配置 3 密封的面对背（FB）排列是非常必要的，这就要采用冲洗方案 11 或冲洗方案 13。对于腐蚀性很强或含有腐蚀性颗粒输送的介质，要采取冲洗方案 32。配置 3 密封的内部密封为 NC 结构时，可能还有一些特殊的考虑，以保证泵的有效工作。

六、资料传递（API 682 中 11 Data transfer）

1. API 682 密封数据表

（1）密封数据表的填写是买方和卖方共同的责任。买方向卖方提供的表格形式可以和附后"API 682 密封数据表"所示的格式不一样，但至少应包括附后"API 682 密封数据表"的全部数据。并可用密封代码来对机械密封进行总体的描述。

注："API 682 密封数据表"的信息是产品选型、技术条件和采购合同的基础。

（2）密封制造商最起码要填写表 A-27 和表 A-28 中列举的信息，这些信息需发送到询价单或订单上所书写的地址。

（3）密封应在附件、"API 682 密封数据表系列 3 密封"、布置图、安装使用维护手册上注明以下信息。

1）买方或用户公司的名称；

2）工程号；

3）设备编号和设备名称；

4）询价单或订单号码；

5）询价单或订单上写明的其他各种标记、号码和名称；

6）制造商报价书参考号、工作令号、生产序列号和唯一辨认的回信所需的其他编号。

（4）"API 682 密封数据表"由买方和卖方共同填写。买方可用类似的、不同的形式的表格表达，但至少包括"API 682 密封数据表"中提供的信息。

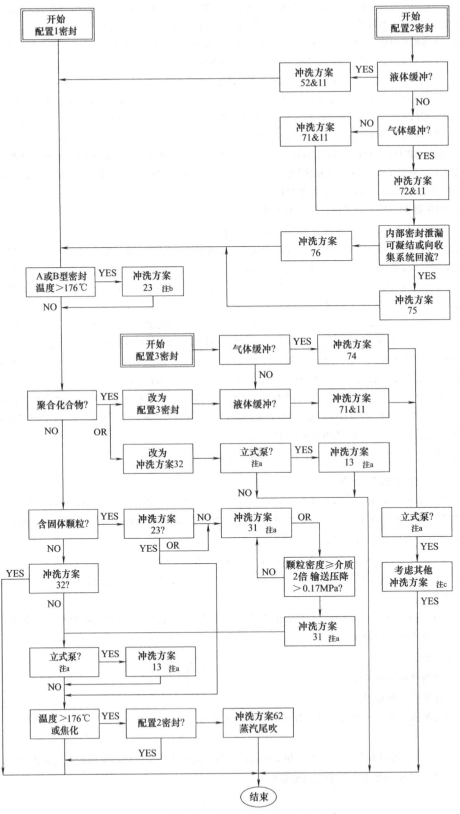

图 A-94　闪烃类介质密封冲洗方案选择程序

表 A-27

API682 密封数据表 系列 1/2 密封

直接用户：		装置：
工程号：		设备代号：
采购单号：		技术规范号：
询价单号：		日期：
订单号：		日期：

填写方式/填写标示： 买方○ 密封卖方□ 密封卖方/买方□ 默认■/填写处□ 选择★
制表：□□ 版次：□□ 日期：□□ 共 2 页 第 1 页 订单号：

密封技术规范

◎密封系列	◎密封型式	密封配置	◎节流环	冲洗液	代号	◎选	◎冲洗方式	◎冲洗方案
系列 1 密封 □□	■A 型旋转多弹簧 □□ A 型静止多弹簧 □□ A 型旋转单弹簧 □□ A 型静止单弹簧 □□	配置 1 密封	固定 □□ 浮动 □□	缓冲液体	■1CW-FW □□ 1CW-FX	分布式 □□	01□□ 02□□ 11□□ 13□□ 14□□ 21□□ 23□□ 31□□ 32□□ 41□□ 50□□ 51□□ 61□□ 62□□ 65
系列 2 密封 □□	■B 型旋转波纹管 □□ B 型静止波纹管 □□	配置 2 密封	固定 □□ 浮动 □□	缓冲气体	■2CW-CW □□ 2CW-CS 2NC-CS	分布式 □□ 切向出口 □□	01□□ 02□□ 11□□ 13□□ 14□□ 21□□ 23□□ 31□□ 32□□ 41□□ 52□□ 61□□ 62□□ 71□□ 72□□ 75□□ 76□□
	■C 型静止波纹管 □□ C 型旋转波纹管 □□	配置 3 密封	固定 □□ 浮动 □□	隔离液体 隔离气体	■3CW-FB □□ 3CW-BB 3CW-FF 3NC-BB 3NC-FF	切向出口 □□	01□□ 02□□ 11□□ 13□□ 32□□ 53A□□ 53B□□ 53C□□ 54□□ 61□□ 62□□ 74□□
◎轴-轴套 传动方式	紧定螺钉 □□ 锥形收缩套 □□ 中开圆环 □□				□□			

材料

◎辅助密封		◎密封端面		◎金属波纹管	◎弹簧	◎金属件	
■FKM □□	FFKM □□	■碳石墨 V SiC □□	碳石墨 V SSiC □□	■Alloy C-276 □□	■Alloy C-276 □□	■SS 316 □□	316Ti □□
■柔性石墨 □□	NBR □□	SiC V SiC □□	SiC V SSiC □□	■Alloy 718 □□	SS 316 □□	Alloy C-276 □□	
■缠绕垫 □□		SiC V WC □□	WC V WC □□	Alloy 20 □□	SS 316Ti □□	Alloy 20 □□	
其他： □□		其他： □□ v □□		其他： □□	其他： □□	其他： □□	

密封数据

○密封卖方： □□	○买方密封图号： □□	□静态密封压力： □□ kPa/bar
◎数据要求：系列 1/2 □□ 系列 3 □□	○泵性能试验用改进密封环： □□	□密封最高使用温度： ℃
□密封型式/轴径： □□	○泵性能试验用代用密封环： □□	◎金属件最低设计温度： ℃
□买方密封代号： □□	○动态密封压力： □□ MPa□□ bar	

密封腔数据

◎密封腔形状： 圆柱形 □□ 锥形 □□	◎密封腔连接： 螺栓连接 □□	◎密封腔加热要求： □□
◎密腔标准：■ISO13709 □□ ■ISO3069-C □□	◎密封腔冲洗孔要求： □□	◎固定节流环 FX： □□
密封腔其他型式： □□	◎密封腔排气要求： □□	◎浮动节流环 FL： □□

○泵数据

泵	制造商： □□	型号： □□	密封	正常压力： □□ kPa/bar	最大/最小动态压力 □□/□□ kPa/bar
	外形尺寸： □□	泵体材料： □□	腔		最大/最小静态压力 □□/□□ kPa/bar
工作压力	吸入压力(额定)： □□ kPa/bar	出口压力： □□ kPa/bar	轴	卧式 □□ 顺时针旋转 □□ 立式 □□ 逆时针旋转 □□	轴径 □□ 转速 □□ r/mm

○流体数据

项目	单位	○介质流体	非介质冲洗液 P32	◎缓冲/隔离流体	◎吹扫流体 PS1/62
名称		□□		确定 □□	□□
浓度	%	□□			—
温度	℃	正常 □□ 最低 □□ 最高 □□	正常 □□ 最低 □□ 最高 □□	正常 □□ 最低 □□ 最高 □□	最低 □□ 最高 □□
基准温度密度/水 25℃		常温 □□ 高温 □□	常温 □□ 高温 □□	常温 □□ 高温 □□	附加项 流量 max/min L/min
定压比热容/常温液体					
常压沸点		□□			□□ 压力 max/min
正常温度下黏度	Pa·s	□□			□□/□□ kPa
绝对蒸汽压力	kPa	常温 □□ 高温 □□		◎密封卖方检查	名 ○买方选择
固体颗粒含量	kg/m³		附加项 □流量 max/min L/min	确 □密封卖方检查 YES/NO	
溶解污染物	mL/m³	H2S□□ WET□□ Cl□□	□□/□□	定 □密封卖方选择	
毒性/易燃的		有毒 □□ 易燃 □□	□压力 max/min kPa	程 买方检查 YES/NO	
凝固性	℃	凝固点 □□ 倾点 □□	□□/□□	序 □流量 max/min L/min	
聚合温度	℃	剪切凝固性 □□		附 □压力 max/min kPa	
沉积或分解性		类别 □□ 聚合温度 □□		加	
逸散物/排放物控制	mL/m³	产生条件 □□	—	项 □加热/冷却 kW	
设备特殊清洗程序		指标 □□			
备换的介质和浓度		清洗液名称 □□ 名称 □□ 浓度 □□			

场地及公有工程条件

○控制电压：V □□ pH □□ Hz □□	◎设计环境温度：最高/最低 □□ ℃	□冷却水压力：正常/设计压力 □□/□□ kPa
◎电力区域类别：级 □□ 分区 □□	◎冷却水供水温度 □□ ℃ 氯离子含量 □□ mL/m³	□爆炸区域等级(EC 指示 94/9EC)： □□

密封支持系统设备

○一般数据		◎冷却系数-P21/22/23/41/53B/53C	
用户/卖方共同设计设备布局： □□	热交换器	供应商 □□ ■水冷却 □□ 客户冷却 □□	
锥管标准：符合 ISO7 □□ 符合 ISO15649 □□		ISO15649 □□ 设备参考号： □□ 设备代号： □□	
技术要求：危险工况 □□ 特殊清洗和净化 □□ 汇集管至总管 □□	冷却水管线	269/316 无缝管 □□ 镀锌管 □□	
伴热：类型 □□ 技术要求 □□	冷却水流量	□□ L/min	
热交阀门 □□ 技术要求 □□	冷却水视镜	开式 □□ 闭式 □□	

◎冲洗方案 P14/21/23/31/32/41			设备及仪表		◎冲洗方案 P52/53	
供应商	连接管件	管件 □□ 管道 □□	供应商	储罐 □□ 注液系统 □□	支架 □□ 管件/管道 □□	P53A/S3B 温度 □□ 压力开关 □□	配置
	节流孔板 □□						压力开关动作机制 升压/配置 2 设定于 □□ kPa 降压/配置 3 设定于 □□ kPa
	旋风分离器 □□		储罐	■焊接式 □□ 非标准尺寸变化 □□ 装配式 □□ 非标尺寸变化 □□ 另制作设计 □□	◎容量 L □□ 安装高度 m □□ 许用工作压力/温度 kPa/℃ □□ 设定压力 max/min/kPa □□	□P53B/53C 液体滞留时间 □□ 天 □高液位报警 □□ 外循环 □□ 泵 需要内循环 H-Q 曲线 □□
	P32 设备	流量计 □□ 温度计 □□					

○冲洗方案 P72/74		○冲洗方案 P75/76		○检测控制仪表使用说明	
设备供应商	□□ □□	设备供应商	□□ □□ □□ □□	压力计 □□ 压力开关 □□ 液位开关 □□	■压力开关 □□ 充油压力计 □□ 静压型 □□ 电容型 □□ 压力变送器 □□ 超声波型 □□ 液位变送器 □□
配置	高位流量开关 □□	配置	P75 高位流量开关 □□ 试验检口 □□	液位开关 □□ 流量计 □□	■焊接板型 □□ 外型可拆式 □□ ■流量开关 □□ 液位变送器 □□ ■流量仪表 □□ 流量变送器 □□

检验和试验

○买方参与检验和试验？ YES/NO	○所有焊件 100% 探伤采用方法：磁粉 □□ 渗透 □□ 射线 □□ 超声波 □□
○买方需要清单？ YES/NO	○需要提供可供选用的认定试验报告？ YES/NO
○买方需要与买方焊接连接设计？ YES/NO	○需要提供泵性能试验用改进密封环？ YES/NO
○需要硬度试验的部件和部位说明？ □□	○需要提供泵性能试验用替代密封环？ YES/NO

表 A-28

API682 密封数据表　　系列 3 密封	直接用户：	装置：
	工程号：	设备代号：
	采购单号：	技术规范号：
填写方式/填写 标示：买方○密封卖方□密封卖方▶买方□ 默认□ /填写处□ 选择★	询价单号：	日期：
制表：□□　　　　版次：□□　　　日期：□□　　共2页 第1页	订单号：	日期：

密封技术规范

密封系列	密封型式	密封配置	节流环	冲洗液	代号	选	冲洗方式	冲洗方案
系列 3 密封 □□	■A 型旋转多弹簧□□	配置1 单封	■固定□□		1CW-FX	□	分布式□□	01□□02□□11□□13□□14□□21□□23□□ 31□□32□□41□□50□□51□□61□□62□□65
	A 型静止多弹簧□□		浮动□□		1CW-FX			
	A 型旋转单弹簧□□	配置2 双封	固定□□	缓冲液体	2CW-CW	□	分布式□□	01□□02□□11□□13□□14□□21□□ 23□□31□□32□□41□□52□□61□□
	A 型静止单弹簧□□		浮动□□	缓冲气体	2CW-CS		切向出口□□	62□□71□□72□□75□□76□□
系列 2 密封 □□	■B 型旋转波纹管□□				2NC-CS			
	B 型静止波纹管□□	配置3 双封	固定□□	隔离液体	3CW-FB	□		01□□02□□11□□13□□32□□53A□□
	C 型静止波纹管□□		浮动□□		3CW-BB		切向出口□□	53B□□53C□□54□□61□□62□□74□□
	C 型旋转波纹管□□			隔离气体	3CW-FF			
轴-轴套传动方式	紧定螺钉□□ 锥形收缩套□□中开圆环□□				3NC-BB 3NC-FF	□□		

材料

辅助密封	密封端面	金属波纹管	弹簧	金属件
■FKM□□　FFKM□□	■碳石墨 V SiC□□　碳石墨 V SSiC□□	■Alloy C-276□□	■Alloy C-276□□	■SS 316□□　316Ti□□
■柔性石墨□□　NBR□□	SiC V SiC□□　SiC V SSiC□□	■Alloy 718□□	SS 316□□	Alloy C-276□□
■缠绕垫□□	SiC V WC□□　WC V WC□□	Alloy 20□□	SS 316Ti□□	Alloy 20□□
其他：□□	其他：□□ v □□	其他：	其他：	其他：

密封数据

○密封卖方：□□	○买方密封图号：□□	○静态密封压力：□□ kPa/bar
○数据要求：系列1/2□□ 系列3□□	○泵性能试验用改进密封环：□□	○密封最高使用温度：□□ ℃
○密封型式/轴：□□	○泵性能试验用代用密封环：□□	○金属件最低设计温度：□□ ℃
○买方密封代号：□□	○动态密封压力：□□ MPa□□ bar	

密封腔数据

○密封腔形状：■圆柱形□□　锥形□□	○密封腔连接：螺栓连接□□	○密封腔加热要求：□□
○密封标准：■ISO13709□□　■ISO3069-C□□	○密封腔冲洗孔要求：□□	○固定节流环 FX：□□
密封腔其它型式：□□	○密封腔排气要求：□□	○浮动节流环 FL：□□

○泵数据

泵	制造商：□□	型号：□□	密封腔	正常压力：□□kPa/bar	最大/最小动态压力□□/□□kPa/bar
	外形尺寸：□□	泵体材料：□□			最大/最小静态压力□□/□□kPa/bar
工作压力	吸入压力(额定)：□□kPa/bar	出口压力：□□kPa/bar	轴	卧式□□ 顺时针旋转□□ 立式□□ 逆时针旋转□□	轴径：□□ 转速：□□ r/mm

○流体数据

项　目	单位	○介质流体	○非介质冲洗液 P32	○缓冲/隔离流体	○吹扫流体 PS1/62
名称				确定□□	□□
浓度	%				
温度	℃	正常□□ 最低□□ 最高□□	正常□□ 最低□□ 最高□□	正常□□ 最低□□ 最高□□	最低□□ 最高□□
基准温度密度/水25℃		常温□□ 高温□□	常温□□ 高温□□	常温□□ 高温□□	附加项　○流量 max/min L/min
定压比热容/常温液体		—			□□/□□ L/min
常压沸点	℃	□□			压力 max/min
正常温度下黏度	Pa·s	□□			□□/□□ kPa
绝对蒸汽压力	kPa	常温□□ 高温□□	○密封卖方检查	名称确定程序	
固体颗粒含量	kg/m³	名称□□ 含量□□	□流量 max/min L/min	○密封卖方检查 YES/NO	
溶解污染物	mL/m³	H₂S□□ WET□□ Cl□□ 其他□□	□压力 max/min kPa	□密封卖方选择	
毒性/易燃的		有毒□□ 易燃□□		买方检查 YES/NO	
凝固性	℃	凝固点□□ 倾点□□		□流量 max/min L/min	
		剪切凝固性□□		附加项 □压力 max/min kPa	
聚合温度	℃	类型□□ 聚合温度□□			
沉积或分解性		产生条件□□	—		
逸散物/排放物控制	mL/m³	指标□□		□加热/冷却 kW	
设备特殊清洗程序		清洗液名称□□		□□	
备换的介质和浓度		名称□□ 浓度□□			

场地及公有工程条件

○控制电压：V□□　pH□□　Hz□□	○设计环境温度：最高/最低　□□/□□ ℃	○冷却水压力：正常/设计压力 □□/□□ kPa
○电力区域类别：级□□　分区□□	○冷却水供水温度 □□ ℃ 氯离子含量 □□ mL/m³	○爆炸区域等级(EC指示94/9EC)：□□

密封支持系统设备

○一般数据			○冷却系-P21/22/23/41/53B/53C	
用户/卖方共同设计设备布局：□□			热交换器	供应商□□ 水冷却□□ 客气冷却□□
锥管螺纹：符合 ISO7□□ 符合 ISO 7005-1□□				ISO 15649□□ 设备参考号：□□ 设备代号：□□
技术要求：危险工况□□ 特殊清洗和净化□□ 汇集支管至总管□□			冷却水管线	供应商□□ 269/316无缝管□□ 镀锌管□□
伴热，类型：□□ 技术条件：□□			○冷却水流量	□□ L/min
热安全网：□□			冷却水视镜	开式□□ 闭式□□

○冲洗方案P14/21/23/31/32/41			○冲洗方案P52/53		
				设备及仪器	配置
供应商	连接管件	管件□□ 管道□□	供应商	储罐□□ 注液系统□□	支架□□ 管件/管道□□	P53A/S3B温度计□□ 压力开关□□	压力开关动作机制 升压：配置2设定于□□kPa
	节流孔板□□			焊接式□□ 非标尺寸变化□□	容量 L□□ 安装高度 m□□	P53B/53C	降压：配置3设定于□□kPa
	旋风分离器□□	流量计□□ 温度计□□	储罐	装配式□□ 非标尺寸变化□□	许用工作压力/温度 kPa□□	液体滞留时间□□天	□高液位报警□□ 外循环□□ 泵□□
	P32 设备□□			另种制作设计□□	○设定压力 max/min/kPa	□□	需要内循环 H-Q曲线□□

○冲洗方案P72/74		○冲洗方案P75/76		○检测控制仪表使用说明	
设备供应商	□□ □□	设备供应商	□□ □□	压力计□□	■压力计□□ 充油压力计□□
	□□		□□	压力开关□□	■压力开关□□ 压力变送器□□
	□□		□□	液位开关□□	静压型□□ 电容型□□ 超声波型□□
配置	高位流量开关□□	P75高位流量开关□□ 试验检口□□	配置	液位计□□	焊接板型□□ 液位变送器 外置可拆式□□
				流量计□□	■流量仪表□□ 流量变送器□□

检验和试验

○买方参与检验和试验？YES/NO	○所有焊件100%探伤采用方法：磁粉□□ 渗透□□ 射线□□ 超声波□□
○买方需要检验清单？YES/NO	○需要提供可供选用的认定试验报告？YES/NO
○买方与买方焊接连接设计？YES/NO	○需要提供泵性能试验用改进密封环？YES/NO
○需要硬度试验的部件和部位说明？□□	○需要提供泵性能试验用替代密封环？YES/NO

2. 报价书数据资料

（1）密封制造商约报价书至少应包括表 A-29 中规定的信息。

表 A-29　报价书要求数据项目

需要的资料	密封系列		
	系列 1	系列 2	系列 3
标准的密封剖面图	▲	▲	▲
支持系统原理图			▲
填写完整的密封数据表	▲	▲	▲
其他报价方案	▲	▲	▲
API 682 例外的事项	▲	▲	▲
密封和支持系统的详细清单			▲
额定密封腔压力下 2NC-CS 配置			▲
密封预期泄漏量			▲
密封认证试验结果			▲
密封设计性能参数			▲
密封轴向推力			▲
数据表形式要求	▲a	▲a	▲a

注：a　如有规定。

（2）密封截面图，应包含以下信息：

1）足够的尺寸信息，用以核对设备中安装的配合程度，包括密封腔内衔口深度、密封端盖上的接口，以及到密封腔外部最近障碍物的距离；

2）密封总体尺寸和任何有关的密封定位尺寸；

3）密封的轴/腔体的轴向允差；

4）材料规格；

5）单独的一份密封腔图纸，注明所报价的密封装配要求泵所做的各种修改。并应表示出密封总装图，亦可以注明其参见图纸号。

（3）密封性能设计参数应包括以下数据：

1）额定静态密封压力；

2）额定静态密封压力；

3）最大反压力（在特定的条件下）。

（4）密封质量认证试验结果应包括下列信息：

1）"密封认证试验表"上的信息以及其他相关信息；

2）表明进行了认证试验以及认证试验符合标准的证明材料；

3）关于试验用密封和订购密封设计上或规格上存在差异的说明；

4）观察到的任何危害密封性能的因素和条件，以便使密封能够满足标准规定的可靠性要求。

3. 合同数据资料

（1）密封销售商应至少提供给密封购买者表 A-30 中所列出的资料。

表 A-30　合同要求数据资料

需要的资料	密封系列		
	系列 1	系列 2	系列 3
标准的密封剖面图	▲	▲	
特殊的密封剖面图	▲a	▲a	▲
支持系统原理图	▲	▲	▲
支持系统详图			▲

需要的资料	密封系列		
	系列 1	系列 2	系列 3
正确完整的密封数据表	▲	▲	▲
密封和支持系统的详细清单	▲	▲	▲
密封轴向推力计算			▲
密封端面功耗及热交换计算			▲
内循环装置 H-Q 曲线			▲
系统阻力 H-Q 曲线			▲
标准的安装、使用、维护手册		▲▲	
特殊的安装、使用、维护手册			▲
静压测试报告			▲
零部件安全数据表	▲b	▲b	▲
数据表形式要求	▲c	▲c	▲c

注：a 当泵需要重大修改时，需提供资料。

b 如果操作规程要求，需提供资料。

c 如有规定。

(2) 指定设备上密封的剖视图最少应包括以下几个方面：

1) 所有密封零件和与密封相连接的泵上零部件；

2) 正确表明密封安装位置的尺寸；

3) 与密封相连接的泵零部件尺寸；

4) 密封的外形尺寸；

5) 密封腔体和密封端盖的连接尺寸；

6) 密封支持系统和公用系统的规格；

7) 设备工作过程中的密封使用条件；

8) 密封所允许的轴向位移；

9) 密封的系列、型式、配置以及冲洗方案；

10) 正确的标识和零件清单，零件清单中应包括零部件的材料和项目说明。

(3) 支持系统原理图应包括：

1) 管路及仪表装置系统图；

2) 所有外部公共系统的要求和位置；

3) 正确的标识和零件清单；

4) 缓冲和隔离液名称/规格；

5) 水压试验压力；

6) 最大设计压力和设计温度；

7) 安全阀的尺寸和标定压力。

(4) 支持系统详图应包括：

1) 所有零部件的安装尺寸和外形尺寸；

2) 所有外部公共系统的要求和位置；

3) 所有管道、管件的位置、型号和尺寸；

4) 正确的标识和零件清单；

5) 缓冲和隔离液名称/规格；

6) 报警设备和报警设置点；

7) 水压试验压力；

8) 最大设计压力和设计温度；

9) 孔板的尺寸；

10) 安全阀尺寸和设定压力。

（5）密封零件清单中应列出推荐的备件。

（6）密封和辅助系统供货时，应附上一本安装使用维护手册。为了方便用户正确地进行安装使用和维护，安装使用维护手册应包括订单上的所有设备的完整的指导说明，以及所有图纸的参考列表和零件清单。并提供用于密封、储罐法兰和液位计上所有紧固件拧紧力矩的推荐值。

（7）对于系列 3 密封，为了使用户正确地进行安装使用和维护订单上的所有部件，卖方应提供足够的书面指导和必要的图纸。这些资料应汇编成册，并包括封面及目录，以及所有图纸的完整列表。不同于一般典型的手册。

（8）零部件安全数据表应当表明：密封和支持系统的油漆、保护剂、镀层和化学物质。

注：根据"表 A-29 报价书要求数据项目"和"表 A-30 合同要求数据项目"的要求，提供 EXCEL 格式的密封轴向推力计算表格以及密封端面功耗及热交换计算表格。表 A-31～表 A-33 供参考。

表 A-31　密封轴向推力计算

符号	定　义	内径高压密封			外径高压密封		
		公式	数值	单位	公式	数值	单位
D_i	端面接触的内径		50.00	mm		48.50	mm
D_o	端面接触的外径		56.00	mm		54.50	mm
D_b	密封平衡直径		56.20	mm		50.00	mm
ΔP	端面流体压差		0.20	MPa		1.20	MPa
K	端面反压系数		0.50			0.50	
F_{sp}	密封工作弹簧力		110.00	N		110.00	N
B	平衡系数	$\dfrac{(D_b^2-D_i^2)}{(D_o^2-D_i^2)}$	1.04		$\dfrac{(D_b^2-D_i^2)}{(D_o^2-D_i^2)}$	0.76	
A	端面面积	$\dfrac{\pi}{4}\times(D_o^2-D_i^2)$	499.51	mm^2	$\dfrac{\pi}{4}\times(D_o^2-D_i^2)$	485.38	mm^2
P_{sp}	端面弹簧比压	$\dfrac{F_{sp}}{A}$	0.22	N/mm^2	$\dfrac{F_{sp}}{A}$	0.23	N/mm^2
P_{iot}	端面总比压	$\Delta P(B-K)+P_{sp}$	0.33	N/mm^2	$\Delta P(B-K)+P_{sp}$	0.54	N/mm^2
F_{iot}	密封轴向推力	$P_{iot}A$	163.48	N	$P_{iot}A$	261.97	N

表 A-32　单端面密封功耗及热交换热计算

项目	符号	定　义	公　式	数值	单位
已知及输入	d	轴径规格		130.00	mm
	D_i	端面接触的内径		145.0	mm
	D_o	端面接触的外径		155.5	mm
	D_b	密封平衡直径		140.0	mm
	F_{sp}	密封工作弹簧力		700.0	N
	ΔP	端面流体压差		0.40	MPa
	n	转速		3000	r/min
	f	摩擦系数		0.07	
	K	反压系数		0.50	
	T	介质温度		200	℃
	$U\times A$	热导率		0.00025	
	T_{max}	密封腔最高工作温度		70	℃
		冲洗液		水	
	T_{inj}	冲洗液注入温度		40	℃
	d	冲洗液密度		1.00	
	C_p	冲洗液比热容		4200	J/kg·K
	n'	冲洗流量安全系数		2	

续表

项目	符号	定　义	公　式	数值	单位
密封产生热量计算	B	平衡系数	$B=(d_o^2-D_b^2)/(D_o^2-D_i^2)$	1.45	
	A	端面面积	$A=\pi(D_o^2-d_i^2)/4$	2478	mm²
	P_{sp}	端面弹簧比压	$P_{sp}=F_{sp}/A$	0.28	MPa
	P_{iot}	端面总比压	$P_{iot}=\Delta P(B-K)+P_{sp}$	0.66	MPa
	D_m	端面平均直径	$D_m=(D_o+D_i)/2$	150.3	mm
	T_r	密封转矩	$T_r=P_{iot}Af(D_m/2000)$	8.64	N-m
	T_s	启动转矩	$T_s=T_r\times4$	34.57	N-m
	P	密封消耗功率	$P=(T_rn)/9550$	2.71	kW
传导热计算	ΔT_{hs}	介质端/密封腔温差	$\Delta T_{hs}=T-T_{max}$	130	K
	Q_{hs}	热传导热量	$Q_{hs}=UAD_b(d)\Delta T_{hs}$	4.23	kW
冲洗流量计算	ΔT_{inj}	冲洗液温升	$\Delta T_{inj}=T_{max}-T_{inj}$	30	K
	q_{inj}	冲洗液流量	$q_{inj}=n'\times60000\dfrac{(P+Q_{hs})}{(d\Delta T_{inj}C_p)}$	6.6	L/min

表 A-33　双端面密封功耗及热交换计算

项目	符号	定　义	公　式	介质端端面		大气端端面	
				数值	单位	数值	单位
已知及输入	d	轴径规格		130.00			mm
	D_i	端面接触的内径		145.0	mm	164.0	mm
	D_o	端面接触的外径		155.5	mm	175.0	mm
	D_b	密封平衡直径		140.0	mm	160.0	mm
	F_{sp}	密封工作弹簧力		700.0	N	820.0	N
	ΔP	端面流体压差		0.40	MPa	0.40	MPa
	n	转速		300	r/min	300	r/min
	f	摩擦系数		0.07		0.07	
	K	反压系数		0.50		0.50	
				泵密封		缓冲/隔离腔	
	T	介质端温度		200	℃	200	℃
	UA	热导率		0.00025		0.00025	
	T_{max}	密封腔最高工作温度		80	℃	50	℃
		冲洗液		水		水	
	T_{inj}	冲洗液注入温度		40	℃	40	℃
	d	冲洗液密度		1.00		1.00	
	C_p	冲洗液比热容		4200	J/(kg·K)	4200	J/(kg·K)
	n'	冲洗流量安全系数		2			
密封产生热量计算	B	平衡系数	$B=(D_o^2-D_b^2)/(D_o^2-D_i^2)$	1.45		1.35	
	A	端面面积	$A=\pi(D_o^2-d_i^2)/4$	2478	mm²	2929	mm²
	P_{sp}	端面弹簧比压	$P_{sp}=F_{sp}/A$	0.28	MPa	0.28	MPa
	P_{iot}	端面总比压	$P_{iot}=\Delta P(B-K)+P_{sp}$	0.66	MPa	0.62	MPa
	D_m	端面平均直径	$D_m=(D_o+D_i)/2$	150.3	mm	169.5	mm
	T_r	密封转矩	$T_r=P_{iot}Af(D_m/2000)$	8.64	N-m	10.76	N-m
	T_s	启动转矩	$T_s=T_r\times4$	34.57	N-m	43.02	N-m
	P	密封消耗功率	$P=(T_r\times n)/9550$	0.27	kW	0.34	kW
传导热计算	ΔT_{hs}	介质端/密封腔温差	$\Delta T_{hs}=T-T_{max}$	120	K	150	K
	Q_{hs}	热传导热量	$Q_{hs}=UAD_b(d)\Delta T_{hs}$	3.90	kW	5.25	kW

续表

项目		符号	定　义	公　式	介质端端面		大气端端面	
					数值	单位	数值	单位
冲洗流量计算	全冲洗	ΔT_{inj}	冲洗液温升	$\Delta T_{inj} = T_{max} - T_{inj}$	40	K	10	K
		q_{inj}	冲洗液流量	$q_{inj} = n' \times 60000 \dfrac{(P + Q_{hs})}{(d \Delta T_{inj} C_p)}$	3.0	L/min	13.8	L/min
	仅缓冲/隔离腔冲洗	ΔT_{inj}	冲洗液温升	$\Delta T_{inj} = T_{max} - T_{inj}$			10	K
		q_{inj}	冲洗液流量	$q_{inj} = n' \times 60000 \dfrac{(P + Q_{hs})}{(d \Delta T_{inj} C_p)}$			16.7	L/min

附录B 国内最新修订的部分机械密封标准介绍

一、GB/T 14211—2010 机械密封试验方法

1 范围

本标准规定了机械密封产品性能试验的试验分类、试验内容、试验条件、试验装置及仪器仪表等

本标准适用于各类旋转机械的机械密封。

2 试验分类

2.1 型式试验：为判定机械密封是否满足技术规范的全部性能要求所进行的试验，每种规格都应进行型式试验，型式试验包括静压试验和运转试验。

2.2 出厂试验：对经过型式试验已合格的机械密封产品在出厂时应进行的试验，同一规格的每批产品应至少抽取一套进行出厂试验，出厂试验包括静压试验和运转试验。

3 试验内容

3.1 静压试验

3.1.1 正确调装试验件并做好安装检测记录，试验前应将系统内充满试验密封流体。

3.1.2 当系统压力达到规定值时计算试验时间并测量泄漏量。

3.1.3 静压试验的保压时间不少于15min。

3.2 运转试验

3.2.1 用做过静压试验的机械密封做运转性能试验。

3.2.2 试验前应做好安装检测记录并将系统内充满试验密封流体。

3.2.3 启动试验装置，待系统温度、压力和转速稳定在规定值时计算试验时间并收集泄漏介质。

3.2.4 运转试验时间

3.2.4.1 型式试验运转时间应不少于100h，每隔4h测量并记录一次试验压力、温度、转速、泄漏量和功率消耗。

3.2.4.2 出厂试验运转时间为连续运转5h，每隔1h测量并记录一次试验压力、温度、转速、泄漏量和功率消耗。

3.2.5 在达到型式试验规定的运转时间后，停机测量密封环密封端面磨损量。

3.2.6 在试验稳定进行中通过测量机械密封工作扭矩或测量电功率，求得机械密封的功率消耗（扣除空载时的轴承摩擦力矩），该项是否进行根据需要协商而定。

3.3 实验报告

静压试验和运转试验结束后，将有关数据填入试验报告，试验报告内容见附录a。并对试验后密封环端面和其他零件的外观状况以及试验中的现象加以说明。

4 试验条件

4.1 试验密封流体：机械密封性能试验采用清水作为试验介质，若有特殊要求应另行商定。

4.2 试验参数

压力：静压试验压力为产品最高使用压力的1.25倍；运转试验压力为产品的最高使用压力。

转速：按产品的设计转速。

温度：试验介质温度为0～80℃。如有特殊要求另行商定。

5 试验装置

该装置是为试验机械密封性能而专门设计的，除下述各项规定外，其他细节设计不受限制。静压和运转试验可以共用一套装置，也可各用一套装置。

5.1 试验装置的设计应满足机械密封的使用方式、试验工况及安装要求，该装置应设有排气口。

5.2 试验装置应采用稳压措施。在进行静压和运转试验时，压力值的极限偏差为规定值的±5%。

5.3 试验装置轴的转速允差为规定值的±5%。

5.4 试验装置应能保证密封腔内温度稳定、均匀。密封腔内温度应保持在规定试验温度的±10℃范围内。

5.5　应备有适当的装置收集并测量机械密封处漏出的全部试验密封流体。

5.6　机械密封的安装部位及安装过程按相应机械密封产品标准中的有关规定。

5.7　除密封腔体及系统附件应能承受试验密封流体压力外，试验台架应具有足够的刚性和稳定性。

5.8　应在密封腔体或可反映试验密封流体温度的适当位置，正确装设测量试验密封流体温度的传感元件。

6　试验用仪器仪表

6.1　试验用仪器仪表应有计量部门校验，并出具有效期内的合格证。

6.2　试验所用仪器仪表应符合表 B-1 的规定。

表 B-1　试验用仪器仪表

测量内容	仪　表	精　度
压力	指针式压力表或其他压力测量仪器	±1%
温度	玻璃温度计或其他温度测量仪器	±1℃
转速	机械转速表、光电测速仪或其他转速测量仪	±1%
泄漏量	量器	0.5mL
扭矩	转矩转速仪或其他测量仪器	±1%
磨损量	千分表(尺)或其他测量仪器	0.001mm

附录 a（资料性附录）机械密封试验报告内容（见表 B-21）

表 B-2　机械密封试验报告

制造厂：					产品制造时间：			
试验类别及要求：								
机械密封型号、规格：								
旋转环材料：					静止环材料：			
辅助密封圈材料、形式：					机械密封安装轴径(mm)：			
试验 用 仪表	测量内容	压力		温度	转速	泄漏	扭矩	磨损量
	仪表							
	精度							
静压 试验	试验密封 流体名称	试验密封流体 压力/MPa		试验密封流体 温度/℃		试验时间 /min	泄漏量	
							实测 /mL	折算 /(mL/h)
运转 试验	试验密封 流体名称	试验密封 流体压力 /MPa	试验密封 流体温度 /℃	试验时间 /h	转速 /(r/min)	平均 泄漏量① /(mL/h)	最大平均 泄漏量② /(mL/h)	机械密封 功率消耗 /kW	磨损量/mm
									旋转环　静止环
试验人员：					试验日期：			
试验 结论								

① 是指全部试验时间内的平均泄漏量。

② 是指各测量时间单元中最大的平均泄漏量。

二、GB/T 24319—2009 釜用高压机械密封技术条件

1　范围

本标准规定了釜用高压机械密封的结构类型、要求、标记与包装、成套供应和验收规则等。

本标准适用于碳钢、不锈钢制造的釜用立式搅拌高压机械密封。其工作参数：釜内压力为 6.3～10MPa（表压）；釜内温度不大于 350℃；搅拌轴径 30～220mm；线速度不大于 3m/s。

2　结构类型

2.1　釜用高压机械密封应根据工况选用双端面或多端面结构，大气侧均应采用平衡型结构。

2.2　釜用高压机械密封可作为搅拌轴支点，如不作支点考虑搅拌轴定位轴承部位应尽量靠近机械密封端面。定位轴承、短轴、轴套、机械密封、冷却水套等组合成"反应釜搅拌密封装置"。

3 要求

3.1 材料

釜用高压机械密封材料种类应符合 HG/T 2098 的规定。摩擦副材料应选用碳化钨、碳化硅、高强度石墨等。旋转环、静止环、辅助密封圈、弹簧使用的材料应有质量证明书。机械密封的密封液选择必须考虑与工艺的相容性。

3.2 制造

3.2.1 密封腔体等承压锻件应按 JB 4726、JB 4728 相应规定进行加工，并有检验报告。

3.2.2 旋转环、静止环、静环座应采取消除加工应力措施。

3.2.3 旋转环、静止环密封端面不应有划伤、气孔、凹陷等影响密封性能的缺陷，密封端 面平面度按 JB/T 7369 进行检测，平面度不大于 $0.9\mu m$，粗糙度 $Ra \leqslant 0.20\mu m$。

3.2.4 旋转环、静止环密封圈接触端面与密封端面的平行度公差按 GB/T 1184—1996 附录 B 表 B-3 的 5 级公差规定。

3.2.5 密封腔体托装静止环平面部位进行研磨，用红丹粉涂色检查，其贴合率应大于 80%。

3.2.6 旋转环、静止环与辅助密封圈接触部位的表面粗糙度 $Ra \leqslant 1.6\mu m$，外圆或内孔尺寸公差分别为 h8 或 H8。

3.2.7 旋转环密封端面与旋转环辅助密封圈接触的内孔垂直度及静止环密封端面与静止环辅助密封圈接触的外圆垂直度按 GB/T 1184—1996 附录 B 表 B-3 的 6 级公差规定。

3.2.8 弹簧内径、外径、自由高度、工作压力、弹簧中心线与两端面垂直度等公差值均按 GB/T 1239.2—1989 的二级精度规定。

3.2.9 未注公差尺寸的极限偏差按 GB/T 1804—2000 的 f 级公差规定。

3.3 泄漏量

3.3.1 隔离流体为油品时，泄漏量规定为：轴径不大于 80mm 时，泄漏量不大于 5mL/h；轴径大于 80mm 时，泄漏量不大于 8mL/h。泄漏量测定方法按照 HG/T 2099—2003 附录 B 的 B.1.2 或 B.2.2 规定进行。

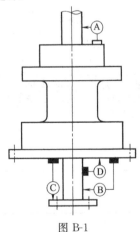

图 B-1

3.3.2 工作介质为有毒、易燃、易爆的气体时，其泄漏量参照有关的安全规定。

3.4 试验及其方法

3.4.1 釜用高压机械密封产品出厂前必须先进行气密性试验，试验压力为最高工作压力，保压时间不小于 15min，压力降应小于 10% 工作压力。气密性试验合格后再进行静压试验及运转试验，泄漏量的规定按 4.3 要求。

3.4.2 静压试验介质为油，试验压力为设计压力的 1.25 倍，保压时间不小于 15min，然后将试验压力缓慢降低至最高工作压力，并保压 6h。

3.4.3 运转试验压力为最高工作压力，运转试验时间由使用单位与制造单位协商确定。

3.4.4 运转试验记录应包括的主要内容：密封型号、规格、试验及安装情况，试验时隔离流体进出口温度及流量、密封泄漏量、轴承温度等。

3.5 安装使用

3.5.1 安装釜用高压机械密封部位的轴（或轴套）时，碳钢或不锈钢材料的搅拌轴（或轴套）的外径尺寸公差为 h6，表面粗糙度 $Ra \leqslant 1.6\mu m$。

3.5.2 釜用高压机械密封为"反应釜搅拌密封装置"结构时，其技术要求见图 B-1 及表 B-3。

表 B-3

mm

项 目	测定部位	搅 拌 轴 径				
		≤60	>60～<80	≥80～<100	≥100～<140	≥140～≤220
径向摆动量	A	0.08	0.08	0.10	0.15	0.20
径向摆动量	B	0.20	0.20	0.25	0.30	0.30
轴向窜动量	C	±0.10	±0.10	±0.10	±0.15	±0.2
垂直度量	D	0.05	0.08	0.08	0.10	0.10

3.5.3 　釜用高压机械密封工作时，应按 HG/T 2122-2003 的规定配置辅助系统，其隔离流体压力应高于釜内工作压力 0.25～0.5MPa，隔离流体应循环冷却，其流量不小于 15mL/min。

3.5.4 　釜内介质温度高于 80℃时，必须采用相应冷却措施，隔离流体进出口温度差应不大于 30℃。

3.5.5 　在安装使用正确的情况下，工作介质为中性或弱腐蚀性气体或液体时，机械密封的使用期一般为 8000h；工作介质为较强腐蚀性或挥发性气体时，机械密封的使用期一般为 4000h。特殊情况不受此限。

4 　标记与包装

4.1 　包装箱上应标明产品型号、代号、出厂日期、制造厂名称、产品生产许可证编号等。

4.2 　包装箱内附有产品合格证及试验记录。

4.3 　制造厂应提供产品安装使用说明书。

5 　成套供应和验收规则

5.1 　制造厂根据用户要求，成套供应或零件供应。

5.2 　用户有权按本标准规定对交货产品进行抽样检验。

三、GJB 5904—2006 舰船用离心泵机械密封规范

1 　范围

本规范规定了舰船用离心泵机械密封的要求、质量保证规定、交货准备等。

本规范适用于舰船用离心泵、旋涡泵及其他类似泵的机械密封。

2 　要求

2.1 　结构

2.1.1 　结构设计准则

2.1.1.1 　应能满足泵组装和维修时快速安装、更换的要求。

2.1.1.2 　应能满足泵随舰船倾斜、摇摆、泵受冲击和振动等工况下的使用要求。

2.1.1.3 　应具有防止因泥沙等沉积堵塞导致密封失效的结构。

2.1.1.4 　机械密封冲洗液应从泵高压区引入，并能回到泵低压区，为保证液体含沙量大的情况下正常运行，应安装旋液分离器。

2.1.2 　基本参数

舰船用离心泵机械密封的基本参数见表 B-4。

表 B-4

型式	密封腔压力/MPa	介质温度/℃	转速/(r/min)	轴径/mm	介 质
Ⅰ	0～0.8	−40～120	≤3600	10～140	淡水、海水、舱底水、燃料油、润滑油及货物油等
Ⅱ					
Ⅲ	0～1.6				
Ⅳ					
Ⅴ	0～4.5			25～100	淡水、海水等

2.2 　材料

2.2.1 　机械密封端面材料应具有足够的硬度。机械密封端面常用材料及硬度见附录 a。

2.2.2 　当被密封介质为海水、舱底水时，机械密封所有零件的制造材料均应耐腐蚀，零件间不应产生电化学腐蚀。

2.2.3 　变压力机械密封的应急密封中，所有零件的制造材料均应耐海水腐蚀，零件间不应产生电化学腐蚀；用作密封填料的材料，应能在 −40～120℃工作温度下保持性能不变。

2.3 　外观质量

2.3.1 　密封端面不应有裂纹、划痕、气孔等缺陷。

2.3.2 　密封件应洁净，不应有毛刺、污物。

2.4 　主要零件

2.4.1 　密封端面的平面度不大于 0.0009mm，硬质材料密封端面粗糙度 Ra 值不大于 0.2 μm，软质材料密封端面粗糙度 Ra 值不大于 0.4μm。

2.4.2 　旋转环和静止环与辅助密封圈接触部位的表面粗糙度 Ra 值不大于 1.6μm，外圆或内孔的尺寸公差

为 h7 或 H7。

2.4.3　静止环密封端面对与静止环辅助密封圈接触的外圆的垂直度，旋转环密封端面对与旋转环辅助密封圈接触的内孔的垂直度，旋转环和静止环的密封端面对与辅助密封圈接触的端面的平行度，均按 GB 1184 的 7 级公差。

2.4.4　弹簧技术要求按 JB/T 7757.1 的规定。对于多弹簧的机械密封，同一套机械密封中各弹簧自由高度的差值不大于 0.5mm。

2.4.5　石墨环及组装的旋转环、静止环应做水压检验，其检验压力为最高工作压力的 1.25 倍，持续 10min 不应有渗漏。

2.4.6　弹簧座、传动座的内孔尺寸公差为 F9，表面粗糙度 Ra 值不大于 3.2 μm。

2.4.7　橡胶 O 形密封圈技术要求按 JB/T 7757.2 的规定。

2.5　性能要求

2.5.1　泄漏量

机械密封的平均泄漏量应满足以下规定：

a）轴（或轴套）外径小于或等于 50mm 时，平均泄漏量应不大于 3mL/h。

b）轴（或轴套）外径大于 50mm 时，平均泄漏量应不大于 5mL/h。

2.5.2　磨损量

在要求的工作条件下运转 100h，机械密封软质密封环端面的磨损量应不大于 0.01mm。

2.5.3　耐海水、泥沙性能

被密封介质为含泥沙的海水时，机械密封能够正常工作。

2.6　安装与使用要求

2.6.1　安装机械密封部位的轴（或轴套）的径向跳动公差按表 B-5，表面粗糙度 Ra 值不大于 1.6μm，外径尺寸公差 h6。

表 B-5 mm

轴（或轴套）外径 d	径向跳动公差
≤50	≤0.04
>100	≤0.06
>100～140	≤0.07

2.6.2　安装旋转环辅助密封圈的轴（或轴套）的端部倒角应符合图 B-2 要求。

2.6.3　安装机械密封的旋转轴在工作时其轴向窜动量应不大于 0.2mm。

2.6.4　密封腔体与密封端盖贴合的定位端面对轴（或轴套）表面的跳动公差按表 B-5。

2.6.5　密封端盖上安装辅助密封圈部位的尺寸和表面粗糙度等按图 B-3 和表 B-6 的规定。

2.6.6　在安装机械密封之前，应将轴（或轴套）、密封腔体、密封端盖及机械密封的所有零件清洗干净，以防止杂物进入密封部位。

2.6.7　在安装机械密封时，应按照产品安装使用说明书或样本中的要求，保证机械密封的安装尺寸。

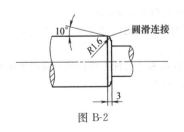

图 B-2

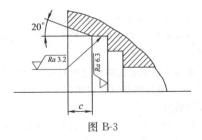

图 B-3

表 B-6 mm

轴（或轴套）外径 d	C 值	轴（或轴套）外径 d	C 值
10～16	1.5	>50～80	2.5
>16～50	2	>80～140	3

2.6.8 当输送介质温度偏高或过低、含有杂质颗粒、或具有毒性时，应采取适当的阻封、冲洗、冷却和过滤等措施，具体措施按照 JB/T 6629 执行。

3 质量保证规定

3.1 检验分类

本规范的检验分类如下：

a) 鉴定检验；

b) 质量一致性检验。

3.2 检验条件

3.2.1 试验介质

机械密封性能试验采用清水作为试验介质，若有特殊要求应另行商定试验介质。

3.2.2 试验参数

压力：见 3.5.3 中的规定。

转速：按产品的设计转速。

温度：常温。

3.3 鉴定检验

3.3.1 检验时机

有下列情况之一者均需进行鉴定检验：

a) 设计定型和产品投产前；

b) 产品结构、材料和工艺有较大的变动，使产品性能改变时；

c) 产品转厂生产时；

d) 产品在仓库存放超过 12 个月；

e) 国家质量监督部门或用户要求时。

3.3.2 受检样品数

样品数为 4 套，其中 1 套作泄漏量和磨损量检验，3 套作其他项目检验。

3.3.3 检验项目与检验顺序

鉴定检验项目与检验的一般顺序按表 B-7 的规定。

表 B-7

序号	检验项目		鉴定检验	质量一致性检验		要求章节号	检验方法章节号
				A 组	B 组		
01	外观质量		●	●	—	2.3	3.5.1
02	硬质密封环密封端面平面度		●	—	●	2.4.1	3.5.2.1
03	主要零件其他精度		●	—	●	2.4.2、2.4.3、2.4.4、2.4.6、2.4.7	3.5.2
04	石墨环、组装环水压检验		●	—	●	2.4.5	3.5.2
05	泄漏量	静压试验	●	●	—	2.5.1	3.5.3.1
		运转试验	●	—	●	2.5.1	3.5.3.2 3.5.3.3
06	磨损量		●	—	○	2.5.2	3.5.3.2
07	海水、泥沙试验		○	—	○	2.5.3	3.5.3.7

注：●为必检项目；○为承制方与订购方协商检验的项目；—为不检验的项目。

3.3.4 合格判据

当样品的全部检验项目符合本规范的要求时，则鉴定检验合格。

3.4 质量一致性检验

3.4.1 概述

质量一致性检验分为 A 组检验、B 组检验。

3.4.2 检验项目与检验顺序

质量一致性检验项目与检验的一般顺序按表 B-7 的规定。

3.4.3 检验分组

3.4.3.1　**A 组检验**

A 组检验为全数检验，检验项目按表 B-7 的规定进行。

3.4.3.2　**B 组检验**

B 组检验应从通过 A 组检验合格的产品中抽取，每种规格至少抽取 1 套。

3.4.4　合格判据

a）A 组检验中，若某一检验项目不符合要求时，则判该套产品检验不合格；

b）B 组检验中，若有一套不合格，可加倍数量复验，复验中若仍有一套不合格，则判该批产品检验不合格；

c）某一检验的产品在某项检验中被判为不合格，允许返工或返修；

d）同一产品因质量问题再提交检验的次数不得超过两次；

e）运转试验合格的产品，须经修复后方可投入使用。

3.5　检验方法

3.5.1　外观质量

目视检查。

3.5.2　主要零件

3.5.2.1　密封环端面平面度用 I 级平面平晶和单色光源干涉法测量。

3.5.2.2　密封环的密封端面的表面粗糙度用粗糙度测量仪或样块比较法检查。

3.5.2.3　其他零件的检验按有关标准进行。

3.5.3　性能

3.5.3.1　静压试验

3.5.3.1.1　I～IV 型机械密封的静压试验

3.5.3.1.1.1　静压试验的压力为产品最高使用压力的 1.25 倍。

3.5.3.1.1.2　按 3.7 正确调装机械密封，并做安装记录，排出气体以使试验系统充满试验介质。

3.5.3.1.1.3　从试验系统压力达到规定值时起，计算试验时间和测量泄漏量，静压试验的保压时间不少于 10min。

3.5.3.1.2　V 型机械密封的静压试验

3.5.3.1.2.1　按 3.7 正确调装机械密封，并做安装记录，排出气体以使试验系统充满试验介质。

3.5.3.1.2.2　将试验介质的压力在 10min 内由 0.01MPa 逐渐匀速递升至 4.5MPa，并在 4.5MPa 压力状态下保持 3min，然后逐渐卸压，压力释放时间约 5min。

3.5.3.2　鉴定检验的运转试验

3.5.3.2.1　I～IV 型机械密封

3.5.3.2.1.1　用静压试验合格的机械密封做运转试验，并做安装检测记录，试验压力为产品的最高使用压力，试验转速为产品最高使用转速。

3.5.3.2.1.2　试验前排出气体以使试验系统充满试验介质，启动试验装置，待系统压力、温度和转速稳定在规定值时，计算试验时间并测量泄漏量。

3.5.3.2.1.3　试验累计时间不少于 100h，在累计运转时间内，启动、停止次数不少于 5 次。

3.5.3.2.1.4　每隔 2h 测量并记录一次泄漏量、压力、转速、温度、功率。每次测量的泄漏量不得超过规定值。以全部累计运转时间的平均值作为鉴定检验的运转试验的试验值。

3.5.3.2.1.5　完成鉴定检验的运转试验后，停机测量机械密封的端面磨损量。

3.5.3.2.2　V 型机械密封

3.5.3.2.2.1　首先在 0.01MPa 压力下持续运转 10min，而后将介质压力有级或无级匀速递升，直至最大。随后逐渐卸压至 0.01MPa，确认无异常情况后按下列步骤进行运转试验。

a）流体介质压力：0.01MPa→4.5MPa→0.01MPa；

　　压力变化梯度：0.5MPa；

　　时间间隔：3min；

　　流体介质压力无级变化时，周期同上。

b）流体介质压力变化范围内分点恒压。

在介质压力分别为 0.01MPa，0.5MPa，1.0MPa，2.0MPa，3.5MPa，4.5MPa，3.5MPa，2.0MPa，1.0MPa，0.5MPa，0.01MPa 时，分别运转 4h，3h，2h，2h，1h，0.5h，1h，2h，2h，3h，4h。

　　c) 流体介质压力快速变化。

　　0.01MPa→4.5MPa，过程时间：10min；

　　4.5MPa→0.01MPa，过程时间：10min。

　　按 a) 项完成 1 次循环，接着按 b) 项完成 3 次，累计运转时间不少于 200h，c) 项试验穿插进行，但不少于 2 次。

3.5.3.2.2.2 在累计运转时间内，启动、停止次数不少于 10 次。

3.5.3.2.2.3 每隔 2h 测量并记录一次泄漏量、压力、转速、温度、功率，以全部累计运转时间的平均作为鉴定检验的运转试验的试验值。

3.5.3.2.2.4 完成鉴定检验的运转试验后，停机测量机械密封的端面磨损量。

3.5.3.3 质量一致性检验的运转试验

3.5.3.3.1 Ⅰ～Ⅳ型机械密封

　　质量一致性检验的运转试验时间为 5h，每隔 1h 测量并记录一次泄漏量、压力、转速、温度、功率。每次测量的泄漏量不得超过规定值。

3.5.3.3.2 Ⅴ型机械密封

3.5.3.3.2.1 质量一致性检验的运转试验按下列步骤进行：

　　a) 同 4.5.3.2.2.1a)。

　　b) 流体介质压力变化范围内分点恒压。

　　在介质压力分别为 0.5MPa，1.0MPa，2.0MPa，3.5MPa，4.5MPa，3.5MPa，2.0MPa，1.0MPa，0.5MPa 时，分别运转 3h，2h，2h，2h，0.5h，2h，2h，2h，3h。

　　c) 同 4.5.3.2.2.1c)。

　　其中 c) 项试验不少于 2 次。累计运转时间 20h，启动、停止次数不少于 6 次。

3.5.3.3.2.2 每隔 2h 测量一次泄漏量、压力、转速、温度、功率。以全部累计运转时间的平均值作为质量一致性检验的运转试验的试验值。

3.5.3.4 试验报告

　　静压试验和运转试验均应填写试验报告。试验报告的内容和格式见附录 b。

3.5.3.5 试验装置

3.5.3.5.1 静压试验和运转试验可以共用一套装置，也可各用一套装置。试验装置的设计应满足机械密封的使用方式、试验工况及安装要求，该装置应设有排气口。

3.5.3.5.2 在静压试验和运转试验时，试验装置应具备稳压设备。压力表和其他压力传感元件应直接与密封腔连接。

3.5.3.5.3 应在密封腔的适当位置正确装设测量试验介质温度的传感元件。

3.5.3.5.4 试验装置应备有便于收集介质泄漏的装置，以减少泄漏介质的损失。

3.5.3.6 试验用仪器仪表

　　试验用仪器仪表应由计量部门检验并出具有效期内的合格证。试验用仪器仪表应符合表 B-8 的规定。

表 B-8

测量内容	仪　器　仪　表	精　度
压力	指针式压力表或其他压力测量仪器	±1%
温度	玻璃温度计或其他适宜的温度测量仪器仪表	±1℃
转速	机械转速表、光电测速仪或其他转速测量仪器	±1%
扭矩	转矩转速仪或其他扭矩测量仪器	±1%
泄漏	量器	0.5mL
磨损量	千分表或其他测量仪器	0.001mm

3.5.3.7 海水、泥沙试验

　　试验用介质为天然海水或人造海水，其介质中泥沙含量不少于 30 mg/L，泥沙颗粒直径小于 0.3 μm

的含量不低于泥沙总量的三分之一。试验参数同 3.2.2。试验方法同 3.5.3。

4 交货准备

4.1 标志

4.1.1 应在产品不影响安装、使用的明显部位打印制造厂标志。

4.1.2 包装箱（盒）上标明识别标志。

4.2 包装

4.2.1 在运输和贮存过程中，包装应能防止产品的损伤和零件的遗失等。

4.2.2 产品出厂时，包装箱（盒）内应有产品合格证，合格证上应有产品型号、数量、生产厂名、检验部门及检验人员的签章和日期。

4.2.3 包装箱（盒）内应有产品使用说明书、装箱清单、备件清单等技术文件。

4.2.4 用户要求时可用吸塑或真空包装。

5 说明事项

5.1 使用期

在正确安装、使用条件下，机械密封的使用期应不低于两年。

5.2 基本型式

舰船用离心泵的机械密封共分为 5 种基本型式：

a）Ⅰ型：非平衡型机械密封，见图 B-4。

b）Ⅱ型：集装式非平衡型机械密封，见图 B-5。

c）Ⅲ型：平衡型机械密封，见图 B-6。

d）Ⅳ型：集装式平衡型机械密封，见图 B-7。

e）Ⅴ型：变压力机械密封，见图 B-8。

变压力机械密封至少由主密封和应急密封两部分组成，主密封为平衡型机械密封，应急密封为填料密封。主密封正常工作时，应急密封处于备用状态，应急密封在主密封失效时投入工作。

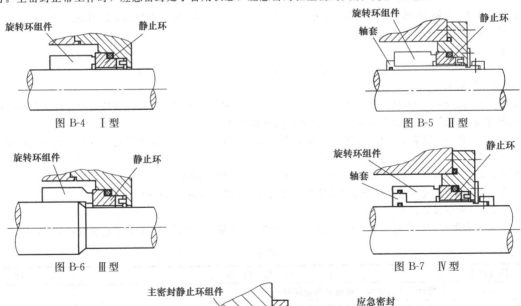

图 B-4　Ⅰ型　　　　图 B-5　Ⅱ型

图 B-6　Ⅲ型　　　　图 B-7　Ⅳ型

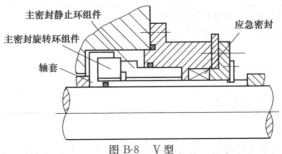

图 B-8　Ⅴ型

附录 a（资料性附录）机械密封端面常用材料及硬度

机械密封端面常用材料及硬度见表 B-9。

表 B-9　机械密封端面常用材料及硬度

名称	类别		硬度（≥）
硬质合金	WC-Co	YG6	89.5HRA
		YG8	89HRA
		YG15	87HRA
	WC-Ni	YWN8	88HRA
	WC-Ni/Co	YCN3	91HRA
碳化硅	反应烧结	RBSiC	90HRA
	无压烧结	SSiC-A	92HRA
		SSiC-B	92HRA
		SSiC-C	85HS
	热压烧结	HPSiC	93HRA
氧化铝	高纯氧化铝	Al_2O_3-99	87HRA
	一般氧化铝	Al_2O_3-95	82HRA
	金属-氧化铝	Al_2O_3-Fe	84HRA
碳石墨	碳石墨	基体材料	40HS
		浸渍环氧树脂	65 HS
		浸渍呋喃树脂	70 HS
		浸渍巴氏合金	75 HS
		浸渍铜合金	70 HS
		浸渍锑	70 HS
	电化石墨	基体材料	30 HS
		浸渍环氧树脂	40 HS
		浸渍呋喃树脂	40 HS
		浸渍巴氏合金	40 HS
		浸渍铜合金	40 HS
		浸渍锑	40 HS

附录 b（资料性附录）舰船用离心泵机械密封试验报告内容

舰船用离心泵机械密封试验报告内容见表 B-10。

表 B-10　舰船用离心泵机械密封试验报告内容

制造厂：			制造日期				
产品规格型号：							
试验用仪表	测量内容	压力	温度	转速		扭矩	泄漏	磨损量
	仪表							
	准确度							
静压试验	介质名称	试验压力/MPa	介质温度/℃	试验时间/min		泄漏量		
						实测/mL	折算/(mL/h)	

续表

运转试验	介质名称	介质压力变化范围/MPa	变化方式	介质温度/℃	试验时间/h	转速/(r/min)	功率/kW	平均泄漏量①/(mL/h)	最大平均泄漏量②/(mL/h)	磨损量/mm 静止环	磨损量/mm 旋转环
试验结果分析及评价											

试验主持人：　　　　　　参加人：

试验日期：

试验单位：

① 是指全部试验时间内的平均泄漏量。

② 是指各测量时间单元中最大的平均泄漏量。

四、HG/T 2057—2011 搪玻璃搅拌容器用机械密封

1 范围

本标准规定了在搪玻璃搅拌容器上部安装的搪玻璃搅拌轴用机械密封的型式、主要尺寸、标记、技术要求、试验、安装和使用要求、包装、运输和贮存。

本标准适用于设计压力 −0.1～1.6MPa，设计温度 −40～200℃，搅拌轴（或轴套）外径为 40～160mm，转轴线速度小于 2m/s 的搪玻璃搅拌容器用机械密封。

2 型式及主要尺寸

2.1 单端面结构型式及主要尺寸

密封一般介质时，搪玻璃搅拌容器的机械密封采用单端面的小弹簧四氟乙烯波纹管型（设计代号为212型），其结构见图 B-9、图 B-10，主要尺寸见表 B-11。

212 型机械密封适用范围：搪玻璃搅拌轴轴径 40～110mm 时，设计压力 0～0.4MPa；搪玻璃搅拌轴轴径 125～160mm 时，设计压力 0～0.25MPa。

表 B-11　212 型机械密封基本尺寸　　　　　　　　　　mm

d(h8)	d_1	K_1	N_1	d_2	K_2	N_2	M_5	d_4(d9)	d_9	d_8	L_5	L_6	h_5	h_6
40	175	145	4	18	/	/	/	110	/	102	25	/	180	/
50	240	210	8	18	/	/	/	176	/	138	25	/	180	/
60	275	240	8	22	/	/	/	204	/	188	25	/	180	/
80	305	270	8	22	/	/	/	234	/	212	30	/	180	/
95	385	340	12	22	/	/	/	300	/	212	30	/	180	/
110	455	420	4	18	295	8	20	380	268	/	/	30	/	210
125	455	420	4	18	295	8	20	380	268	/	/	30	/	210
140	505	460	4	22	350	12	20	420	320	/	/	30	/	210
160	505	460	4	22	350	12	20	420	320	/	/	30	/	210

2.2 双端面结构型式及主要尺寸

密封易燃、易爆、有毒的介质时，搪玻璃搅拌容器的机械密封采用双端面结构。径向双端面型（设计代号为221型）其结构见图 B-11、图 B-12，主要尺寸见表 B-12；轴向双端面型（设计代号为2009型）其结构见图 B-13、图 B-14，主要尺寸见表 B-13。

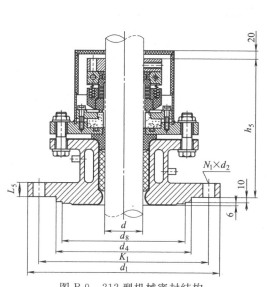

图 B-9　212 型机械密封结构
尺寸图（$d \leqslant 95\text{mm}$）

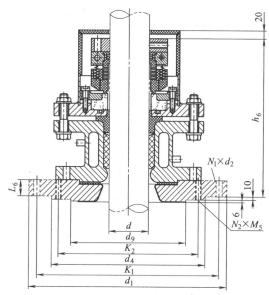

图 B-10　212 型机械密封结构
尺寸图（$d > 95\text{mm}$）

221 型机械密封适用范围：设计压力 0～1.0MPa。

2009 型机械密封适用范围：设计压力－0.1～1.6MPa。

表 B-12　221 型机械密封基本尺寸　　　　　　　mm

$d(\text{h8})$	d_1	K_1	N_1	d_2	K_2	N_2	M_5	$d_4(\text{d9})$	d_9	d_8	L_3	L_4	h_3	h_4
40	175	145	4	18	/	/	/	110	/	102	33	/	103	/
50	240	210	8	18	/	/	/	176	/	138	33	/	106	/
60	275	240	8	22	/	/	/	204	/	188	39	/	106	/
80	305	270	8	22	/	/	/	234	/	212	39	/	117	/
95	385	340	12	22	/	/	/	300	/	212	39	/	121	/
110	455	420	4	18	295	8	20	380	268	/	/	30	/	136
125	455	420	4	18	295	8	20	380	268	/	/	30	/	140
140	505	460	4	22	350	12	20	420	320	/	/	30	/	162
160	505	460	4	22	350	12	20	420	320	/	/	30	/	162

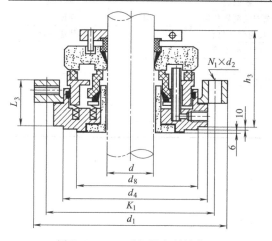

图 B-11　221 型机械密封结构
尺寸图（$d \leqslant 95\text{mm}$）

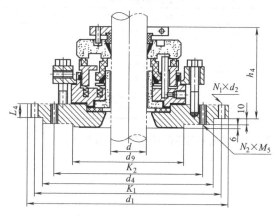

图 B-12　221 型机械密封结构
尺寸图（$d > 95\text{mm}$）

表 B-13　　2009 型机械密封基本尺寸　　　　　　　　　mm

d(h8)	d_1	K_1	N_1	d_2	K_2	N_2	M_5	d_4(d9)	d_9	d_8	L_1	L_2	h_1	h_2
40	175	145	4	18	/	/	/	110	/	102	25	/	155	/
50	240	210	8	18	/	/	/	176	/	138	25	/	160	/
60	275	240	8	22	/	/	/	204	/	188	25	/	170	/
80	305	270	8	22	/	/	/	234	/	212	30	/	180	/
95	385	340	12	22	/	/	/	300	/	212	30	/	190	/
110	455	420	4	18	295	8	20	380	268	/	/	30	/	190
125	455	420	4	18	295	8	20	380	268	/	/	30	/	215
140	505	460	4	22	350	12	20	420	320	/	/	30	/	220
160	505	460	4	22	350	12	20	420	320	/	/	30	/	225

3　标记及材料

3.1　标记

机械密封标记表示如下：

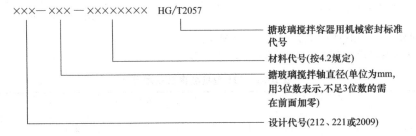

XXX — XXX — XXXXXXXX　HG/T2057

- 搪玻璃搅拌容器用机械密封标准代号
- 材料代号(按4.2规定)
- 搪玻璃搅拌轴直径(单位为mm, 用3位数表示,不足3位数的需在前面加零)
- 设计代号(212、221或2009)

3.2　材料及其代号

3.2.1　机械密封零部件材料及代号见表 B-14。

表 B-14　机械密封零部件材料及代号

旋转环、静止环材料		辅助密封圈材料		弹簧和其他结构	
代号	材料名称	代号	材料名称	代号	材料名称
A_b	石墨浸渍巴氏合金	V	氟橡胶	F	铬镍钢
B_q	石墨浸渍酚醛树脂	M	橡胶包覆氟塑料	M	高镍合金
B_k	石墨浸渍呋喃树脂	X	其他弹性材料	T	其他材料
B_h	石墨浸渍环氧树脂	T	聚四氟乙烯	/	/
Q	氮化硅	C	柔性石墨	/	/
O	碳化硅	Y	其他非弹性材料	/	/
V	氧化铝	/	/	/	/
Y	增强聚四氟乙烯	/	/	/	/
Z	其他工程塑料	/	/	/	/

3.2.2　机械密封零件材料代号位置如下：

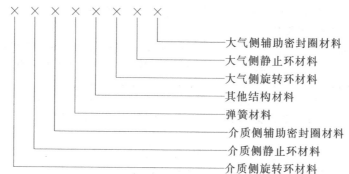

大气侧辅助密封圈材料
大气侧静止环材料
大气侧旋转环材料
其他结构材料
弹簧材料
介质侧辅助密封圈材料
介质侧静止环材料
介质侧旋转环材料

注：212型机械密封材料取前五个位置代号，221型、2009型机械密封材料取全部八个位置代号。

标记示例

搪玻璃搅拌容器机械密封，设计型式为212型，搪玻璃搅拌轴直径80mm，旋转环材料为增强聚四氟乙烯，静止环材料为氧化铝、辅助密封圈材料氟橡胶，弹簧及其他结构材料均为镍铬钢，其标记表示：

212－080－YVVFF HG/T 2057

4　技术要求

4.1　机械密封主要零件

机械密封主要零件的技术要求按 HG/T 2269 的规定。

4.2　密封性能

4.2.1　密封一般气体时，采用单端面机械密封，只对泄漏作定性检查，目视无明显气泡为合格。

4.2.2　被密封介质为有毒、易燃、易爆的气体时，采用双端面机械密封，轴径大于80mm时，泄漏量应不大于8mL/h，轴径小于等于80mm时，泄漏量应不大于5mL/h。

4.3　使用期

机械密封的使用期按 HG/T 2269 的规定。

5　试验

5.1　试验的分类

5.1.1　型式试验

为判定机械密封的材质和结构发生改变时是否具有规定的性能而进行的试验。每种规格都应进行型式试验。

5.1.2　出厂试验

型式试验合格的机械密封产品，出厂前应对同一规格的每批产品按2%（不少于2套）的比例抽样进行出厂性能试验。

5.2　试验内容

5.2.1　型式试验内容包括静压试验和运转试验。测量泄漏量，并在规定运转时间后停机测量密封环端面的磨损量。

5.2.2　出厂试验内容为静压试验和运转试验。

5.3　试验条件、试验时间、试验报告、试验装置及仪器仪表，试验条件的具体要求按 HG/T 2099 中的相关内容执行。

5.4　试验后的处置

当抽检出现不合格项时，该批产品应进行全检，只有完全合格的产品才允许出厂。

6　安装和使用要求

6.1　搪玻璃搅拌轴（或轴套）上旋转环安装部位的外径经磨加工后尺寸公差为 h9，表面粗糙度 $Ra \leqslant 1.6\mu m$。

6.2　搪玻璃搅拌轴（或轴套）在密封安装处的径向跳动要求为：当搅拌轴轴径小于110mm时，径向跳动应小于 $\sqrt{d}/30$（d 为搅拌轴轴径）mm；当搅拌轴轴径大于或等于110mm时，径向跳动应小于0.5mm。搅拌轴轴向串动量应小于0.5mm。

6.3　搪玻璃冷却水套上下密封面与轴线垂直度按 GB/T 1184 的10级精度。

6.4　搪玻璃冷却水套应做水压试验，试验压力为0.6MPa，试验时间为15min。

6.5　搪玻璃搅拌轴、冷却水套的其他技术要求按 GB 25025。

6.6　安装静环时，注意静环密封圈（垫）是否放入安装位置，静环密封端面必须仔细找正，使静环端面与搅拌轴线垂直度达到 6.3 的要求。

6.7　当密封腔温度较高时，参照 HG/T 2122 选用辅助装置，其他要求按产品安装使用说明书。

6.8　采用单端面机械密封时，密封液盒内必须加入润滑液体。采用双端面机械密封时，密封液的压力应大于搪玻璃搅拌容器内介质压力 0.1～0.2MPa（由密封液储罐或液压泵等供给）。

6.9　机械密封在搪玻璃搅拌容器上安装后，先进行静压试验，试验压力值为设计压力，试验时间为 15min，运转跑合后，再进行运转试验，试验压力为最高使用压力，试验时间为 1h。

7　包装、运输和贮存

7.1　在产品应附有装箱单、产品合格证、质量证明书以及铭牌，铭牌上应标明机械密封的设计参数。

7.2　包装应能防止在运输和贮存过程中产品的损伤和零件的遗失。

7.3　制造厂根据用户要求提供产品安装使用说明书。

五、HG/T 2098—2011 釜用机械密封类型、主要尺寸及标志

1　范围

本标准规定了釜用机械密封（以下简称机械密封）的类型、主要尺寸及识别标志。

本标准适用于钢制釜用搅拌轴及类似立式旋转轴的机械密封。其工作参数为：釜内使用压力为 0～10MPa；釜内使用温度为不大于 350℃；搅拌轴（或轴套）外径 30～220mm；转速不大于 2m/s；釜内介质为除强氧化性酸、高浓度碱以外的各种流体。

2　机械密封的类型及结构特点

2.1　机械密封主要分为单端面机械密封、轴向双端面机械密封和径向双端面机械密封三类。

2.2　机械密封的结构特点及产品代号见表 B-15。

表 B-15　机械密封的结构特点及产品代号

类　型	结构特点	使用压力≤MPa	产品代号
单端面机械密封	不带轴承	0.25	212
	不带轴承	0.6	204
	不带轴承、集装式	0.6	2001
	带轴承、集装式	0.6	2002
径向双端面机械密封	不带轴承	1.6	222
轴向双端面机械密封	带轴承、集装式	0.6	205
	不带轴承、集装式	1.6	2004
	带轴承、集装式	1.6	206、2005
	带轴承、集装式	2.5	207
	带轴承、集装式	6.4	208
	带轴承、集装式	10	209

注：带轴承的机械密封应当可以承受搅拌轴轴向力或径向力，轴承型号及数量根据搅拌轴轴承支点设计要求合理选择。

3　机械密封的主要尺寸

3.1　使用压力为 0.25MPa 的 212 型机械密封及法兰连接尺寸见图 B-15 及表 B-16。

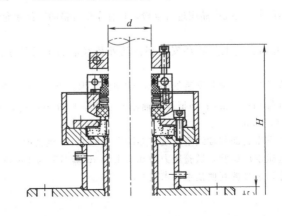

表 B-16　212 型机械密封及法兰连接尺寸　　　　　　mm

搅拌轴轴径	d(h9)	D	D_1	D_2	$H\leqslant$	C	$n\times\phi$
30	30	240	200	178	180	20	8×18
40	40	240	200	178	180	20	8×18
50	50	240	200	178	180	20	8×18
60	60	240	200	178	180	20	8×18
70	70	265	225	202	180	20	8×18
80	80	265	225	202	180	20	8×18
90	90	320	280	258	180	22	8×18
95	95	320	280	258	180	22	8×18
100	100	320	280	258	180	22	8×18
110	110	320	280	258	200	22	8×18
120	120	375	335	312	200	24	12×18
130	130	375	335	312	200	24	12×18
140	140	375	335	312	200	24	12×18
150	150	375	335	312	200	24	12×18
160	160	440	395	365	200	24	12×22
180	180	440	395	365	200	24	12×22
200	200	490	445	415	200	26	12×22
220	220	490	445	415	200	26	12×22

3.2　使用压力为 0.6MPa 的 204 型、2001 型、2002 型机械密封及法兰连接尺寸见图 B-16、图 B-17、图 B-18 及表 B-17。

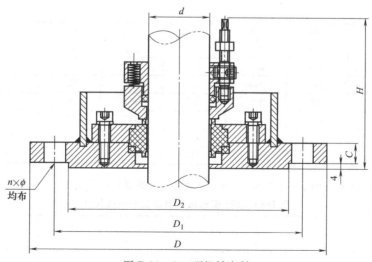

图 B-16　204 型机械密封

表 B-17　204、2001、2002 型机械密封及法兰连接尺寸　　　　　　mm

搅拌轴轴径	d(h9)	D	D_1	D_2	$H\leqslant$	C	$n\times\phi$
30	30	240	200	178	250	20	8×18
40	40	240	200	178	250	20	8×18

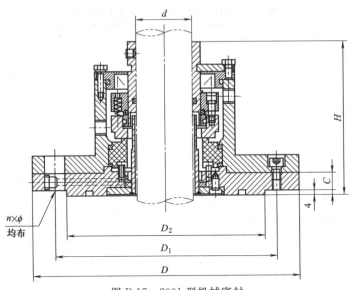

图 B-17 2001 型机械密封

搅拌轴轴径	d(h9)	D	D_1	D_2	$H\leqslant$	C	$n\times\phi$
50	50	240	200	178	250	20	8×18
60	60	240	200	178	280	20	8×18
70	70	265	225	202	280	20	8×18
80	80	265	225	202	280	20	8×18
90	90	320	280	258	280	22	8×18
95	95	320	280	258	280	22	8×18
100	100	320	280	258	280	22	8×18
110	110	320	280	258	300	22	8×18
120	120	375	335	312	300	24	12×18

续表

搅拌轴轴径	d(h9)	D	D_1	D_2	$H\leqslant$	C	$n\times\phi$
130	130	375	335	312	300	24	12×18
140	140	375	335	312	300	24	12×18
150	150	375	335	312	300	24	12×18
160	160	440	395	365	360	24	12×22
180	180	440	395	365	360	24	12×22
200	200	490	445	415	360	26	12×22
220	220	490	445	415	400	26	12×22

3.3 使用压力为 0.6MPa 的 205 型机械密封及法兰连接尺寸见图 B-19 及表 B-18。

表 B-18 205 型机械密封及法兰连接尺寸 　　　　　　　mm

搅拌轴轴径	d(h9)	D	D_1	D_2	$H\leqslant$	$n\times\phi$	C
30	30	190	150	128	335	4×18	18
40	40	240	200	148	335	8×18	20
50	50	240	200	148	355	8×18	20
60	60	240	200	148	370	8×18	20
80	80	265	225	178	395	8×18	20
90	90	320	280	258	410	8×18	22
100	100	320	280	258	410	8×18	22

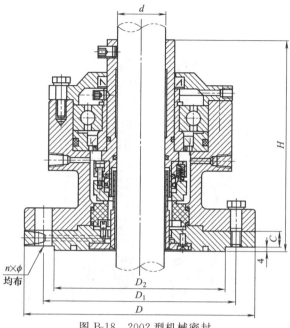

图 B-18　2002 型机械密封

110	110	320	280	258	420	8×18	22
120	120	375	335	312	430	12×18	24
130	130	375	335	312	445	12×18	24
140	140	440	395	365	460	12×22	24
160	160	440	395	365	480	12×22	24
180	180	490	445	415	500	16×22	26
200	200	490	445	415	520	16×22	26
220	220	540	495	465	550	16×22	28

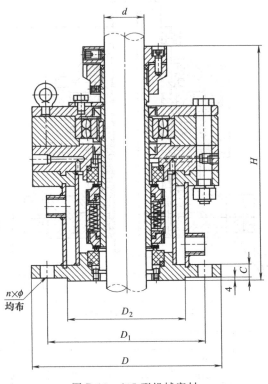

图 B-19　205 型机械密封

3.4　使用压力为 1.6MPa 的 222 型机械密封及法兰连接尺寸见图 B-20 及表 B-19。

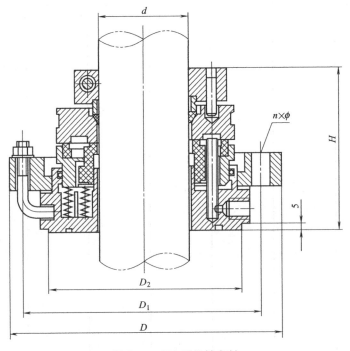

图 B-20　222 型机械密封

表 B-19　222 型机械密封及法兰连接尺寸　　mm

搅拌轴轴径	d(h9)	D	D₁	D₂	H≤	n×φ
30	30	185	145	122	161	4×18
40	40	185	145	122	161	4×18
50	50	250	210	188	166	8×18
60	60	250	210	188	168	8×18
80	80	285	240	212	186	8×22
90	90	305	270	234	188	8×22
100	100	305	270	234	200	8×22
110	110	340	295	268	200	12×22
120	120	340	295	268	207	12×22
130	130	340	295	268	207	12×22
140	140	405	355	320	218	12×26
160	160	405	355	320	238	12×26
180	180	460	410	378	258	12×26
200	200	460	410	378	278	12×26
220	220	520	410	428	308	16×26

3.5　使用压力为 1.6MPa 的 206 型、2004 型、2005 型机械密封及法兰连接尺寸见图 B-21、图 B-22、图 B-23 及表 B-20。

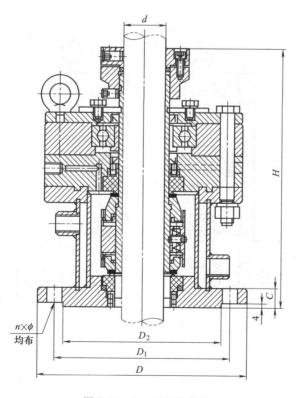

图 B-21　206 型机械密封

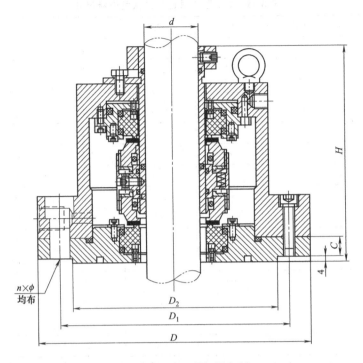

图 B-22　2004 型机械密封

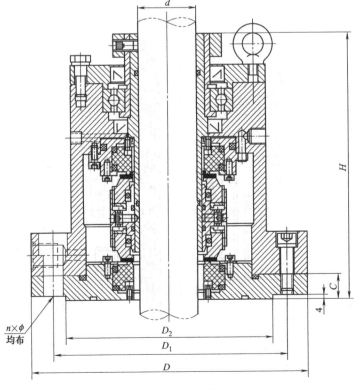

图 B-23　2005 型机械密封

表 B-20　206、2004、2005 型机械密封及法兰连接尺寸　　mm

搅拌轴轴径	d(h9)	D	D_1	D_2	H≤	n×Φ	C
30	30	185	145	122	335	4×18	22
40	40	250	210	188	335	8×18	22
50	50	250	210	188	355	8×18	22
60	60	250	210	188	370	8×18	22
80	80	285	240	212	395	8×22	24
90	90	285	240	212	410	8×22	24
100	100	340	295	268	410	12×22	26
110	110	340	295	268	420	12×22	26
120	120	405	355	320	430	12×26	29
130	130	405	355	320	445	12×26	29
140	140	460	410	378	460	12×26	32
160	160	460	410	378	480	12×26	32
180	180	520	470	428	500	16×26	35
200	200	520	470	428	520	16×26	35
220	220	580	525	490	550	16×30	38

3.6　使用压力为 2.5MPa 的 207 型机械密封及法兰连接尺寸见图 B-24 及表 B-21。

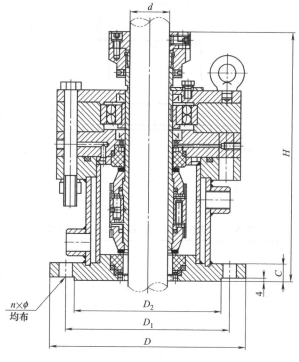

图 B-24　207 型机械密封

表 B-21　207 型机械密封及法兰连接尺寸　　　　　　　mm

搅拌轴轴径	d(h9)	D	D₁	D₂	H≤	n×Φ	C
30	30	185	145	122	335	4×18	22
40	40	250	210	188	335	8×18	22
50	50	250	210	188	355	8×18	22
60	60	250	210	188	370	8×18	22
80	80	285	240	212	395	8×22	24
90	90	285	240	212	410	8×22	24
100	100	340	295	268	410	12×22	26
110	110	340	295	268	420	12×22	26
120	120	405	355	320	430	12×26	29
130	130	405	355	320	445	12×26	29
140	140	460	410	378	460	12×26	32
160	160	460	410	378	480	12×26	32
180	180	520	470	428	500	16×26	35
200	200	520	470	428	520	16×26	35
220	220	580	525	490	550	16×30	38

3.7　使用压力为 6.3MPa 的 208 型机械密封及法兰连接尺寸见图 B-25 及表 B-22。

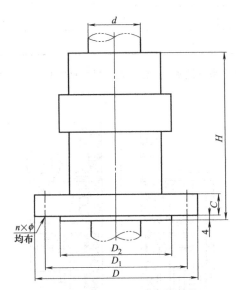

图 B-25　208、209 型机械密封

表 B-22　208 型机械密封及法兰连接尺寸　　　　　　　mm

搅拌轴轴径	d(h9)	D	D₁	D₂	H≤	C	n×φ
30	30	250	200	162	650	30	8×26
40	40	250	200	162	650	30	8×26
50	50	295	240	188	650	34	8×30
60	60	295	240	188	700	34	8×30
80	80	345	280	218	750	36	8×33
90	90	415	345	285	750	42	12×36
100	100	415	345	285	800	42	12×36

续表

搅拌轴轴径	d(h9)	D	D_1	D_2	$H\leqslant$	C	$n\times\phi$
110	110	415	345	285	800	42	12×36
120	120	415	345	285	850	42	12×36
130	130	415	345	285	850	42	12×36
140	140	470	400	345	900	42	12×36
160	160	470	400	345	900	42	12×36
180	180	530	460	410	950	52	16×36
200	200	600	525	465	950	56	16×39
220	220	670	585	535	1050	60	16×42

3.8　使用压力为10MPa的209型机械密封见图B-25，法兰连接尺寸参照 HG/T 20592—2009 选择见表B-23。

表 B-23　209 型机械密封及法兰连接尺寸　　　　　mm

搅拌轴轴径	d(h9)	D	D_1	D_2	$H\leqslant$	C	$n\times\phi$
30	30	265	210	162	700	36	8×30
40	40	265	210	162	700	36	8×30
50	50	315	250	188	700	40	8×33
60	60	315	250	188	750	40	8×33
80	80	355	290	218	800	44	12×33
90	90	430	360	285	800	52	12×33
100	100	430	360	285	850	52	12×33
110	110	430	360	285	850	52	12×33
120	120	430	360	285	900	52	12×33
130	130	430	360	285	900	52	12×33
140	140	505	430	345	950	60	12×39
160	160	505	430	345	950	60	12×39
180	180	585	500	410	1000	68	16×42
200	200	655	560	465	1000	74	16×48
220	220	715	620	535	1100	82	16×48

4　机械密封标记

4.1　标记符号

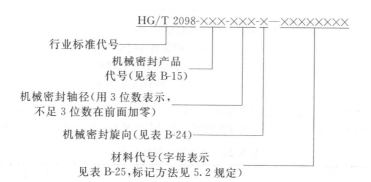

HG/T 2098-×××-×××-×—×××××××
行业标准代号
机械密封产品
代号(见表B-15)
机械密封轴径(用3位数表示，
不足3位数在前面加零)
机械密封旋向(见表B-24)
材料代号(字母表示
见表B-25,标记方法见5.2规定)

表 B-24　机械密封旋向

旋向	代号	判定方法
右	R	单端面:由静止环向旋转环看,机械密封转向顺时针 双端面:由介质侧静止环向旋转环看,机械密封转向顺时针
左	L	单端面:由静止环向旋转环看,机械密封转向逆时针 双端面:由介质侧静止环向旋转环看,机械密封转向逆时针
任意	S	

表 B-25　材料代号字母表示

旋转环、静止环材料			辅助密封圈材料			弹簧和其他结构材料		
类别	代号	材料名称	类别	代号	材料名称	类别	代号	材料名称
碳石墨	Ab	石墨浸渍巴氏合金	弹性材料	P_1	丁腈橡胶	金属材料	D	碳钢
	Bq	石墨浸渍酚醛树脂		P_2	氢化丁腈橡胶		F	铬镍钢
	Bk	石墨浸渍呋喃树脂		N	氯丁橡胶		M	高镍合金
	Bh	石墨浸渍环氧树脂		B	丁基橡胶		N	青铜
金属	D	碳钢		E	乙丙橡胶		T	其他材料
	H	铬镍钢合金		S	硅橡胶			
	N	锡磷青铜		V	氟橡胶			
	T	其他金属		M	橡胶包覆聚四氟乙烯			
	In	金属表面熔焊镍基合金		X	其他弹性材料			
	Ig	金属表面熔焊钴基合金	非弹性材料	T	聚四氟乙烯			
	J	金属表面喷涂		A	浸渍石墨			
氮化物	Q	氮化硅		C	柔性石墨			
	U	碳化钨		Y	其他非弹性材料			
碳化物	O_1	反应烧结碳化硅						
	O_2	无压烧结碳化硅						
	O_3	含碳碳化硅						
金属氧化物	V	氧化铝						
	X	其他金属氧化物						
塑料	Yt	填充玻纤聚四氟乙烯						
	Yh	填充石墨聚四氟乙烯						
	Z	其他工程塑料						

4.2　机械密封材料代号

4.2.1　零件材料标记表示位置如下：

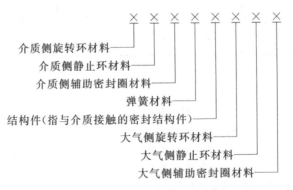

介质侧旋转环材料
介质侧静止环材料
介质侧辅助密封圈材料
弹簧材料
结构件(指与介质接触的密封结构件)
大气侧旋转环材料
大气侧静止环材料
大气侧辅助密封圈材料

4.2.2　单端面机械密封材料代号取前五个位置，双端面机械密封材料代号取全部 8 个位置。

4.2.3　为区别辅助密封圈的结构，应在表示辅助密封圈材料字母右下角另外加数字区分，见表 B-26。

表 B-26　辅助密封圈材料字母

密封圈结构	代号(下角标表示)
O 形	1
V 形	2
楔形	3

4.3　标记示例

　　双端面机械密封，介质侧、大气侧均为平衡型，系列代号 207 型，轴径 95mm，由介质侧静止环向旋转环看，机械密封转向为顺时针，零件材料为：介质侧旋转环材料为碳化钨、静止环材料为反应烧结碳化硅、辅助密封圈为氟胶 O 形圈、弹簧材料为铬镍钢、轴套及箱体与介质接触部分均采用了铬镍钢。大气侧；旋转环材料为碳化钨、静止环材料为锡磷青铜、辅助密封圈为丁腈橡胶 O 形圈。

可做如下标记：

$$HG/T\ 2098\text{-}207\text{-}095\text{-}R\text{-}UO_1\ V_1\ FFUNP_1$$

六、JB/T 4127.1—1999 机械密封技术条件

1　范围

本标准规定了轻型机械密封产品质量有关技术、性能、试验、标志及包装等技术条件。

本标准适用于离心泵及其他类似旋转式机械的机械密封。其工作参数一般为：工作压力为 0~1.6MPa（指密封腔内实际压力）；工作温度为 -20~80℃（指密封腔内实际温度）；轴（或轴套）外径为 10~120mm；转速不大于 3000r/min；介质为清水、油类和一般腐蚀性液体。

2　机械密封结构

本标准对机械密封的结构不作具体规定，各制造厂可根据用户使用条件设计出不同结构的机械密封。

3　机械密封主要零件的技术要求

3.1　密封端面的平面度和粗糙度要求

密封端面平面度不大于 0.0009mm；金属材料密封端面糙度 Ra 值应不大于 $0.2\mu m$，非金属材料密封端面粗糙度 Ra 值不大于 $0.4\mu m$。

3.2　静止环和旋转环的密封端面对与辅助密封圈接触的端面的平行度按 GB/T 1184 的 7 级精度。

3.3　静止环和旋转环与辅助密封圈接触部位的表面粗糙度 Ra 值不大于 $3.2\mu m$，外圆或内孔尺寸公差为 h8 或 H8。

3.4　静止环密封端面对静止环辅助密封圈接触的外圆的外圆的垂直度、旋转环密封端面对旋转环辅助密封圈接触的内孔的垂直度，均按 GB/T 1184 的 7 级精度。

3.5　石墨环、填充聚四氟乙烯环及组装的旋转环、静止环要做水压试验。其试验压力为工作压力的 1.25 倍，持续 10min 不应有渗漏。

3.6　弹簧内径、外径、自由高度、工作压力、弹簧中心线与两端面垂直度等公差值按 JB/T 7757.1 的要求。对于多弹簧机械密封，同一套机械密封中各弹簧之间的自由高度差不大于 0.5mm。

3.7　弹簧座、传动座的内孔尺寸公差为 F9，粗糙度 Ra 值不大于 $3.2\mu m$。

3.8　橡胶 O 形圈技术要求按 JB/T 7757.2 的规定。

4　机械密封性能要求

4.1　泄漏量

当被密封介质为液体时，平均泄漏量规定如下：

轴（或轴套）外径大于 50mm 时，不大于 5mL/h；

轴（或轴套）外径不大于 50mm 时，不大于 3mL/h。

对于特殊条件及被密封介质为气体时不受此限。

4.2　磨损量

磨损量的大小要满足机械密封使用期的要求。以清水为介质进行试验，运转 100h 软质材料的密封环磨损量不大于 0.02mm。

4.3　在选型合理、安装使用正确的情况下，被密封介质为清水、油类及类似介质时，机械密封的使用期一般不少于 1 年。被密封介质为腐蚀性介质时，机械密封的使用期一般为 6 个月到 1 年。但在使用条件苛刻时不受此限。

4.4　机械密封静压试验其试验压力为产品最高使用压力的 1.25 倍，持续 10min，其指标为轴（或轴套）外径大于 50mm 时，折算泄漏量不大于 5mL/h；轴（或轴套）外径不大于 50mm 时，折算漏量不大于 3mL/h。

5　机械密封试验

5.1　机械密封新产品必须按 GB/T 14211 进行型式试验。

5.2　机械密封产品出厂前，必要时按 GB/T 14211 进行静压试验或运转试验。

6　安装与使用要求

6.1　安装机械密封部位的轴（或轴套）按下列要求。

6.1.1　安装机械密封部位的轴（或轴套）的径向跳动公差按表 B-27。

表 B-27　　　　　　　　　　　　　　　　　　　　　　　　　　　　　　　　mm

轴(或轴套)外径	径向跳动公差
10～50	0.04
>50～120	0.06

6.1.2　表面粗糙度 Ra 值应不大于 $3.2\mu m$。

6.1.3　外径尺寸公差 h6。

6.1.4　安装旋转环辅助密封圈的轴（或轴套）的端部按图 B-26 倒角，以便于安装。

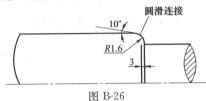

图 B-26

6.2　安装机械密封的泵或其他类似的旋转式机械在工作时，转子轴向窜动量不超过 0.3mm。

6.3　密封腔体与密封端盖结合的定位端面对轴（或轴套）表面的跳动公差按表 B-27。

6.4　对密封端盖（或壳体）的要求

6.4.1　安装静止环辅助密封圈的端盖（或壳体）的孔的端部按图 B-27 和表 B-28 的规定。

6.4.2　密封端盖（或壳体）与辅助密封圈接触部位的表面粗糙度按图 B-27。

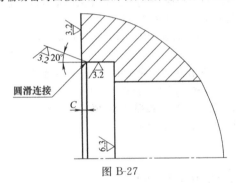

图 B-27

表 B-28　　　　　　　　　　　　　　　　　　　　　　　　　　　　　　　　mm

轴(或轴套)外径	C
10～16	1.5
>16～48	2
>48～75	2.5
>75～120	3

6.5　机械密封在密装时，必须将轴（或轴套）、密封腔体、密封端盖及机械密封本身清洗干净，防止任何杂质进入密封部位。

6.6　当输送介质温度偏高、过低，或含有杂质颗粒、易燃、易爆、有毒时，必须采取相应的阻封、冲洗、冷却、过滤等措施。具体措施按照 JB/T 6629 执行。

6.7　机械密封在安装时，应按产品安装使用说明书或样本，保证机械密封的安装尺寸。

7　标准与包装

7.1　包装盒上标明识别标志。

7.2　产品上要打印制造厂标志。

7.3　包装应能防止在运输和贮存过程中产品的损伤和零件的遗失。

7.4　每套机械密封出厂时都应附有产品合格证，合格证上应有产品型号、数量、生产厂名、检验部门和检查人员的签章及日期。

7.5　制造厂应根据用户要求提供产品安装使用说明书。

七、JB/T 5966—2012 潜水电泵用机械密封

1　范围

本标准规定了潜水电泵用机械密封的结构型式、工作参数、材料代号、布置方式、技术要求、试验方法、安装与使用、包装、标志和贮存要求等内容。

本标准适用于各种潜水电泵用机械密封。

2　结构型式、工作参数、材料代号及布置方式

2.1　型式代号

除结构型式代号满足 GB/T 10444，产品型式代号还应符合以下要求：

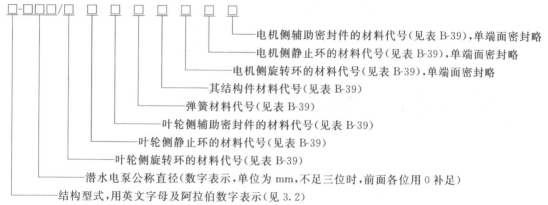

- 电机侧辅助密封件的材料代号(见表 B-39)，单端面密封略
- 电机侧静止环的材料代号(见表 B-39)，单端面密封略
- 电机侧旋转环的材料代号(见表 B-39)，单端面密封略
- 其结构件材料代号(见表 B-39)
- 弹簧材料代号(见表 B-39)
- 叶轮侧辅助密封件的材料代号(见表 B-39)
- 叶轮侧静止环的材料代号(见表 B-39)
- 叶轮侧旋转环的材料代号(见表 B-39)
- 潜水电泵公称直径(数字表示,单位为 mm,不足三位时,前面各位用 0 补足)
- 结构型式,用英文字母及阿拉伯数字表示(见 3.2)

示例 1：

U4002-035/U_1BVHF 表示：U4002 型潜水电泵用机械密封，公称直径为 35mm；旋转环材料为钴基碳化钨；静止环材料为浸渍树脂石墨；辅助密封件材料为氟橡胶，弹簧材料为铬镍合金，其他结构件材料为铬镍钢。

示例 2：

UU4701-016/VVPFF BO_1P 表示：UU4701 型潜水电泵用机械密封，公称直径为 16 mm；叶轮侧旋转环与静止环材料均为氧化铝陶瓷，辅助密封件材料为丁腈橡胶，弹簧材料为铬镍钢，其他结构件材料为铬镍钢；电机侧旋转环材料为浸渍树脂石墨，静止环材料为常压烧结碳化硅，辅助密封件材料为丁腈橡胶。

2.2　结构型式及工作参数

2.2.1　U4001、U4002 为单端面、单弹簧、非平衡型机械密封，其结构型式简图及工作参数见表 B-29。

2.2.2　UU4001、UU4002 为双端面、单弹簧、非平衡型机械密封，其结构型式简图及工作参数见表 B-30。

表 B-29　U4001、U4002 结构型式简图及工作参数

简　图	工作参数
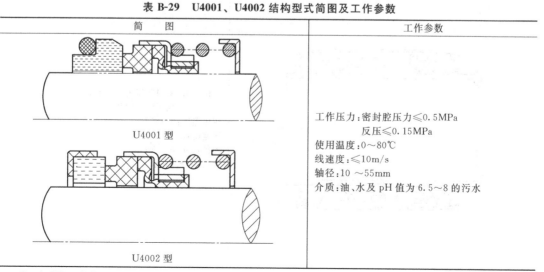 U4001 型 U4002 型	工作压力:密封腔压力≤0.5MPa 　　　　　反压≤0.15MPa 使用温度:0～80℃ 线速度:≤10m/s 轴径:10～55mm 介质:油、水及 pH 值为 6.5～8 的污水

注：与弹性元件作用力相反的流体压力称为反压（下同）。

表 B-30　UU4001、UU4002 结构型式简图及工作参数

简　图	工作参数
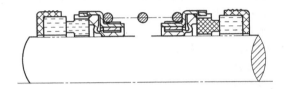 UU4001 型 UU4002 型	工作压力:密封腔压力≤0.5MPa 　　　　　反压≤0.15MPa 使用温度:0～80℃ 线速度:≤10m/s 轴径:10～55mm 介质:油、水及 pH 值为 6.5～8 的污水

2.2.3　UU4004 为双端面、单弹簧、非平衡型机械密封,其结构型式简图及工作参数见表 B-31。

2.2.4　U4005 为单端面、多弹簧、非平衡型机械密封,其结构型式简图及工作参数见表 B-32。

2.2.5　UU4701 为双端面、单弹簧、非平衡型机械密封,其结构型式简图及工作参数见表 B-33。

2.2.6　U4702、U4703、U4704、U4705 为单端面、单弹簧、非平衡型机械密封,其结构型式简图及工作参数见表 B-34～B-37。

2.2.7　UU4706 为双端面、多弹簧、非平衡型机械密封,其结构型式简图及工作参数见表 B-38。

表 B-31　UU4004 结构型式简图及工作参数

简　图	工作参数
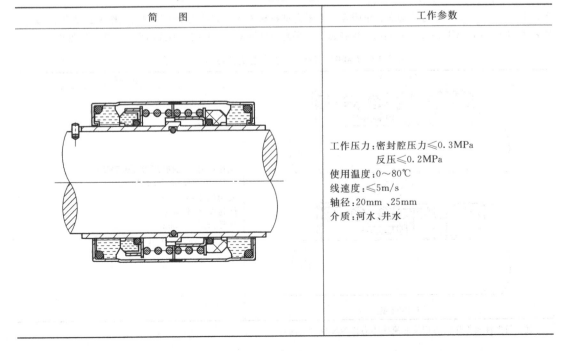	工作压力:密封腔压力≤0.3MPa 　　　　　反压≤0.2MPa 使用温度:0～80℃ 线速度:≤5m/s 轴径:20mm 、25mm 介质:河水、井水

表 B-32 U4005 结构型式简图及工作参数

简 图	工作参数
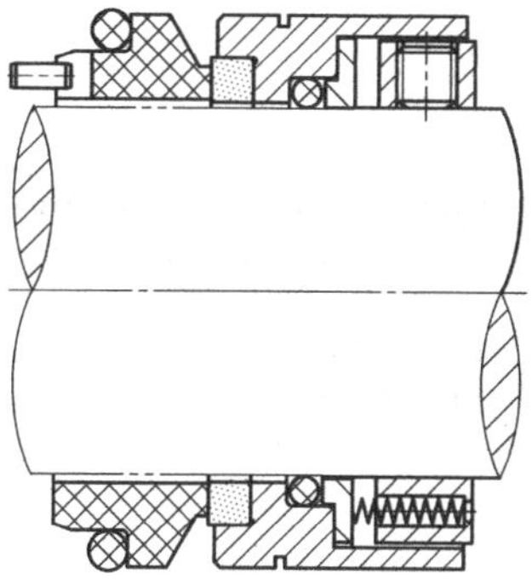	工作压力:密封腔压力≤1.0MPa 　　　　　反压≤0.2MPa 使用温度:0~80℃ 线速度:≤20m/s 轴径:55~200mm 介质:油、水及 pH 值为 6.5~8 的污水

表 B-33 UU4701 结构型式简图及工作参数

简 图	工作参数
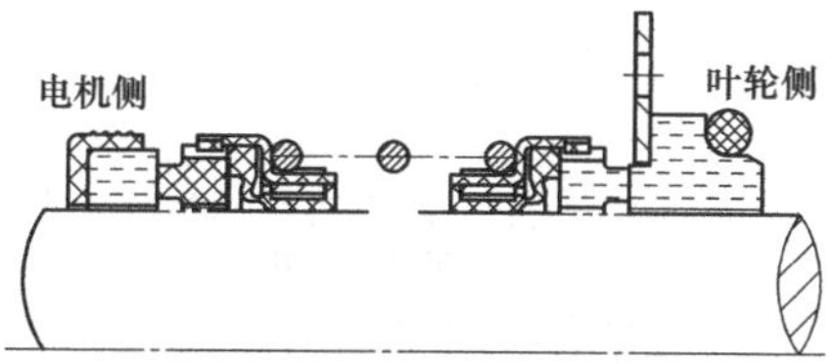	工作压力:密封腔压力≤0.6MPa 　　　　　反压≤0.20MPa 使用温度:0~80℃ 线速度:≤10m/s 轴径:16~55mm 介质:泥水、污水等

表 B-34 U4702 结构型式简图及工作参数

简 图	工作参数
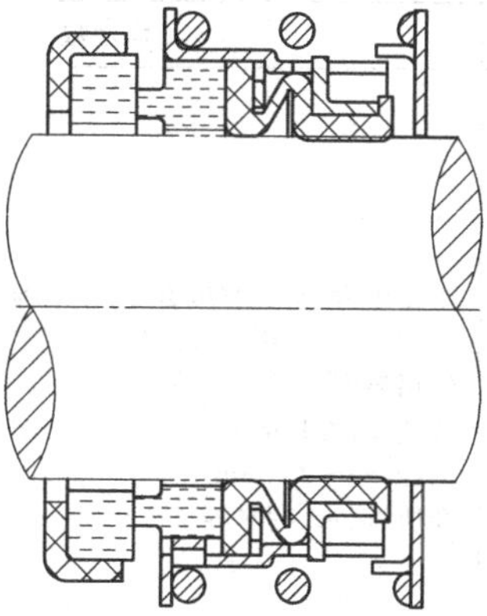	工作压力:密封腔压力≤0.8MPa 　　　　　反压≤0.2MPa 使用温度:-20~80℃ 线速度:≤10m/s 轴径:20~120mm 介质:泥水、污水等

表 B-35   U4703 结构型式简图及工作参数

简　图	工作参数
	工作压力:密封腔压力≤1.0MPa 　　　　　反压≤0.2MPa 使用温度:－20～80℃ 线速度:≤10m/s 轴径:14～100mm 介质:泥水、污水等

表 B-36   U4704 结构型式简图及工作参数

简　图	工作参数
	工作压力:密封腔压力≤1.0MPa 　　　　　反压≤0.2MPa 使用温度:－20～80℃ 线速度:≤10m/s 轴径:12～100mm 介质:泥水、污水等

表 B-37   U4705 结构型式简图及工作参数

简　图	工作参数
	工作压力:密封腔压力≤1.0MPa 　　　　　反压≤0.2MPa 使用温度:－20～80℃ 线速度:≤15m/s 轴径:55～200mm 介质:泥水、污水等

表 B-38　UU4706 结构型式简图及工作参数

简　图	工作参数
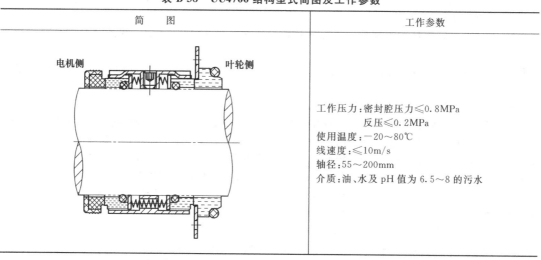	工作压力：密封腔压力≤0.8MPa 　　　　　反压≤0.2MPa 使用温度：－20～80℃ 线速度：≤10m/s 轴径：55～200mm 介质：油、水及 pH 值为 6.5～8 的污水

2.3　材料代号

常用材料代号见表 B-39。

表 B-39　材料代号

密封材料	代号	辅助密封材料	代号	弹簧和其他机构件	代号
浸渍金属石墨	A	丁腈橡胶	P	铬镍合金	H
浸渍树脂石墨	B	氟橡胶	V	弹簧钢	D
热压石墨	C	乙丙橡胶	E	铬钢	E
氧化铝陶瓷	V	硅橡胶	G	铬镍钢	F
常压烧结碳化硅	O_1			铬镍钼钢	G
反应烧结碳化硅	O_2				
钴基碳化钨	U_1				
镍基碳化钨	U_2				

2.4　布置方式

——布置方式 1：有两对密封端面，由一套双端面密封或两套单端面密封背靠背组成，如图 B-28。

——布置方式 2：有两对密封端面，由两套同向布置的单端面密封组成，如图 B-29。

——布置方式 3：有三对密封端面，由一套单端面密封与一套双端面密封（或两套单端面密封背靠背）组成，如图 B-30。

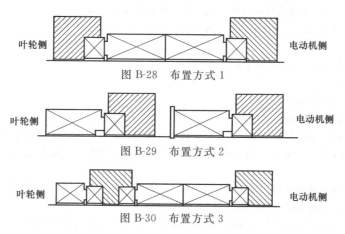

图 B-28　布置方式 1

图 B-29　布置方式 2

图 B-30　布置方式 3

3　技术要求

3.1　制造要求

潜水电泵用机械密封应符合本标准的规定，并按经规定程序批准的图样及技术文件制造。

3.2 主要零件的技术要求

3.2.1 密封环的密封端面平面度：硬质材料密封环应不大于 0.0006mm；软质材料密封环应不大于 0.0009mm。

3.2.2 密封环的密封端面粗糙度：硬质材料密封环应不大于 $Ra0.1\mu m$；软质材料密封环应不大于 $Ra0.2\mu m$。

3.2.3 密封环的密封端面不得有裂纹、划痕、气孔、缺口等缺陷。

3.2.4 密封环与辅助密封圈接触部位的表面粗糙度应不大于 $Ra1.6\mu m$，外圆或内孔尺寸公差为 h7 或 H8。

3.2.5 密封环的密封端面与辅助密封圈接触端面的平行度按 GB/T 1184—1996 的 7 级精度。

3.2.6 密封端面与密封环辅助密封圈接触的外圆或内孔的垂直度均按 GB/T 1184—1996 的 7 级精度。

3.2.7 硬质合金、碳石墨密封环及碳化硅密封环应分别符合 JB/T 8871、JB/T 8872、JB/T 6374 的规定。

3.2.8 镶嵌密封环须做气密性试验，试验压力为 0.5MPa，持续 3 min 不得有可见气泡。

3.2.9 弹簧应符合 JB/T 11107 的规定。

3.2.10 O 形橡胶件应符合 JB/T 7757.2 的规定。

3.2.11 弹簧座、传动座的内孔尺寸公差为 F9，表面粗糙度应不大于 $Ra3.2\mu m$。

3.2.12 冲压件不允许有毛刺、拉伤、皱折和锈斑等现象，与辅助密封圈配合部位不得有影响密封性能的条纹出现，有镀层的金属件不允许有镀层脱落现象。

3.3 机械密封性能要求

3.3.1 泄漏量：不大于 0.1mL/h。

3.3.2 磨损量：以清水为介质进行试验，运转 100h 任一密封环的磨损量不大于 0.02mm。

3.3.3 使用期：在选型合理、安装使用正确的情况下，轴径 10～50mm（含），使用期不小于 4000h；轴径大于 50（不含）～200mm，使用期不小于 8000h。

4 试验方法

4.1 静压和运转试验

静压和运转试验按 GB/T 14211 的规定运行。

4.2 气密性试验

4.2.1 气密性试验装置应具有充气和加压系统，该系统可以和试验的密封段隔离。

4.2.2 试验步骤如下：

（a）将被试密封产品安装要求装于试验装置；

（b）向被试密封的密封腔内通入 0.2MPa 的压缩空气，保压不少于 3 min，不得有可见气泡。安装方式参见图 B-31；

（c）向被试密封承受反压侧的腔内通入压力为密封所能承受的最高反压（但不高于 0.2MPa）的压缩空气，保压不少于 3min，不得有可见气泡。安装方式参见图 B-32。

4.2.3 串联式密封及双端面密封每个端面单独试验。

5 安装与使用

安装与使用要求满足 JB/T 4127.1 的规定。

6 包装、标志和贮存

6.1 产品上应有制造厂的标志。

6.2 产品包装前应进行清洗和防锈处理。

6.3 包装盒上应标明产品的名称、型号、规格、数量、制造厂名称、生产许可证编号及 QS 标志。

6.4 产品包装盒内应附有合格证，合格证内容包括密封型号、规格、制造厂名称、质量检查的签章及日期。

6.5 包装箱上应标明产品的名称、重量、收货单位、制造厂名称及"防潮"、"轻放"等字样。

6.6 包装应能防止在运输和贮存过程中的损伤、变形和锈蚀。

6.7 有关技术文件及使用说明书应装在防潮的袋内，并与产品一起放入包装箱内。

6.8 产品验收后，应在温度为 −15～40℃、湿度不超过 70% 的避光房间内存放，保存期不超过 1 年。

附录 a（资料性附录）潜水电泵用机械密封气密性试验方法

将潜水电泵用机械密封按照图 B-31 或图 B-32 安装,观察是否有可见气泡。

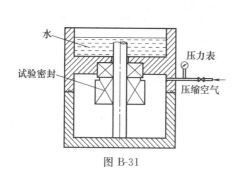

图 B-31

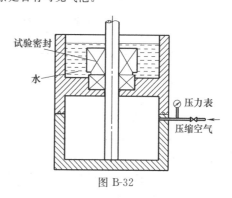

图 B-32

八、JB/T 10706—2007 机械密封用氟塑料全包覆橡胶 O 形圈

1　范围

本标准规定了机械密封用聚全氟乙丙烯(FEP)/四氟乙烯与全氟烷基乙烯基醚的共聚物(PFA)氟塑料系列全包覆橡胶 O 形圈的尺寸系列及公差、技术要求、试验方法、检验规则、标志、包装、运输及贮存和安装注意事项要求。

本标准适用于在以氟、硅橡胶内芯上全包覆 FEP/PFA 氟塑料,并以特殊工艺复合而成的特殊橡胶 O 形圈,可应用在普通橡胶 O 形圈无法适应的某些化学介质环境中,弹性由橡胶内芯提供,而抗化学介质特性由无缝的 FEP/PFA 套管提供。它既有橡胶 O 形圈所具有的低压缩永久变形性能,又具有氟塑料特有的耐热、耐寒、耐油、耐磨、耐天候老化、耐化学介质腐蚀等特性,可替代部分传统的橡胶 O 形圈,广泛应用于 $-60\sim200℃$ 温度范围内,除卤化物、熔融碱金属、氟碳化合物外各种介质的密封场合。

2　尺寸系列及公差

2.1　内径、截面直径尺寸系列及公差

氟塑料全包覆橡胶 O 形圈尺寸系列和公差应符合附录 a 的规定。

2.2　尺寸标记

参照 GB/T 3452.1 第二种方法,用"包氟 O 形圈 $d_1 \times d_2$ JB/T 10706"表示。

例:氟塑料全包覆橡胶 O 形圈内径 d_1 为 18.0mm,截面直径 d_2 为 2.62mm,标记为:包氟 O 形圈 18×2.62 JB/T 10706。

3　技术要求

3.1　氟塑料全包覆橡胶 O 形圈的外观质量应符合 GB/T 3452.2 的有关规定,表面应光滑,不允许有肉眼可见的气泡、裂纹、划痕等缺陷,不允许 O 形圈塑料管接口存在肉眼可见的凹陷。

3.2　将氟塑料全包覆橡胶 O 形圈用扭曲或荧光的方法检查,接口不得有脱焊现象。

3.3　氟塑料全包覆橡胶 O 形圈的性能应符合表 B-40 的规定。

表 B-40　氟塑料全包覆橡胶 O 形圈性能

项　目		指　　标	
		硅橡胶	氟橡胶
拉伸强度/MPa		$\geqslant 13$	
邵氏硬度(A)		$\leqslant 95$	
压缩回弹率/%	压缩率 5%、时间 24h、常温	$\geqslant 91$	$\geqslant 89$
	压缩率 10%、时间 24h、常温	$\geqslant 90$	$\geqslant 88$
	压缩率 15%、时间 24h、常温	$\geqslant 89$	$\geqslant 87$
压缩永久变形 (压缩率 15%)/%	温度 100℃、时间 70h	$\leqslant 25$	$\leqslant 23$
	温度 175℃、时间 70h	$\leqslant 40$	$\leqslant 30$
密封性(在 100℃的水中浸泡 10min)		不得有气泡溢出	

3.4 氟塑料全包覆橡胶 O 形圈的使用温度范围见表 B-41。

表 B-41　氟塑料全包覆橡胶 O 形圈的使用温度范围

包覆层材料	橡胶材料	使用温度/℃
FEP	氟橡胶	−20～180
	硅橡胶	−60～180
PFA	氟橡胶	−20～200
	硅橡胶	−60～200

4　试验方法

4.1 硬度的测量按 GB/T 6031 或 GB/T 531 的规定进行。

4.2 拉伸强度的测量按 GB/T 1040.3 的规定进行。

4.3 压缩回弹率的测定按附录 B 的规定进行。

4.4 压缩永久变形的测定按 GB/T 7759 的规定进行。

4.5 氟塑料全包覆橡胶 O 形圈的尺寸及公差测量按 GB/T 5723 的规定进行。

4.6 制造氟塑料全包覆橡胶 O 形圈的胶料应符合 JB/T 7757.2 的规定。

5　检验规则

5.1 产品应经质量检测部门检验合格后方能出厂。

5.2 氟塑料全包覆橡胶 O 形圈的外观质量应逐件进行检验。

5.3 对产品尺寸公差、压缩回弹率及密封性进行抽样检验，按 GB/T 2828.1 一次正常抽样方案、一般检查水平 I、AQL4.0 进行。

6　标志、包装、运输及贮存

6.1 在产品包装袋（盒）内应附有产品合格证，合格证上应注明胶料名称、产品名称、制造日期、规格、数量、制造厂名、执行标准代号、检验员代号及检验日期；并在 PFA 氟塑料内橡胶条上有明显色标。

6.2 产品的包装运输按 GB/T 5721 的规定进行。

6.3 产品应贮存在温度为 −15～35℃、相对湿度不大于 80% 的环境中，贮存期为三年。

7　安装注意事项

7.1 安装或通过的部位要求光滑、无毛刺。对安装轴（或轴套）端部倒角及表面粗糙度、端盖（或壳体）孔端部倒角及表面粗糙度的要求见 JB/T 4127.4。

7.2 径向安装时，应采用组合槽以防止变形。如果只能采用闭式槽，必须用专门的辅助工具进行安装。

7.3 对径向安装的外槽密封，严禁在常温下徒手拉伸，应先将包覆圈浸入 100℃ 的油或水中浸泡数分钟，再将其装在锥形工具上进行拉伸，然后用一个标准套环将其复原。

7.4 禁止将密封圈强行压进槽内（如弯曲），以避免密封失效。

7.5 推荐采用矩形槽。槽口及槽底圆角、槽表面粗糙度见图 B-33。当工作压力超过 5MPa 时，应采用挡圈。

附录 a（规范性附录）机械密封用氟塑料全包覆橡胶 O 形圈尺寸系列和公差要求

机械密封用氟塑料全包覆橡胶 O 形圈尺寸系列和公差应符合图 B-34 和表 B-42 的规定。

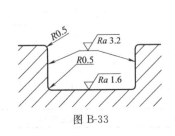

图 B-33

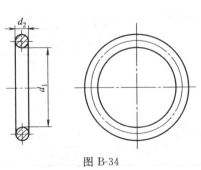

图 B-34

表 B-42
mm

d_1		d_2												
内径	极限偏差	1.78 ±0.08	2.00 ±0.09	2.62 ±0.09	3.00 ±0.10	3.53 ±0.10	4.00 ±0.10	4.50 ±0.10	5.00 ±0.10	5.33 ±0.13	5.70 ±0.13	6.00 ±0.15	6.30 ±0.15	6.99 ±0.15
6.0		☆	☆											
6.9		☆												
8.0		☆		☆										
9.0		☆												
10.0		☆		☆										
10.6		☆	☆	☆										
11.8		☆	☆	☆	☆									
12.5		☆	☆	☆	☆									
13.2		☆	☆	☆	☆									
14.0		☆	☆	☆	☆	☆								
15.0		☆	☆	☆	☆									
15.5		☆	☆	☆	☆	☆								
16.0		☆	☆	☆	☆									
17.0		☆	☆	☆	☆	☆								
18.0		☆	☆	☆	☆	☆	☆							
19.0		☆	☆	☆	☆	☆								
20.0		☆	☆	☆	☆	☆	☆							
21.2		☆	☆	☆	☆	☆								
22.4		☆	☆	☆	☆	☆	☆							
23.0	±0.15	☆	☆	☆	☆	☆								
23.6		☆	☆	☆	☆	☆	☆							
25.0		☆	☆	☆	☆	☆				☆				
25.8		☆	☆	☆	☆	☆	☆							
26.5		☆	☆	☆	☆	☆								
27.0		☆	☆	☆	☆									
28.0		☆	☆	☆	☆	☆	☆		☆					
29.0		☆	☆	☆	☆									
30.0		☆	☆	☆	☆	☆	☆		☆	☆				
31.5		☆	☆	☆	☆	☆				☆				
32.0		☆	☆	☆	☆		☆							
32.5		☆	☆	☆	☆	☆			☆	☆				
33.0		☆	☆	☆	☆	☆								
33.5		☆	☆	☆	☆									
34.0		☆	☆	☆	☆		☆							
34.5		☆	☆	☆	☆	☆		☆	☆	☆				
36.0		☆	☆	☆	☆	☆	☆							
37.5		☆	☆	☆	☆	☆		☆	☆	☆				
38.0		☆	☆	☆	☆		☆							
38.7		☆	☆	☆	☆	☆				☆				
40.0	±0.25	☆	☆	☆	☆	☆		☆	☆	☆				

续表

d_1 内径	极限偏差	d_2 1.78 ±0.08	2.00 ±0.09	2.62 ±0.09	3.00 ±0.10	3.53 ±0.10	4.00 ±0.10	4.50 ±0.10	5.00 ±0.10	5.33 ±0.13	5.70 ±0.13	6.00 ±0.15	6.30 ±0.15	6.99 ±0.15
41.0		☆	☆	☆	☆	☆	☆			☆				
42.0		☆	☆	☆	☆			☆	☆	☆				
42.5		☆	☆	☆	☆	☆				☆				
43.7		☆	☆	☆	☆	☆	☆	☆	☆	☆				
45.0		☆	☆	☆	☆	☆		☆	☆	☆			☆	
46.0		☆	☆	☆	☆			☆	☆					
47.5		☆	☆	☆	☆	☆	☆	☆		☆	☆		☆	
48.0	±0.25	☆	☆	☆	☆		☆	☆	☆					
48.7		☆	☆	☆	☆	☆	☆	☆		☆			☆	
50.0		☆	☆	☆	☆	☆	☆	☆	☆	☆			☆	
51.0			☆	☆	☆									
52.0			☆	☆	☆		☆	☆	☆		☆			
53.0			☆	☆	☆		☆	☆		☆	☆		☆	
53.7		☆	☆	☆	☆	☆	☆	☆	☆					
54.5			☆	☆	☆	☆	☆	☆	☆	☆	☆		☆	
55.3			☆	☆	☆									
56.0			☆	☆	☆	☆	☆	☆	☆	☆	☆		☆	
57.0		☆	☆	☆	☆	☆	☆							
58.0			☆	☆	☆	☆	☆	☆	☆	☆	☆		☆	
59.0			☆	☆	☆									
60.0		☆	☆	☆	☆	☆	☆	☆	☆	☆	☆	☆	☆	
61.5			☆	☆	☆	☆	☆	☆		☆	☆	☆	☆	
63.0		☆	☆	☆	☆	☆	☆	☆	☆	☆	☆		☆	
64.0			☆	☆	☆		☆	☆	☆					
65.0			☆	☆	☆	☆	☆	☆	☆	☆	☆	☆	☆	
66.0		☆	☆	☆	☆	☆				☆				
67.0			☆	☆	☆	☆	☆	☆	☆	☆	☆		☆	
68.0			☆	☆	☆									
69.0			☆	☆	☆	☆		☆	☆	☆				
70.0		☆	☆	☆	☆	☆	☆	☆	☆	☆	☆	☆	☆	
71.0			☆	☆	☆	☆		☆		☆	☆		☆	
73.0	±0.38	☆	☆	☆	☆	☆	☆			☆				
75.0			☆	☆	☆	☆	☆	☆	☆	☆	☆	☆	☆	
76.0		☆	☆	☆	☆	☆	☆	☆	☆	☆				
77.5			☆			☆	☆	☆		☆			☆	
78.7			☆			☆	☆			☆				
80.0			☆	☆	☆	☆	☆	☆	☆	☆	☆	☆	☆	
82.5		☆	☆	☆	☆	☆	☆	☆	☆	☆			☆	

续表

内径	极限偏差	1.78 ±0.08	2.00 ±0.09	2.62 ±0.09	3.00 ±0.10	3.53 ±0.10	4.00 ±0.10	4.50 ±0.10	5.00 ±0.10	5.33 ±0.13	5.70 ±0.13	6.00 ±0.15	6.30 ±0.15	6.99 ±0.15
84.0			☆		☆		☆							
85.0			☆	☆	☆	☆	☆	☆	☆	☆	☆	☆	☆	
86.0			☆		☆									
87.5			☆		☆	☆	☆	☆	☆	☆			☆	
89.0		☆	☆	☆	☆	☆				☆				
90.0			☆	☆	☆	☆	☆	☆		☆	☆	☆	☆	
91.5			☆		☆	☆	☆	☆	☆	☆				
92.5			☆		☆	☆		☆		☆	☆		☆	
94.0			☆		☆		☆	☆	☆					
95.0		☆	☆	☆	☆	☆	☆	☆		☆	☆	☆	☆	
97.5			☆		☆	☆	☆	☆	☆	☆	☆		☆	
99.0			☆		☆									
100.0			☆	☆	☆	☆	☆	☆		☆	☆	☆	☆	
101.5		☆		☆	☆	☆				☆	☆			
103.0					☆	☆		☆		☆	☆		☆	
104.0					☆		☆			☆				
105.0				☆	☆	☆	☆	☆		☆	☆	☆	☆	
108.0	±0.38	☆		☆	☆	☆	☆			☆				
110.0				☆	☆	☆	☆	☆		☆	☆	☆	☆	☆
112.0					☆		☆				☆			
114.0		☆		☆	☆	☆				☆				☆
115.0				☆	☆	☆	☆	☆		☆	☆	☆	☆	☆
117.0					☆	☆				☆				☆
120.0		☆		☆	☆	☆	☆	☆		☆	☆	☆	☆	
123.0					☆	☆				☆				☆
125.0				☆	☆	☆	☆			☆	☆	☆	☆	☆
127.0		☆		☆	☆	☆				☆				☆
130.0				☆	☆	☆				☆	☆	☆	☆	☆
133.3		☆		☆	☆	☆	☆			☆	☆			☆
135.0				☆	☆	☆	☆			☆	☆	☆	☆	☆
137.0					☆	☆								☆
140.0				☆	☆	☆	☆			☆	☆	☆	☆	☆
143.0					☆	☆				☆				☆
145.0				☆	☆	☆	☆			☆	☆	☆	☆	☆
147.0					☆									☆
150.0				☆	☆	☆	☆			☆	☆	☆	☆	☆
155.0	±0.58						☆			☆	☆	☆	☆	☆
160.0				☆		☆	☆			☆	☆	☆	☆	☆

续表

d_1 内径	极限偏差	d_2 1.78 ±0.08	2.00 ±0.09	2.62 ±0.09	3.00 ±0.10	3.53 ±0.10	4.00 ±0.10	4.50 ±0.10	5.00 ±0.10	5.33 ±0.13	5.70 ±0.13	6.00 ±0.15	6.30 ±0.15	6.99 ±0.15
165.0	±0.58			☆		☆	☆			☆	☆	☆	☆	☆
170.0				☆		☆	☆			☆	☆	☆	☆	☆
175.0						☆	☆			☆	☆	☆	☆	☆
180.0	±0.80			☆		☆	☆			☆	☆	☆	☆	☆
185.0				☆		☆				☆	☆	☆	☆	☆
190.0				☆		☆	☆			☆	☆	☆	☆	☆
195.0				☆		☆				☆	☆	☆	☆	☆
200.0						☆	☆			☆	☆	☆	☆	☆
205.0				☆		☆	☆			☆	☆	☆	☆	☆
210.0				☆		☆				☆	☆	☆	☆	☆
215.0				☆		☆	☆			☆	☆	☆	☆	☆
220.0				☆		☆				☆	☆	☆	☆	☆
225.0						☆	☆			☆	☆	☆	☆	☆
230.0				☆		☆				☆	☆	☆	☆	☆
235.0				☆		☆	☆			☆	☆	☆	☆	☆
240.5				☆		☆				☆	☆	☆	☆	☆
245.0				☆		☆	☆			☆	☆	☆	☆	☆
250.0						☆				☆	☆	☆	☆	☆
258.0						☆	☆			☆	☆	☆	☆	☆
265.0						☆				☆		☆	☆	☆
272.0						☆				☆	☆	☆	☆	☆
280.0						☆				☆	☆	☆	☆	☆
290.0						☆				☆	☆	☆	☆	☆
300.0						☆				☆	☆	☆	☆	☆
307.0						☆				☆		☆	☆	☆
315.0						☆				☆		☆	☆	☆
325.0						☆				☆		☆	☆	☆
335.0										☆	☆	☆	☆	☆
345.0										☆		☆	☆	☆
355.0						☆				☆	☆	☆	☆	☆
365.0												☆	☆	☆
375.0										☆		☆	☆	☆
380.0						☆				☆	☆	☆	☆	☆
387.0										☆		☆	☆	☆
400.0						☆				☆	☆	☆	☆	☆
412.0	±1.50											☆	☆	☆
425.0						☆				☆	☆	☆	☆	☆
437.0											☆	☆	☆	☆
450.0						☆				☆		☆	☆	☆
462.0											☆	☆	☆	☆
475.0										☆	☆	☆	☆	☆
487.0												☆	☆	☆
500.0										☆	☆	☆	☆	☆

续表

d_1		d_2												
内径	极限偏差	1.78 ±0.08	2.00 ±0.09	2.62 ±0.09	3.00 ±0.10	3.53 ±0.10	4.00 ±0.10	4.50 ±0.10	5.00 ±0.10	5.33 ±0.13	5.70 ±0.13	6.00 ±0.15	6.30 ±0.15	6.99 ±0.15
515.0												☆	☆	☆
530.0										☆		☆	☆	☆
545.0												☆	☆	☆
560.0	±2.00									☆		☆	☆	☆
583.0										☆		☆	☆	☆
608.0										☆		☆	☆	☆
633.0										☆		☆	☆	☆
658.0										☆		☆	☆	☆

注：☆表示优先选用尺寸。

附录 b（规范性附录）　机械密封用氟塑料全包覆橡胶 O 形圈压缩回弹性能试验方法

b.1　主题内容与适用范围

本方法规定了机械密封用氟塑料全包覆橡胶 O 形圈产品的压缩回弹性能的试验装置、试验方法及数据计算等，以作为产品出厂检验和用户验收产品合格的依据。

适用于在以氟、硅橡胶内芯上全包覆 FEP/PFA 氟塑料，并以特殊工艺复合而成的特殊橡胶 O 形圈。

b.2　尺寸测量

截面直径的测量是沿 O 形圈的径向或轴向圆周上均匀分布的三个点，采用分度值为 0.01mm 的量具测量截面直径，取其算术平均值。

b.3　试验装置

机械密封用氟塑料全包覆橡胶 O 形圈压缩回弹性能试验装置如图 B-35 所示。

试验装置是用平行的压缩板、紧固件和按压缩一定高度的限制器组成。压缩板材料和厚度必须保证进行试验时不产生腐蚀和变形，压缩板表面粗糙度 Ra 值不应大于 $3.2\mu m$。

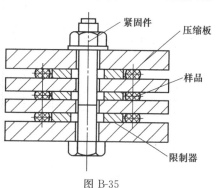

图 B-35

b.4　试验条件

b.4.1　进行该项目测定时的标准温度为 23℃±2℃。

b.4.2　氟塑料全包覆橡胶 O 形圈制造完成后最短停放应不少于 16h，最长不超过三个月，在此期间应进行出厂检验；用户从收货日期算起，两个月内必须进行压缩回弹性能验收测试。

b.5　试验方法

b.5.1　试验前，样品在标准温度下放置应不少于 3h，然后测量截面直径 ϕ_0，并按压缩量和时间，装入试验装置中进行测试，测量压缩后截面直径 ϕ_1。

B.5.2　试验结束后，把样品从试验装置中取出，在标准温度下让其自然恢复 3h 后测量截面直径 ϕ_2。

b.5.3　每种产品的测试数量不少于三件。

b.6　试验结果

压缩回弹率按式（B-1）计算：

$$Q = (\phi_2 - \phi_1)/(\phi_0 - \phi_1) \times 100\% \tag{B-1}$$

式中　Q——压缩回弹率，%；

　　　ϕ_0——样品压缩前原始截面直径，mm；

　　　ϕ_1——样品按要求压缩后的截面直径，mm；

　　　ϕ_2——样品压缩后恢复的有效截面直径，mm。

试验结果为三个样品的算术平均值。

b.7　试验报告

试验报告应包括下列项目：

a) 试验样品的编号；

b) 试验样品的名称、规格

c) 试验条件；

d) 试验结果；

e) 收样日期及报告签发日期；

f) 试验者及审核者签章。

九、JB/T 11242—2011 汽车发动机冷却水泵用机械密封

1 范围

本标准规定了汽车发动机冷却水泵用机械密封（以下简称汽车水封）的基本型式、主要尺寸、参数、要求、检验规定、检验方法、仪器、仪表、包装贮存等。

本标准适用于介质压力不大于 0.3 MPa，温度为 −35～135℃的汽车水封，轴径不大于 20mm，转速不大于 9000r/min，工作介质为清水或汽车冷却液。

2 基本型式、主要尺寸及参数

2.1 基本型式

汽车水封基本型式如表 B-43 所示。

表 B-43

型式	结构特征	简 图
B 型	分体式（旋转环部件与静止环部件分别安装在水泵上）	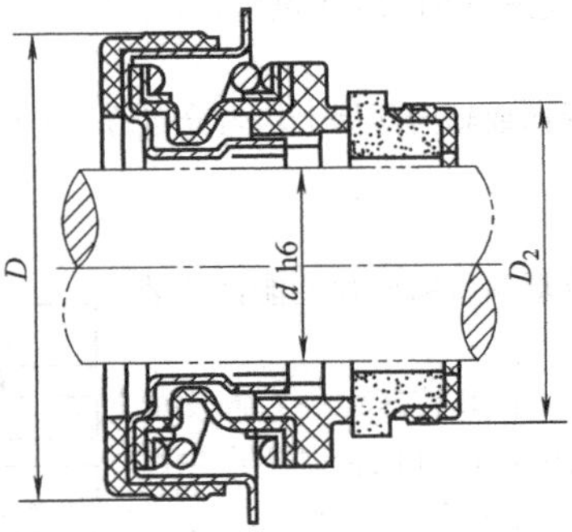 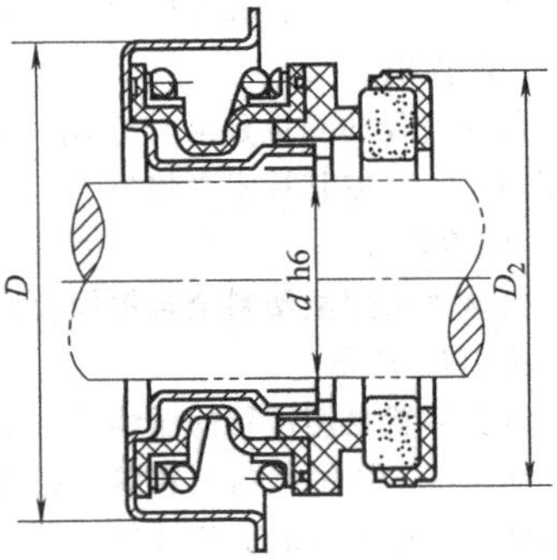
C 型	一体式（旋转环部件与静止环部件先安装在一起，再安装在水泵上）	弹性元件为圆柱螺旋压缩弹簧 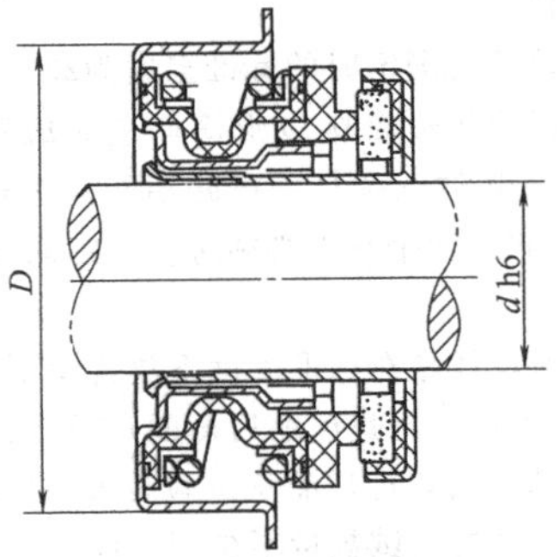
CW 型		弹性元件为连续式波形弹簧 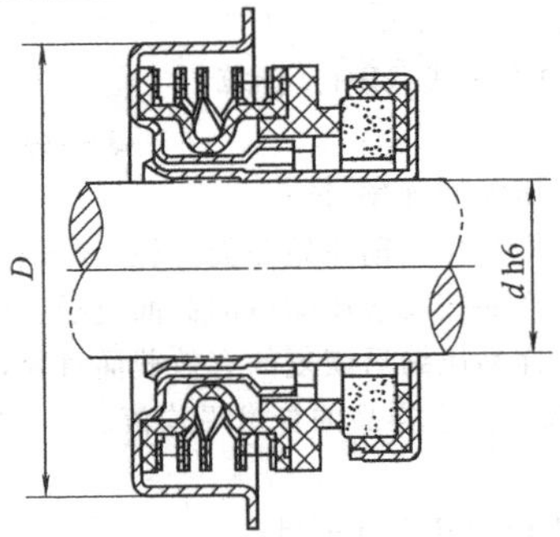

2.2 尺寸

汽车水封主要尺寸参见附录 a。

2.3 基本参数

汽车水封的基本参数如表 B-44 所示。

表 B-44

公称直径/mm	12	15	16	17	19	20
被密封介质	清水、汽车冷却液					
介质温度/℃	−35～135					
介质压力/MPa	≤0.30					
转速/(r/min) B型	≤5000	≤4800	≤4500	≤4500	≤4000	≤4000
C型	≤6000	≤5800	≤5500	≤5300	≤5000	≤4500
CW型	≤7200	≤6800	≤6500	≤5800	≤5500	≤5000
	≤9000	≤7000	≤6800	≤6200	≤5800	≤5500

2.4 型式代号

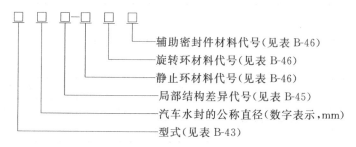

辅助密封件材料代号(见表 B-46)
旋转环材料代号(见表 B-46)
静止环材料代号(见表 B-46)
局部结构差异代号(见表 B-45)
汽车水封的公称直径(数字表示,mm)
型式(见表 B-43)

表 B-45

汽车水封结构系列特征	代 号
旋转环外包式(辅助密封部位在外径处)	a
旋转环外露式(辅助密封部位在内径处)、护圈传动	b
旋转环外露式(辅助密封部位在内径处)	c

示例 1:

B17a-C₁OP 表示:分体式汽车水封;轴径为 17 mm;旋转环外包式 (辅助密封部位在外径处);静止环材料为树脂碳石墨;旋转环材料为碳化硅;辅助密封件材料为丁腈橡胶。

示例 2:

CW12b-BOP 表示:一体式汽车水封;弹性元件为波形弹簧;轴径为 12mm;旋转环外露式 (辅助密封部位在内径处)、护圈传动;静止环材料为浸渍树脂碳石墨;旋转环材料为碳化硅;辅助密封件材料为丁腈橡胶。

示例 3:

C17-OOX 表示:一体式汽车水封;轴径为 17mm;旋转环外包式 (辅助密封部位在外径处);静止环和旋转环材料均为碳化硅;辅助密封件材料为氢化丁腈橡胶。

2.5 材料代号

汽车水封摩擦副及辅助密封材料代号见表 B-46。

3 要求

3.1 主要零件

3.1.1 材料

汽车水封零件的常用材料及性能要求见表 B-46,材料的主要物理力学性能见附录 b。

表 B-46

零件名称	材　料		材料代号	性能要求
密封环	碳石墨	浸渍金属碳石墨	A	JB/T 8872
		浸渍树脂碳石墨	B	
		树脂碳石墨	C_1	
		无浸渍碳石墨	C_2	
	碳化硅		O	JB/T 6374
	氧化铝陶瓷		V	JB/T 10874
辅助密封圈 橡胶波纹管	丁腈橡胶		P	/
	氢化丁腈橡胶		X	
弹性元件	12Cr18Ni9 06Cr19Ni10 07Cr17Ni7Al		/	JB/T 11107 GB/T 24588
其他金属件	12Cr18Mn9Ni5N 12Cr18Ni9 06Cr19Ni10			GB/T 3280

3.1.2　密封环密封端面平面度及粗糙度

汽车水封的密封环密封端面平面度及粗糙度应符合表 B-47 所示的规定。

表 B-47　　　　　　　　　　　　　　　　　　　　mm

名　称	碳石墨	氧化铝陶瓷、碳化硅
密封端面平面度≤	0.0009	0.0009
密封端面粗糙度 Ra 值≤	0.0004	0.0002

3.1.3　总成弹力

汽车水封处于工作长度时，总成弹力的偏差不大于设计值的±20%。

3.1.4　外观质量

橡胶零件表面应光滑平整，无夹杂物、气泡、损伤等缺陷；冲压零件应光滑平整，无折皱、裂纹等缺陷；石墨密封环不允许有裂纹、划痕、氧化、分层等缺陷；碳化硅、氧化铝陶瓷密封环不允许有裂纹、划痕、夹杂等影响使用性能的缺陷；静止环部件外径可按要求涂覆 0.1～0.2mm 交联型氟树脂涂料。汽车水封用手轻压时应浮动自如、无阻滞感。

3.2　安装要求

3.2.1　安装汽车水封旋转环部件的冷却水泵叶轮孔应符合图 B-36 及表 B-48 所示的规定。

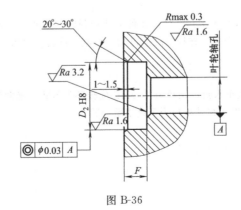

图 B-36

表 B-48 　　　　　　　　　　　　　　　　　　　　　　mm

公称直径	12	15	16	17	19	20
深度 F	4.5	4.5	4.5	5.5	5.5	5.5

3.2.2　安装汽车水封静止环部件的冷却水泵座孔应符合图 B-37 及表 B-49 所示的规定。

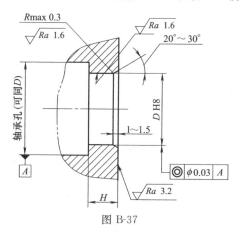

图 B-37

表 B-49 　　　　　　　　　　　　　　　　　　　　　　mm

公称直径	12	15	16	17	19	20
深度 $H\geqslant$	10.0	11.0	11.0	11.0	11.0	11.0

3.2.3　安装汽车水封的冷却水泵轴，其安装部位应符合图 B-38 所示的要求。轴的径向跳动公差不大于 0.04mm，轴与安装静止环部件的冷却水泵座孔的同轴度公差不大于 0.04mm，轴与安装静止环部件的冷却水泵座孔底部平面的垂直度公差不大于 0.04mm，轴的轴向窜动量不大于 0.10mm。

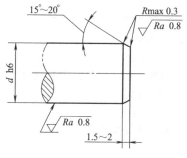

图 B-38

3.2.4　汽车水封安装时应使用专用工装装配到位，严禁使用冲击力安装及污损各密封面（汽车水封制造厂应提供压套结构及参考尺寸）。

3.3　性能要求

3.3.1　静态气密性试验

　　密封腔在 0.14MPa 气压下，平均泄漏量不大于 3.5mL/min。

3.3.2　动态试验

　　在额定转速及压力下，经 5h 运行，无渗漏现象。

3.3.3　干湿交变试验

　　平均泄漏量不大于 0.03mL/h。

3.3.4　冷热交变试验

　　经冷热交变试验，密封性能完好（气密性检查平均泄漏量不大于 3.5mL/min）；橡胶件无龟裂、老化现象；粘接剂未失效；总成弹力变化在设计值的 ±20% 以内；密封环无龟裂现象。

3.3.5　耐久性试验

　　试验平均泄漏量不大于 3mL/100h；运行过程瞬间最大泄漏量不超过 1mL/h。

3.3.6　超速运行试验

　　试验泄漏量不大于 0.1mL/h。

3.3.7　保用期

　　汽车水封在用户选型合理，并遵守制造厂规定的保管、安装、使用规则情况下，自制造厂发货之日起12 个月内，保用期 1 年或 50000km（二者以先到为准）。

4　检验规定

4.1 检验分类

检验分为鉴定检验和出厂检验。

4.2 鉴定检验

4.2.1 检验时机

有下列情况之一者应进行鉴定检验：

a) 设计定型和产品投产前；

b) 产品结构、材料和工艺有较大变动；

c) 产品转厂生产时；

d) 用户要求时；

e) 国家质量监督部门要求时。

4.2.2 检验项目

检验项目如表 B-50 所示。

表 B-50

序　号	检验项目	受检样品数（套）
1	外观、静止环沿轴向浮动性	12
2	总成弹力	12
3	静态气密性试验	12
4	旋转环、静止环密封端面平面度、粗糙度	2
5	动态试验	2
6	干湿交变试验	2
7	冷热交变试验	2
8	耐久性试验	2
9	超速运行试验	2

4.2.3 抽样方法及受检样品数

抽样的批数量不少于 200 套，从中抽取 12 套，按表 B-50 进行 1、2、3 项目检测后均分为 6 组，分别进行后续各项目的测试。性能试验报告内容及格式参见附录 c。

4.3 出厂检验

4.3.1 检验项目

检验项目如表 B-51 所示。

表 B-51

序　号	检　验　项　目	AQL 值
1	外观、静止环沿轴向浮动性	1.0
2	总成弹力	1.5
3	安装内径	0.65
4	安装外径	1.5
5	气密性／一般预涂胶前进行	0.65
6	水封工作侧最大外径（如需要）	6.5
7	座深度、座边厚度、座切边外径	10
8	自由状态尺寸	10
9	旋转环部件外径（如需要）	10
10	外径预涂胶情况（如需要）	1.0
11	型号标识、生产时间／批次标识与顾客要求的符合性	1.0
12	合格证（按箱数）	6.5
13	包装／外包装标识符合性（按箱数）	10

注：若订购方有其他项目检验要求，经制造方与订购方协商，可参照 5.2.2 鉴定检验项目之 4～9 的部分或全部进行检验，受检数量由制造方与订购方商定。

4.3.2　抽样方法及受检样品数

参照汽车行业要求的"零缺陷抽样"接收准则"AQL　C＝0 抽样计划"，AQL 值见表 B-51。每批产品出厂均须出具检验报告，检验记录数为 5 件/批次或 10 件/批次。

5　检验方法

5.1　总成弹力的测试

在（23±2）℃下用弹簧试验机进行测定；读数应在水封压缩至工作状态尺寸 10s 时进行。

5.2　静态气密性试验

静态气密性试验方法见附录 d。

5.3　动态试验

按汽车水封使用的汽车发动机冷却水泵技术参数，常温下，介质为清水加乙二醇型冷却液（60：40）（冷却液按 SH 0521）在额定转速及压力下，运转 5h。

5.4　干湿交变试验

试验装置应具备能自动加液和排液并进行循环的功能，也可用汽车发动机冷却水泵直接进行试验。介质温度为室温。运转方式：按每 1000r/min 为一个转速级台阶进行湿运转 2.5min、干运转 2.5min、循环 12 次（计 1h）的运转并逐级升速直至使用转速。

5.5　冷热交变试验

采用循环空气进行循环试验，试验装置应具有自动调温功能，将汽车水封在工作长度下，按（23±2）℃/1h→（140±5）℃/1h→（23±2）℃/1h→（－40±5）℃/1h 进行冷热温度循环，共循环 20 次。累计试验时间为 80h。

5.6　耐久性试验

试验装置应具有温度的调控系统，并能同时检测不少于 2 件汽车水封，按照表 B-52 要求进行试验。

表 B-52

试验介质	试验压力 /MPa	试验温度/℃		运转方式	运转时间 /h
		丁腈橡胶件	氢化丁腈橡胶件		
清水加乙二醇型 冷却液（60：40）	0.2	95±5	110±5	脉动循环。即在不超过 15s 时间内，转速由零上升到使用转速，并保持 60s，然后在不超过 15s 时间降速至零，完成一个循环的运转，再开始下一个循环的运转	500

5.7　超速运行试验

试验压力为 0.14MPa，试验温度为 120℃，运转速度为水封使用转速的 120%，试验时间为 25h。

6　仪器、仪表

检验用仪器仪表应由计量部门检验并出具有效期内的合格证。检验用仪器仪表应符合表 B-53 的规定。

表 B-53

检测项目	仪器、仪表名称	准确度
总成弹力	弹簧拉压试验机	±1N
温度	温度计、温度传感器	±1℃
压力	压力表、压力传感器	±0.5%
泄漏量	质量传感器	±0.001g
	气密性检漏仪	±0.0005mL/min
几何尺寸	游标卡尺、高度尺、深度尺等	±0.02mm
磨损量	千分尺、万能工具显微镜等	±0.002mm
转速	转速表、闪频测速仪或其他数显转速测量仪	±0.5%
平面度	平面平晶	1级
粗糙度	粗糙度测量仪	±5%

7 包装、贮存

7.1 汽车水封出厂时应附有制造厂质量检验部门和检验人员签章的合格证。

7.2 汽车水封以一定数量或间隔固定在包装盒/包装托板内。

7.3 包装盒/包装托板应可靠地安放在硬纸箱或木箱中，以保证运输过程中汽车水封不致散失或损坏零件。

7.4 包装箱内应附有产品使用说明书及装箱清单，包装箱外应标明：产品名称、型号与数量；制造厂名称与地址、生产许可证编号；毛重，kg；收货单位与地址；出厂日期；"防潮"、"小心轻放"、"怕压"等标志。

7.5 汽车水封应放在通风、干燥的仓库内，并远离火源，避免与酸、碱接触。在正常的保管条件下，制造厂应保证汽车水封自出厂之日起 12 个月内不锈蚀或失效。

附录 a（资料性附录）汽车水封主要尺寸

a.1 旋转环外包结构汽车水封参见图 B-39，其静止环材料为碳石墨，旋转环材料为氧化铝陶瓷或碳化硅。主要尺寸参见表 B-54。

a.2 旋转环直接外露结构汽车水封参见图 B-40，其静止环材料为碳石墨，旋转环材料为氧化铝陶瓷或碳化硅。主要尺寸参见表 B-55。

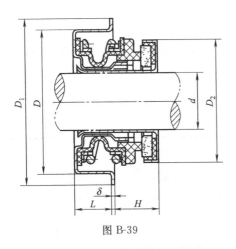

图 B-39

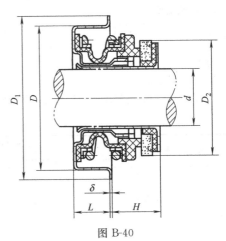

图 B-40

表 B-54　　　　　　　　　　　　　　　　　　　　　　mm

公称直径	d	D	D_1	L	δ	$H\pm0.1$	D_2
12	12	30	35	8	0.4	9.3	25.2
15	15	30	35	8	0.4	10.6	28.8
16	15.918	36.5	41	8	0.4	10.9	30.5
17	17	35	41	8	0.4	13.6	31.5
20	20	40	44	9.3	0.5	11	37

表 B-55　　　　　　　　　　　　　　　　　　　　　　mm

公称直径	d	D	D_1	L	δ	$H\pm0.1$	D_2
12	12	30	35	8	0.4	9.1	23
16	15.918	36.5	41	8	0.4	10.9	28.2

a.3 旋转环外露、无辅助传动结构汽车水封参见图 B-41，其静止环材料为碳石墨，旋转环材料为氧化铝陶瓷或碳化硅。主要尺寸参见表 B-56。

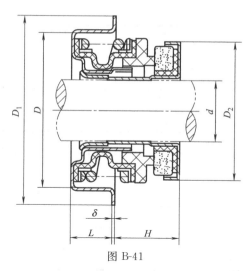

图 B-41

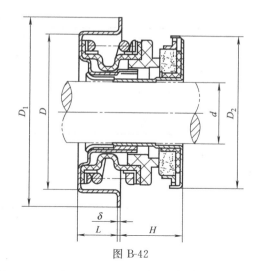

图 B-42

表 **B-56**   mm

公称直径	d	D	D_1	L	δ	$H\pm0.1$	D_2
16	15.918	34.2	39.5	7.2	0.4	11.9	30.5
16	15.918	36.5	41	8	0.4	10.4	30.5

a.4　旋转环外露、护圈传动、平轴套结构汽车水封参见图 B-42，其静止环材料为碳石墨，旋转环材料为氧化铝陶瓷或碳化硅。主要尺寸参见表 B-57。

表 **B-57**   mm

公称直径	d	D	D_1	L	δ	$H\pm0.1$	D_2
16	15.918	34.2	39.5	7.2	0.4	11.9	33
16	15.918	36.5	41	8	0.4	10.9	33
16	15.918	38.1	41	8	0.4	10.9	33
17	17	35	41	8	0.4	13.6	33

a.5　旋转环外露、护圈传动、凸轴套结构汽车水封参见图 B-43，其旋转环材料为氧化铝陶瓷或碳化硅。主要尺寸参见表 B-58。

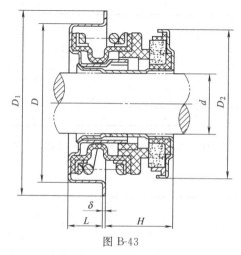

图 B-43

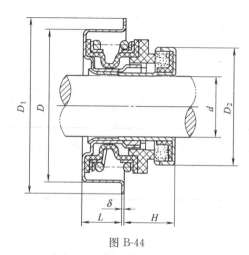

图 B-44

表 B-58

mm

公称直径	d	D	D₁	L	δ	H±0.1	D₂
12	12	30	35	8	0.4	9.3	25
16	15.918	34.2	39.5	7.2	0.4	11.9	33
16	15.918	35	41	8	0.4	10.9	33
16	15.918	36.5	41	8	0.4	10.9	33

a.6 旋转环外露、外径矩形槽传动、平轴套结构汽车水封参见图 B-44，其旋转环材料为碳化硅。主要尺寸参见表 B-59。

表 B-59

mm

公称直径	d	D	D₁	L	δ	H±0.1	D₂
12	12	30	35	6.7	0.4	9.3	23.5
15	15	36.5	41	8	0.4	10.6	28

a.7 旋转环外露、外径矩形槽传动、凸轴套结构汽车水封参见图 B-45，其旋转环材料为碳化硅。主要尺寸参见表 B-60。

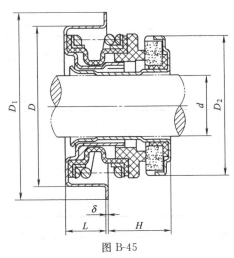

图 B-45

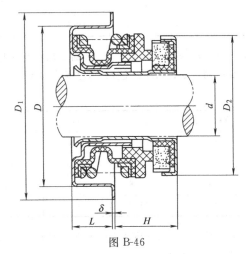

图 B-46

表 B-60

mm

公称直径	d	D	D₁	L	δ	H±0.1	D₂
12	12	30	35	8	0.4	9.3	25
12	12	30	35	8.5	0.4	7.1	25
16	15.918	36.5	41	8	0.4	10.9	30.6
19	19	40	46	10	0.5	13	35
20	20	40	46	10	0.5	12.5	35

a.8 旋转环外露、外径圆形槽传动、平轴套结构汽车水封参见图 B-46，其旋转环材料为碳化硅。主要尺寸参见表 B-61。

表 B-61

mm

公称直径	d	D	D₁	L	δ	H±0.1	D₂
12	12	30	35	7.6	0.4	8.9	25.5
16	15.918	36.5	41	8	0.4	10.9	30.5

a.9　无黏结配合、波形弹簧结构 C12 汽车水封参见图 B-47，其静止环材料为碳石墨或碳化硅，旋转环材料为碳化硅，主要尺寸参见表 B-62；无黏结配合结构 C16 汽车水封参见图 B-48，其旋转环材料为碳化硅，主要尺寸参见表 B-62。

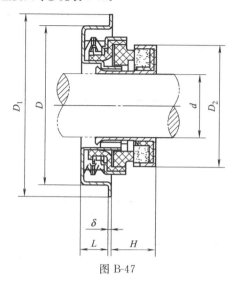 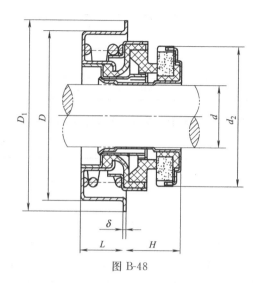

图 B-47　　　　　　　　　　　　　　　　　　　　图 B-48

表 B-62　　　　　　　　　　　　　　　　　　　mm

公称直径	d	D	D_1	L	δ	$H\pm0.1$	D_2
12	12	30	35	5.5	0.4	7.1	23.5
16	15.918	36.5	41	9.5	0.5	10.9	30.6

a.10　旋转环外包、波形弹簧结构汽车水封参见图 B-49。其旋转环材料为氧化铝陶瓷或碳化硅。主要尺寸参见表 B-63。

表 B-63　　　　　　　　　　　　　　　　　　　mm

公称直径	d	D	D_1	L	δ	$H\pm0.1$	D_2
12	12	30	35	7.6	0.4	8.8	25.2
16	15.918	34.2	39.5	7	0.4	10.1	30.5
16	15.918	36.5	41	7	0.4	10.1	30.5

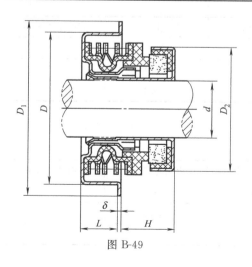 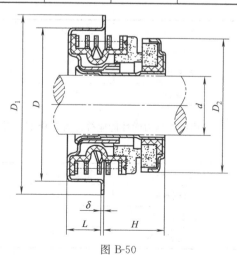

图 B-49　　　　　　　　　　　　　　　　　　　　图 B-50

a. 11 旋转环外露、外径矩形槽传动、波形弹簧结构汽车水封参见图 B-50。其静止环材料为碳石墨或碳化硅；旋转环材料为碳化硅。主要尺寸参见表 B-64。

表 B-64

mm

公称直径	d	D	D_1	L	δ	$H\pm0.1$	D_2
12	12	30	35	7.6	0.4	8.4	25
16	15.918	34.2	39.5	7	0.4	10.1	30.6
16	15.918	36.5	41	7	0.4	10.1	30.6

a. 12 其他双碳化硅配置汽车水封结构参见图 B-45。主要尺寸参见表 B-65。

表 B-65

mm

公称直径	d	D	D_1	L	δ	$H\pm0.1$	D_2
16	15.918	34.2	39.5	7	0.4	11.9	30.6
16	15.918	36.5	41	8	0.4	10.9	30.6
19	19	38	46	9	0.5	14	35

附录 b（规范性附录）汽车水封材料的物理力学性能

b. 1 橡胶的物理力学性能应符合表 B-66 的规定。

表 B-66

材 料	硬度（邵氏 A）		扯断强度/MPa		扯断伸长率/%		耐液重量变化率/%
	$(23\pm2)℃$	耐液试验后变化量	$(23\pm2)℃$	耐液试验后	$(23\pm2)℃$	耐液试验后	
丁腈橡胶	70 ± 5	$-4\sim+5$	>9	>8	$250\sim550$	$200\sim550$	$-1\sim+5$
氢化丁腈橡胶	65 ± 5	$-4\sim+5$	>12	>10	$250\sim550$	$200\sim550$	$0\sim+6$

注：耐液试验条件：试样按不同胶种根据下列规定进行浸泡后再进行性能测试，每次取样 3 件。

丁腈橡胶：$100℃\pm1℃$的清水中，24h。

氢化丁腈橡胶：$135℃\pm2℃$的汽车冷却液中，72h。

b. 2 陶瓷的物理力学性能应符合表 B-67 的规定。

表 B-67

材 料	密度/(g/cm³)	硬度（HRA）	显气孔率/%	弯曲强度/MPa
95 氧化铝陶瓷	$\geqslant3.6$	$\geqslant85$	$\leqslant0.5$	$\geqslant280$
99 氧化铝陶瓷	$\geqslant3.8$	$\geqslant88$	$\leqslant0.4$	$\geqslant330$
碳化硅	$2.85\sim3.15$	$\geqslant90$	$\leqslant0.3$	$\geqslant300$

b. 3 石墨的物理力学性能应符合表 B-68 的规定。

表 B-68

材 料	密度/(g/cm³)	肖氏硬度（HS）	开口孔率/%	抗折强度/MPa
树脂碳石墨	$\geqslant1.6$	$\geqslant50$	$\leqslant2.0$	$\geqslant40$
浸渍碳石墨	$\geqslant1.68$	$\geqslant70$	$\leqslant2.5$	$\geqslant45$
无浸渍碳石墨	$\geqslant1.78$	$\geqslant80$	$\leqslant2.5$	$\geqslant55$

附录 c（资料性附录）汽车水封试验报告内容及格式

表 B-69　汽车水封试验报告

制造厂家			密封型号			制造日期		
仪器仪表	测量内容	压　力	温　度	转　速		液体泄漏量	气体泄漏量	
	仪　表准确度							
静态气密性试验	介质名称	介质压力 MPa	介质温度 ℃	试验时间 h	平均泄漏量① mL/min			
动态试验	介质名称	介质压力 MPa	介质温度 ℃	试验时间 h	转速 r/min	平均泄漏量① mL/h	最大平均泄漏量② mL/h	
干湿交变试验	介质名称	介质压力 MPa	介质温度 ℃	试验时间 h	转速变化范围 r/min	平均泄漏量① mL/h	最大平均泄漏量② mL/h	
耐久性试验	介质名称	介质压力 MPa	介质温度 ℃	试验时间 h	转速变化范围 r/min	平均泄漏量① mL/h	最大平均泄漏量② mL/h	
冷热交变试验	□合　格				□不合格			
超速试验	介质名称	介质压力 MPa	介质温度 ℃	试验时间 h	转速 r/min	平均泄漏量① mL/h	最大平均泄漏量② mL/h	
结果分析及评价								
试验主持人：			参加人：					
试验日期：								
试验单位：								

① 是指全部试验时间内的平均泄漏量。

② 是指各测量时间单元中最大的平均泄漏量。

附录 d（规范性附录）汽车水封气密性试验方法

d.1　气密性试验方法原理摘要

　　被检汽车水封采用气密检漏仪进行检测，若气体自汽车水封的密封部位泄漏，则工作腔内气压随之下降，根据工作腔体积、起始压力、压降值及试验时间，即可求出单位时间内的平均泄漏量。气密检漏仪可对工作腔压力微小变化进行测定。它是利用基准参考物压力与被测工作腔压力平衡对比方式，采用高灵敏度差压传感器自动进行微小泄漏量的测定，并可按压力变化（Pa）或泄漏量（mL/min）分别显示，也可设定泄漏量上限自动报警功能，当泄漏量超过设定值时，蜂鸣器自动发出响声。

d.2　试验装置要求

d.2.1　为适应汽车水封批量生产，试验装置应具有快速拆换被检汽车水封、自动进行工件压紧→充入密封气体→试验条件平衡→泄漏量检测→排出密封气体→解除工件压紧力、泄漏量超限报警等联锁功能。

d.2.2　采用气密检漏仪进行检测，应先对试验装置进行工作腔体积及泄漏量校准后再进行试验。

d.2.3　试验装置工作腔的结构图见图 B-51。

d.3　试验检测仪器

　　气密检漏仪分辨率：0.1×10^{-5} MPa。误差：实测值 $\pm 10\%$。传感器灵敏度：0.4×10^{-5} mL/Pa。测试压力范围：1MPa。

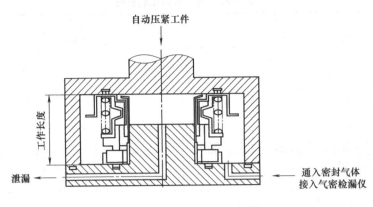

图 B-51

d.4　试验条件

d.4.1　被密封介质：洁净干燥空气。

d.4.2　试验开始时的介质压力：0.14MPa。

d.4.3　泄漏气体的流向：按汽车水封工作状态时从介质侧流向大气侧。

d.4.4　汽车水封工作长度参照附录 A。

d.4.5　试验时间：平衡 4～10s，检测不少于 2s（充气与排气时间视产品工作腔容积不同而定）。

十、JB/T 11289—2012 干气密封技术条件

1　范围

本标准规定了干气密封的术语和定义、基本型式、参数、技术要求、试验方法与检验规则、安装和使用要求、标志、包装、运输与贮存。

本标准适用于离心压缩机、螺杆压缩机与离心泵等旋转机械用干气密封。

2　术语和定义

下列术语和定义适用于本文件。

2.1　干气密封 dry gas seal

气体润滑端面密封，属于非接触式气体润滑机械密封，简称干气密封。

2.2　串联式干气密封 tandem dry gas seal

一种压缩机用干气密封结构形式，由两级密封组成，前级密封为主密封，后级密封为安全密封，前级密封承受压力高于后级密封（参见图 B-55）。

2.3　带中间迷宫密封的串联式干气密封 tandem dry gas seal with intermediate labyrinth

由两级干气密封及其中间设置的迷宫密封组成（参见图 B-56）。

2.4　背靠背布置 back to back configuration

一种双端面密封结构形式，一组或两组弹性元件位于两对密封端面之间（参见图 B-57）。

2.5　面对面布置 face to face configuration

一种双端面密封结构形式，两对密封端面位于两组弹性元件之间（参见图 B-58）。

2.6　隔离密封 separation seal

压缩机用干气密封为避免轴承润滑油污染密封本体所采用的一种密封形式，位于干气密封本体和轴承箱之间。常用结构为迷宫密封或碳环密封。

2.7　迷宫密封 labyrinth seal

一种由一系列节流齿隙和齿间空腔构成的非接触式密封，主要用于密封气体介质。迷宫密封俗称梳齿密封（参见图 B-60）。

2.8　碳环密封 carbon ring seal

用碳石墨作浮动环、依靠环形间隙内的流体阻力效应而达到阻漏目的的一种密封形式，可用于密封气体介质和液体介质（参见图 B-61）。

2.9　平衡直径 balance diameter

密封介质压力在补偿环辅助密封圈处的有效作用直径。

2.10　补偿环 seal ring/compensated ring

通过弹簧或波纹管施加载荷，使之具有轴向补偿能力的密封环。在压缩机用干气密封中，补偿环为静止环；在泵用干气密封中，根据结构的不同，补偿环可以是静止环，也可以是旋转环。

2.11　非补偿环 mating ring/uncompensated ring

不具有轴向补偿能力的密封环。在压缩机用干气密封中，非补偿环为旋转环；在泵用干气密封中，根据结构的不同，非补偿环可以是静止环，也可以是旋转环。

2.12　密封气 seal gas

在压缩机用单端面干气密封中引入密封端面处的气体。

在压缩机用双端面及泵用双端面干气密封中引入两对密封端面之间的气体。

2.13　一级密封气 primary seal gas

压缩机用串联式或带中间迷宫密封的串联式干气密封中引入介质侧密封端面处的气体。

2.14　二级密封气 secondary seal gas

压缩机用带中间迷宫的串联式干气密封中引入大气侧密封端面处的气体。

2.15　前置气 barrier gas

压缩机用双端面干气密封中引入介质侧密封端面与压缩机工艺气腔室之间的气体。

2.16　隔离气 separation gas

压缩机用干气密封中引入隔离密封之间的气体。

2.17　缓冲气 buffer gas

泵用机械密封＋干气密封结构中引入机械密封与干气密封之间腔室的气体。

2.18　泄漏气 leakage gas

压缩机用单端面干气密封的密封端面和隔离密封之间的泄漏气体，由经干气密封端面漏出的气体和经隔离密封内侧漏出的气体组成。

压缩机用双端面干气密封中的大气侧密封和隔离密封之间的泄漏气体，由经大气侧干气密封端面漏出的气体和经隔离密封内侧漏出的气体组成。

泵用机械密封＋干气密封中的机械密封和隔离密封之间的泄漏气体，由经机械密封端面漏出的介质汽化后的气体和干气密封中引入的缓冲气体组成。

2.19　一级泄漏气 primary leakage gas

压缩机用串联式干气密封中的介质侧密封和大气侧密封之间的泄漏气体，由经介质侧密封端面漏出的气体组成。

压缩机用带中间迷宫密封的串联式干气密封中的介质侧密封和大气侧密封之间的泄漏气体，由经介质侧密封端面漏出的气体和经中间迷宫漏出的气体组成。

2.20　二级泄漏气 secondary leakage gas

压缩机用串联式干气密封及带中间迷宫密封的串联式干气密封中的大气侧密封和隔离密封之间的泄漏气体，由经大气侧密封端面漏出的气体和经隔离密封内侧漏出的气体组成。

2.21　集装式结构 cartridge configuration

将密封的旋转组件和静止组件全部组合成一个整体的密封（包括摩擦副零件、弹性元件、压盖和轴套），装配时已经预先调整好密封压缩量。

2.22　最大静态密封压力 maximum static seal pressure

压缩机或泵在停止运行时，密封腔可能出现的最大压力。

2.23　最大动态密封压力 maximum dynamic seal pressure

压缩机或泵在运行状态下，密封腔可能出现的最大压力。

2.24　最大连续转速 maximum continuous speed（r/min）

压缩机或泵所能连续运转的最高转速。

2.25　最大工作压力 maximum allowable working pressure

压缩机或泵在规定的流体和最高工作温度下工作时，制造商设计的最高持续压力。

3　基本型式、参数与型式代号

3.1　基本型式

各种型式干气密封的典型结构图参见附录 A。根据使用设备和结构的不同，干气密封分为两大类、六种基本型式：

a）压缩机用干气密封

1）单端面干气密封；

2）双端面干气密封；

3）串联式干气密封；

4）中间带迷宫密封的串联式干气密封。

b）泵用干气密封

1）双端面干气密封；

2）机械密封＋干气密封。

3.2　基本参数

干气密封参数如表 B-70 所示。

表 B-70　基本参数

类　别	介　质	介质压力/MPa	介质温度/℃	密封尺寸/mm	线速度/(m/s)
压缩机用	各种气体	≤15	−100～230	60～300（平衡直径）	≤140
离心泵用	各种液体	≤4.1	−100～230	25～110（轴径）	≤25

注：压缩机用干气密封线速度是指密封平衡直径处的线速度；泵用干气密封的线速度是指密封面平均直径处的线速度。

3.3　型式代号

压缩机用干气密封型式代号表示方法如下：

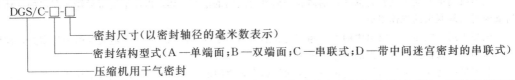

DGS/C-□-□

密封尺寸（以密封轴径的毫米数表示）

密封结构型式（A —单端面；B —双端面；C —串联式；D —带中间迷宫密封的串联式）

压缩机用干气密封

示例：DGS/C-D-120 表示压缩机用、带中间迷宫密封的串联式密封结构的干气密封，密封平衡直径为 120mm。

泵用干气密封型式代号表示方法如下：

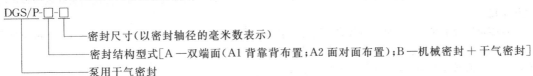

DGS/P-□-□

密封尺寸（以密封轴径的毫米数表示）

密封结构型式［A —双端面（A1 背靠背布置；A2 面对面布置）；B —机械密封＋干气密封］

泵用干气密封

示例：DGS/P-A1-50 表示泵用、背靠背布置双端面密封结构的干气密封，密封轴径为 50mm。

4　要求

4.1　通用要求

干气密封的设计应符合本标准的规定，并应按经规定程序批准的图样和技术文件制造。

干气密封用材料性能和各项技术指标应符合技术文件及有关标准的规定。

干气密封宜设计成集装式结构。

4.2　主要零件技术要求

4.2.1　通用技术要求

4.2.1.1　补偿环及非补偿环密封端面均不得有裂纹、杂质、气孔、划伤等缺陷。

4.2.1.2　O 形橡胶圈尺寸系列及公差按 GB/T 3452.1—2005 的规定，胶料的物理化学性能要求按 JB/T 7757.2 的规定，O 形橡胶圈的表面应光滑平整、无气孔、夹渣及裂纹等缺陷。特殊工况条件下密封圈可采用特殊的结构和材料。

4.2.1.3　弹簧的技术要求应符合 JB/T 11107 的规定，同一套密封中各弹簧之间的自由高度差不大于 0.5mm，其工作高度下的弹力差值不大于设计值的 ±10%。

4.2.1.4　碳石墨密封环须做气压试验，试验压力 0.3MPa，持续 10min，不应有破裂和渗漏现象。

4.2.1.5　密封环动压槽的槽底表面粗糙度应不大于 $Ra0.8\mu m$。

4.2.2　压缩机用干气密封

4.2.2.1　硬质材料密封环密封端面平面度应不大于 $0.6\mu m$，粗糙度应不大于 $Ra0.1\mu m$；软质材料密封环密封端面平面度应不大于 $2\mu m$，粗糙度应不大于 $Ra0.2\mu m$。

4.2.2.2　与静止环辅助密封圈接触部位的零件表面粗糙度应不大于 $Ra0.8\mu m$，其余与辅助密封圈接触部位的零件表面粗糙度应不大于 $Ra1.6\mu m$；轴套内孔与轴配合的表面粗糙度应不大于 $Ra0.8\mu m$。

4.2.2.3　轴套与轴配合公差为 F7/h6；轴套与压紧套配合公差为 F7/h6；密封座体（或压盖、弹簧座）与安装干气密封的压缩机腔体的配合公差为 H7/e8；其他零件未注尺寸公差按 GB/T 1804—2000 的 f 级规定。

4.2.2.4　旋转环端面与旋转环支撑面的平行度公差应符合 GB/T 1184—1996 的 4 级精度要求，静止环端面与静止环支撑面的平行度公差应符合 GB/T 1184—1996 的 5 级精度要求，旋转环外圆与内孔的同轴度公差应符合 GB/T 1184—1996 的 5 级精度要求；其他零件未注形位公差按照 GB/T 1184—1996 的 H 级规定。

4.2.2.5　旋转环须做超速试验，超速试验转速为压缩机最大连续转速的 1.15 倍，转速达到规定值后持续运行 1min，超速试验后旋转环不得有任何损坏现象。

4.2.2.6　压缩机用干气密封的旋转零部件组装后必须进行动平衡试验，动平衡精度等级应达到 GB/T 9239.1—2006 的 G2.5 级，试验后做动平衡标记。

4.2.3　泵用干气密封

4.2.3.1　硬质材料密封环密封端面平面度应不大于 $0.6\mu m$，粗糙度应不大于 $Ra0.1\mu m$；软质材料密封环密封端面平面度应不大于 $1.2\mu m$，粗糙度应不大于 $Ra0.2\mu m$。

4.2.3.2　与补偿环辅助密封圈接触部位的零件表面粗糙度应不大于 $Ra0.8\mu m$，其余与辅助密封圈接触部位的零件表面粗糙度应不大于 $Ra1.6\mu m$；与转轴配合的密封轴套内孔的表面粗糙度应不大于 $Ra1.6\mu m$。

4.2.3.3　弹簧座、传动座与轴（或轴套）配合的内孔尺寸公差为 E9，粗糙度应不大于 $Ra3.2\mu m$。轴套与轴配合公差为 F7/h6；密封压盖（或密封座体）与安装干气密封的泵腔体定位止口的配合公差为 H8/f7。

4.3　性能要求

4.3.1　泄漏量

4.3.1.1　压缩机用干气密封泄漏量应符合以下规定：

a）一个密封端面静态泄漏量符合表 B-71 规定。

表 B-71　静态泄漏量 Q（标准状态）　　　　　m^3/h

密封气压力 P /MPa	平衡直径 D_b/mm				
	$60 < D_b \leqslant 90$	$90 < D_b \leqslant 120$	$120 < D_b \leqslant 160$	$160 < D_b \leqslant 220$	$220 < D_b \leqslant 300$
$0 < P \leqslant 0.5$	≤0.2	≤0.2	≤0.3	≤0.5	≤0.6
$0.5 < P \leqslant 1.0$	≤0.3	≤0.4	≤0.6	≤0.8	≤1.2
$1.0 < P \leqslant 2.0$	≤0.5	≤0.8	≤1.2	≤1.8	≤2.5
$2.0 < P \leqslant 5.0$	≤1.5	≤2.2	≤3.2	≤4.8	≤7.0
$5.0 < P \leqslant 10.0$	≤3.0	≤4.6	≤7.2	≤10.5	/
$10.0 < P \leqslant 15.0$	≤5.0	≤7.6	≤11.5	/	/

b）一个密封端面动态泄漏量符合表 B-72 规定。

表 B-72　动态泄漏量 Q（标准状态）　　　　　m^3/h

密封气压力 P/MPa	转速 /(r/min)	平衡直径 D_b/mm				
		$60 < D_b \leqslant 90$	$90 < D_b \leqslant 120$	$120 < D_b \leqslant 160$	$160 < D_b \leqslant 220$	$220 < D_b \leqslant 300$
$0 < P \leqslant 0.5$	>1000~3000	≤0.25	≤0.3	≤0.45	≤0.7	≤0.9
	>3000~7000	≤0.3	≤0.4	≤0.6	≤0.8	≤1.2
	>7000~13000	≤0.35	≤0.45	≤0.7	≤1.0	≤1.4
	>13000~18000	≤0.4	≤0.5	≤0.8	≤1.2	/

续表

密封气压力 P/MPa	转速 /(r/min)	平衡直径 D_b/mm				
		$60<D_b\leqslant90$	$90<D_b\leqslant120$	$120<D_b\leqslant160$	$160<D_b\leqslant220$	$220<D_b\leqslant300$
$0.5<P\leqslant1.0$	>1000~3000	≤0.45	≤0.6	≤0.9	≤1.4	≤1.9
	>3000~7000	≤0.5	≤0.8	≤1.2	≤1.8	≤2.5
	>7000~13000	≤0.7	≤1.0	≤1.4	≤2.2	≤3.0
	>13000~18000	≤0.8	≤1.2	≤1.6	≤2.4	/
$1.0<P\leqslant2.0$	>1000~3000	≤0.9	≤1.3	≤2.0	≤3.0	≤4.2
	>3000~7000	≤1.1	≤1.7	≤2.6	≤3.9	≤5.4
	>7000~13000	≤1.3	≤2.1	≤3.1	≤4.6	≤6.6
	>13000~18000	≤1.5	≤2.3	≤3.4	≤5.1	/
$2.0<P\leqslant5.0$	>1000~3000	≤2.3	≤3.6	≤5.5	≤8.5	≤11.9
	>3000~7000	≤2.9	≤4.7	≤7.3	≤11.2	≤14.9
	>7000~13000	≤3.5	≤5.6	≤8.7	≤13.2	≤18.5
	>13000~18000	≤4.0	≤6.5	≤9.6	≤14.5	/
$5.0<P\leqslant10.0$	>1000~3000	≤5.0	≤8.5	≤12.5	≤18.6	/
	>3000~7000	≤6.6	≤10.7	≤15.8	≤24.0	/
	>7000~13000	≤8.0	≤12.7	≤19.1	≤29.0	/
	>13000~18000	≤8.7	≤14.0	≤21.0	≤31.8	/
$10.0<P\leqslant15.0$	>1000~3000	≤8.5	≤13.2	≤19.6	/	/
	>3000~7000	≤10.5	≤16.8	≤25.5	/	/
	>7000~13000	≤12.5	≤20.5	≤30.5	/	/
	>13000~18000	≤14.0	≤23.0	≤33.5	/	/

注：本标准只规定平衡直径处线速度不大于140m/s时的工况，超过此范围，本标准所规定泄漏量指标将不适用。

4.3.1.2　泵用干气密封泄漏量应符合以下规定：

a）一个密封端面静态泄漏量符合表 B-73 规定。

表 B-73　静态泄漏量 Q（标准状态）　　　　　　m³/h

密封气压力 P /MPa	密封轴径 D/mm		
	$25\leqslant D\leqslant50$	$50<D\leqslant80$	$80<D\leqslant110$
$0<P\leqslant0.5$	≤0.005	≤0.01	≤0.015
$0.5<P\leqslant1.0$	≤0.02	≤0.04	≤0.06
$1.0<P\leqslant1.5$	≤0.03	≤0.06	≤0.09
$1.5<P\leqslant2.5$	≤0.04	≤0.08	≤0.12

b）一个密封端面动态泄漏量应符合表 B-74 规定。

表 B-74　动态泄漏量 Q（标准状态）　　　　　　m³/h

密封气压力 P/MPa	转速 /(r/min)	密封轴径 d/mm		
		$25\leqslant d\leqslant50$	$50<d\leqslant80$	$80<d\leqslant110$
$0<P\leqslant0.5$	0~1500	≤0.03	≤0.05	≤0.08
	>1500~3000	≤0.05	≤0.08	≤0.13
$0.5<P\leqslant1.0$	0~1500	≤0.07	≤0.11	≤0.15
	>1500~3000	≤0.11	≤0.20	≤0.30
$1.0<P\leqslant1.5$	0~1500	≤0.10	≤0.18	≤0.25
	>1500~3000	≤0.16	≤0.32	≤0.45
$1.5<P\leqslant2.5$	0~1500	≤0.15	≤0.31	≤0.40
	>1500~3000	≤0.25	≤0.60	≤0.80

4.3.2　使用期

在机组正常运行和工艺稳定的条件下，压缩机用干气密封正常使用期不少于 3 年，泵用干气密封正常使用期不少于 2 年。

5　试验方法与检验规则

5.1　试验条件

5.1.1　压缩机用干气密封

试验用气体可采用压缩空气或氮气，温度为常温，压力及转速按设计值。

5.1.2　泵用干气密封

模拟介质用清水，试验用气体用压缩空气或氮气，温度为常温，压力及转速按设计值。

5.1.3　仪器仪表

5.1.3.1　试验用仪器仪表应采用经三级或三级以上计量部门校验并出具合格证且在有效期内的仪器仪表。

5.1.3.2　试验所用仪器仪表应符合表 B-75 的规定。

表 B-75　试验用仪器仪表

测量内容	仪　　表	准确度
压力	指针压力表或其他测量仪器	±1%
温度	玻璃温度计或其他温度测量仪器	±1℃
转速	机械转速表、光电测速仪或其他转速测量仪器	±1%
泄漏	玻璃转子流量计、金属浮子流量计或其他测量仪器	±1.5%

5.2　试验内容

5.2.1　压缩机用干气密封

5.2.1.1　压缩机用干气密封产品试验包括静态试验、动态试验、目测检查和确认试验。

注：此试验规程适用于串联式干气密封。对其他结构的干气密封，可参照此规程的试验方法做出相应的调整。

5.2.1.2　静态试验步骤如下：

a）一级密封气压力调至规定的最大静态密封压力，保持此压力至少 10min，记录数据。将压力减至最大静态密封压力的 75%、50% 和 25%，在每个压力等级上保持压力 5min 记录静态泄漏量；

b）二级密封气压力调至规定的最大静态密封压力（一、二级密封同时加压），保持此压力至少 10min，记录数据。将压力减至最大静态密封压力的 75%、50% 和 25%，在每个压力等级上保持压力 5min 并记录静态泄漏量。

5.2.1.3　动态试验步骤如下：

a）密封气体保持在规定的最大动态密封压力，一级泄漏气保持规定的最小背压，将转速从静止增大至最大连续转速，运行至少 15min 或一级密封泄漏量达到稳定状态，记录数据；

b）转速增至跳闸转速并运行至少 15min，每 5min 记录一次数据；

c）将转速降至最大连续转速并运行至少 1h，每 5min 记录一次数据；

d）增大一级泄漏气压力至规定的最大值并运行至少 15min，记录数据；

e）密封气体保持在规定的最大动态密封压力，将二级密封气压力增至规定的最大动态密封压力。此时需将一级密封气压力增加以维持主密封有正压差 ΔP，运行至少 15min，每 5min 记录一次数据；

f）一级密封气压力保持在规定的最大动态密封压力，一级放空保持规定的最小背压，完成两次连续的停车和启动，增至最大连续转速，保持 5min 或直到泄漏量稳定，记录数据；

g）停车并保持规定的密封条件，从停车后立即记录两组连续的试验数据。

5.2.1.4　目测检查步骤如下：

a）试验之后，解体密封，确保所有关键部件符合周向的原始标记，检查密封端面的磨损情况及其他部件状况；

b）记录所检查状况并将其作为综合报告的一部分。

5.2.1.5　确认试验步骤如下：

　　a) 重新组装密封，特别要注意标记的匹配，并将密封再次放入试验台；

　　b) 重复静态试验步骤。

5.2.2　泵用干气密封

5.2.2.1　泵用干气密封产品试验包括静态试验、动态试验、目测检查。

　　注：此试验规程适用于泵用双端面干气密封，对其他结构的干气密封，可参照此规程的试验方法做出相应的调整。

5.2.2.2　静态试验步骤如下：

　　密封气压力调至比规定的最大静态密封压力高 0.2～0.3MPa，然后将模拟介质压力调至最大静态密封压力，保持至少 10min，记录数据。

5.2.2.3　动态试验步骤如下：

　　a) 密封气压力调至比规定的最大动态密封压力高 0.2～0.3MPa，然后将模拟介质压力调至最大动态密封压力，将转速从静止增大至最大连续转速，并运行至少 1h，每 5min 记录一次数据；

　　b) 完成两次连续的停车和启动，增至最大连续转速，保持 5min 或直到泄漏量稳定，记录数据。

5.2.2.4　目测检查步骤如下：

　　试验之后，解体密封，检查端面的磨损情况和其他部件情况。

5.3　检验规则

5.3.1　干气密封须经企业质检部门逐套检验合格并签发合格证后，方可出厂。

5.3.2　检验项目：5.2、5.3 和 6.2 要求。

5.3.3　判定规则：若泄漏量在规定值以内、且密封解体后目测密封面无明显摩擦痕迹，其他零件无异常状况则视为合格。如出现不合格项，须返工后再检验。所有项目合格后，方判为合格。

6　安装与使用要求

6.1　通用要求

6.1.1　彻底清洁安装密封所经过的腔体、轴表面及所有进、出气孔，不得有任何颗粒杂质、锈斑、油污等附着。

6.1.2　仔细检查安装密封所经过的腔体及轴的边缘，锐边应倒钝，表面不得有毛刺、划痕等缺陷。

6.1.3　检查密封壳体外部及轴套内部的密封圈有无损伤，更换不合格件。

6.1.4　安装时应按产品安装使用说明书或产品样本正确安装。

6.1.5　安装密封时 O 形橡胶圈或其他密封圈所经过的轴或轴套端部倒角宽度不低于 3mm，所经过的压盖或密封腔体端部倒角宽度不低于 2mm，角度不超过 20°（见图 B-52）。

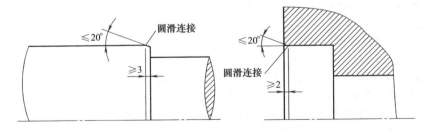

图 B-52　干气密封安装要求

6.1.6　为保证密封腔内的清洁，安装时应将密封对外的所有接口堵上。

6.2　压缩机用干气密封

6.2.1　安装干气密封部位的轴（或轴套）的表面粗糙度应不大于 $Ra0.8\mu m$，外径尺寸公差 h6；机组腔体与 O 形橡胶圈或其他密封圈接触部位表面粗糙度应不大于 $Ra1.6\mu m$，内径尺寸公差 H7。

6.2.2　安装干气密封部位的轴（或轴套）的径向跳动公差应符合 GB/T 1184—1996 的 6 级精度要求。

6.2.3　安装干气密封的轴肩定位面端面跳动应符合 GB/T 1184—1996 的 3 级精度要求。

6.2.4　机组壳体上与密封端盖结合的定位端面对轴（或轴套）表面的垂直度应符合 GB/T 1184—1996 的 6 级精度要求。

6.2.5　对于双端面干气密封，当工艺介质较脏时，需要在介质侧密封端面与压缩机工艺气腔室间引入洁净干燥的前置气。

6.2.6　在润滑系统启动之前，隔离密封中须先通入隔离气。

6.3　泵用干气密封

6.3.1　安装干气密封部位的轴（或轴套）的表面粗糙度应不大于 $Ra1.6\mu m$，外径尺寸公差 h6；泵腔与 O 形橡胶圈接触部位表面粗糙度应不大于 $Ra1.6\mu m$，内径尺寸公差 H7。

6.3.2　安装干气密封部位的轴（或轴套）的径向跳动公差应符合 GB/T 1184—1996 的 7 级精度要求。

6.3.3　泵的壳体上与密封压盖结合的定位端面对轴（或轴套）表面的垂直度应符合 GB/T 1184—1996 的 7 级精度要求。

7　标志、包装、运输与贮存

7.1　标志与包装

7.1.1　干气密封产品集装后应在产品适当部位刻商标、产品型号、工程编号及旋向等标志。

7.1.2　产品的包装要保证干气密封能够承受流通过程（包括装卸、运输、储存）中可能遇到的各种危害条件。

7.1.3　产品出厂时，包装箱内应附有产品合格证，合格证上应注明产品型号、名称、数量和检验人员的签章及日期、产品执行标准号以及生产许可证号。

7.1.4　包装箱内应有必需的随机附件及装箱清单、发货清单等文件。

7.1.5　包装标志的收发货标志应包括产品名称、规格、型号、箱号、生产商、发货单位和收货单位。

7.1.6　包装标志的储运指示标志应符合 GB/T 191 的规定。

7.2　运输与贮存

7.2.1　根据合同规定运输可采用任何方式。

7.2.2　产品验收后应在室温不低于－15℃和不高于 40℃的通风、避光、干燥的室内存放。

7.2.3　密封以完整的集装方式封存在原始包装箱中，集装板将在运输期间起到安全保护作用。

7.2.4　自出厂之日起，产品贮存时间为 3 年。超过 3 年的产品，使用前应发回原生产厂家对密封进行检测，更换辅助密封圈，并重新试验。

附录 a（资料性附录）干气密封结构型式

a.1　压缩机用干气密封

a.1.1　单端面干气密封结构型式如图 B-53 所示。

a.1.2　双端面干气密封结构型式如图 B-54 所示。

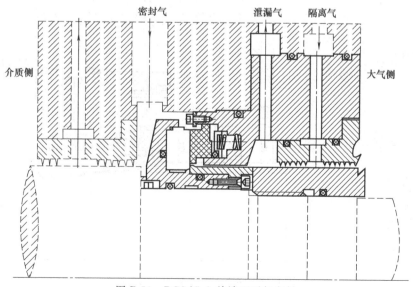

图 B-53　DGS/C-A 单端面干气密封

a.1.3　串联式干气密封结构型式如图 B-55 所示。

a.1.4　带中间迷宫密封的串联式干气密封结构型式如图 B-56 所示。

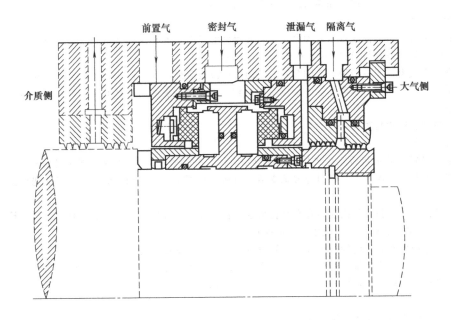

图 B-54 DGS/C-B 双端面干气密封

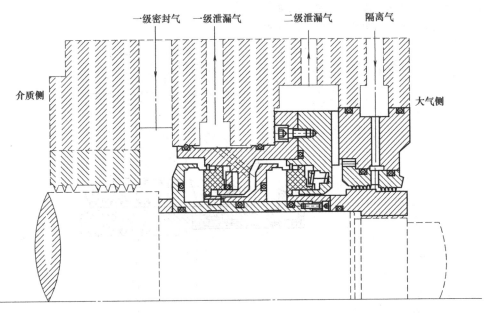

图 B-55 DGS/C-C 串联式干气密封

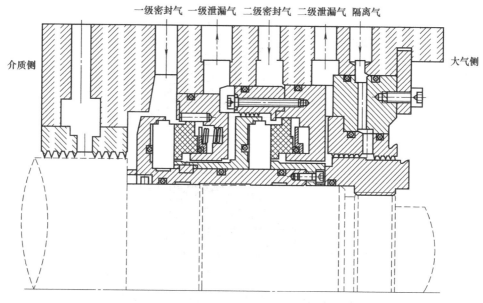

图 B-56 DGS/C-D 带中间迷宫密封的串联式干气密封

a.2 泵用干气密封

a.2.1 双端面干气密封（背靠背）结构型式如图 B-57 所示。

a.2.2 双端面干气密封（面对面）结构型式如图 B-58 所示。

a.2.3 机械密封＋干气密封结构型式如图 B-59 所示。

a.3 隔离密封

a.3.1 迷宫密封结构型式如图 B-60 所示。

a.3.2 碳环密封结构型式如图 B-61 所示。

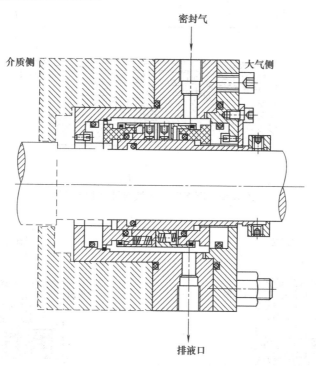

图 B-57 DGS/P-A1 双端面干气密封（背靠背）

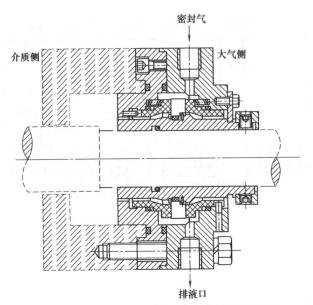

图 B-58　DGS/P-A2 双端面干气密封（面对面）

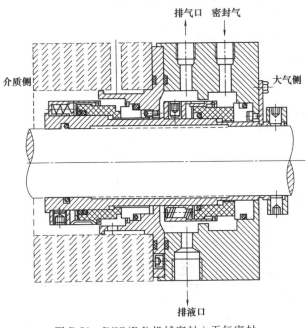

图 B-59　DGS/P-B 机械密封＋干气密封

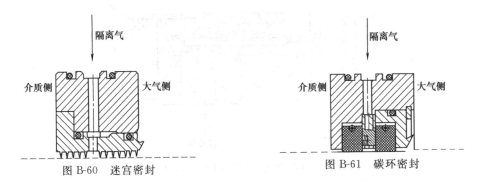

图 B-60　迷宫密封　　　　　　　图 B-61　碳环密封

附录 C 国内机械密封材料主要生产单位

生 产 单 位	主 要 产 品
宁波伏尔肯机械密封件制造有限公司	反应烧结碳化硅、无压烧结碳化硅、热压烧结碳化硅、热压烧结碳化硼、无压烧结碳化硅＋碳、无压烧结微孔碳化硅、无压烧结微孔碳化硅＋碳、氟塑料全包覆橡胶 O 形圈
北京北硬硬质合金有限公司	钴基硬质合金、镍基硬质合金
四川科力特硬质合金股份有限公司	钴基硬质合金、镍基硬质合金
浙江台州东新密封有限公司	反应烧结碳化硅、无压烧结碳化硅、无压烧结碳化硅＋碳、无压烧结微孔碳化硅、无压烧结微孔碳化硅＋碳
宁波东联密封件有限公司	氧化铝密封环、反应烧结碳化硅、无压烧结碳化硅、无压烧结碳化硅＋碳、无压烧结微孔碳化硅、无压烧结微孔碳化硅＋碳、反应烧结碳化硅＋碳、硬质合金
上海德宝密封件有限公司	反应烧结碳化硅、无压烧结碳化硅、无压烧结碳化硅＋碳、无压烧结微孔碳化硅、无压烧结微孔碳化硅＋碳
北京中兴实强陶瓷轴承有限公司	无压烧结碳化硅
宁波华标特瓷采油设备有限公司	氮化硅、热亚烧结氮化硅
中美合资宁波亚东化工有限公司	聚四氟乙烯、硬质合金
东台市海城机械密封弹簧厂	机械密封用圆柱螺旋弹簧、波形弹簧
河北肃宁县西甘河密封件厂	浸渍树脂石墨环、浸渍金属石墨环
本溪市华日氟塑料制品厂	聚四氟乙烯制品
无锡市前洲电碳厂	浸渍树脂石墨环、浸渍金属石墨环
深圳市新唐精密技术有限公司	橡胶密封制品
张家港市宏宇橡塑弹簧有限公司	橡胶密封圈、机械密封用圆柱螺旋弹簧、氟塑料全包覆橡胶 O 形圈
上海晶佳橡塑实业有限公司	橡胶密封制品
徐州全兴电碳制品有限公司	浸渍树脂石墨环
上海东洋碳素有限公司	浸渍树脂石墨环
上海亿冈五金密封材料有限公司	氟塑料全包覆橡胶 O 形圈

参 考 文 献

[1] 殷洪基. 耐腐蚀泵用机械密封的设计与应用. 润滑与密封. 1982, (3): 36-41.

[2] 胡国桢, 石流, 阎家宾主编. 化工密封技术. 北京: 化学工业出版社, 1990.

[3] [日] 鹫田彰. メカニカルシつール. 日刊工业新闻社, 1982.

[4] [日] 山本, 雄二. はじめてのシール. 工业调查会.

[5] API Std 682: 2004 Pumps-Shaft Sealing Systems for Centrifugan and Rotary Pumps.

[6] 顾永泉著. 流体动密封. 东营. 中国石油大学出版社, 2000.

[7] 成大先主编. 机械设计手册: 第3卷. 第5版. 北京: 化学工业出版社, 2008.

[8] Mayer E. 机械密封. 姚兆生, 许仲枚, 王俊德译. 北京: 化学工业出版社, 1981.

[9] 顾永泉. 机械密封实用技术. 北京: 机械工业出版社, 2001.

[10] [日] 藤田, 卓哉. 密封装置概论. NSO 搅拌机用シールユニット及びプロセス用メカニカルシールの选定基准 使用方法及び保持点检. イーダル工业株式会社, 1991.

[11] 李继和, 蔡纪宁, 林学海合编. 机械密封技术. 北京: 化学工业出版社, 1988.

[12] [日] 平林弘. 密封装置概论. メカニカルシールの基础. イーダル工业株式会社, 1990.

[13] 陈德才, 崔德容编著. 机械密封设计制造与使用. 北京: 机械工业出版社, 1993.

[14] 王汝美编. 实用机械密封技术问答. 第2版. 北京: 中国石化出版社, 2004.

[15] 俞龙海. 烟气脱硫机械密封. 上海流体密封会议论文. 2012.

[16] 崔德容. 解读 API 682 离心泵和旋转泵轴封系统. 2012.

[17] 中国机械工程学会流体工程学会流体密封专业委员会. 第四届全国流体密封学术会议论文集. 2004.

[18] 中国机械工程学会流体工程学会流体密封专业委员会. 第五届全国流体密封学术会议论文集. 2011.

[19] 夏学江. 光的干涉及应用. 北京: 高等教育出版社, 1982.

[20] 谢伟东. 研磨技术问答. 哈尔滨: 黑龙江科技出版社, 1982.

[21] 李伯民, 赵波, 李清雨. 磨料、磨具与磨削技术. 北京: 化学工业出版社, 2010.

[22] 化工设备设计技术中心站主编. 机械密封新结构图册. 上海: 上海科学技术出版社, 1980.

[23] 申改章. 高危离心泵机械密封改造方案. 西安永华集团有限公司, 2011.

[24] 魏龙, 冯秀编著. 化工密封实用技术. 北京: 化学工业出版社, 2011.

[25] [日] 日本产业机械工业会风水力机械部会メカニカルシール委员会编. メカニカルシールハソドブッケ, 1995.

[26] [日] 平林弘. 密封装置概论. メカニカルシールの应用. イーダル工业株式会社, 1990.

[27] 付平, 常德功主编. 密封设计手册. 北京: 化学工业出版社, 2011.

[28] 徐祥发, 沈兆乾编. 机械密封手册. 南京: 东南大学出版社, 1990.

[29] 橡胶密封产品手册. 新唐高能弹性体有限公司, 2012.

[30] 彭旭东, 王玉明, 黄兴, 李鲲. 密封技术的现状与发展趋势 [J]. 液压气动与密封, 2009, (4): 4-11.

[31] 杨惠霞, 王玉明. 泵用干气密封技术及应用研究 [J]. 流体机械, 2005, (2): 1-4, 13.

[32] 汤臣杭, 杨惠霞, 王玉明. 单向双列螺旋槽干气密封流场数值模拟 [J]. 润滑与密封, 2007, (1): 145-148.

[33] 李双喜, 宋文博, 张秋翔, 蔡纪宁, 高金吉. 干式气体端面密封的开启特性 [J]. 化工学报, 2011, (3): 766-772.

[34] 李鲲, 张杰, 吴兆山. 机械密封与填料静密封产业共性技术支撑体系研究 [J]. 液压气动与密封, 2012, (6): 41-49.

[35] 于焕光, 张秋翔, 蔡纪宁, 李双喜. 机械密封动态特性研究进展 [J]. 石油化工设备, 2012, (5): 44-48.

[36] 于焕光, 张秋翔, 蔡纪宁, 李双喜. 机械密封浮动环处 O 形密封圈动态刚度和阻尼的测量 [J]. 润滑与密封, 2012, (8): 34-42.

[37] 张杰, 李鲲, 吴兆山, 丁思云, 李备, 郑国运. 镶装式硬质合金密封环的压力变形研究 [J]. 液压气动与密封, 2012, (2): 29-33.

[38] 张杰, 李鲲, 吴兆山, 丁思云, 李备, 郑国运. 镶装式石墨密封环的压力变形研究 [J]. 润滑与密封, 2012, (3): 53-58.

[39] 张秋翔, 王为伟, 李岚, 李双喜, 蔡纪宁. 端面刷式密封的研制及特性分析 [J]. 流体机械, 2012, (4): 41-44.

[40] 于焕光, 张秋翔, 蔡纪宁, 李双喜. 机械密封补偿机械中辅助 O 形密封圈摩擦磨损性能的试验研究 [J]. 流体机械, 2012, (6): 1-4.

[41] 桑园, 张秋翔, 蔡纪宁, 李双喜. 滑动式机械密封的动态辅助密封圈性能研究 [J]. 润滑与密封, 2006, (12): 95-98.

[42] 张杰, 李鲲, 吴兆山, 丁思云, 沈宗沼, 杨博峰. 石墨密封环端面压力变形的试验研究 [J]. 润滑与密封, 2012 (10): 30-33, 81.

［43］ 李鲲，李香，张杰. 机械密封行业科技创新驱动发展战略探讨［J］. 液压气动与密封，2013，(5)：67-71.

［44］ 刘润山，沈宗沼，郑国运，杨博峰，李鲲. 风机用 UU7002BJ 型机械密封系统的设计研究［J］. 液压气动与密封，2012，(8)：8-10.

［45］ 李鲲，姚黎明，吴兆山，王春扬. 机械密封环端面变形研究［J］. 润滑与密封，2001，(5)：44-47.

［46］ 袁代红. 天然气压缩机干气密封系统故障研究与对策［D］. 四川大学，2004.

［47］ 曹兴岩. 螺旋槽干气密封测试系统及性能参数测定［D］. 兰州理工大学，2012.

［48］ 陈汇龙，杨勇，袁寿其，翟晓，李亚南. 激光加工在非接触式动压型机械密封中的应用［J］. 流体机械，2009，(2)：35-38.

［49］ 戴伟. 一种用高能激光加工干气密封螺旋槽的方法［J］. 石油化工设备，2013，(4)：45-48.